中国硅酸盐学会主编

中国陶瓷史

主编小组
冯先铭　安志敏　安金槐
朱伯谦　汪庆正

文物出版社

北京

图书在版编目（CIP）数据

中国陶瓷史／中国硅酸盐学会主编．—北京：文物出版社，1982.9（2024.1重印）

ISBN 978－7－5010－0953－4

Ⅰ.①中… Ⅱ.①中… Ⅲ.①陶瓷－工艺美术史－中国 Ⅳ.①J527

中国版本图书馆CIP数据核字（2013）第060737号

中国陶瓷史

主　　编：中国硅酸盐学会
主编小组：冯先铭　安志敏　安金槐　朱伯谦　汪庆正
科技顾问：张福康　李家治　李国祯
艺术顾问：邓　白

责任编辑：沈　彙
再版编辑：谷艳雪
责任印制：张　丽

出版发行：文物出版社
社　　址：北京市东城区东直门内北小街2号楼
邮　　编：100007
网　　址：http：//www.wenwu.com
经　　销：新华书店
印　　刷：河北鹏润印刷有限公司
开　　本：787mm×1092mm　1/16
印　　张：34　插页：1
版　　次：1982年9月第1版
印　　次：2024年1月第13次印刷
书　　号：ISBN 978－7－5010－0953－4
定　　价：220.00元

序　言

《中国陶瓷史》是中国硅酸盐学会邀请全国各方面的陶瓷专家，用了几年的时间集体编写而成的。这本书在一九七九年初稿完成之后，经过多次修正、补充，才在最近定稿。长期以来，我国陶瓷工作者和陶瓷爱好者都迫切希望有一本我们自己编写的《中国陶瓷史》，现在这个愿望终于实现了。这本书的出版，是我国陶瓷界的一件大事，它将引起国内外专家学者的关切和注视。

中国是世界著名的陶瓷古国。早在八千年前的新石器时代，我国的先民就已经会制造和使用陶器。瓷器又是我国古代劳动人民的一项伟大发明。我国陶瓷的产生和发展对人类文化做出了卓越的贡献，特别是精湛的制作技艺和悠久的历史传统，在世界上都是很少见的，这是永远值得我们后人敬佩、学习和引以自豪的。中国陶瓷的历史是我国古代灿烂文化的重要组成部分，也是人类物质文化史上一个重要的研究对象。

但是，在我们国内关于中国陶瓷历史的著作极少，相反，国外学者在这方面却有很多专著，这是一种很不正常的现象。建国以来，在新中国文物考古工作日益发展的情况下，新发现的材料越来越多；在全国陶瓷工业蓬勃发展的今天，也有许多新的问题有待进一步研究和总结。广大从事陶瓷科研、生产、设计、教育以及文物、考古、历史研究和工艺美术等工作者都迫切需要有一部我国学者编写的《中国陶瓷史》，以供研究参考。同时，随着我国文物考古工作的迅速发展和陶瓷科学技术的不断提高，不仅为编写《中国陶瓷史》增添和提供了许多新的实物和资料，而且也为探索和解决我国陶瓷史上一些重大问题打下 了物质基础，从而使编写《中国陶瓷史》的条件日臻成熟。为了开展对我国陶瓷历史的研究，把这份宝贵而又丰富的物质文化遗产总结继承下来，并且在新的历史时期中加以发扬光大，中国硅酸盐学会应各方面的要求，于一九七五年发起倡议，组织了编写《中国陶瓷史》的工作。

由于我国幅员辽阔，陶瓷历史十分悠久，地下的新材料又不断发掘出来，要在一定的时间内，以有限的篇幅，对我国八千年浩如烟海的陶瓷历史进行梳理和总结，是一项非常艰巨的工作。只有依靠各方面的协作和努力，编写工作才能顺利进行。因此，中国硅酸盐学会在原国家建筑材料工业总局、国家文物事业管理局、轻工业部、中国科学院、中国社会科学院等有关部门的大力支持下，发挥了学会跨部门、跨行业、跨地区的特点，广泛发动全国有关单位共同参加这项工作。许多单位为本书提供了珍贵的实物标本和第一手资料。由于各地同志的协作和努力，并做了大量而扎实的基础工作，使本书的内容无论在深度或广度上都有新的开拓。本书的写成，体现了我国社会主义制度的优越性。

陶瓷史是中国物质文化史的重要组成部分，研究陶瓷史的意义也是多方面的，它涉及很多的学科，一部完备的陶瓷史的写作需要有多学科的协作与努力。中国硅酸盐学会在组织编写本书的过程中，全国的许多文物考古部门为本书的编写提供了大量的史料和从新石器时期到明清不同历史时期有代表性的陶瓷标本。中国科学院、轻工业部、国家建筑材料工业局以及各省市所属的陶瓷研究所和大专院校的科研力量，对这些标本作了科学分析，并从陶瓷工艺学的角度对当时的烧制工艺进行了论证，对我国瓷器的起源问题和陶瓷史上存在的一些重大疑难问题进行了研究，使本书在论述一些重要观点时有更多可靠的科学根据。陶瓷是科学和艺术的综合产物，它既是物质的产品，又是精神的产品，它同时为人类的物质生活和精神生活服务。陶瓷制品的造型、装饰、釉色都同当时社会经济、文化的发展水平有关，往往从某个侧面反映当时人们的意识形态。因此。工艺美术部门对我国几千年来的陶瓷艺术的发生、发展、风格、特点和方法、技巧、成就、贡献等问题，也作了一些探讨。虽然本书主要是从历史的角度进行叙述的，但它是文物考古学界、陶瓷工艺学界、工艺美术学界三方面许多同志共同研究的成果。它是一部比较全面而又有充分科学实验做依据的一本书。

《中国陶瓷史》出版了，但这仅仅是一个开端。通过本书的编写，大家越来越感到我国陶瓷历史涉及面很广，绝非文物考古学、陶瓷工艺学和工艺美术学所能叙述清楚的。一部陶瓷史蕴藏着大量的中国经济史的资料，包含了全部中国物质文化史和中外文化交流史的许多问题，就是自身也还有许多值得进一步探索的问题。虽然近二十多年来在这方面做了不少工作，但是仍然有许多需要重新认识和总结的问题。由于资料的不足和研究的不充分，本书疏漏之处也是难免的。再者，本书的编写出于多人之手，有些章节对于同一材料由于引证时的角度不同前后叙述不无可商酌之处，有些章节或可作更详尽些的阐发和充实；有些章节的文字体例、内容编排也多有不相一致之处；这都需要本书再版时加以修订和改进。

中国硅酸盐学会

一九八二年七月

PREFACE

The History of Chinese Pottery and Porcelain was compiled through years of efforts by a team of outstandng Chinese scholars and experts under the auspices and coordination of the Chinese Ceramic Society. The manuscript was first drafted in the year 1979, but only recently was it finalized after a series of revisions and supplements. Chinese ceramists have long cherished the hope to have a book on the history of China's ceramics. This aspiration is finally materialized with the publication of this book which is an outstanding event in the Chinese ceramics circles and it will also undoutedly arouse the interest of ceramists in other countries.

China is the most famous country in ceramics. As early as the neolithic age, nearly 8000 years ago, our ancestors have already acquired the pottery-making skill, and the making of porcelain has been one of the most brilliant achievements of the Chinese working class in the old days. The production and development of ceramics in China represents an unique contribution to world civilization. The exquisite craftmanship and time-honoured tradition in this field which are rarely seen in other countries would deserve Chinese people to be proud of. As a component part of China's splendid civilization, the Chinese ceramic history has naturally became an important discipline of learning in humanity's material and cultural history. However, there are relatively few publications on the history of China's ceramics written by Chinese scholars.

Following the establishment of the People's Republic of China, extensive archaeological work has been conducted and a wealth of information and materials discovered. At the same time, with the rapid development of the ceramic imdustry in line with social reconstruction, many new problems cropped up, which are yet to be solved. For the great number of people engaged in ceramic research, production, designing, education and cultural-relics, archaeology, history research and art and design, a book on the history of China's pottery and porcelain compiled by Chinese scholars would come in handy as ready reference. In addition, with the development of archaeological work and the advancement of scientific research of ceramics, not only are the latest information and materials added to the history of Chinese pottery and porcelain, but also a materialistic basis is furnished for the solution of numerous intricate problems in the study of China's ceramics. With a view to promoting the study of the Chinese history of pottery and porcelain and summarizing and carrying the abundent cultural heritage, the Chinese Ceramic Society decided in 1975 for the interest and demand of ceramists to compile ***The History of Chinese Pottery and Porcelain***.

There was a tremondous amount of difficult work in arranging and summarizing China's 8000-year history of pottery and porcelain in a limited time and in a short volume, especially with the constant supply of new materials from under-ground excavations. Therefore, the only hopeful means to make the work a success is to seek the cooperation from various fields of ceramics. With the support of the National Bureau of Building Materials Industry, the Chinese Academy of Sciences and the Chinese Academy of Social Sciences, the Chinese Ceramic Society has, by taking advantages of the specificity of academic nature, involved all organizatons in this compilation work. In fact, many valuable materials, samples and first -hand information were collected through the efforts of these organizations and a great amount of substantial basic work has been carried out by them.

The history of Chinese ceramics is a significant part of the cultural heritage of China, which involves many disciplines of learning. So the study of history is of wide significance. In that sense, the compilation of this book required close cooperation and assistance of people from all walks of life. In the course of compilation, the Chinese Ceramic Society has gathered historical material and ceramic samples ranging from the neolithic age to Ming and Qing dynasties through the contributions made by many cultural relic and archaeological organizations; research institutes of the Chinese Academy of Sciences, the Ministry of Light Industry, the National Bureau of Building Materials Industry and many provincial research organizations and institutes of higher learning, that have conducted numerous scientific determination on these samples and also conducted discussion on the firing technique from the angle of ceramic technology; investigations have also been conducted on many intricate problems, such as the origin of Chinese porcelain and other key problems, thus, to make the compilation of this book staying on a more reliable basis.

Ceramics is a kind of product mingling technology and art. Not only it is a materialistic product, it is also a product of cultural appreciation serving to enrich the materialistic and cultural life of human race. The designing, decoration, and coloration of glazes are all related to social economy and culture and often reflect to certain extents the ideas and aspirations of the people. Therefore, organizations and departments of art and design have conducted extensive investigation on the occurrance, development, style, specifics together with methods, skills, achievements and contributions of ceramic art of several thousands years. Although the main purpose of this book is to write from a historical perspective, it is, nevertheless, a more comprehensive book compiled on the basis of sufficient scientific experimentations, drawn from the results of many researchers of cultural relics and archaeology, ceramic technology and art and design.

Now, ***The History of Chinese Pottery and Porcelain*** has come off the press. Nevertheless, it is only the beginning. In compiling this book, many people came to realize that the aspects involved in the history of Chinese pottery and porcelain are very wide and it is impossible to cover the details of all related fields only through cultural relics, archaeology, technology and art design. It involves a wealth of information on China's economic history, including China's history of material and cultural civilization as well as many issues in the history of cultural exchange between China and other countries. And there are still many problems requiring further exploration and reconsideration even though a lot of work have been done in this respect. Due to insufficient material and incomplete investigation, negligence and careless omissions are unavoidable. Some of the chapters or sections may have to be extended; the wording and writing styles in some chapters or sections have left something to be desired. All these call for further improvement in the revised version of this book.

The Chinese Ceramic Society
July, 1982

目　次

CONTENTS

第一章　新石器时代的陶器

（约1万年—4000年前）

陶器的发明，是人类社会发展史上划时代的标志。这是人类最早通过化学变化将一种物质改变成另一种物质的创造性活动。也就是把制陶用的粘土，经水湿润后，塑造成一定的形状，干燥后，用火加热到一定的温度，使之烧结成为坚固的陶器。这种把柔软的粘土，变成坚固的陶器，是一种质的变化，是人力改变天然物的开端，是人类发明史上的重要成果之一。

在人类原始社会的漫长发展过程中，从采集、渔猎过渡到以农业为基础的经济生活，在各个方面都发生了深刻的变化。陶器的发明，标志着新石器时代或野蛮时代的开始，它成为人类日常生活中不可缺少的用具，并继续扩大到工具的领域。陶器的出现，促进了人类定居生活的更加稳定，并加速了生产力的发展。直到今天，陶器始终同人类的生活和生产息息相关，它的产生和发展，在人类历史上起了相当重要的作用。

第一节　陶器的起源

陶器的出现只不过有八九千年的历史，但它的起源或可追溯到更早的阶段，它同人类的长期实践、认识、再实践、再认识有着不可分割的联系。首先，人类从实践中认识到粘土掺水后具有可塑性，从而可能塑造一定的形状。从旧石器时代晚期起，人类已开始用粘土塑造某些形象，如欧洲一万多年以前的马格德林文化的野牛和熊等塑像①，便是最明显的例证。同时人类在长期用火的实践中，必然得到成形的粘土经火烧之后可变成硬块的认识，这些都是产生陶器的先决条件。至于陶器是怎样发明的，目前还缺乏确凿的证据，它可能是由于涂有粘土的篮子经过火烧，形成不易透水的容器，从而得到了进一步的启发，不久之后，塑造成型并经烧制的陶器也就开始出现了。特别是随着农业经济和定居生活的发展，谷物的贮藏和饮水的搬运，都需要这种新兴的容器——陶器，于是它们就大量出现，成为新石器时代的突出特征，在人类生活史上开辟了新的纪元。

陶器的发明，主要是人类认识了如何控制和利用这种物理化学作用。但是，这和其它发明一样，在实际应用上，还必须包括许多方面：如要使粘土能够塑造，就需要加入水分；成型的器物在经火烧之前，必须晾干，否则火烧时升温过急就会破裂。另外，粘土还必须加以选择和进行必要的处理，如经过淘洗后可制成较精细的器皿，或加进羼和料则增强它的耐热急变性能。在烧成的过程中，不仅改变了粘土的性质，还由于烧造工艺的不同，而出现了红陶、灰陶和黑陶等不同品种的陶器。

最早的陶器显然是摹仿其它材料所做成的习见器物——如篮子、葫芦和皮袋的形状，后来才发展成具有自身特点的器皿。在制作上也是由低级向高级逐渐发展，首先用捏塑造型或局部的模制造型，然后用泥条圈筑或盘筑成型，口沿用慢轮修整；最后才使用快轮，制成规整的器形，这个发展过程至少经历了几千年的时间。在烧陶方面，最初是从平地堆烧到封泥烧，后来发展为半地下式的横穴窑和竖穴窑，可将温度提高到摄氏一千度左右，这就提高了陶器的质量。陶器的产生和发展，是我国劳动人民几千年来在生产斗争中辛勤劳动的结果，从民族学和考古学上都可以得到充分的物证。

陶器的产生是和农业经济的发展联系在一起的，一般是先有了农业，然后才出现陶器。这些创造发明，无疑应归功于妇女，因为在性别分工的基础上，妇女是家里的主人，必然首先从事这些活动。这在我国某些少数民族地区还保留着一定的残余，例如云南傣族[2]和台湾高山族[3]的制陶都由妇女来承担，而男子则仅从事挖土、运土等辅助性劳动或甚至根本不参与其事。但在有些少数民族中已开始有所变化，如云南佤族[4]和台湾耶美族[5]中间，制陶已成为男子专有的职业，妇女则降为辅助性劳动。这些现象提供了陶器出现之后，有关男女分工的变化和社会分工发展等方面的有用资料。此外，上述少数民族在制陶工艺方面的发展过程是：从泥条盘筑到慢轮修整，从露天平地堆烧到棚内平地封泥烧制，这正代表了由手制向轮制过渡的早期形态，由无窑向有窑过渡的初级形式，这些都为探讨原始制陶工艺的发展提供了极为宝贵的资料。

详细地说明我国陶器的起源，目前尚感资料不足，不过最近在河南新郑裴李岗和河北武安磁山出土的陶器都比较原始，据碳十四断代，其年代为公元前五、六千年以前，是华北新石器时代已知的最早遗存。这些发现不仅有利于探索陶器的起源问题，同时还揭示了正是在这些遗存的基础上，才发展成为后来广泛分布的仰韶文化、龙山文化，直到阶级社会的商周文明，它们在制陶工艺和器形的发展上，基本上是一脉相承的。此外，江西万年仙人洞和广西桂林甑皮岩的陶器也具有一定的原始性，其碳十四断代也在公元前四、五千年以前，同样属于新石器时代较早的遗存，它们同后来华南地区的陶器发展也有着直接联系。在我国广阔的土地上，可能分布着更多的早期陶器的遗存，在不断发展和相互交流中逐渐形成统一的文化整体，并在这个基础上产生了原始瓷和瓷器，成为我国特有的创造发明，并对世界文明做出了一定的贡献。

陶器的产生和发展，是我国灿烂的古代文化的重要组成部分，新石器时代某些族的共同体的存在及其物质文化水平，从陶器上可以得到一定的反映，同时在古代保留下来的遗存中，以陶器为最多，因之在考古学中把陶器作为衡量文化性质的重要因素之一。以下各节，准备在目前考古资料的基础上，按地区或按考古学文化类型分别介绍我国新石器时代陶器发展的基本情况。

第二节　黄河流域新石器时代的陶器

黄河流域是我国新石器文化分布较为密集的地区。目前，除了对早期的情况了解得比较少外，中晚期的遗存已发现的主要有仰韶文化、马家窑文化、大汶口文化、龙山文化和齐家文化等。这些文化各有一定的分布范围，面貌也不一样，它们基本上都是以经营农业为主，过着定居的生活，并在这个基础上从事其它各种活动。

仰韶文化　因1921年首次在河南渑池县仰韶村发现而得名。它主要分布于河南、陕西、山西、河北南部和甘肃东部，而以关中、晋南和豫西一带为其中心地区。经过发掘的遗址有陕西西安半坡、临潼姜寨、宝鸡北首岭、西乡李家村、郃县下孟村、华阴横阵、华县泉护村、元君庙；山西芮城东庄村、西王村；河南陕县庙底沟、三里桥，洛阳王湾，郑州林山砦、大河村，安阳后岗和河北磁县下潘汪等处。据碳十四测定，仰韶文化的年代约为公元前4515—2460年⑥，大约经历了两千多年的发展过程。同时由于地域差异，表现在文化面貌上也比较复杂⑦，大体说来，在其中心地区可以分为北首岭、半坡、庙底沟和西王村等四个类型⑧；而在冀南、豫北和豫中地区，则有后岗、大司空村和秦王寨等三个类型⑨。

龙山文化　因1928年首次在山东章丘龙山镇城子崖发现而得名。后来在河南、陕西等地也陆续发现了与其类似的遗存，但文化面貌和山东的不同。为了区别其地域性的特征，有的同志曾将其分别称为河南龙山文化（或后岗二期文化）、陕西龙山文化（或客省庄二期文化）和山东龙山文化（或典型龙山文化）等。山东龙山文化与大汶口文化具有密切的渊源关系。为了叙述方便起见，我们将它和中原地区的龙山文化分开，放在大汶口文化之后一起叙述。

中原地区的龙山文化是继承了仰韶文化的因素而发展起来的。据碳十四测定，年代约为公元前2310—1810年，大约经历了五百年左右的发展过程。它大体上可以分为早期和晚期两个发展阶段。

早期龙山文化以庙底沟二期文化为代表[10]；它主要分布于关中、晋南和豫西一带。经过发掘的遗址有河南陕县庙底沟、洛阳王湾；陕西华县泉护村、华阴横阵；山西平陆盘南村、芮城西王村等处。

晚期龙山文化以后岗二期文化和客省庄二期文化为代表[11]，它们是由庙底沟二期文化或类似的遗存发展来的，两者的分布区域不同，文化面貌也有所差异。后岗二期文化主要分布于河南和河北的南部。经过发掘的遗址有河南安阳后岗、郑州旭旮王、洛阳王湾、陕县三里桥以及河北邯郸涧沟、磁县下潘汪等处。客省庄二期文化主要分布于陕西境内，豫西和晋南也有类似的遗存。经过发掘的遗址有陕西长安客省庄和华阴横阵等处。

此外，近年来在山西襄汾陶寺等地，还发现一种与庙底沟二期文化和后岗二期文化不同类型的龙山文化遗存[12]，关于它们的文化面貌还有待于进一步的探索。

黄河上游的**马家窑文化** 过去也有人称之为甘肃仰韶文化。它是1924年首次在甘肃临洮马家窑发现而得名的，主要分布于甘肃和青海的东北部，而以洮河、大夏河和湟水的中下游为中心。它是受中原仰韶文化（庙底沟类型）的影响而发展起来的。据碳十四测定，马家窑文化的年代约为公元前3190—1715年。经过发掘的遗址有甘肃兰州曹家咀、西坡岻、青岗岔、白道沟坪，广河地巴坪，景泰张家台，永昌鸳鸯池以及青海乐都柳湾等处。马家窑文化的陶器以彩陶为主，根据器形和花纹的变化，可以把它分为石岭下、马家窑、半山和马厂四个类型[13]。

齐家文化 因1924年首次在甘肃和政齐家坪发现而得名。它的分布范围除了甘肃、青海外，在宁夏境内也有发现。据碳十四测定，齐家文化的年代约为公元前1890—1620年。经过发掘的遗址有甘肃秦安寺咀坪，武威皇娘娘台，永靖大何庄、秦魏家以及青海乐都柳湾等处。齐家文化的陶器有的与陕西客省庄二期文化很相似，但两者的主要陶系有所不同（齐家以红陶为主，客省庄二期以灰陶为主）。关于它们的关系问题，还有待于进一步研究[14]。

黄河下游的**大汶口文化** 因1959年首次在山东宁阳堡头村发掘了一处新石器时代的墓地，由于这个墓地和泰安县大汶口隔河相对，是一个遗址的两个部分，故命名为大汶口文化。它主要分布于山东和江苏的北部，包括过去所谓青莲岗文化的江北类型在内，因两者的文化面貌有许多相同之处，故将其归属于一个文化系统。据碳十四测定，大汶口文化的年代约为公元前4040—2240年。经过发掘的遗址有山东宁阳堡头（大汶口）、滕县岗上村、曲阜西夏侯、安丘景芝镇、临沂大范庄、日照东海峪、胶县三里河以及江苏邳县刘林、大墩子和新沂花厅村等处。

山东龙山文化 是继承大汶口文化的因素而发展起来的。它的分布范围包括山东、江苏北部和辽东半岛等地。据碳十四测定，山东龙山文化的年代约为公元前2010—1530年。

经过发掘的遗址有山东章丘城子崖、日照两城镇、潍坊姚官庄和胶县三里河等处。

上面粗略地介绍了黄河流域新石器时代的文化，以便使读者对它们的分布范围、大致年代以及重要遗址等，有一简单的了解。

1.新石器早期和仰韶文化的陶器

我国最早的陶器是什么样子？现在还不清楚。不过近年来在河南新郑、密县、登封、巩县、中牟、尉氏、郑州、郏县、鄢陵、长葛、许昌、漯河、舞阳、项城、潢川、淇县以及河北武安等地，都发现有大体上属于新石器时代早期的遗存，其中新郑裴李岗、密县莪沟北岗和武安磁山等遗址已作过发掘[15]。有的同志曾根据其不同性质，把它们分别定为裴李岗文化和磁山文化（也有人认为属于一个文化的两种类型）。这些遗址的年代都比较早[16]，它为探讨我国新石器时代早期的制陶情况，提供了一个重要的线索。

裴李岗的陶器以红陶为主，有泥质和夹砂两种，都是手制，器壁厚薄不匀，刚出土时陶质很松软，这可能与久埋地下严重吸潮有关。据测定，红陶的烧成温度为900—960°C。器表多为素面，少数饰有划纹、篦点纹、指甲纹和乳钉纹等。器形较简单，仅有碗、钵、壶、罐和鼎等几种(图版壹)。这里的小口双耳壶，腹部呈球形或椭圆形，耳附于肩部，作半月形，竖置或横置，在造型上很有自己的特点。其它如圜底钵、三足钵、深腹罐和鼎等，都具有一定的代表性。这时期的窑址在裴李岗曾发现个别横穴窑，但保存不好。磁山的陶器也属手制，绝大部分是夹砂红褐陶，其次为泥质红陶。烧成温度与裴李岗近似。器表除素面或略为磨光外，纹饰有划纹、篦点纹、指甲纹、细绳纹、乳钉纹和席纹等。器形增多，有碗、钵、盘、壶、罐、豆、盂、四足鼎以及支座等，其中以盂的数量最多，有圆形和椭圆形两种，皆直壁平底。支座作倒置靴形，实心或圈足。这两种器物很反映这一遗址的文化特点，其它如假圈足碗、圜底钵、三足钵、小口双耳壶、深腹罐等，也具有一定的代表性。此外，这里还发现一片红彩曲折纹的彩陶。

裴李岗和磁山的陶器，虽然有显著的不同。但两者的陶质、成形方法和烧成温度却是基本一致的。某些器形和纹饰也有若干相同或近似之处，如圜底钵、三足钵、小口双耳壶以及划纹、篦点纹、指甲纹、乳钉纹等，两地都可以互见，说明彼此具有密切的关系。尤其值得注意的是，这两处陶器与仰韶文化早期遗存又有着一定的联系。如假圈足碗、三足钵、深腹罐等，在陕西宝鸡北首岭[17]、华县老官台和元君庙[18]都有发现。有些器物（圜底钵、小口双耳壶、盂）甚至在年代较晚的河南安阳后岗[19]、陕县庙底沟[20]、河北磁县界段营[21]、下潘汪[22]等遗址仍有发现，说明其延续的时间相当长。至于彩陶和细绳纹更是仰韶文化所常见的。这些迹象表明裴李岗和磁山这类遗存，与仰韶文化具有密切的关系。但目前资料有限，要进一步阐明这个问题，还有待于继续发掘和研究。

仰韶文化的制陶业已经相当发达，从各地发现的窑址来看，都分布于村落的附近。如西安半坡遗址的窑场就设在居住区防御沟外的东边，场内共发现有陶窑六座。这里把窑场和居住区分开的布局，和我国云南某些兄弟民族（如佤族、傣族等），在村外烧陶器的情况很相似，主要是为了避免引起火灾㉓。

仰韶文化的窑址，到目前为止已发现十五处，有陶窑五十四座㉔，结构都比较简单。除了早期的陶窑显得不规整外㉕，大体上可以分为横穴窑和竖穴窑两种，而以前一种较为普遍并且具有一定的代表性。现以西安半坡的陶窑为例，横穴窑的火膛位于窑室的前方，是一个略呈穹形的筒状甬道，后部有三条大火道倾斜而上，火焰由此通过火眼以达窑室。窑室平面略呈圆形，直径约1米左右，窑壁的上部往里收缩。火眼均匀分布于窑室的四周，靠火道近的都较小，远的则较大，显然这是为了调节火力的强弱而有意这样作的。竖穴窑发现得比较少，特点是窑室位于火膛之上，火膛为口小底大的袋状坑，有数股火道与窑室相通。火门开在火膛的南边，从这里送进燃料（图一）。当时烧窑除了用木柴外，可能也用植物的茎杆作燃料。仰韶文化的陶窑规模都比较小，由于这时的陶窑结构还不十分完善，而且在烧窑技术上也未能完全控制烧成温度和气氛，因此烧制出来的陶器往往在一件器物上会出现陶色深浅不一的现象，有时甚至烧坏，一窑俱毁。如河南偃师汤泉沟遗址㉖，在一座废弃的陶窑中就清理出许多烧坏了的残陶器，有的已变形，并有许多小气泡。经复原的四件都是泥质红陶，其中三件为小口尖底瓶。另一件是小口双耳壶。这座被废弃了的陶窑，依然保存着当时烧坏后未曾出窑的残陶器，这对于研究仰韶文化的烧窑技术提供了颇为重要的资料。

竖穴窑是一种较为进步的陶窑，它的发展也是经历了长期的改进而逐步完善的。从半坡遗址的竖穴窑来看，其结构是很原始的，火道采取垂直的形式，而到了较晚的郑州林山砦遗址，陶窑则有很大的改进（图二）。这时窑室的位置并不直接座落于火膛之上，而火道也由垂直变为沟道状（平面呈北字形）。这种竖穴窑的结构，基本上为后来的龙山文化所继承。

至于当时的制陶工具，有陶拍、陶垫、慢轮以及彩绘用具等。但至今能保存下来的很少，出土的仅见陶拍和陶垫之类，偶尔也发现一些彩绘用的颜料。

仰韶文化的陶器基本上都是手制，但这时已经有了初级形式的陶轮。这种陶轮结构简单，转动很慢，一般称它为慢轮。当时陶器的成形、修坯甚至某些纹饰（如弦纹）的制作，就是在这种慢轮的帮助下进行的。在仰韶文化部分陶器的口沿上常发现有经慢轮修整过的痕迹，也有力地说明了这个问题。关于仰韶文化轮制陶器的问题，有的同志认为陕西华县柳子镇和河北磁县下潘汪都已出现过个别的小型轮制陶器㉗。但这些只是个别的例子，而且都属于小型的器物。显然这种轮纹是由于在慢轮上制作，而后割离底部时所遗留下来的，它未必是真正的轮制。当时制作陶器的陶土一般都经过选择㉘，并根据器物的不同用途，有的经过精细的淘洗，有的则加入羼和料，但也有一部分陶土不经加工就用来制作陶器的。大体说来，陶质细腻的陶器，其陶土都经过淘洗，而作为炊器使用的均加入砂粒或其它羼和料，主要是为了增强这些陶器的耐热急变性能。成形普遍采用泥条盘筑法，也有的用泥条圈筑法，小件的器物则直接用手捏成。泥条盘筑法和泥条圈筑法的不同之处，只在于前者以泥条采取螺旋式的盘筑。而后者则以泥条作成圆圈逐层叠筑而成。因此，仰韶文化的陶器往往由于陶坯修饰不够仔细，而在内壁留下十分明

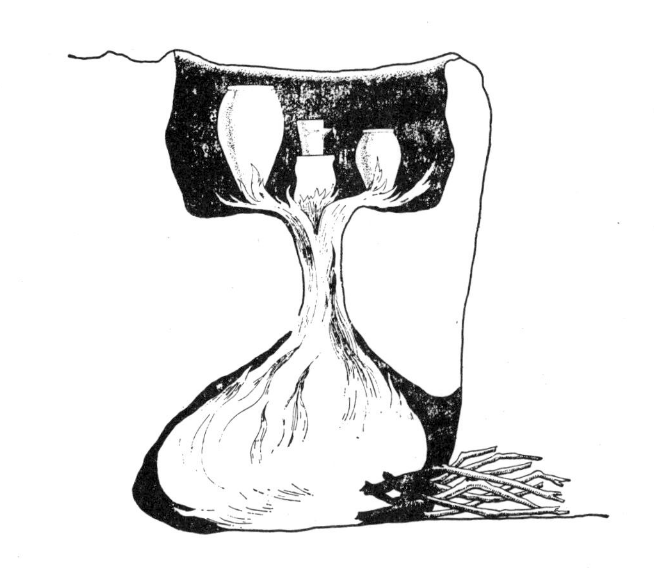

2 号窑

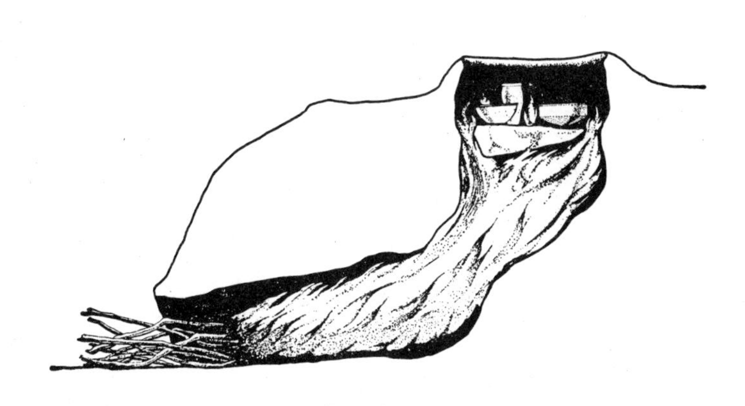

3 号窑

图一　半坡仰韶文化陶窑复原图

显的泥条盘筑或圈筑的痕迹。这种现象尤其是在小口尖底瓶的里面最为突出。

仰韶文化的陶器，就其质料和陶色来说，以细泥红陶和夹砂红陶为主，灰陶比较少见，黑陶则更为罕见㉙。有的遗址还发现过少量近似白陶者，质料可能是瓷土。仰韶文化的陶器不仅在选用陶土和成形工艺方面，已经取得了一定的成就，而且在装饰上也是很讲究的。主要有磨光、拍印纹饰和彩绘等几种。素面陶器一般都经过精细磨光，但也有少数打磨较粗糙的，甚至在器表还遗有压磨不平的痕迹。纹饰以线纹和绳纹为主，篮纹、划纹、弦纹、附加堆纹等次之。另外在某些器物（如罐的底部或瓶的器耳）上还印有席纹和布纹的痕迹，这是在制作过程中将陶坯置于席子或垫布上印成的。根据某些实物标本的仔细观察表明，篮纹和绳纹的成因，是由于利用刻有条纹或绕有绳子的陶拍拍印出来的。这从陶器纹饰带有同样的重复单元，并在几个相邻的重复单元处常有明显的重叠和交错等现象，即可得到有力的说明㉚。另外从云南佤族和傣族的制陶工艺来看，他们所制作的陶器、纹饰和新石器时代的很类似，而这些纹饰就是用刻有花纹的木板拍印成的㉛。它对仰韶文化陶器纹饰的成因，提供了很好的旁证。

彩陶艺术是仰韶文化的一项卓越成就，它是在陶器未烧以前就画上去的，烧成后彩纹固定在陶器的表面不易脱落。据测定，仰韶文化彩陶的烧成温度为900—1000°C。彩绘以黑色为主，也兼用红色。有的地区（如豫西一带）在彩绘之前，先涂上一层白色的陶衣作为

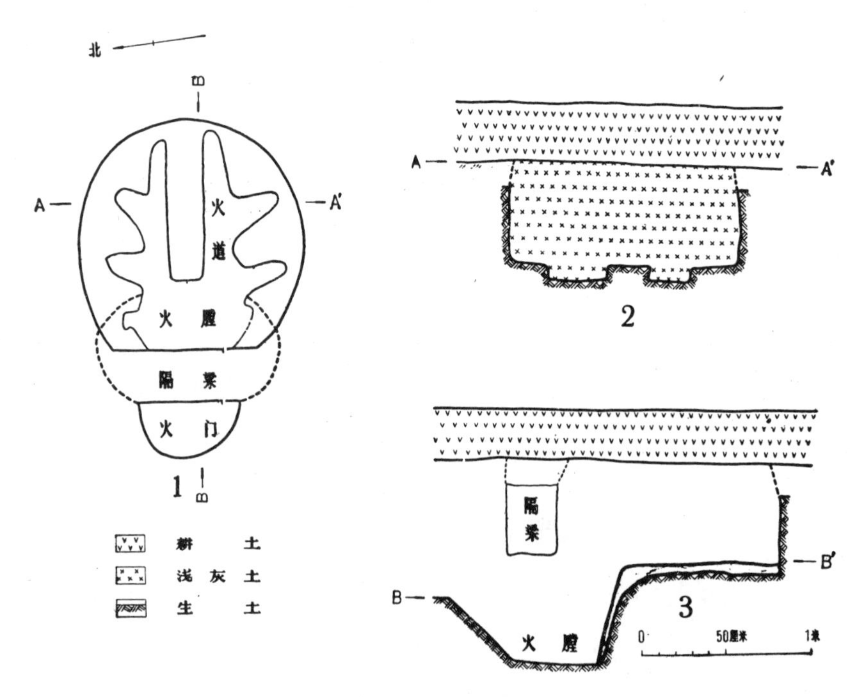

图二　林山砦仰韶文化陶窑平剖面图

1、3.窑内结构平面及剖面图　2.窑内堆积剖面图

衬底，以使彩绘出来的花纹更为鲜明。彩陶花纹主要是花卉图案和几何形图案，也有少数的绘动物纹。这些花纹多装饰在细泥红陶钵、碗、盆和罐的口、腹部，而在器物的下部或往里收缩部分一般不施彩绘。这种设计是与当时人们的生活习惯有着一定的关系。因为新石器时代的人们受居住条件的限制，他们席地而坐或者蹲踞，所以彩陶花纹的部位，都是分布在人们视线最容易接触到的地方㉜。关于仰韶文化彩陶彩料的化学组成问题，经光谱分析表明：赭红彩中的主要着色元素是铁，黑彩中的主要着色元素则是铁和锰。白彩中除含有少量的铁外，基本上没有着色剂。根据这些彩料的光谱分析结果，我们估计赭红彩料可能就是赭石，黑色彩料可能就是一种含铁很高的红土，至于白色彩料可能是一种配入熔剂的瓷土㉝。这里顺便提一下仰韶文化的彩陶花纹，究竟是用什么工具来描绘的呢？要回答这个问题，只要仔细观察一下某些花纹的细微现象和流畅笔法即可得到说明。例如有的花纹上还留有笔毫描绘的痕迹，而有的花纹线条又是画得那样流利（如弧线纹、涡纹、圆点等），可以推想当时已经使用毛笔，否则是难以胜任的。

仰韶文化的陶器在造型方面也是相当美观和实用的。特别是彩陶的造型，线条流畅、匀称，再画上丰富多彩的图案，更显得十分优美和富有艺术感。陶器的种类较多，有杯、钵、碗、盆、罐、瓮、盂、瓶、甑、釜、灶、鼎、器盖和器座等（图三、四），其中以小口尖底瓶最为突出。这些陶器往往由于年代早晚或地区不同，在某些器形和彩陶花纹上还表现出一定的差异。

北首岭类型的陶器，陶胎一般较薄，夹砂陶所含的砂粒比较细，器形较为简单。典型的陶器有口沿饰点刺纹深腹平底或带假圈足的钵，底部带三尖锥足的杯和带三矮足或圆锥足的罐，以及三足壶形器等。纹饰主要是细绳纹，见于夹砂陶器。另外还有划压纹、凹窝纹和附加堆纹，附加堆纹的种类较多，有连续的半月形、小圆圈、小圆点以及品字形三个一组的小泥丁等，主要施于罐类器物的颈、肩部。彩陶很罕见，有的在钵内绘橄榄状的花纹。类似的平底和带假圈足的钵在陕西华县元君庙、老官台等地都曾发现过㉞。它们可能代表仰韶文化较为早期的一种遗存。

半坡类型的典型陶器有圜底钵、圜底盆、折腹盆、细颈壶、直口尖底瓶、锥刺纹罐以及大口小底瓮等。纹饰除一般常见的线纹、绳纹、弦纹等外，最突出的是锥刺纹，由于所用的工具和刺法的不同，又有菱形、三角形、麦粒状等不同形式。彩陶多用黑色彩绘，有宽带纹、三角纹、斜线纹、波折纹、网纹、人面纹、鱼纹、鹿纹和蛙纹等。有的盆在器内也进行彩绘，这是仰韶文化其它类型所少见的。另外半坡类型的彩陶钵，常发现在口沿黑色宽带纹上刻划各种符号，有二十多种不同形式，它可能代表着各种特殊的意义或某种特定的记号(彩版1)。

庙底沟类型的典型陶器有曲腹小平底碗、卷沿曲腹盆、双唇尖底瓶、圜底罐、镂孔器座以及鼎、釜、灶等。纹饰以线纹最为常见，另外还有篮纹、划纹、弦纹等，彩陶主要使用黑彩，红彩很少见，其中以带白衣的彩陶为这一类型的特点。彩陶花纹都画在陶器的口、腹部，主要由圆点、勾叶、弧线三角和曲线等组成连续的带状花纹。动物形象的花纹较少，有鸟纹和蛙纹等。此外，在甘肃甘谷西坪还出土一件绘有人面鱼纹的双耳瓶。

西王村类型的典型陶器有宽沿盆、带流罐、长颈尖底瓶、大口深腹瓮等。纹饰以绳

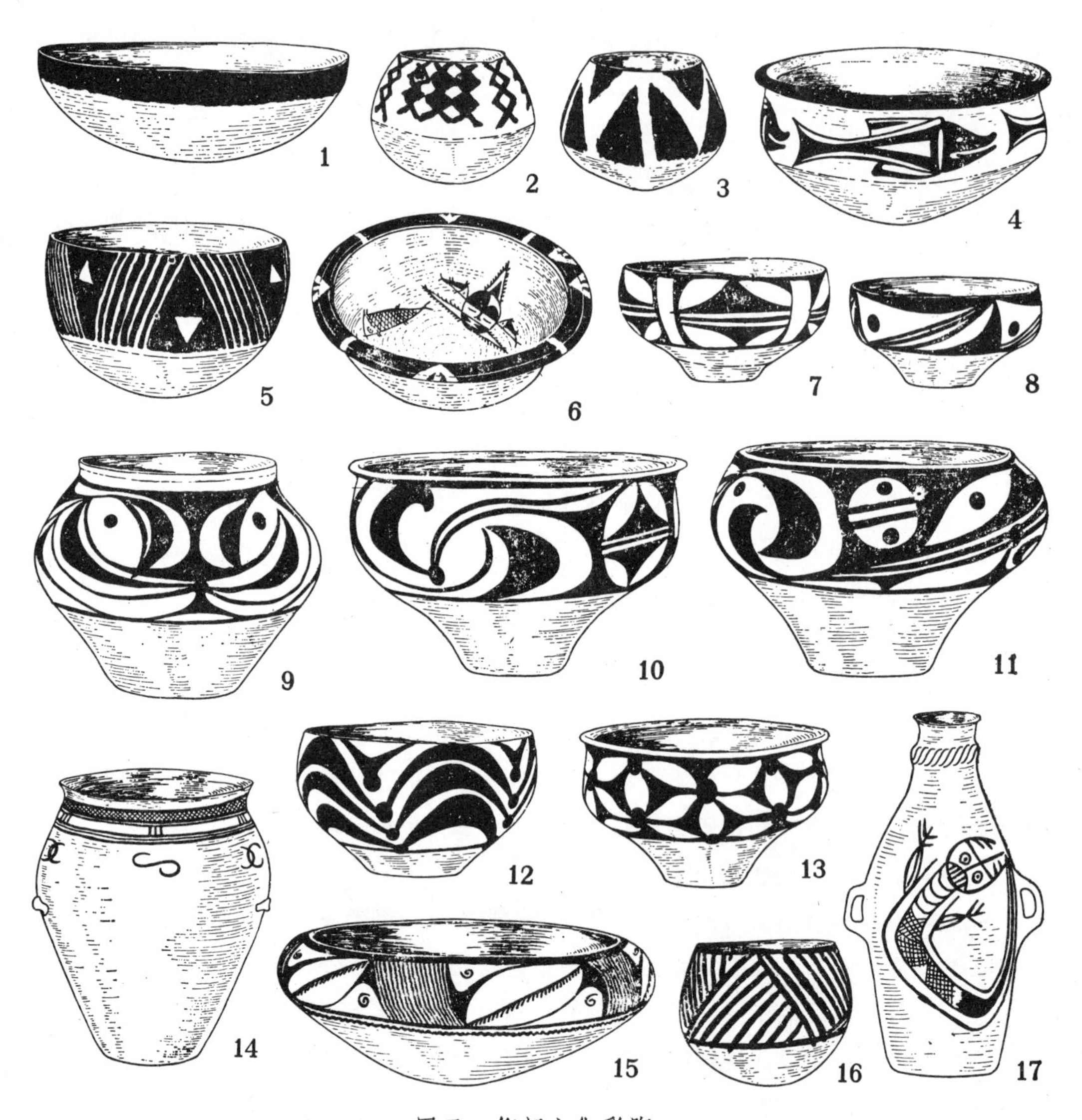

图三　仰韶文化彩陶

半坡类型　1.钵（1/8）　2、3.罐（1/6）　4.盆（1/8）　5.钵（1/6）　6.盆（1/10）
庙底沟类型　7、8.碗（1/6）　9.罐（1/6）　10.盆（1/8）　11.盆（1/6）　12.碗（1/6）
13.盆（1/6）　17.瓶（1/8）　后岗类型　16.钵（1/6）　大司空村类型　15.盆（1/6）
秦王寨类型　14.罐（1/6）　（1—6.陕西西安半坡　7—13.河南陕县庙底沟　14.河南成皋秦王寨　15.河北磁县界段营　16.河南安阳后岗　17.甘肃甘谷西坪）

纹最为常见，其次是篮纹，线纹较少。此外，还有划纹、弦纹、方格纹以及镂孔等，但数量都很少。彩陶比较少见，用红、白两色彩绘，花纹较简单，仅见条纹、圆点纹、斜线纹和波折纹等几种。

后岗类型的典型陶器有红顶碗（钵）、敛口深腹圜底钵、小口长颈壶、盆形灶和鼎等。这一类型鼎的数量较多，其比例仅次于碗、钵，器形也具有一定特点，上部多为宽折沿的圜底或尖底罐形，底下三足有圆柱形、半圆柱形和长方形等几种，在足与鼎腹相接的地方有若干用手捏的小圆窝。陶器以素面或磨光占多数，带纹饰的比较少，有线纹、弦纹、划纹、锥刺纹和指甲纹等。彩陶主要使用红彩，黑彩较少见。花纹较简单，常见的有宽带纹，三四道或六道一组的平行竖线纹，以及平行斜线组成的正倒相间的三角纹等。

大司空村类型的典型陶器有圆腹罐、葵花形底盆，以及颈部或腹上部彩绘的曲腹盆和折腹盆。器表除素面或磨光外，也有少数的篮纹、划纹、线纹、绳纹、方格纹、锥刺

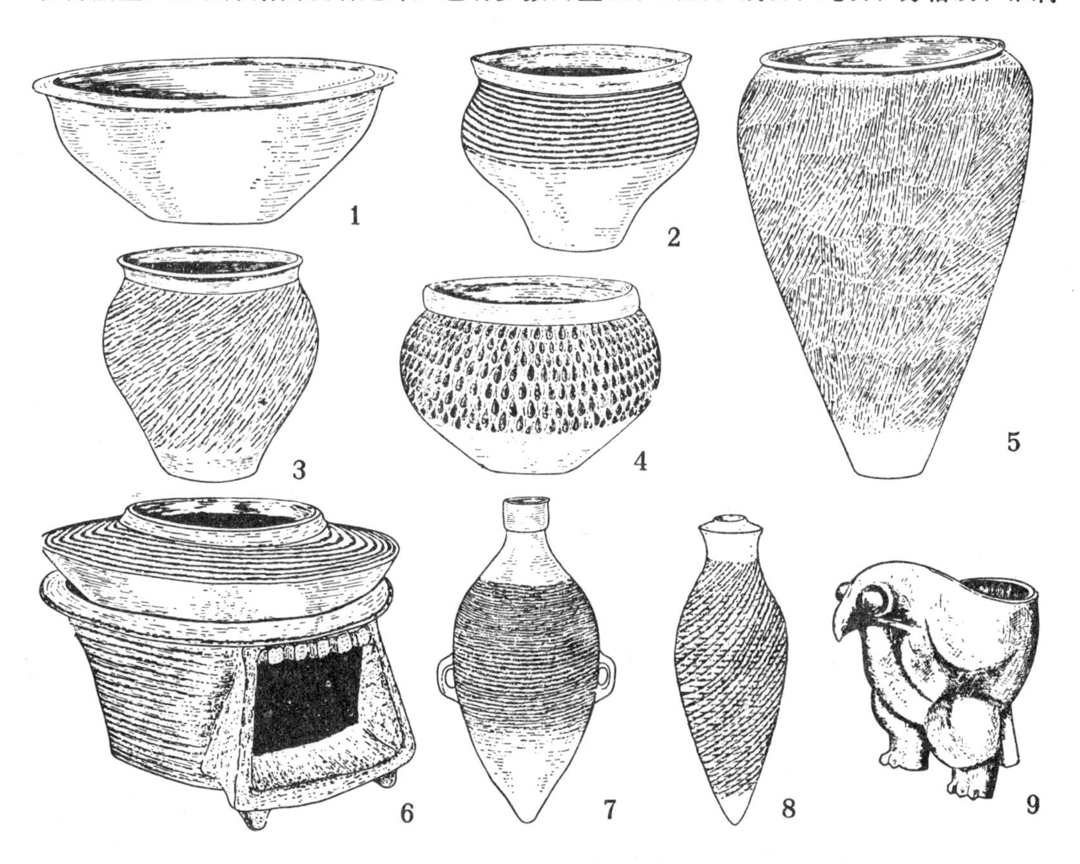

图四　仰韶文化陶器

半坡类型　2.罐（1/6）　4.罐（1/5）　5.瓮（1/10）　7.尖底瓶（1/10）　庙底沟类型　1.盆（1/6）　3.罐（1/8）　6.釜灶（1/6）　8.尖底瓶（1/10）　9.鹰鼎（1/10）　（1、3、6、8.河南陕县庙底沟　9.陕西华县太平庄　2、4、5、7.陕西西安半坡）

纹和附加堆纹等。彩陶普遍使用红彩，黑彩极少，而且除一般红陶外，灰陶也有彩绘的。花纹以弧线三角配平行波线纹，或中间夹以叶形纹组成的带状图案较常见，另外还有螺旋纹、半环纹、S纹、变形X纹、宽带纹、钩形纹、波形纹、带状方格纹和同心圆等。

秦王寨类型的典型陶器有敛口侈唇深腹的彩陶罐，近似圜底的钵形器，敛口深腹小平底肩部饰一圈附加堆纹的灰陶罐，以及盆形和罐形的鼎。纹饰除附加堆纹和镂孔外，彩陶花纹主要有带状方格纹、平行线纹、S纹、X纹和睫毛形纹等。这一类型的彩陶亦多使用白色陶衣，并以红、黑两色彩绘，或以红彩单色施绘。

仰韶文化的人们是很富于艺术创造的，他们不仅把生产中接触到的鱼、鸟、鹿、蛙等形象描绘于彩陶上，还把鸟头、壁虎和人面塑像作为陶器的装饰，更有个别的器物仿照猛禽的形象来塑造的，如陕西华县太平庄出土的一件鹰鼎（图四：9），把整个陶器塑成鹰形，造型很庄严，是一件难得的艺术品。其它如陕西宝鸡北首岭出土的菱形彩陶壶[35]，以及甘肃秦安邵店大地湾出土的人头形器口的彩陶瓶[36]等，造型都是很独特的。除了日用陶器，在陕西武功游凤村还发现过几件圆形陶屋模型[37]，这对研究当时的居住建筑则是一个很可贵的资料。

此外，仰韶文化还有陶刀、陶纺轮等生产工具，以及作为装饰品的各种陶环。

2. 龙山文化的陶器

中原地区龙山文化的制陶业，在仰韶文化的基础上又有了新的发展。这时的陶器以灰色为主，它与仰韶文化时期以红色为主的情况有所不同。这个变化与当时陶窑结构的改进和烧窑技术的提高有一定的关系。龙山文化的窑址，据不完全的资料统计，已发现十处，共有陶窑二十一座[38]。这时期的陶窑形制都属于竖穴式结构；而仰韶文化时期较为流行的横穴窑，已基本上被淘汰了。

龙山文化早期的陶窑，以河南陕县庙底沟发现的一座保存较好。窑由火膛、火道和窑室等部分构成，火膛较深，位于窑室的下部，火口很小。火道有主火道三股及两侧支火道二、三股。窑室呈圆形，直径不到1米，窑壁的上部往里收缩，便于封窑。底部有箅，箅上有火眼二十五孔，离火膛近的火眼较小，远的较大，这样能使窑内受热比较均匀（图五）。晚期陶窑发现较多，陕县三里桥发现的一座可分为前后两部分。前部是火膛，后部为窑室。火膛作椭圆形竖坑状，窑室圆形，直径1.3米，底部有四条平行的沟状火道。窑壁的上部亦有往里收缩之势（图六）。陕西长安客省庄发现的三座陶窑，结构与三里桥基本相同，但火道呈北字形。有的在火膛内还保存着很厚的草灰和几块小木炭，说明当时有些地方烧窑的燃料可能以草杆等物为主，而很少使用木柴。

值得注意的是，这时窑场的布局已不象半坡仰韶文化那样，几座陶窑聚集在一起，而是出现零散分布。如河北邯郸涧沟发现的几座陶窑，就是单个散布于居址中，并且在这些陶窑的附近还发现有两口水井（口径约2米，深7米余），当与烧制陶器有关。另外客省庄的一座陶窑，就修建在屋内墙角上。这些迹象可能反映了龙山文化晚期，由于生产力的进一步发展，而引起了生产关系的某些变革。即制陶业由过去的氏族集体生产，而逐渐转为富有经验的家族所掌握。

中原地区早期龙山文化的陶器，以手制为主，口沿部分一般都经过慢轮修整。在成形工艺方面，底部多采用“接底法”，即将器身和底部分别制成后再进行接合。因此在某些器物的下端常留有底部边沿贴住器壁的痕迹，这种现象以罐类最为明显。

早期龙山文化的陶器（图七，图版贰），以灰陶为主，也有少量的红陶和黑陶。据测定，灰陶的烧成温度为840°C。这时的陶器不仅在造型上有其显著特点，而且还产生了一些新的器形，如双耳盆、三耳盆、深腹盆、筒形罐和斝等。而仰韶文化所特有的小口浅腹圜底釜和盆形灶，这时已为新出现的大口深腹圜底釜和筒形灶所代替，两者虽属同一用途，但器形已截然不同。鼎的形制也有很大变化，以盆形和圜底罐形鼎最为流行。这时的陶器虽然在造型上有着自己的特点，但仍有不少的器物（如小杯、敞口盆、折沿盆、

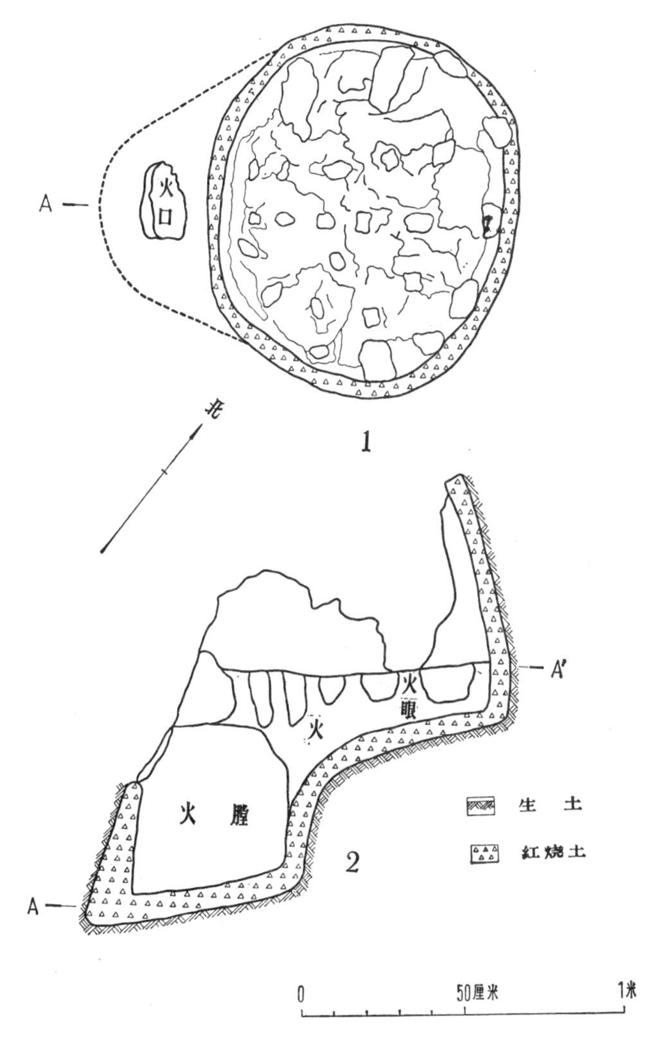

图五　庙底沟龙山文化早期陶窑平、剖面图
1、3. 窑内结构平面图　2. 剖面图

敛口罐、尖底瓶等），依然保留着仰韶文化的某些因素。这正说明中原地区的龙山文化陶器是在仰韶文化的基础上发展起来的。

早期龙山文化的陶器纹饰，以篮纹最为常见，而且有不少陶器在篮纹上面，又加饰数道甚至通身饰以若干道附加堆纹。这种作法不仅是为了装饰，而更重要的是起了加固器身的作用。值得注意的是，在早期龙山文化陶器中还出现了少量具有仰韶文化风格的彩陶，即在侈口深腹红陶罐的上部绘以黑色的斜方格带纹。此外，还有少数涂红衣的小陶杯则是早期龙山文化的特殊产物。过去这两种陶器在河南渑池仰韶村也曾经发现过，但都被误为仰韶文化的遗物。解放后，通过河南陕县庙底沟和山西平陆盘南村遗址的发掘，根据地层上的证据才得以肯定这类陶器确属于早期龙山文化。

晚期龙山文化的陶器除大量灰陶外，红陶还占有一定的比例，而黑陶的数量却有所增加。据测定，灰陶和红陶的烧成温度均达1000°C 。这时轮制技术虽然得到了进一步的应用，但还不占主要地位[39]。制法仍以手制为主，部分器物则采用模制。陶器的种类比早期增多，而且随着地域的不同器形又有若干变化。这时除了杯、盘、碗、盆、罐、鼎、斝、甑、器盖、器座等各种器皿外，还出现了鬲、鬶、甗和盉等新的器形（图七）。鬲的产生显然是从早期斝的形制改进发展而来，而鬶则是在单把鬲的口部延伸出流形成的。甗是甑和鬲的结合，中间放上活箅使用。至于斝到了晚期腹部扩大变深，器形也有

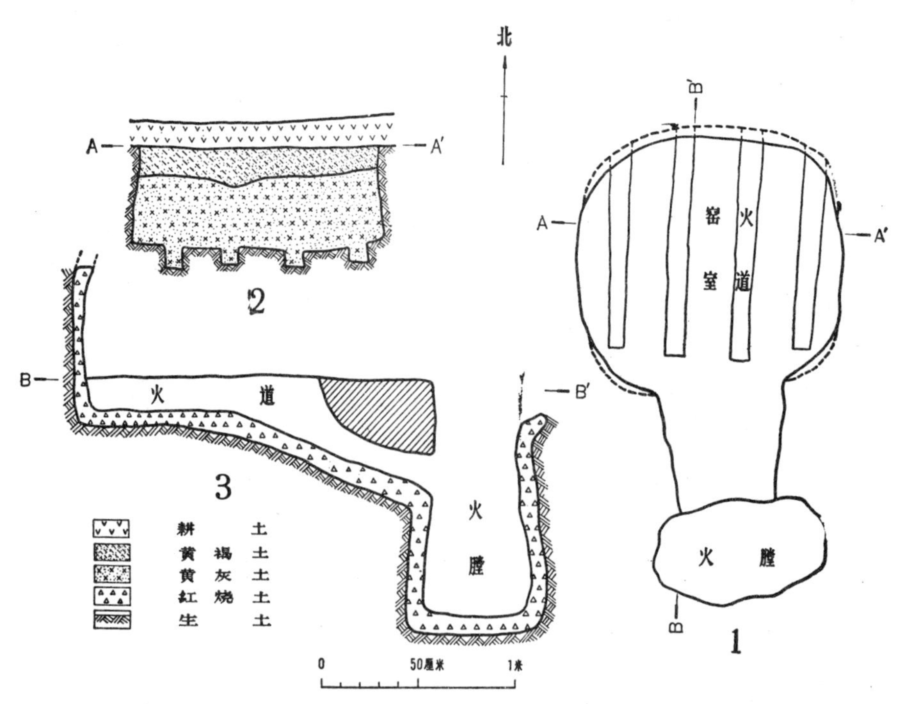

图六　三里桥龙山文化晚期陶窑平、剖面图

1、3.窑内结构平面及剖面图　2.窑内堆积剖面图

显著变化，有的地区还出现一种扁腹斝。

由于地域的不同，河南（以后岗二期文化为代表）和陕西（以客省庄二期文化为代表）的晚期龙山文化，两者在器形上有某些显著的差别。前者陶器以双耳杯、折腹盆、高领鼓腹罐、矮颈鼓腹双耳罐、小口折肩深腹罐、大圈足豆、平底三足鬶和大器座等具有代表性。炊器方面则大量出现绳纹鬲，而斝、鼎比较少见。纹饰则以绳纹为主，篮纹比早期减少，方格纹虽有增加，但数量也不很多。最为别致的是在河南汤阴白营出土的一件高足盘座上，刻有裸体小人像[40]。另外值得注意的是，在陶器中已经出现少量的蛋壳

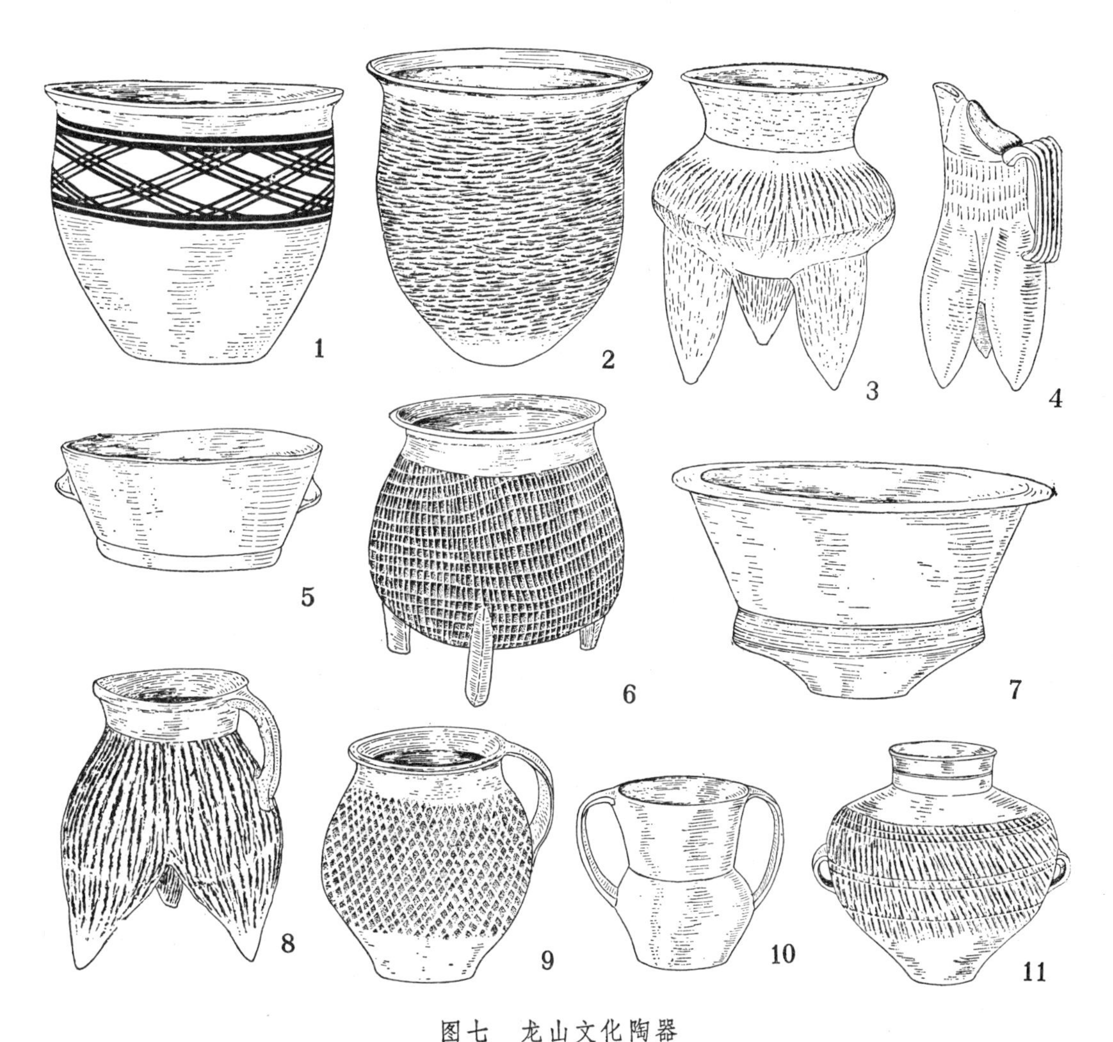

图七　龙山文化陶器

早期　1.罐（1/6）　2.罐（1/8）　3.斝（1/6）　5.盆（1/8）　晚期　4.盉（1/8）　6.鼎（1/6）　7.折腹盆（1/6）　8.鬲（1/6）　9.单耳罐（1/6）　10.双大耳罐（1/4）　11.双耳罐（1/8）

（1.山西平陆盘南村　2、3、5.河南陕县庙底沟　4、6、10.陕西长安客省庄　7、8、9.河南陕县三里桥　11.河南安阳后岗）

陶。后者陶器的类型较为简单，器形以绳纹罐、单把鬲等较常见，而单耳罐、双耳罐、三耳罐以及高领折肩罐等则与甘肃齐家文化的很相似。纹饰以绳纹和篮纹最普遍，方格纹很少见。

龙山文化时期由于生产力的进一步发展，这时的生产工具除了陶垫和纺轮外，陶刀已经很少见（因逐渐被石刀和石镰所代替）。陶塑艺术品有鸟头等。此外，这时期由于父权制的确立，反映对男性祖先崇拜的“陶祖”塑象也屡有发现。

3.马家窑文化与齐家文化的陶器

黄河上游马家窑文化的制陶业和仰韶文化一样，也具有相当的水平。陶器均为手制，以泥质红陶为主，彩陶特别发达。反映当时烧窑技术水平的窑址，在兰州曹家咀、西坡㘭、青岗岔和徐家坪等地都有发现㊶。这时期的陶窑多属竖穴式结构，横穴式的很少，而且也只见于早期（马家窑类型）的遗址。窑场以徐家坪的规模较大，并有一定的布局。这个窑场原来有很多陶窑，因遭受破坏只清理了十二座。分布的情况是窑场北边四座、中间五座、南边两座（图八），三组成南北向排列。另外在场的东边还有单独的一座。这种分组设窑的作法，大概是为了烧窑时便于看管而有意这样安排的。在每一组窑群之间，都有一堆内含木炭末、植物灰、破陶片以及烧土等堆积，这是当时烧窑的废弃物。此外，在窑场里还发现有一个小圆坑，坑壁上附有断续的红胶泥，周围地面也有许多红胶泥块和圆棒状的红胶泥条，以及夹砂红泥块等。这里可能就是当时储存陶土和制作陶器的地方。

徐家坪发现的十二座陶窑，结构基本相同，窑室呈方形，长宽近1米。箅上有九个火眼，成三行排列。火口在窑室的前面，下部即火膛。在陶窑附近，还发现有研磨颜料的石磨盘和调配颜色的分格陶碟，碟上遗有紫红色的颜料痕迹。

马家窑文化的陶器在造型上具有自己的显著特点，器形有碗、钵、盆、罐、壶、瓮、豆、瓶、盂、杯和尊等（图九）。其中夹砂陶的表面多通体饰以绳纹，少数也有饰数道平行、折线、三角或交错的附加堆纹。泥质陶绝大部分都有彩绘，而且常在某些器物（如碗、钵、盆、豆等）的里面也绘以花纹。据测定，红陶的烧成温度为760—1020°C，彩陶为800—1050°C。大体说来，马家窑文化四个类型的彩陶具有以下这些特征：

石岭下类型的彩陶，底色砖红，以黑色彩绘，构图比较疏朗，具有仰韶文化庙底沟类型的一些特点。纹饰有条纹、圆点纹、波形纹、弧线三角纹以及鸟纹、蛙纹等，内彩比较少见。器形有小口双耳平底瓶、侈口长颈圆腹壶、高领鼓腹罐等。在甘肃秦安寺咀坪还出土过一件人头形器口的红陶瓶，造型朴实，头部雕塑很逼真㊷。

马家窑类型的彩陶，制作一般比较精细，仍以黑色彩绘，内彩比其它类型发达。纹饰柔和流畅，常见的有条纹、宽带纹、圆点纹、弧线纹、波形纹、方格纹、垂幛纹、平行线纹以及人面纹、蛙纹等。在青海大通上孙家寨墓葬出土的一件彩陶盆内，还绘有集体舞蹈纹。生动地反映了先民们在劳动之暇，手拉手欢乐歌舞的形象，是一件很难得的艺术品。马家窑类型的陶器有的式样很新颖，如敛口深腹双耳罐、束腰罐、盆形双耳豆等，造型很优美。其它如钵、卷沿浅腹盆则与仰韶文化庙底沟类型相似，说明马家窑文化深受中原地区仰韶文化的影响（彩版2）。

半山类型的彩陶以黑色彩绘为主，兼用红色，构图比较复杂。有螺旋纹、菱形纹、圆圈纹、葫芦形纹、同心圆纹、折线三角纹、平列弧线纹、编织纹、棋盘纹、连弧纹以及网纹等，并且常以黑色锯齿纹作为镶边，这是半山类型的突出特点。器形以大型的小口高领鼓腹双耳壶和侈口矮颈鼓腹双耳瓮最为常见。此外，有些器物如双颈小口双耳壶、人头形器盖等，造型也十分独特罕见。

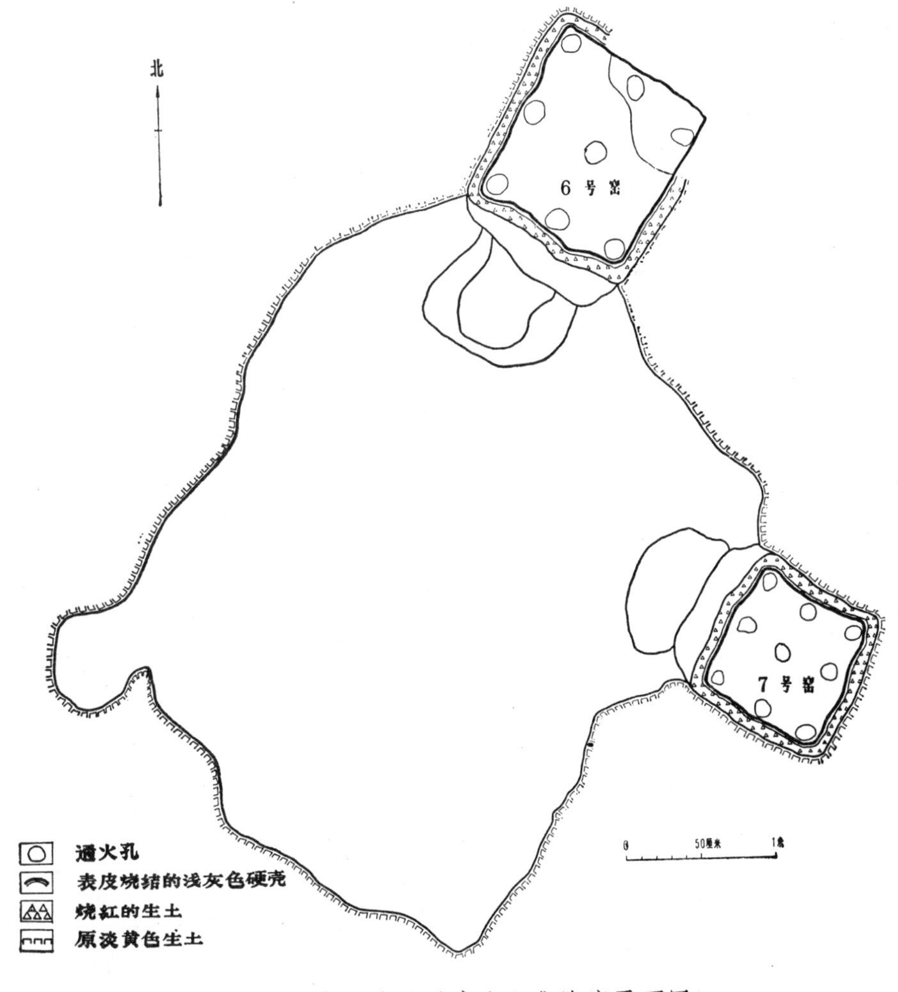

图八 徐家坪南边马家窑文化陶窑平面图

马厂类型的彩陶，制作一般比较粗糙，有的在表面还施加一层红色陶衣。彩绘仍用黑、红两色，纹饰很多样，除部分继承半山类型的风格外，还有人形纹、贝形纹、雷纹、大三角纹、波折纹、方框纹以及象征性蛙纹等。在青海乐都柳湾墓地出土的一件彩陶壶上，还有裸体女性的堆塑像㊸。至于器形则多与半山类型接近或略有变化。另外，也出现一些新颖的器形，如四耳盆、腹部带突钮的单耳筒形罐，以及人头形器口的彩陶罐㊹等。马厂类型的彩陶壶有不少在腹下部或底部画有各种符号，已收集的就有五十多种。

图九　马家窑文化彩陶

马家窑类型　1.罐（1/10）　2.盆（1/6）　3.豆（1/8）　半山类型　4.单耳罐（1/6）　5.壶（1/10）　6.瓮（1/10）　马厂类型　7、8.双耳罐（1/6）　9.单耳罐（1/8）
（1.甘肃永靖三坪　2.兰州王保保城　3.兰州小坪子　4.甘肃景泰张家台　5、6.甘肃广河地巴坪　7.兰州白道沟坪　8、9.甘肃永昌鸳鸯池）

除了日用器皿，马家窑文化还有陶刀和纺轮等生产工具，以及制作精美的彩陶环等装饰品。此外，在甘肃武山灰地儿还出土过一件方形尖锥顶的陶屋模型㊺。

甘青地区继马家窑文化之后发展起来的**齐家文化**，生产一套比较朴实的日用陶器，陶质以泥质红陶和夹砂红陶为主，据测定，红陶的烧成温度为800—1100°C。陶器成形仍然采用手制，小件的器物则用手捏成。部分器物的颈、腹部和底部则是分别制好后再接起来的。这种作法在双大耳罐和高领折肩罐的里面，都留有明显的接合后用手抹平的痕迹。至于器耳和三足器的足部，也是另外做好后再接上去的。陶器表面的处理比较简单，除了双大耳罐的制作较为精致外，一般只用湿手抹平，很少经过精细的打磨，因而表面多缺乏光泽。器物的内壁也往往因修饰不够细致，而留有泥条盘筑和用手压抹（留有指印或指窝）的痕迹。另外有少数陶器，在表面还抹上一层很薄的白色陶衣。

陶器纹饰以篮纹和绳纹最为普遍，前者主要施于泥质陶，后者几乎都见于夹砂陶。另外还有划纹、弦纹、篦纹、锥刺纹、小圆圈纹、附加堆纹等，但数量都比较少。器形早期较为简单，晚期种类增多并富于变化。有杯、盘、碗、盆、罐、豆、盉、斝、鬲、甑、甗和器盖等（图十），其中以双大耳罐和侈口高领深腹双耳罐具有一定的代表性。彩陶比较少见，器形多属罐类，以黑色彩绘为主，红色较少用。绘有条纹、平行线纹、

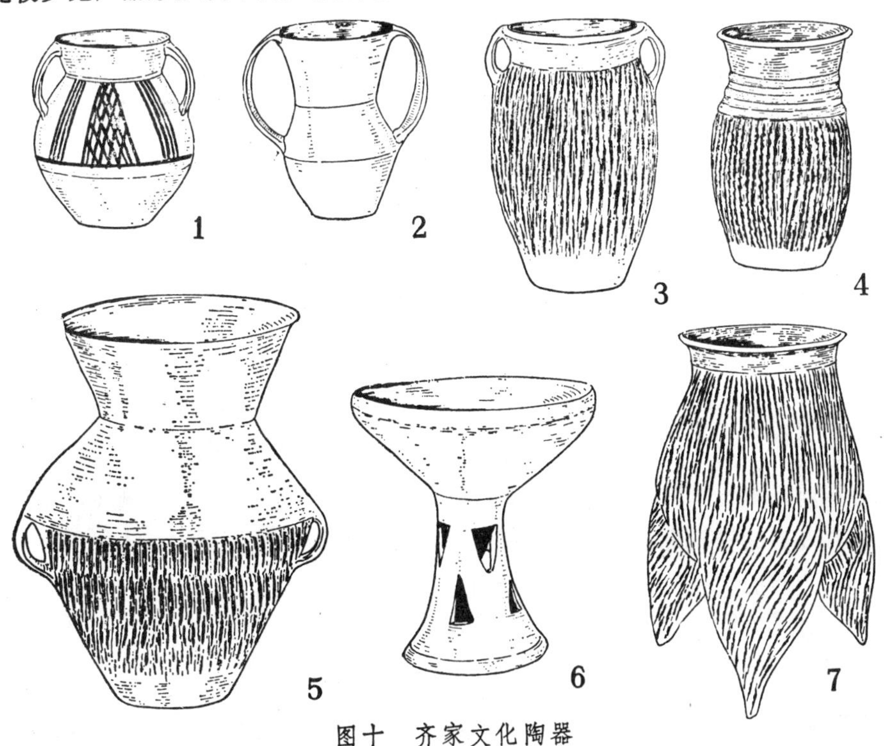

图十　齐家文化陶器

1.双耳罐（1/6）　2.双大耳罐（1/6）　3.双耳罐（1/8）　4.罐（1/6）　5.高领折肩罐（1/8）　6.豆（1/6）　7.鬲（1/8）　（1.甘肃临洮杜家坪　2、4、6、7.甘肃永靖秦魏家　3.甘肃永靖大河庄　5.甘肃武威皇娘娘台）

菱形纹和方格纹等。图案很规整，而且讲究对称排列，这是齐家文化彩陶的一个显著特点。另外还有一些与马厂类型相似的彩陶，在青海乐都柳湾墓地曾有出土（图版叁）。

这时期的雕塑艺术颇为发达，在甘肃永靖大何庄曾出土数件陶鸟头、动物塑像以及人头像等，制作都很小巧逼真。武威皇娘娘台遗址也出土过类似的艺术品，其中有一件在陶罐的口沿旁边雕塑着人面的形象，两眼仰视，神态非常生动。此外，齐家文化还有为小孩制作的一些小玩具。如很小的杯、罐、甑、器盖以及瓶形、鼓形的响铃等。

陶制工具除纺轮和陶垫等仍有发现外，这时陶刀已基本上被淘汰了。

4．大汶口文化与山东龙山文化的陶器

分布于山东、苏北一带的大汶口文化和山东龙山文化，是两个具有先后继承关系的原始文化。它们在陶器的制作和发展上有着十分明显的承袭迹象。

大汶口文化的制陶业已经具有相当的水平。这时期的窑址发现不多，从山东宁阳堡头村（大汶口遗址的一部分）发掘的一座陶窑来看，其形制仍属横穴窑。这座窑的上部已完全遭到破坏，窑室呈圆形，直径将近2米，箅上有圆形火眼，底下有三条斜坡形的火道与火膛相通，火口开在火膛的前端。在残存的窑箅上还遗留一些带红衣的残陶器。

大汶口文化的陶器以手制为主，晚期在慢轮修整的基础上开始出现轮制。手制陶器一般都用泥条盘筑法，有的内壁还留有泥条盘筑后尚未抹平的痕迹。口沿部分大都经过慢轮修整，显得十分规整。小件的器物则直接用手捏成。在选用陶土方面，用料的范围扩大了，除一般陶土外还用高岭土或瓷土制作白陶。同时按各种器物的不同用途，对陶土的加工也有一定的要求。如有的陶土经过精细的淘洗，有的根据不同的需要羼入细砂或粗砂。对于陶器表面的处理，绝大部分泥质陶都经过磨光，部分细砂陶也有加以打磨的。纹饰除涂红陶衣或彩绘外，有划纹、弦纹、篮纹、镂孔、圆圈纹、弧线三角印纹以及附加堆纹等。镂孔主要见于豆和高柄杯上，有三角、圆形、方形、长条形和菱形等几种。大量镂孔的出现，是大汶口文化的一个显著特点。红衣陶和彩陶的数量较少，但大汶口文化的彩陶颇具有自己的特点，彩色有红、黑、白三种，有的三色同施于一个器物上。彩绘一般都在器物的外部，其中有一部分花纹是在陶器烧好以后才画上去的，因而彩色容易剥落。也有的在画前先施一层红色或白色的陶衣，然后再进行彩绘。彩纹别具风格，有圆点纹、圆圈纹、窄条纹、三角纹、水波纹、菱形纹、漩涡纹、弧线纹、连弧纹、花瓣纹、八角星纹、平行折线纹、迴旋勾连纹、带状网格纹等。其中后两种和仰韶文化（庙底沟类型、秦王寨类型）很相似，说明彼此在文化交流上具有密切的关系。器形早期比较简单而且以红陶为主，晚期种类增多，同时灰、黑陶的比例显著上升并出现白陶。据测定，红陶的烧成温度达1000°C左右，白陶为900°C。陶器的种类除平底器和三足

器外，还有相当多的圈足器。另外有许多器物带嘴或带流，同时耳、鼻、把手和器盖的应用很普遍。器物造型多具有自己的特点，如鼎、鬶、盉、豆、尊、单耳杯、高柄杯、觚形杯（三足高柄杯）、高领罐、背水壶等（图十一，图版肆），别具风格。其中鼎的形制比较复杂，有盆形、钵形、罐形和釜形等几种。鬶除了一般空足的以外，还有实足的。豆的形制也很多样，有盆形、罐形和筒形等几种，而以筒形豆最为别致。背水壶是大汶口文化所特有的器物，但到了晚期阶段已趋向衰落，一般烧成温度较低，制作也较为粗糙，似多作为明器之用，最能代表当时制陶技术水平的是高柄杯，尤其到了晚期阶段，如山东临沂大范庄墓葬出土的均为细泥黑陶，烧成温度较高，表面乌黑发亮，器壁仅1—1.5毫米，口沿更薄，只有0.5毫米左右。说明这时蛋壳陶的制作技术已经达到了比较成熟的阶段。

大汶口文化陶器的另一特点是陶色比较多样，有红、灰、青灰、褐、黄、黑、白等数种，其中黑陶的胎质多呈红色或灰色，实为一种黑皮陶。仅少数器物（如高柄杯）和山东龙山文化典型蛋壳陶相类似。

除日用器皿外，大汶口文化的陶塑艺术也是非常生动的。如山东曲阜尼山出土的陶猪、胶县三里河[46]和宁阳堡头出土的猪形鬶[47]等，形象都很逼真。显然这些陶塑艺术的成就，是与当时家畜饲养的发达有着密切的关系。此外，在山东莒县陵阳河出土的四件灰陶缸上，还刻有太阳、云气、山峰和装柄的石斧、石锛等图象[48]。这对研究我国文字的起源是很有价值的资料。

山东龙山文化的制陶业，在大汶口文化的基础上又有了进一步的发展。首先是陶器的制法有了很大的改进，主要表现在轮制技术的普遍应用上。这时除了部分陶器以及

图十一　大汶口文化陶器

1.豆（1/6）　2.盉（1/6）　3.鼎（1/6）　4.单耳杯（1/6）　5.罐(1/6)　6.高柄杯(1/6)　7.鬶(1/6)　8.三足盉(1/6)　（1、2、3、5、7、8.山东泰安大汶口　4、6.山东曲阜西夏侯）

耳、鼻、嘴、流、把、足等附件外，器身一般都用轮制，因而器形相当规整，器壁的厚薄也十分均匀。同时由于普遍采用轮制，所以这时期的陶器无论在产量和质量上都比过去有很大的提高。

山东龙山文化的陶器以黑陶为主，灰陶不多，也有少量红陶、黄陶和白陶，但后三种陶多用来制作陶鬶。据测定，黑陶的烧成温度达1000°C左右，红陶为950°C，白陶则在800—900°C。黑陶有细泥、泥质和夹砂三种，其中以细泥薄壁黑陶的制作水平最高，这种黑陶的陶土经过精细淘洗，轮制，胎壁厚仅0.5—1毫米左右，表面乌黑发亮，故有蛋壳黑陶之称。蛋壳黑陶是山东龙山文化最有代表性的产物，主要产品有大宽沿的高柄杯，胎质十分轻巧，制作精致，造型优美。要制作这样薄如蛋壳的精品，不仅需要有长期的丰富经验，还得有熟练的技术才行。这也说明当时的制陶业已经非常专业化了，并且为某些富有经验的家族所掌握。

这时期的陶器以素面或磨光的最多，带纹饰的较少，有弦纹、划纹和镂孔等几种。在山东日照两城镇出土的蛋壳黑陶片上，还划有近似铜器纹饰的云雷纹[49]。陶器器形比较复杂，也有较多的三足器和圈足器，但在造型上却比大汶口文化显得更加规整美观。常见的有碗、盆、罐、瓮、豆、单耳杯、高柄杯、鼎和鬶等（图十二，图版伍），另外还有盉、鬲和甗。鼎有盆形、罐形两种，其中以鬼脸式鼎腿最为别致，也有的鼎足作圆环状，为其它文化所罕见。这时鬶的形制与大汶口文化也有所不同，主要变化是颈部扩大变粗，有的甚至与腹部连成一体。两者的界限不十分明显。甗是一种新出现的产物，器形与河南龙山文化基本相同。

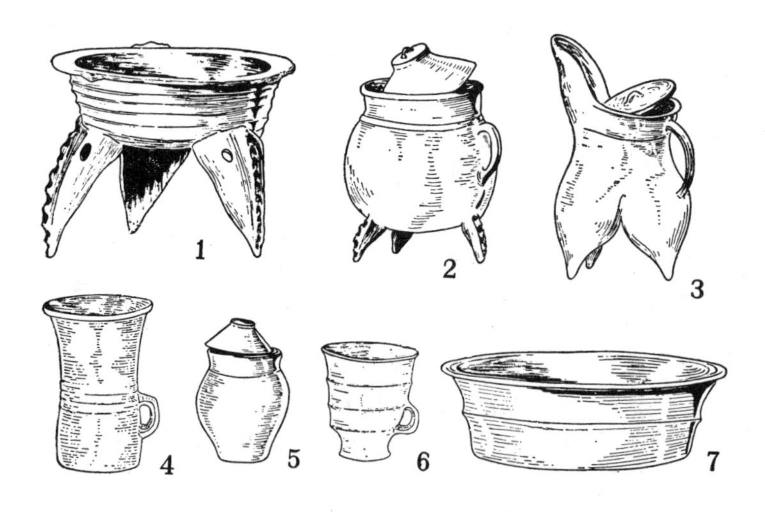

图十二　山东龙山文化陶器

1、2.鼎（1/4）　3.鬶（1/4）　4.单耳杯（1/6）　5.罐（1/5）
6.单耳杯（1/6）　7.盆（1/4）　（1—7.山东日照两城镇）

山东龙山文化的陶器，无论在制法、陶色和某些器形上，都具有明显的继承大汶口文化的迹象。如轮制技术在大汶口文化的晚期已开始出现，到了山东龙山文化时期则大量被采用。黑陶的比例也是从少到多，以至大量出现。器形的承袭演变也相当清楚，如某些类型的鼎、鬶、豆、单耳杯、高柄杯等，都可以在大汶口文化的同类器物中找到其渊源关系。另外也有一些器物在发展过程中呈现衰退现象，如背水壶在大汶口文化时期盛行一时之后，到了晚期阶段逐渐衰落，不仅制作较为粗糙，而且已显著变形（垂胆式），处于消亡状态，待到山东龙山文化时便绝迹了。

第三节　长江流域新石器时代的陶器

长江流域的新石器文化也是相当发达的，目前在中下游地区已发现的有大溪文化、屈家岭文化、河姆渡文化、马家浜文化和良渚文化等。它们基本上都是以种植水稻为主，兼营渔猎，并从事制陶等原始手工业。

大溪文化　是1958年首次在四川巫山大溪镇发现而得名的。它主要分布于三峡地区以及鄂西长江沿岸，经过发掘的遗址除大溪外，有湖北宜都红花套、江陵毛家山和松滋桂花树等处。据碳十四测定，大溪文化的年代约为公元前3825—2405年。

屈家岭文化　因1954年首次在湖北京山屈家岭发现而得名。它主要分布于江汉地区，经过发掘的遗址除屈家岭外，有湖北郧县青龙泉、宜都红花套以及河南淅川黄楝树等处。据碳十四测定，屈家岭文化的年代约为公元前2550—2195年。

根据近年来的考古发现，大溪文化和屈家岭文化虽然彼此的主要分布地区有所不同，但在三峡以东的宜昌、宜都、江陵、松滋等地都有交错分布的现象。从其文化内涵来看，两者也具有某些相同或类似的因素。由于大溪文化的年代比屈家岭文化早，可能后者是继承了前者的因素而发展起来的[50]。

长江下游的河姆渡文化[51]、马家浜文化[52]和良渚文化是三个具有继承关系的新石器文化。它们之间除了有若干承袭发展的迹象可寻外，在文化面貌上也各有自己的特点。

河姆渡文化　是1973年首次在浙江余姚河姆渡村发现而得名的。它的年代比较早，据碳十四测定约为公元前4360—3360年。分布范围还不十分清楚，就目前所知，发现于杭州湾以南的宁绍平原一带。

马家浜文化　因1959年首次在浙江嘉兴马家浜发现而得名。它是继承了河姆渡文化的因素而发展起来的，主要分布于江苏南部和浙江北部。经过发掘的遗址除马家浜外，有浙江吴兴邱城、余姚河姆渡，江苏常州圩墩以及上海青浦崧泽等处。据碳十四测定，马家浜文化的年代约为公元前3670—2685年。

良渚文化　1936年首次在浙江杭县良渚发现而得名。它是继马家浜文化之后而发展起来的，分布范围大体上与马家浜文化相同。经过发掘的遗址除良渚外，有浙江吴兴钱山漾、杭州水田畈，上海马桥和金山亭林等处。据碳十四测定，良渚文化的年代约为公元前2750—1890年。

1. 大溪文化与屈家岭文化的陶器

大溪文化的陶器以红陶为主，也有一定数量的灰陶和黑陶，在个别的遗址中还出过少量白陶。制法采用手制，口沿部分有的经慢轮修整。少数器物的里面还留有泥条盘筑的痕迹，有些罐的口、腹部和底部三者是分别做好后再接合起来的，圈足器的器身和圈足也是采取同样的方法作成的。陶土多属泥质，细泥和夹砂的较少，其中夹砂陶除了使用石英质砂粒做羼和料外，有些陶器还羼入碾碎的稻谷壳，烧成后变成黑炭或出现大量孔隙。红陶的胎质有的呈灰色或黑色，也有的作红黄色。在器表或器的上部，往往施一层深红色的陶衣。另外还有许多器物（如碗、盘、簋、豆等）的表面为红色，而口沿和器内部却是黑色的，这很可能是在烧窑时将陶器倒覆置放所致。黑陶的胎壁有的很薄，表里颜色一致，也有的仅表面黑色，而胎内却是灰色的。据测定，大溪文化陶器（包括

图十三　大溪文化陶器

1.鼎（1/6）　2.圈足盘（1/6）　3.罐（1/8）　4.瓶（1/6）　5.簋（1/6）

（1、2、4、5.四川巫山大溪　3.湖北松滋桂花树）

彩陶、红陶、黑陶、灰陶、白陶）的烧成温度为600—880°C。

陶器表面绝大部分为素面或磨光，只有少数饰弦纹、划纹、瓦纹、浅篮纹、篦纹、戳印纹、附加堆纹和镂孔等，也有少量彩陶和朱绘陶。戳印纹是大溪文化特有的纹饰，它用各种不同形状的小戳子印成，主要施于圈足盘、子母口碗和豆的圈足上。彩陶多为细泥红陶质，以黑色彩绘为主，也有一些中间夹以红彩的，一般都绘于器外，个别的里外都施彩。花纹较为简单，有弧线纹、宽带纹、绳索纹、平行线纹、横人字纹、菱形格子纹以及变形漩涡纹等几种。朱绘只见于部分黑陶。器形有杯、盘、碗、盆、钵、罐、瓮、豆、壶、瓶、釜、鼎、簋、器盖和支座等（图十三，图版陆:1、2）。其中以筒形彩陶瓶、曲腹杯、圆锥足罐形鼎和簋等具有代表性。另外圈足的大量应用，也是大溪文化陶器的一个显著特点。除了日用器皿，还有一些制作精致并刻划有花纹的陶球等小器物。

屈家岭文化的制陶业已经具有较高的水平。这时期的窑址在湖北郧县青龙泉发现过一座，但保存不好，仅残留火膛和三股火道，窑室和窑箅部分均已破坏。火膛略呈圆形，内有烧剩的木头和竹片，说明当时在长江流域盛产竹子的地方，人们也用它来作为烧窑的燃料。屈家岭文化的陶器，在它的早期阶段黑陶占较大的比例，红陶不多，晚期灰陶居于主要地位。制法仍以手制为主，陶器大部分是素面，仅少数饰有弦纹、浅篮纹、刻划纹、附加堆纹以及镂孔等，另外也有部分彩陶和朱绘陶。据测定，彩陶和灰陶的烧成温度均达900°C左右。

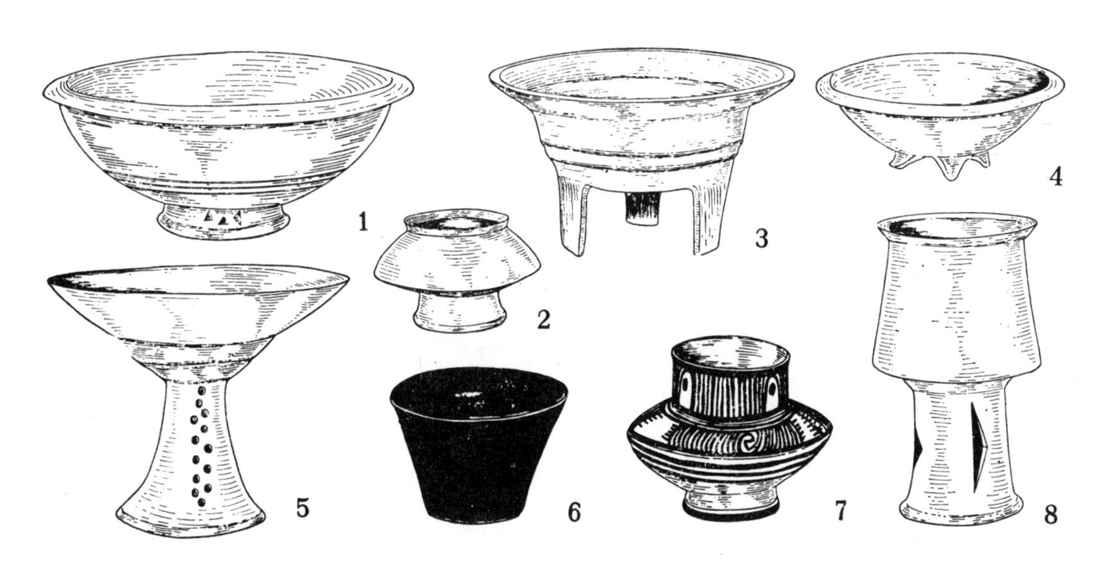

图十四　屈家岭文化陶器

1.圈足碗（1/6） 2.盂形器（1/4） 3.鼎（1/6） 4.三足盘（1/4） 5.豆（1/6） 6.蛋壳彩陶杯(1/4) 7.壶（1/4） 8.高圈足杯（1/4）（1—6、8.湖北京山屈家岭 7.湖北郧县青龙泉）

屈家岭文化的陶器，在造型上多具有自己的特点。如有些器物的器身基本一样，只是按不同的需要附加高矮不同的三足或圈足，而形成几种不同用途的陶器（如部分鼎、豆和碗）。其中具有代表性的器物，有高圈足杯、三足盘、圈足碗、长颈圈足壶、折盘豆、盂形器、扁凿形足鼎以及带盖和底部附有矮圈足的甑等（图十四，图版陆：3、4），均为其它文化所罕见。此外，还有大型的锅、缸等器物，也反映了屈家岭文化的一个显著特点。

最能代表当时制陶技术水平的是一种胎壁很薄的彩陶，壁厚1毫米左右，故有蛋壳彩陶之称，它也是屈家岭文化最富有特征的器物之一。这种蛋壳彩陶主要见于杯和碗，胎色橙黄，表面施加陶衣，有灰、黑、黑灰、红、橙红等色，然后绘以黑彩或橙黄色彩。杯的彩纹一般都绘在器内，碗则多绘于器外，也有里外皆施的。花纹基本上有圆点、弧线、条纹、网纹、菱形格纹、方框中加卵点、方框套方框等几种。有的则用独特的晕染手法，以黑、灰、褐等浓淡不同的色彩构成犹如云彩般的花纹，并在其间附以横列的卵点。反映了屈家岭文化彩绘艺术的又一特色。

除了日用器皿外，屈家岭文化的彩绘艺术还突出地表现在陶纺轮上。彩绘有橙黄、橙红、红褐、黑褐等多种颜色，花纹甚为别致，由直线、弧线、卵点、同心圆、太极式等几种组成，而且善于利用三分法、四分法和对称式的构图。

陶塑艺术品有鸡、羊以及彩绘或刻划有花纹的陶球等。

2. 河姆渡文化、马家浜文化和良渚文化的陶器

河姆渡文化是目前长江下游已发现的年代最早的一种原始文化。它的陶器制作还处于较为原始的手制阶段。主要特点是陶质比较单一，绝大部分为夹炭黑陶，烧成温度低，胎质疏松，而且器壁较粗厚，造型也不规整。夹炭黑陶是河姆渡文化具有显著特征的遗物，有人主张它是在绢云母质粘土中有意识地羼入炭化的植物茎叶和稻壳制成的[53]，但也有的同志对此持有不同的看法。当时制作陶器，所以要羼入这些植物茎叶和稻壳，主要是为了减少粘土的粘性以及因干燥收缩和烧成收缩而引起开裂。这种作法比起后来的使用砂粒作为羼和料，显得更为原始。除了夹炭黑陶外，也有一些夹砂灰陶和个别泥质灰陶。据测定，黑陶的烧成温度达800—930°C，灰陶为800—850°C。

陶器的表面往往饰有比较繁密的绳纹和各种花样的刻划纹，也有一些堆塑成的动物纹和彩绘。绳纹主要见于釜的圜底部分，由小块各自排列整齐的绳纹交错组成，从整体看显得比较错乱，似用绳缠在陶拍上拍印成的。刻划纹的应用也很广泛，主要是植物纹或由它变化而来的各种图案，绝大部分饰于敛口釜上。另外在个别的器物上饰有动物纹，如有一件长方形钵的两侧都刻划有猪纹，有的盆还刻划类似鱼藻纹和凤鸟纹的图案，也有把稻穗纹和猪纹共刻于一盆的。堆塑动物纹见于钵的口沿上，形似蜥蜴，造型生动逼真。

彩陶花纹很别致，它是在印有绳纹的夹炭黑陶上施一层较厚的灰白色土，然后表面磨光，绘以咖啡色和黑褐色的变体动植物花纹[54]。

器形以釜、罐最多，另外有杯、盘、钵、盆、罐、盂、灶、器盖和支座等（图十五，图版柒:1），其中以釜和支座最具有代表性。釜的形制很多，有敛口、敞口、盘口和直口等几种，有的底部留有很厚的烟熏痕迹，釜内还有食物烧结的焦渣。支座是活动的，陶质与一般器物不同，表面灰色，胎内不夹炭，制作粗糙，器形略呈方柱形或圆柱形，器体稍作倾斜状，内侧常有烟熏的痕迹，似为支撑釜的支座。

河姆渡文化的陶器虽然在造型上不大规整，但有些器物的设计却很别致。如有一件六角形的椭圆盘，在盘沿上饰以连续的树叶纹图案。有的釜将口部外沿作成多角形，上面也饰以同样的树叶纹，从造型和纹饰上看都是很朴实优美的。

陶塑艺术品有人体塑像、猪、羊和鱼等。

河姆渡文化之后，接着发展起来的是马家浜文化。它的陶器以夹砂红陶为主，并有部分泥质红陶、灰陶以及少量的黑陶和黑衣陶。夹砂陶的羼和料早期主要使用砂粒，晚期多使用草屑、谷壳和少量的介壳末。据测定，红陶的烧成温度为760—950°C，灰陶为810—1000°C。陶器的成形基本上采用手制，部分器物经慢轮修整，晚期灰陶增多并出现轮制。器表多素面或磨光，纹饰有弦纹、绳纹、划纹、附加堆纹以及镂孔等。红陶衣的使用很普遍，主要施于泥质红陶上，个别黑陶和夹砂陶也有施加红衣的。器形有钵、盘、盆、罐、匜、杯、瓶、觚、尊、壶、豆、鬶、盉、釜、鼎、甗、勺和支座等(图十六，图版柒:2、3)。早期釜多鼎少，晚期鼎、豆增多。釜的形制比较多样，深腹或浅腹，有敞口、敛口、直口等几种，其中以圜底的最常见，平底的较少。最为独特罕见的是“腰沿釜”（即腹部有一道宽沿的圜底釜）。鼎有盆形、盘形、釜形和壶形四种。足以扁平或铲形（凿形）的较富有特征，也有少数的鼎足近似鱼鳍形。豆把盛行镂孔，形式多样，有圆形、方形、长方形、三角形、弧边三角形和弧边菱形等，有的由几种相间组成环带状的镂孔装饰，或与弦纹、划纹两三种并施。少数的豆把也有作成竹节形的。壶的腹部多带折棱或饰以瓦棱纹。支座与河姆渡文化有所不同，中间多是空的，有的颈上附一环形把手，背上饰有螺旋形堆纹，造型很独特。其它如

图十五　河姆渡文化陶器

1.双耳罐（1/6）　2.带把钵(1/6)　3.长方钵(1/6)
4.釜（1/6）　(1—4.浙江余姚河姆渡)

牛鼻式的器耳以及花瓣形的圈足[55]等也很具有特征。个别的陶器在肩部或底部，还刻划有某种符号或动物形的花纹。在上海青浦崧泽出土的一件直腹圜底匜是很少见的器物，此器覆置过来即为猪首形雕塑。有眼、耳、鼻，嘴外伸为流[56]，既是用具又是艺术品。彩绘仅见于少数的杯、瓶、罐、豆，主要用红褐彩，个别兼用淡黄彩，有条纹、宽带纹、弧线纹、绹纹和连圈纹等。在江苏常州圩墩还出土过一片泥质灰陶，似为钵或盆形器的腹部，器内绘有黑彩网纹和斜格三角纹。

陶塑艺术品在河姆渡遗址的上层（马家浜文化），曾出土一件人头塑像。作椭圆形，前额突出，颧骨很高。眼和嘴以细线勾划，形象很逼真。此外，还有纺轮、陶垫和网坠等陶制工具以及陶埙之类的乐器。

这一时期在长江下游还有一种与马家浜文化不完全相同的文化类型。它以南京北阴阳营下层墓葬的随葬陶器为代表[57]，有较多的彩陶。彩用红、黑两色，有的先施以白色或红色的陶衣，再绘以红、黑色或深红色彩，花纹较简单，有带纹、网纹、三角纹、弧线纹和菱形方格纹等。器物造型具有显著特色。如圈足碗、圜底盆、带把圜底钵、带把壶、三足盉、折足鼎、高圈足尊等，都具有一定的代表性。

良渚文化是继承了马家浜文化的因素而发展起来的。陶器以泥质黑陶最富有特征，但绝大部分都属于灰胎黑衣陶，烧成温度较低，胎质较软，陶衣呈灰黑色，很容易脱落。少数为表里皆黑的薄胎黑陶，烧成温度较高，壁厚1.3—2毫米，与山东龙山文化的典型蛋壳陶近似。除了黑陶外，还有泥质灰陶和夹砂红陶等，其中夹砂红陶的表面往往施加一层红褐色的陶衣。关于陶器的烧成温度，据测定，灰陶为940°C。

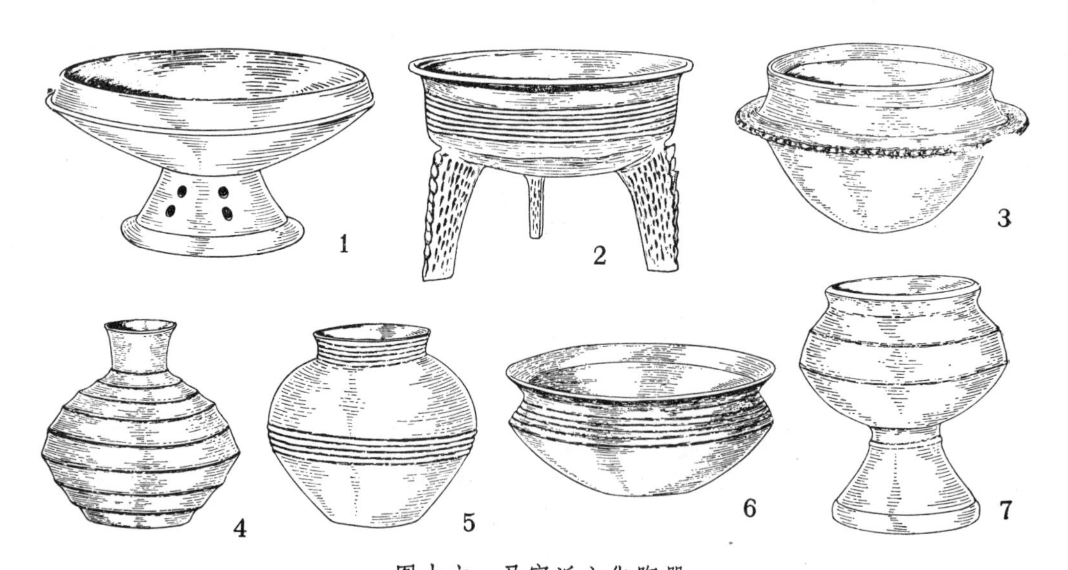

图十六　马家浜文化陶器

1.豆（1/6）　2.鼎（1/8）　3.腰沿釜（1/10）　4.壶(1/8)　5.罐(1/8)　6.盆(1/6)　7.豆(1/6)
(1、2、4、5、7.上海青浦崧泽　3、6.浙江余姚河姆渡)

陶器的成形普遍采用轮制，部分器物和一些特殊的器形则用手制或模制。有的陶器制作技巧相当高，上海马桥出土的柱足盉，器身采用泥质陶，底部和三足采用夹砂陶，由两种不同质料的陶土配合制成。器表除磨光外，纹饰有弦纹、篮纹、绳纹、划纹、锥刺纹、波浪纹、附加堆纹以及镂孔等。镂孔相当发达，主要见于豆把上，有圆形、椭圆形、窄条形、长方形、弧边三角形等多种形式。此外，也发现有一些彩陶和彩绘陶。彩陶表面施粉红色陶衣绘以红褐色旋纹，或施红色陶衣绘以黑褐色斜方格纹。彩绘陶有黄底绘红色弦纹和黑底绘金黄色弦纹两种，另外在良渚还发现朱绘黑陶。

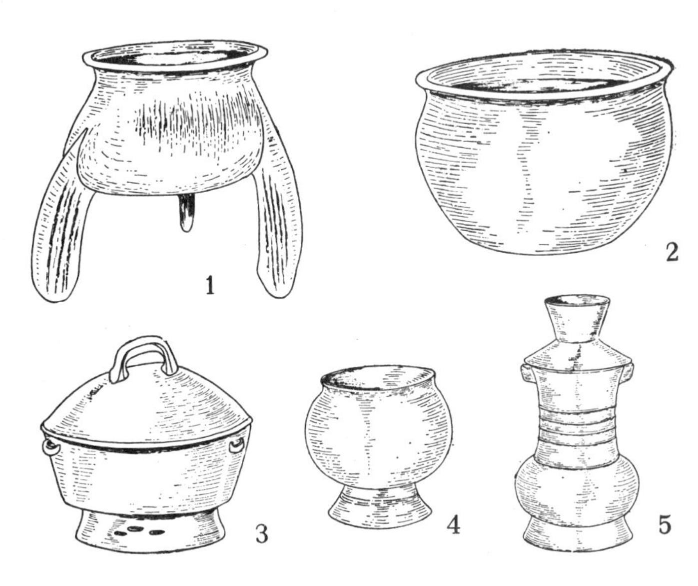

图十七　良渚文化陶器

1.鼎（1/10）　2.盆（1/6）　3.簋（1/4）　4.豆（1/4）
5.壶（1/10）（1.浙江吴兴钱山漾　2、5.上海县马桥）

陶器造型规整，有较多的三足器和圈足器。器形有杯、碗、盆、罐、盘、豆、壶、簋、尊、盉、釜、鼎、鬶和大口尖底器等（图十七，图版捌）。其中大圈足浅腹盘、竹节形细把豆、高颈贯耳壶、柱足盉、宽把杯以及断面呈丁字形足的鼎等，都是良渚文化具有代表性的器物。此外，罐形豆和鱼鳍形的鼎足与马家浜文化很相似，当由其发展而来。

第四节　其它地区的新石器时代陶器

1. 东南地区

我国东南地区的江西、福建、台湾、广东和广西诸省，广泛分布着大量的新石器时代遗存。由于典型遗址发掘较少，又缺乏较系统的分析研究，在文化性质上还不象黄河流域和长江中下游那样清楚。至少可以看出它们代表着若干不同时代或不同类型的文化遗存，大体可以分早、晚两个阶段。

早期阶段以绳纹粗红陶为代表，主要发现于洞穴和贝丘遗址，文化遗物一般不甚丰富。当时采集和渔猎还占较大的比例，农业痕迹不十分明显，代表了较原始的经济形态。经过发掘的洞穴遗址，计有江西万年仙人洞、广东英德青塘、灵山滑岩洞和广西桂林甑皮岩等处。经过发掘的贝丘遗址，计有广西南宁豹子头、东兴亚菩山、马兰嘴山、杯较山，广东潮安陈桥村、石尾山、海角山、海丰北沙坑，福建金门蚵壳墩，台湾台北大坌坑和高雄凤鼻头等处。至于广东南海西樵山则属于石器制造场遗址，也包含有同类的陶片，所代表的时代似乎稍晚[58]。

以上遗址发现的陶片，都比较破碎，器形很难复原。以江西万年仙人洞下层为例，全部为粗陶，质地粗松，所羼入的石英颗粒大小不等。手制，胎壁不匀，内壁凹凸不平。烧成温度很低，以红褐色为主，往往在一块陶片上出现红、灰、黑三种颜色，可能与当时的陶窑结构欠佳，气氛和烧成温度都不易控制所致。陶片的内外壁都饰以绳纹，有些还在绳纹上加划方格纹或加印圆圈纹，也有的加涂朱色。由于陶片过于破碎，不易观察器形，仅复原一件大口深腹圜底罐。其它遗址都罕见完整的陶器，器形单纯，大抵都是圜底罐类，烧成温度一般较低，如广东英德青塘和广西桂林甑皮岩洞穴遗址的陶片，烧成温度为680°C，广西南宁豹子头贝丘遗址陶片的烧成温度稍高，达800°C，至于广东南海西樵山遗址陶片的烧成温度最高，达930°C，说明它们的延续时间较长，未必是同一阶段的产物。陶器纹饰通常是以绳纹为主，但也出现划纹、篦点纹、贝齿纹、指甲纹和篮纹等，个别的加饰红彩或红色陶衣。但是福建金门蚵壳墩遗址却比较特殊，这里的陶片不见绳纹，而以篦点纹、贝齿纹、指甲纹和划纹为主。

这些陶片在工艺上具有相当原始的特征，它们多与打制的石器共存，结合其以采集渔猎为主的经济形态，确属较早期的遗存。最近从碳十四断代上也提供了一系列的证据，如江西万年仙人洞下层为公元前6875±240年，广西桂林甑皮岩为公元前4000±90年，台湾台北大坌坑为公元前4670±55年，福建金门蚵壳墩的三个数据为公元前4360—3510年之间。从这些年代数据上，表明它们代表了新石器时代较早的文化遗存，不过这一带的碳十四数据还存在着较大的误差，如仙人洞和甑皮岩的蚌壳标本，竟早到公元前九千年左右，同骨质或木炭标本的测定结果差距悬殊，表明蚌壳标本的数据偏早，不能作为断代根据。一般地讲，陶器是在农业经济产生之后出现的，那么以采集渔猎为主要经济来源的部落所使用的陶器，则可能是受了以农业经济为基础的先进部落的影响。特别是在热带或亚热带地区，由于自然条件和生态系统的制约，往往限制了早期农业经济的发展，采集渔猎经济以及制陶工艺的原始性，常常延续了较长的历史过程，并不完全是年代古老的象征。因之，以绳纹粗红陶为代表的早期新石器文化，在我国东南地区可能经过长期的发展过程，从陶器纹饰上的一些特点来看，如绳纹和红色的彩饰，可能与仰韶文化有联系，同时福建、广东一带的弧线篦点纹，又与华北早期新石器文化（如裴李岗、磁山）有共同之处。或者可以说明从新石器时代早期起，这一带地区便与黄河流域有所交流和相互影响，这是值得今后深入了解的重要课题之一。

晚期阶段的陶器出现了显著的变化，首先是质料种类增多，除粗红陶和粗灰陶以外，还有泥质红陶、灰陶和黑陶，烧成温度较高，多在900—1000°C，个别的达1100°C。陶器依然是手制，一般器形规整并出现慢轮修整的痕迹。陶器的形制富于变化，种类也加多了。素面陶大量存在，绳纹衰落甚至于绝迹，开始出现几何印纹陶，较晚的时候就更为流行，有些遗址中还有彩陶的遗存。总之，从制陶工艺上比早期阶段有了很大的发展，这与当时的农业经济日益占据主要地位是密切不可分的。这个时期的遗址在江西、福建、台湾、广东和广西诸省有着广泛的分布，由于时代或地域的区别，往往呈现着不同的文化相。现举几个典型遗址来予以说明。

江西修水山背遗址的房基中，出土了六十多件完整的陶器，是一处具有代表性的典型遗址。这里的陶质，大部分为夹砂和泥质的红陶，其次为夹砂和泥质灰陶，还有极少数不能复原的薄胎磨光黑陶。陶器以素面为主，有的磨光，部分饰以几道齿状弦纹或弦纹，个别器物上还出现了不规整的几何印纹，标志了几何印纹陶是从这时才开始出现的。器形中以三足器和圈足器比较普遍：三足器中以罐形鼎为最多，鼎足富于变化，有扁平、圆锥和羊角等形式；细颈大袋足的带把鬶，也具有一定的特色；圈足器中有豆、簋、壶等。至于罐和缽则主要为圜底器，也有器盖和圈足等。这里的碳十四断代为公元前2335±95年，代表了东南地区晚期阶段的较早遗存，被命名为**山背文化**[59]。从陶器的器形上来看，这里既与江汉地区的屈家岭文化非常类似，又具有龙山文化的若干因素，表明它们之间有着一定的联系；同时印纹陶的出现，又同清江营盘里的中下层以及东南地区广泛分布的具有印纹陶的遗址表现了更密切的关系。

广东曲江石峡下层墓葬，也属于这个阶段，出土了大量的陶器。陶质有粗陶和泥质陶两大类，颜色以灰褐陶为主，黑陶、红陶和白陶只占少数。陶器多为素面，约占百分之七十，纹饰有绳纹、镂孔、附加堆纹、划纹、凸弦纹和印纹等。盛行三足器、圈足器和圜底器，平底器仅有一例。器形以鼎（图版玖:4）、盘、釜、豆、壶、罐和器盖为最多，也有少量的鬶、甑、杯等。其中以浅腹子母口的三足盘、子母口带盖的盘形鼎、釜形鼎和甑等，最有特色。鬶的形制很典型，与长江、黄河下游一带的发现非常接近（图版玖:3）。石峡墓葬的碳十四断代为公元前2380—2070年，被命名为**石峡文化**[60]。

福建闽侯昙石山遗址为晚期阶段的另一个代表，遗址分为上、中、下三层，被视为持续发展的同一文化。在陶器的质料上有着明显的变化。下层以粗红陶为主，中层以粗灰陶占优势，上层则以印纹硬陶为最多。基本是手制，口沿经过慢轮修整。陶器的修饰除素面、磨光外，有绳纹、篮纹、划纹、彩绘和印纹等，其中彩陶用红彩或黑彩绘成点、线和雷纹等，而上层的陶纺轮上往往绘成辐射状的彩纹。与屈家岭文化有类似之处；特别值得注意的是，几何形印纹硬陶由下层到上层有逐步增多的趋势。器形有三足的鼎，圜底的釜、罐和圈足的豆、簋、壶、杯等(图版玖:1、2)。各层之间的陶器种类基本相同，但器形上略有变化，反映了它们之间的继承发展关系。据中层的碳十四断代，为公元前1140±90年，被命名为**昙石山文化**[61]。

同昙石山相类似的遗存，广泛分布于福建、广东和台湾一带，年代也大体相当。如广东海丰南沙坑的碳十四断代为公元前1089±400年[62]，台湾高雄凤鼻头（中层）的碳十四断代为公元前2050±200年。尤以昙石山和凤鼻头的文化性质相当接近，其中以彩陶最为近似，当属于同一文化系统。由此可见早在公元前一千多年以前，我国古代的先民已跨越了台湾海峡，在东南沿海一带创造了同一类型的新石器文化，文化的久远一致性充分证明了台湾人民与大陆人民自古以来不可分割的亲缘关系。

从上述山背、石峡和昙石山三个遗址的陶器形制和制陶工艺来看，它们之间互相接近，既与江汉地区的屈家岭文化相类似，又具有龙山文化的若干因素，特别是反映了我国新石器时代晚期，不同地域和不同来源的物质文化有逐步一致的趋向，因而在陶器和制陶工艺上，也就表现了相当多的共性。值得指出的是，印纹陶的出现，成为商周时期在华南地区广泛流行的先驱。它的出现不仅构成了独具特征的制陶工艺，并为原始瓷的发明开辟了道路，在我国陶瓷发展史上具有十分重要的历史意义。

2. 西南地区

我国西南地区的四川、贵州、云南和西藏自治区，也广泛分布着新石器时代的遗存，但多系地面调查，材料比较零星。四川东部的大溪文化与江汉地区的屈家岭文化有密切的联系，北部的个别遗存则属于黄河上游的马家窑文化，而南部又和云南的遗存有着一定的关系。贵州境内则报导不多，可暂时从略。现仅就云南和西藏的发现予以简略介绍。

云南元谋大墩子遗址，从地层上可以分为早晚两期，文化层的陶片极为破碎，完整的陶器多出自墓葬。陶器的质料以夹砂粗陶为主，多为灰褐陶，红陶次之，晚期又增加了少量的泥质红陶和灰陶。早期陶质粗松，胎厚，烧成温度为900°C，晚期陶质含细砂，胎较薄，烧成温度稍高。全部为手制，大型陶器用泥条盘筑，小型陶器直接用手捏塑，不见轮制的痕迹。陶器以素面为主，有的遗有刮削痕迹或予以磨光，多在陶器的颈、肩、腹部施以局部纹饰，有绳纹、篮纹、划纹、篦点纹、印纹和附加堆纹等。这里也出现了篦纹系统的弧线纹和篦点纹，与华北、东北时代较早的陶器纹饰一致，是值得注意的一个现象。陶器种类不多，有罐、瓮、壶等。罐为深腹平底，有大口、小口之分，形制富于变化。瓮的器形庞大，侈口、敛口或小口，深腹小平底，底部微凹入或附有矮圈足，它们多作为瓮棺来使用。鸡形壶是一件制作精巧的艺术品，通体作鸡形，背、尾饰乳钉纹三行，腹部饰点纹作羽毛状，口部两侧各有乳钉，颇似眼睛。其它尚有镂孔器座等[63]。

与大墩子同类性质的文化遗存，在四川西昌礼州也有发现，云南滇池周围贝丘遗址[64]的陶器也与之有一定的联系，可能属于金沙江流域的一种新石器文化。大墩子早期的碳十四断代为公元前1260±90年，代表了新石器时代晚期文化，剑川海门口的金石并用期文化[65]可能与之有继承关系，至于较早的新石器时代遗存，尚有待于继续探索。

西藏高原过去在考古学上是一片空白，建国以来发现了晚期旧石器和以细石器为代表的中石器时代遗存，最近在林芝[66]、墨脱[67]和昌都[68]等地又发现了新石器时代遗址，说明这里和祖国各地一样，亘古以来便有人类居住和活动。目前的材料还比较零星，它们之间也表现了一定的差异，可能代表了时代或文化上的不同。陶器的质料以粗陶为主，也有少量的泥质陶，有红、灰、黑等颜色。成形方法以手制为主，陶器表面多饰以绳纹或几何形划纹，也有少量的附加堆纹，个别为彩陶和磨光黑陶等。器形有罐、盆、碗、盘和器盖等，也发现个别近似鬶流的残片。陶器的烧成温度较低，如林芝的陶片只有600°C。至于昌都卡诺遗址的碳十四断代为公元前3320—1750年，表明它们的年代一般较晚。不过昌都卡诺的彩陶类似甘青地区的马家窑文化，而林芝云星的鬶流残片与磨光黑陶，又同齐家文化相近似。这些迹象充分揭示了自远古以来西藏高原便同黄河流域有着密切的文化联系，它所创造的文化代表着祖国历史的一部分。

3.北方草原地区

从东北、内蒙古、宁夏、甘肃到新疆一带的草原地区，广泛分布着以细石器为代表的文化遗存，过去统称之为“细石器文化”，但所伴存的陶器，却由于时代或地区而有显著的差别。它们虽然主要属于篦纹陶系统，也往往出现仰韶、龙山或其它文化类型的陶片，这说明它们分属于不同的文化系统，而不是一个整体。同时从遗存上也可以看出，以农业经济为主的定居聚落，陶器丰富，形制也较多变化；至于以渔猎畜牧经济为主的聚落，则陶器相当稀少，器形、纹饰比较粗糙，说明陶器的发展与当时的经济生活有着密切联系。这一带的考古工作进行得不平衡，大体说来，东部地区发掘工作较多，情况也比较清楚；西部地区考古工作比较零星，资料也不全面，只能做一般性的介绍。

东北地区的辽宁境内，可以三个性质比较近似的遗址作为代表。

沈阳北陵新乐遗址分为两层，下层属于新石器时代，有细石器和篦纹陶系统的陶器共存。陶质以粗红陶为最多，达百分之九十，少量作黑色，泥质红陶相当少见。陶质粗松，烧成温度较低。用泥条筑成法制成，器形较规整，陶壁均匀，可能已经使用慢轮。

纹饰以带状的弧线纹为最多，据试验表明是用弧形骨片连续压印而成的。其它还有少量的划纹、篦点纹和篮纹等。器形比较单一，大口小平底的深腹罐占绝大多数，也有少量簸箕状的斜口深腹罐和敛口罐等。这里的陶器及其纹饰具有一定的特征，过去在大长山岛上马石贝丘遗址曾发现被叠压在龙山文化层之下。据碳十四断代为公元前4670—4195年，证实它们确是代表较早的新石器时代遗存[69]。至于分布范围，大体是沈阳附近及辽东半岛一带。

以赤峰红山下层为代表的遗存被称为**红山文化**[70]，大体分布在西拉木伦河以南的辽西地区。敖汉旗发现过六座横穴式的陶窑，略呈穹形的筒状火膛位于窑室的前方，在长方形的窑室内由数个窑柱分隔成火道，烧窑时火焰通过火道进入窑室，而窑柱则起着放置陶器的窑床的作用。这里多为单室窑，也有两座双火膛的联室窑[71]（图十八—二〇）。这里的窑壁和窑柱多用石块砌成，而在窑室的里壁抹上一层泥土，至于火膛则在黄土里掏洞而成，虽然窑的形制接近于仰韶文化，但土石结构和双火膛的连室窑却是这里独具的特点，可能是一种比较进步的现象。陶器的质料主要是泥质红陶和粗红陶两种。前者陶质细腻，烧成温度较高，一般为900—1000°C，个别也有低到600°C左右的。表面磨光，有的施红色陶衣，加绘红彩或黑彩，纹饰以条纹、涡纹、三角纹和菱形纹为主，有的还印有粗陶中所常见的弧线纹。器形较复杂，有碗、钵、折腹盆、敛口深腹罐、小口双耳壶和器座等。从质料、器形到彩绘纹饰都具有仰韶文化的特点。粗红陶则同新乐下层、富河沟门等遗址相似，作红褐色或灰褐色，质地粗松，纹饰主要是弧线纹，它不同于新乐下层，纹饰的宽度距离较大，还出现了用篦状器连续压印的弧线纹和弧线篦点纹，也有绳纹、指甲纹等，器底则附有席纹。器形简单，主要是大口小平底的深腹罐，也有碗和器盖等。有的遗址还发现簸箕状的斜口深腹罐，同新乐下层一致。从红山文化的陶器特征来看，明显地具有两种因素，可视为仰韶文化与当地文化接触影响后的产物，它的年代可

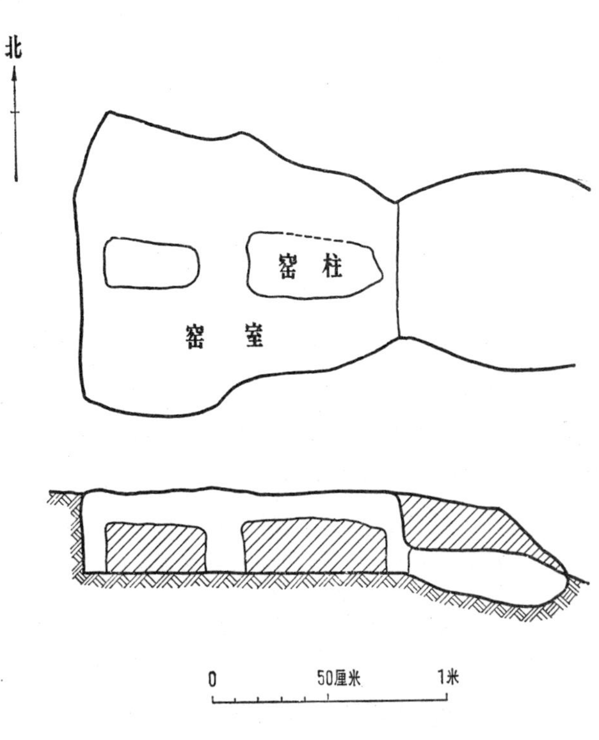

图十八　四棱山红山文化陶窑平、剖面图

能与仰韶文化的中、晚期相当。

巴林左旗富河沟门遗址的陶器，主要是夹砂粗陶，以红褐色为最多，灰褐色次之，质地粗松，烧成温度700—800°C，仅有极少量的细泥红陶。粗陶的纹饰与红山文化一致，器形以大口深腹罐为最多，也有钵、杯和圈足器等，还有个别簸箕状的斜口深腹罐[72]。这里的碳十四断代为公元前 2785±110 年，显然晚于新乐下层和红山文化，不过从陶器的器形和纹饰上，表现了它们之间有着密切的继承关系。同类性质的遗存，主要分布在西拉木伦河以北，甚至远到松花江以南的广大区域。

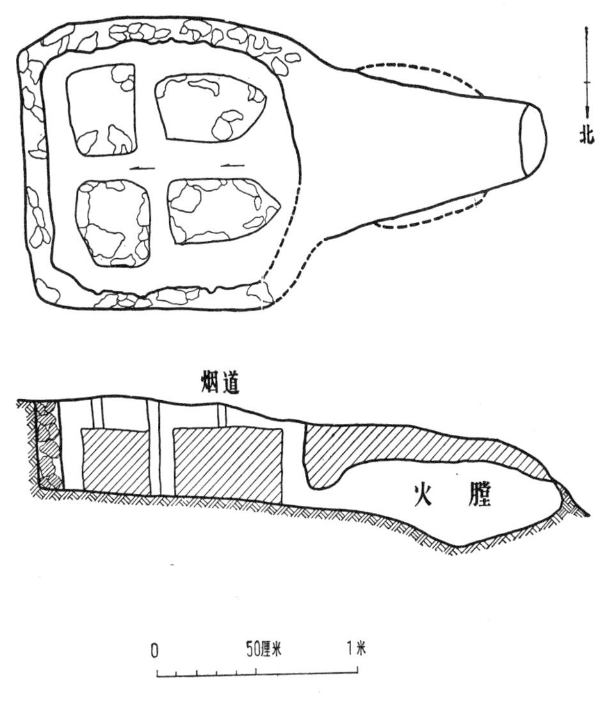

图十九　四棱山红山文化陶窑平、剖面图

上述三类遗址，可能属于不同文化系统，它们都有细石器共存，也都发现过房址和窖穴，甚至还发现了红山文化的陶窑。同时在这些遗址里都有较多的农业工具，表明他们是经营着以农业为主要经济的定居生活，因而制陶工艺比较发达。至于黑龙江一带虽有细石器的遗址，但陶器不多，制作亦比较粗糙，可能与他们经营渔猎畜牧经济有关，其年代不一定较早。

从内蒙、宁夏到甘肃的草原、荒漠地带，分布着不少以细石器为代表的遗存，由于多系地面调查，材料比较零星。大体说来，这个地区的南部即黄河沿岸和长城内外，遗址比较丰富，陶片也多，有以彩绘、绳纹为代表的红陶和以绳纹、篮纹为代表的灰陶，说明仰韶文化（包括马家窑文化）和龙山文化（包括齐家文化）的影响在这里广泛存在，陶器和制陶工艺的特征也同中原地区一致或相接近。它们的中间也往往杂有篦纹系统的粗陶，可能与辽宁的情况相似，即在某些遗址中具有不同的文化因素，农业经济的色彩在这一带是比较浓厚的。至于这个地区的北部，仅有零星的篦纹或绳纹陶片，可能属于以狩猎畜牧为主要经济来源的部落，因之，陶器也就比较罕见。

新疆境内的新石器时代遗存，过去被划分为“细石器文化”、“彩陶文化”和“砾石文化”三类[73]，存在着不少问题。从目前的发现来看，除以细石器为代表的遗存属于新石器时代外，其它时代都较晚。如这里的彩陶虽然分布广泛，但往往与铜、铁器共

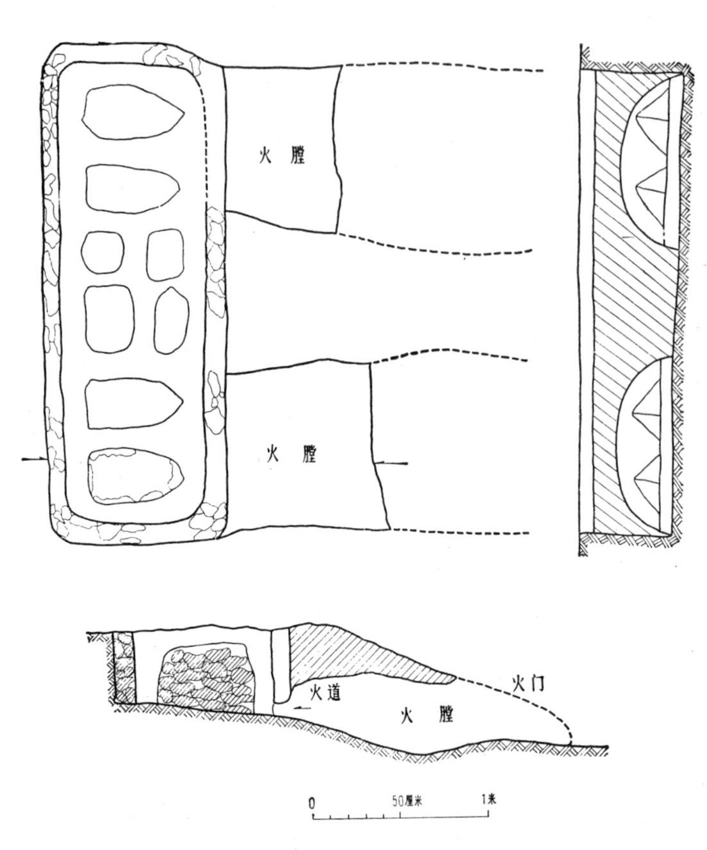

图二十　四棱山红山文化陶窑平、剖面图

存，其年代下限与中原地区的战国汉初相当，这对持所谓彩陶西来说者不啻是当头一棒。“砾石文化”仅发现于新疆的西部，在有些遗址里与铜器共存，它们的时代必然较迟。至于以细石器为代表的遗存分布得相当广泛，一般陶器比较少见，皆为红褐色的粗陶，质地粗松，烧成温度为790°C。这里的自然条件同内蒙古一带的草原、荒漠地区相类似，当时的部族也属于狩猎畜牧的经济范畴，因而陶器不够发达，只有到了较晚的时候农业经济兴起之后，才开始普遍发达起来。

第五节　新石器时代制陶工艺的成就及其影响

我国是世界著名的古代文明中心之一，她的产生和发展对人类文化做出了卓越的贡献，特别是鲜明的继承关系和悠久的历史传统，在世界史上罕与伦比，这是中华民族的伟大象征和骄傲。陶器的出现，是我国古代灿烂文化的重要组成部分，也是人类文化史上的重要研究对象之一。

一般地讲，陶器产生于农业之后，并促使定居生活更加稳固，因之，陶器的出现与农业经济的发展有着不可分割的联系。我国为古代农业的发源中心之一，干旱的黄土高原首先培植了粟类作物，而湿润多雨的长江流域又是稻类的较早产地。我们勤劳勇敢的先民，从新石器时代起便在祖国广阔的土地上，开拓了农业生产、并因地制宜地培植了不同种类的谷物。在这个基础上，陶器的出现和发展也就成为必然的历史趋势。由于事物发展的不平衡，以及某些条件或因素的限制，个别地区的农业和陶器的因果关系，并不完全如此，但这不过是局部现象，毕竟不能否定陶器产生和发展的基本规律。

农业经济的产生，是人类历史上的一次重大变革，它标志着人类改造自然能力的进一步发展。人类究竟是怎样从采集渔猎过渡到农业、畜牧，而陶器又是怎样产生出来的？这在考古学上尚属缺环。农业的发明和陶器的出现，是人类历史发展规律的客观产物，它们有着不同的发展中心，决不限于一个来源。从大量的考古发现证实，我国农业和陶器的产生与发展也始终同祖国大地联系在一起。如河南新郑裴李岗和河北武安磁山的陶器都具有一定的原始性，其年代可早到公元前五、六千年以前，当时已种植耐旱的粟类作物，奠定了华北早期农业的基础；同时从陶器的性质上，又和后来的仰韶文化、龙山文化表现了一脉相承的发展关系。浙江余姚河姆渡遗址已开辟水田植稻，对秦岭以南的农业生产有着广泛的影响，其年代可早到公元前四千年以前，是亚州植稻的最古老遗存。这里用稻壳或植物茎叶作为羼和料所制成的夹炭黑陶，也具有相当原始的特点。江西万年仙人洞和广西桂林甑皮岩等遗址的绳纹粗红陶，烧成温度较低。制作粗糙，器形简单，表现了相当原始的性质，尽管缺乏农业的痕迹，年代也不一定很早，但它们和后来华南陶器的发展也有一定的联系。目前的考古发现证实，我国陶器的产生、发展有着悠久的历史，并且是土生土长的产物。

建国以来的考古发现，为我国新石器时代的物质文化发展提供了丰富的实物资料。通过对陶器标本的考古研究，结合民族志的调查[74]，特别是采用了近代科学分析和实验手段，使我们对我国新石器时代陶器的化学组成、烧成温度、物理性能以及烧制工艺等，都取得了一定的了解[75]（参见附表），这些结果深刻地阐明了我国新石器时代制陶工艺上的卓越成就。

1. 制陶原料

陶土 我国新石器时代制陶用的陶土都是经过一定选择的，它不是一般的黄土。据实验表明，我国黄河流域新石器时代陶片中铁的含量都较黄土高，而氧化钙的含量则比黄土低得多。并且黄土的可塑性大都很差，很难用手工方法成形。从调查和实验上证明，当时的制陶原料采用红土、沉积土、黑土或其它粘土，那时已知道用淘洗的方法去掉泥土中的杂质，以利于制造较细致的陶器。据调查我国云南某些少数民族所用的制陶陶土，同样也是选择适用的可塑性粘土。陶土的成分对陶器的烧结和颜色有一定的影响，一般陶器中含有较多的铁的化合物，它起着助熔作用，降低陶坯的烧成温度，也影响陶器的颜色，如在氧化气氛中烧成，则成红色，在还原气氛中烧成，则成灰色。黄河上游马家窑文化和齐家文化的陶器中，钙、镁、钾含量一般较高，加大了熔剂的作用，它们的颜色则呈橙黄色。至于某些地区的个别陶片中含有较高的氧化钙或氧化磷，可能与陶土成分或环境影响有关。

羼和料 羼和料是制造陶器时有意加入的砂粒、石灰粒、稻草末和碎陶末等。加入羼和料的主要目的是提高成品的耐热急变性能，避免在火上加热时发生破裂。此外，在特定情况下，也有防止半成品在干燥或烧成时发生开裂以及减少粘土的粘性等作用。新石器时代的陶器，大部分是加入羼和料的，不过在程度上有所不同，特别是作为炊器的釜、鼎、鬲等，羼和料的加入量相当高，有时达百分之三十左右。一般地讲，羼和料以砂粒为主，除少量砂粒为陶土中所固有以外，大都是有意羼入的。其它种类的羼和料也都是经加工之后，才羼入陶土中。至于河姆渡文化的夹炭黑陶，则可能是羼入植物茎叶和稻壳，在烧制过程中炭化作用的结果。

瓷土和高岭土 从仰韶文化晚期起，已开始出现白陶，大汶口文化和龙山文化比较流行，这个工艺传统后为商代所继承。大汶口文化和龙山文化白陶的化学组成，有的与我国北方习称为瓷土的制瓷原料相似，有的与高岭土非常接近，它们的共同特点是，氧化铁的含量比陶土低得多，因之烧成后呈白色，故称白陶。我国是世界上最早使用瓷土和高岭土的国家，白陶的出现，对后来由陶过渡到瓷起了十分重要的作用，因为高岭土是制成瓷器的主要条件之一。

2.陶器的成形与纹饰

手制成形 手制法可以分为三类，（一）捏塑法，一般小型陶器，多用手捏塑成各种器形，器壁上常常遗留有指纹，器形也不大规整。（二）模制法，某些特殊的器形往往采用局部模制的办法，如龙山文化中的圆锥形陶模，是作为袋形足的内模，与鬹足相吻合。龙山文化鬲裆的内部往往遗有反绳纹，说明它是以局部鬲裆作为内模，以保持器形的规整。这种局部内模的制法，在台湾高山族至今还保留着，他们利用较大的圆形砾石作为内模，以制成圆腹圜底的陶器[76]。（三）泥条筑成法，先将坯泥制成泥条，然后圈起来，一层一层地叠上去，并将里外抹平，制成器形。不仅新石器时代大部分陶器是这样制作的，今天我国某些少数民族地区，也还是采用这种方法。此外，还采用一根长泥条连续向上盘筑，然后里外抹平制成器形。如仰韶文化中的小口尖底瓶通常是采用这种制法，在底端的内部都保留有泥条盘旋的痕迹。泥条筑成法是新石器时代制陶最常用的方法，延续的时间很长。古代制坯最初可能是放在木板、竹席或篮筐上，以便于移动旋转，有的还垫以树叶，因而器底遗有叶脉的印痕（如辽宁沈阳新乐遗址下层的陶器）[77]；后来逐渐采用可以转动的轮盘（慢轮），既便于制陶时的盘筑和加印纹饰，又可以利用它的旋转，以修整口沿使之规整，慢轮修整的结果往往遗有局部轮纹，至于个别小型陶器如碟或浅腹碗，器壁上有时也遗留较多的轮纹，说明也是用慢轮修整的。这种慢轮修整的方法，大体开始于仰韶文化中期，为后来轮制陶器的发展奠定了基础。我国云南边境傣族的制陶技术，迄今还处在泥条盘筑和慢轮修整阶段，这对研究我国古代的制陶工艺提供了颇具说服力的例证。

轮制 轮制法是更进步的一种制陶工艺，它是将泥料放在陶轮上，藉其快速转动的力量，用提拉的方式使之成形。它的特点是，器形规整，厚薄均匀，在陶壁表里普遍遗有平行密集的轮纹，器底往往遗有线割的偏心纹。轮制陶器大体开始出现于大汶口文化晚期，盛行于山东龙山文化。龙山文化时期所制的器壁厚度1毫米左右的蛋壳陶，是当时制陶工艺的高峰。从地理分布上来看，轮制陶器以山东龙山文化为中心，愈西愈少，有些地方甚至根本不见（如齐家文化），这可能与当时各地区的制陶习惯有关，而并不完全意味着在时代上有早晚的不同。

表面修饰 为了增加陶器的美观，常在陶器未烧之前，对陶器表面进行如下几种修饰加工：（一）表面磨光，在陶坯将干未干之时，用砾石或骨器在表面压磨，烧好以后，表面就发生光亮。这种表面磨光的陶器，最早见于裴李岗和磁山，仰韶文化的彩陶都是经过磨光的，这种方法在龙山文化以及其它的新石器时代陶器中也广泛流行。（二）陶衣，也叫色衣。用粒度较细的陶土加水制成泥浆，然后施加于陶器的表面，烧好之后表面就附着一层陶衣，一般呈红、棕、白等颜色。颜色的不同，主要取决于陶衣的成分，如红衣可能含较多的氧化铁，而白衣则是一种配入熔剂的瓷土。陶衣一般出现在仰韶文化的彩陶上，施加陶衣的目的，主要是使陶器更加光洁美观。至于有些灰胎红陶、红胎黑陶或灰胎黑陶，那是由于烧制过程中的气氛变化或由于渗碳作用而形成的，俱不属于陶衣之例。

纹饰 陶器表面的纹饰，具有加固陶坯和增添美观的效果。不同种类的纹饰，往往形成某一文化的特征。根据我国某些少数民族的原始制陶工艺的考察和仿制试验的结果，纹饰的制法大体有下列几种：（一）压印，可以绳纹为代表。它是在细木棒上用绳子缠成中间粗两端细的轴状工具，用来在陶坯上压印出成排而整齐的绳纹，有的陶器上还压印着这种工具的印痕。绳纹是一种比较原始的纹饰，从早期的磁山开始，几乎流行于整个新石器时代。（二）拍印，在木板或陶拍上刻有条形、方格或几何形的阴纹，拍印在陶坯上则出现篮纹、方格纹和几何形印纹；也有在木板上缠以绳子，拍印后呈现错乱的绳纹。拍印时用砾石或陶垫垫在陶坯的内部，以防止变形，并藉以加固陶坯。前二者为仰韶文化、龙山文化中所常见，而后者则见于华南新石器晚期，并流行于商周时期。这种拍印方法，直到今天，在许多少数民族的制陶工艺中仍然保留着。（三）刻划，用细木棒为工具，在陶坯上划成弦纹、几何纹等纹饰，或戳印成点状纹，有的则用篦状器压印成篦纹或篦点纹。（四）彩绘，仰韶文化或其它文化的彩陶，一般绘有赭红、黑、白三种颜色的几何形花纹。经光谱分析结果，赭红彩的主要着色元素是铁，可能是以赭石为原料，在仰韶文化遗址中往往发现赭石和研磨工具，可为佐证；黑彩的主要着色元素为铁和锰，可能是一种含铁较高的红土；白彩除了少量的铁以外，基本上没有着色剂，可能是一种配入熔剂的瓷土。上述彩绘是画在已经磨光的干陶坯上，然后入窑烧成，花纹附着在陶壁上不易脱落，这是真正的彩陶。另一种，是在陶器烧好以后才绘上花纹，花纹容易脱落，与前述彩陶不同。（五）附加堆纹，在陶器表面附加泥条或泥饼，有的用细泥条组成各种花纹；也有的用宽泥条环绕颈、腹部，上面还加印绳纹。这种附加堆纹除装饰之外，还有加固器壁的作用。（六）镂孔，在圈足器（如豆柄）上镂成方孔、圆孔或三角孔等作为装饰。

3. 陶窑与陶器烧成温度

陶窑　陶窑结构的发展与变化，是衡量制陶工艺水平的一个标志。当陶窑产生之前，曾有过平地堆烧的过程，这从我国某些少数民族原始制陶工艺的考察可以得到证实。关于新石器时代的窑址，目前已经发现了百余座，主要集中在黄河流域，在鄂北、内蒙一带也有个别发现（图二十一）。从陶窑的结构看来，可以分为横穴窑与竖穴窑两种，它们大体代表了我国原始陶窑的发展过程。横穴窑的结构较原始，在圆形窑室的前方有较长的穹形筒状火膛，燃烧时火焰由火膛（有的还设有火道）进入窑室，较早的是火膛和窑室基本位在同一水平上（如裴李岗和三里桥的窑址），后来才升高窑室，火焰通过倾斜的火道和火眼（均匀地分布于窑室周围）进入窑室。竖穴窑的窑室位于火膛之上，火膛为口小底大的袋形坑，有数股垂直的火道与窑室相通；更进步的则窑室不直接位于火膛之上，火焰沿倾斜的火道进入窑室，窑室底部呈“北”字形的沟状火道或在火道上修建多火眼的窑箅。从发展上来看，火膛和窑室相对位置的变化，火道和火眼的加多及其在窑室内的均匀分布，无疑是为了便于火焰进入窑室，以有利于提高窑内的温度。这些窑的窑壁，其上部往里收缩，顶部结构不详，可以推测新石器时代早期的烧窑，可能与当今傣族烧窑相仿，即用植物的茎杆涂泥封顶，这样既可保持窑内的温度，又有利于空气

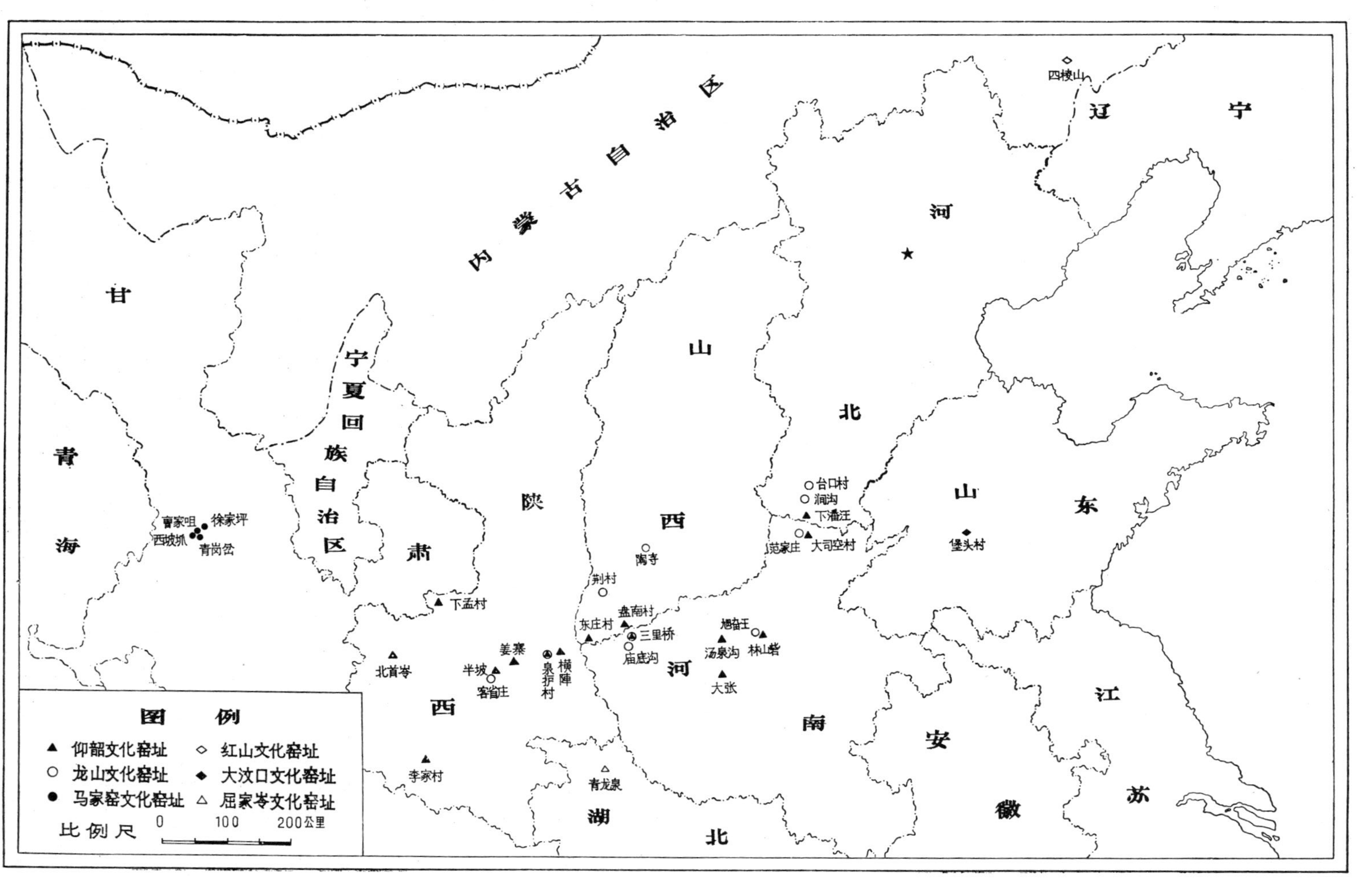

图二十一　新石器时代窑址分布图

的进入，因氧化作用而产生红陶；至于新石器时代晚期，则可能是靠近烧成末期封闭窑顶，并用渗水入窑的办法，来实现还原气氛使之成为灰陶，或使用烟熏渗碳使之成为黑陶。这些陶窑的容量一般比较小，如果按傣族烧窑那样把陶器挤在一起侧放，小件套在大件器物内，则每窑可烧成十至二十件不等，决不象有人所推测的那样，每次只能烧中等大小的陶器约四、五件。从陶窑结构的发展上来看，裴李岗文化和仰韶文化是以横穴窑为主，竖穴窑则开始出现于仰韶文化而盛行于龙山文化及其以后，并构成了我国陶窑的基本形制。至于华南一带的窑址迄今尚未发现，这可能是由于华南早期新石器时代的陶器采用了平地堆烧法所致。

烧成温度 在习惯上也称火候。据测定，我国新石器时代陶器的烧成温度，一般在900—1050°C之间，表明了它们的烧成温度是相当高的。但是在测定中也出现若干异常现象，如有的陶器烧成温度过低，可能不外乎下列原因：（一）测定的误差；（二）装窑位置距火道或火眼较远，温度偏低，没有烧透；（三）陶土中含熔剂较高，烧成温度亦可偏低；（四）由于平地堆烧，致烧成温度较低，如广东英德青塘、广西桂林甑皮岩和西藏林芝云星的陶片烧成温度为600—680°C，可能是在无窑的情况下烧成的。从目前的测定中，也出现了一种值得注意的现象，即黄河流域除了个别标本外，一般为900—1050°C，烧成温度较高；长江中下游一般为800—950°C，明显地低于黄河流域；华南早期陶器为680°C，而晚期陶器则为900—1100°C，前后有较大的变化。上述差别，显然与陶窑结构及制陶工艺的发展水平有着密切联系。

根据我国新石器时代制陶工艺的成就，可以看出当时黄河流域最为先进，发展的脉络及其继承关系也比较清楚。窑址的大量发现，说明从新石器时代早期起已出现了陶窑，并在发展过程中不断地改进，从而奠定了我国古代陶窑的基本形制。由于陶窑结构的进步，可将烧成温度提高到1000°C以上，这就提高了陶器的质量；特别是随着高温陶窑的出现，可能导致金属矿物的熔化，从而也就为冶金术的产生创造了必要的条件。以裴李岗文化和磁山文化为代表的早期新石器时代遗存，都属于仰韶文化的前身，这一时期在制陶工艺、器形以至磨光、绳纹、彩绘等方面的创造，都为仰韶文化的进一步发展奠定了基础，甚至为龙山文化所继承。其中的篦纹和绳纹，还在我国广大地区内产生了深远的影响。仰韶文化是中原地区的土著文化，大约经过两千多年的发展历程，被划分为若干类型，在文化面貌上有着显著的变化，并影响到周围的许多文化。例如以陶鼎为代表的三足炊器，产生于新石器时代早期，以后流行于仰韶、龙山以及其他一些文化遗存中，甚至商周时期的青铜礼器，依然保持原来的形制。又如以彩陶为代表的文化因素，除磁山文化和仰韶文化之外，还见于龙山文化、马家窑文化、齐家文化、大汶口文化、河姆渡文化、马家浜文化、大溪文化、屈家岭文化和红山文化等等，甚至东南沿海的昙石山文化或凤鼻头文化也都有所存在，这些文化的年代基本上都晚于仰韶文化，它们非常明显地受了仰韶文化的影响。在仰韶文化基础上产生和发展的龙山文化，其早期阶段如庙底沟二期文化中还保留了彩陶的因素，无论制陶工艺、器形和纹饰，都具有从仰韶到龙山的过渡性质；随着时间的推移，晚期阶段的制陶工艺又有了飞跃的发展，如轮制陶器的出现，蛋壳陶的流行，都象征着制陶工艺进入了崭新的阶段。大汶口文化晚期首先出现了轮制陶器，后又盛行于山东龙山文化并对附近地区有所影响，从东到西有愈来愈少的趋势，说明它的使用和发展是以黄河下游为中心，最后终于在各地的制陶工艺中产生了巨大的影响。龙山文化的陶器有着比较突出的地域性，往往因地而异呈现出不同的文化面貌，可能属于不同的类型或具有不同的来源。其中斝、鬲、甗等袋足器的出现，具有明显的特征，这类陶器分布既广，又同历史时期相衔接，也是较典型的器形之一。原始社会末期，由于生产力的迅速发展，在大体发展了五百年左右的龙山文化的基础上，进入了商周奴隶制国家，终于揭开了文明的序幕。

长江流域特别是华南地区的早期陶器，可能有不同的来源。从制作粗糙、器形简单、烧成温度较低等特点观察，表明制陶工艺比较落后，甚至可能采用平地堆烧的办法。这里的篦点纹和绳纹，至少与中原地区有着一定的交流关系；特别是到了晚期阶段，许多文化的陶器器形，又同龙山文化大体一致，表明了不同来源的文化遗存随着时代的发展，有逐步统一的趋势，如鬶、盉的产生可能始自马家浜文化。交流的结果，广泛存在于黄河、长江流域以至华南一带，甚至影响到早商的二里头文化；同时起源于华南的几何印纹陶，不仅在发展上有较长的连续性，并渗入中原地区成为商周文化的组成因素，为原始瓷的出现和发展奠定了基础。这充分表明中原文化的发展，也是不断吸收各地的文化因素，而壮大了它的生命力。

传说中的夏文化是当前考古学上重点探索问题之一，但迄今还缺乏确凿的物证。究竟河南龙山文化和二里头文化的哪一段属于夏代文化，看法颇不一致，有人主张两者都是夏文化，也有人认为二里头的前半是夏文化，后半则是早商文化，更多的意见则倾向于二里头文化全部属于早商阶段。尽管夏文化的问题还没有得到解决，但从考古学上观察，以二里头为代表的早商文化是在河南龙山文化的基础上发展起来的，从陶器形制和制陶工艺的继承关系上，表现得更为明显，同时又对我国古文化的继承发展和悠久传统等方面，提供了鲜明的论据。此外，由于社会发展的不平衡，当中原地区进入阶级国家之后，周围地区的许多文化遗存，还不同程度地保持着原始状态。由于商周文明不断交流融合的结果，终于形成了历史悠久的统一国家。

---

① P. Graziosi, Palaeolithic Art. pp.149—153, pp.165—168, 1960.

② 傣族制陶工艺联合考察小组：《记云南景洪傣族慢轮制陶工艺》，《考古》1977年4期，256页。

③ 《鸟居龙藏全集》第11卷，559页，1976年。

④ 李仰松：《云南省佤族制陶概况》，《考古通讯》1958年2期，32页。

⑤ Tadao Kano and Kokichi Segawa, An Illustrated Ethnography of Formosan Aborigines. Vo l.1, The Yami, P.402, 1956.
《鸟居龙藏全集》第11卷，308—310页，1976年。

⑥ 本书有关测定年代所用的碳-14半衰期均为5730年，测定数据皆未经树轮校正。有关的年代根据中国社会科学院考古研究所实验室：《放射性碳素测定年代报告》（一）至（八）；北京大学历史系考古专业碳十四实验室：《碳十四年代测定报告》（一）至（四）；文物保护科学技术研究所：《碳十四年代测定报告》（一）至（三）。

⑦ 安志敏：《裴李岗、磁山和仰韶——试论中原新石器文化的渊源及发展》，《考古》1979年4期，396—397页。

⑧ 北首岭类型以陕西宝鸡北首岭遗址下层为代表，半坡类型以西安半坡遗址早期遗存为代表，庙底沟类型以河南陕县庙底沟遗址一期文化为代表，西王村类型以山西芮城西王村遗址仰韶文化晚期遗存为代表，这些类型都因首次在该地发现而得名。

⑨ 后岗类型和大司空村类型，因首次分别在河南安阳后岗和大司空村发现而得名。这两个类型主要见于冀南、豫北一带。秦王寨类型因首次在河南成皋秦王寨发现而得名，它主要见于郑州至洛阳一带。

⑩ 庙底沟二期文化是1956年首次在河南陕县庙底沟发现的，因其晚于同地一期文化（仰韶文化），故称庙底沟二期文化。它是中原地区由仰韶文化向龙山文化发展的过渡阶段，其特征和龙山文化接近，但又保持了一些仰韶文化的因素。

⑪ 后岗二期文化因首次发现于河南安阳后岗而得名，客省庄二期文化因首次发现于陕西长安客省庄而得名。

⑫ 中国社会科学院考古研究所山西工作队、临汾地区文化局：《山西襄汾县陶寺遗址发掘简报》，《考古》1980年1期。

⑬ 石岭下类型因最初在甘肃武山石岭下遗址发现而得名，马家窑类型因最初在甘肃临洮马家窑遗址发现而得名，半山类型因最初在甘肃和政半山墓地发现而得名，马厂类型因最初在青海民和马厂塬墓地发现而得名。其中前一个类型具有从仰韶文化向马家窑文化过渡的性质，所以近来多主张把它单独划为一个类型。后三个类型在考古界还有不同的看法，如有的同志认为马家窑类型可称马家窑文化，而半山和马厂类型则需另行命名，可称它为半山——马厂文化。最近有的同志还主张把整个马家窑文化都归属于仰韶文化。本书暂不采用这些看法。

⑭ 目前对齐家文化的来源，在考古界有两种不同的意见：一种认为它是继承马家窑文化马厂类型而发展起来的，另一种认为是受了客省庄二期文化的影响而形成的，但它在向西传播的过程中又受到了当地原始文化的影响而发生变化。

⑮ 开封地区文管会、新郑县文管会：《河南新郑裴李岗新石器时代遗址》，《考古》1978年2期。开封地区文物管理委员会、新郑县文物管理委员会、郑州大学历史系考古专业：《裴李岗遗址一九七八年发掘简报》，《考古》1979年3期。河南省博物馆、密县文化馆：《河南密县莪沟北岗新石器时代遗址发掘简报》，《文物》1979年5期。邯郸市文物保管所、邯郸地区磁山考古短训班：《河北磁山新石器遗址试掘》，《考古》1977年6期。

⑯ 据碳十四测定，裴李岗为公元前5495—5195年。莪沟北岗为公元前5315—5025年。磁山为公元前5405—5110年。

⑰ 中国社会科学院考古研究所宝鸡工作队：《一九七七年宝鸡北首岭遗址发掘简报》，《考古》1979年2期，图五，13。

⑱ 苏秉琦：《关于仰韶文化的若干问题》，《考古学报》1965年1期，图六，1、4、7。

⑲ 中国科学院考古研究所安阳工作队：《1972年春安阳后岗发掘简报》，《考古》1972年5期，图四，18。

⑳ 中国科学院考古研究所：《庙底沟与三里桥》图二一，A11a、A11b；图二二，A12b。

㉑ 河北省文物管理处：《磁县界段营发掘简报》，《考古》1974年6期，图六，6。

㉒ 河北省文物管理处：《磁县下潘汪遗址发掘报告》，《考古学报》1975年1期，图八，1—3、9。

㉓ 李仰松：《云南省佤族制陶概况》，《考古》1958年2期35—36页。傣族制陶工艺联合考察小组：《记云南景洪傣族慢轮制陶工艺》，《考古》1977年4期251页。

㉔ 据巳发表的考古资料的粗略统计：有陕西宝鸡北首岭（2座）、西乡李家村（1座）、邠县下孟村（5座）、西安半坡（6座）、华阴横阵（1座）、华县泉护村（18座）、临潼姜寨（1座），河南陕县三里桥（2座）、郑州林山砦（1座）、临汝大张（1座）、偃师汤泉沟（1座）、安阳大司空村（1座），山西平陆盘南村（1座）、芮城东庄村（9座），以及河北磁县下潘汪（1座）等（以上资料分别见《考古》1958年2期，1959年2、5、11期，1960年8、9期，1961年1、2期，1962年6、11期，1973年3期，《文物》1975年8期，《考古学报》1973年1期，1975年1期以及《西安半坡》、《庙底沟与三里桥》等）。

㉕ 见《西安半坡》，156—157页，图版陆贰。

㉖ 河南省文化局文物工作队：《河南偃师汤泉沟新石器时代遗址的试掘》，《考古》1962年11期。

㉗ 河北省文物管理处：《磁县下潘汪遗址发掘报告》，《考古学报》1975年1期113页。

㉘ 据周仁、张福康、郑永圃的研究，黄河流域新石器时代和殷周时代用来制作陶器的原料，不是普通黄土，而是"主要采用某些适合于制陶工艺要求的天然粘土，如红土、河谷中的沉积土和黑土等"（详见《考古学报》1964年1期6—7、17页）。

㉙ 关于仰韶文化陶系的统计资料，可参阅《庙底沟与三里桥》一书，25、88页。

㉚ 周仁、张福康、郑永圃：《我国黄河流域新石器时代和殷周时代制陶工艺的科学总结》，《考古学报》1964年1期，10—11、17页。

㉛ 李仰松：《云南省佤族制陶概况》，《考古通讯》1958年2期。林声：《云南傣族制陶术调查》，《考古》1965年12期。傣族制陶工艺联合考察小组：《记云南景洪傣族慢轮制陶工艺》，《考古》1977年4期。

㉜ 谷闻：《漫谈新石器时代彩陶图案花纹带装饰部位》，《文物》1977年6期。

㉝ 周仁、张福康、郑永圃：《我国黄河流域新石器时代和殷周时代制陶工艺的科学总结》，《考古学报》1964年1期8页。

㉞ 苏秉琦：《关于仰韶文化的若干问题》，《考古学报》1965年1期55页，图六，3、4。

㉟ 中国科学院考古研究所：《新中国的考古收获》图版陆，2，文物出版社，1961年。

㊱ 张朋川：《甘肃出土的几件仰韶文化人像陶塑》，《文物》1979年11期53页，图二。

㊲ 西安半坡博物馆、武功县文化馆：《陕西武功发现新石器时代遗址》，《考古》1975年2期，图版叁，1。

㊳ 龙山文化窑址已发现的有：河南陕县庙底沟（1座）、三里桥（1座）、郑州旭旮王（1座）、安阳范家庄（1座），陕西长安客省庄（3座）、华县泉护村（1座），山西万荣荆村（2座）、襄汾陶寺（3座），河北邯郸涧沟（7座）、永年台口村（1座）等（以上资料分别见《考古通讯》1958年9期，《考古》1959年2、10期，1961年2、4期，1962年12期，1980年1期，《师大月刊》1933年第三期，以及《庙底沟与三里桥》、《沣西发掘报告》等）。

㊴ 龙山文化的轮制陶器，从总的情况来看，东边多西边少。这里据陕县三里桥遗址的统计，轮制陶器只占总数的五分之一。再如长安客省庄遗址，轮制陶器也只见于少数的罐类器物。

㊵ 安阳地区文物管理委员会：《河南汤阴白营龙山文化遗存》，《考古》1980年3期196页，图四，1；图五。

㊶ 这些遗址的陶窑发现情况是：曹家咀1座、西坡㠠2座（以上马家窑类型），青岗岔2座（半山、马厂类型各1座）、徐家坪12座(马厂类型)，以上资料分别见《考古》1960年9期，1972年3期，1973年3期和《考古学报》1957年1期。

㊷ 张朋川：《甘肃出土的几件仰韶文化人像陶塑》，《文物》1979年11期54页，图六；图七，1。

㊸ 青海文物管理处考古队、中国科学院考古研究所青海队：《青海乐都柳湾原始社会墓地反映出的主要问题》，《考古》1976年6期，图版壹。

㊹ 张朋川：《甘肃出土的几件仰韶文化人像陶塑》，《文物》1979年11期，55页，图九，4—6。

㊺ 马承源：《甘肃灰地儿及青岗岔新石器时代遗址的调查》，《考古》1961年7期，图版陆，2、3。

㊻ 昌潍地区艺术馆、考古研究所山东队：《山东胶县三里河遗址发掘简报》，《考古》1977年4期，图版叁，2。

㊼ 山东省文物管理处、济南市博物馆：《大汶口》图版88，文物出版社，1974年。

㊽ 同㊼117—118页。

㊾ 山东省文物管理处：《山东日照两城镇遗址勘察纪要》，《考古》1960年9期，14页，图四。

㊿ 大溪文化和屈家岭文化的陶器，从两者的陶色来看，前者早期以红陶为主，晚期红陶减少黑陶增多。后者早期黑陶的比例超过红陶，到晚期灰陶又超过黑陶而占居首位。再从某些器形来看，两者的圈足器都比较发达，而大溪文化具有代表性的曲腹杯，到屈家岭文化早期仍被沿用，朱绘陶也有同样情况。至于屈家岭文化具有特色的蛋壳彩陶，在年代比它早的大溪文化中就已经开始出现了。这些迹象多少反映了它们之间的承袭和发展的关系。

(51) 目前考古界对河姆渡遗址的看法还不一致，有的同志认为三、四层（下层）属河姆渡文化。有的则认为一至四层是互相衔接的，应属于一个文化的四期。本书依据前一种说法（上层归马家浜文化）。

(52) 有的同志主张马家浜文化包括马家浜和崧泽早晚两期，有的认为崧泽属于另一种文化类型，不包括在马家浜文化之内。本书采用前一种说法。

(53) 李家治、陈显求、邓泽群、谷祖俊：《河姆渡遗址陶器的研究》，《硅酸盐学报》7卷2期，105—112页，1979年。

(54) 浙江省文物管理委员会：《河姆渡遗址第一期发掘报告》，《考古学报》1978年1期64页。

(55) 牛鼻式器耳见于早期的罐上，花瓣形圈足流行于晚期的杯、壶和罐的底部。

⑯ 黄宣佩、张明华：《青浦崧泽遗址第二次发掘》，《考古学报》1980年1期，49页，图一四，16；图版陆，6。
⑰ 夏鼐：《碳-14测定年代和中国史前考古学》，《考古》1977年4期225页。
⑱ 有关的资料来源，可参照安志敏：《关于华南早期新石器的几个问题》，《文物集刊》3，1980年。
⑲ 江西省文物管理委员会：《江西修水山背地区考古调查与试掘》，《考古》1962年7期，353—367页。
⑳ 广东省博物馆、曲江县文化局石峡发掘小组：《广东曲江石峡墓葬发掘简报》，《文物》1978年7期，1—15页。
㉑ 福建省博物馆：《闽侯昙石山第六次发掘报告》，《考古学报》1976年1期，83页—119页。
㉒ 夏鼐：《碳-14测定年代和中国史前考古学》，《考古》1977年4期，231页。
㉓ 云南省博物馆：《元谋大墩子新石器时代遗址》，《考古学报》1977年1期，43—72页。
㉔ 黄展岳、赵学谦：《云南滇池东岸新石器时代遗址调查记》，《考古》1959年4期，173—175页。
㉕ 云南省博物馆筹备处：《剑川海门口古文化遗址清理简报》，《考古通讯》1958年6期，5—12页。
㉖ 王恒杰：《西藏自治区林芝县发现新石器时代遗址》，《考古》1975年5期，310—315页。
㉗ 尚坚、江华、兆材：《西藏墨脱又发现一批新石器时代遗物》，《考古》1978年2期，136页。
㉘ 西藏自治区文物管理委员会：《西藏昌都卡诺遗址试掘简报》，《文物》1979年9期，22—26页。
㉙ 沈阳市文物管理办公室：《沈阳新乐遗址试掘报告》，《考古学报》1978年4期，449—466页。
㉚ 尹达：《中国新石器时代》143—146页，1955年。
㉛ 辽宁省博物馆等：《辽宁敖汉旗小河沿三种原始文化的发现》，《文物》1977年12期，2—5页。
㉜ 中国科学院考古研究所内蒙工作队：《内蒙古巴林左旗富河沟门遗址发掘简报》，《考古》1964年1期，1—5页。
㉝ 吴震：《新疆新石器时代文化的初步探讨》，《光明日报》1962年3月28日。
㉞ 李仰松：《云南省佤族制陶概况》，《考古通讯》1978年2期，32—40页；李仰松：《从佤族制陶上探讨古代陶器制作上的几个问题》，《考古》1959年5期，250—254页；林声：《云南傣族制陶术调查》，《考古》1965年12期，645—653页；傣族制陶工艺联合考察小组：《记云南景洪傣族慢轮制陶工艺》，《考古》1977年4期，251—256页；Tadao Kano and Kokichi Segawa, An Illustrated Ethnography of Formosan Aborigines. Vol. I, Yami, pp.402—417，1956。鸟居龙藏：《台湾阿里山蕃の土器作り》，《东部台湾、阿眉种族の土器制造に就て》，《鸟居龙藏全集》第11卷，558—572页，1976年。
㉟ 周仁、张福康、郑永圃：《我国黄河流域新石器时代和殷周时代制陶工艺的科学总结》，《考古学报》1964年1期，1—25页；李家治：《我国古代陶器和瓷器工艺发展过程的研究》，《考古》1978年3期，179—188页；李家治、陈显求、邓泽群、谷祖俊：《河姆渡遗址陶器的研究》，《硅酸盐学报》7卷2期，105—112页，1979年；唐山陶瓷工业公司研究所：《古陶片理化性能的测试及其分析》；湖南省醴陵陶瓷研究所：《关于古陶瓷化验分析和原始烧成温度鉴定报告》（最后两篇系1978年6月举行的"我国古陶瓷和窑炉学术会议"上的报告稿）。
㊱ 《鸟居龙藏全集》第11卷，559页。
㊲ 沈阳市文物管理办公室：《沈阳新乐遗址掘报告》，《考古学报》1978年4期，图版肆，7。

我国新石器时代陶器的化学组成（%）、烧成温度（°C）和物理性能（%）

顺序	样品(片)	出土地点	文化性质	SiO_2	Al_2O_3	Fe_2O_3	TiO_2	CaO	MgO	K_2O	Na_2O	MnO	P_2O_5	烧失	总量	烧成温度	吸水率	孔隙度
	黄河流域																	
1	红陶	河南新郑裴李岗	新石器早期													960±20		
2	红陶	河南新郑裴李岗	新石器早期	57.43	17.11	7.31	0.96	1.55	1.96	1.33	2.24		4.07	6.19	100.15	950±20		
3	夹砂红陶	河南新郑裴李岗	新石器早期													900±20		
4	红陶	河北武安磁山	新石器早期	59.43	21.41	3.97	0.53	0.85	2.95	0.98	5.31			4.34	99.77	880		
5	红陶	河北武安磁山	新石器早期	62.98	17.11	5.49	0.67	2.42	2.61	2.81	1.62			3.59	99.30	930		
6	红陶	河北武安磁山	新石器早期	49.68	19.48	8.45	1.16	2.01	1.67	2.93	0.93		3.08	9.89	99.28	700左右		
7	夹砂红陶	河北武安磁山	新石器早期													850左右		
8	陶坯	河南洛阳	仰韶文化	60.22	17.07	6.99	0.79	1.02	2.57	3.21	1.14	0.03		6.72	99.76			
9	红陶	河南登封双庙沟	仰韶文化	57.13	18.40	5.60	0.63	3.90	0.47	5.54	0.64			0.96	93.27	900	6.62	
10	红陶	陕西宝鸡北首岭	仰韶文化	67.21	16.64	5.97	0.97	1.09	2.00	3.50	1.18	0.18	0.17	0.17	99.08			
11	彩陶	陕西西安半坡	仰韶文化	67.08	16.07	6.40	0.80	1.67	1.75	3.00	1.04	0.09		1.47	99.37			
12	夹砂红陶	陕西西安半坡	仰韶文化	61.90	19.13	8.37	0.99	2.61	3.10	3.21	0.57	0.11			99.99			
13	夹砂灰陶	陕西西安半坡	仰韶文化	63.43	17.73	6.91	1.19	3.17	2.03	3.48	1.86	0.15			99.95			
14	彩陶	河南陕县庙底沟	仰韶文化	60.47	15.79	5.98	0.74	6.87	3.45	3.30	1.17			1.75	99.52	950—1000		
15	彩陶	河南陕县庙底沟	仰韶文化	50.87	16.63	6.61	0.87	14.13	5.26	3.01	0.81			2.09	100.28	900		
16	红陶	河南渑池仰韶村	仰韶文化	66.50	16.56	6.24	0.88	2.28	2.28	2.98	0.69	0.06		1.43	97.67			
17	红陶	河南渑池仰韶村	仰韶文化	67.00	14.80	8.80	0.80	1.60	1.30	2.80	1.00			1.8	99.90			
18	黑衣灰陶	山西平陆盘南	早期龙山文化	67.44	15.09	3.53	0.67		2.90	2.98	1.92			5.09	99.62	840	6.93	
19	灰陶	河南安阳后岗	龙山文化	66.32	14.90	5.94	0.84	2.78	1.76	2.24	1.02			4.02	99.82	1000		
20	黑陶	河南安阳后岗	龙山文化	67.98	13.97	6.13	0.79	2.34	2.38	2.73	1.35	0.05		1.52	99.24			
21	灰陶	河南渑池仰韶村	龙山文化	67.10	16.61	6.23	0.89	2.01	2.33	2.79	1.30	0.04		1.95	101.25			
22	灰红陶	河南渑池仰韶村	龙山文化	67.72	17.30	6.22	0.90	1.48	2.37	2.79	0.76	0.07		1.78	101.39			

（续表一）

顺序	样品(片)	出土地点	文化性质	SiO_2	Al_2O_3	Fe_2O_3	TiO_2	CaO	MgO	K_2O	Na_2O	MnO	P_2O_5	烧失	总量	烧成温度	吸水率	孔隙度
23	红陶	陕西长安客省庄	龙山文化	66.21	15.49	5.77	0.77	1.85	3.39	3.24	2.45	0.08		1.08	100.33	1000±50		25
24	绿陶	山西夏县东下冯	龙山文化	57.37	14.77	6.37	0.87	12.53	2.98	2.67	1.29	0.10	0.30	0.29	99.54			
25	彩陶	甘肃天水西山坪	马家窑文化	59.64	16.44	6.22	1.05	7.21	3.46	2.84	1.07			2.48	100.41	900—1000		
26	彩陶	甘肃甘谷西四十里铺	马家窑文化	57.20	13.56	5.28	0.71	12.36	1.76	2.94	1.17			4.91	99.89	900—1050		
27	彩陶	甘肃临洮辛店	马家窑文化	54.92	17.47	6.17	0.75	9.28	3.18	3.59	0.69	0.23		3.39	99.67			
28	彩陶	青海乐都柳湾	马家窑文化（半山）	58.44	16.30	4.28	0.63	7.33	2.40	2.91	1.83			6.36	100.48	800	9.20	
29	红陶	青海乐都柳湾	马家窑文化（马厂）	56.80	15.93	4.70	0.97	6.02	3.70	3.51	2.03			5.64	99.30	760	9.85	
30	夹砂红陶	青海乐都柳湾	马家窑文化（马厂）	62.34	16.87	3.77	0.62	5.37	3.22	3.86	2.40			1.13	99.58	1020	8.17	
31	红陶	甘肃和政齐家坪	齐家文化	65.16	13.10	5.50	0.69	9.26	0.44	3.39	1.15			1.17	99.86	1020—1100		
32	夹砂红陶	甘肃和政齐家坪	齐家文化	62.42	17.16	6.38	0.84	1.84	2.66	4.13	1.42			2.81	99.66	800—900		
33	红陶	山东兖州王因	大汶口文化	49.05	21.29	7.45	1.24	2.34	2.26	2.19	1.38	0.14	6.66	5.65	99.65	1000左右		
34	白陶	山东泰安大汶口	大汶口文化	66.24	25.30	2.42	1.05	1.54	0.44	1.61	0.28			1.74	100.62	900		
35	红陶	山东日照两城镇	山东龙山文化													950±20		33
36	黑陶	山东日照两城镇	山东龙山文化	61.11	18.26	4.89	0.81	2.70	1.34	1.55	2.42	0.11		6.97	100.16			
37	白陶	山东章丘城子崖	山东龙山文化	49.48	27.75	1.71	1.09	5.33	6.15	1.79	0.44			5.91	99.65	800—900		
38	白陶	山东章丘城子崖	山东龙山文化	63.03	29.51	1.59	1.47	0.74	0.82	1.48	0.18	0.03		1.45	100.30			
39	黑陶	山东章丘城子崖	山东龙山文化	63.57	15.20	5.99	0.92	2.65	2.43	2.77	1.62	0.07		5.39	100.61	1000左右		15
40	黑陶	山东胶县三里河	山东龙山文化	65.53	13.77	4.94	0.79	2.05	1.41	2.98	2.13	0.07	0.69	未测	94.36			
		长 江 流 域																
41	彩陶	四川巫山大溪	大溪文化	69.50	17.86	3.11	0.95	0.29	0.98	2.89	0.92			3.19	99.69	830	9.28	
42	夹砂红陶	四川巫山大溪	大溪文化	51.87	13.10	4.76	0.64	10.19	2.45	2.43	1.47			12.58	99.49	750	5.60	
43	黑陶	四川巫山大溪	大溪文化	57.20	19.98	1.70	0.79	1.62	4.65	2.73	1.17			10.05	99.89	780	7.33	
44	灰陶	四川巫山大溪	大溪文化	66.31	16.86	4.98	0.96	1.70	1.53	2.08	1.13			4.51	100.06	810	7.40	

（续表二）

顺序	样品(片)	出土地点	文化性质	SiO_2	Al_2O_3	Fe_2O_3	TiO_2	CaO	MgO	K_2O	Na_2O	MnO	P_2O_5	烧失	总量	烧成温度	吸水率	孔隙度
45	红陶	湖北宜都红花套(下层)	大溪文化	62.27	18.60	5.13	0.94	3.70	0.45	1.75	0.50			6.33	99.67	600—700		
46	白陶	湖南澧县梦溪	大溪文化	70.35	20.04	1.63	1.10		0.80	3.57	0.48			2.39	100.33	880	11.74	
47	彩陶	湖北郧县青龙泉	屈家岭文化	67.12	18.08	4.56		1.54	1.60	2.63	1.19			3.06	99.78	900左右		
48	灰陶	湖北郧县青龙泉	屈家岭文化	67.54	17.16	6.60	0.92	1.85	1.32	2.37	0.65			1.17	99.58	900左右		
49	夹炭黑陶	浙江余姚河姆渡（4）	河姆渡文化	60.88	17.18	1.44	0.68	1.44	1.00	2.18	1.40	0.06	0.30	13.42	99.98	850—900	16.77	38.29
50	夹炭黑陶	浙江余姚河姆渡（4）	河姆渡文化	64.63	17.97	1.42	0.82	1.19	0.86	2.27	1.17	0.04	0.19	9.08	99.64	800—850	19.71	32.82
51	夹炭黑陶	浙江余姚河姆渡（4）	河姆渡文化	67.44	15.40	1.63	0.77	0.88	0.66	3.39	1.31	0.04	0.41	8.74	100.67	880—930	18.84	28.28
52	夹炭黑陶	浙江余姚河姆渡（3）	河姆渡文化	57.75	17.31	4.13	0.89	2.01	0.79	1.96	0.76	0.14	2.13	12.58	100.42	830—870	25.37	39.23
53	夹砂灰陶	浙江余姚河姆渡（3）	河姆渡文化	63.01	16.58	3.97	0.75	1.54	0.89	2.41	1.05	0.11	2.33	7.50	100.14	800—850	10.54	21.37
54	红陶	浙江余姚河姆渡（2）	马家浜文化	55.77	19.05	5.93	0.98	1.29	1.77	2.77	0.98	0.07	4.79	6.53	99.93	800—850	15.71	31.12
55	灰红陶	浙江余姚河姆渡（2）	马家浜文化	61.23	16.22	3.62	0.86	1.68	1.53	2.78	1.33	0.09	3.43	7.27	100.04	800—850	18.17	31.97
56	灰陶	浙江余姚河姆渡（1）	马家浜文化	55.64	20.33	10.00	1.28	0.63	1.77	2.40	0.67	0.07	3.59	3.75	99.95	950—1000		
57	夹砂红陶	浙江余姚河姆渡（1）	马家浜文化	65.20	14.78	5.04	0.67	0.87	0.68	2.53	1.05	0.04	3.24	6.49	100.59	900—950	16.07	33.18
58	红陶	上海青浦崧泽	马家浜文化	55.98	16.70	5.49	0.83	1.53	2.77	2.75	1.08			12.44	99.57	760		
59	红陶	上海青浦崧泽	马家浜文化	63.27	18.06	7.07	1.08	1.06	2.20	3.26	0.80	0.08	0.30	2.11	99.83			
60	灰陶	上海青浦崧泽	马家浜文化	63.28	20.82	5.28	1.01	0.53	2.65	3.26	1.22			2.38	100.43	810		
61	灰陶	上海青浦崧泽	马家浜文化	64.79	18.85	6.65	1.03	0.65	2.03	3.27	1.10	0.05	0.34	1.35	100.11	990±20		
62	灰陶	上海金山亭林	良渚文化	54.09	21.34	9.45	1.29	1.14	2.36	2.71	0.80	0.08	3.21	3.98	100.45	940±20		
		其它地区																
63	夹砂灰陶	江西万年仙人洞(下层)	新石器时代	70.80	15.85	1.90	0.52	0.10	1.65	2.93	0.56			5.41	99.72			
64	红陶	江西万年仙人洞(上层)	新石器时代	70.10	18.81	3.30	0.84		1.13	1.96	0.43			2.55	100.12	920	10.40	
65	红陶	江西修水跑马岭	新石器时代	50.14	29.38	4.16	1.26	1.40	0.10	2.39	0.23			10.55	99.61	800—900		
66	夹砂灰陶	江西修水跑马岭	新石器时代	66.11	19.00	4.02	0.72	0.38	1.09	2.03	0.20			6.87	100.42	600—700		

（续表三）

顺序	样品(片)	出 土 地 点	文化性质	SiO_2	Al_2O_3	Fe_2O_3	TiO_2	CaO	MgO	K_2O	Na_2O	MnO	P_2O_5	烧失	总 量	烧成温度	吸水率	孔隙度
67	灰陶	广东曲江石峡	石峡文化	56.64	22.09	3.52	0.93	2.43	0.99	2.98	0.23		2.94	7.05	99.80	1000		
68	灰陶	广东曲江石峡	石峡文化	60.86	20.18	2.98	0.94	0.28	0.86	2.85	0.20		3.81	6.87	99.83	900—1000		
69	陶片	广东南海西樵山	新石器时代	68.04	16.38	2.80	0.76	0.23		2.41	0.76			8.47	99.85	930	10.68	
70	夹砂红陶	广东翁源青塘	新石器时代	59.39	23.85	3.24	1.02	1.98	0.95	0.65	0.63			8.50	100.21	680	14.35	
71	夹砂红陶	广西桂林甑皮岩（3）	新石器时代	50.70	20.19	6.05	1.18		5.73	0.78	0.60			14.15	99.38	680	9.34	
72	灰陶	福建闽侯县石山(下层)	昙石山文化	65.67	22.51	4.15	1.28	微量	1.25	2.96	0.58			1.44	99.84	900—1000		
73	细砂灰陶	福建闽侯县石山(下层)	昙石山文化	52.52	19.88	9.14	1.16	0.56	1.20	1.30	1.29			7.71	94.76	950—1100		
74	红陶	云南元谋大墩子	新石器时代	54.02	20.28	12.79	2.12	0.45	1.71	3.23	0.34			4.66	99.60	900		
75	红陶	云南元谋大墩子	新石器时代	64.60	20.71	4.48	0.89	0.66	2.37	2.22	2.30			1.81	100.04	900		
76	夹砂红陶	西藏林芝云星	新石器时代	55.87	16.72	5.39	0.75	7.54	3.52	1.59	2.07			6.18	99.63	600		
77	红陶	辽宁沈阳北陵	与细石器共存	61.27	15.98	6.49	1.48	1.37	0.90	4.18	2.16	0.07	2.05	未测	95.95			
78	红陶	辽宁赤峰水泉	红山文化	65.91	13.07	4.52	0.73	4.95	2.71	3.19	0.91			3.43	99.42	600左右		
79	红陶	辽宁赤峰水泉	红山文化	62.68	14.92	5.76	0.84	6.30	2.00	2.46	1.28			3.75	99.99	900—1000		
80	细砂灰陶	内蒙巴林左旗富河沟门	与细石器共存	66.60	15.36	3.78		3.08	1.00	2.92	2.35			5.52	100.61	700—800		
81	夹砂灰陶	新疆吐鲁番喀拉和卓	与细石器共存	65.61	17.06	5.18	0.72	1.15	1.99	3.27	2.73			2.91	100.62	790	5.14	

注：1. 以上数据1、2、3、6、7、49、50、51、52、53、54、55、56、57由中国科学院上海硅酸盐 研 究 所 测，4、5、9、18、28、29、30、41、42、43、44、46、58、60、64、69、70、71、81 由唐山市陶瓷工业公司研究所测，14、15、19、25、26、31、32、34、37、45、47、48、63、65、66、67、68、72、73、74、75、76、78、79、80 由湖南醴陵陶瓷研究所测，8、10、11、12、13、16、17、20、21、22、23、24、27、33、35、36、38、39、40、59、61、62、77见《考古》1978年3期，185—188页。

2. 两城镇黑陶（本表顺序号 36，原资料编号13），城子崖白陶（本表顺序号38，原资料编号47）及黑陶（本表顺序号 39，原资料编号46A）见《考古学报》1964年1期21—22页，均为薄胎。

3. 东下冯的陶片样品（本表顺序号24），原测定资料称为绿陶。西樵山的陶片样品（本表顺序号69），原测定资料未注明陶色。

第二章　夏商周春秋时期的陶瓷

（公元前21世纪—公元前476年）

我国的奴隶社会阶段是从夏代开始的①。根据古代文献记载和历史传说，在原始社会末期定居于黄河中下游中原地区的夏族，随着社会的发展和生产力的提高，最早地通过部族联盟形式，由原始公社制社会进入了奴隶制社会，并以现今的河南省西部（豫西）和山西省南部（晋南）一带为中心，建立起来了我国第一个由夏王朝统治的奴隶制国家。其年代约从公元前21世纪到公元前16世纪，历年约五百年②。即为我国历史上的夏代。有关夏王朝的世系、年代、都邑变迁地点和政治、经济、文化等方面的发展概况，在《竹书纪年》、《世本》、《孟子》、《史记·夏本纪》和《水经注》等古籍中，都分别有一些记载。特别是对于夏代都城变迁地点，历代也有不少人进行过考证。其中多数人认为夏代的都城地望，还是在现今的豫西和晋南一带。近年来，我国的文物考古工作者，为了探索夏代物质文化遗存，正在上述地区进行着考古调查和发掘工作，并初步取得了一些收获。结合文献记载和实地考察，说明在我国历史上的商代之前有一个夏代，是完全可以相信的。

由于探索夏代物质文化遗存的工作还是刚刚开始，究竟哪些文化遗址和遗物是属于夏，哪些是属于和夏同时的先商、先周或其它古代的氏族部落文化遗存，目前还没有定论。就是对于豫西和晋南一带的夏代物质文化遗存和商代早期物质文化遗存的识别上，在我国考古学界和历史学界当前也有着不同的看法：一种意见认为豫西一带的“龙山文化”中晚期③和“二里头文化”早期④是属于夏时期的，而二里头文化晚期⑤则是属于商代早期⑥；另一种意见则认为豫西一带的龙山文化晚期，还是属于原始社会末期的范畴，二里头文化的早期与晚期，才是属于夏时期的⑦。本文作者倾向于前一种看法。但是在夏代田野考古发掘资料还不够充分的条件下，本书暂以二者认识比较一致的二里头文化早期的文化遗存，作为夏代文化的遗物进行介绍。而商代文化早期的遗物则是从二里头文化晚期开始。为了说明的方便，下文有许多地方我们都以二里头文化早期作为夏代的代称，以区别未经论定的先商、先周和其它邻区等同时期的文化。

商代是我国奴隶制社会的发展时期。商代历年大约从公元前16世纪至公元前11世纪，共六百年左右[8]。根据文献记载和大量考古发掘材料证明，商王朝直接控制的中心地域及其有影响的地区，比夏王朝统治时期有了较大的扩展。在北达东北、南至湘赣、东起海滨、西抵陕甘的广大地区内，都曾发现有和中原地区商代文化遗存类同或包含有商代文化因素的文化遗址。在商王朝建立起奴隶制国家后，由于与夏人、先周和其他邻区文化的相互交流和融合，不仅使商代的政治、经济、文化等方面有了新的发展，而且使商代的农业和各种手工业生产，也较夏代有了很大的提高。

西周是我国奴隶制社会发展的鼎盛时期。在商朝中后期，居于黄河中游陕西西部的周人逐步兴起和发展起来。到了商代末年周人联合庸、蜀、羌、微、卢、彭、濮等八个部族灭商而建立了周朝，周之前期称为西周，其年代约自公元前11世纪到公元前771年，近三百年左右。由于周王朝采取了分封措施，不但使西周的政治、经济、文化等方面有了新的发展，而且使西周奴隶制国家直接控制的势力范围和有影响的地区，也比商代后期又有了显著扩大。

西周末年，周平王从陕西丰镐东迁河南洛邑（洛阳），此后在历史上称为东周。东周又分成春秋和战国两段。春秋起自公元前770年到公元前476年。这是我国历史上由奴隶制社会向封建制社会过渡的大变革时期。从战国时期开始，我国社会历史就进入封建主义阶段了。

第一节　陶器的发展

关于夏代制陶手工业的发展情况，古代文献中很少记载。在《墨子·耕柱篇》中曾有："陶铸于昆吾"的记述，是说夏代的昆吾族，善于烧制陶器和铸造青铜器。结合相当于夏代时期的二里头文化早期出土的遗物来看，当时在用普通粘土（也称陶土）作原料烧制灰黑陶器的数量最多，同时也继续地使用杂质较少的粘土（也称坩子土或瓷土）作原料，烧制胎质坚硬细腻的白陶器。白陶器的创制和使用，是我国制陶手工业的新发展。虽然在二里头文化早期遗址中，目前还没有发现铜器，但是在豫西地区稍早于二里头文化早期的龙山文化晚期遗址中，就已经发现有青铜炼渣的遗存[9]，而在二里头文化晚期遗址和墓葬中，已经有刀、锥、凿、锛等青铜工具和青铜容器爵的出现[10]。依此可以推断在夏代的二里头文化早期或更早的龙山文化中晚期，很可能已经铸造青铜器了。冶炼青铜炼炉的创制应和烧陶窑炉的不断发展有着密切联系。烧陶窑炉的发展为冶炼青铜炼炉的创制提供了启示；而能用火候较高的温度冶炼青铜，又为改进烧陶窑炉进一步烧制出耐温较高的白陶器和原始瓷器创造了条件。

在河南偃师二里头商代早期遗址中，已发掘出有宫殿夯土基址群、奴隶主墓葬、窖穴、水井等遗迹。还有烧制陶器、铸造青铜器和制作骨器各种手工业作坊遗址的发现⑪。说明商代早期的手工业，不仅已从农业中分化出来成为独立的手工业生产部门，而且各种手工业之间又有了分工。随着商代早期制陶手工业的发展，烧制一般灰陶器和烧制白陶器与夏代相比，陶器的品种较前增多，烧成温度和质量也有提高，陶器表面的装饰，除拍印一般绳纹、弦纹等纹饰外，也开始出现了一些动物形象和各种几何形图案装饰。而在我国江南地区和东南沿海一带，最早发展起来的印纹硬陶器，是当时具有独特地方风格的陶器品种。

商代中期的制陶手工业在不断发展的基础上，除继续烧制一般灰陶器和白陶器，并创制出了我国目前已经发现的时代最早的原始瓷器。相当于商代中期的“二里岗期”文化遗址⑫，在河南、河北、山东、山西、安徽、陕西、江苏、湖北、湖南、江西等省范围内都有多少不等的发现。河南郑州商城遗址是我国目前发现最大的一处商代中期遗址。在这处遗址中发掘出有规模巨大的商代中期夯土城垣遗址、宫殿建筑夯土基址群、房基、窖穴、水井和墓葬等遗迹，并在城外周围附近还发掘出有烧制陶器、铸造青铜器和制作骨器的各种手工业作坊遗址⑬，从这些手工业作坊遗址的出土遗物看，不但各手工业之间有了分工，而且有的手工业内部又有了分工。在郑州商代城西墙外发掘的一处烧制陶器的手工业作坊遗址，分布面积约达一万多平方米。在作坊遗址区内的东南部有十几座残破的烧陶窑炉，这显然是窑炉的集中场地；在作坊遗址区内的偏西部排列着几座长方形房基。房基内外堆积有经过淘洗后的陶泥原料、拍印着绳纹的陶盆坯子残片、制造陶器的用具菌状陶抵手和带有方格纹的陶印模等；在房基和窑炉之间是一片相当平坦而坚硬的场地。可能是晾干陶坯和整治制陶原料的场地；另在作坊周围的壕沟和作坊区内的废弃灰坑中，堆积着大量商代中期的残破陶器和碎片，其中有不少是被烧坏变形的陶器废品，并有三件烧坏变形的灰陶盆还粘结在一起。粘结形式是两个相并列的陶盆口部中间覆盖着一个陶盆。说明当时窑炉装坯已经采用了交错重叠的装窑方法，以提高陶器的烧成温度。值得注意的是：该作坊遗址出土的大量陶坯、陶器废品和残器中，主要是盆、瓮、大口尊、簋和豆等泥质灰陶容器。说明这处作坊遗址是以烧制泥质灰陶器为主的一处制陶作坊遗址。而在郑州商代遗址中，出土数量约占陶器一半左右的鬲、甗、罐、斝、缸等夹砂陶器，在这处制陶作坊遗址中则不见，说明必然另有专门烧制夹砂陶器的作坊。既然当时在制陶业内部，烧制泥质灰陶器和烧制夹砂灰陶器之间就已经有了分工，那么当时烧制胎质坚硬的白陶器，可能也有专门的手工业作坊⑭。

商代中期的白陶器，在我国南北方的不少文化遗址中都有发现，其烧成温度和质量都比商代早期有提高。而起源于我国江南地区和东南沿海一带的印纹硬陶器，在制陶手工业的工艺技术不断提高的基础上，也有了很大的发展。江西清江吴城商代中期遗址出土的印纹硬陶器，不但数量和品种较前明显增多，其烧成温度和质量也较前有了很大提高。随着烧制印纹硬陶手工业的进一步发展，人们在长期的生产实践中，又发明了使用含铁量更低杂质更少的粘土（即瓷土）作原料和器表施釉的新技术，于是就创制出了我国最早的原始青釉瓷器。原始瓷器的出现，是我国陶瓷手工业发展史上的一次飞跃，它为我国瓷器的发展奠定了基础。在我国黄河中下游和长江中下游广大地区内的不少商代中期遗址中，都曾出土有原始青釉瓷器。说明在原始青釉瓷器创制出来以后，随着烧制原始青釉瓷器工艺技术的相互交流和影响，在我国南北方不少地区，当时都已经能够烧制原始青釉瓷器了。其中以江南地区烧制的数量较多，发展的也比较快。

商代后期文化遗址在我国的分布范围较前又有扩大。其中仍以黄河中下游和长江中下游地区分布较广而密集，并且在我国东北的部分地区也有一些发现。河南安阳殷墟曾经是商代后期长达二百七十三年之久的都城遗址。各种遗迹和遗物的保存相当丰富。在安阳殷墟已发掘出有大型宫殿建筑夯土基址群、王室陵墓、平民墓地、杀殉奴隶排葬坑、窖穴、水井、壕沟等遗迹和烧制陶器、铸造青铜器、制作骨器的各种手工业作坊遗址。从各种手工业作坊遗址的分布和出土遗物看，各种不同手工业内部的专业分工较前更为明显。从而使商代后期烧制灰陶器、白陶器、印纹硬陶器和原始青釉瓷器的生产，都较商代中期又有了新的发展和提高。表现在灰陶器的烧制上，不仅生产人们日常生活中使用的器皿，而且也专门烧制为死者陪葬使用的灰陶明器；表现在白陶器上是器表图案雕刻艺术更为精细而绚丽⑮。

但这一时期印纹硬陶和原始瓷器的主要产地，仍然是在长江以南地区。其生产数量则逐渐增长。以江西清江吴城商代遗址为例，在部分典型单位内，灰陶和印纹硬陶、原始瓷器在不同地层中所占比例，列表如下：

期别	灰陶数量	印纹硬陶与原始瓷器数量
商代中期	80%	20%
商代中晚期	74%	26%
商晚西周早期	59%	41%

而在河南郑州商代中期的城市遗址中，印纹硬陶与原始瓷器的出土数量，约占同时期陶瓷器总数的0.004%；河南安阳殷墟商代后期都城遗址所出土的印纹硬陶和原始瓷器，在陶瓷器总量中所占比例则不会超过0.1%。看来商代印纹硬陶和原始瓷器的主要产地，还是在当时的大江以南各地⑯。

西周时期的各种手工业生产较前更有了很大的发展。据文献记载西周王朝专门设置有司工、陶正、车正、工正等官职，对各种手工业进行管理。甚至还把全国各地工艺精巧的各种手工业者集中到国都，专为王室贵族制造精美用品。从事各种手工业生产的奴隶工匠称作“百工”。就陕西扶风、岐山一带周原遗址的调查发掘材料获知，在遗址范围内除发现和发掘出有宫殿建筑基址、宗庙建筑基址、平民房基、窖穴和墓葬等遗迹外，在遗址范围内的现今扶风云塘村到齐镇、齐家一带，还发现有西周时期的制作骨器、烧制陶器和铸造青铜器的各种手工业作坊遗址。出土了大量的陶器、原始瓷器、石器、骨器、青铜器。在陶器中有日用器皿，也有建筑房屋用的板瓦、筒瓦、瓦当和陶水管等陶器构件⑰。在陕西长安县的西周都城丰镐遗址中，也发现有建筑遗迹和烧制陶器、铸造青铜器和制作骨器的各种手工业作坊遗址。其中洛水村西边的一处制陶作坊遗址，在三十平方米范围内，就发掘出六座烧陶窑炉。在窑炉内还遗留有未经烧制的陶坯和日用陶容器片和瓦片，这可能是烧制多种陶器的烧陶窑场⑱。但从有些制陶作坊遗址的出土遗物看，烧制日用陶器皿和烧制建筑用陶的制陶作坊已有分工。在扶风、岐山周原遗址中，出土了大量的板瓦、筒瓦和瓦当，说明西周时期的制陶手工业有了新的发展，已开始生产建筑用材了。这是我国制陶手工业史上的又一新进展，它开创了我国建筑史上房顶盖瓦的新纪元。

至于西周时期印纹硬陶和原始瓷器的烧制情况，在陕西周原和丰镐二处西周都城遗址和墓葬中，以及河南洛阳、浚县的西周墓葬内，虽然也出土了一些印纹硬陶和原始瓷器，但数量是很少的，远远没有江南地区西周遗址和墓葬中出土的多。只是西周时期原始瓷器的出土范围，显然比商代后期又有扩大。在南起广东、北至北京、东起海滨、西达陕西的广大地区内，都有西周时期制作精致的原始瓷器发现。而洛阳西周墓内出土的原始瓷簋，形制不见于江南，看来除江南地区继续大量生产原始瓷器，其它地区也在烧制原始瓷器，并且逐步发展成为各地奴隶主贵族们日常生活中广为使用的用具品种之一。

春秋前期各地陶瓷手工业的生产状况是：北方的晋、齐、秦等大国和郑、鲁、蔡、宋等一些中小国家，仍以生产鬲、甗、盆、豆、盂等日用的灰陶器皿和瓦、水管道等建筑用陶为主，春秋时期北方诸国的遗址和墓葬中，各种灰陶器皿和板瓦、筒瓦的出土数量最多，很少见到印纹硬陶和原始瓷器。而在南方的一些国家中，如吴、越、楚（这里主要是指楚的江南地区）等大小国家中，除生产一般的灰陶器，还大量生产印纹硬陶和原始瓷器。因而在南方各地的春秋时期文化遗址和墓葬中，不仅有一些灰陶器皿和瓦类建筑用陶，较多地出土有印纹硬陶和原始瓷器。在浙江地区还发现有春秋时期的印纹硬陶和原始瓷器同在一个窑炉内烧制的事实。原始瓷器手工业在江南地区的继续发展，为我国尔后瓷器烧制成功奠定了基础。

第二节　灰陶器和白陶器

这里所说的灰陶器，主要是指采用“易融粘土”（即陶土）作原料烧制而成的泥质陶器和在易融粘土内羼入一定比例的砂粒或蚌末作原料烧制而成的夹砂陶器，其中以泥质灰陶器和夹砂灰陶器的数量最多，并有一些泥质红陶器、泥质黑陶器、夹砂棕陶器和砂质红陶器。泥质陶器的胎质细腻，砂质陶器的陶土内所羼砂粒有粗有细，胎质比较坚硬，耐火度高。所以夹砂陶器多用于炊器和部分饮器，以及一些大型厚胎盛器，而泥质陶器则多用于饮器、食器、盛储器和其它用器。陶器的制法，主要是轮制、兼施模制和手制。如罐、瓮、盆、钵等陶器，多是轮制而成。又如簋、豆等陶器的器身和圈足是分别轮制粘接而成的。再如鬲、甗、鬶等陶器，可能是先模制又经轮制修正的。至于鼎足、器鼻、器鋬等附件，应是器身轮制成型之后，再将足、鼻、鋬用手捏制粘接上去的。有些形体较大的陶器和粗砂质厚胎陶缸，还是采用泥条盘制并经轮修而成的，但是在不同的历史时期，陶器的品种、形制、器表花纹装饰和烧成温度等方面，都有不同的特征，反映了不同时期制陶手工业的工艺技术发展水平和人们的生活状况。陶器表面的花纹装饰，也是不同历史时期文化艺术发展状况的反映。所以奴隶社会阶段陶器仍是和人们日常生活中关系最为密切的一种用器，也是鉴别时代特征的重要依据之一。

1．夏代（二里头文化早期）灰陶器

目前暂定为夏代（有可能是属于夏代晚期）陶器的，主要是指二里头文化早期的陶器而言。这一时期陶器的形制、类别与器表纹饰，基本上都是承袭河南豫西地区龙山文化晚期的陶器发展而来。陶器特征仍是以折沿平底和三实足和圈足器为主的发展体系，但圜底器在该地区已开始少量出现（图二十二）。

陶器的质料也还是以泥质灰陶和夹砂灰陶较多，黑陶（包括黑皮陶）和棕陶次之，红陶已极少发现。常见陶器作炊器用的主要是鼎、罐、甑。陶鼎多为敛口、深圆腹、圆底、三乳头形矮足或扁状高足的罐形鼎，但也有极少数敞口、浅腹、圜底、三扁状高足的盆形鼎；陶罐多为敛口、深腹略鼓的平底罐，圜底罐还很少发现，另有极少数口沿上饰有扭状花边的小陶罐；陶甑多为敞口、深腹、平底的盆形甑，罐形甑则已很少见到。作饮器的有盉和觚。陶盉为圆顶、小口、长嘴、细颈、弧形鋬、袋足；陶觚为敞口、细腰、平底。作食器用的有豆、簋、钵、三足盘。陶豆多为浅盘圜底的高柄豆，但也有少量盘沿外折、底近平的高柄豆；陶簋为敞口、浅腹、圜底下加喇叭形圈足；陶钵为敞口微敛、深腹平底；陶三足盘为口微侈、浅盘、平底、下有三瓦状足。作盛器用的主要有

瓮、盆、缸，陶瓮分小口圆肩深腹略鼓的平底瓮和敛口、折肩、深腹平底瓮二种；陶盆分敞口折沿、深腹略鼓的平底盆和浅腹平底盆二种；陶缸多为敞口、深腹略鼓平底。另有敛口、深腹略鼓、平底、内壁划有细槽的陶研磨器和带菌状握手陶器盖等。

陶器表面的花纹装饰，除部分食器和盛器为素面磨光，或在磨光面上拍印一些回纹、叶脉纹、涡漩纹、云雷纹、圆圈纹、花瓣纹等图案纹饰外，绝大部分陶器的表面还是饰印篮纹、方格纹与绳纹。并且还盛行在陶器表面加饰数周附加堆纹和一些划纹和弦纹。篮纹和方格纹是承袭当地龙山文化晚期的陶器上常见编织物纹饰发展而来，但数量已大为减少，并逐步被细绳纹所代替。多数花纹显然是作为装饰陶器而拍印的。但是有些所谓纹饰，应是为加固陶器或搬动方便设置的。如陶器上所见到的附加堆纹，大多是施在器形较大和陶胎较厚的陶器腹部，说明这些附加堆纹，除作为花纹装饰使用

图二十二　河南偃师二里头文化早期夏代陶器

1.鼎(1/6)　2.瓮(1/8)　3.罐(1/6)　4.深腹罐(1/10)　5.罐(1/10)　6.深腹罐(1/6)　7.豆(1/6)　8.盉(1/10)　9.爵(1/6)　10.三足盘(1/6)　11.器盖(1/6)

外，还有着加固大型陶器的作用。另外在部分制作精致的细泥质磨光陶器表面，还发现有线刻的一些形象生动、雕工精细的动物形象图案。如在河南偃师二里头的二里头文化早期遗址中，就发现在有些制作精致的陶器表面，浅刻有龙纹、蛇纹、兔纹和蝌蚪纹，并且有一件陶器表面还刻着饕餮纹和裸体人像的形象图案⑲。

二里头文化早期的陶器形制和纹饰，虽然是直接承袭河南豫西地区的龙山文化晚期的陶器发展而来，但是二里头文化早期的陶炊器中，出现了腹部满饰附加堆纹的高足陶鼎；饮器中陶鬶已经基本不见，却出现了陶爵和陶盉等器，陶盉有可能就是从前期陶鬶发展而来的。在食器中新出现了陶簋和三足盘。陶簋有可能是从前期陶圈足盘演变而来。在盛器中陶瓮、陶罐、陶盆的口沿与底部和龙山文化晚期相比也有一些变化，开始出现了圜底器。又如在器表纹饰上，篮纹和方格纹相对的较前减少，绳纹逐渐增多，并出现了拍印的图案纹饰。这时分别住在黄河下游，黄河中游，以及长江中下游，夏的邻区文化的陶器，除了与二里头文化早期陶器有着许多共性之外，还有各自的明显特点。如黄河下游一带稍晚于龙山文化晚期的先商陶器，其质料虽然也是以泥质灰陶和夹砂灰陶为主，但素面磨光黑皮陶和夹砂棕陶的数量还比较多见。常见的陶器形制和河南豫西地区二里头文化早期的陶器相比有明显的区别。陶器特点以折沿或卷沿平底器为主，三实足、三袋状足和圈足器次之，圜底器较多出现。常见的陶器形制，作炊具用的有鼎、罐、甑、甗和鬲；作饮器用的有觚、带流壶和杯；作食器用的有豆和圈足盘；作盛器用的有瓮、平底盆和陶缸；另有陶研磨器和陶器盖等。其中陶甗、陶鬲、陶平底盆和陶带流壶是比较常见的陶器品种。而在河南豫西地区的二里头文化早期，即夏文化中基本不见。其它地区的陶器特征，和夏文化陶器相比也有不同。反映了夏的陶器和周围邻区其它氏族部落的陶器，是有着各自的发展序列和某些独特风格。

夏代陶器的质量与当时烧陶窑炉的结构和提高窑炉内的烧成温度有着密切联系。在郑州洛达庙遗址中，曾发掘出来了一座相当于夏代二里头文化早期的烧陶窑炉⑳，窑的形制为馒头型，其结构分窑室、窑箅、火膛、支柱和火门等五部分。窑室呈圆形弧壁，并向上逐渐收敛，窑室底径为1.28米、周壁残高0.25米左右。窑室底部是用草拌泥作成的厚约0.14米的窑箅，箅上分布有直径4—4.5厘米的圆形箅孔。箅下为立于火膛中部支撑窑箅的长方形支柱，支柱长0.89米，宽0.16—0.40米，高0.25米。火膛呈圆形圜底，高0.25米，最大直径1.28米。火门位于和支柱相应的火膛南壁上，火门高0.32米，内宽0.24米，外宽0.32米。由于经过高温火烧，火膛周壁、支柱、窑箅和窑室周壁等部分，已分别被烧成坚硬的青灰色或红色。这种设置有窑箅和箅孔的馒头烧陶窑炉，可以使从火膛进入窑室的火焰均匀地升高温度，提高了陶器的烧造质量。

2. 商代灰陶器

商代陶器以圜底、圈足和袋状足为主要特征。从河南豫西地区的二里头文化晚期和河南郑州洛达庙遗址的出土陶器来看[21]。虽然仍以泥质灰陶为主，但夹砂灰陶的数量显然较二里头文化早期增多，并有一些粗砂质红陶和棕陶，泥质黑陶、泥质黑皮陶已很少见到，常见陶器作炊器用的有鼎、罐、甑、甗、鬲。陶鬲为敛口卷沿、鼓腹袋状足；陶甗为敛口卷沿、深腹细腰袋状足；陶罐为敛口卷沿、深腹圆鼓、圜底或平底；陶甑为敞口卷沿斜壁略鼓、圜底，仅底部有矮孔；陶鼎分敛口卷沿、深腹圆鼓三锥状足罐形鼎和浅腹略鼓、三圆锥状足的盆形鼎二种。其中以罐形鼎较多。作饮器用的有斝、觚、爵、盉。陶斝为敞口卷沿、颈内收带鋬、深腹袋状足；陶爵为敞口，前有流后有尾、细腰带鋬、平底三锥状足；陶觚为敞口、深腹细腰、平底；陶盉为敛口圆肩短流、细腰带鋬，三袋状足。作食器用的有豆、簋、三足盘。陶豆分浅盘高柄豆和浅盘高圈足豆二种；陶簋为敞口浅盘、圜底高圈足；陶盘为敞口平底，盘的底部加三瓦状足。作盛器用的有盆、瓮、大口尊、缸。陶盆分敞口或口微敛卷沿、深腹圜底盆和敞口卷沿、深腹或浅腹、平底盆二种；陶瓮分小口高领、圆肩深腹、圜底瓮和敛口折肩、深腹平底瓮二种；陶大口尊为敞口、颈内收、凸圆肩深腹、平底，一般是口径略小于肩径，陶缸为敞口深腹粗砂质厚胎圜底或下附矮圈足的红陶缸。另有敞口斜壁圜底，内壁有划槽的陶研磨器和菌状握手陶器盖等（图二十三）。

陶器表面的花纹装饰，除少量素面磨光或在磨光的陶器面上施用一些凸弦纹和拍印的云雷纹、双钩纹、圆圈纹等带条状图案纹饰外，绝大多数的陶器表面满饰印痕较深的绳纹，兼饰一些附加堆纹和凹弦纹。绳纹约占陶器表面纹饰总数的五分之四强，而附加堆纹的施用数量已较前大为减少。器表满饰方格纹者，仅在个别粗砂质厚胎缸上还有施用，只有在个别陶盆上还有施用篮纹的情况。在河南偃师商代早期的二里头文化晚期遗址中，还发现有些制作精致和磨制光滑的陶器表面，浅刻有鱼形纹和夔龙纹[22]。在河南登封告成商代早期遗址中，发现了一件陶簋耳上刻制着蝉纹[23]。呈现了商代早期图案纹饰和雕刻艺术在陶器上的继续使用和发展。

在河南豫西地区，商代早期的灰陶器不同于夏代者，主要是商代早期的陶炊器中，陶鬲逐渐代替了陶鼎、并出现了陶甗。陶鼎原是夏代的主要炊器之一。到了商代，陶鼎作为炊器的使用，数量大为减少，并且有些盆形陶鼎已变成为作食器用的细泥质磨光器皿。再一个变化是陶觚、陶斝、陶盉和陶爵等酒器较夏代显著增多。盛器中的陶大口尊开始出现，并成为重要盛器之一，而且在大口尊的口沿上又多刻有陶文记号，这对于了解陶大口尊的用途可能有着一些意义。食器中的浅盘高柄陶豆逐渐减少，新出现了圈足

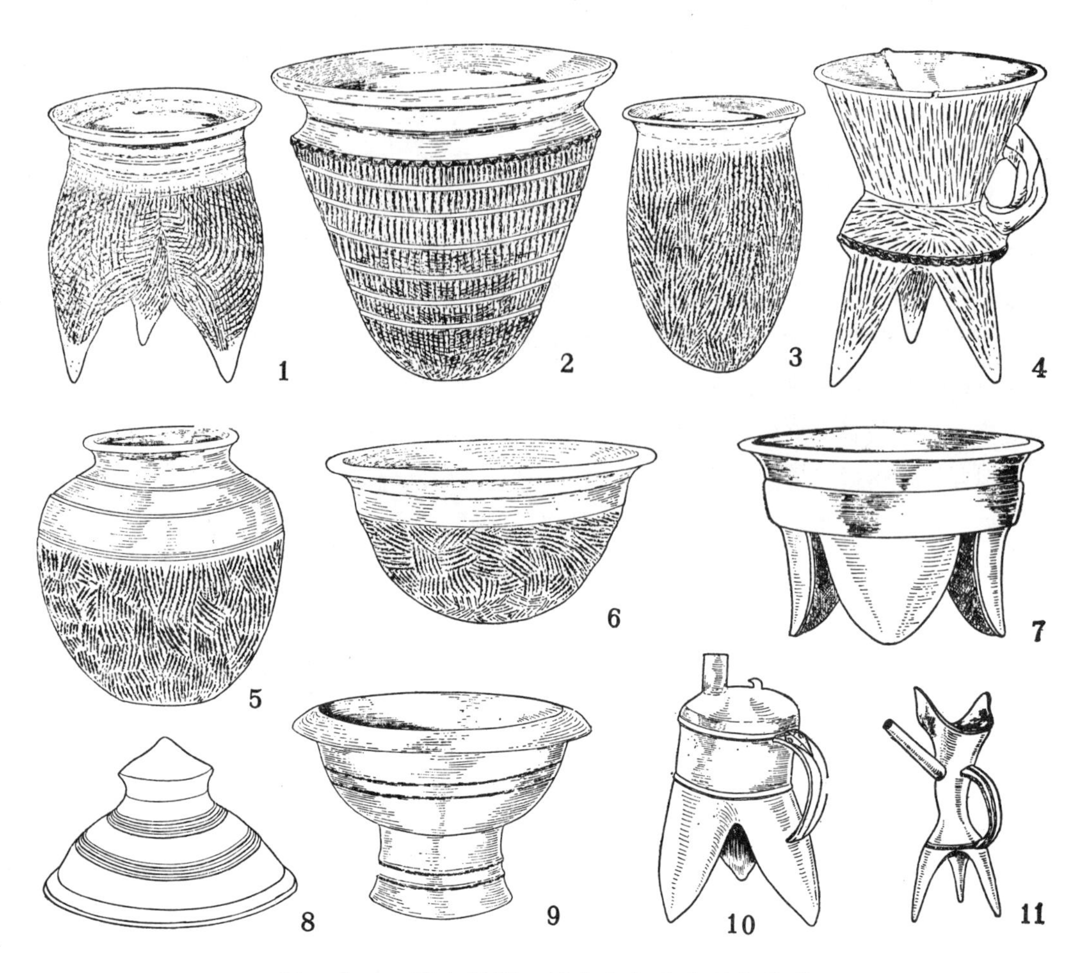

图二十三　河南偃师二里头文化商代早期陶器

1.鬲(1/6)　2.大口尊(1/8)　3.深腹罐(1/8)　4.斝(1/6)　5.瓮(1/8)　6.盆(1/6)　7.三足盘(1/6)
8.器盖(1/4)　9.豆(1/4)　10.盉(1/6)　11.角(1/6)

陶豆与陶簋。其它陶器也有程度不同的变化，反映了商文化与夏文化在陶器上的明显不同。

从商代早期陶器的烧成温度和质量与夏代的相比有着明显提高。这应与商代早期烧陶窑炉的改进有关。从已经发掘出来的商代早期烧陶窑炉看，它虽然是承袭着前代的馒头形窑炉形制，但部分结构已有了改进。如在河南偃师二里头发掘出来的一座商代早期烧陶窑炉，顶部已毁，仅剩残底的一部分。但还可以看出火膛结构呈直壁平底的圆筒形，直径约1米，火膛一侧有火门。窑箅已塌入火膛内，箅子厚约0.05米，箅子上布满了圆形箅孔，箅孔直径约0.05米。因久经火烧，火膛和箅子都已成坚硬的红褐色及青灰色[24]。又如在河南郑州洛达庙发掘出来的几座窑炉，顶部虽然也已损毁得很严重，但其中有一座窑炉还保留着窑室下部的火膛、支柱、窑箅和残存的箅孔（图二十四）。窑室底部直径1.40米，周壁残高约0.30米，箅厚0.1米，箅上残存箅孔复原后的直径为0.1米，箅下的火膛高0.80米，窑柱长0.60、宽0.24米㉕。这座商代早期的窑炉和郑州洛达庙夏代窑炉相比，已经有了明显的改进，火膛增高和箅孔加大。火膛增高可以多容纳柴草，燃烧起来火力增大，而箅孔加大则可以提高窑室内的温度。这应是窑炉结构一次大的改进。

商代中期的陶器，仍以泥质灰陶和夹砂灰陶最多，约占同期陶器总数的90%以上，其中夹砂灰陶略少于泥质灰陶。夹砂灰陶的使用数量已较前有所增多。此外还有一些夹砂粗红陶、个别的黑皮泥质陶和泥质红陶。常见的陶器作炊器用的主要是鬲、甗、罐、甑。陶鬲为敛口卷沿或沿端折起、深腹细腰、三袋状足；陶罐为敛口卷沿、沿端折起、深腹圆鼓，底部分平底和圜底；陶甑为敞口卷沿、深腹略鼓、圜底，底部有四个或五个镂孔，陶鼎已很少见到。从出土的几件可以作炊器的夹砂陶鼎看，皆为敛口折沿、深腹略鼓、圜底、三锥状足，个别鼎的口沿上还安有双耳。作饮器的有斝、爵、盉、觚、杯。陶斝为敞口或敛口、细颈带鼻、鼓腹、三袋状足，陶爵为敞口、有流有尾或有流无尾、细腰带鋬、平底、三锥状足；陶觚为敞口、深腹细腰、平底；陶盉为圆顶小口短嘴、细颈带鋬、三袋状足；陶杯为大口、深腹带鋬、下附圈足。作食器用的有簋、豆、钵、鼎等种。陶簋为敛口折沿、深腹圆鼓或深腹近直、圜底圈足；陶豆为浅盘圜底高圈足；陶钵为敞口或敛口浅腹圜底，并有极少数敞口、浅腹、圜底、方棱形足的泥质磨光陶鼎。作盛器用的有盆、瓮、大口尊、罐、䍃、壶等种；陶盆分敛口折沿、深腹圆鼓、圜底深腹盆、大敞口折沿，圜底浅腹盆和敞口卷沿、深腹平底盆三种；陶瓮分小口高领、凸圆肩、深腹圆鼓圜底瓮和敛口折肩带鼻、深腹小平底瓮二种；陶大口尊分二种，一种稍早的为敞口、凸圆肩、口部略大于肩部，深腹圜底；另一种稍晚的为大敞口，肩微凸或无肩、深腹圜底。陶罐为敛口卷沿、深腹圆鼓、平底或圜底；陶䍃为敛口卷沿或敛口折沿、深腹圆鼓、圜底；陶壶为小口长颈双鼻、深腹圆鼓圜底、下加圈足；夹砂陶缸为大

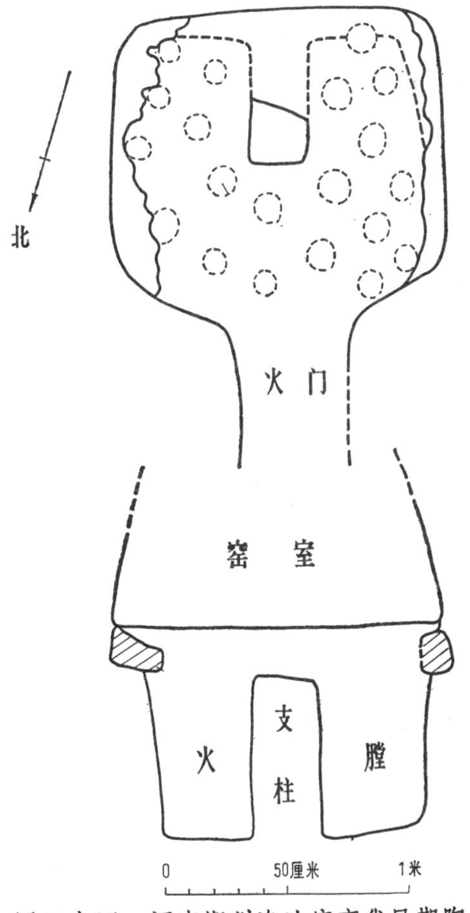

图二十四 河南郑州洛达庙商代早期陶窑平、剖面图

敞口、深腹圜底或附有矮圈足。另有少量敞口颈内收折肩圜底陶尊，敞口卷沿深腹圜底内壁划有密集细槽的陶研磨器和菌状握手陶器盖等[26]（图二十五）。

商代中期各种灰陶器的口部，折沿者基本不见，而多为卷沿，底部主要是圜底和袋状足，圈足器也较前显著增多，这时平底器则大为减少。河南郑州二里岗遗址出土的各种陶器，据粗略统计圜底器约占陶器总数的百分之四十六以上，袋状三足器约占百分之三十左右，圈足器约占百分之七，平底器约占百分之十一[27]，陶鬲在炊器中的数量较前大为增多，约占炊器总数的三分之二左右，在陶器总数中陶鬲也占百分之二十三左右。其中卷沿陶鬲较沿折起陶鬲稍早些。陶甗的数量也明显增多。而夹砂陶罐有所减少，夹砂陶鼎极为少见。即使有也多是仿制同时的青铜鼎作为礼器用。可见商代中期的主要炊器是陶鬲和陶甗。在饮器中陶斝和陶爵的数量较前也明显增多，而陶盉则很少发现，在食

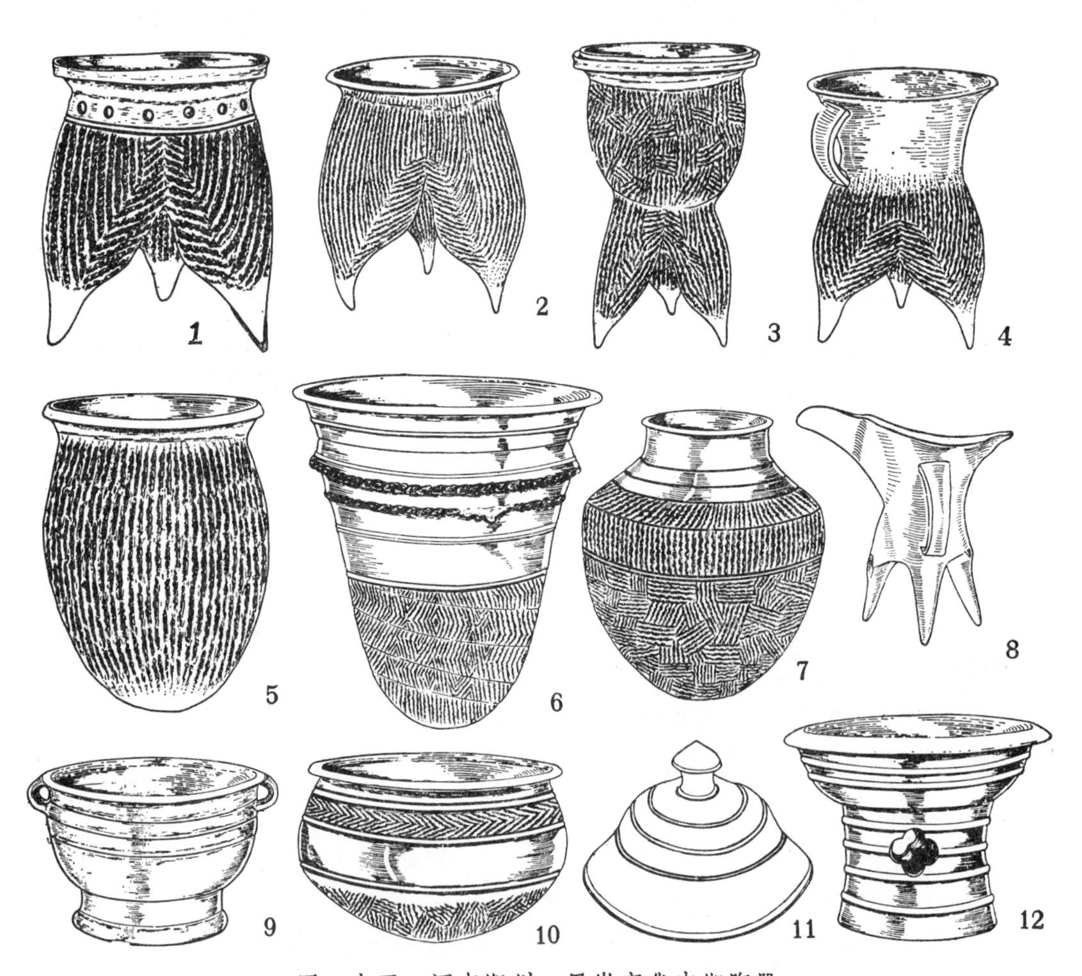

图二十五　河南郑州二里岗商代中期陶器

1、2.鬲(均1/6)　3.甗(1/10)　4.斝(1/6)　5.罐(1/6)　6.大口尊(1/10)　7.瓮(1/8)　8.爵(1/4)　9.簋(1/8)　10.盆(1/8)　11.器盖(1/8)　12.豆(1/4)

器中陶簋和陶豆的数量剧增，三瓦状足平底盘根本不见。在盛器中陶盆、陶大口尊和粗砂质红陶缸的数量增多。陶大口尊由商代早期的口部略小于肩部，发展成为口部略大于肩部，直至成为大敞口和肩部已变成不显著的陶大口尊了。商代中期的陶器品种增多，用途明确，胎壁减薄，制作精致，为商代陶器生产的最盛时期。

陶器表面的花纹装饰(图二十六、二十七)，除少部分夹砂厚胎红陶缸有在器表满饰方格纹、篮纹和云雷纹外，百分之九十八左右的陶器表面都饰印较细的绳纹。其中有通体饰印绳纹的，如鬲、甗、罐、浅腹盆和㽄等；也有在器的下腹部和底部全饰绳纹，而在器的上腹部或肩部打磨光滑，如瓮、深腹盆、壶、大口尊、斝和簋等；也有在陶盆，陶簋和陶壶的上腹部或肩部的磨光处，拍印一周用图案纹饰组成的带条。通体素面或磨光的陶器为数很少。在绳纹陶器和素面磨光陶器上，兼施凸弦纹和凹浅纹者更为普遍，附加堆纹已较商代早期减少，仅见施于形制较大的陶器颈部或肩部，如陶大口尊和夹砂厚胎陶缸的肩部多加饰一周附加堆纹，这说明附加堆纹，主要是起着加固陶器的作用。图案纹饰构成的带条，多施在当时制作精致的陶簋、陶豆、陶盆、陶罍，陶壶和部分陶瓮等的腹部、肩部和圈足上。常见的图案纹饰中有饕餮纹，夔龙纹、方格纹、人字纹、花瓣纹、云雷纹、涡漩纹、曲折纹、连环纹、乳钉纹、蝌蚪纹、圆圈纹和火焰纹等种。其中以用饕餮纹组成的带条最多，一般是三组饕餮纹构成一个带条，为当时各种图案纹饰中最为精美的一种。饕餮纹在陶器上的大量拍印，仅在商代中期最为盛行，其中有些施用饕餮纹的陶器和同期施有饕餮纹的青铜器形制完全相同。

商代中期的烧陶窑炉，基本上和商代早期的烧陶窑炉相同。在河南郑州铭功路西侧的商代中期烧陶窑场内发掘出来的烧陶窑炉(图二十八)，其中保存较好的一座，窑室顶部虽已损坏，但还可以看出窑室底部直径为1.15米，周边略向上弧形收敛，箅厚0.15—0.3米、孔径约为0.14—0.18米。火膛直径和窑室底部相同，火膛高约68厘米，支柱的高度与火膛同，支柱长0.4、宽0.26米[28]。从这座残破的烧陶窑炉可以看出箅孔直径较商代早期的窑炉箅孔加大。箅孔加大有利于升高窑室内的温度，提高陶器的烧成质量。

商代后期的陶器仍是以泥质灰陶和夹砂灰陶最多，并有少量泥质红陶。常见的陶器形制，作炊器用的有鬲、甗、罐、甑。陶鬲仍为敛口、卷沿方唇、深腹或浅腹袋状足。陶甗为敞口卷沿或折沿方唇、深腹细腰、袋状足。陶甑为敞口折沿、深腹平底三个镂孔；陶罐为敛口折沿、深腹圜底，作饮器用的有爵、觚、斝、壶、尊、卣、觯。陶爵为敞口、有流无尾、浅腹带鋬、圜底三锥状足。陶觚为大敞口、深腹平底或圜底、下附圈足。陶斝为敞口卷沿、颈内收带鋬、腹圆鼓、三袋状足；陶壶为直口短颈、深腹圆鼓、圜底圈足。陶尊为敞口、深腹、圈足、陶卣为敛口长颈带鼻、深腹圆鼓、圈足。陶觯似壶而形制较小。作食器用的有豆、盘、壶、簋。陶豆为敞口、深腹、高圈足或矮圈足。陶盘为大敞口、浅盘、圈足。陶壶为敛口卷沿、深腹圆鼓、圈足。陶簋为敞口卷沿、斜腹略

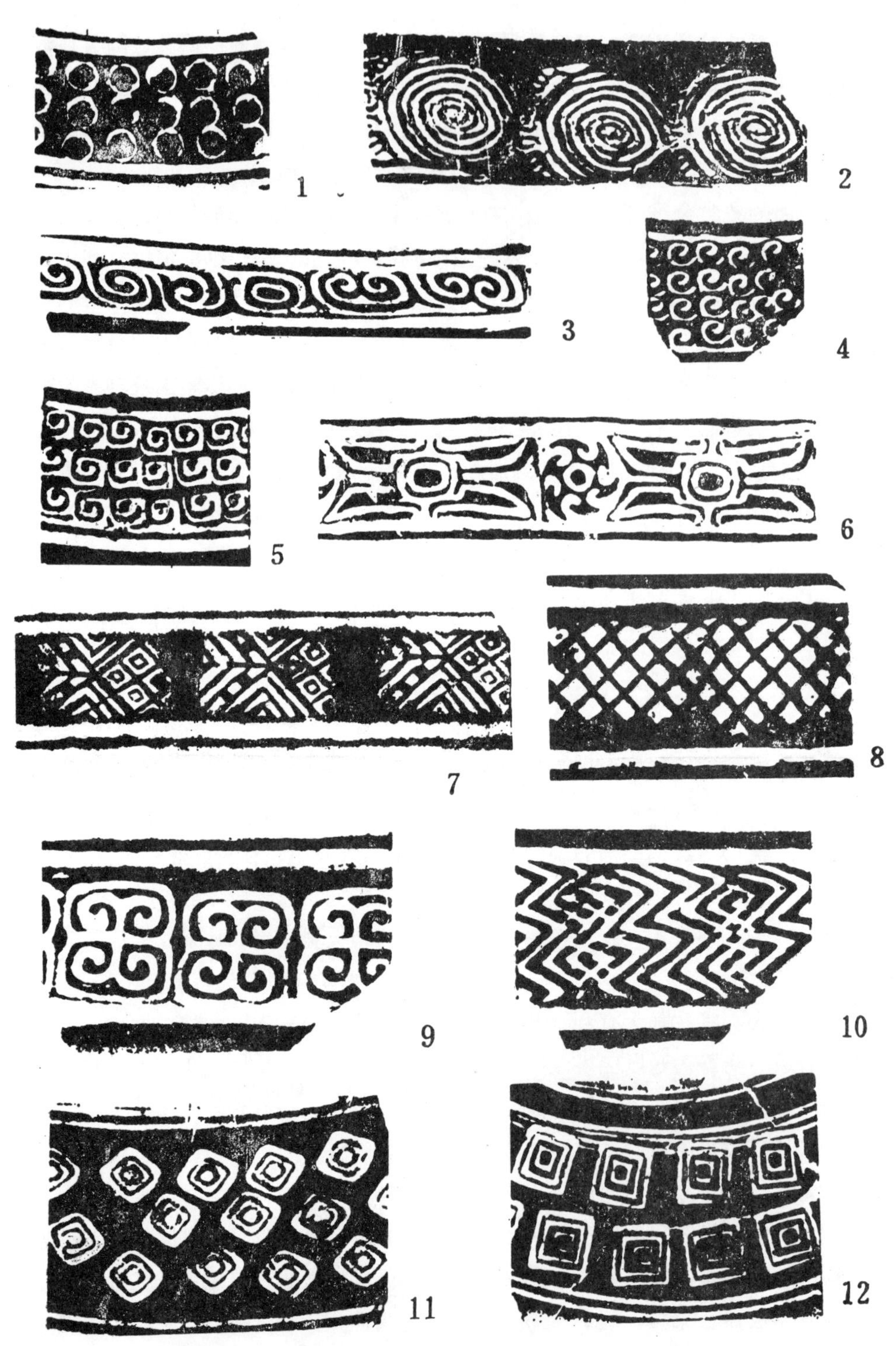

图二十六　河南郑州二里岗商代中期陶器纹饰（之一）

1.圆圈纹　2.漩涡纹　3、4、5.云雷纹　6.四瓣及轮焰纹　7、10.曲折纹　8.方格纹　9.方圈四瓣纹　11、12.回纹

鼓、圈足。作盛器的有瓮、罍、盆、大口尊。陶瓮为小口短颈、深腹圆鼓、平底或圜底。陶罍为小口短颈、圆肩双鼻、深腹圆鼓平底。陶盆为敛口折沿、深腹微鼓平底。陶大口尊为大敞口直腹圜底。并有一些菌状握手陶器盖和粗砂质厚胎"将军盔"等㉙（图二十九）。

陶器表面的纹饰比较简单，其中主要是绳纹，并有一些刻划纹、凹线纹、弦纹、附加堆纹和镂孔等。绳纹多饰在陶鬲、陶甗和陶罐、陶盆、陶罍、陶大口尊的器表。凹线纹、弦纹多施在陶爵、陶觚、陶壶、陶卣和陶豆、陶簋的器表。刻划纹多施在陶簋、陶罍和陶罐的腹部。刻划纹中以三角纹最多，并有少量人字纹、云雷纹、方格纹。附加堆纹已很少施用。商代中期盛行的饕餮纹、云雷纹、方格纹等带条状精美图案纹饰，在商代后期陶器上已很少见到。而这种图案纹饰多施用于该期青铜礼器和白陶器上。另在河南安阳殷墟也出土了一件泥质黑皮陶上用红彩绘制着饕餮纹、三角纹和云雷纹等装饰㉚。

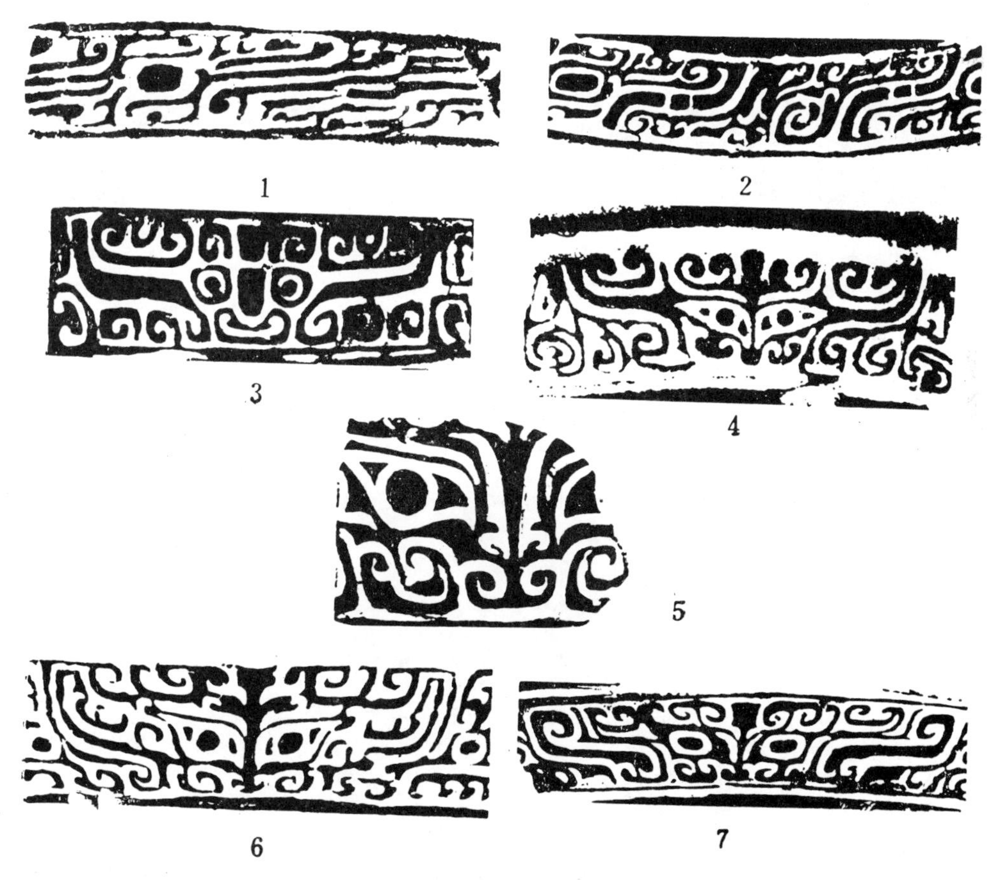

图二十七　河南郑州二里岗商代中期陶器纹饰（之二）

1、2.夔纹　3—7.饕餮纹

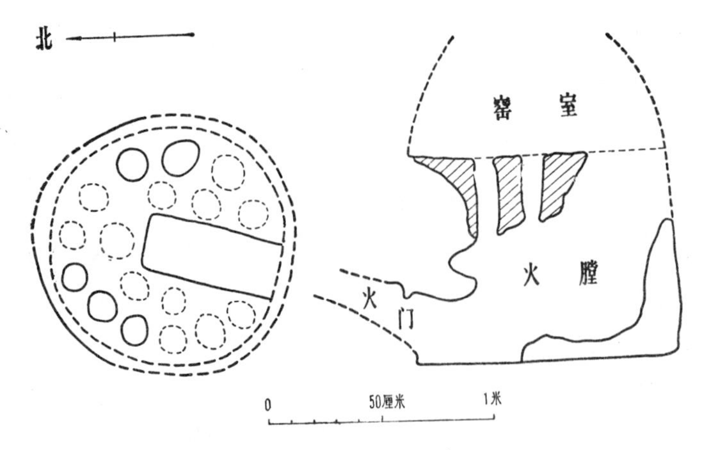

图二十八　河南郑州铭功路商代中期陶窑平、剖面图

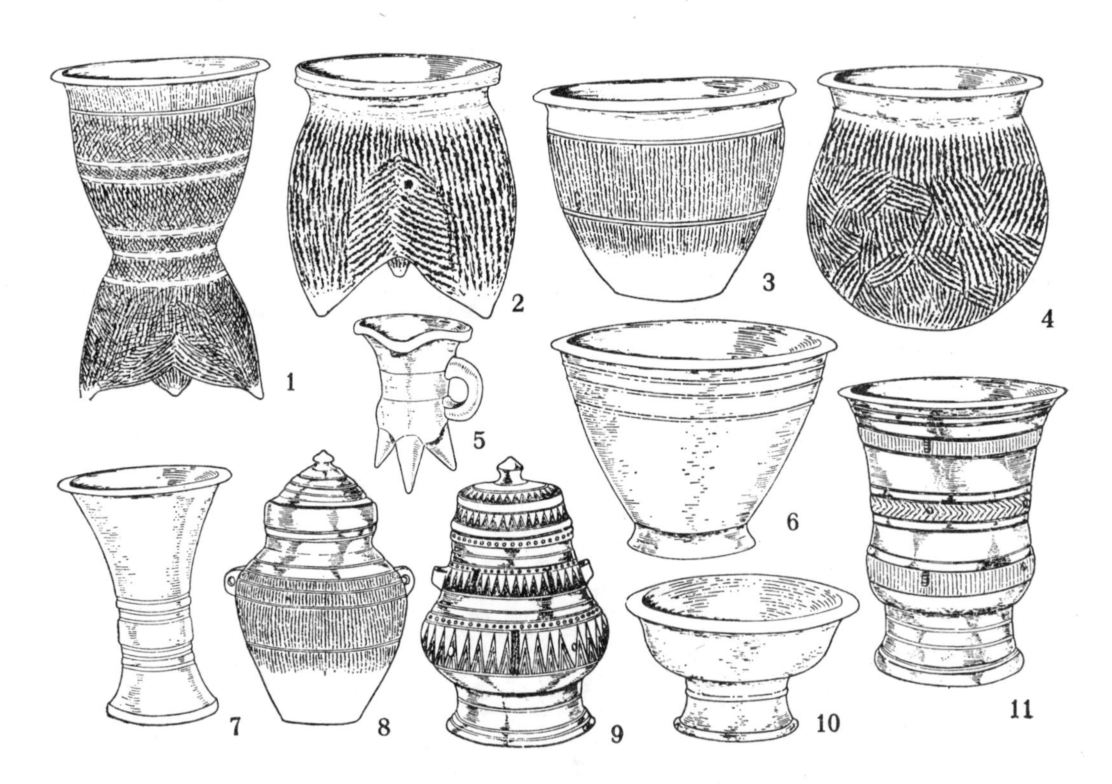

图二十九　河南安阳殷墟商代晚期陶窑

1.甗(1/10)　2.鬲(1/6)　3.盆(1/10)　4.罐(1/6)　5.爵(1/4)　6.簋(1/8)　7.觚(1/6)　8.罍(1/8)
9.卣(1/8)　10.豆(1/6)　11.尊(1/8)

从商代后期的陶器看，袋状足的数量仍然不少，但是平底器和圈足器较前明显增多，而圜底器则相对减少。炊器中陶鬲的数量仍然最多，陶鬲的口沿皆有折棱，但腹部由深变浅，裆部由高变矮，足尖逐渐消失。陶甗的变化基本上和陶鬲同。商代早期和中

期常见的夹砂陶罐，到了后期已大为减少；陶甑皆呈斜壁平底，仅有三个对称的桂叶形镂孔。饮器中陶爵和陶觚的数量显著增多，但陶觚的形制由高变低、陶爵皆成圜底。陶斝已很少发现，并新出现了陶卣。在食器中陶簋和陶豆的数量大增，但陶簋的形制是由敛口变为大敞口，陶豆的形制由高圈足变成矮圈足。在盛器中陶瓮和陶盆都明显减少，更多的出现陶罍。陶大口尊已逐渐消失。随着青铜礼器的大量铸造和使用，也出现了一些仿制青铜礼器的陶器。如在河南安阳殷墟就出土有敞口带柱、有流有尾、圜底带鋬的陶爵，大敞口、深腹圜底、圈足陶觚，敛口、鼓腹带鼻、圈足陶卣，直口双立耳、深腹圜底三圆柱状足陶鼎，敞口双立耳、腰细收成袋状足陶斝和大敞口、腹圆鼓、高圈足陶尊等制作甚为精致的陶器。同时也出现了制作粗劣作为明器用的陶爵与陶觚等[31]。常见的商代后期各种陶器，真正是属于人们日用的，也只有陶鬲、陶甗、陶簋、陶豆、陶罍、陶罐、陶瓮和器盖等十余种。而其它一些陶器，不是数量很少，就是作为明器制造的。商代后期实用陶器数量的减少，是和商代后期青铜器、白陶器、印纹硬陶器和原始瓷器等胎质坚硬的器皿有了新的发展，并得到了较多的使用有关。所以精美的图案纹饰不但不再施用于陶器上，就是日用陶器的品种也有所减少，而且有些陶器的制作也比过去显得粗糙。

商代后期的烧陶窑炉，仍然是属于圆形馒头窑。郑州旭奋王发掘的一座商代后期烧陶窑炉，窑室上部损毁、窑室底部直径1.80米，火膛高1.10米，直径1.70米，火膛周壁近直，底呈锅底形。在窑室与火膛之间的窑箅上共有五个箅孔，中间一个呈圆形，箅孔直径20厘米，周围四个对称的椭圆形箅孔，孔径宽10厘米，长50厘米[32]。由于经过强烈的火烧，火膛周壁、支柱和窑箅都被烧成坚硬的青灰色和红色。火膛加高可以多容纳柴草以增强火力，而箅孔虽有所减少，但箅孔径加大了，可以使火膛的强大火力集中进入窑室，以提高陶器的烧成温度。河南安阳殷墟发掘出来的一座烧陶窑炉（图三十），在结构上又有了一些改革，其中不但窑室和火膛加大与提高，更重要的是在窑箅下面的火膛中间免掉了支柱。它由窑室、火膛、窑箅和火门四部分所组成。上部窑室损毁，仅剩窑室部的窑箅一部分。窑箅残存部分呈半圆形，南北残长0.83—1.07米，东西残长0.80—1.15米。窑箅上残存五个通火的箅孔（原称火眼），其形状大小不一。箅孔垂直连通火膛与窑室，箅孔直径5—10厘米不等。窑箅下面为火膛，火膛底部呈锅底形、直径约1.10—1.15米。火膛顶作穹形，膛壁呈弧形，火膛高（底至窑箅）约0.63—0.70米。在火膛的南壁上有舌形火门、门宽0.22—0.30米，呈外高内低的斜坡形与火膛相接。由于该窑炉经过强烈火烧，所以火膛底部、周壁和窑箅，火门分别都被烧成坚硬的红色与青灰色。发掘时在火膛内底部还残留有厚约19—25厘米的草木炭烬[33]。这种减掉支柱和加大箅孔的窑炉，火膛内可以更多地容纳柴草，增强火力，以提高窑室内陶器的烧成温度。

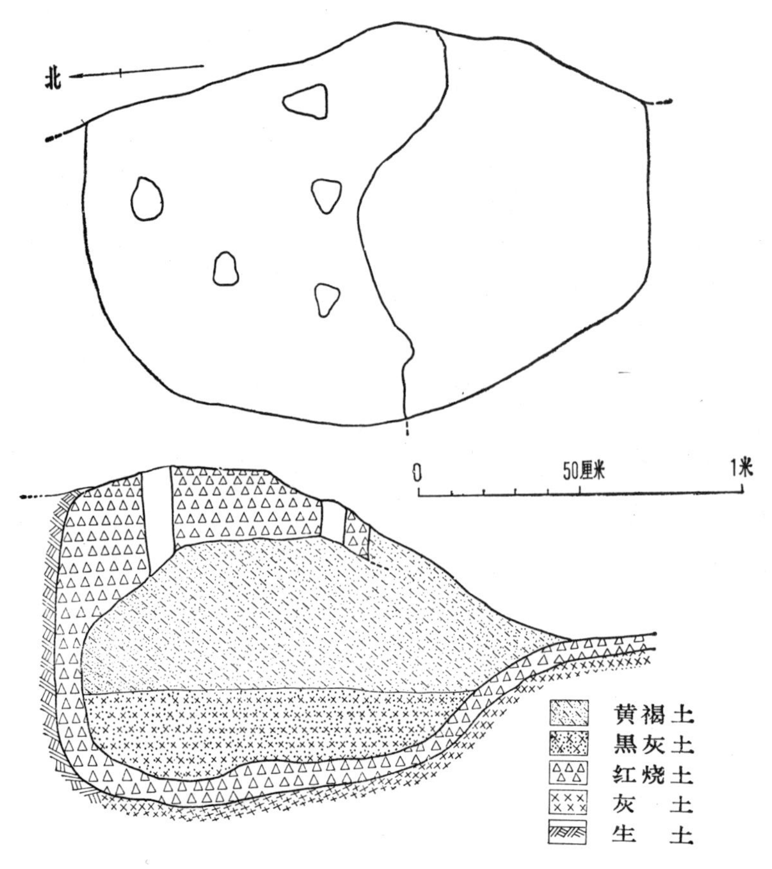

图三十　河南安阳殷墟商代晚期陶窑（Y_1）平、剖面图

3. 西周灰陶器

西周灰陶是承袭陕西一带的先周陶器和吸收了商代后期的一些陶器形制发展而来的。所以在陕西一带的部分西周前期陶器上，还保留着一些先周时期的特点，如高裆鬲，深腹圆鼓陶盆和深腹双耳罐等。到了西周后期，全国不同地区的陶器品种与形制，虽然有着一些地方特点，但基本上已趋于一致，成为以袋状足，圈足和平底为主要特征的西周陶器。

西周陶器仍是以泥质灰陶和夹砂灰陶最多，但也有夹砂红陶和泥质红陶。泥质黑陶在西周前期还有少量发现，到了西周后期已经不见。常见的西周陶器作炊器用的主要是鬲、甗、甑。鬲为敛口卷沿、深腹圆鼓、矮袋状足。陶甗为敛口、卷沿、深腹细腰、矮袋状足。陶甑是敞口深腹平底带镂孔的盆形甑。作食器用的主要是簋和豆。簋的形制基本都是大敞口折沿、斜壁略鼓、圜底喇叭口形圈足。陶豆为敞口浅盘、圜底或平底喇叭形座。作盛器用的有罍、罐、瓮、盆、盂。陶罍为小口卷沿、短颈圆肩双鼻、深腹圆鼓平底。陶瓮为小口沿外卷、圆肩、深腹略鼓平底。陶罐分小口沿外卷、深腹圆鼓平底罐和敛口短颈、深腹圆鼓圜底罐二种。陶盆分敞口沿外卷、深腹略鼓平底盆和敞口沿外折浅腹平底盆二种。陶盂为敞口折沿、折腹平底。另有少量大敞口、深腹、圜底圈足陶尊，敛口卷沿、浅腹圈底、三锥状足陶鼎，敛口、折肩细腰、袋状足陶爵，喇叭口握手陶器盖和圈足盘等（图三十一）。

西周陶器上的花纹装饰，基本上都是纹理较粗的绳纹，并有一些划线纹、篦纹、弦纹和刻划的三角纹。陶鬲、陶甗、陶罐、陶瓮、陶盆、陶罍的器表都是满饰绳纹，兼饰一些划线纹和弦纹，陶簋和陶罍的器表，除下部饰绳纹，上部多饰刻划的三角纹和篦纹。附加堆纹已经很少施用。另在陕西长安沣西张家坡少量西周陶片上发现有拍印的云雷纹、回纹、重圈纹与S形纹等图案纹饰㉞，在江苏、浙江地区西周陶器上拍印有席纹、方格纹、云雷纹和曲折纹等图案纹饰㉟。

陶鬲在炊器中的使用数量仍然是最多，约占同期陶炊器的80％以上。说明陶鬲仍是西周时期的主要炊器。但是随着灶的出现与发展，陶鬲的形制变化也比较显著，特别是表现在鬲裆和鬲足部分由高变低。西周前期陶鬲的裆部较高，多呈圆弧形，并有一些夹角裆（即所谓“瘪裆”），足尖还比较显著。西周后期陶鬲的裆部明显变低，夹角不甚显著，足尖部分消失，呈肥胖的矮袋状足。并有一些和同期铜鬲形制相同的带有扉棱的扁腹鬲，鬲的裆部近平和足呈圆柱状平底。陶甗发现较少，其形制变化基本上和陶鬲类同，也是裆部和袋状足由高变低。陶豆在西周前期多为矮圈足，并有一些圈足较高带十

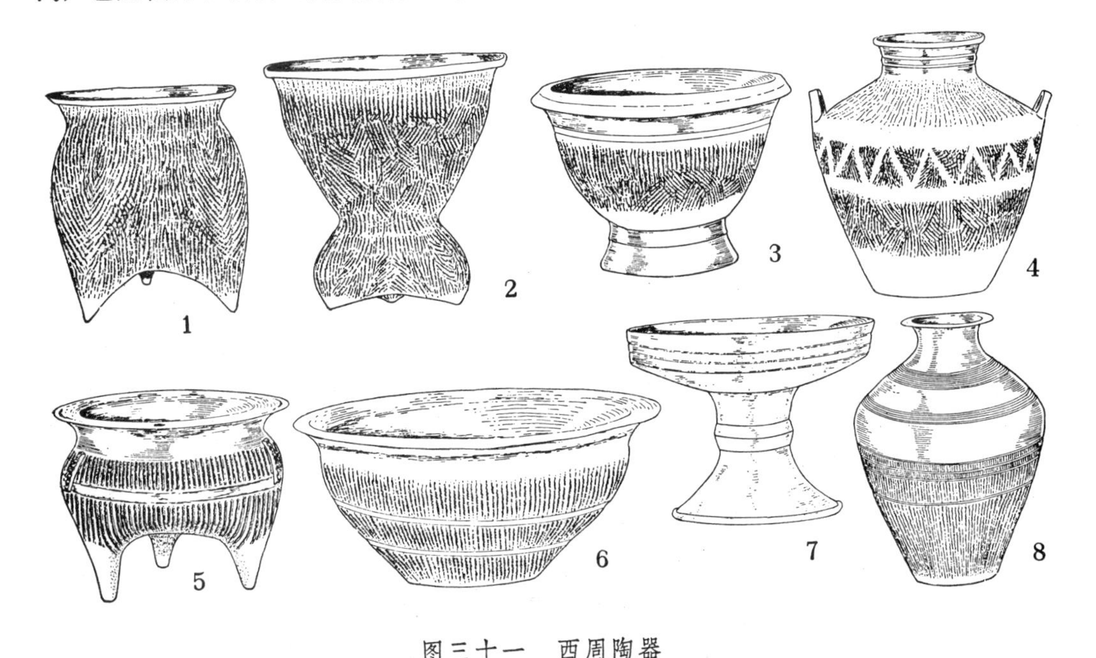

图三十一　西周陶器

1.鬲(1/8)　2.甗(1/10)　3.簋(1/6)　4.罍(1/10)　5.鬲(1/6)　6.盆(1/16)　7.豆(1/6)　8.罐(1/10)

字镂孔的陶豆。西周后期则多为高柄喇叭形陶豆，且在豆柄中部细腰处凸起一棱。陶簋的形制基本上和商代后期相同，西周前期还有少量敛口折沿、圆腹圜底高圈足陶簋、到了西周后期都成敞口簋了，到了西周末期陶簋已逐渐消失。陶盆由卷沿逐渐发展成为折沿。陶盂是从西周后期才开始出现的。陶罍在西周前期基本上还是承袭商代后期肩部有双鼻的陶罍形制，西周后期多为无鼻陶罍。陶瓮是由西周前期的小口直领圆肩瓮发展成为小口卷沿斜圆肩瓮。其它各种陶器，由于地区的不同，从西周前期到西周后期，也有着一些变化。特别是在有些地区，还出现了一些仿制青铜器的各种陶器和专门为随葬而烧制的陶明器。西周时期日常生活中所使用的陶器，如陶爵、陶斝、陶觚、陶壶等陶饮器，很少发现或根本不见。

西周时期的烧陶窑炉，在陕西和河南等地都有一些发现，窑炉的形制仍是属于圆形馒头窑。其结构还是承袭商代后期窑炉结构。一种是由窑室、窑箅、火膛、支柱和火门等五部分所组成。如在郑州董砦遗址中发掘出来的一座西周时期的烧陶窑炉，窑室上部损毁，底部平面呈圆形，直径为1.80米。残留的窑室周壁下部略有向上收敛的弧度。窑箅厚0.40米。箅上有四个对称的椭圆形箅孔，孔径长0.16、宽0.10米。箅下火膛也呈圆形，周壁近直，直径略小于窑室底部。火膛高0.45米。在火膛中部和后壁相接处，有一个长方形支柱，在与支柱相应的南壁上挖有一个宽约0.40米的火门㊱。另在陕西沣东发掘出的一种烧陶窑炉（图三十二），其结构和河南安阳殷墟发掘出来商代后期没有支柱的窑炉类同。也是由窑室、窑箅、火膛和火门四部分所组成，窑箅上有五个箅孔。

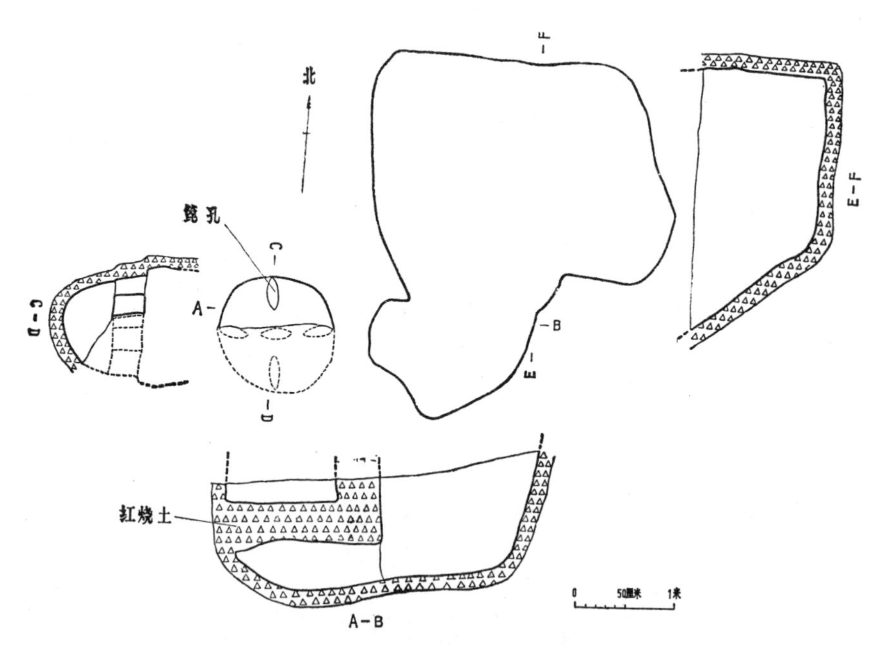

图三十二　陕西长安沣东西周陶窑（洛水村西地F_5）平、剖面图

窑顶为圆拱形，可能烟囱建于窑顶中部[37]。此外，西周烧陶窑炉的窑室和火膛都较商代后期有所扩大，有利于提高陶器的烧成温度和质量。

4. 春秋灰陶器

春秋时期灰陶器的基本特征，还是以平底器和袋状三足器为主，兼有少量圈足器。但是由于地区的不同，陶器形制仍有一些地方特点。其质料仍以泥质灰陶为主，夹砂灰陶次之，并有一些夹砂红陶和夹砂棕灰陶。常见的陶器中作炊器的主要是鬲、釜、甑。陶鬲为敛口折沿或卷沿，深腹圆鼓、矮袋状足。陶釜形似陶鬲而无袋状足成为圜底。陶甑还是敛口或敞口微敛、沿外折、深腹斜直的平底甑。作食器用的有豆、盂、盘。陶豆为浅盘内外有折棱或外有折棱、圜底下附高柄。陶盂为口微敛沿外折，折腹或折腹略鼓平底。陶盘为敞口卷沿斜壁平底形。作盛器用的有瓮、盆、罐。陶瓮为小口高领、圆肩深腹平底。陶盆为口微敛、沿斜折、深腹略鼓平底。陶罐分小口卷沿、高领折肩、深腹圆鼓平底罐和小口折沿短领、圆肩或折肩、深腹平底罐二种，并有一些带握手的陶器盖。在中原地区的部分春秋墓葬中，多随葬有陶鬲、陶罐、陶豆、陶盂等实用器或同类形制的陶明器。在郑州春秋晚期的墓葬中，还发现随葬有仿制青铜器的鼎、罍、匜、盘等陶明器[38]。在江南地区还出土有仿制当地印纹硬陶的灰陶甑、直领罐等灰陶器(图三十三)。

春秋时期陶器表面的花纹装饰比西周更为简单。器表主要是饰印粗绳纹和瓦旋纹。绳纹多施在陶鬲、陶釜、陶罐、陶盆、陶甑和陶瓮的腹部。瓦旋纹多施在陶鬲、陶釜的肩部和陶盆的上腹部。陶豆和陶盂多为素面或磨光。在部分高领圜底罐的肩部，还发现

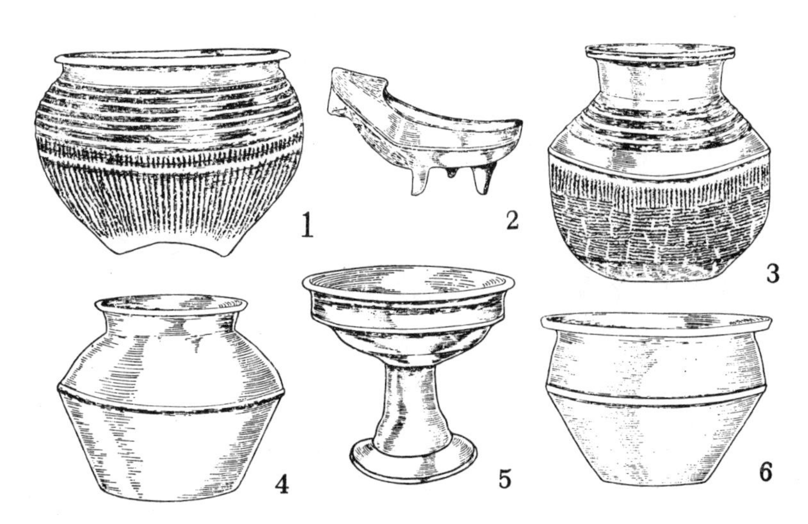

图三十三　河南郑州碧沙岗春秋陶器

1.鬲($^1/_{10}$)　2.匜($^1/_4$)　3.尊($^1/_{10}$)　4.罐($^1/_6$)　5.豆($^1/_6$)　6.盂($^1/_8$)

有压印暗纹的。附加堆纹仅在个别大型陶鬲上作加固施用。在江南地区的部分陶瓮（也称陶坛）和陶罐的腹部，有饰方格纹和席纹的㊴。

春秋时的陶器，在炊器中仍以陶鬲为最多。早期袋状足比较明显而肥大，并有仿制铜鬲的扁腹带扉棱陶鬲，晚期陶鬲的底部已近圜底，只是在底部中间有三处略为鼓起的象征性袋状足，进而发展成为圜底陶釜。中原地区陶釜是春秋末期或战国早期开始出现的。在食器中主要是陶盂和陶豆。陶盂是由圆腹发展成折腹。陶豆的盘和底相接处，早期为外有折棱和内有折角，晚期则发展成为外有折棱、内呈圆弧形。豆柄的喇叭形座则是由低变高。中原地区春秋时期的豆盘内，多刻划有文字与记号。在盛器中的陶罐，由低领到高领，并逐步发展成为高领陶壶。高领圜底罐的变化是：罐的肩部由斜直发展成略为圆鼓。陶盆由沿面斜平与腹部斜直微鼓发展成沿面微鼓和腹圆鼓。至于各地墓内随葬的陶器，形制和组合关系，由于各地风俗与生活习惯的不同，也略有区别。总的看来，春秋时期人们日用陶器的品种又有了明显减少。最常见的陶器也就是鬲、釜、盂、盆、豆、瓮、罐等七种。

春秋时期的烧陶窑炉，在山西、河南、河北等地皆有发现。山西侯马牛村古城东南一带制陶作坊遗址发现了一片窑炉。其中一号窑炉的顶部损毁、窑身呈椭圆形的筒状，东西径２米、南北径1.6米，残存窑身纵深1.35米，底径1米。内壁也被烈火烧成坚硬的灰黑色。在窑身西壁上有一个宽约0.3米的火门，火门外面的地面上也被烧成硬面。与火门相平的窑身内面，有一周宽约0.3米的环形台子。从附近出土的圆柱形“砖块”推测，台子上可能架设有圆柱形的陶炉条。陶器可能是放在炉条之上。类同的四号窑炉内，在与火门相当的后方有一个直径8厘米的烟囱㊵。窑身后部设置烟囱是烧陶窑炉的重大改进。

总之，随着制陶工艺技术和烧陶窑炉的不断改进与发展，陶器的烧成温度和质量也相应有了很大的提高。特别是由于白陶器、印纹硬陶器、原始瓷器和青铜器、漆器等手工业产品的陆续出现与广泛使用，灰陶的品种逐渐减少，器表的花纹装饰也日趋简单。夏、商时期的各种陶器就有二十多种，西周时期减少到十几种。春秋时期除墓内随葬明器外，真正作为人们日常生活使用的陶器已不超过十种。夏、商时期陶器表面的花纹装饰，除绳纹、弦纹和附加堆纹外，还有不少拍印的各种精美图案纹饰，到了西周时期拍印的图案纹饰在陶器上已很少施用。春秋时期的陶器表面除素面外，基本上都成了绳纹。

西周以后，制陶手工业又开辟了新的途径，除继续生产日用陶器皿外，又大量生产板瓦、筒瓦等建筑用陶的构件了。

5．白陶器

白陶是指表里和胎质都呈白色的一种陶器。白陶不但和以灰陶为主的各种泥质陶器和夹砂陶器的颜色不同，而且二者所用的土质原料也有着很大的区别。根据周仁、张福康等对山东城子崖龙山文化及河南安阳殷墟出土白陶的研究，发现它们的化学成份非常接近瓷土（河南巩县瓷土）及高岭土的成份。在对安阳殷墟白陶的电子显微镜观察中，发现它的矿物主要组成与高岭土很相似㊶。这就说明了我们的祖先至少在龙山文化时期和夏、商两代就已开始利用瓷土和高岭土来作为制陶原料，使我国成为世界上最早使用高岭土烧制器皿的国家。由于瓷土和高岭土的含铁量分别为1.59％和1.72％，遂使这种白陶器的颜色都呈白色，再加上艺术装饰就形成了我国独特的白陶。从目前已经发现的白陶器来看，其烧成温度都不高。根据当时陶器可能的烧成温度以及国外一些人对白陶烧成温度的测试，我们估计它的烧成温度可能在1000°C左右，而不超过商代几何印纹硬陶（1150°C左右）的烧成温度。

白陶器基本上都是采用手制，以后也逐步地采用泥条盘制和轮制。

白陶器在河南豫西一带的龙山文化晚期和二里头文化早期遗址与埋葬中皆有发现。常见的白陶器形制，多系鬶（图版壹拾:1）、盉、斝等酒器。有些白陶鬶的口沿饰锯齿状花边，鋬上有长方形镂孔和鋬表有二个对称的乳钉装饰。盉为圆顶折肩管状流，细腰带鋬袋状足。部分白陶盉除腹部饰弦纹二周外，有的在鋬上还刻划有三角形纹。白陶斝为敞口、细腰带鋬袋状足。这时的白陶器一般说胎质坚硬而细腻，胎壁也较薄㊷。

商代早期的白陶器，在河南豫西一带的文化遗址与墓葬中也有一些发现。白陶器的形制，除鬶与盉外，又出现了爵。爵的形制为敞口、深腹细腰、扁形鋬、平底三锥状足。爵的鋬上和口部还刻划有人字形纹饰㊸。并且还发现有器表拍印着绳纹和附加堆纹的白陶盆类的碎片㊹。

商代中期的白陶器，在黄河中下游地区的不少遗址中都有发现，但多系残片。其中能看出形制的，除有鬶、盉和爵外，还有豆、罐和钵等。白陶器的器表多为素面磨光，只有少量饰印绳纹㊺，现今发现最早的白陶器是在黄河中下游地区。在长江中下游地区，如在湖北黄陂盘龙城和江西清江筑卫城等地的商代遗址中，也发现有商代中期的胎质坚硬而细腻的白陶器㊻。

商代后期是我国白陶器的高度发展时期。所以在河南、河北、山西和山东等地的商代后期遗址与墓葬中，多出现有白陶器皿，其中以河南安阳殷墟出土的数量最多，并且制作的也相当精致。常见的白陶器形制有小口短颈、圆肩、深腹、平底罍、小口长颈、鼓腹、圈足壶，小口长颈、鼓腹、平底觯，小口、鼓腹双鼻卣，敞口鼓腹平底盂和敛口、鼓腹、圈足簋等。这些白陶器的胎质纯净洁白而细腻，器表又多雕刻有饕餮纹、夔纹、云雷纹和曲折纹等精美图案花纹装饰。从有些白陶器的形制和器表的纹饰看，显然是仿制同期青铜礼器的一种极为珍贵的工艺美术品。可以说是我国白陶器烧制工艺技术发展到了顶峰的时期㊼。

由于白陶器比一般灰陶器有着胎质坚硬和洁净美观的优点，所以在夏、商时期，白陶器多被统治阶级所占有，生前享用，死后随葬在墓内。因此在夏和商的早期，白陶器的主要形制是供统治阶级享用的鬶、盉、爵等酒器和豆、鉢等食器。到了商代后期更是这样。白陶器的形制有罍、壶、卣、觯等多种。到了西周，可能由于印纹硬陶器和原始瓷器的较多烧制与使用，白陶器已经很少发现或根本不见了。

第三节　印纹硬陶和原始瓷器

1. 印纹硬陶

印纹硬陶的胎质比一般泥质或夹砂陶器细腻、坚硬，烧成温度也比一般陶器高，而且在器表又拍印以几何形图案为主的纹饰。由于印纹硬陶所用的原料含铁量较高，所以印纹硬陶器的表里和胎质颜色多呈紫褐色、红褐色、灰褐色和黄褐色。其中以紫褐色印纹硬陶的烧成温度最高，有的已达到烧结程度。少数印纹硬陶的器表还显有在窑内高温熔化而成的光泽，好像施有一层薄釉似的。击之可以发出和原始瓷器类同的金石声。灰褐色印纹硬陶的烧成温度较低，红色和黄褐色印纹硬陶的烧成温度又稍低些。

印纹硬陶的胎质原料，根据其化学组成分析，基本上和同期的原始瓷器相同。在胎质化学组成分布图上，印纹硬陶和原始瓷器的化学组成是混在一起的，只是印纹硬陶的含Fe_2O_3量较原始瓷器多些[48]。从考古发掘的材料看，商、周时期的印纹硬陶，往往又是和同期的原始瓷器共同出土，而且两者器表的纹饰又多是类同或完全一样[49]。特别是在浙江绍兴、萧山的春秋战国时期窑址中，还发现印纹硬陶和原始瓷器是在一个窑中烧制的事实，说明商、周时期的印纹硬陶和原始瓷器的关系是相当密切的。

印纹硬陶器基本上是采用泥条盘筑的方法成型。至于器鼻、器耳等附件，则是手制捏成后再粘结在器体上的。关于印纹硬陶器表面的纹饰，是在盘筑成器后，一手拿蘑菇等形状的“抵手”抵住内壁，以防拍打时器壁受力变形，一手用刻印有花纹的拍子在外壁拍打，使上下泥条紧密粘结，不致分离。因此，内壁往往留着一个个凹窝，外壁出现各种花纹。

印纹硬陶器的出现，应和白陶器一样，也是在烧制一般灰陶器的长期实践中，发现了含铁量较高的粘土为原料而烧制出来的。根据我国已经发现的印纹硬陶的材料看，长江以南地区和东南沿海地区，印纹硬陶的出土数量比较多，而且延续的时期也较长；看来我国江南地区的印纹硬陶器，应是承袭当地用陶土烧制的一般印纹陶器（有称软陶）发展起来的。而在黄河中下游地区，虽然也发现有印纹硬陶器，但数量还相当少，而且出现的时间比白陶器晚得多。

从黄河中下游地区和长江中下游地区出土的印纹硬陶器的发展情况来看，基本上都是由少到多和由简单到复杂的发展过程。虽然在不同的地区所出印纹硬陶的形制与器表纹饰有着一些地方特点，但它们之间的共性还是主要的。

夏代的印纹硬陶，目前还不能完全肯定确认。但是在江西、湖南和福建等地暂定的所谓新石器时代晚期遗址中（其中有些遗址的时代，有可能是相当于中原地区夏代时期）就出现了印纹硬陶。如江西清江筑卫城遗址的中层，就发现有器表拍印着叶脉纹的硬陶片。据说筑卫城遗址中层的碳-14测定年代，为距今四千年左右，即相当于夏代时期[50]。

商代的印纹硬陶，在黄河中下游地区和长江中下游地区都有发现。其中属于商代早期的印纹硬陶片，在偃师二里头的二里头文化晚期遗址中，曾出土有器表拍印着叶脉纹（原称人字纹）的硬陶片[51]。商代中期的印纹硬陶，在黄河中下游地区的河南、河北和山西等地都有出土。常见的器形有小口短颈、凸圆肩扁鼻、深腹圆鼓、圜底硬陶瓮（有称罍或罐），小口长颈、斜圆肩扁鼻，深腹圆鼓、圜底硬陶尊，小口、唇外卷、圆肩扁鼻，深腹圜底硬陶罐，直口、斜腹硬陶罐和敛口、折腹圜底硬陶尊等。这些印纹硬陶器的颈部多有轮制时遗留下来的弦纹，而腹底多拍饰叶脉纹、云雷纹和人字纹；胎色以紫褐色和黄褐色较多，灰褐色者较少。在紫褐色胎质的硬陶瓮和敛口硬陶尊的器表，常有一层类似薄釉的光泽[52]。在长江中下游地区的湖北、湖南、江西和上海等地的商代中期遗址中，除出土有和黄河中下游地区形制相同的瓮（有称罐）、尊、罐，还出土有小口卷沿、鼓腹圜底硬陶釜、敞口深腹硬陶碗、直壁硬陶杯和浅盘高柄硬陶豆等。胎色除紫褐与黄褐色者外，还有较多红褐色或红色的。常见的纹饰有云雷纹、叶脉纹、方格纹、曲折纹和回纹等[53]。商代后期的印纹硬陶器，在黄河中下游地区的河南安阳殷墟[54]，河北藁城台西村[55]和山东益都[56]等地皆有出土。其形制有小口短颈、折肩鼓腹圜底硬陶瓮（有称罐）和小口、深腹圜底硬陶尊等，器表纹饰除叶脉纹和云雷纹外，还有绳纹。而在长江中下游地区的江西清江吴城[57]和浙江钱山漾[58]等地的商代后期遗址中，出土的印纹硬陶器有小口鼓腹圜底瓮、小口高领深腹圜底尊、小口深腹罐和敞口鼓腹圜底釜等品种，胎质纹饰与前期相同。从目前我国各地商代印纹硬陶的出土情况中，可以看出长江中下游地区印纹硬陶的出土数量、品种和纹饰，都比同期的黄河中下游地区为多。说明长江中下游地区，在商代已经较多的烧制和使用印纹硬陶器了（图版壹拾）。

西周是印纹硬陶发展兴盛的时期。在长江中下游的江苏、浙江、江西等地的许多西周时期文化遗址与墓葬中，都有众多印纹硬陶出土。常见的器形有敛口卷沿、深圆腹圜底或平底硬陶瓮，小口折沿、短颈折肩、深腹平底硬陶坛、小口凸圆肩（部分带鼻）、深腹圆鼓平底硬陶瓿等。其中瓮、坛腹部丰满，器形高大，有的通高达99厘米。肩腹分段拍饰云雷纹、方格纹、回纹、曲折纹、菱形纹、波浪纹与夔纹等，制作工整。其中有不少是二种或三种纹饰复合在一件器上，为当时很好的贮盛器[59]。而在黄河中下游地区，可能由于青铜器和原始瓷器较多使用，印纹硬陶器则很少发现。目前仅在洛阳的一些西周墓中发现有少量小口卷沿、深腹圆鼓平底硬陶瓮和小口、圆肩、深腹略鼓硬陶罐[60]。由此看来，西周时期印纹硬陶器主要是盛行于长江中下游地区。

春秋时期的印纹硬陶器，基本上是承袭西周时期印纹硬陶而发展的。从长江中下游地区的江苏、上海、浙江、江西和东南沿海的福建、广东等地的春秋时期遗址和墓葬中，出土的印纹硬陶器与西周时期的基本相同。常见的器形有小口卷沿或折沿、圆肩或折肩、深腹平底硬陶瓮，小口卷沿或折沿、圆肩或折肩、深腹平底硬陶坛，小口、扁圆腹、平底硬陶瓿，敞口、鼓腹平底硬陶盆和敞口圜底硬陶釜等。该时期印纹硬陶的胎质，仍以紫褐色、红褐色和灰褐色为主。硬陶器表拍印的几何形图案纹饰，除沿用西周时期的云雷纹、叶脉纹、小方格纹、曲折纹，席纹和回纹外，又拍印有大方格纹和布纹[61]。而在黄河中下游地区，春秋时期的印纹硬陶仍很少发现，所见者仅有一种小口卷沿、深腹圆鼓平底的硬陶罐，胎质呈灰色，器表拍印方格纹。说明春秋时期的印纹硬陶，主要还是盛行于长江中下游和东南沿海一带的吴越地区（图版壹拾贰，彩版5:2）。

在商和西周时期印纹硬陶与原始瓷器都用泥条盘筑法成型，纹饰也有相同的，而极大多数是贮盛器，是关系非常密切的两种姊妹产品。到了春秋时期特别是晚期，印纹硬陶器的用途基本不变，而原始瓷器的用途则多是作食器用的，二者之间的用途有了显著的变化。

2.原始瓷器的出现和发展

我国是世界上发明瓷器最早的国家。瓷器的发明是我国古代劳动人民对世界物质文明的一项重大贡献。

瓷器的产生与发展和其它器物一样，有着由低级到高级、由原始到成熟的发展过程。根据我国目前已经发掘的材料获知，大约在公元前十六世纪的商代中期，我国古代劳动人民在烧制白陶器和印纹硬陶器的实践中，在不断的改进原料选择与处理，以及提高烧成温度和器表施釉的基础上，就创造出了原始的瓷器。

一般说，瓷器应该具备的几个条件是：第一是原料的选择和加工，主要表现在Al_2O_3的提高和Fe_2O_3的降低，使胎质呈白色；第二是经过1200°C以上的高温烧成，使胎质烧结致密、不吸水分、击之发出清脆的金石声；第三是在器表施有高温下烧成的釉，胎釉结合牢固，厚薄均匀。三者之中，原料是瓷器形成的最基本的条件，是瓷器形成的内因，烧成温度和施釉则是属于瓷器形成的外因，但也是不可缺少的重要条件。因而确定为瓷器

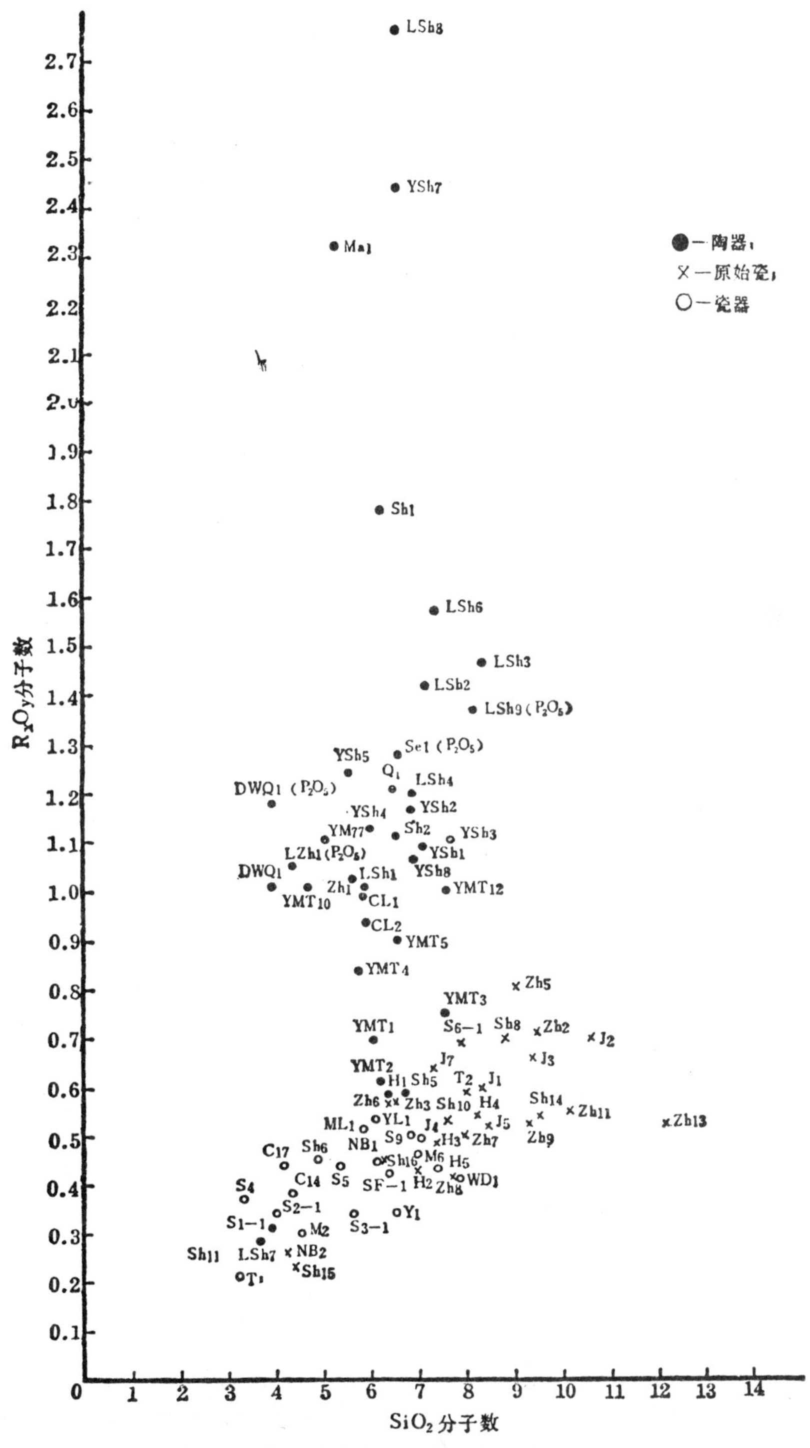

我国历代陶瓷胎化学组成分布图

（采自李家治：《我国古代陶瓷器工艺过程发展的研究》）

的三个条件必须紧密地结合起来。

从我国各地出土的商、周青瓷器来看，已基本上具备了瓷器形成的条件，应是属于瓷器的范畴。它是由陶器向瓷器过渡阶段的产物，也可以说原始瓷器还处于瓷器的低级阶段，所以称为原始瓷器。原始瓷器和白陶器与印纹硬陶器相比，前者烧成温度较高和器表有釉，后者多数温度较低而器表无釉。二者是有着明显区别的。而原始瓷器和以灰陶为主的其它各种泥质陶器与夹砂陶器相比，则有着本质的区别。即陶器是用易熔粘土（陶土）烧制成的，这种粘土含有大量的熔剂，特别是Fe_2O_3的含量一般为6%左右，高者竟达10%。而原始瓷器则是选用含有较少熔剂的粘土（也称高岭土或瓷土）制成的，特别是Fe_2O_3的含量一般都在2%左右。这就使得陶器的烧成温度一般在900°C左右，高者也不过1000°C左右，如果超过就会变形或成熔融状态。而原始瓷器所用的原料则可烧到更高温度，一般要1200°C以上。这是由于所用原料内含的化学成分所决定的。《我国古陶器和瓷器工艺发展过程的研究》一文[12]，曾对大量陶器、原始瓷器及瓷器等陶瓷器标本的胎质化学组成作过分析，并将这些陶瓷胎的化学组成计算成分子式，然后作出历代陶瓷胎质的化学组成分布图，并进行了详细的比较研究。从化学组成分布图中，可以看出陶器的组成点多集中图的上方，瓷器的组成点多集中在图的左下角，而原始瓷器的组成点则多集中在图的中部逐渐向左下角移动，而与瓷器组成点混杂在一起，形成了一个过渡带，然后移到左下角形成一个瓷器组成点的集中带；而印纹硬陶的组成点，又多是和原始瓷的组成点混杂在一起的。由此可见印纹硬陶和原始瓷的渊源关系。从我国历代陶瓷Fe_2O_3含量图，也可以看出陶器和原始瓷器及瓷器的Fe_2O_3的逐渐降低。原始瓷器中Fe_2O_3的含量则少于陶器。由于Fe_2O_3的含量的降低，可以提高原始瓷器的烧成温度，以生成莫来石和较高的玻璃态，从而增强胎质的透明度和提高白度。而瓷器的Fe_2O_3含量又比原始瓷器降低。再加上Al_2O_3的增加遂使瓷器必须有更高的温度烧成。从而使瓷器含有更多的莫来石和玻璃态，使它具有致密、不吸水、白色、高透明度和一定的机械强度，而达到瓷器必须具备的性能。总之，古代劳动人民经过长期实践，在制陶工艺取得成就的基础上，远在三千五百多年前的商代中期，就创造出原始瓷器了。

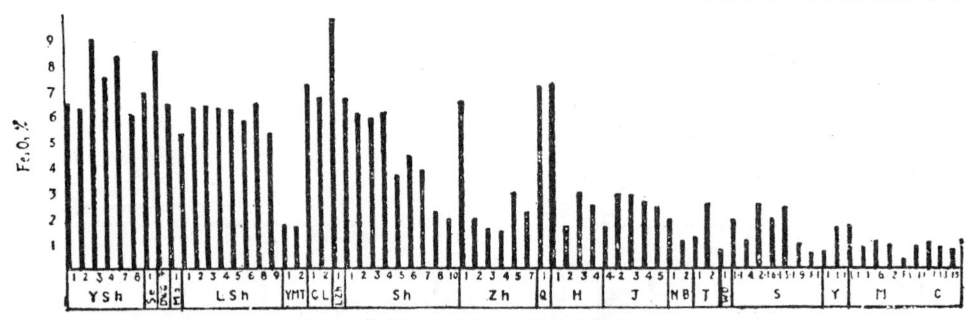

我国历代陶瓷胎中Fe_2O_3含量图

釉的发明与使用，是原始瓷器出现的必备条件。商、周原始瓷器的釉色呈黄绿色或青灰色。根据化学分析，证明当时的釉多是石灰釉。CaO的含量都在16％左右，个别的也可能高到20％，可能都是用石灰石粘土配合而烧成的。由于多数粘土内含有或多或少的铁质，所以釉中也含有２％左右的Fe_2O_3，在氧化气氛中烧成，则显青色或青绿色[63]。

原始瓷器的成型工艺，多采用泥条盘筑法。部分原始瓷的器表也拍印纹饰，有些纹饰与同时期的印纹硬陶器相同。因为经过拍打，器物的内壁上也留下"抵手"抵住内壁时的凹窝，原始瓷器有的外壁和内壁都涂釉，有的则是外壁和内壁上部涂釉，内壁下部没有涂釉，釉的厚薄也不均匀，并有流釉现象。

原始瓷器和白陶器与印纹硬陶器相比，它有着坚硬耐用和器表有釉不易污染及美观等优点，所以原始瓷器的烧制工艺不断得到改进与提高。随着商王朝统治范围的逐渐扩大和商文化与周围各族间文化交流与相互影响，原始瓷器的烧制，也遍及长江中下游地区和黄河中下游地区。品种也是由少到多，其形制特点，多和同时期印纹硬陶与一般陶器相一致，也有少数原始瓷器是模仿同期青铜器制作的。

根据目前公布的材料，我国原始瓷器在黄河中下游地区的河南、河北、山西和长江中下游地区的湖北、湖南、江西、苏南等商代中期遗址和墓葬中都有出土，其创制时间，也不会晚于商代中期。原始瓷器常见的形制有敞口长颈、折肩深腹圆鼓、圜底尊，敛口、深腹圆鼓、圜底罍，敞口圜底钵，敛口深腹圜底罐，敛口短颈深腹圜底瓮，浅盘卷沿圜底高柄豆、双耳簋等（图版壹拾：3，彩版3、4、5：1）。原始瓷器的胎质比较坚硬、颜色多呈灰白色和灰褐色，并有少量胎质为纯白稍黄。器表釉色以青绿色最多，并有一些豆绿色、深绿色和黄绿色。器表的釉下除少数为素面外，多饰有方格纹、篮纹、叶脉纹、锯齿纹、弦纹、席纹和S形纹，并有一些圆圈纹与绳纹[64]。商代后期的原始瓷器，基本上是承袭商代中期发展而来的。但在形制品种上却较商代中期有所增加，在烧制和使用范围上有了扩大，质量也有了提高。商代后期常见的原始瓷器形制有：敞口长颈、折肩深腹圆鼓、圜底尊，小口短领、圆肩或折肩、深腹圆鼓、圜底瓮（有称罐），敛口、深腹、圜底罐或双耳罐，侈口平折沿、浅腹圜底盆（或称缶），敛口浅腹假圈足钵，口微敛、浅盘喇叭座豆，敞口、顶圆鼓、圈足形握手器盖等，并有一些敛口沿外折、短领凸肩壶、敞口圆肩大口尊，圈足簋和碗等原始瓷器残片。胎质颜色仍以灰白色为主，并有少量青黄色、淡黄色和灰色，器表釉色多为青色和豆绿色，也有少量酱色、淡黄色、绛紫色。器表釉下拍印的几何形图案纹饰有方格纹、锯齿纹、水波纹、云雷纹、叶脉纹、S形纹、网纹、翼形纹、圆点纹、划纹和弦纹、附加堆纹等[65]。

从各地商代原始瓷器的出土情况来看，商代后期和商代中期相比，器物的数量有着明显的增多，特别是长江以南地区，情况更为明显。据江西吴城遗址中各期原始瓷片的出土数量统计(不包括原定的所谓釉陶片)约占同期陶、瓷中总数的百分比为：相当于商代中期的约占0.23%，相当于商代后期的约占1.21%，相当于商代后期偏晚或西周早期的约占12.6%。若和同期的所谓“釉陶”合在一起，约占同期陶瓷片总数的29.2%[66]。同时从商代后期原始瓷器的形制和器表釉下几何形图案纹饰来看，品种较前增多，质量也有提高。它反映了原始瓷器烧制工艺技术的不断改进，这一手工业得到了很快的发展。值得注意的是，黄河中下游地区商代原始瓷器的出土数量和品种比长江以南地区为少。根据郑州商代遗址出土原始瓷片数量初步统计，约占陶瓷总数的0.001%左右[67]。常见的原始瓷器也就是尊和罍（或称瓮）二、三种器形。商代后期安阳殷墟原始瓷片的出土数量虽较前增多，但也超不过同期陶瓷总数的0.01%。常见的原始瓷器也只是尊、罍、罐、豆、器盖等五、六种形器[68]。而在江南地区原始瓷器的出土数量和形制品种，以及器表釉下纹饰都比黄河中下游地区多。这就说明在黄河中下游地区，商代原始瓷器的烧制与使用还是相当少的，而在江南某些地区则较多。

到了西周时期，原始瓷器的烧制工艺，又在商代后期的基础上有了新的发展和提高，而且出产的地区也较前更为扩大了。考古工作者在北京、河北、山东、河南、山西、陕西、安徽、湖北、江苏、浙江、江西等地的部分西周文化遗址与墓葬中，都曾发现原始瓷器。常见的器形有：敞口或敛口浅盘矮圈足豆，敛口低领折肩（有带器鼻）、深腹圈足罍，敛口低领、深圆腹、平底瓮，敞口、深腹（有带双耳）圈足簋，敞口平底碗，敛口深腹圆鼓（有带双耳）平底罐，敞口、浅盘、直圈足盘（有称碗），敛口、扁圆腹、圈足盂，敞口颈内收、深腹圆鼓圈足尊，敛口、带鋬、腹圆鼓、管状流平底盉，敛口、扁圆腹平底瓿和敞口浅腹钵等（图版壹拾壹:1、2）。胎色仍以灰白色为多。釉色主要是青绿色和豆绿色，并有少量黄绿色与灰青色。器表除素面外，其釉下纹饰为几何形图案，有方格纹、篮纹、云雷纹、席纹、叶脉纹、齿状纹、划纹、弦纹、S形纹、乳钉纹、圆圈纹和曲折纹等[69]。

春秋时期的原始瓷器和西周原始瓷器相比，质量又有提高。特别是春秋晚期，江、浙一带的原始瓷器，胎质更为细腻，极大多数器皿由原来的泥条盘筑法成型，改为轮制成型，因而器形规整，胎壁减薄，厚薄均匀。器形有敛口、深腹圆鼓、平底罐，敛口、扁圆腹、平底瓿，敛口、浅腹圆鼓、平底盂，大敞口平底碗和器盖等（图版壹拾壹:3、4）。胎质多呈灰白色，并有一些黄白色和紫褐色，釉分青绿色、黄绿色和灰绿色。器表的釉下纹饰主要是大方格纹和编织物纹[70]。而在黄河中下游地区春秋时期的原始瓷器就很少发现。所见到的也只有釉下饰印方格纹的敛口、深腹圆鼓、平底罐[71]。

总之，从商代、西周和春秋各时期原始瓷器的发展，可以看出，它是一脉相承地发展的。原始瓷器的主要生产区域在我国江南地区，这可能与这个地区盛产瓷土原料有着一定的联系。特别是到了春秋战国，原始瓷器的发展已达到了鼎盛时期，其烧制和使用的数量，约占同期陶瓷器总数一半左右。可见当时原始瓷器手工业已有了很大的发展。

第四节　建筑用陶和其他陶制品

1. 建筑用陶的生产

建筑陶器是在烧制日用生活陶器的基础上发展起来的一种新兴手工业。我国最早的建筑陶器是陶水管。目前已经发表的陶水管材料，是属于公元前二十一世纪商代早期的。接着在西周初期又创制出了板瓦、筒瓦等建筑陶器（图三十四）。

建筑陶器以泥质灰陶为主，也有少量泥质红陶。胎质一般比较粗糙，在有些板瓦和筒瓦中还发现羼有颗粒较大的砂粒。建筑陶器的制法，从商代陶水管内的遗留痕迹看，多采用泥条盘制和手制相结合的方法成型，然后再进行轮修，也有采用轮模兼制的。到了西周和春秋时期，出现了在陶车上一次作成的方法。如板瓦、筒瓦，就是先作成圆筒形坯再切开的。瓦当则是将筒瓦坯作成后再粘结堵头。建筑陶器的表面皆饰有绳纹、划纹或弦纹。有的在陶水管和瓦的一端把绳纹抹去加饰一些瓦旋纹，使两个陶水管或两个

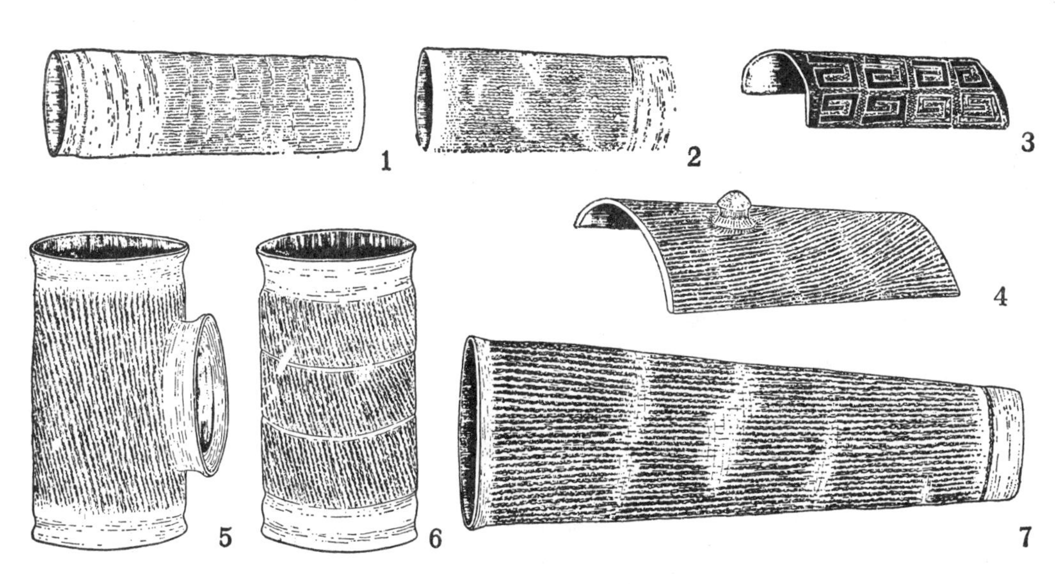

图三十四　建筑陶器

1.河南偃师二里头商代早期陶水管(约1/10)　2.河南郑州铭功路商代中期陶水管(约1/10)
3.陕西扶风岐山西周陶瓦(约1/8)　4.陕西长安沣东西周瓦(约1/14)
5.河南安阳殷墟商代晚期陶三通管(约1/10)　6.河南安阳殷墟商代晚期陶水管(约1/10)
7.陕西扶风西周陶水管(约1/10)

瓦相接处扣合严密。在河南偃师二里头的商代早期大型宫殿夯土基址内，就发现埋设有互相套接着的供排水使用的陶水管。其陶质为泥质黑灰陶，胎质细腻坚硬。陶水管的形制为一端粗与一端稍细的圆筒形，管长约42、粗端口径约14.4、细端口径约13.5、壁厚约1.02厘米。器表饰细绳纹，管的细端表面长约15厘米左右的一段绳纹被抹去。系用泥条盘筑而成[72]。同期类似的陶水管，在河南郑州洛达庙遗址中也有出土。残长28、粗端残口径14、细端口径13.25、壁厚0.85厘米。泥质灰陶，器表饰绳纹，近细端约5厘米的器表绳纹被抹去[73]。

商代中前期的陶水管，在河南郑州商代制陶手工业作坊遗址中曾出土过一件，形制和前面所介绍的相似[74]。

商代后期的陶水管（图三十四），在河南安阳殷墟曾有不少发现。陶水管的形制共有三种：第一种是承袭商代前期的陶水管，其形制仍为一头粗和一头稍细的圆筒形；第二种是两头相等的圆筒形，通长42、口径与腹径皆为21.3、壁厚1.3厘米，管口平齐，泥质灰陶，器表饰绳纹和弦纹，使用时是前后两管的平口相接埋入地下；第三种是三通形，这种三通形和两头相等的陶水管相同，只是在陶管的中部一侧又有一个凸出的圆形管口，管口的直径和两端的口径略同。它很像现代地下铺设的自来水和排水管的“三通管”。其用途也和现在的“三通管”水管相同，是在纵横两条陶水管道作丁字形相交使用的。这种埋在地下相互套接着的地下陶水管道，在安阳殷墟白家坟村西侧就发现过。陶水管道埋入现在地面以下约1.1米深，系南北向一条和东西向一条作“T”字相接连。其中东西向的一条管道残存有陶水管11节，通长4.62米；南北向一条管道残存有陶水管17节，通长9.7米。这两条陶水管道相接处就是使用了一节“三通管”。埋入地下的这两条相连接的陶水管道，排列整齐。发掘时在管道内的底部还积有细淤泥。其中东西向的一条陶水管道略呈西高东低状。说明这条管道内的水是由西向东流的。在这两条陶水管道的北侧约9米处，又发现了一条长约3.36米的相接连的陶水管道。根据在这三条管道附近发现有夯土建筑遗迹来看，这些陶水管道有可能是埋在夯土下面作排水使用的[75]。

到了西周时期，除继续有陶水管外，又出现了大型宫殿建筑顶部所使用的板瓦、筒瓦和瓦当等陶器构件。

筒瓦和板瓦的制法，看来是先采用泥条盘筑成类似陶水管一头粗一头细的圆筒形瓦坯，并经过轮修和在器表拍印绳纹之后，再从圆筒形瓦坯的内面，用切割工具把圆筒形瓦坯切割成两半，即成一头宽一头窄的两个半圆形筒瓦。用同样的制法，作成较粗大的圆筒形瓦坯，然后从内壁切割成三等分，即成三个一头宽一头窄的板瓦。瓦坯制成之后，有在筒瓦的内面中间或靠近一端处，粘接上一个圆锥状瓦钉或半圆形瓦鼻；有在板瓦的一端或靠两端处，粘接上一个或二个圆锥状瓦钉；也有粘接上一个或二个半圆形瓦鼻的。瓦当是在筒瓦的窄端加上圆形或半圆形堵头，即成为全瓦当或半瓦当。瓦当一般为素面，也有少数装饰着简单的图案。筒瓦、板瓦和瓦当的胎质，多为较粗糙的泥质灰陶，少数为泥质红陶或泥质黄灰陶。瓦的表面多饰有较粗的绳纹，也有在绳纹上加饰各种划纹的。

西周的筒瓦、板瓦在扶风、岐山和长安“沣镐”一带的西周遗址中大量出土。如扶风出土一件筒瓦长22.5、宽端宽13.5、窄端宽12、厚约1.2厘米。筒瓦的表面饰交错的绳纹，在绳纹之上又用双线刻划出精美的云雷纹图案。另一件筒瓦长约45、中宽30、厚约1.5厘米，在筒瓦内壁中间粘接着一个长约5厘米的圆柱形瓦钉或圆锥形瓦钉。同时期的筒瓦有些形制较大，长约50、宽约30、厚约1.5厘米左右，为当时少见的大筒瓦。板瓦一般长48—53、宽29—34、厚约1—2厘米。如扶风出土的一件完整板瓦，长46、宽端宽23、窄端宽20.5、厚约1.5厘米。在瓦的外面中间靠宽端约13.5厘米处和靠窄端约8.4厘米处，分别粘接有二个高约3.2、径约2.5厘米的上细下粗的圆锥状瓦钉。在长安沣东西周遗址中，出土的板瓦外面靠近一端处，有一个半圆形瓦鼻。板瓦的外面多饰绳纹，内面多为素面。陕西扶风西周遗址中发现的半瓦当，瓦当径13.8厘米。在安有半瓦当的筒瓦内面，靠瓦当约7.6厘米处，也粘接有一个长约3.2、径约2厘米的圆柱形瓦钉[76]。

西周板瓦、筒瓦的用法：根据板瓦外面多有瓦钉或瓦鼻的设置来推测，显然是用在铺有草泥的房顶面上，使瓦钉插入泥内或用绳子穿入瓦鼻内绑在椽子之上使用，以固定瓦的位置和防止脱落。而筒瓦则多是内面设置有瓦钉或瓦鼻，这可能是在铺设的两行板瓦之间扣盖上一行筒瓦，并使筒瓦的瓦钉也插入房顶的草泥内，或用绳子穿入瓦鼻绑在房顶的椽子之上，以固定筒瓦不致脱落。带瓦当的筒瓦用法应与筒瓦的用法相同，是用于靠近房檐边沿处的。瓦的出现是我国建筑发展史上的重大成就。从西周板瓦、筒瓦的形制之大，可以想像西周时期的房屋建筑规模是相当宏伟的。它反映了我国古代劳动人民在建筑用陶上的新创造，为我国西周以后建筑陶器的发展奠定了基础。

春秋时期的建筑陶器，在全国各地的不少大型遗址中都有出土，它比西周又有了新的发展和提高。常见的建筑陶器仍以板瓦和筒瓦为多，并有一些瓦当和陶水管。特别是还发现了少量长方形或方形薄砖。春秋时期陶水管的形制基本上和西周时期的相同，而板瓦、筒瓦和瓦当的形制则有了较大的改进。特别是在瓦的外面和内面，基本上没有瓦钉或瓦鼻的设置。即使还使用瓦钉，也是把瓦钉制成带有钉帽的单独瓦钉构件。在板瓦或筒瓦一端近头处，挖置一个小圆孔。使用时是用瓦钉通过瓦上的圆孔插入房顶铺设的泥内以防止瓦的脱落。再者是筒瓦和瓦当的一端出现了稍小于瓦头的瓦榫头。瓦榫头的出现，可以使两个筒瓦相接处更为吻合，并且可以使房顶铺设的筒瓦顶面显得平整。这是春秋时期对于筒瓦在制造和使用上的又一改革，反映了春秋时期在烧制建筑陶器方面的新发展。春秋时期的板瓦、筒瓦与瓦当的制法，基本上和西周时期相同，但是在接近板瓦窄头和筒瓦近榫头处的一段绳纹，也多在轮修时抹去，形成密集的瓦旋纹。而瓦的内面仍多素面，但有少量筒瓦、板瓦内面饰印有篮纹。由于地区不同，瓦的形制大小和厚薄也略有区别。一般说，春秋时期的瓦比西周的略小，而且稍薄些。瓦当分圆瓦当和半瓦当两种。瓦当的外面系素面，只有少量的面上饰双勾纹或方格纹[77]。春秋时期板瓦，筒瓦和瓦当的形制缩小和变薄，相应地就减轻了房顶的压力。这在当时来说，应是建筑陶器的一大改进。从我国建筑用陶发展情况来看，西周时期是我国建筑用陶的大发展时期。它在商代陶水管的基础上，又创制出了筒瓦、板瓦与瓦当，改变了房屋顶部长期使用草顶的状况。这是我国古代建筑史上的一个重要里程碑，为我国以后瓦顶房屋的建筑奠定了基础。

2. 陶制生产工具

夏代、商代、西周和春秋等时期的陶制生产工具，基本上是承袭原始社会末期的传统，只是在形制上略有改进。夏代、商代到西周主要有：纺线用的扁圆形带孔陶纺轮，捕鱼用的两端带有凹槽的陶网坠，制陶用的蘑菇状陶抵手和狩猎用的陶弹丸等。这些陶制生产工具从夏代到春秋一直都在使用着。但是到了商代，由于陶器表面的图案纹饰增多，于是就出现了用于印制陶器表面各种纹饰的陶拍子和陶印模。在河南郑州商代制陶手工业作坊遗址中，就发掘出有饕餮纹、夔纹、方格纹等各种图案纹饰的长方形印模和蘑菇状和椭圆形带鼻的陶抵手等[78]。在江西吴城商代中期遗址中，还出土有原始瓷质的长方形与马鞍形带孔瓷刀，瓷质蘑菇抵手与纺轮等[79]。到了春秋时期，陶纺轮和陶拍子仍在使用。在山西侯马春秋时期遗址中，还出土有原始瓷质印模[80]。

熔铸青铜器用的工具，主要是熔炼青铜用的陶坩埚和铸造青铜器用的陶范与陶模等。

陶坩埚的使用加速了铜矿及合金冶炼的发展。从我国目前已经发掘的材料得知，大约在夏代，人们就已经利用陶器作为坩埚来熔炼青铜。到了商代中期，随着冶铜技术的不断发展，把陶器作为熔铸青铜工具的使用更为广泛。如在河南偃师二里头和郑州商代中期铸铜作坊遗址中，就发现了熔炼青铜用的陶坩埚，还有大量铸造青铜器用的陶范与陶模。就河南郑州商代城南墙外和北墙外两处商代前期铸铜作坊遗址中出土的陶坩埚看，一种是利用粗砂质厚胎陶缸作为坩埚；另一种是利用泥质灰陶大口尊作为坩埚。由于泥质大口尊不耐高温，如作为坩埚使用，就在尊的内外两面各涂有类似耐火泥的草拌泥，以增加其强度和耐高温的性能。这显然是借用商代中期常用的陶器作为坩埚使用的[81]。到了商代后期，在利用陶器作为坩埚的基础上，又专门制造了熔铸青铜的陶坩埚。如在安阳殷墟除发现有用粗砂泥盘制而成的大型陶坩埚外，也发现有专门作坩埚使用的陶“将军盔”。同时还出土了大量铸造青铜器用的各种陶范[82]。西周时期的炼铜坩埚，在河南洛阳西周铸铜遗址中曾发现不少，也是用粗砂泥作成的[83]。春秋时期的陶坩埚，在山西侯马和河南新郑的春秋时期铸铜作坊遗址中也有发现，仍然多是采用泥土内掺砂制成。同时还出土了大量春秋时期的陶范与陶模[84]。

铸造青铜器所用的各种陶范与陶模，都是采用烧制陶器的方法制成。在河南偃师二里头商代早期和郑州商代中期的铸铜作坊遗址中，在河南安阳殷墟商代后期，以及在洛阳西周的铸铜作坊遗址中和山西侯马春秋时期的铸铜作坊遗址中，都分别出土有大量铸造各种青铜器用的陶范和翻制陶范所用的陶模。陶模的制法是用经过淘洗的细泥，并掺入一定数量的细砂制作而成。有的还在模上雕刻花纹。模分全模和分模二种。全模是根据器形的大小形状作成一个泥模，经过入窑烘烤即成，这叫全模。分模只作成器物的一半，利用器物的对称，重复使用，以代替全模。陶模制成后即可制型。制型是用经过淘洗的细泥和掺入一定比例的细砂或蚌末制成范泥，在模型外部翻制出范型，并进行修整和刻制各种范衔接的榫卯口，然后入窑烘烤即成坚硬的陶外范。范芯是用范泥在陶外范上翻制而成的。但需要在范芯表面刮去一层相当于所铸铜器胎壁的厚度，也要经过烘烤成为坚硬的范芯。另外也有用实物（如铜镞、铜戈或其它铜器、陶器）作模制成陶范的。当陶范制成后即可合范浇铸出青铜器。这说明在三千多年前的商代，参加冶铸青铜器的人们曾采用烧制陶器的方法，创造性地为铸造铜器制成了各种耐高温的陶范。随着铸铜技术的不断提高，陶范的制作工艺也有了很大的改进（图版壹拾：4）。

3. 陶塑作品

陶塑作品，在夏代、商代、西周和春秋各个时代中都有一些发现。其质料除个别为细泥质红陶或黑陶外，绝大部分是细泥质灰陶，皆系手制。其中多数是各种动物形象，也有少数的雕塑人像。雕塑品一般是个体形象，也有的是作为其它陶器上的附件。相当于夏代的陶雕塑品，只在陶器上有一些蛇、兔、蝌蚪等形象，很少见到独立的个体。陶雕塑盛行于商代早、中期。在河南偃师二里头的商代早期大型宫殿遗址附近，就出土有陶龟、陶羊头、陶蛤蟆和陶鸟等雕塑品，形象生动逼真。如陶蛤蟆不仅姿态生动，而且在背上还印刻有密集的小圆圈纹，以显示蛤蟆背部的特征。又如塑造的陶羊头，双角向前弯曲，眼、鼻、口生动逼真，可以清楚地看出是一个绵羊的形象[85]。在河南郑州商代中期遗址中，曾出土陶龟、陶虎、陶羊头、陶鱼、陶猪、陶鸟头、陶人座像等陶雕塑品。其中以陶龟数量最多。这些陶雕塑品的形象也都相当生动。如塑造的一件陶虎，作伏卧状，双眼圆瞪，口张牙露，显示着虎的凶暴形象。又如塑造的一件陶鱼，满身饰形象逼真的鳞纹[86]。商代后期陶雕塑品目前发现的较少，这可能与商代玉雕塑品和石雕塑品的显著增多有关。所以在河南安阳殷墟的商代后期都城遗址中，发现的陶雕塑品，除少量陶龟和陶羊外，很少见到别的。江西清江吴城商代后期遗址中，出土有鸟、人面、陶祖等陶雕塑品[87]。西周时期的陶雕塑品也很少发现。在陕西长安沣镐的西周都城遗址中，发现有形象生动逼真的陶牛头[88]。在陕西侯马春秋时代的遗址中，出土有形象生动的陶鸟[89]。从夏、商、西周和春秋等时期中的雕塑品看，大都是动物的形象，它反映出各个时期人们的审美观点和对现实生活中的一些真实感受。

第五节　中原以外各区的陶瓷生产

1. 东南地区

我国东南沿海地区的浙江、福建、台湾、广东、广西、江西等地，在新石器时代末期就创造出来了器表拍印着类似编织品纹饰的各种几何形图案纹饰的陶器。大约相当于中原地区的夏代时期，他们在烧制泥质印纹陶器（有称软陶）的基础上，创制出烧成温度较高、胎质坚硬和器表仍拍印着各种图案纹饰的印纹硬陶器。早期以泥质灰陶和夹砂灰陶的数量较多，并有一些夹砂红陶、泥质黑皮陶（或灰皮陶）和橙黄陶。陶器表面的装饰除几何形图案纹饰外，也有素面磨光和饰划纹的。常见的陶器形制，作炊器用的有：敞口细腰袋状足陶鬶与敞口直壁或直口直壁陶杯；作食器的有：浅盘高柄细把陶豆和浅盘高圈足陶盘；作盛器的有：敞口折肩瓮和陶壶，并有一些陶器盖与陶钵等。陶器表面除素面外，多饰有方格纹、篮纹和曲折纹等图案纹饰。同时也有少量印纹硬陶出现。印纹硬陶的胎质坚硬，烧成温度较一般陶器为高，器表的纹饰也多是方格纹、篮纹和曲折纹，并有一些叶脉纹和绳纹。说明印纹硬陶是在当地烧制泥质印纹陶器的基础上发展来的。另外，在这一时期的文化遗址中，还出土有陶纺轮、陶网坠和陶拍子等生产工具。这种类型的文化遗址，以福建昙石山遗址中层、广东石峡文化中层和江西筑卫城遗址中层为代表，其碳-14测定年代约距今四千年左右，大约相当于中原地区的夏代时期[90]。

随着中原地区、东南沿海地区和长江以南地区的文化交流及相互影响，在湖北、湖南、江苏、江西的大部分地区和福建、广东的一些地区，也发现有相当于中原商代时期的文化遗址。在这些地区的部分遗址中，曾出土有与中原地区类同的陶器，如在江西清江吴城的商代中期遗址中，就出土有类似河南商代中期的敛口深腹当裆袋状足陶鬲，浅盘高圈足陶豆和大口、颈内收、深腹陶大口尊等。陶器表面也多饰绳纹和弦纹。看来这些陶器有可能是受了中原文化的影响。但是在这些遗址中，也有不少具有当地陶器形制特点的小口折肩瓮、敞口深腹盆和折腹罐等陶器。这些陶器的表面除饰绳纹与弦纹外，仍多饰有地方特色的方格纹、曲折纹和圆点纹等图案纹饰。

在此期间，印纹硬陶的数量显著增加，同时出现了原始瓷器。西周春秋时期江南地区的印纹硬陶和原始瓷器有了迅速的发展，相继进入了它们的鼎盛时期。

根据文献记载，这些地区是我国历史上吴越族活动地区。因之以几何印纹硬陶和原始瓷器为主要特征的文化遗存，有可能是吴越族的先民的文化遗存。它是我国夏、商、周时期中华民族文化形成的重要组成部分。

2. 东北地区

在我国东北地区的辽宁西南部、内蒙古东部和河北北部一带，以赤峰夏家店、药王庙和宁城等地为中心地区，分布着相当于中原地区夏、商、周时期的夏家店下层文化和夏家店上层文化遗存。

夏家店下层文化遗存，其年代大体与中原地区的夏代和商代时期相当。遗物中的生活用品主要也是陶器。陶器的原料是夹砂质多于泥质。陶色以灰陶和棕陶居多，并有少量黑陶和红陶。陶器的火候较高，质地坚硬。夹砂陶器内羼合的砂粒均匀，一般多用于炊器。泥质陶器质地细腻，一般多用于食器和盛器。陶器表面的装饰，除素面与磨光者外，以饰印绳纹者最多，或在绳纹上加饰划纹与附加堆纹，并有一些篮纹、压纹和弦纹。还有少量陶器表面饰以彩绘、彩绘施在泥质黑陶尊、陶豆和陶罐等器的磨光表面，用硃红与白色彩绘出各种图案纹饰，其中多为卷云纹与云纹，也有少量动物形象的图案。看来这些彩绘陶器不像是实用器。陶器制法，主要是先分部位进行泥条盘筑和接合，再作慢轮修整。至于各种陶器的附件（如耳、足等），则是采用手制后捏合上去的。

常见的陶器形制，作炊器用的有：敞口卷沿、细长腹、高胖袋状足陶鬲和敞口深腹、细腰、高胖袋状足陶甗。陶鼎较少，其中有罐形鼎和钵形鼎二种。作食器用的有：浅盘圈足陶豆和敞口浅盘、小平底、假圈足陶盘；作盛器的有：敛口沿外卷、深腹平底陶罐，小口短颈、宽肩大腹陶瓮，大口沿外敞、折腹内收陶尊和大口沿外卷、深腹或浅腹略鼓与折腹平底盆。另外还有带握手的陶器盖和陶纺轮等。

夏家店上层文化遗存，其年代估计早于战国。在出土的各种生活用器中，仍以陶器为多。陶质基本都是砂质红陶和棕陶。胎质内多羼有大量的石英砂粒。陶质松软，烧成温度较低。夹砂棕陶多为炊器的陶鬲和陶甗，而夹砂红陶则多为容器与食器的陶罐、陶盆、陶钵、陶碗和陶豆。陶器表面多素面或磨光，仅有少量附加堆纹饰于陶甗腰部和有些陶鬲与陶盆的口部（图三十五）。陶器的制法，仍是采用泥条盘筑、接合和手制相结合的方法。在接合处内外皆抹泥粘结。陶豆柄是用泥片卷制，陶器耳皆有榫头插入在器壁内。陶鬲足尖和陶甗足尖的上端下凹，与器身接合后，塞以凸状泥饼，也有少数

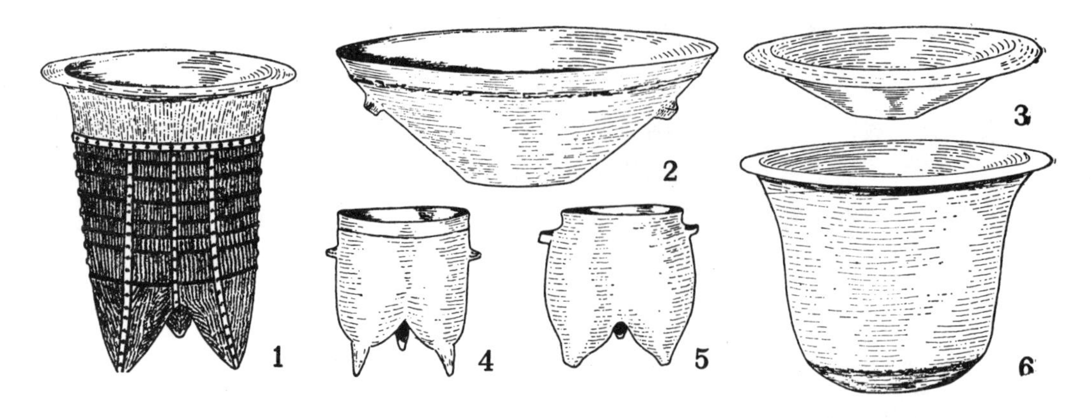

图三十五　东北地区辽宁夏家店陶器

1.鬲（1/10） 2.盆（1/10） 3.盘（1/6） 4.鬲（1/4） 5.鬲（1/6） 6.折腹盆（1/6）

鬲足和甗足的上端带有榫头。

陶器的形制，作炊器用的有：陶鬲、陶甗和陶鼎。陶鬲分大口、筒形腹袋状足和直口或敛口、窄肩圆腹袋状足二种，鬲的腹部多有对称的方形实耳，陶甗为细腰饰附加堆纹一周，袋状足肥大，下附圆锥形足尖。陶鼎为敛口、浅腹或深腹、圜底圆锥形足。部分鼎的口部安有对称的两个环形耳。作食器用的有：敞口浅盘、下附喇叭形高圈足陶豆和大口浅腹平底陶钵。作盛器用的有：敛口沿外侈深腹陶罐，小口短颈、广圆肩、深腹陶瓮和大敞口、腹斜收、平底陶盘，部分陶盆口部附加有泥条一周，而腹部有方形实耳。

据文献记载，战国以前在夏家店文化分布的地区，属于东胡、山戎等少数民族活动的区域。因而夏家店文化遗存可能与东胡、山戎的文化遗存有关[91]。

3. 西北地区

在甘肃、青海一带，相当于中原地区夏、商、周时期的文化遗址，有“辛店文化”、“寺窪文化”、“沙井文化”和“四坝式”遗址与“骟马式”遗址等各种类型的文化遗址。

辛店文化是在甘肃境内稍晚于齐家文化的一种文化遗存。陶器的质料以粗砂质红陶为主，泥质红陶次之，泥质灰陶很少。陶器的制法仍多系手制，泥条盘筑法还很盛行，小件陶器、器耳和足等则多保留有泥条盘筑和手捏痕迹。彩陶器表面多打磨得相当光滑，有的还涂有一层红色（多为紫红色）陶衣。器表彩绘占有相当的比例。彩绘图案中多为黑彩绘制的双钩纹、平行线纹、斜行线纹、折线纹、三角纹、S形纹、涡漩纹、十字纹、方格纹和X形纹等纹饰，并且还有少量绘制着鹿、狗等动物形象的彩绘图案。拍印的纹饰中有绳纹、附加堆纹和三角纹。常见的陶器形制有罐、鬲、盆、豆、钵、盘、鼎、杯和器盖等（图三十六），其中以陶鬲和双耳罐的数量最多。陶鬲的器表除饰绳纹者外、也有在橙黄色陶鬲的器表,用黑彩绘制出纹饰的“彩陶鬲”。双耳陶罐多为小敞口长颈、圆肩或折肩、小腹、平底，其颈部多有对称的二个大环形耳。部分陶罐的底部还附有三个矮足。有的陶罐器表磨光，并用黑彩绘制出各种纹饰。单耳罐为大口、深腹略鼓、平底、颈部有一个环形鼻。陶豆为大敞口、浅盘、下附喇叭口形圈足。有的陶豆口沿处还安有一耳和器表磨光绘制彩色纹饰[92]。

寺窪文化也是在甘肃境内晚于齐家文化的一种文化遗存。其分布区域主要在洮河流域。该文化的陶器原料都是粗砂质，其中粗砂质红褐陶最多，纯灰色陶很少。陶制粗糙、手制、形态厚笨，器表多为素面，只有少量器表饰绳纹。“马鞍形”侈口双耳、深腹圆鼓、平底陶罐为该文化的典型陶器。另有敛口、扁圆腹、圜底三锥状足陶鼎，敛口沿外侈双耳、深腹圆鼓三袋状足陶鬲和敛口沿外侈、深腹略鼓平底陶罐等[93]。

沙井文化也是在甘肃境内晚于齐家文化的一种文化遗存。其分布区域主要在河西走廊一带。该文化的陶器质料，也是以夹砂红陶为主，质地粗糙、多系手制。陶器表面的纹饰中，彩陶全是用红色绘制的平行条纹、交错条纹、垂直三角纹、菱形纹、抑线纹和鸟形纹等纹饰。拍印的纹饰以绳纹最多，并有一些弦纹、篦纹与划纹。陶器的形制有：陶鬲、陶罐和陶杯等。其中以单耳或双耳陶罐和直壁杯最有代表性，单耳陶罐多为小口、沿外侈、长颈带环形大耳、深腹略鼓、圜底形；有的单耳陶罐的颈部，绳纹被磨去

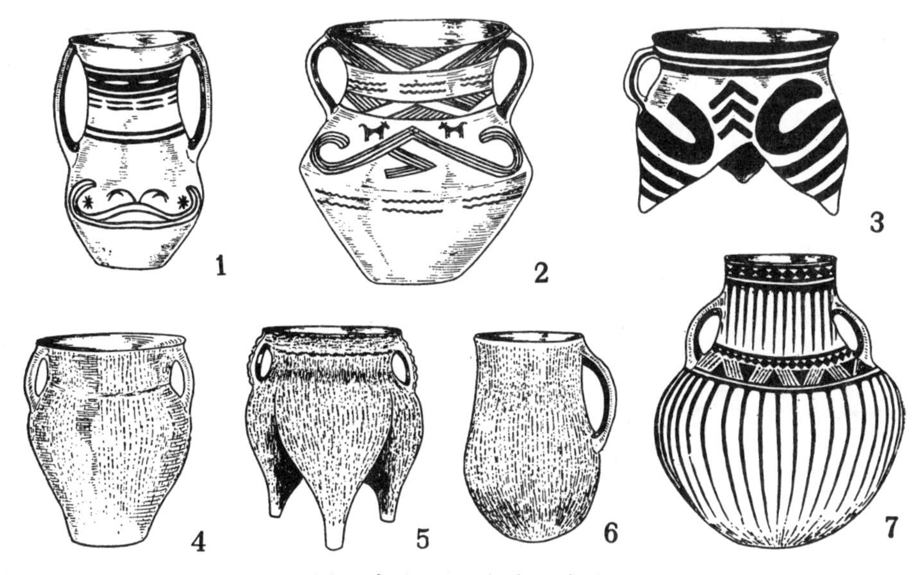

图三十六　西北地区陶器

辛店类型　1、2.双耳彩陶罐（1/6，1/8）　3.彩陶鬲（1/4）
寺窪类型　4.双耳马鞍形罐（1/6）　5.双耳鬲（1/6）
沙井类型　6.单耳罐（1/6）　7.双耳彩陶罐（1/6）

加饰红彩花纹。双耳陶罐为小口、长颈、腹圆鼓、圜底、颈部有对称的二个环形耳，器表满饰各种图案的红彩花纹。有的陶罐底部还保留着一些绳纹。陶杯皆为直口、直壁、平底，器侧有一大环形耳[94]。

四坝式遗址、骟马式遗址和安国式遗址，也都是在甘肃境内晚于齐家文化的遗址。这些遗址中的陶器质料，也是以夹砂陶器为主。部分遗址中还有一些泥质红陶，并有很少的泥质灰陶。四坝式遗址中的陶器形制，以双小耳陶罐和双小耳陶壶较有代表性，并有陶杯和陶器盖等。器表的纹饰除绳纹和划纹外，还有横、竖、斜形交错的红彩图案纹饰[95]。骟马式遗址的陶器形制，以双耳划纹并在颈肩相对之间有双錾乳钉状的陶罐最有代表性。另有敞口陶杯、弇口陶碗和侈口鼓腹陶罐等，器表多素面，其中只有陶罐的双耳划有人字纹、方格纹和颈部饰有篦纹。安国式遗址的陶器形制，以马鞍形口、平底、双耳陶罐有代表性。另有陶鬲、陶豆和陶壶等。并有一些陶纺轮[96]。

从甘肃、青海一带的辛店文化、寺窪文化、沙井文化和四坝式遗址、骟马式遗址、安国式遗址等不同时期与不同地区的文化遗址中，可以看出它们是从早期到晚期有着一脉相承的发展关系。在陶器的发展过程中，双耳或单耳陶罐和陶鬲，是当地各族中使用数量较广的陶器。并且彩陶在那里延续使用的时间还相当长，表现了陶器的明显地方特点。但是从某些陶器的形制和器表拍印的纹饰看，也明显的是受了中原地区夏、商、周文化的影响。从而成为我国陶器发展中的重要组成部分。

总之，我国奴隶社会阶段的夏、商、周时期，是中国陶瓷发展史上的大变革时期。就陶器的发展来看，随着社会的物质文明的发展和制陶工艺技术的不断改进与提高，在烧制日用陶器皿的基础上又扩展到了烧制建筑用陶和冶铸铜器的工艺用陶等方面，为陶器的发展开辟了新的途径。同时在用易熔粘土烧制一般陶器的基础上，又采用了耐高温和含铁量低的较少杂质的粘土作原料，烧制出了胎质坚硬的白陶器和印纹硬陶器，进而又创制出了器表施釉的原始瓷器。原始瓷器的出现，是我国古代劳动人民的一项重大创造，它比陶器有着无可比拟的优点和发展前景，为我国瓷器的进一步发展奠定了基础。

---

① 我国奴隶制社会的上限和下限，历史学界尚有争论，本书采用夏至春秋为奴隶制社会意见。

② 《竹书纪年》说夏："有王与无王，用岁四百七十一年。"《三统历》说夏四百三十二年。

③ 龙山文化中晚期是指豫西一带临汝煤山遗址一期至二里头文化早期之间的文化遗存而言的。

④ 二里头文化早期包括原报告的一期与二期。

⑤ 二里头文化晚期包括原报告的三期与四期。

⑥ 安金槐：《夏代文化初探》，《中国历史博物馆馆刊》1979年1期。

⑦ 北京大学历史系考古教研室：《商周考古》，文物出版社1979年版。

⑧ 商朝年代《史记·殷本纪》集解引《竹书纪年》为四百九十六年，《三统历》说商为六百二十九年。《左传》宣公三年记载"鼎迁于商，载祀六百"。《史记·殷本纪》集解谯周说："殷凡三十一世，六百余年"。

⑨ 河南省文物研究所：《郑州牛砦龙山遗址发掘报告补充材料》（待发表）。
⑩ 中国科学院考古研究所二里头工作队：《偃师二里头新发现的铜器和玉器》，《考古》1976年4期。
⑪ 中国科学院考古研究所二里头工作队：《河南偃师二里头遗址发掘简报》，《考古》1965年5期；《河南偃师二里头早商宫殿遗址发掘简报》，《考古》1974年4期。
⑫ 河南省文物工作队：《郑州二里冈》，科学出版社1959年版。
⑬ 河南省博物馆：《郑州商代城址发掘报告》，《文物资料丛刊》1978年1期。
⑭ 安金槐：《试论郑州商代城址——隞都》，《文物》1960年7、8期。
⑮ 中国科学院考古研究所安阳发掘队：《1958—1959年殷墟发掘简报》，《考古》1961年2期。
⑯ 江西省博物馆：《江南地区陶瓷器几何形拍印纹饰总述》（待发表）。
⑰ 陕西省文物管理委员会：《陕西扶风、岐山周代遗址和墓葬调查报告》，《考古》1963年2期。
⑱ 中国科学院考古研究所：《沣西发掘报告》，文物出版社1962年版；中国科学院考古研究所丰镐考古队：《1961—1962年陕西长安沣东试掘简报》，《考古》1963年8期；西安市文管会、保全：《西周都城丰镐遗址》，《文物》1979年10期。
⑲ 同注⑪。
⑳ 河南省文物工作队：《郑州洛达庙发现两座古代窑址》，《文物参考资料》1956年11期。
㉑ 中国科学院考古研究所二里头工作队：《河南偃师二里头遗址发掘简报》，《考古》1965年5期；河南省文物工作队：《郑州洛达庙遗址发掘简报》（待发表）。
㉒ 同注⑤。
㉓ 河南登封告成八方遗址出土（未发表）。
㉔ 同注⑤。
㉕ 同注⑭。
㉖ 河南省文物工作队：《郑州二里冈》，科学出版社1959年版。
㉗ 同注㉖。
㉘ 河南省文物工作队：《郑州市铭功路西侧发现商代制陶工场房基等遗址》，《文物参考资料》1956年1期。
㉙ 中国科学院考古研究所安阳发掘队：《1958—1959年殷墟发掘简报》，《考古》1961年2期。
㉚ 中国科学院考古研究所安阳工作队：《1975年安阳殷墟的新发现》，《考古》1976年4期。
㉛ 中国科学院考古研究所安阳发掘队：《1969年—1977年殷墟西区墓葬发掘报告》，《考古学报》1979年1期。
㉜ 郑州旭旮王遗址第二次发掘材料（未发表）。
㉝ 中国科学院考古研究所安阳发掘队：《安阳小屯南地发掘简报》，《考古》1975年1期。
㉞ 中国科学院考古研究所丰镐考古队：《1955—1957年陕西长安沣西发掘简报》，《考古》1959年10期。
㉟ 南京博物院：《江苏句容浮山果园西周墓》，《考古》1977年5期；《江苏金坛鳖墩西周墓》，《考古》1978年3期。
㊱ 河南省文物工作队：《郑州董砦遗址发掘报告》（待发表）。
㊲ 同注㉞。
㊳ 河南省文物工作队第一队：《郑州碧沙岗发掘简报》，《文物》1956年3期。
㊴ 上海市博物馆：《上海金山县戚家墩遗址发掘简报》，《考古》1973年1期。
㊵ 山西省文管会侯马工作站：《侯马东周时期烧陶窑址发掘纪要》，《文物》1959年6期；山西省文物管理委员会：《山西省文管会侯马工作站工作收获》，《考古》1959年5期。
㊶ 周仁、张福康、郑永圃：《我国黄河流域新石器时代和殷周时代制陶工艺的科学总结》，《考古学报》1964年1期。
㊷ 洛阳博物馆：《洛阳东马沟二里头类型墓葬》，《考古》1978年1期；河南省文物工作队：《巩县小芝殿遗址发掘简报》（待发表）。
㊸ 丁伯泉、韩维周：《河南登封玉村古文化遗址概况》，《文物参考资料》1954年6期。
㊹ 同注⑪。
㊺ 同注⑬。
㊻ 李科友、彭适凡：《略论江西吴城商代原始瓷器》，《文物》1957年7期。
㊼ 《白陶》，《文物参考参料》1954年1期。
㊽ 李家治：《我国古代陶器和瓷器工艺过程发展的研究》，《考古》1978年3期。
㊾ 江西省博物馆等：《江西吴城商代遗址发掘简报》，《文物》1975年7期；南京博物院：《江苏句容县浮

山果园西周墓》，《考古》1977年5期。

㊿ 材料待发表。

51 中国科学院考古研究所二里头工作队：《河南偃师二里头早商宫殿遗址发掘简报》，《考古》1974年4期。

52 安金槐：《谈谈郑州商代几何印纹硬陶》，《考古》1960年8期。

53 湖北省博物馆：《盘龙城商代二里冈青铜器》，《文物》1976年2期；上海市博物馆：《上海马桥遗址第一、二次发掘报告》，《考古学报》1978年1期；江西省博物馆：《江西吴城商代遗址发掘简报》，《文物》1975年7期。

54 中国科学院考古研究所安阳发掘队：《1967—1977年殷墟西区墓葬发掘报告》，《考古学报》1979年1期；中国科学院考古研究所：《1950年武官村大墓发掘简报》，《中国考古学报》第五册一、二合刊。

55 河北省博物馆台西发掘小组：《河北藁城台西村商代遗址1973年的重要发现》，《文物》1974年8期。

56 山东省博物馆：《济南大辛庄遗址试掘简报》，《考古》1958年4期。

57 同注㊻。

58 浙江省文物管理委员会：《吴兴钱山漾遗址第一、二次发掘》，《考古学报》1960年2期。

59 同注㉟。

60 《洛阳西周墓发掘报告》（待发表）。

61 南京博物院：《江苏句容县浮山果园西周墓》，《考古》1977年5期；浙江省文管会：《杭州水畈田遗址发掘报告》，《考古学报》1960年2期；上海市博物馆：《上海金山县戚家墩发掘简报》，《考古》1973年1期。

62 同注㊽。

63 同注㊽。

64 河南省文物工作队：《郑州二里冈》，科学出版社1959年版；郑州市博物馆：《郑州市铭功路西侧的两座商代墓》，《考古》1965年10期；湖北省博物馆：《盘龙城商代二里冈青铜器》，《文物》1976年2期；江西省博物馆等：《略论江西吴城商代原始瓷器》，《文物》1975年7期。

65 同注㉙、㉚、㉛、㉝；中国科学院考古研究所：《辉县发掘报告》，科学出版社1956年版。

66 同注㊻。

67 河南省文物工作队：《郑州二里冈》，科学出版社1959年版。

68 同注㊻。

69 洛阳博物馆：《洛阳庞家沟五座西周墓的发掘》，《文物》1972年10期；陕西省文物管理委员会：《长安普渡村西周墓的发掘》，《考古学报》1957年1期；安徽省文化局文物工作队：《安徽屯溪西周墓发掘报告》，《考古学报》1959年4期；江苏省文物管理委员会：《江苏丹徒烟墩山西周墓及随葬出土的小器物补充材料》，《文物考古资料》1954年1期；宝鸡茹家庄西周墓发掘队：《陕西省宝鸡市茹家庄西周墓》，《文物》1976年4期。

70 上海市博物馆：《上海马桥遗址第一、二次发掘报告》，《考古学报》1978年1期。

71 山西省文管会侯马工作站：《侯马牛村古城东周遗址发掘简报》，《考古》1962年2期。

72 同注⑤。

73 河南省文物工作队：《郑州洛达庙遗址发掘报告》（待发表）。

74 河南省文物工作队：《郑州商代制陶遗址发掘报告》（待发表）。

75 中国社会科学院考古研究所安阳发掘队：《殷墟出土的陶水管道和石磬》，《考古》1976年1期。

76 陕西省文物管理委员会：《陕西扶风、岐山周代遗址和墓葬调查发掘报告》，《考古》1963年12期；中国科学院考古研究所丰镐考古队：《1961—1962年陕西长安沣东试掘简报》，《考古》1963年8期；林直村：《陕西扶风黄堆乡发现周瓦》，《考古通讯》1958年9期。

77 山西省文管会侯马工作站：《1959年侯马"牛村古城"南东周遗址发掘简报》，《文物》1960年8、9期；河南省博物馆：《河南新郑"郑韩故城"遗址发掘简报》，《文物资料丛刊》1980年3期；《登封告成阳城内战国时期贮水与输水设施的第一次发掘》（待发表）。

78 同注㊹。

79 同注㊻。

80 山西省文管会侯马工作站：《侯马发现了春秋时代的釉陶》，《文物》1960年8、9期。

81 同注⑪、⑬。

82 中国科学院考古研究所安阳发掘队：《1958—1959年殷墟发掘简报》，《考古》1961年2期。

83 洛阳博物馆发掘。

⑭ 山西省文管会侯马工作站：《山西侯马东周遗址发现大批陶范》，《文物》1960年8、9期；同注⑦。
⑮ 同注⑪。
⑯ 同注㉖。
⑰ 江西省博物馆等：《江西吴城商代遗址发掘简报》，《文物》1975年7期。
⑱ 同注㉞。
⑲ 同注⑦。
⑳ 广东省博物馆：《广东曲江石峡墓葬发掘简报》，《文物》1978年7期。福建省文物管理委员会：《福建闽侯县石山新石器时代遗址第五次发掘简报》，《考古》1964年12期；江西省博物馆等：《江西筑卫城遗址发掘简报》，《考古》1976年6期。
㉑ 中国科学院考古研究所内蒙古工作队：《赤峰蜘蛛山遗址的发掘》，《考古学报》1979年2期；中国科学院考古研究所内蒙古工作队：《内蒙古赤峰药王庙、夏家店遗址试掘简报》，《考古》1961年2期；中国社会科学院考古研究所内蒙古工作队：《赤峰药王庙、夏家店遗址试掘报告》，《考古学报》1974年1期；内蒙古自治区文物队：《内蒙古宁城县十榆树林子遗址试掘简报》，《考古》1961年12期。
㉒ 甘肃省博物馆：《甘肃古文化遗存》，《考古学报》1960年2期；《武威皇娘娘台遗址第四次发掘》，《考古学报》1978年4期；甘肃省博物馆：《甘肃武威皇娘娘台遗址发掘报告》，《考古学报》1960年2期；甘肃省博物馆：《甘肃永清大河庄遗址发掘报告》，《考古学报》1974年2期。
㉓ 同注⑰；黄河水库考古队甘肃分队：《甘肃永清县张家咀遗址发掘简报》，《考古》1959年4期。
㉔ 甘肃省博物馆：《甘肃古文化遗存》《考古学报》1960年2期。
㉕ 安志敏：《甘肃山丹四坝滩新石器时代遗址》，《考古学报》1959年3期。
㉖ 同注㉕。

第三章　战国秦汉时期的陶瓷

（公元前475—公元220年）

我国的封建社会起始于战国。这一时期各诸侯国人口增加，千丈之城和万家之邑到处可见（《战国策·赵策》）。生产工具的进步和劳动力的增多，使得社会生产力进入了一个新的发展时期。春秋以来，各国社会组织已从宗族制度变为家族制度。战国时期，齐、秦、燕、楚、韩、赵、魏七国都先后进行了不同程度和形式的政治改革。秦用商鞅变法获得成功，成为西方的强国。公元前 221 年，秦击灭六国建立了专制主义的中央集权的统一大国。但建立统一大国的秦始皇和他的继承人秦二世，滥用民力，终于激起了农民大起义。公元前 206 年，刘邦率军入秦，建立了汉朝。

秦朝虽然只存在了十五年，但自秦始皇开始的统一事业，却有深远的历史影响。秦朝实行的郡县制，推行“书同文、车同轨、人同伦”的种种措施：修驰道、通水路、划一币制、统一度量衡，促进共同经济生活、共同文化的形成，尔后经过西汉的巩固和发展，就使得国家的统一成为中国历史发展的主流。

汉代社会生产力有了长足的发展，政治、经济、文化的影响都扩及于境外。东汉在农业中普遍使用牛耕，商业也比西汉发达。手工业的进步尤为显著，蔡伦用树皮、麻头、破布、破渔网做纸，改进造纸方法成功，意义深远。

汉代在中国历史上的巨大进步，在陶瓷发展史上也有所反映。这一时期陶瓷发展的突出成就是西汉的低温铅釉陶器的出现和战国晚期工艺传统一度中断的原始青瓷，经过秦汉的复兴，在东汉时期终于烧制成功了成熟的青瓷器。这是中国劳动人民一项意义深远的伟大成就，是对中国人民、对世界物质文明的一大贡献。

第一节　战国时期的陶瓷

战国的陶瓷手工业，是在前代的基础上发展起来的。各地广泛使用的灰陶和东南沿海一带的印纹硬陶、原始瓷器的生产都有了很大的发展；磨光、暗花、彩绘等绚丽多彩的装饰艺术在齐、燕、楚、韩、赵、魏各国中分别地得到应用和推广；圆窑窑炉结构的改进和龙窑的使用，使陶瓷的烧成温度得以提高。同时，建筑用陶也有了相应的发展。我国古代建筑中使用的砖瓦的几种基本类型如筒瓦、板瓦、瓦当、大小方砖和长方砖等，这时已大都具备。空心砖的生产更是战国陶工的一项重要创造。

战国时期的陶瓷业，随着工商业的发达、城邑规模的扩大和商品交换的发展，生产更加集中、更加专业化。河南洛阳周王城西北部是一个面积较大的窑场，现已发现很多座战国时的陶窑[1]。河北易县燕下都发现的一处制陶遗址，面积达十万余平方米[2]。山西侯马春秋战国时的陶窑遗址范围更大，广约一平方里，已发掘的几座陶窑，几乎连在一起，窑旁堆积着的废品和碎片，数以万计[3]。在江南，越国故地的浙江萧山县进化区和绍兴县富盛保存着烧制印纹硬陶和原始青瓷的窑址二十多处。两地的窑址都相当集中，每个窑址的范围都达数千平方米，而且废品堆积层很厚，可以想见当时的生产量是很大的[4]。因此，我们完全有理由相信，已出现了作坊集中的陶瓷手工业。同时，从湖北江陵县毛家山发现的战国陶窑，在火膛紧贴窑床的地方叠放着尚未烧成的陶豆二十余件，说明这座椭圆形的面积不大的窑是专门用来烧陶豆的[5]。临淄出土的陶器铭文中常有"陶里"、"豆里"地名，而且"豆里"字样的铭文大都打印在浅盘豆上，由此可见，在制陶业内部已经出现了主要生产某些产品的专业化倾向。

战国制陶业发展的另一个特点是某种私营作坊的出现。河北武安午汲故城制陶作坊遗址中，出土了大量的带有铭文的陶器及陶片，如"文牛淘"、"粟疾已"、"郪陘"、"韩□"、"史□"、"孙□"、"不孙"、"亓（綦）昌"、"爰吉"、"均"等[6]。这种只标姓名的印记，与各地出土的及传世的各种官工印记不同，显然不是官府手工业的标记。在同一个作坊的产品上盖着这样多不同姓名的印记，应是一批独立手工业者经营的窑场。其它如河南洛阳[7]、郑州[8]、河北石家庄[9]和山东邹县[10]等地出土的带单字印记的陶器，也应是私营作坊的产品。齐国都城临淄和秦都咸阳出土的私营作坊的印记，除标出业主的私名外，还标明作坊所在的地名。如临淄陶文："蒦昜南里人奠"、"城昜众"、"豆里寻"等，蒦昜南里、城昜、豆里都是地名，奠、众、寻等是人名。又如咸阳陶文，"咸亭阳安騂器"、"咸如邑顼"、"咸亭鄜里桊器"等，咸、咸亭是咸阳或咸阳市亭的简称，阳安、如邑、鄜里等是咸阳辖内的基层单位和小地名，騂、顼、桊等是人名[11]。

武安午汲故城陶窑遗址的发掘，为了解当时陶窑作坊的生产规模提供了重要的材料。陶窑的分布是很密集的，特别是战国至西汉的那些陶窑群，几乎是窑窑相连，中间不留空地。说明每一个烧窑单位，所占有的场地是狭小的；陶窑的面积仅3—7平方米。每座窑的容量很小，产量是很少的。同时从窑址出土的不同姓名印记数量之多，证明陶窑的经营者可能是个体手工业者。以秦都咸阳而论，秦律有："隶臣有巧工可以为工者，勿以为人仆养”[12]的规定，把他们看作独立的手工业者大概不会错误。

由于我国土地辽阔，又是一个多民族的国家，各地的地理环境千差万别，历史传统和生活习俗大不一样，所以各地的陶瓷制品有着很大的差别。就产品的质地而言，位于我国东南沿海一带的百越地区，盛行灰陶、印纹硬陶和原始瓷器；在其它各地，则以使用泥质灰陶为主，夹砂陶次之。就出土物的品种说，三晋两周地区的日用陶器产品比较单纯，常见的只有釜、甑、瓮、罐、碗、盘、豆、盆几种。而仿铜礼器的陶制品，则风行一时，有了很大发展和创新。在秦国则仍以生产釜、盆、罐、壶等日常生活器皿为主，陶制的仿铜礼器还不普遍。在器形方面，秦国的茧形壶、折腹盆，三晋地区的鸟柱盘，赵国的莲瓣式盖壶，韩、赵交界地区的鸟头盉，燕国的桶形实足鬲、弯颈壶，中山国的鸭形壶，齐国的盖舟、高把环钮豆，越国的原始青瓷兽头鼎，广东的印纹陶匏壶等等都是富有地方特色的器物。在装饰艺术方面，燕国多通行线刻鱼、兽纹，楚国则盛行彩绘几何形纹，三晋两周地区又流行磨光暗花和使用少量彩绘。到了战国晚期随着经济和文化交流的加强，陶制品逐步出现了一些共同的因素。用陶制鼎、豆、壶随葬的情况逐渐在各国形成了风气，一种束领圜底细绳纹罐在七国几乎都可以发现，反映了文化一致性的加强；但是日用陶瓷生产，则往往保留各地自身的特色。

1. 灰陶和陶明器

以灰陶为代表的陶器，使用范围很广。在秦、齐、楚、燕、韩、赵、魏七国和少数民族的广大地区内得到广泛的应用，就是盛行印纹硬陶和原始瓷器的百越地区，也使用大量的灰陶和夹砂陶。产品种类繁多，包括日用器具、陶制生产工具、陶塑和陶明器等（图版壹拾叁：1、2）。

日用陶器中，主要是泥质灰陶，只有釜之类的炊器为夹砂陶。灰陶的陶土含有一定的砂粒，烧成温度高，陶质坚硬，多呈浅灰色或黑灰色。夹砂陶掺加粗砂，质地粗糙，比较疏松。常见的器物有作炊器的釜和甑，盛放食物的罐、壶、盆、钵、瓮和饮食用的碗、豆、杯等。釜常作半球形圜底，底部饰绳纹或麻布纹，以利于受热。口沿外折或卷沿，便于搁在灶眼上。可以推想，战国时灶已普遍应用。其中秦国所用的釜、甑、盆等炊器，十分适合于实用。釜的腹上有短颈，以加强口部的承受力。甑，形如折腹盆，下腹斜收，在大小不同的釜口上均可使用，甑口唇面平宽，使覆盖在口上的折腹盆放置牢固，不易滑脱。使用时，盆作为甑的盖，甑置于釜上，构成一套大小相配、盖合紧密的完整的炊器[13]。盛放菜肴的豆，豆盘或浅或深，下装高高的喇叭形把，适应当时席地而坐的就食习惯。碗则大小适中，敞口平底，腹微鼓，与现代碗形相似。容器中的罐与瓮，都作小口鼓腹平底，容量大，口部又便于加盖或封闭，是一些非常实用而又经济的日用器。

河南登封阳城发现的陶量，一种是圆筒形平底，口径15.6、高11、壁厚1.1厘米，口沿上印着三个等距离的“阳城”二字的戳记；一种系敛口、斜鼓腹、平底，口沿印三个方形的“廪”字戳记。是研究战国时期度量制度的重要资料。

在少数民族地区也发现了大量具有民族传统习惯的日用陶器。位于我国西南部的四川巴蜀地区，常见的日用陶有杯、觚、壶、罐等。杯多数作喇叭口，有的亚腰凹底，有的束颈、球腹、喇叭形圈足；也有的圆筒腹、平底，腹部环装三个不同等高的器耳，形式多样，大小不一。觚与罐，形似中原商周时期的铜觚和铜觯，式样别致。壶为喇叭口椭圆腹平底，肩部装一个斜直的管状流。这些器物造形优美，装饰盛行指甲纹和弦纹，具有强烈的民族色彩⑭。

泥质灰陶多数用轮制成型，也有用模制和手制的，如瓮等大件都用泥条盘筑法做器身，然后粘底等。其中有的器形很大，瓮有高82、口径41、腹径90厘米的；釜有高55、口径88厘米的。战国时大型器物的烧成，表明制陶技术又有了很大的进步，为秦代高大的陶俑、陶马等高质量的陶器的烧成打下了良好的基础。

陶质生产工具种类不多，有纺轮和制陶用的拍子、印模等。另外在山西侯马制陶作坊和河南登封告成发现大批铸造铜、铁器的陶范⑮。陶范都用经过淘洗的、质地细腻的粘土做成，有的掺有细砂。陶范分母范、内范和外范三种，种类繁多，形状各异，在许多范上还刻着精致优美的图案，制作十分精细。是浇铸铜、铁的农具、兵器、礼器、乐器、饮食用具和车马构件等必不可少的模具。

战国时期，丧葬制度发生了变化。三晋两周地区的贵族大墓自战国早、中期起逐渐用陶礼器代替铜礼器随葬，而且在小型墓中也发现这种现象。所以陶礼器的制造迅速发展起来，仿照铜器形式的鼎、豆、壶、簋、簠、甗等等成套成组地生产，磨光、暗花、硃绘、线刻的装饰手法广为应用，把陶器的制作工艺推进到一个新的阶段。

由于各国经济发展的不平衡和文化传统的不同，各国在陶器的组合、形制等方面也有很大差别。如三晋两周地区在战国早、中期的墓葬中，鼎、豆、壶的组合是比较常见的，即鼎、豆、壶是基本的随葬品。到了晚期，豆为盆所代替。在楚国，则盛行鼎、簠、壶和鼎、敦、壶，用鼎、豆、壶的少见。在秦国，更多的使用实用陶器及仿铜制品来随葬。器物的形状各国也各不相同，例如壶，秦国的多系平底，带圈足的很少；韩国的壶，颈很长，底和圈足都很小，各部分的比例不很协调；楚国的壶，器形修长，底部的圈足或假圈足很高；燕地的壶，圜底矮圈足，器盖上的钮高高竖起；赵国的壶，盖沿常饰外翻的莲花瓣；齐国的壶，敛口，鼓腹或椭圆腹，器形大方，有的肩部装活动的环耳。又如豆，齐地的豆把特别高，有的在豆碗和盖上装环形钮；韩、魏的器身似盆，豆把较矮，盖顶附喇叭形捉手。楚国通行高把的浅盘豆；中山国的豆敛口深腹，盖上的圆形捉手与喇叭豆把相配，造型端庄；赵国的豆则有器身作罐状，形制独特。其它如鼎、敦、罐等等也都各不相同，具有显著的地方特色。

战国时期漆器工业发达，青铜的制作也出现了不少新的工艺，如错金银、镶嵌、线刻等，它们给制陶手工业以重大的影响。在陶明器中，磨光、暗花、硃绘、粉绘等多种装饰方法迅速发展，以求达到铜、漆器的艺术效果（彩版6）。

磨光是在陶器成形后不久，坯体还是半干时，在器物表面进行打磨，烧成后壁面光滑。暗花是用尖端圆滑的工具，在将干未干的坯面压划弦纹、斜方格纹、锯齿纹、栉齿纹、水波纹、S纹和花瓣纹等。硃绘和粉绘一样，都是在加陶衣的陶器和磨光陶烧成后再绘上去的，因而容易脱落。硃绘色彩鲜艳，呈朱红色。粉绘常用朱、黄、白或黑、白、朱多种颜料配合绘成，多数用三种色彩，也有用朱黄二色的。楚国等地常用白色作地，然后绘朱、黄彩，少数用黄色作地再画朱白彩绘。常见的花纹，有旋涡纹、三角纹、矩形纹、水波纹、方连纹、S纹、雷纹、云纹、柿蒂纹、龙凤纹和蟠夔纹等。各种花纹都按照器物的不同形状和部位有选择地应用，或构成一个圆面，画在豆盘或盖上，或组成各式的纹带，绘于器物的颈腹部，上下配合，前后对称，组成一幅色泽鲜艳、绚美华丽的画面。另外，赵国等地的一部分陶明器上，还运用线刻，细心地刻饰狩猎、龟、鱼和走兽等精美图案[16]，这些都是陶器装饰艺术的新成就。

陶塑作品发现不多，有陶鱼、鸭、马头和虎等。在硬陶中还有鸡、马一类的作品。其中郑州二里岗发现的彩绘陶鸭[17]，邢台[18]、邯郸[19]出土的鸭尊和平山中山国王陵所出的鸟柱盘上的飞鸟[20]，造型生动，色彩艳丽，堪称陶塑中的精品。

另外，在河南洛阳[21]、辉县[22]，山西长治[23]的三晋墓和山东临淄[24]、平度、长岛齐墓中都有陶俑出土[25]。这时的陶俑，个体很小，有的仅高5厘米，最大的也不足15厘米。火候很低，制作粗率，周身留有刮削刀痕，带有较大的原始性，这些身施彩绘的陶俑，有男有女，有的披甲，有的张口瞪目，有的作舞蹈姿态，表情和形态不一。人殉在战国，比之商和西周已十分少见，用木俑和陶俑随葬的风俗已盛，用陶俑等随葬可以说是对人殉的替代。

陶明器的胎质粗细不一，一般墓葬中的明器，陶土不经淘洗，火候较低，胎质疏松。贵族墓葬中的明器，陶土经过淘洗，器形规整。它们经轮制、磨光（或上陶衣）、彩绘、线刻或压划暗花等复杂的制陶工艺制成。

烧造灰陶的窑都是圆窑，窑的结构比以往有了很大的改进。各地发现的战国窑，火膛都筑在窑床的前面，烟囱由窑顶移到窑后，窑门、火膛、窑床和烟囱由前往后，按直线排列，即从投柴、燃烧、烧成到出烟都在一条直线上。火膛筑在窑床前面，使火焰立即接触坯件。坯体受热快。烟囱由窑顶移到窑后，是陶窑结构的一项重大的改进，它促使火焰由升焰变成半倒焰。这是利用热气向上的原理，使火膛中的火焰先窜到窑顶，再利用烟囱的抽力把火焰吸下去，以增加坯体热交换的机会和使窑内各部位的温度更加均匀，提高烧成温度和产品的质量。与此同时，窑床的面积也有了显著的扩大，由西周的2平方米左右扩充到3—10平方米，窑的装烧量和生产能力大大提高。圆窑结构的显著改进是战国陶业发展的因素之一（图三十七）。

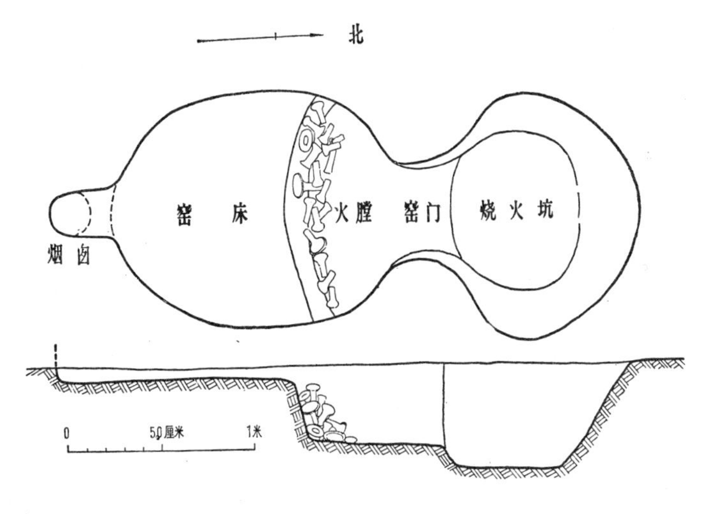

图三十七　战国陶窑平、剖面图

在江陵毛家山⑤和陕西咸阳㉖等地的陶窑附近，还发现坯料坑、窑穴和水井等。它们分别用于存放坯料、制成品和用水等，使我们对当时陶窑的布局有个概括的了解。同时，坯料坑、窑穴都不大，这就进一步证明每个陶窑的生产能力是较小的。

2. 印纹硬陶和原始瓷

在长江下游的浙江、江苏、江西、福建、台湾和珠江流域的广东、广西以及湖南南部的广大地区，普遍使用印纹硬陶和原始瓷，特别是江、浙、赣一带，更为盛行。

春秋末年，位于长江下游的越国，为了摆脱从属于吴国的地位，以图东山再起，执行重视耕战的政策。越王勾践“身自耕作，夫人自织，食不加肉，衣不重采，折节下贤人，厚遇宾客，振贫弔死，与百姓同其劳”㉗，因此，经济和文化很快得到恢复，国力日盛。其时，铜料被大量地用于制造兵器和农业生产工具，同时印纹陶和原始瓷又远比铜、漆等生活用具价廉实用，所以在原有的基础上迅速得到发展，成为当时人们重要的生活用具。在越国的遗址和墓葬中，都有大量发现，如上海市金山县戚家墩战国村落遗址中印纹硬陶占全部陶器的39.9%，原始青瓷占8.1%㉘。在绍兴漓渚二十三座中小型战国墓中，所随葬的陶器，印纹硬陶占50%，原始青瓷占46%㉙，江西清江牛头山四座战国墓共出陶器二十六件，其中有印纹硬陶十五件，原始青瓷八件，也占极大多数㉚。另外，在太湖周围和浙江的嘉兴、湖州、绍兴一带分布密集，数量众多的烽燧墩或称石室墓中的陶瓷器，几乎都是印纹硬陶和原始瓷，其中以原始瓷为主㉛。广东始兴战国遗址出土的陶器中，印纹硬陶所占的比例竟高达94.3%㉜。这些情况说明，战国时印纹硬陶和原始青瓷的消费量是巨大的，它们的生产规模和产量比西周和春秋时都有了很大的发展和提高。

印纹硬陶　印纹硬陶的坯泥，含有少量的杂质和砂粒，烧成温度较高。胎体已经烧结，敲击时有铿锵之声，有的器表还带有一层薄薄的透明体。由于胎土中含铁量较高[33]，所以烧成后胎常呈紫褐色或砖红色，前者烧成温度高，胎壁坚硬；后者烧成温度较低，胎骨较松，印纹陶的成型与前期一样，仍采用泥条盘筑法。

印纹陶上拍印的花纹，在吴越一带常见的有米字纹、方格纹、蔴布纹、回纹、米筛纹等。西周、春秋时惯用的曲尺纹、云雷纹等这时少见了。此外，在器物的颈肩部加饰弦纹和水波纹。在两广地区还有饰栉齿纹、圆珠纹和篦纹的，篦纹常作点线状。拍印花纹既是成型的需要，也是为了美化器物，所以花纹往往根据器物的形状和大小而分别选用。一般情况是瓮、坛和器形大的罐，拍米字纹、方格纹、米筛纹、粗蔴布纹等比较粗犷的花纹；小件器皿如盂、钵和各式小罐，拍细蔴布纹一类比较细密的纹样，做到纹饰与器形协调得体，给人以美的感觉。器物的种类不多，大都是瓮、坛、瓿、罐、钵、盂一类的贮盛器，其中以罐的式样为最多。罐有大有小，大的多数为直口、圆腹、平底，也有口沿外翻的。小的有敛口、鼓腹、平底，肩部对称地各贴平列的贯耳三个，底有三乳足，造型别致。这种罐和钵、盂等小件，器形规整，胎壁很薄，拍印的细蔴布纹整齐美观，并且在肩部常常贴饰旋涡纹或S形堆纹，成形和装饰技巧比春秋时已有很大的提高。由于印纹陶分布地区很广，所以各地窑场，在产品的种类和造型等方面也各有特点，在浙江、江苏等地以罐、坛为最多，还有钵、盂等；在两广一带有瓮、瓿、罐、坛、缸和匏壶等等，其中广东所出的小口四耳平底大匏壶[34]、双鋬三足坛和三足盖盆等产品，具有明显的地方特色。

印纹硬陶坚固耐用，但质地粗糙，不适宜作饮食器皿，故极大多数是容器。

原始瓷 江、浙、赣一带的原始瓷，胎呈灰白色。山西侯马、浙江绍兴富盛和萧山茅湾里出土的原始瓷碎片，经测定：胎内Fe_2O_3和TiO_2含量的百分比分别为：侯马1.97，1.25；富盛2.12，1.18；茅湾里1.68，0.7[35]。因而白中带灰。原始瓷的胎质细腻致密，瓷土经过粉碎和淘洗。烧成情况良好，同时用陶车拉坯成形，所以器形规整，器壁厚薄均匀，钵、碗、盘、盂的内底，自底心开始有一圈圈细密的螺旋纹和外底有一道道切割的线痕。与西周时期的原始青瓷相比，坯泥的处理精细了，烧成技术有了提高，成型由泥条盘筑法改变为轮制，使生产效率和产品质量都有很大的提高。坯件的外表都上一层薄薄的石灰釉。经烧成后，多数釉呈青色或青中泛黄。釉层有的厚薄均匀，有的凝聚成芝麻点状。广东、广西、湖南南部的原始瓷，胎与当地硬陶差不多，多为紫色、灰红色；釉除黄褐、黄绿色外，尚有墨绿色等[32]，但都属以铁为主要着色剂的青釉系统。

由于这时期的原始瓷胎质细腻，外施青釉，利于口唇接触和洗涤，所以都制成碗、盘一类的饮食器皿和模仿铜礼器形式的鼎、钟、盉和錞于等。

饮食器皿有碗、盘、钵、盂、盅、碟和鼎等，其中盘和鼎式样丰富，钵、碗大小成套，饮食所需用具已经相当齐备。仿照铜礼器中的盉，有流和提梁，流作兽头形，口部有浅孔，但与器腹不通，很可能是随葬用的明器。

器物的造型与其它各地区的陶器不同，具有自己独特的风格。碗、钵和酒盅等大宗产品，都取直线条的圆筒体形式，高矮适中，口部细薄，给人以轻巧的感觉。瓿，直口鼓腹，在胖胖的器身上装饰二圈栉齿纹，显得重心向下，稳重大方。仿照铜器形式的鼎，式样较多，有一种鼎直口浅腹，口沿的一端装一个兽面，与此相对称的一面饰兽尾，兽首高昂，头尾相应，造型独特。纹饰仍取吴越地区盛行的S纹。原始瓷的这些造型和装饰风格，显示了吴越文化的一个侧面（图版壹拾叁：3、4）。

战国时期烧造印纹硬陶和原始青瓷的窑，各地陆续有所发现，其中窑场比较集中，生产规模最大的是浙江萧山县进化区和绍兴富盛两地。在这两个地方共发现窑址二十多处，而且每个窑址的范围都比较大。例如富盛长竹园窑址，现存面积为南北长200米、东西宽40米。在窑址的南部已暴露出南北并列的窑床遗迹两处，每处都有上下相压的龙窑五条，而且从遗物的分布情况分析，近旁应该还有窑床。这说明当时窑的建造是密集的，并且都是龙窑，装烧量较大，产量高。进化和富盛都是半山区，有山有田，还有溪流，土地肥沃、水源充足，山上林木茂盛，瓷土资源丰富，而且距离越国的都城比较近，是建立陶瓷窑场十分理想的地方，所以成为越国陶瓷生产重要的基地之一。此外，在广东始兴县白凤圹、增城县西瓜岭和浙江上虞县王家等地都发现了陶瓷窑场。

萧山进化区和绍兴富盛的窑场，都是印纹硬陶和原始青瓷同窑合烧，这两种产品，所用的原料粗细有别，成型方法各异，烧成温度又略有高低，所以窑场的生产是比较复杂的。在同一窑中，要使这两种烧成温度有高低的产品都合于要求是比较困难的，因此烧成温度要求较高的原始青瓷，有的胎没有完全烧结，玻化程度比较差，而烧成温度要求较低的印纹硬陶则恰到好处，完全达到了烧成要求，甚至有少数因过烧而器身下塌，口底相粘的。

烧印纹硬陶和原始青瓷的窑炉，有圆窑和龙窑两种。从发掘资料和窑床所在的地形分析，绍兴富盛、萧山进化区和增城西瓜岭可能都已使用龙窑，说明我国使用龙窑已有三千多年的悠久历史。

在富盛长竹园发掘的一座龙窑，为长条形倾斜建筑，斜度16°。窑头已遭破坏，仅存窑床和出烟孔两部分。估计全长不超过6米，窑床内宽2.42米，上铺砂粒一层。窑墙自底起即已开始起拱顶，窑室宽而不高，窑室后为排烟坑，结构比较简单[35]。窑内留存有陶瓷碎片和扁圆形垫珠，没有发现其它支垫窑具，证明装窑时坯件是直接放在砂底上的。由于窑底的温度较低，所以装在窑底部分的产品，往往产生器物的中上部已经烧结，胎骨坚硬，底部则生烧严重，胎骨比较疏松，呈土黄或砖红色，影响产品的质量。但是龙窑的装烧面积大，而且钵、碗等已采用叠烧的先进方法，装得多，产量高。同时龙窑自然抽力大，升温快，可以烧高温，为烧成瓷器提供了重要条件（图三十八）。广东增城西瓜岭发现的窑残长7.6、宽2米，窑身更长了，其装烧量可比同时期的圆窑增加数倍，可惜破坏严重，结构不明。圆窑发现于广东始兴白石坪山，窑呈椭圆形，东西长3.84、南北宽2.92米，同出的还有铁斧、铁锄等生产工具和场房建筑用的板瓦等。

我国的原始瓷生产，自商代到战国的一千多年中都在不间断地向前发展着，特别是春秋末到战国早中期的原始瓷器，胎质细腻，铁和钛的含量较低，外施青釉，已经接近瓷器。经分析，绍兴富盛的原始青瓷与上虞县小仙坛的东汉青瓷片的化学组成几乎完全一致，说明它们用的坯料相同㊲，瓷器生产指日可望了。但在楚灭越后，越地原先盛行的原始青瓷突然消失了，位于越国都城较近的今绍兴县富盛和萧山县进化区的二十多处陶瓷窑址，经过多次调查和对绍兴富盛长竹园窑址的试掘，在废品堆积层和龙窑窑床中均未发现战国晚期的遗物，生产突然中断了。这种中断，从各地战国到秦汉时期的大量墓葬资料中也得到印证。宁波市火车站祖关山战国晚期墓葬中不见原始青瓷，印纹硬陶也几乎绝迹㊳，而以泥质灰陶的鼎、豆、壶随葬。上海嘉定县外冈的一座战国末年或稍晚的墓葬，随葬的十四件陶器，除瓿以外，都是泥质灰黑胎的彩绘陶器，器表以白色作地，上绘朱彩。器形有鼎、豆、盒、钫等，鼎为浅腹长蹄足，豆作高把浅盘，钫的两侧饰铺首，具有浓厚的楚器风格。瓿为灰胎、短直口、鼓腹，肩的两侧装兽头形双耳，平底下有矮足三个，陶质坚硬，肩部施淡绿釉，与江、浙地区秦和汉初墓中常见的釉陶瓿相同㊴，而与战国早、中期的原始瓷在胎、釉原料、施釉方法和造型都不同。它的形状与楚国的铜罍相似，显然是受楚器影响的结果。宁波祖关山、杭州岳坟㊵和绍兴漓渚等地㉙的大批西汉墓葬中也都不见战国时期那一类原始青瓷，印纹硬陶亦很少见。同时，江、浙一带的遗址材料也证明这一点。浙江绍兴西施山、缪家桥，江苏武进奄城内城和上海市金山县戚家墩等春秋至战国早、中期的遗址中都有大量的印纹硬陶和原始青瓷出土，但是戚家墩遗址

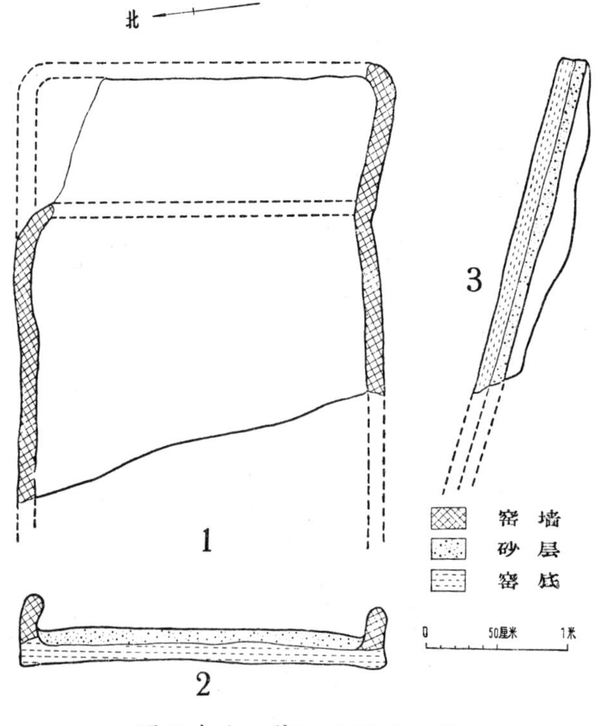

图三十八　战国龙窑平、剖面图

1.平面图　　2.横断面图　　3.南壁侧视图

的上层文化，即紧紧压住春秋战国文化层的西汉文化层中，则不见这种陶瓷器[28]。由此看来，原吴越地区发达的印纹硬陶和原始青瓷的突然消失，很可能与楚灭越的兼併战争有关。

战国时期，在越灭吴、楚灭越和秦统一六国的兼併战争中，对被征服地区的人们进行了残酷的屠杀和掠夺。墨子在《非攻》篇中说："今王公大人，天下之诸侯则不然……。入其国家边境，芟刈其禾稼，斩其树木，堕其城郭，以湮其沟池，攘杀其牲牷，燔溃其祖庙，劲杀其万民，覆其老弱，迁其重器，卒进而柱乎斗"（戴望云：柱乃极字之误）。孟子在《离娄》中也说："争地以战，杀人盈野；争城以战，杀人盈城……"。因此，在楚灭越的战争中，越国的人民被无辜杀害，经济文化遭到严重破坏是完全可能的，越王勾践剑、越王州句剑等越王剑在楚国大墓中屡被发现，就是最好的证据。何况绍兴富盛，萧山进化区的陶瓷业规模大而集中，距离越国都城又比较近，很可能是越国的官府手工业或者是奴隶主经营的陶瓷作坊，这种作坊在楚灭越的战争过程中被逼停烧或被破坏也就不足为奇了。与此同时，浙江各地墓葬中的随葬品种类和组合关系也发生了根本的变化。宁波祖关山的战国晚期墓葬，随葬的陶器都是泥质灰陶制成的鼎、豆、壶。这种以鼎、豆、壶为组合关系的陶制礼器的随葬习俗在越国是根本不存在的，显然是受了楚国和中原文化的影响。前述嘉定县外冈的古墓，受楚文化的影响更加明显，而且还出土陶质"郢爰"，可能死者就是楚人。所以楚灭越以后，不仅使当地的经济遭到破坏，而且连文化和葬俗都发生了一定的变化。当然，楚灭越的兼併战争所波及的地方毕竟是有限的，偏僻地区的规模不大的印纹硬陶窑场，仍有幸被保存下来，所以在战国晚期的墓葬和遗址中还可见到少量的印纹硬陶器皿。另外，广东、湖南南部等地的印纹硬陶和原始瓷手工业，则继续缓慢地向前发展。因此，江、浙一带的原始青瓷生产，并不是按一般规律，由商周一直不断地向前发展提高，最后演变成为青瓷；而是在战国时期由于兼併战争等原因，曾经有一段短暂的中断期，到战国末年与秦汉之际，人们又烧制一种从成型、装饰到胎、釉的工艺都与前有别的原始瓷，尔后在新的历史条件下，再重新向前发展，终于在东汉时烧制成真正的瓷器。

3. 建筑用陶

战国陶瓷业的另一重大成就，是建筑用陶的大量生产。战国时期各国在都城等地大兴土木，建造城市和宫殿，使建筑陶业得到迅速的发展。我国建筑中所用的砖瓦，这时大都已经具备，而且在技术上达到了较高的水平。

砖是中国建筑中的重要材料，品种较多，多数发明于战国。但在当时它主要用于铺地和砌壁面，似乎还不知道用它筑墙。铺地砖可分两类：一类是小型的薄砖，呈方形或长方形，通称为方砖和长方砖，都用模压成形，外饰花纹。各地所产的砖，纹饰不一样。秦都咸阳有素面、平行线纹、方格纹、太阳纹、米字纹。燕下都的印山字纹。楚都纪南城的印米字纹和蟠螭纹。河南登封阳城的为素面磨光。这些砖制作工整，都是铺地面用的。另一类是大型的空心砖，砖长1米余，作长方形的条石状，内部空 每边砖壁厚2—3厘米，故名“空心砖”。这种砖大而稳重，坚硬结实，平整美观，在当时的大型建筑物中常用于铺筑踏步和台阶，以增添端庄雄伟的气氛，是十分理想的建筑材料。另外在坟墓中则用它建造椁室，以代替木制椁板[41]。空心砖能承受较大的压力，所以虽距今已有二千多年，但很少有被压坏的，说明战国时代的陶工已懂得空心物体所承受的压力与实心物体相同的原理并把它运用到制砖工艺上，这既可节省原料，又能减轻砖的重量，是一项重要的创造。砖的两端挖有圆形或长方形的孔洞，使在烧成时内壁所产生的水气等得以从中逸出，否则气体就会受热膨胀，引起爆裂。砖外印饰的花纹，因产地不同而各异。郑州一带的多印米格纹，也有少量虎纹，邯郸赵城的是绳纹。秦都咸阳宫殿所出的有回纹、菱形纹、龙纹和凤纹，其中龙纹卷体劲爪，凤纹翘首扬尾，可称是民间绘画艺术的杰作[42]。

在这时期还创制断面作“几”字形的花砖和长方形凹槽砖二种。前者使用面较广，在易县、咸阳和临淄等地都有发现。两端有榫口，可以衔接。可能用于屋脊上。后者发现于河南新郑，砖为长方形，正面印制排列有序的斜方格纹，格内填以“米”字纹或半月形纹，并经磨光。背面中心挖一个长方形凹槽，槽深一般为砖厚的九分之四，口小底大。这种砖既可铺地，也作墙面砖用。新郑阁老坟发现的战国地下室，其壁面就铺饰凹槽砖。砌法是先在土墙上涂一层草拌泥，然后贴凹槽砖。由于凹槽口小底大，所以粘结牢固。砖与砖错缝排列，砖面花纹引人注目，使地下室整洁华丽。由此可知，我国建筑中的壁面砖装饰，早在战国时期就已出现。

在燕下都还发现一种栏板砖，有的两面刻双兽纹，兽作蹲伏状，俯首翘尾，姿态生动，是迄今所见的我国最早的栏杆建筑物。

瓦出现于西周，以后数量和品种逐步增多。到战国时期，制瓦业发达，板瓦、筒瓦、瓦当和瓦钉大量生产。板瓦仰置于屋面。筒瓦覆盖在两行板瓦之间，以防漏雨。瓦钉是使筒瓦固定，以免滑动。瓦当起装饰作用。至此，我国木构瓦房的屋顶设施，已臻完善。

瓦的表面一般都印有纹饰。筒瓦外表普遍饰绳纹，唯有燕下都宫殿所用的筒瓦印有三角纹和蝉纹。瓦当纹饰丰富，两周地区的半瓦当，以卷云纹为主，间有少量兽面纹。圆瓦当，中间饰圆圈纹，内填方格纹，圈外布四组双勾纹等。燕国半瓦当以饕餮纹为主，此外有山字纹、双龙纹、单龙纹、双鸟纹、窗棂纹等[43]。齐国半瓦当以树木双兽纹和树木双目纹为主，其它尚有树木双人骑马纹、树木田字纹、水波纹、双鸟纹、龙纹、兽面纹。秦国一般使用圆瓦当，纹饰以各种形态的云纹为主，另外有鹿、鸟、虫和莲花、葵纹等。

陶井和陶水管的烧制是战国时代建筑用陶方面的又一成就。这两项产品的推广和使用，对于人们的生产和生活都有着十分重要的意义。

陶井发现较多，我国南北方都有，特别是燕国的上都（今北京市）㊹和下都㊺陶井的数量更多，分布比较密集。

陶井一般是由尺寸相等、直壁圆筒形的陶井圈（也叫陶井甃）迭置而成。井圈每节口径60—100、高30—50厘米。一般是时代早的体高、直径小，时代晚的体矮、直径大。井圈为泥质灰陶，有的含砂较多，也有在陶土中掺少量麦秸和谷壳，用泥条盘筑法做成，体外多拍印绳纹。有的口外印有文字戳记，圈壁上挖小圆孔几个，以便井外的地下水源源不断地流入井内。井的建造方法是：先挖一个比井略大的圆筒形土坑，然后把井圈一节重叠一节地放入井坑内，一直叠到井口为止。若在流沙层中打井，则待圆形土坑挖至流沙层时即放入井圈，再在井圈内挖取沙土，井圈随流沙的挖出而下降，同时在下降的井圈上接连套叠井圈，直至需要的深度为止。陶井圈的创制，使一些土质不好和流沙地区同样可以打井，对解决人们饮用水和灌溉水的困难，起了很大的作用，是劳动人民在征服自然方面的一项重大成就。

陶水管道在商周时期已经出现，进入战国以后设备更加完善，对城市居民的输水排水提供了很大的方便。

在河北燕下都、陕西栎阳和咸阳、湖北江陵纪南城和河南登封、新郑等当时的都城与城市，都发现了由陶水管套接的下水管道。陶水管一般作圆管状，一头大、一头小，外饰绳纹。通长在50—60、口径15—44厘米之间，大小不一。使用时大头套在另一节的小头外，接成一条水管道。其中咸阳发现的一种大型下水管，口径很大，形制与井圈相似，也做成一头大一头小，以便鱼贯衔接，防止泥砂渗入，淤塞管道。为了装接互相贯通的纵横两条水管道，人们还烧制一种丁字形的三通陶水管，即在一节陶水管的中部开一个圆口，外接一段长约10厘米的陶管，形似现代的“三通钢管”。用此种“三通管”，就可以装设横直成丁字形的二条水管道。另外有断面作三角形或五角形的陶水管，管身粗大，外饰绳纹，是大型建筑物的排水管。更值得一提的是燕下都出土的排水管头，陶质细腻，烧结坚硬，形似睁目张口的怪兽，既是实用器，也是一种珍贵的艺术品。

在秦都咸阳还发现了一套比较完整的陶制排水设备，其结构是：地面上有接水池，池似圆锅形，体积大，用于承接落水。池底心有漏斗，漏斗下接圆形直角弯头与水管道相衔接，把水送向远方。战国时，我国劳动人民就能设计制造如此完备的成套排水设备，确实是可贵的。

由各种形式的陶水管装成的水管道，有的用于输水，以提供城市居民的饮水和用水；有的用于排水，把污水废水及时排除出去，以确保城市的卫生。各地城市遗址中大量陶水管和水管道的发现，充分证明战国时期人们在城市建设中已注意到城市的用水和排水等问题，并用埋设水管道的办法妥善地加以解决。

第二节　秦汉陶瓷产品的品种和产地

秦汉是我国陶瓷发展史上的一个重要时期。各地发现的秦汉时期的陶俑，以完美的艺术形式，生动逼真的神态，深刻地揭示了各种人物的内心世界。表明了我国雕塑艺术现实主义传统的久远，以及我国雕塑艺术明快洗练、深沉雄大的民族风格的形成。

低温铅釉陶的发明，是汉代陶瓷工艺的又一重大成就。它的应用和推广，为后来各种不同色调的低温釉的出现，奠定了基础。建筑陶的烧制技术也比前代有了很大的提高。特别是由原始瓷向瓷器演变过程的完成，使我国陶瓷的历史进入一个崭新的发展时期，为人类的物质生活增添了一枝新的花朵。

秦汉的陶瓷生产大致可以分为三个大的阶段。

第一个阶段，包括秦代至汉初的六、七十年（汉武帝元狩五年以前），陶器面貌的变化不大，各地制品的地方特性比较强烈。官府控制的制陶作坊，则重于砖瓦等建筑用陶的烧造。私营的制陶作坊，则生产着大量的日用陶器。秦都咸阳宫殿遗址等出土的大量空心砖、板瓦和瓦当，秦始皇陵陶俑坑出土的大批武士俑、陶马，咸阳杨家湾和西安任家坡等地汉初大墓出土的陶制彩绘骑俑和侍女俑等等，都是这一时期制陶工艺进步的实物例证。

第二个阶段，自汉武帝至西汉末期（包括王莽政权）。这个时期的陶器面貌起了很大的变化，地方色彩明显地减弱，陶器的统一性显著增长；制品的烧造量得到进一步的提高，特别是铅釉技术，迅速地从关中地区推广开来，低温绿釉陶器成为流行地域相当广阔的新颖制品。用于丧葬的鼎、敦、盘、匜等一套仿铜陶礼器虽还有所生产，但仓、灶、井、炉、猪圈、家畜等模型明器的烧造在急剧增长，地下随葬制度所发生的巨大变化，反映了人间的变化，使我们感到一个新的时代经济基础在形成[46]。

第三个阶段，包括整个东汉时期，旧式陶礼器显著减少以至绝迹，东汉中期以后的墓葬中，炫耀地主庄园经济以及依附农民、奴婢的成套模型明器和画像砖，陶制楼阁和城堡模型大量出土。

随着社会经济的发展，人口的增加，商业的发达和城市的繁盛，更由于两汉近四百年的政治统一和文化的积累，制陶手工业表现了卓越的创造性。至迟在东汉晚期，浙江地区已能成功地烧制出瓷器制品，从而结束了我国瓷器发育过程中的发生期。

秦汉时期的陶业大致有三种不同的性质，即可以分为中央直接控制的陶业作坊，由地方经营的官府手工业，私人经营的制陶作坊。在秦都咸阳和阿房宫、始皇陵以及汉长安城等地出土的："左司"、"右司"、"宫疆"、"宫屯"、"宫水"以及"宗正"、"都司空"、"右空"等砖瓦铭文，表明当时的官府制陶，由宗正属官都司空令及少府属官左右司空令管辖。这种中央直接控制的官府陶业尤以武帝时为盛，到王莽时则改都司空令为保城都司空，东汉时期则归由少府属官尚方令主管[47]。咸阳秦代遗址出土的"咸亭"，邯郸和武安汉代遗址出土的"邯亭"，陕县汉墓出土的"陕亭"、"陕市"，洛阳汉代遗址出土的"河亭"、"河市"等戳印陶文，则是地方官营手工制陶作坊的例证[48]。至于私人经营的制陶作坊更加普遍，咸阳的咸里是私营陶业作坊集中的地方，大概一直从战国晚期延续到西汉时期。上述滩毛村制陶作坊遗址内，发现不少贮存陶器的窖穴，其中的器物以鬲、瓮居多，罐、盆、釜等次之，它们排列齐整，显然是预备出售的商品[26]。考古发现的材料表明，当时的制陶业已有相当明显的分工，很可能已有专门烧造陶俑等明器的专业作坊。

1．灰 陶

秦汉时代的陶器中，以泥质灰陶器皿的使用最为广泛，在各地的出土物中数量最多。由于不同种类的器物有不同的用途，在泥坯的处理上有精粗之别，或掺砂或不掺砂；也由于氧化铁等含量的不同和烧成温度的高低及烧成气氛的差异，陶器的呈色也不一致，胎质的坚硬程度各有不同。因此又被人们区别为泥质灰陶、泥质红陶、泥质黑陶，或夹砂灰陶、夹砂红陶、泥质硬陶和泥质软陶等等。至于专门用来随葬的陶制明器，仿铜器的鼎、敦、盘、匜，或仿木漆器的杯、盘、案、勺等，虽然装饰繁缛，甚或涂朱绘彩，但往往制作粗率，质地低劣。

现按不同地区作一简要介绍：

陕西关中地区　这里本系秦之故地，旧礼制的传统影响较之东方诸国要弱得多。关中虽然至迟在春秋时已接受了较多的中原影响，用鬲、盂、豆、罐等陶器随葬，但直到秦统一以后，仍继续用生活用品随葬，且很多器形如铲形袋足鬲、茧形壶、瓮等，仍然保留着自身的强烈特点。茧形壶，又名鸭蛋壶，壶腹向两侧横延，酷肖蚕茧，又类鸭蛋。这种茧形壶是秦国特有的器物，战国时已经盛行，在陕西的汉代墓葬中仍有不少发现。咸阳博物馆的展室内陈放着一件秦代的体型很大的鸭蛋壶，壶腹用泥条盘筑法成型，并经拍打涂抹，后用陶轮整修，外表还用宽扁形的泥带和弦纹装饰，再与分件制作的口颈和圈足粘接成一整器，造型庄重，胎质坚硬，显然是一件美观而实用的生活用器。那种在秦都咸阳宫殿遗址中出土的"窖底盆"，口径达1米左右，高在60厘米以上，底径也大于50厘米。盆口和底均近似椭圆形，口沿微微外翻，腹部略向外弧，坯体厚实而且坚硬。出土时常与数节陶圈相套接，推测是用来贮存食物的。

陶仓，在战国时代的陕西秦墓中已有少数发现，到汉代墓葬中则普遍出现，可以看作是汉代随葬制度变化的先声。陕西省博物馆展出的秦始皇陵附近出土的陶仓，可能是秦汉之际的制品，与汉代盛行的陶仓有着较大的差别。它的器身较矮，上有模拟平顶斜坡式的圆形屋顶，全身中间的正面开有一个扁方形的门洞。咸阳杨家湾汉墓用具坑出土的日用陶器有豆、盆、筒杯、勺、盘、缸、鼎、甑、釜、小壶、锺、扁壶、茧形壶、方仓、钵、陶仓、陶囤等。陶方仓，肩方、口圆、小底，上有一个盒状套盖，肩宽40×50厘米，高达76厘米，口径26厘米。外表涂一层赭色陶衣，根据摹本所见，似绘以云气纹，数量有二十五件，在陕西地区尚属初次发现。这些陶器大都质地精良，造型优美，并绘有精美绚丽的花纹。花纹图样以简化蟠螭纹作为母题，以变形回纹、三角纹和窝纹作为缀饰，气势豪放雄浑，线条刚健流畅，古朴雅致，是西汉初期的一批珍贵的陶器㊽。

河南等关东地区 根据出土情况，汉代陶器大致区分为四种不同的陶器组合：(1)以罐、鼎、敦、壶为代表。这一套实际上是战国以来，用仿铜礼器随葬的葬制在汉代的继续。(2)以仓、灶、井、炉为代表的一套，这在关东地区是从汉代以来才开始盛行的随葬器物，是当时生活用器的模型明器。(3)以盒（盘）、案、杯等为代表的，则是从西汉晚期才开始流行的一套祭器模型，具有明显的仿制漆器的因素，应是汉代厚葬风俗的反映。(4)随葬鸡、狗、猪、羊等家畜和圈舍模型，特别是东汉中期及以后墓葬中普遍地发现住宅、城堡等陶制模型明器。我们仅试举几种有代表性的器物，简略地阐述一下中原地区汉代陶器形制及其演变的过程。

罐 是汉墓中出土最多、使用最广、最为常见的器物。它的形制大抵上均为小口、束颈、大腹、圆底。从战国以来直到汉初，一般均为平口外折沿，腹的最大径位于器物的中部或稍上，西汉时期则渐次上升，器身向下加长，腹下内收逐渐明显；到西汉末年，口沿变成圆唇反卷，下腹内收加剧，以至出现反弧形；东汉时期口沿外卷，器身逐渐变矮，器底渐次加大，到东汉晚期则变为小口、束颈的大底罐，就象是早期罐被拦腰截断的一般（图三十九）。

壶 小口、长颈、鼓腹、圈足，秦至西汉时，壶口似盘，颈细长，腹近圆，颈腹之间有明显的界限，上有半球形的壶盖，下为折曲状的高圈足；西汉中期，壶口微向外撇，颈细短而腹扁圆，出现筒状空心假圈足，无盖；东汉末，壶颈作粗筒状或稍斜直，圈足则升高为近斜直的覆筒（图四十）。

鼎 种类颇多，秦汉时最为常见的一种是敞口、圆腹、小平底或圈底，肥矮的三足，两侧有对称的耳，上有球面形盖，以子母口与器身吻合，器的最大径位于接口处，其变异最明显的是鼎足；秦至西汉前期，足面无纹饰；西汉中期则出现两个并列对称的圆眼

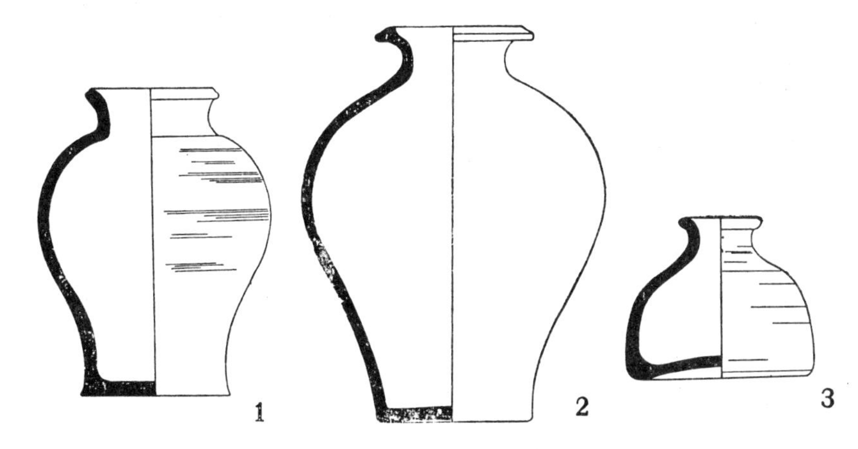

图三十九　洛阳烧沟汉代陶罐（均1/8）

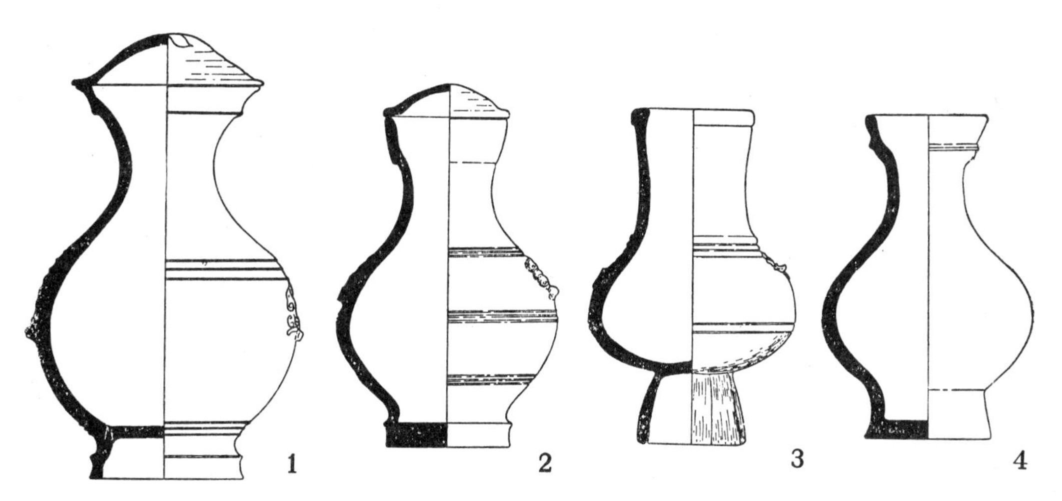

图四十　洛阳烧沟汉代陶壶
（1、4.1/10　2、3.1/8）

纹；西汉晚期演进为兽面形；东汉时，鼎已处于强弩之末，稍后即消失（图四十一）。

仓　最早出现于秦墓之中，到汉武帝时普遍盛行起来。开始阶段的陶仓是手制的圆身束腰式，并与圆形的仓顶相连，通体有间隔的绳纹；西汉时期则轮制成型，圆口、折肩、筒腹、平底，口上扣以覆钵形盖，西汉中期，仓肩的转折逐渐变成圆弧形，随后又于平底之下增添三足；东汉时，陶仓下身逐渐内收，腹的上部大于下身，后来则又削去三足而成为平底仓（图四十二）。

灶　秦汉时期陶灶形制变化很大，西汉早期以前，全器作立体长方形，灶面中间有一大灶眼，上置甑釜之具，前有灶门，后设烟囱，灶面既无纹饰，也不出沿；到西汉中期前后，灶面的前后相继出沿，在大灶眼后面往往加添一个模印的小釜，灶面边缘施以

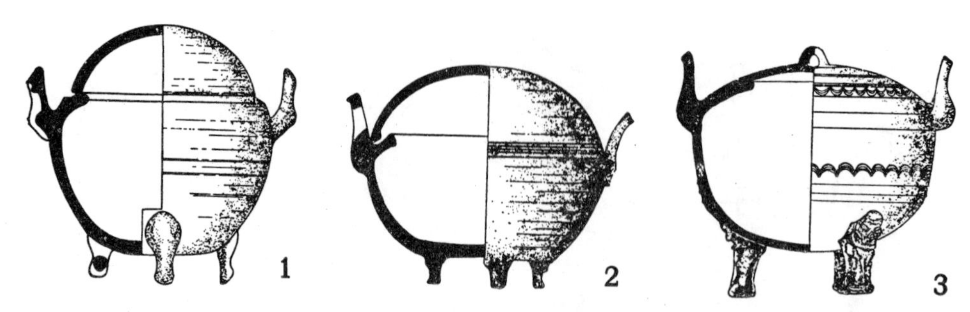

图四十一　洛阳烧沟汉代陶鼎（均1/8）

刻划线纹；西汉晚期及其后，灶面面积增大，大灶眼后或为模印小釜，也有增设一个灶眼的，灶面上的纹饰变为十分繁复，一般均为模印之食品和叉、钩、刀类的炊事用具；到东汉以后，灶身前壁高出灶面，灶的体积也显著增大，灶面的灶眼加多，有多至三个或五个的，灶后的烟囱作葫芦形或亭形，在灶面的边侧刻划出一条或两条大鱼，还有的在灶门旁刻画人物、风扇；东汉晚期，灶面设有一个至四个灶眼，原来模制后置于灶眼之上的陶釜，变为与灶面同模印制，烟囱也被象征性的模印花纹所取代。

井　出现于武帝时期，此时的水井形制简单，井身作筒形，上大而下小，下为平底。井栏约在井身上部三分之一处，栏口呈圆形或作椭圆形，印出各种图案纹样；往后则井身逐渐缩短，到西汉晚期已变为一种仅有井栏而不见井身的方形或长方形陶井；到东汉中晚期，又演变为一种井栏与井筒合为一体，井身作筒形束腰，上设模制井架，并印出滑轮。

陶器的装饰：大致上可以归纳为弦纹、划纹、绳纹、印纹、模印浮雕、涂色和彩绘等

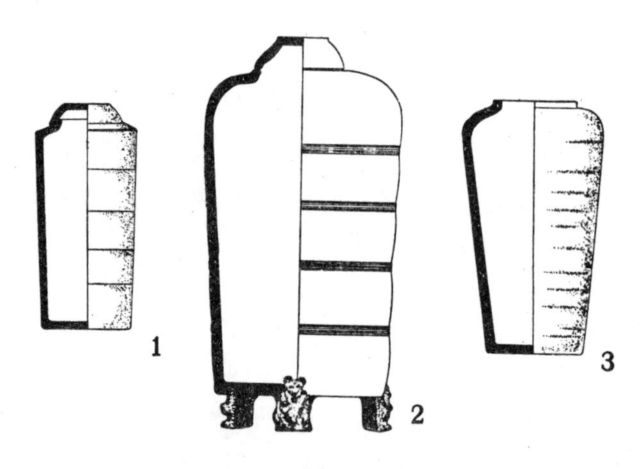

图四十二　洛阳烧沟汉代陶仓
（1、3.1/8　2.1/10）

若干种。弦纹是最主要而又是最普遍的一种纹饰，它有宽弦纹和细弦纹之别，又有凸弦纹与凹弦纹之分。细弦纹既可单独运用，又经常与其他纹饰配合使用，特别是连环划纹往往都有弦纹的装饰。既可以帮助确定装饰的部位，又能起到衬托作用，使纹饰更加美观。宽弦纹有在坯体上直接旋出，也有先在坯体上加按泥条，然后在泥条上旋出。宽弦纹均作宽扁的条带状，中间有内凹沟槽，其形颇类板瓦，所以又称之为“瓦纹”。划纹式样繁多，有直线、斜方格、断线、三角形、连环、栉齿和单线阴刻的动物纹。当时使用的划纹工具，一种是一端作圆头的细小硬质工具，另一种则是在较宽的一端削出紧密相间的栉齿，可以随手势灵活转动。印纹，即由一些不同图案的印模，单个地打印在坯体上，图案花纹则以各种几何形图样为多见。模印浮雕，是模制的纹饰贴在器物上或与器物同模印出，似画象石上的浮雕。这种纹饰常使用在陶灶、井栏、器足和双耳上，以及贴于器腹的铺首等。

涂色与彩绘：涂色是在烧成的陶器表面涂以某种颜色，应与仿木、漆器有关。彩绘与涂色可能同出一因，有粉绘、朱绘和彩绘之分，纹样繁缛，但体例则公式化，使人感到呆滞而缺少变化。唯彩绘壶运用红、赭、褐、绿、黄、橙等色，从口缘到腹部分组描绘，并通常以红色或黑线作为组间的分隔，在壶腹中部常常作青龙、白虎、朱雀或云气纹，或作龙、虎、雀相追逐于流云之间，色彩绚丽，线条流利婉转，画面生动活泼，充满着浪漫主义的艺术魅力（图版壹拾肆：4，彩版9:2）。

长沙地区　是南楚的故土，由居住在楚国境内的长江流域的蛮人，淮河流域的夷人以及被征服的华夏诸国人，经长期的文化交流，融合为带有巫文化色彩的楚国文化，楚地曾经是东周时齐名于宋、鲁的三个文化中心之一。秦到汉初，当地的陶器面貌仍然较多地保留着某些原有的传统特征。陶盒虽然见于战国楚墓，但在汉代墓葬中也大量出现，并取代了陶敦的位置与作用。陶壶多半无盖，鼎的三足多为矮胖的蹄足形状。这些器物显然是明器。部分陶胎厚重，陶质坚硬的壶、罐、熏炉等，有可能是实用器，如长沙杨家湾6号汉墓中所出的陶熏炉，出土时炉内尚装有香灰及未烧完的香料。随着长沙国的直属中央统治，西汉后期长沙地区的陶器也发生了十分明显的变化。除西汉前期已流行的矮足鼎、盒、壶、罐之外，此时又增添了碗、盆、釜、甑、长方炉、盉和博山炉。陶钫显著增多，灶、仓、井、屋、猪等陶制模型明器开始出现[50]。

广东地区　是古代南越人的居地，东周以来有楚文化的久远影响。秦灭六国以后，曾发兵击南越，开桂林、南海、象三郡，徙民五十万人守五岭。广东属南海郡。汉初，赵佗据三郡，建立起赵氏割据政权，后为汉武帝所灭，以广州为汉时南海郡治。自此以后，广州就成为岭南地区的政治、经济和文化的中心。五十年代以来，广州市郊经过发掘清理的两汉墓葬已达四百余座，其中过半数属于汉代初期的墓葬[51]。

所见陶器有瓮、罐、双耳罐、提筩、联罐（双联罐、四联罐和五联罐）、瓿、小瓿、壶、匏壶、温壶、钫、盒（敦）、小盒、三足盒、三足罐、三足小盒、三足瓿、四联盒、碗、盆、甑、釜、鼎、熏炉、豆、三足格盒等三十六种之多。综观该地区的陶器，具有下列几点特色：（1）陶质，以细泥质为主，因火候高低不同，所以陶器的颜色与质地的软硬也有差别，如瓮、罐、瓿、三足罐、三足盒等，以灰白色的硬陶占绝大多数，带戳记的方格印纹陶器占有相当的比重。（2）器类中以陶容器为最多，而烹饪器则仅釜、甑、鼎三种。（3）造型上，三足罐、三足瓿、三足壶、三足小盒和三足格盒等三足器以及双联罐、四联罐和五联罐等数联罐器颇为特别，尤其是温壶和匏壶器物更为特殊。（4）纹饰，大约74%以上的器物均饰有多种多样的纹饰，而仅有钫、壶、鼎、盆、甑等少量器物为素面。纹饰图样中，几何形戳记印纹有七十多种不同的图案结构，刻划纹也繁复多样。此外还有弦纹、绹纹、镂孔、篦纹及文字记号等。其中篦纹是西汉初期广州地区比较大量而最为常见的纹饰；绹纹则是西汉早期陶器中所独有的，且所施部位仅限于瓿和壶的器腹；彩绘以钫、壶、鼎、盒等类明器为多见；记号和印文则绝大多数刻在瓮、罐类的肩部。（5）凡属胎质坚硬的陶器，胎表往往附有黄绿、黄褐或墨绿以至近灰黑色的一层极薄的釉，但多被泥土侵蚀而剥落，能够完整保存的甚为罕见。出土的陶器种类和器物形制，与长沙地区及广西贵县等地的西汉陶器颇多相似之处，这与地理上的接近，昔日政治上的隶属等因素有着紧密的联系[52]。

广东地区汉代墓葬出土陶器，大致可以归纳为四种组合形式：瓮、罐、釜、甑；鼎、盒、壶、钫；瓿、三足盒（或小盒）、三足罐（或联罐）等；井、灶、仓等模型明器。瓮、罐、釜、甑和瓿、三足盒、三足罐（或联罐）等，都是地方特色强烈的器物，而鼎、盒、壶、钫等器物的出现，显然是受中原影响的结果，至于井、仓、灶等模型明器，则更是西汉中期以后的广州墓葬中才开始发现，盛行于西汉晚期及东汉。上述的陶器组合演变情况，表明在汉初的赵氏割据政权控制下，广州地区的某些陶器形制和装饰作风，较多地保留着浓厚的地方特色，但中原文化的影响仍然十分显明。汉武帝消灭南越以后，陶器面貌发生了很大的变化，与中原地区的差别显著缩小。所发现的东汉时期大量的陶屋模型，如广州动物园东汉建初元年墓出土的陶城堡模型[53]，城堡的四周环绕高墙，四隅建有角楼、碉楼和望台阁道相连，前后大门上设有门楼，门楼之下有手执兵器的武士守卫。城中有一系列的殿屋建筑，可谓属屋连栋，内有凭几端坐的主人，有击鼓、匍伏、拱手弓腰或跪地朝拜等不同形象的吏役，可以说是当时“坞堡”建筑的一个缩影。广州发现的水田模型，上有插秧、收割的农夫，旁系小船一只，形象而生动地表现出农业生产的情形和南方水乡的景色。

上述陶器，极大部分属于印纹硬陶。这类硬陶盛行于两广、湖南南部和江西等地。胎质坚硬，胎土中含有少量的细砂，烧成温度较高，胎的断面处呈青灰色，器表多呈灰褐色，常常饰有细方格纹，叶脉纹和水波纹等纹饰，器形以罐和壶多见。罐的肩部常刻有文字，有的用木盖封口，且发现有封泥，显然是生活实用器。有时往往发现这类陶器的表面有一层极薄的透明体，但非常容易脱落。有人把这一类陶器，称之为“薄釉硬陶”。在印纹硬陶的器口和肩部常常见到绿色或黄绿色的厚厚的釉块，那可能是由于窑顶上落下的窑汗附着于胎表面形成的。

云南、四川和新疆地区 西南边疆滇、蜀等地，自古以来就是少数民族聚居的地区，特别是地处川西北、滇西雪山地带，由于交通的闭塞，所出的陶器保持着浓厚的地方特色，直到汉代仍然流行泥质黑陶牛眼双耳陶罐一类的陶器，但与内地的文化交流也并未隔绝。秦汉时代在关中一带流行的茧形壶，也曾在这一地区发现。四川理县的西汉墓中，还曾出土与中原地区相似的圜底釜和敞口束颈大腹的陶壶。理县东汉墓还发现了造型优美、形态自然的舞俑、抚琴俑、听琴俑、侍立俑和厨俑，以及陶狗、陶鸡、陶鸭、陶子母鸡等明器，甚至还发现中原地区西汉时期开始流行的铅绿釉陶制品[54]。被称为西域的新疆地区，根据佉卢文书的记载，在汉时已有自己的专业制陶者，生产着许多陶制器皿。从罗布淖尔遗址及其晚期墓葬中发现一批制作较好的灰陶器物，无论是器物形制和制作技术，都具有内地的风格。在昭苏县西汉的乌孙人墓中出土的陶罐，圆唇、小口、鼓腹、小底，更是内地的汉墓中所常见的陶罐形制[55]。这些都生动地证明，当时的汉族和兄弟民族间密切的往来和广泛的文化交流。

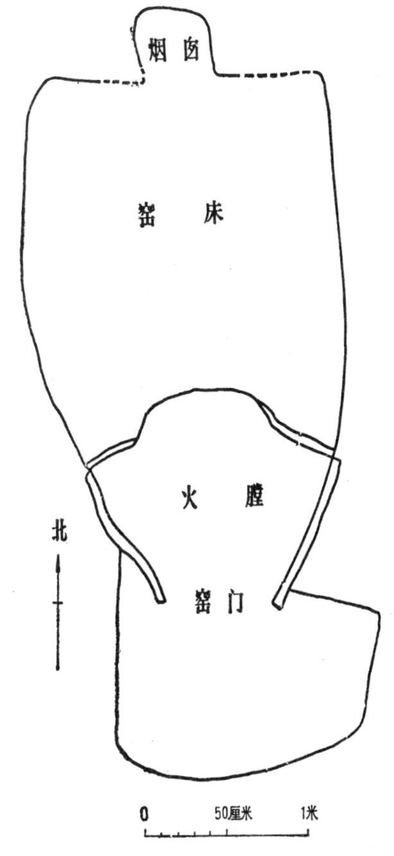

图四十三　秦汉陶窑平面图

秦汉时代的陶窑也有很大的改进。不论其平面呈现马蹄形或圆形，均由火膛、窑床和烟囱等几个部分构成。秦代的陶窑较之战国时代，火膛和窑内容积显著增大，表明了此时陶窑装烧量的增长。在渭河北岸长陵火车站附近的店上村和滩毛村以及秦都咸阳宫附近制陶作坊[56]，都曾发现相当多的陶窑遗址。滩毛村4号陶窑的窑床构成前高后低的7°倾斜坡[26]（图四十三），使置于窑床待烧的坯体重心后移，当坯件首先接触火焰的前半面因受热较快而发生收缩前倾时，重心即移回到中心线上，从而避免靠近火膛的头一、二两排坯件倒入火膛的危险[57]。但是，秦时的窑床往往是床面的中部稍高于两侧近窑壁处，而且烟囱设于窑室后壁正中，所以烟火大部经窑床中部进入烟口，形成中部温度较高，而两侧温度较低的现象，影响到制品质量。汉代的陶业工匠对此又作了相应的改进，即由一个烟囱改为两个或三个，而排烟口则仍为一个，使两侧的烟火通路形成内向弯曲，汇集到中间的通路以后再排出窑外。这样，就把原先的中部一个孔洞进烟，改变成两侧的两个孔洞或者中部及左右两侧的三个孔洞同时进烟火，从而解决了窑内温度分布不均的问题，提高了制品的烧成质量[57]。

2. 铅釉陶

铅釉陶制作的成功，是汉代陶瓷工艺的杰出成就之一。根据考古发现的材料，这种陶器在陕西关中地区首先出现，但在汉武帝时期的墓葬中仍然极少发现。大约自汉宣帝以后，铅釉技术开始获得比较快的发展，此时关东的河南等地也有了较多的发现。到了东汉时期，铅釉陶流行地域十分广阔，西至甘肃，北达长城地带，东到山东地面，南抵湖南、江西等地，均有出土。

这种铅釉与我国早在商、周时代就已发明的，以氧化钙为主要熔剂，以氧化铁作为着色剂的青釉不同。它是以铅的化合物作为基本助熔剂，大约在700°C左右即开始熔融，因此是一种低温釉。它的主要着色剂是铜和铁，在氧化气氛中烧成，铜使釉呈现美丽的翠绿色，铁使釉呈黄褐和棕红色。有人认为我国汉代的低温铅釉陶，是由于外来的铅釉技术传入而产生的。据说，"这种碱金属硅酸釉早已在埃及发明，但长时期没有传到埃及国外。自从混入铅变成容易使用的釉以后，才逐渐扩及到美索不达米亚、波斯和西域一带"。因而我国的铅釉"是在汉朝时经由西域传来"的[58]。

诚然，关于我国铅釉技术的发生问题，是我国陶瓷研究有待解决的课题之一。但是根据近年的研究报告，看来还不应断然排除铅釉技术是我国自行发明的可能性。有的研究报告中指出：根据"国内外研究者对我国古代遗址出土的玻璃进行分析的结果，表明我国战国和西汉的玻璃（料器）的组成，属于PbO-BaO-SiO_2系统。然而，古埃及和地中海沿岸地区出土的玻璃组成，到目前为止均属Na_2O-CaO-SiO_2系统、只有少数玻璃含有少量的氧化铅[59]。对于铅金属性能的认识，在我国有着悠久的历史。早在殷商时代，我国劳动人民就已在金属冶炼的实践过程中，对于铜、锡、铅、金四种金属具有一定的认识。据考古发现，殷代墓葬中就曾出土过用铅金属制作的卣、爵、觚、戈等成组器物。在洛阳博物馆现在还陈列着一组西周的铅质器物，器形有尊、卣、鼎、爵、觚、觯。自春秋中叶开始，对于铸造器物的合金性能就提出了"熔点低"和"流动性大"的要求，并采用在青铜中增加锡的成分，或在铜锡合金中加入铅的办法，特别是在青铜中增加铅的办法，对于液态合金流动性的提高更起了主要作用[60]。对于铅的化合物的认识，也至迟在战国时期就已掌握，那时已有了把金属铅变为碱性碳酸铅而用作妇女化妆的白粉的知识。这足以说明我国古代劳动人民，对于铅金属及其化合物早已有深刻的认识和丰富的实践经验。因此，汉代铅釉陶的烧制成功是有其深刻的历史渊源的，正如《中国历代低温色釉的研究》一文的作者所指出的那样：我国古代劳动人民“一旦认识了这种玻璃物质的形成规律及其特性，就存在着把它应用到陶器上去的可能性，这就导致铅釉的发明”。

“中国的铅釉是我们自己独立地创造出来的。正如陶器的发明一样，陶器不是由某一个地方首先发明而后再传往世界各地的，它是各地人民在长期的生活实践中各自独立地创造出来的。凡是有人类居住的地方，具备原料和燃料这些必要的条件，差不多都会制造陶器。铅釉的发明很可能也是这个样子”[61]。

这种低温的铅釉陶，是我国陶瓷发展史上的一枝瑰丽的花朵。它不仅有着翡翠般美丽的绿色，而且釉层清澈透明，釉面光泽强，表面平整光滑，光彩照人。但是，在汉墓中发现的铅釉陶则纯系丧葬用的明器，至今还没有发现实用器物。这可能与它的低温烧成不宜实用有关。所见器物除了鼎、盒、壶、仓、灶、井及家畜圈舍而外，还有水碓、陶磨、作坊以及楼阁、池塘、碉楼等各种模型明器。比如甘肃武威雷台东汉末年墓内出土的一座五层楼院模型，高达1.05米，通体披以翠色厚釉。楼院作长方形，四周围以院墙，墙角各有方形望楼，其间飞桥相通，桥身两侧设有障墙，以防外来的射击[62]（图版壹拾肆：2、3）。

墓葬中出土的铅釉陶器表面，有时发现有一层具有银白色金属光泽的物质，人们把它称为“银釉”。历来人们对于银釉成因的解释，众说纷纭。有人认为这是由于棺中的朱红变成水银粘着在陶器上面所致；也有人认为是由于铅绿釉中的铅分以金属铅的形式在釉面上析出所致。日本的盐田力雄则认为“这种釉恐怕是类似云母之物，是由于硅酸盐玻璃的釉发生了变化，而使之具有与云母相似的物理性质”。最近中国科学院上海硅酸盐研究所的同志，对此进行了一系列的试验工作后，否定了以上说法。他们提出，所谓的“银釉”，实际上是铅绿釉表面的一层半透明衣。如用刀片在釉面上轻轻刮几下，就可把这层衣刮去，衣的下面仍是铅绿釉。他们在显微镜下观察，发现这一层衣呈层状结构，与云母的结构颇为相似，层次多少不一，少者仅几层，多者可达二十多层，每层的厚度仅约3微米。X射线衍射和岩相分析表明，这层衣属于非晶态均质体。在化学组成方面，它含有与它的基底铅绿釉基本相同的化学元素。这层衣的室温电阻率高达10^5欧姆一厘米，和铅绿釉相近，但比金属铅则要高出万倍。这类银釉一般都得自比较潮湿的墓葬中，而在比较干燥的地方，则很少发现这类银釉制品。根据以上测试结果和考古工作者所提供的出土情况分析，这层衣实际上是一层沉积物，当铅绿釉处于潮湿环境中，由于水和大气的作用，釉面受到轻微溶蚀，溶蚀下来的物质连同水中原有的可溶性盐类在一定条件下就在釉层表面和裂缝中析出。但这层沉积物与釉面的接触并不十分紧密，故水份仍能进入沉积物与釉面间的空隙，水在空隙中继续对釉面进行溶蚀，经过很长时间后，它又重新析出一层新的沉积物。这样反复进行下去，层次就不断增多，当沉积层达到一定厚度时，由于光线的干涉作用，就产生银白色光泽。在唐三彩上有时也可看到这种银釉，但它产生的部位都在铜绿釉表面，在铁黄釉和钴蓝釉的表面不会生成银釉。这种现象说明了两个问题：其一是铜绿釉易于受到水和大气的溶蚀，而铁黄釉和钴蓝釉则不易受到水的溶蚀；其二是银釉的生成主要取决于釉而不是胎[61]。

为了使我们对汉代铅釉陶有一个较为全面的概念，特将中国科学院上海硅酸盐研究所有关汉代铅釉陶的几个主要测试数据抄录如下：

东汉绿釉陶胎的化学组成（%）：

SiO_2(65.78)，Al_2O_3(15.85)，Fe_2O_3(6.23)，TiO_2(0.99)，CaO(1.84)，MgO(2.19)，MnO(0.13)，K_2O(3.30)，Na_2O(1.60)，P_2O_3(0.10)，总量为98.01。

测定的吸水率为12.6%。

东汉绿釉的化学组成（%）：

SiO_2(33.88)，Al_2O_3(6.20)，Fe_2O_3(2.31)，PbO(46.89)，CuO(1.26)。

汉银釉的化学组成（%）：

SiO_2(31.32)，Al_2O_3(1.90)，Fe_2O_3(2.02)，PbO(60.31)。

光谱定性分析结果：汉代银釉陶器银釉部分的化学组成含较多量Pb、Si、Al，少量Mg、Cu、Ca，微量Fe、Ag、Ti、Bi、Sn，主要着色元素为Cu，主要熔剂为PbO。

汉代银釉陶表面的金黄色沉积物的化学组成含较多量Pb、Si、Al，少量Mg、Ca、P，微量Fe、Cu、Mn、Sn、TiO。

铅釉技术的发明和推广，是汉代劳动人民对我国陶瓷工艺发展史上的一个宝贵贡献。由于铅釉的折射指数比较高，高温粘度比较小，流动性比较大，熔融温度范围比较宽，熔蚀性比较强，因此可以避免石灰釉和石灰-碱釉中比较常见的“桔皮”、“针孔”等等缺陷，同时釉层中无气泡和大量残余晶体的存在，使釉层清澈透明，表面平整光滑，富于装饰感。我们的祖先在唐代还发现，在铅釉中加入少量含钴或含锰的矿物，还会得到蓝、紫等各种不同色调的低温釉，从而极大地丰富了陶瓷的装饰手段。正是在低温色釉的基础上创造了后来的各式各样的釉上彩。

3. 陶 塑

秦汉时代的陶塑艺术，在我国陶塑史上起着承前启后、继往开来的作用，无论在其思想性和艺术性方面，都开创了新的境界。

陶塑艺术起源很早，古代遗存可以追溯到新石器时代。但墓葬中的陶俑似乎导源于代替人殉的刍灵。陶土材料的可塑性是仿生象生的最好材料。在战国末期，陶塑艺术迅速发展起来，其高峰则是近年在秦始皇陵发现的陶俑。

我国考古工作者在始皇陵周围发掘的许多俑坑内，发现了一大批珍贵的秦代俑塑和陶马。在陵园外墙以东七、八百米的地方，有一个土木结构的巨大陶俑坑。它的前头有五个门道，进门后有一南北向的长廊，里边排列着面向东方的三列横队武士俑，其后紧接着三十八路步兵和车马相间排列的纵队，在军阵的左右两侧各有一列横队。在另外的一些俑坑中，也发现队列严整的武士和兵卒的陶俑。身穿铠甲的武士，着战袍的兵卒，手执各种制作精良的武器。陶马四匹一组，后拖战车，俨然是人马相间，排列整齐、有锋有后，有侧翼有后卫，步兵和战车混合编制的雄伟军阵。整个军阵，严整统一，富于变化，肃穆静立，而寓有动意。它们是“带甲百万，车千乘，骑万匹”，兵强马壮，意气昂扬的秦国军队的形象记录。

武士俑身高均在1.75—1.86米之间，他们身穿交领右衽短褐，勒带束发，腿扎行縢，足登方口齐头履，手执弩机弓箭，背负盛置铜矢的箭箙，或手执长矛，腰佩弯刀铜剑。有的巍然挺立，刚毅勇猛，有的容颜开朗，机智英发，有的虎背熊腰，威武雄壮，有的须髯开张，气度昂然。这里有对安静坦荡而似又有些稚气的纯朴后生的描写，也有对勇敢而又有必胜信念的中年战士的刻划。不仅可以看到浓眉大眼，阔口宽腮，面对强敌而奋不顾身的勇士形象，也可以发现高冠披甲，身佩长剑，正在凝神沉思的指挥者的成功塑象。那高达1.5米，体长2米的陶马，膘肥体壮，小耳大眼，口裂较深，前肢柱立，后腿若弓，蹄趹较高，筋骨劲健，集中地刻划出秦国战马骠悍特点。它们排列于军阵之中，双耳竖立，眼神贯注，鼻孔的翕张，昂头挺胸，剪鬃缚尾，机警雄骏，更加衬托出军阵的威武雄壮。

这批陶塑运用模、塑结合的方法，分件制作，套合粘接成初胎，再于表面覆加细泥，运用塑、捏、堆、贴、刻、画结合的技法，把人物性格的造型特征，揉合于艺术形象之中。这一大批陶塑，无论形象之生动，气势之雄伟，都表现了我国雕塑深沉雄大的民族风格[63]（彩版7，图版壹拾肆：1）。

西汉初期的陶塑，以西安任家坡及咸阳杨家湾汉墓陪葬坑出土的彩绘侍女俑和骑马俑最为精彩。任家坡汉陵从葬坑中发现的侍女俑[64]，有的抱手胸际，膝盖着地，脚掌向上，双趾内向交叠，作臀压脚上的静坐姿势；有的两手半握，拳眼上下相对，作拥物侍立状。俑体表面敷白色陶衣，后用黑褐、深绛、土黄、大红和粉白，象生着色。人物面庞丰满，衣着华丽，比例匀称，体态端庄，富有个性，显然是宫廷侍女的形象，是一批不可多得的汉初陶塑珍品。咸阳杨家湾大墓的十一个陪葬坑中出土的大批步、骑陶俑更加珍贵[64]。骑马俑的大小相同，穿红、白、绿、紫等彩色服饰，有的还披有黑色铠甲，一手紧握缰绳，一手高举兵器。所乘陶马则有大小两种，马身上都有彩绘的鞍鞯和辔头等，有的静立，有的昂头嘶鸣。骑士的下半身紧贴马体，骑士上半身及马尾则是另行制作，分别装配。大部分陶马的臀部、尾部和俑背上刻划有各种不同的数字记号，当是用几种不同的模型，成批制作，体形比秦俑小。大的骑马俑通高不过68厘米，小的则只有50厘米。作武士打扮的立俑则均在44.5—48.5厘米之间。他们一般都作右手握空拳半举，左手握拳下垂作举持物状，个别的手中还握有铁棍残段。有的俑背有一方形小袋，可能是箭囊，个别的俑腿前或背后上部也刻有文字。在二千多件陶俑中，还有一些作舞蹈、奏乐、指挥等不同的姿态，五百多件骑马俑，威武生动，构成阵容雄伟的骑兵群。它们生动地表明了西汉前期对骑兵建设的重视。汉武帝在反击匈奴的河西之战和漠北战役中，曾几次出动几十万骑兵，实施战略性的远程奔袭，应是西汉前期重视骑兵建设的结果[65]。

汉初的陶塑艺术，明显地继承了秦代陶塑艺术风格。型体比较高大，注意细节的刻划，形象生动逼真，威严庄重，具有明快洗练的写实风格。在题材上，就地下出土陶俑所见，多为军阵场面，这一则因为死者是武将，再则从一个侧面反映了西汉时期击匈奴、开通西域的那个时代的特点。

济南市北郊无影山南坡的西汉墓地，曾经出土了一组彩绘乐舞、杂技、宴饮陶俑。这位不知名的古代陶塑家，在一个长67、宽47.5厘米的陶盘上，成功地塑造了二十多个具有各种特点的人物群象。这件作品把作杂技和舞蹈表演的艺人推到突出的中心位置，使宴饮作乐的贵族退居陪衬地位，从而使表演者的艺术形象，成为整盘陶塑人物的中心。在整个场景中，观众、乐队、表演者之间的安排调度井然有序，人物主次分明。作者像一个导演，把一幅贵族宴乐图，艺术地端在人们面前，使人如身临其境。对于场景中的每一个人物，作者所着力的是人物动态的捕捉与描绘，而并不措意人物面部表情的刻画，虽然稚拙却又天真可喜[66]（彩版8）。

西汉后期，反映追求生活享乐的各种陶塑，以及表示地主阶级所拥有的财富的奴婢和家畜等等，在墓葬中普遍发现。到了东汉时期，陶塑的题材更加广泛。四川东汉墓中出土的俑塑十分令人注目，如成都市郊天回山出土的“说书俑”上身袒露，大腹平凸，左臂环抱一鼓，右手握着鼓槌，张口露齿，笑容可掬。大约正说到得意之处，全身动作都使人感到具有强烈的戏剧性：右脚上翘，持槌欲击，手舞足蹈，得意忘形，真是刻划得情真意切，维妙维肖（图版壹拾伍：2）。四川彭山出土的持铲执箕俑，嘴角流露出内心的微笑，高卷的裤腿，有力的双脚，塑造出乐观勤劳、善良可亲的劳动者的真实形象。水田劳动俑，俨然是一幅田园劳动的风俗画。它把江南的水田和农夫辛勤耕耘的情景，生动地再现在人们面前。此外，重庆出土的持刀俑、击鼓俑、抚琴俑，成都出土的各种舞蹈俑、吹奏俑、坐俑、背娃俑等等，也都塑造得朴实纯真，栩栩如生，是一批富有特色的艺术作品。

此外，陶塑动物也十分成功。四川绵阳出土的陶马、陶狗，成都羊子山出土的高达1.5米的驾车陶马，都可以代表那一时期陶塑艺术成就。河南辉县百泉区东汉墓中出土的一批动物陶塑，可谓写尽了各种动物的不同姿态和性格[22]。所见的陶犬，有的昂首正立，两耳伏后，尾部翘曲，颈带红项圈，张口而吠；有的广肩细腰，竖耳长吻，尾部斜伸，四足右前左后，筋肉紧张，矫健有力，作迈步急趋状；也有的体型瘦小，竖耳翘尾，四足平齐，闭口不吠，伫立静听，若有所待。艺术家把不同品种的狗的神态刻划得淋漓尽致。又如探头低伸，拱背缩足，两耳前竖，作窥视状，活现出狡猾神态的小狐；体肥尾短，偏头旁顾，张嘴竖耳，且行且鸣的羊；低头垂耳，长嘴前伸，触地觅食的猪；短腿伏卧，贴耳仰首的猪仔；硕腹小尾，腰窝内陷，倍显肥重的肉猪；仰首展尾，张翅护雏的母鸡；高冠长尾，头颈高举的雄鸡。塑工们抓住各种动物神态的特点，形象而真实地表现出来，使我们仿佛听到它们啼叫的声音。

4. 建筑用陶

秦汉时期陶制建筑材料的生产，在当时的陶业中占有重要的位置，无论是制品质量和花式品种，还是生产规模和烧造技术，都比战国时期有了显著的进步和扩大。

在秦都咸阳宫殿建筑遗址中，用来铺地的青砖，除了有的作素面以外，大多数在砖面饰有不同的纹样，如太阳纹、米格纹、小方格纹、平行线纹等。用作台阶踏步或砌于壁面的长方空心砖，或者砖体五面模印几何形花纹，或是在砖面阴线刻划龙纹、凤纹。盖于屋面的板瓦、筒瓦和瓦当等建筑用陶，尤其是圆形瓦当的装饰图样，更是富于变化，生动活泼。埋设地下的陶制水管道及其他排水设备，如一头大一头小，鱼贯套接而成的圆筒形水管道，水管道拐角处的直角弯头，口、壁圆形，直壁圆底，底部有漏水孔，孔下有流的陶漏斗[42]。这些制作精良，质地坚硬，形制多样的陶制建筑用材。正是秦代大规模营造宫殿的必然产物。在始皇陵出土的长方形砖，有规格大小不同的三种类型，砖面上均饰有细绳纹，有的还在砖的一端或侧面，印有“左司高瓦”、“登宫水”、“宫屯”，这些铭文可能是官名或监工名及驻兵地点名称。瓦的品种仍然是战国时已经出现的板瓦、筒瓦、瓦当和瓦钉等数种，砖的种类则有了新的增加，出现了五稜砖、曲尺形砖、楔形砖及子母砖等，形制比较特殊。五稜砖可能用于屋脊，曲尺形砖似用于屋角拐接，楔形砖和一端带榫、一端有卯的子母砖，应是用于构筑墓室的拱券部位。

在汉茂陵及其陪葬冢附近，也曾发现侧面刻虎纹和龟蛇交尾的玄武纹条砖，还有正面饰对称的浮雕朱雀纹和正面中部为方格云纹及方格莲瓣纹组成的图案，周边饰浅雕龙虎纹的长方形空心砖[67]。陕西临潼和凤翔等地也曾发现过秦代的画象空心砖，砖面拍印骑马射猎和宴请宾客等场面。空心砖，是战国时代中原地区劳动人们的一项创造，它被用作宫殿、官署或陵园建筑。秦代统一中国以后，尤其是到了西汉时期，这种空心砖的制作又有了新的发展，在砖面上拍印出题材广泛、内容丰富、构图简练、形象生动、线条健劲的纹饰图样，使它不再是单纯地作为建筑材料，更进而成为富有艺术价值的陶质工艺品，为我们研究汉代的社会面貌及绘画艺术，提供了形象的实物资料。这种画象空心砖的发现，主要集中在中原地区。如郑州新通桥发现的汉代画像空心砖，画像内容十分丰富，包括阙门建筑、各种人物、乐舞、车马、狩猎、驯兽、击刺、禽兽、神话故事等四十五种[68]。从"亭阙"、"车骑出行"、"狩猎"、"斗鸡"、"舞乐"等画像中，使我们看到了汉代地主阶级生活状况的某些侧面。

这种画像空心砖在砖室墓中，主要用于门扉和墓室后壁上部。它的制作方法，似采用阴刻的印模，在砖坯半干时交错拍印而成。

四川发现的东汉砖室墓中的画像砖，是当时一部分社会生活的现实写照，其在历史科学研究及艺术上的重大价值，早已为人们所注意。四川所有的画像砖都是东汉桓、灵乃至蜀汉时的作品。此种画像砖的制作方法，似预先把画面阴刻于一块木板上，趁砖坯未干时即将木模印上。从发现的画像砖画面所残留的彩色颜料可知，砖面画像原来都敷色绘彩，模印的画面在当时只不过供绘色时作轮廓之用。这种画像砖，在墓室建筑中并不是作为建筑材料应用的，它是砌嵌在用花砖组成美丽图案的墓壁上的装饰品。一般说来，使用这种精制的画像砖的对象是比较特殊的，在四川的东汉砖室墓中也是比较少见的。大概建画像砖墓的人，在当时的封建官僚地主阶级中，是官阶较高和较富有者。据目前已发现的情况看来，此种画像砖墓仅限于四川平原及其附近一带，四川其他地区尚未发现。

画像砖所取的题材异常广泛，表现的内容，大致可以概括为如下五类：第一类是播种、收割、舂米、酿造、盐井、探矿、桑园等各种生产活动的场面。这是画像砖内容最突出的部分，也是当时人民一般生活的真实写照。第二类为建筑画像砖。此类所见较少，除反映庭院的建筑和室内陈设外，其中主要画像为"阙观"一类的建筑。第三类则是描写社会风俗的画像砖，这一类画像内容比较丰富，其中有市集、宴乐、游戏、舞蹈、杂技以及表现剥削阶级的家庭生活等。第四类为车骑出行等画像砖，它形象地描绘统治阶级出则伍伯前驱，骑吏、鼓吹等前导，后有属车随拥；入则院宇深邃，酒肴罗列、歌舞杂陈的骄奢生活。第五类是一些神话故事的画像砖[69]。

瓦当是强烈反映各个不同时代艺术风格的建筑材料。秦都咸阳宫殿遗址出土的瓦当，绝大多数皆系圆形带纹饰，半圆素面和圆形素面的瓦当仅发现极少几件。

秦代瓦当的纹样，主要的有动物纹、植物纹和云纹三种。动物纹瓦当，在秦早期流行单一的动物纹样，如始皇陵所出的奔鹿、立鸟以及西安北郊出土的豹纹等，都富有矫健活泼的特点。在咸阳宫出土的则为组合对称扇面状综合图案，即在瓦当的边轮内开始出现单线弦纹或绳纹组成的圆圈，把瓦当正圆分为内圆和外圆两个部分，用双隔线把外圆部分划为四个相等的扇面，同时在四个扇面内绘以姿态生动、形象逼真、相同形状的双鹿、对鸟和昆虫等纹样。植物纹瓦当，如凤翔出土的叶纹瓦当、咸阳宫遗址出土的莲瓣纹瓦当，都可以看到取材于自然界的写实作风。而所见的葵纹瓦当，则去繁存简，但又概括了葵花的特点，如有的在圈带内外作三条反向连弧线，组成辐射状葵花形；有的则在外圆圈带周围，饰以六个卷曲纹样；有的缩小内圈，在小圆内饰以花蒂，外圈由四个尖叶形体和四个卷云纹相间，组成变形葵纹等。但秦统一六国前后瓦当的主要纹饰则是云纹图案。它既融合了列国瓦当的不同特点，又继承着秦国传统的瓦当艺术风格。它的图案结构，基本上就是在边轮范围内，用弦纹把瓦当正圆分为两圈，再用直线纹把内外圆间的面积等分为四个扇面，填以各种云纹式样，内圈则饰方格纹、网纹、点纹、四叶纹或树叶纹等。这种瓦当纹饰，为汉代所沿用，只是汉代的纹样较粗一些。秦代瓦当，有文字者绝少，那种“维天降灵、延元万年、天下康宁”的十二字瓦当，则是秦始皇统一中国的产物。

汉代瓦当，除常见的云纹瓦当以外，更大量的则是文字瓦当。按文字内容，可以把它归纳为宫殿类、官署类、祠墓类和吉语类四种[70]。1974年曾在茂陵发现一件圆形、宽边的十二字西汉瓦当，外圈八字为“与民世世，天地相方”，内圈四字为“永安中正”。篆文布局协调，应系武帝茂陵陵寝宫殿所用。在茂陵陪葬冢霍光墓附近出土的四件文字瓦当，篆书“加（嘉）气始降”，“屯（纯）泽流施”，“光曧由宇”，“道德顺序”。此类吉语瓦当，显然是用于建造祠堂或園邑用的[67]。汉代的带纹饰图案瓦当，也有不少画面仪态生动，但西汉中期以后，尤其是王莽时期的青龙、白虎、朱雀、玄武四神瓦当为代表作，令人感到大气磅礴，姿态雄伟。

关于秦汉时代瓦的制作方法，秦汉瓦的断代和汉瓦的分期等，陈直先生在《秦汉瓦当概述》一文中[70]，作了简明扼要的论述。秦代至西汉初期，制造带有圆形瓦当的筒瓦，大概分三次手续：先造瓦心，后造边轮，最后上瓦筒。秦都咸阳宫殿遗址出土的瓦当，据有关文章[71]描述：“半瓦当从中央连瓦筒一起切开。圆瓦当先从瓦筒上横切到一半，再向下纵切瓦筒”。因此在瓦的背面，留有明显的切痕。大约到了西汉中期，瓦的制法有了明显的改进，瓦心与瓦轮不再分二次制作，而是一次范成，制作过程得到了简化。瓦筒则仅做半筒，其下面半筒之地位平滑，毫无刀切之痕迹。此外，秦代带纹饰的圆形瓦当，中央无大圆柱，而汉代的则必有圆柱。秦代的瓦当边狭，用手捏成，宽窄不匀，汉瓦的边轮齐整。秦瓦面积不大，而汉瓦面积小者也较秦瓦略大。

第三节　秦汉时期原始瓷的复兴与瓷器的出现

战国时，浙江境内业已发达的原始瓷生产，在楚灭越的兼併战争中遭到严重的摧残和中断以后，到战国末年和秦之际，又得到复兴。并在西汉到东汉早、中期的三百年间，获得了迅速的发展，终于在东汉中、晚期由原始瓷发展为瓷器，取得了我国陶瓷生产上划时代的伟大成就。

1. 秦汉原始瓷与早期原始瓷的差别

秦汉时期的原始瓷与战国早、中期的原始瓷存在着很大的差别。

首先是胎、釉原料不同。从少量经过测试的标本中可以看到，西汉原始瓷胎料中氧化铝和氧化铁的含量较高，前者达17.23％，后者是2.97％。春秋战国时，萧山茅湾里和绍兴富盛的原始瓷的氧化铝和氧化铁的含量分别是：茅湾里13.69％与1.68％，富盛15.19％与2.12％。坯中氧化铝含量的增加，使陶瓷坯有可能在较高的温度中烧成，生成较多的莫来石晶体，从而提高陶瓷器的机械强度和烧成中减少制品的变形[72]。但在烧成时若窑内温度达不到它所需要的高度时，不仅不能达到增加氧化铝的目的，反而会使坯体疏松，烧结情况很差。氧化铁的引入，就不可避免地给坯体带来颜色，在氧化气氛中烧成，胎呈红色，在还原气氛中烧成胎呈灰色，氧化铁含量愈高，胎的颜色愈深。所以秦和汉代的原始瓷，除一部烧成温度比较高的产品，胎骨致密，击之有铿锵声。多数胎质粗松，存在着大量的气孔，吸水率高，呈灰色或深灰色，不及战国时期的细腻、致密，严格地说有的只能称“釉陶”。

胎质粗松，从断面中还可看到较多的砂粒，说明原料的粉碎、淘洗和坯泥的揉炼不及战国时期精细，比较随便。

秦汉原始瓷的釉层较战国时的厚。但釉色普遍较深，呈青绿或黄褐等色，很可能釉料中氧化铁的含量较战国时的高。而且由战国时的通体施釉变为口、肩和内底等处的局部上釉，上釉的方法由浸釉变成刷釉。说明两种原始瓷，从釉料到上釉工艺存在着明显的不同。

其次是器物的成型也一变战国时期拉坯成器、线割器底的作风，而普遍地采用底、身分制，然后粘接成器的方法。

最后是品种和装饰也有明显的差别。秦和西汉的原始瓷，以仿铜礼器的鼎、盒、壶、钫、锺、瓿等为常见，很少发现战国时盛行的碗、钵、盘、盅等一类的饮食器。装饰的纹样则以弦纹、水波纹、云气纹或堆贴铺首等为主，绝少甚至完全不用战国时经常采用的S纹和栉齿纹等。

这些明显的差异，表明秦汉的原始瓷与战国以前的原始瓷，乃是两个不同时期的历史产物，两者在工艺传统上，看不出有直接的继承关系。但是原始瓷重又在越国故地复兴，又说明烧制原始瓷的工艺传统和影响并未全然断绝，所以在短期中断以后，又重新烧造。

上海市嘉定县外冈墓中出土的原始青瓷瓿，胎骨坚硬，呈灰色，肩部划圆珠和水波纹，外施淡绿釉。与其同墓共存的彩绘灰陶浅腹高足鼎、浅盘高把豆、陶钫和陶质“郢爰”等，均具有浓厚的战国楚器的特征[39]。由此可知，这类原始瓷开始复烧的时间，可能在战国末年。

1977年，在陕西临潼秦始皇陵内城与外城之间的秦代房基中，发现与灰陶扁平盖同出的几件原始青瓷盖罐。在灰陶扁平盖的顶面分别刻有阴文小篆“左”、“丽山飤官”和“右”、“丽山□□□飤官”等字样，当是秦代的原始青瓷无疑[73]。青釉盖罐的盖作扁圆形，上有半环形钮，盖下有子口与器身密合。胎质细密坚硬，烧成温度较高，但铁含量较重，呈色深灰。盖面和器身外表均满施青褐色釉，釉层不够均匀，有聚釉现象。盖罐的廓线柔和，盖与器身的比例协调，体型的大小适度，是一种美观而又实用的储盛器。

汉初的原始瓷器，所见产品有瓿、鼎、壶、敦、盒、钟和罐等(图版壹拾伍：1、3、5）。形制大都仿照当时的青铜礼器，器形大方端庄，鼎、敦、盒的盖面和上腹施青绿或黄褐色釉，制作比较精细。到了西汉中期，原始瓷器的面貌发生了某些变化，敦已完全被盒所取代，一些仿铜礼器的制品，如鼎、盒的形状已大不如前，鼎腹很深，足很矮，有的足已缩短到鼎底贴地，变成似鼎非鼎，似盒非盒。同时施釉的部位缩小，以至于完全不上釉，其制作已不如汉初的精致、讲究。至西汉晚期，鼎、盒一类的制品归于消失，壶、瓿、罐、钫、奁、洗、盆、勺等类日常生活用器急剧增多，生产更注重于实用。同时出现了牛、马、屋等明器。牛、马比较粗犷，塑造艺术不高，房屋多干栏式建筑，也有筑着围墙的平房和构筑堡垒的楼屋式的地主庄院，式样丰富。西汉时期几种主要器物的演变过程是这样的：瓿，平唇短直口，斜肩，扁圆浅腹，平底，底下安有三个扁平的矮足，肩部有对称的铺首双耳，耳面翘起并高出器口。上有扁圆形盖，盖面中心有捉手，便于揭取。盖缘下面作出子口，与器身吻合紧密。到西汉中期，肩部渐鼓，耳的顶端则逐步降低，与器口接近平齐，底下三足消失。到西汉晚期，瓿的形体变得更加高大，敛口，宽平唇，圆球腹，肩部的双耳已大大地低于器口，形如大罐。进入东汉以后，原始瓷瓿已不再生产，为印纹陶罍所代替。

鼎，汉初的原始瓷鼎由战国时期的陶鼎演变而来，兽蹄形三足较高，附耳高翘，耳根突出。盖似半圆球形而顶面稍平，上附三个高钮，仰放时可当三足用。西汉中期，鼎的双耳短直，兽蹄足显著变矮，逐渐与底平齐以至完全消失，盖钮也逐渐变小而成乳钉状。西汉晚期以后，鼎与盒等仿铜礼器不再生产。

壶，汉初的原始瓷壶，口部微向外侈，颈部较长，器肩斜鼓，并装有人字形纹的对称双耳，腹下圈足较矮。到西汉中期，口缘趋向喇叭状，颈部缩短而器腹加深，圈足更趋低矮以至变为平底。肩部附耳作半环形，也有在双耳上端贴铺首或堆塑龙头的。到了西汉晚期，壶口已作明显的喇叭形，腹部球圆，极少发现圈足。双耳常作铺首衔环。长沙五里牌汉墓出土的喇叭口壶，耳部配装活动的铁环[74]，是非常少见的。壶耳也有作成鱼形的，或者在竖耳的上端堆贴横“S”形纹。除喇叭口壶外，还有长颈壶、蒜头壶、匏壶等不同的造型。它们的数量不多，但式样新颖别致，如长颈壶，在扁圆形的壶腹上，配以修长而细圆的直颈，稳重端庄；蒜头壶，长颈球腹，颈上安形似蒜头的小口，造型别致；匏壶，小口束腰，整器象上小下大的两个圆球联接而成，其状颇似葫芦。

西汉时期原始瓷器的装饰艺术，大致说来前期比较简朴，一般器物上都只饰以简单的弦纹或水波纹，未见有繁复的装饰纹样。到了西汉中期及其以后，装饰手法发生了某些变化：本来是简单的划线弦纹，改用粘贴细扁的泥条，使之成为引人注目的凸弦纹；所饰的刻划花纹，有水波、卷草、云气和人字纹等，尤其是喇叭口壶和长颈壶等器物，往往在器物的口缘、颈部、器肩及上腹等部位，于醒目的凸弦纹带的区间内，分别划以水波、卷草、云气和人字纹等。云气纹线条柔和流畅，使人如觉流云浮动，在流云之间还往往配以神兽飞鸟，画面十分生动优美，可与同时期的铜、漆器图案相媲美。在浙江义乌发现的一组西汉中期原始瓷器，其装饰图样颇为特殊，如在壶的耳部堆塑鼓睛突目，两角卷曲的龙头；在瓿的腹部划有对称的两个半身人像，其下为佩璧图样，佩带穿璧作迎风飘舞状。瓿的耳面则印出面目狰狞、一手举剑、一手持盾、威武凶猛的武士形象。同时在盖顶堆出躯体蜷曲、毒舌前伸的蟠蛇形钮，刻划精细。这种装饰手法和题材内容，为同时期的陶瓷装饰艺术中所罕见[75]。

西汉时期原始瓷器的制作，随着社会经济的发展而日趋繁盛，到西汉中晚期以后，这种既有艺术装饰而又具实用价值的原始瓷器制品，不仅在当时的产地浙江和苏南一带广为流行，而且在江西、两湖、陕西、河南、安徽、苏北等地的墓葬中也有发现，表明它已成为当时人们所乐用的制品，被作为一种畅销的新颖商品而远销外地。

进入东汉以后，原始瓷的品种和纹饰都有所变化。西汉时期曾一度广泛流行的瓿和钫等器类，此时已不再生产，而罐类等日常生活用器的烧造量则在急速增长。

盘口壶，是东汉时期所盛行的一种原始瓷制品，它的口颈较高，口内的盘面很小，球腹，平底，显然由喇叭口壶演变而来。西汉时有的喇叭口壶已在口颈交接处做出一条棱线，到东汉前期棱线更加突出，口颈斜直，初具盘口的样子，中期以后即变成盘口壶。罐，多数作直口平唇，肩安双系，上腹鼓出，下部斜收成平底。盘，大都直口斜壁，浅腹大底，而且往往与耳杯相配，可能是一种承托器具。盌，弧壁平底，腹部较深，容量较大。这些饮食器皿和容器的造型表明，当时的原始瓷器的制作已转向经济实用。又如此时新出现的品种之一的提盆，束口、鼓腹、平底，盆体宽大而稍扁，口沿安有粗壮的弯曲提手，是一种提携方便的盥洗器。同时，花纹装饰也较简单，此时最通行的是加工简单的弦纹和水波纹。如在双系罐和盘口壶的腹部，密布规则的宽弦纹，因此人们习惯地称之为“弦纹罐”和“弦纹壶”。此外，在熏炉的腹部镂雕三角形的出烟孔，钟、洗的肩、腹部贴以铺首，五联罐的颈腹部堆塑猴子和爬虫，以及鬼灶上刻划鱼、肉图案等。灶上饰鱼、肉，既点明了它的用途，又祈求死者生活富裕，常以鱼、肉为食，寓意深刻。

在东汉中晚期的窑址和墓葬中，发现有一类胎、釉呈色很深的器物，以前通称为“酱色釉陶”。器形有五联罐、盘口壶、双系罐、碗、洗、盘、鐎斗和耳杯等。所谓五联罐，即在罐的口肩部位附加四个壶形小罐，加上器身的罐口构成。周围的四个罐比较矮小，而且与器腹不相贯通，器肩和上腹堆贴猴子与爬虫等。这种五联罐在东吴、西晋时发展成为“谷仓”。鐎斗，器身作洗形，腹部装横柄一个，底部安有三足，它常与形状如钵、胎壁较厚，口缘安有对称的半环形双鼻的火盆共存，说明鐎斗被搁置火盆之中，盆中加放炭火即可用来温食，应该是当时“暖锅”的模仿。

这类制品因胎料中含有较多量的铁分，在稍低的窑温下也可使坯体达到较好的烧结状态，所以多数器物的胎骨坚硬而致密，碰击时发声清亮。这类原始瓷器，胎呈暗红、紫或紫褐色，多数通体施釉，釉层比较丰厚且富有光泽，质坚耐用，实用价值较高，但它是一种利用铁分较高的劣质原料做成，是东汉窑业手工业者的一个创新，为东汉晚期黑釉瓷器的产生，打下了良好的基础。另外，在墓葬内也发现部分器物的胎骨较为疏松，容易破损，显然是专门用于随葬的明器。

综观秦汉时期的原始瓷器，胎土中含铁量都比较高。化学分析的结果表明，浙江地区的瓷土，其铁含量均高达1.5—3％左右。所以在还原焰中烧成时，胎即呈现淡灰或灰的色调，在氧化焰中烧成时，胎则呈现砖红或土黄色。当时所用的釉料仍然是以铁作为着色剂的石灰釉，氧化钙的含量普遍较高，所以釉的高温粘度降低，流动性较大，有较好的透明度，也容易形成蜡泪痕和聚釉现象。在完全依赖直接经验进行生产的条件下，铁分的比例和烧成气氛自难准确控制，所以原始瓷的釉色也颇不一致，或作青绿色，或青中泛黄，或呈现黄褐色。同时由于釉料中还含有一定量的二氧化钛，在还原焰中有部分转变为缺氧结构，使釉呈现灰的色调。在东汉以前，施釉用刷釉法，并且只在器物的口、肩等局部地方施釉。到了东汉中期开始采取浸釉法，器物大半部上釉，只是近底处无釉，釉层增厚，而且胎釉的结合也大有改进，少见脱釉现象。成型多采用快轮拉坯成器身，再粘接器底而成，器形比较规整，器壁往往留有轮旋的痕迹，而制作精细的锺、壶类器物，则在成形以后又进行修坯、补水等工序，因此表面都十分平整光滑，不见

“棕眼”等缺陷。有些制作精良的原始瓷器十分接近成熟瓷器的形态。

考古调查发现，东汉时期生产原始瓷器的窑场遗址，在浙江的宁波、上虞和永嘉以及江苏的宜兴等地，其堆积相当丰厚，说明原始瓷器的生产地域已比较宽广，产量可观。尤其是上虞县的窑场遗址多而集中，是当时原始瓷器的主要产地。

上虞地处杭州湾南岸。东边和余姚县接壤，西面与越国故都所在地绍兴为邻。它的北部是土地肥沃的冲积平原，县南则山峦起伏，溪流纵横，湖泊密布。曹娥江纵贯县境南北，直注杭州湾，具有便利的交通运输条件。早在战国时期，这里就已有发达的陶业生产。1977年浙江省文物管理委员会和上虞县文化馆对上虞县的古陶瓷窑址进行调查，发现东汉窑址三十六处。它们分布在大顶尖山、龙松岭、凤山、大湖岙和四峰山等地，形成五个大的窑址群。这些窑群，时间有早有晚，但又相互衔接，在发展顺序上存在着明显的连续性，为我们研究东汉中晚期原始瓷发展为瓷器的具体演进过程，探讨我国瓷器的发生和发展情况，提供了极为丰富的实物资料。

上虞大顶尖山的东西两麓，分布着十一个窑场，产品的种类比较单纯，主要器形有罍、瓿、罐、壶和盆等。罍和瓿是属于印纹陶制品；罐、壶、盘等器类，制作略嫌粗糙，坯料未经仔细处理，质地疏松，气孔较多，而且多数器物未经施釉，就是施釉的器物，质地也颇粗劣，尽管它们的器形、装饰花纹和釉质等方面都与该窑群中所出的原始瓷制品相同，也仍然难以归入原始瓷的范畴，而只能说是一种釉陶制品。只在两处窑址中采集到少量的原始瓷标本，胎质比较坚致，表面施以青黄色釉或青灰色釉。这种现象表明，在这个东汉前期的窑群遗址中，当时烧制的主要是陶质器皿，同时兼烧少量的原始青瓷。分布在龙松岭脚一带的六处窑场，约属东汉中期偏早。所见遗物特征与大顶尖山窑群相同，时间当亦相去不远。遗物中虽然仍以陶器为主，但原始瓷制品的产量显然有所增长，罐、壶、钟类的制品质量也进一步有了提高，胎骨比较坚细，呈现浅灰色，在器肩、上腹、里口、圈足等部位都刷有不甚均匀的青黄色釉，可见到明显的流釉和剥釉现象。此外，还发现少量的酱色釉原始瓷器，如敛口双系的杯形罐。约属东汉中期的凤山窑群的五处窑场，这些窑址中的部分印纹陶罍等制品，已开始采用瓷土制作，但坯料处理不精，胎质较粗，呈色也较深。与此同时，原始瓷产品所占的比例有了显著的增加，而且器形种类相当丰富，计有壶、钟、罐、钵、盆、盘、耳杯、鐎斗及五联罐等，其中酱色釉制品占有较大的比例。此时的原始瓷制品，一般器形规整，胎壁较薄，釉层增厚，釉面光润，制作精细，质量较好。

上述情形表明，在上虞地区的东汉早中期的窑业生产，由原来的烧陶为主，同时也兼烧少量原始瓷器，随着时间的推移，陶器的数量逐渐下降，品种日益减少，而原始瓷的生产则由少到多，发展急速，品种增多，质量提高，并终于取得了陶、瓷合烧中的主导地位。这种发展趋势，在稍晚的上虞窑址中进一步加强。在大湖岙窑群的三个窑场遗址中，印纹罍和瓿，不仅已完全改为瓷土制作，而且部分制品已经施釉，从而结束了印纹陶与原始瓷同窑兼烧的状态。四峰山窑群的个别窑场中，还生产一部分原始青瓷，但质量有了显著的提高，胎质细腻，外壁通体施釉，只是胎骨的烧结程度还不够高，釉层也显得稍薄，釉色普遍地青中泛黄。其中质量较好的则已经是瓷器了。而大多数窑则已专烧青瓷，成为名符其实的瓷窑。从此陶瓷分家，瓷器生产成为一个新的独立的手工业部门[76]。

这种由印纹陶和原始瓷同窑兼烧，逐步地发展成单纯地原始瓷生产，并在原始瓷窑中烧制出部分成熟瓷器，最后变成完全的青瓷窑场的演变过程，并不限于上虞一地，在永嘉县东岸公社以及宁波市郊郭圹岙等地的窑址调查和试掘结果也同样如此。这就进一步证明，我国的青瓷是由原始青瓷演进而来的，而完成这一演进过程的时间是在东汉晚期或稍前。

2. 瓷器的出现

瓷器是我国劳动人民的重要发明之一，它出现于东汉时期，距今已有一千八百余年的历史。

把瓷器出现的时间定在东汉，是有大量考古资料作为依据的。在浙江上虞、宁波、慈溪、永嘉等市县先后发现了汉代瓷窑遗址；在河南洛阳中州路[77]、烧沟[46]、河北安平逯家庄[78]、安徽亳县[79]、湖南益阳[80]、湖北当阳刘家冢子[81]等东汉晚期墓葬和江苏高邮邵家沟汉代遗址中[82]，都曾发现过瓷制品，而尤以江西、特别是浙江发现的更多。其中有东汉"延熹七年"(164年)纪年墓中所出的麻布纹四系青瓷罐，"熹平四年"(175年)墓[83]内出土的青瓷耳杯、五联罐、水井、熏炉和鬼灶，"熹平五年"纪年墓中发现的青瓷罐，还有与朱书"初平元年"(190年)陶罐同墓出土的麻布纹四系青瓷罐。这些有确凿年代可考的青瓷器的发现，使我们确信，我国瓷器的发明不会迟于汉末，把它定为东汉晚期，应该是比较确切的。

中国科学院上海硅酸盐研究所，曾对浙江省上虞县上浦公社小仙坛东汉晚期窑址的瓷片标本和窑址附近的瓷土矿中的瓷石样品作过许多测试和化验工作，并分别发表了《我国瓷器出现时期的研究》和《中国历代南北方青瓷的研究》等论文。他们的研究成果表明，浙江的瓷窑一般都是就地取材。小仙坛窑址中的瓷片和该窑址附近的瓷土矿的化学成分十分接近，表明这个窑场就是采用附近的瓷石作为自己的制瓷原料的[84]。该窑场的制品，具有瓷质光泽，透光性较好，吸水率低，在1260—1310°C的高温下烧成。器表通体施釉，其釉层比原始瓷显著增厚，而且有着较强的光泽度，胎釉的结合紧密牢固。釉料中含氧化钙15%以上，并在还原气氛中烧成，所以釉层透明，表面有光泽，釉面淡雅清澈，犹如一池清水。《我国瓷器出现时期的研究》一文中，有这样一段重要的描述：

作者又对一件编号为H5的浙江上虞小仙坛窑址出土的东汉越窑青釉斜方格印纹罍腹下部残片进行了研究。发现这些瓷器在化学组成分布图上的位置接近于瓷器的组成点。Fe_2O_3和TiO_2的含量更低，分别为1.64%和0.97%，是我们目前所分析的汉、晋时期青釉瓷器中含铁、钛量最低的一个。

H5的烧成温度已达1310±20°C。J4西晋越窑青釉瓷片的烧成温度也达1300±20°C。说明这时的高温技术已达到相当高的水平……。由于H5的烧成温度高，因而瓷胎已烧结不吸水，它的显气孔率和吸水率分别为0.62%和0.28%，是我们所测的这一时期的瓷器的最低数据，甚至已较元、明时期的厚胎制品的显气孔率为小。从表3还可以看到H5的抗弯强度（6个试样的平均值）竟达710公斤／厘米^2，超过浙江德清西周青灰釉原始瓷片的强度（220公斤／厘米^2）约500公斤／厘米^2，甚至也超过C11康熙厚胎五彩花觚（700公斤／厘米^2）和C12康熙厚胎青花觚（650公斤／厘米^2）的抗弯强度。由于H5烧成温度高，透光性也较好，0.8毫米的薄片已可微透光，较J4的透光性略好（0.5毫米微透光）。

重点进行了H5和J4的显微镜观察和X射线分析，从图2可见残留石英颗粒较细，分布也均匀。石英周围有明显的熔蚀边，棱角均已圆钝。说明烧成温度较高。长石残骸中发育较好的莫来石到处可见，偶尔亦见玻璃中的二次莫来石。玻璃态物质也较多。还有少量闭口气孔……。这些瓷胎的显微结构与近代瓷亦基本相似。只是因为泥坯料处理欠精，在低倍显微镜下还可看到层状长方形小气孔。X射线所得结果与显微镜观察基本一致。在这些胎的显微结构中也还可以观察到少量云母残骸。

从图3H5东汉越窑青釉印纹罍瓷釉显微照相可见，釉内已无残留石英，其他结晶亦不多见，釉泡大而少，这就是造成这种釉特别透明的原因。在显微镜下酷似一池清水，装点着几个圆形孤岛。胎釉交界处可见多量的斜长石晶体自胎向釉生成而形成一个反应层，使得胎釉结合较好，无剥釉现象。从釉的显微结构也反应这个瓷片的烧成温度是比较高的，因而使得这种釉无论在外貌上或是显微结构上都已摆脱原始瓷釉那种原始性。……这个瓷片除TiO_2含量较高，使瓷胎仍呈灰白色外，其余均符合近代瓷的标准[85]。

这些极为重要的科学数据，更加严格而准确地表明，东汉晚期的瓷器制品，已经具备着瓷的各种条件，把瓷器的发明定在这个时期是妥当的。

由原始瓷发展为瓷器，是陶瓷工艺上的一大飞跃。瓷器是我国古代劳动人民的一项重大发明和创造，也是对世界物质文明的伟大贡献。由于瓷器比陶器坚固耐用，清洁美观，又远比铜、漆器的造价低廉，而且原料分布极广，蕴藏丰富。各地可以因地制宜，广为烧造。这种新兴的事物，一经出现即迅速地获得人们的喜爱，成为十分普遍的日常生活用具。但是刚从原始瓷演进而来的东汉晚期的瓷器，无论在造型技术和装饰风格等方面，都不可避免地存在着许多与原始瓷相似之处。此时常见的器形有碗、盏、盘、钵、盆、洗、壶、钟、罍、瓿等，此外有少量的砚、唾壶及五联罐等。碗的造型可分为两种形式，一种口缘细薄，深腹平底，碗壁圆弧，就像被横切开来的半球形；另一种口缘微微内敛，上腹稍微鼓起，下腹弧向内收的平底碗；二种形式的碗底都微向内凹。后者器形较小，与三国时期的碗形相同。盘，多属大件，器形与原始瓷盘十分相似，通常作耳杯的托盘用。盆，直口折唇，上腹较直，下腹向内斜收，腹中有较为明显的折线，廓线挺健。罐的种类相当丰富，有直口球腹的双系罐、泡菜坛和四系罐等，前两类完全承袭了原始瓷罐的形式，而四系罐最为多见。它的形状是直口圆唇，鼓腹平底，肩部凸起，肩腹之间装有四个等距横系（个别也有作六系的），系孔扁小，不便系绳，故系下内壁往往有凹窝，系的两端留有按捺的手指压痕。肩部有弦纹或水波纹，腹壁常见有麻布印纹，也有通体素面的。这种罐制作精细，造型优美，在上虞县的许多窑址中都有发现，在不少省市的墓葬中也有出土（彩版9：1）。壶，也是一种发现较多的器物，它的造型仍类似原始瓷壶，但也有了某些变化。那种腹部遍饰粗弦纹的作风已经少见，盘口较浅。浙江鄞县东吴公社生姜大队发现的一件型体较小的青瓷壶，外形颇似战国时代楚国的陶壶，肩部有半环耳二个，并划弦纹和点线纹，底部刻隶书“王尊”二字，可能是匠师之名，也可能是买主王尊定制。锺，口颈较大，腹部稍扁，下有高圈足，腹部贴有对称的铺首，显然是仿照铜锺的形式。奉化县白杜熹平四年（175年)砖室墓出土的五联罐，颈肩贴堆纹，显然是对褐釉原始瓷五联罐的模仿；同墓所出的井，敛口、斜肩、筒腹，粘贴在肩部的扁条形绳纹交叉成网形，交叉点饰乳凸，应该是表示绳结，是一种少见的产品。

此时瓷器的装饰花纹，仍旧为弦纹、水波纹和贴印铺首等几种，与原始青瓷的装饰手法无甚差异。用泥条盘筑法成型的瓿、罍等器物，外壁拍印麻布纹、窗棂纹、网纹、杉叶纹、重线三角纹、方格纹和“蝶形纹”等，也与印纹陶的装饰图样基本相似。这些也都说明东汉时代的瓷器，从造型艺术到装饰手法，均存在着原始瓷和印纹陶的明显烙印，尚未形成自己特有的艺术风格，也说明它刚从原始瓷中脱胎而来，仅仅是迈出了它的头一步，然而这恰恰是划时代的一步！

越窑瓷器素以青釉制品名闻于世，但在上虞、宁波[86]的东汉窑址中却发现它还同时烧制黑釉瓷器，此外，在湖北、江苏、安徽等地的汉代墓葬中也曾出土过黑釉瓷器，特别是安徽省亳县的“建宁三年”（170年）等纪年墓中黑釉瓷的出土[87]，证明它的烧造时间应在东汉的中晚期。

这种黑釉制品的坯泥炼制不精，胎骨不及青釉制品细腻，器形也较为简单，以壶、罐、瓿、罍等大件器物为多，也发现有碗、洗类器物。它们的造型和纹饰与青釉器相同，唯湖北当阳刘家冢子东汉画像石墓中出土的一件四系罐，肩部饰有一圈莲瓣纹，是佛教艺术传入中国以后在瓷器装饰上的反映。根据国家建筑材料总局建筑材料科学研究院的研究报告，这种黑釉瓷的胎含SiO_2高达73—76%，Al_2O_3含量较低，占15—18%，Fe_2O_3含量为2.3—2.8%，系用烧结温度较低的瓷土原料，所以能在1200±20°C—1240±20°C中烧结㊳。器物外表所施的玻璃釉，是含有高达16%CaO的石灰釉，由于釉内氧化铁含量达到4—5%，所以使釉呈现绿褐色乃至黑色。器表施釉一般不到底，器底和器壁近底处露出深紫的胎色。瓿、罍、罐的内壁还常常涂有一层薄薄的红褐色涂料。釉层厚薄不均，常常有一条条的蜡泪痕以及在器表的低凹处聚集着很厚的釉层。由此可见，黑釉瓷的烧制在当时已达到相当高的水平，成为另一种别具一格的色釉瓷器。这种产品胎质较粗，用料要求不严，由于在器表施以黑褐的深色釉，粗糙而灰黑的胎体得到覆盖，为瓷器生产扩大原料使用范围开辟了一条新的途径。所以这种黑釉瓷器的出现，同样是汉代瓷业中的一项重要成就。它导源于酱色釉原始瓷，是对酱色釉原始瓷的提高和发展。

东汉的瓷窑遗址在浙江的上虞、慈溪、宁波和永嘉等地都有发现，其中以上虞为最多，目前已查明的有联江帐子山、凌湖畚箕窝、倒转岗、石浦龙池庙后山、小仙坛、大陆岙等七处。这说明我国瓷业在东汉时已经不限于个别地区个别瓷窑的生产了，至少是在浙东的宁（波）绍（兴）地区和浙南的永嘉等广大范围内建立较多的制瓷作坊进行生产，制瓷工业已有相当的规模。同时各地墓葬中出土的东汉青、黑釉瓷器，在这些窑址中都可见到同类产品，证明浙江是汉代瓷业的主要产地。

浙江地区有着十分丰富的瓷土矿藏，而且瓷石矿的埋藏一般距地表不深，易于开采。浙江的瓷土，主要是一种含石英—高岭—绢云母类型的伟晶花岗岩风化后的岩石矿物。风化程度低的含有部分长石，风化程度高的则含有较多的高岭石矿物。这就形成了一个天然有利条件，只要用这种瓷石作为主要原料就可以制成瓷胎，这类矿物的含铁量较高，适宜用还原烧成。在还原气氛影响下，高价铁被还原为低价铁，低价铁的助熔作用很强，有助于瓷胎在较低的温度下烧结。其中温州、永嘉一带的瓷土，Al_2O_3的含量比上虞等地的稍高，Fe_2O_3和TiO_2的含量比上虞的要低。这种瓷土原料的差异，是造成两地瓷器制品的胎质和釉色不同的主要原因。

有着悠久制瓷传统的瓷窑工人，在长期的制瓷实践中，对原料的选择，坯泥的淘洗，器物的成型、施釉直至烧成，在东汉晚期都有了较大的改进和提高，为瓷器的出现创造了必要的技术条件。从瓷窑遗址周围的自然环境观察，一般都具备着较为充足的水力资源，加上当时已普遍采用脚踏碓和水碓的情况，所以这时很有可能已用水碓粉碎瓷土，以提高坯土的细度和生产效率。在上虞帐子山东汉窑址的发掘中，发现了陶车上的构件——瓷质轴顶碗。这种轴顶碗碗内作臼状，壁面施以均匀的青釉，十分光滑；它的外壁成八角形，上小而下大，镶嵌在轮盘的正中部位，加于轴顶上，一经外力推动，即可使轮盘作快速而持续的旋转。这种相当进步的陶车设备与熟练的拉坯技术的紧密配合，使瓷器的器形规正而功效提高。青色釉和黑色釉两种制品的出现，表明釉料配制的方法已能较好地控制，施釉的技术则已由刷釉而改为浸釉，使釉层厚而均匀，胎料和釉料配制得当，使胎釉的膨胀和收缩趋向一致，附着牢固。

如果说胎料的变化是瓷器出现的内在因素，那么窑温的提高就是促使瓷器成熟的必不可少的外部条件。在上虞和永嘉等地的东汉瓷窑遗址，不仅表明龙窑已是当时浙江各地窑场中所普遍采用的窑炉，而且比绍兴富盛所发现的战国龙窑有了很大的改进和提高。上虞联江公社红光大队帐子山发现的两座东汉龙窑，虽然前段均已破坏，但从考察残存的遗迹中，仍然足以丰富我们对此时龙窑结构的认识。现将有关资料作一简要叙述：

一号窑残长3.90米，估计全长为10米左右。窑床的残长部分为2.98米，底宽1.97—2.08米，窑底的倾斜度，前段28°，后段21°，两段交界处有明显的突起折棱一道。窑底用粘土抹成，底面铺砂二层，窑具插置砂层之上，部位相对稳固。窑墙残高32—42厘米，也用粘土做成，烧结面上所凝结的窑汗丰厚，尤以前段为甚，越往后则窑汗越薄。在近后墙的烟火道附近出土的几件碗、盏标本，胎色淡红，质地疏松，极易破碎，说明窑尾部位温度较低，不足以使坯件烧成瓷器。窑顶原为粘土块砌筑的弧形拱顶，惜已全部塌入窑底，估计拱顶至窑底的垂直高度在1.10米左右。窑室后部有墙一堵，墙的下部筑有烟火道，墙后有排烟坑，与窑室等宽，长约60—70厘米，平面作横向长方形（图四十四）。

二号窑紧依一号窑之西侧，相距仅0.70米。窑床结构与一号窑相同，不同之处仅在于它的前段坡度为31°，后段为14°，两段交界处的折腰现象更为明显；烟火道的构筑不如一号窑的规则整齐，发现中间的两个烟火道用砖坯和粘土堵小，以此调节窑内的火焰流速。

两座窑床的底部均遗留着部分窑具和瓷器残件。一号窑的垫座为斜底直筒状，此外还有作为叠烧器物间隔用的三足支钉。二号窑的垫座作束腰斜底喇叭状，体型较大，其中有的高达33.5、托面直径20.5、底径22厘米，且都采用瓷土制作。两窑出土的遗物均包括青釉瓷和黑釉瓷两种制品，似乎一号窑以烧制碗、盏类小件器物为主，青瓷多而黑瓷少；二号窑则以罍、瓿、罐、壶等大件器物多见。青瓷少而黑瓷多，表明两窑具有某种分工[89]。

考古的材料表明，这种龙窑早在商代时期就已经在浙江地区出现。到了东汉时期已

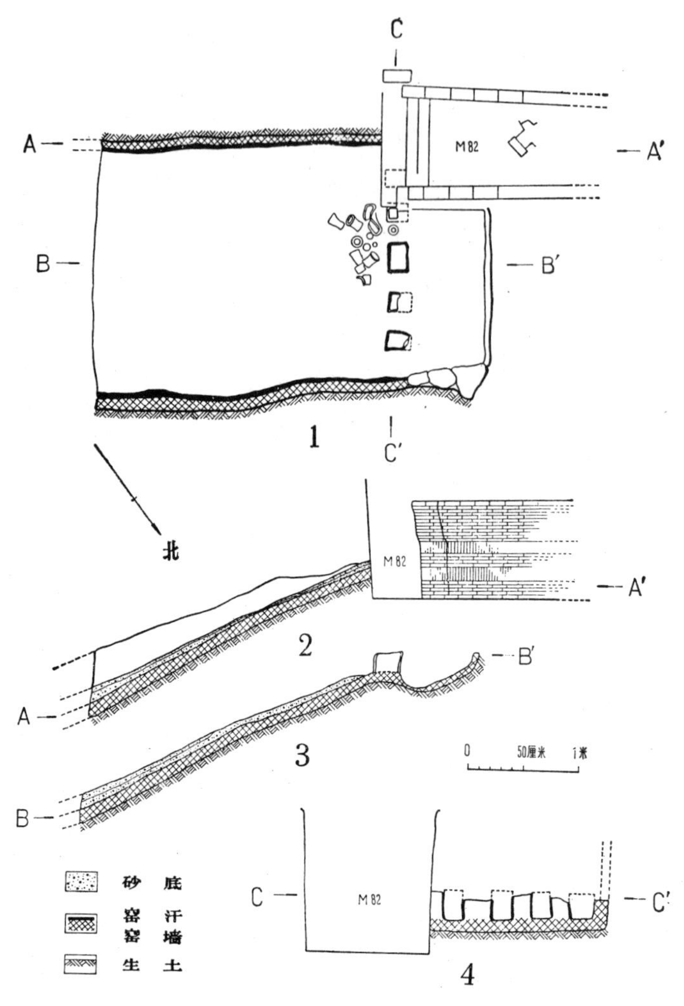

图四十四　东汉龙窑平、剖面图

1. 平面图　2. 西墙侧示图　3. 纵剖面图　4. 横断面图

经比较广泛地使用，在上虞、宁波和温州永嘉等地均有发现。这种长条形的窑炉，一般都是利用自然山坡修筑，所以窑身的前后有一个相当大的高度差，从而形成一定的自然抽力，不必另筑烟囱，窑基的修筑也十分省事。而且它对于建筑材料的要求较宽，可以因地制宜，就地取材，所需工本不多，因此特别适宜于江南地区多山多水的自然条件。这种窑炉比较低矮，它的扩展方向在于延伸窑室的长度，借此增加坯件的装烧量，这恰好适应坯体明火叠烧对于空间利用的限制，而窑体的加长则有利于余热的充分利用，从而降低了燃料的消耗。东汉的龙窑比战国时期的龙窑窑身加长，不仅增加了坯件的装烧量，使产量显著增加。同时使流动的火焰延长了在窑内停留时间，有利于窑温的提高和分布的均匀，把窑温提高到1300° C左右，为瓷器的烧成创造了必要的条件。此外，这种长条形的窑炉结构，具有升温较快的特点，而它较薄的窑体又能比较迅速地冷却。这恰好符合青釉瓷器和黑釉瓷器烧成工艺的要求，因为这两种色釉瓷的釉料中均含有较高的铁分，宜于在还原气氛中烧成，并要求快速冷却，以减轻铁的二次氧化，保持较为纯正的色调。所以说，东汉时期窑炉结构的改进、窑温的提高，是瓷器得以产生的重要条件之一。

其次是烧成技术的提高。根据对青瓷烧成工艺的研究，其烧成过程可以分为氧化、还原和冷却三个阶段，而烧成的关键在于控制还原和冷却阶段的气氛。以铁为着色元素的青色釉，在氧化气氛中由于胎釉中的铁质大部分转化为Fe^{+++}，即可使釉的颜色随着氧化气氛的强弱而呈现出各种黄的色调；若在还原气氛中，则一氧化碳和碳化氢等气体就从铁的氧化物中夺取氧，使Fe^{+++}转变为Fe^{++}，并随着还原气氛的强弱而呈现出不同程度的青色：在弱还原焰中烧成，釉色青中带黄，在强还原焰中烧成，釉呈较深的青色，若控制得当，即可取得色调纯正的淡青颜色，倘若控制不当，容易产生薰烟，或是窑温过高而造成流釉或变形，或是烧成温度过低而生烧。在冷却过程中，高温冷却的速度不能太慢，慢了就容易产生二次氧化而使釉色青中带黄，但冷却也不宜过速，太快了则又易产生“惊风”，甚至造成胎壁开裂。根据中国科学院上海硅酸盐研究所对上虞小仙坛窑址瓷片的化学分析，胎内FeO的含量为1.26％，Fe_2O_3的含量为0.58％，其还原比值为2.17，表明是在还原焰中烧成。釉呈较为纯正的青色，没有流釉现象，少见开片。说明窑工们在长期的实践中，已经比较成功地掌握了复杂的青瓷烧成技术，并烧出了色泽青翠的瓷器。

东汉瓷器，是由原始瓷发展而来的，是在原料粉碎和成型工具的改革、胎釉配制方法的改进、窑炉结构的进步、烧成技术的提高等条件下获得的，是我国古代劳动人民长期生产实践的结果和聪明才智的结晶，是我们伟大祖国对人类文明的又一贡献。瓷器的出现，是我国陶瓷发展史上一个重要的里程碑，它给此后的三国、两晋、南北朝瓷业的空前发展奠定了坚实的基础。

---

① 考古研究所洛阳发掘队：《洛阳涧溪东周遗址发掘报告》，《考古学报》1959年2期。
② 河北省文化局文物工作队：《河北易县燕下都故城勘察和试掘》，《考古学报》1965年1期。
③ 山西省文管会侯马工作站：《侯马东周时代烧陶窑址发掘纪要》，《文物》1959年6期。
④ 王士伦：《浙江萧山进化区古代窑址的发现》，《考古通讯》1957年2期；
绍兴县文物管理委员会：《浙江绍兴富盛战国窑址》，《考古》1979年3期。
⑤ 纪南城文物考古发掘队：《江陵毛家山发掘记》，《考古》1977年3期。
⑥ 河北省文物管理委员会：《河北武安县午汲古城中的窑址》，《考古》1959年7期。
⑦ 王仲殊：《洛阳烧沟附近的战国墓葬》，《考古学报》第八册（1954年）。
⑧ 河南文物工作队第一队：《郑州岗杜附近古墓葬发掘简报》，《文物参考资料》1955年10期。
⑨ 河北省文物管理委员会：《河北石家庄市市庄村战国遗址的发掘》，《考古学报》1957年1期。
⑩ 中国科学院考古研究所山东工作队：《山东邹县滕县古城址调查》，《考古》1965年12期。
⑪ 陕西省考古研究所渭水队：《秦都咸阳故城遗址的调查和试掘》，《考古》1962年6期。
⑫ 云梦秦简整理小组：《云梦秦简释文（二）》，《文物》1976年2期5页《均工》。

⑬ 陕西省文管会、大荔县文化馆：《朝邑战国墓葬发掘简报》。《文物资料丛刊》第二辑。
⑭ 西昌地区博物馆、四川省博物馆、四川大学历史系等：《西昌坝河堡子大石墓第二次发掘》，《考古》1978年2期。
⑮ 山西省文管会侯马工作站：《侯马东周时代烧陶窑址发掘纪要》，《文物》1959年6期；《河南登封阳城遗址的调查与铸铁遗址的发掘》，《文物》1977年12期。
⑯ 北京市文物工作队：《北京怀柔城北东周西汉墓葬》，《考古》1962年5期。
⑰ 河南省文化局文物工作队：《郑州二里岗》，科学出版社。
⑱ 河北省文化局文物工作队：《1958年邢台地区古墓葬的发掘与清理》，《文物》1959年9期。
⑲ 河北省文化局文物工作队：《河北邯郸百家村战国墓》，《考古》1962年12期。
⑳ 李知宴：《中山王墓出土的陶器》，《故宫博物院院刊》1979年2期。
㉑ 考古研究所洛阳发掘队：《洛阳西郊一号战国墓发掘记》，《考古》1959年12期。
㉒ 中国科学院考古研究所：《辉县发掘报告》，科学出版社，1956年。
㉓ 山西省文物管理委员会：《山西长治市分水岭古墓的清理》，《考古学报》1957年1期。
㉔ 山东省博物馆：《临淄郎家庄一号东周殉人墓》，《考古学报》1977年1期。
㉕ 中国科学院考古研究所山东发掘队：《山东平度东岳石村新石器时代遗址与战国墓》，《考古》1962年10期。
㉖ 陕西省博物馆、陕西省文物管理委员会：《秦都咸阳故城遗址发现的窑址和铜器》，《考古》1974年1期。
㉗ 《史记·越王句践世家》，中华书局。
㉘ 上海市文物保管委员会：《上海市金山县戚家墩遗址发掘简报》，《考古》1973年1期。
㉙ 浙江省文物管理委员会：《绍兴漓渚汉墓》，《考古学报》1957年1期。
㉚ 江西省博物馆等：《江西清江战国墓清理简报》，《考古》1977年5期。
㉛ 朱江：《吴县五峰山烽燧墩清理简报》，《考古通讯》，1955年4期；吴兴县文物管理委员会：《浙江吴兴苍山古战堡试掘》，《考古》1966年5期。
㉜ 广东省文物管理委员会、中央美术学院美术史美术理论系：《广东增城、始兴的战国遗址》，《考古》1964年3期。
㉝ 江苏宜兴和无锡一带出土的印纹陶，经化验胎的含铁量在4—7%之间。
㉞ 广东省博物馆等：《广东德庆发现战国墓》，《文物》1973年9期。
㉟ 周仁、张福康、郑永圃：《我国黄河流域新石器时代和殷商时代制陶工艺的科学总结》，《考古学报》1964年1期；李家治：《我国瓷器出现时期的研究》，《硅酸盐学报》第6卷第3期，1978年。
㊱ 绍兴县文物管理委员会：《浙江绍兴富盛战国窑址》，《考古》1979年3期。
㊲ 李家治：《我国古代陶器和瓷器工艺发展过程的研究》，《考古》1978年3期。
㊳ 浙江省文物管理委员会1956年发掘，资料未发表。
㊴ 黄宣佩：《上海市嘉定县外冈古墓清理》，《考古》1959年12期。
㊵ 浙江省文物管理委员会1954年发掘，资料未发表。
㊶ 安金槐：《郑州二里岗空心砖墓介绍》，《文物参考资料》1954年6期。
㊷ 秦都咸阳考古工作站：《秦都咸阳第一号宫殿建筑遗址简报》，《文物》1976年11期。
㊸ 杨宗荣：《燕下都半瓦当》，《考古通讯》1957年6期。
㊹ 北京市文物管理处写作小组：《北京地区的古瓦井》，《文物》1972年2期。
㊺ 中国历史博物馆考古组：《燕下都城址调查报告》，《考古》1962年1期。
㊻ 中国科学院考古研究所：《洛阳烧沟汉墓》，科学出版社，1959年。
㊼ 陈直：《两汉经济史料论丛》，《陶器手工业》。
㊽ 俞伟超：《汉代的“亭”“市”陶文》，《文物》1963年2期。
㊾ 陕西省文管会、博物馆、咸阳市博物馆：《咸阳杨家湾汉墓发掘简报》，《文物》1977年10期。
㊿ 中国科学院考古研究所：《长沙发掘报告》，科学出版社，1957年。
(51) 广州市文管处：《广州淘金坑的西汉墓》，《考古学报》1974年1期。
(52) 麦英豪：《广州华侨新村的西汉墓》，《考古学报》1958年2期。
(53) 广州市文管会：《广州动物园东汉建初元年墓清理简报》，《文物》1959年11期。
(54) 四川省博物馆赵殿增、高英民：《四川阿坝州发现汉墓》，《文物》1976年11期。
(55) 汪宁生：《汉晋西域与祖国文明》，《考古学报》1977年1期。
(56) 秦都咸阳考古工作站刘庆柱：《秦都咸阳几个问题的初探》，《文物》1976年11期。

(57) 唐山陶瓷工业公司刘可栋：《试论我国古代的馒头窑》未刊稿。
(58) 叶喆民：《中国古陶瓷科学浅说》。
(59) 于福熹、黄振发、萧炳荣：《我国古代玻璃的起源问题》，《硅酸盐学报》1978年1、2期。
(60) 张子高：《中国化学史稿》（古代之部）。
(61) 张福康、张志刚：《中国历代低温色釉的研究》，《硅酸盐学报》1980年1期。
(62) 甘博文：《甘肃武威雷台东汉墓清理简报》，《文物》1972年2期。
(63) 闻枚言、秦中行：《秦俑艺术》：《文物》1975年11期。
(64) 王学理、吴镇烽：《西安任家坡汉陵从葬坑的发掘》，《考古》1976年2期。
(65) 展力、周世曲：《谈谈杨家湾汉墓骑兵俑对西汉前期骑兵问题的探讨》 《文物》1977年10期。
(66) 济南市博物馆：《试谈济南无影山出土的西汉乐舞、杂技、宴饮陶俑》，《文物》1972年5期。
(67) 茂陵文物保管所王志杰、陕西省博物馆朱捷元：《汉茂陵及其陪葬冢附近新发现的重要文物》，《文物》1976年7期51—55页。
(68) 郑州市博物馆：《郑州新通桥汉代画像空心砖墓》，《文物》1972年10期。
(69) 冯汉骥：《四川的画像砖墓及画像砖》 《文物》1961年11期。
(70) 陈直：《秦汉瓦当概述》，《文物》1963年11期。
(71) 秦都咸阳考古工作站：《秦都咸阳瓦当》 《文物》1976年11期42—44页。
(72) 李家治：《我国古代陶器和瓷器工艺发展过程的研究》，《考古》1978年3期179—188页。
(73) 陕西省临潼县文化馆藏品。
(74) 湖南省博物馆：《长沙市东北郊古墓葬发掘简报》，《考古》1959年12期。
(75) 浙江省文物管理委员会：《浙江义乌发现西汉墓》，《考古》1965年3期。
(76) 调查资料未发表。
(77) 中国科学院考古研究所：《洛阳中州路》，科学出版社。
(78) 河北省文化局文博组：《安平彩色壁画汉墓》，《光明日报》1972年6月22日。
(79) 亳县博物馆：《亳县凤凰台一号汉墓清理简报》，《考古》1974年3期。
安徽省亳县博物馆：《亳县曹操宗族墓葬》 《文物》1978年8期。
(80) 周世荣：《湖南益阳市郊发现汉墓》 《考古》1959年2期。
(81) 沈宜扬：《湖北当阳刘家冢子东汉画像石墓发掘简报》，《文物资料丛刊》1辑。
(82) 江苏省文物管理委员会：《江苏高邮邵家沟汉代遗址的清理》，《考古》1960年10期。
(83) 王利华：《奉化白杜汉熹平四年墓清理简报》，《浙江省文物考古所学刊》1981年。
(84) 郭演义、王寿英、陈尧成：《中国历代南北方青瓷的研究》，《硅酸盐学报》1980年3期。
(85) 李家治：《我国瓷器出现时期的研究》，《硅酸盐学报》1978年3期。
(86) 林士民：《浙江宁波汉代瓷窑调查》，《考古》1980年4期343页。
(87) 安徽省亳县博物馆：《亳县曹操宗族墓葬》，《文物》1978年8期。
(88) 国家建材总局建材研究院：《我国古代黑釉瓷的初步研究》，《硅酸盐学报》1979年3期。
(89) 浙江省文物管理委员会、上虞县文化馆于1977年联合发掘，资料尚未发表。

第四章　三国两晋南北朝的陶瓷

（公元220—589年）

从三国到南北朝的三百六十余年中，除西晋得到短暂的统一外，我国的北方和南方长期陷于分裂和对峙的局面。在这期间，江南广大地区战乱较少，社会相对安定，而黄河流域一带自西晋末年以来战祸频仍，使社会经济遭到严重的破坏，民不聊生。在东汉末年、西晋永嘉之乱到北朝的几次大的军阀和地方割据政权的混战中，中原广大人民和一些士族地主大批渡江南下，寻找安身立命之地，江南人口激增。三国时，孙权又派大军围攻山越，迫使大批山越人民出山定居，增加大量劳动人手。人们垦荒治田，围湖修堤，开辟山林，江南经济获得了迅速的开发。时有“荆城跨南土之富，扬部有全吴之沃，……丝、棉、布、帛之饶，覆衣天下”之说。随着人口的增加，经济的繁荣，出现了建康、京口、山阴、寿春、襄阳、江陵、成都、番禺等重要城市。建康（今江苏南京市）是六朝的政治、文化和商业的中心，山阴（今浙江绍兴市）为豪门大族聚居之处，是江南比较富饶的地区。吴国孙权为了加强建业（三国时南京称建业）与三吴的交通，曾开凿破岗渎联结运河，赤乌八年凿成“以通吴会船舰”，沿途“通会市，作邸阁”。社会经济的发展，交通发达，商业繁荣和重要都市的建立，为瓷器等手工业生产的发展创造了有利的条件，东汉晚期出现的新兴的制瓷工业，迅速地成长起来。迄今在江苏、浙江、江西、福建、湖南、四川等江南的大部分地区都发现了这时期的瓷窑遗址，江南的瓷器生产呈现了遍地开花的局面，为唐代瓷业的大发展奠定了坚实的基础。唐代闻名的越窑、婺州窑、洪州窑等都已经在这以前或在这时期创立，并进行大量的生产。

四世纪末，居住在塞外的鲜卑拓跋部逐步强盛起来，接着率兵南下，联结汉族士族集团，统一了黄河流域，建立起北魏政权。中原的社会经济有了一定的恢复和发展。当地的陶瓷手工业在南方制瓷工艺的影响下，首先烧制成功了青瓷，以后进一步地发展了黑瓷和白瓷。白瓷的出现，是我国劳动人民的又一重大成就，为我国以后瓷业的大发展作出了巨大贡献。

第一节　江南瓷窑的分布和产品的特点

三国、两晋、南北朝是江南瓷业获得迅速发展壮大的时期。东起东南沿海的江、浙、闽、赣，西达长江中上游的两湖、四川都相继设立瓷窑，分别烧造着具有地方特色的瓷器，取得了极大的成就（图四十五）。

1.江、浙、赣地区

浙江是我国瓷器的重要发源地和主要产区之一。早在东汉时，上虞、宁波、慈溪和永嘉等地已建立制瓷作坊，成功地烧制出青瓷和黑瓷两种产品。到了六朝，瓷业迅速发展，窑场广布在今浙江北部、中部和东南部广大地区，它们分别属于早期越窑、瓯窑、婺州窑和德清窑，并初步形成了各有特点的瓷业系统。其中以越窑发展最快，窑场分布最广，瓷器质量最高。

越窑　“越窑”之名，最早见于唐代。陆羽在《茶经》中说：“盌，越州上，鼎州次、婺州次……，越瓷类玉……。越州瓷、岳州瓷皆青，青则益茶……。”陆龟蒙在《秘色越器》诗中更直接地提到越窑，他说“九秋风露越窑开，夺得千峰翠色来”。当时越窑的主要窑场在越州的余姚、上虞一带，唐代通常以所在州名命名瓷窑，故定名为“越窑”或“越州窑”。

越窑的主要产地上虞、余姚、绍兴等，原为古代越人居地，东周时是越国的政治经济中心，秦汉至隋属会稽郡，唐改为越州，宋时又更名为绍兴府。二千多年来，府与县名随王朝的更替而有几次更改。但是这里的陶瓷业自商周以来，都在不断地发展着。特别是东汉到宋的一千多年间，瓷器生产从未间断，规模不断扩大，制瓷技术不断提高，经历了创造、发展、繁盛和衰落几个大的阶段。产品风格虽因时代的不同而有所变化，但承前启后，一脉相承的关系十分清楚。所以绍兴、上虞等地的早期瓷窑与唐宋时期的越州窑是前后连贯的一个瓷窑体系，可以统称为“越窑”。将绍兴、上虞等地唐以前的早期瓷窑统称为“越窑”，既可看清越窑发生、发展的全过程，还可避免早期越窑定名上的混乱，如“青釉器物”、“晋瓷”或把它另行定名为“会稽窑”等。

越窑青瓷自东汉创烧以来，中经三国、两晋，到南朝获得了迅速的发展。瓷窑遗址在绍兴、上虞、余姚、鄞县、宁波、奉化、临海、萧山、余杭、湖州等县市都有发现，是我国最先形成的窑场众多，分布地区很广，产品风格一致的瓷窑体系，也是当时我国瓷器生产的一个主要窑场。同时制瓷手工艺也有了很大的提高，基本上摆脱了东汉晚期承袭陶器和原始瓷器工艺的传统，具有自己的特色。在成形方法上，除轮制技术有所提

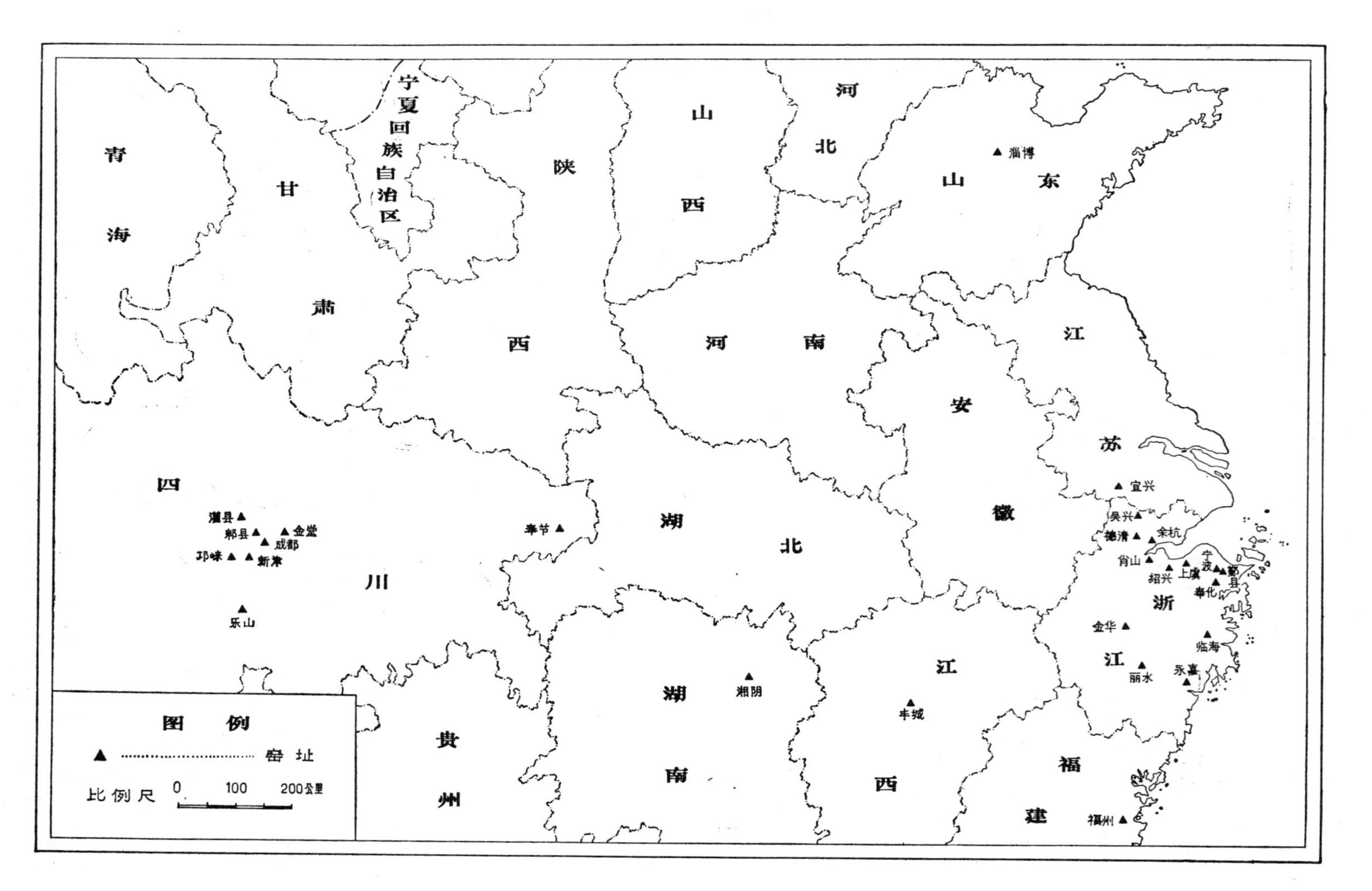

图四十五　三国、两晋、南北朝时期瓷窑遗址分布图

高外，还采用了拍、印、镂、雕、堆和模制等，因而能够制成方壶、槅、谷仓、扁壶、狮形烛台等各种不同成形方法的器物，品种繁多，样式新颖。茶具、酒具、餐具、文具、容器、盥洗器、灯具和卫生用瓷等，样样齐备。瓷器制品已渗入到生活的各个方面，逐渐代替了漆、木、竹、陶、金属制品，显示了瓷器制品胜过其他材料的优越品质，也预示了瓷器的光辉前途。

除了大量的日用品外，三国、西晋时还生产大批殉葬用的明器，如谷仓、砻、碓、磨、臼、杵、米筛、畚箕、猪栏、羊圈、狗圈、鸡笼等，以适应丧葬习俗的需要。

三国时期的越窑窑址在上虞县发现了三十余处，比东汉时期的瓷窑址猛增四、五倍，说明它发展迅速。窑址的极大部分在曹娥江中游两旁的山脚下，背靠山林，面临平原。窑工们利用山的自然坡度兴建龙窑，省工省料。在窑旁的平地上盖造场房，布局合理紧凑，便于生产。产品经曹娥江航运到杭州湾，然后向西可抵山阴城（今浙江省绍兴市），或经运河直达京口（今江苏省镇江市）、建业（今江苏省南京市）等大都市，向东入海而运往各地。可见当时人们对窑址地点的选择是非常合理的。

三国时期的越窑瓷器仍保留着前代的许多特点。胎质坚硬细腻，呈淡灰色，少数烧成温度不足的，胎较松，呈淡淡的土黄色。釉汁纯净，以淡青色为主，黄釉或青黄釉少见，说明还原焰的烧成技术已有很大提高。釉层均匀，胎釉结合牢固，极少有流釉或釉层剥落现象。纹饰简朴，常见的有弦纹、水波纹、铺首和耳面印叶脉纹等，至晚期出现了斜方格网纹，并在谷仓上堆塑人物、飞鸟、亭阙、走兽和佛像等，装饰逐渐趋向繁复。常见的器物有碗、碟、罐、壶、洗、盆、钵、盒、盘、耳杯、槅、香炉、唾壶、虎子、泡菜坛、水盂等日用瓷器和供随葬用的镳斗、火盆、鬼灶、鸡笼、狗圈、谷仓、碓、砻、磨、米筛等明器。与前代相比，日用瓷的花色品种大大增加。南京光华门外赵士岗四号墓出土的青瓷虎子，提梁作成背部弓起的奔虎状，腹部划刻："赤乌十四年会稽上虞师袁宜作"等铭文。南京清凉山所出的青瓷羊，昂首张嘴，身躯肥壮，四肢卷曲作卧伏状，形体健美，釉层青亮。上虞联江公社帐子山窑址中发现的蛙形水盂，背负管状盂口，腹部作蛙形，蛙头向前伸出，前足捧钵作饮水状，后足直立，蛙尾曳地，构成鼎立的三足，形似一只直立的青蛙在宁静的旷野中悠闲自在地喝水，造型独特。此外如江苏吴墓出土的器形复杂的谷仓和南京清凉山的底部划刻"甘露元年"等铭文的熊形灯都是这一时期具有很高艺术价值的代表作品（图版壹拾陆：1、2、3）。

西晋立国不久，但在短短的几十年中，越窑瓷业却得到了蓬勃的发展。瓷窑激增，产品质量显著提高。在上虞已发现这时期的窑址达六十多处，比三国时成倍地增加。在绍兴九岩、王家溇、古窑庵和禹陵等地也有窑址十余处。这两地是越窑窑场比较集中、产品质量最好的中心产区。此外，余杭县安溪、吴兴县摇铃山等地也相继设立瓷窑。其中以上虞县的朱家山、南越、凤凰山、尼姑婆山、门前山、帐子山、陶岙和绍兴县九岩等地瓷窑的产品最好。

西晋越窑青瓷，与东汉、三国时相比有明显的区别。胎骨比以前稍厚，胎色较深，呈灰或深灰色。釉层厚而均匀，普遍呈青灰色。器形有盘口壶、扁壶、鸡头壶、尊、罐、盆、洗、槅、盒、灯、砚、水盂、熏炉、唾壶、虎子、谷仓、猪栏、狗圈等，品种大大增加，人们日常所需的酒器、餐具、文具和卫生用瓷等大都具备，用于随葬的明器也有增加，是六朝时期花式品种最多的。器形矮胖端庄，配以铺首、弦纹、斜方格网纹、联珠纹或忍冬、飞禽走兽组成的花纹带，以及刻划细腻的龙头、虎首和熊形装饰的器足，使器物稳重大方，很有气魄。

越窑瓷器，胎质致密坚硬，外施光滑发亮的釉层，在人们视线容易接触到的口、肩、腹部又装饰各种花纹，具有经久耐用，不沾污物、不怕腐蚀，便于洗涤，久不褪色，美观实用等特点，所以自东汉问世以来，深受人们的喜爱。到了吴末、西晋，随着制瓷技术的提高，制作益加精巧，品种丰富，以满足各阶层人们，特别是贵族士大夫的需要。瓷器虽然比较价廉，但在当时工艺条件下，仍然不是一般平民的消费品。例如，上塑亭台、楼阙、佛像、各色人物和禽兽的谷仓；腹部堆雕猛兽，刻划精细，形状独特的猛兽尊；肩腹堆塑神鹰的鹰形壶等，这些器形复杂，成形困难，费工费时的产品，显然是供贵族使用的。至于各式样的熏炉，小巧玲珑，是为了适应当时贵族子弟“无不熏衣剃面，傅粉施朱”①的生活习俗。细巧优雅的水盂、笔筒、砚以及唾壶和各种明器等，是为文人和世家豪族的需要而大量生产的。第二，河南洛阳，江西瑞昌马头岗，南京栖霞山甘家巷吴建衡三年大墓，江苏宜兴周墓墩周玘家族墓、南京西岗、句容孙西村孙岗头、吴县狮子山等三国、西晋贵族大墓中大量瓷器的出土，也是有力的物证。如宜兴周墓墩是东吴、西晋时的江南门阀士族周氏家族墓地，有的墓经过盗掘，但仍出有猛兽尊、方壶、盖砚、熏炉、槅等精致的日用器和大量明器②；吴县狮子山已发掘的西晋傅氏家族三座大墓，一座被盗，另一座破坏严重，还出土谷仓、扁壶、簋、熏炉、槅、水盂、洗、唾壶、虎子等青瓷四十六件。

在吴县狮子山西晋傅氏家族墓内出土的二件谷仓，在龟碑上分别刻有：“元康二年润月十九日超（造）会稽”、“元康出始宁（今上虞县南部），用此霎，宜子孙，作吏高，其乐无极”等字样③。另外，南京赵士岗吴墓出土的腹部刻“赤乌十四年会稽上虞师袁宜作”等字的青瓷虎子，江苏金坛县白塔公社惠群大队砖室墓出土的青瓷扁壶，腹部一面刻“紫（此）是会稽上虞范休可作坪者也”十三字，另一面写“紫是鱼浦七也”六字等④。充分证明当时越窑青瓷，着重是供皇室、官僚和地主、豪族使用的（参见图版壹拾陆，壹拾柒）。

三国、两晋时，世族豪强势力得到恶性发展。东吴时孙权常以田宅和民户赐给功臣，动辄赐民几百户，田数百顷。两晋时司马氏继续采取扶植纵容士族豪强的政策。他们“势利倾于邦君，储积富于公室，……童仆成群，闭门为市，牛羊掩原隰，田地布千里……，商贩千艘，腐谷万庾”。他们在政治上拥有世袭特权，在经济上强行霸占山林湖田和经营商业、手工业。当时越窑瓷器的主要产地绍兴、上虞等地，土地肥沃，物产丰富，素称“鱼米之乡”，是世族豪强争夺控制的重要地区之一，故有“会稽多诸豪右”之说[5]。因此，上虞、绍兴等地的瓷窑，很可能是豪强地主经济的一部分。

东晋初年，越窑青瓷仍旧保持着西晋时的风格，没有多大的变化。东晋中期以后青瓷生产出现了普及的趋势，瓷器的造型趋向简朴，装饰大大减少，三国西晋时一度大量生产的明器基本上停烧，常见的产品有罐、壶、盘、碗、钵、盆、洗、灯、砚、水盂、香炉、唾壶、虎子和羊形烛台等。其中碗、碟等都已大小配套，不同尺寸的碗达十种以上，碟也有五种左右，饮食器皿已经相当齐备。纹饰以弦纹为主，少数器物上仍可见到水波纹，到东晋晚期开始采用莲瓣纹。西晋后期出现的褐色点彩，这时期得到了普遍的应用。

东晋时，德清窑兴起，瓯窑、婺州窑有了比较大的发展，产品运销到福建、广东、江苏等省，出现了与越窑竞争的局面。同时江西、湖南、四川等地的瓷业也有了进一步的发展或新设瓷窑烧造青瓷，以满足当地的需要。所以上虞、绍兴境内的越窑窑场有减少的趋势，上虞已发现的这时期瓷窑遗址还不到三十处[6]。另外，萧山县上董、石盖村[7]，鄞县小白市[8]、余姚县上林湖，都有新建的窑场。从已发现的窑址情况看，越窑窑场已不及前期那样多和集中。

南朝越窑窑址除上虞县有较多的发现外，在浙西北的吴兴县何家埠、浙东的余姚上林湖，奉化县白杜和临海五孔岙等地也有发现。从窑址中所见，这时期的越窑仍采用前期的制瓷工艺，多数胎壁致密，呈灰色，通体施青釉，少数胎较松，呈土黄色，外施青黄釉或黄釉。产品有碗、盘、盏、盏托、壶、罐、鸡头壶、唾壶和虎子等日用器皿。当时佛教盛行，所以刻划的莲瓣纹成了瓷器的主要纹饰。在南朝宋时，褐色点彩仍然流行，但褐点小而密集，与东晋时有别。

均山窑　均山窑在江苏省宜兴县鼎蜀镇汤渡附近，最早发现于1959年，因为离均山村不远，故定名为“均山窑”，又因窑址在南山，所以有称“南山窑”的[9]。

宜兴位于长江下游的太湖之滨，境内山峦起伏，河湖纵横。在太湖沿岸的冲积平原上，土地肥沃，既可发展农业，又有渔捞舟楫之利。山区又盛产瓷土和竹木薪炭，为发展陶瓷业提供了有利的条件。早在东汉时，宜兴鼎蜀镇与南山一带已形成一个制陶中心，烧造釉陶和灰陶等，均山窑瓷业是在汉代釉陶的基础上发展起来，并吸取毗邻吴兴和上虞、绍兴的早期越窑的先进技术，烧造出具有一定质量的青瓷器。

现已发现的瓷窑遗址计有龙丫窑、六十头窑、马臀窑、碗窑墩和大松园一号、二号窑六处，分布在南山北麓连绵1500余米的范围内。青瓷碎片和窑具的堆积十分丰富。在瓷窑旁边均发现了汉代釉陶和几何印纹硬陶堆积，而且青瓷盘口壶、泡菜坛、双系罐等的造型和装饰也与汉代釉陶的同类型器物相似，瓷窑所用的大型窑具为筒形、钵形等支托坯件的支具，也是承袭汉窑的。由此证明均山窑是由汉代釉陶发展而来的。根据遗物的特点，均山窑的时代在东吴后期到西晋。

青瓷品种常见的有钵、碗、盏、洗、壶、罐和泡菜坛。碗，广口浅腹，上腹近直，下腹向内聚收；洗，直口宽平唇，平底；罐，多数是双系弦纹罐，也有直口短颈平唇，肩安双复系，上腹圆鼓，下腹向内斜收的；壶，大盘口、短颈。器物的造型具有矮胖丰满的特点。瓷器的装饰因烧造年代的不同分别饰以弦纹、水波纹、斜方格网纹、联珠纹和铺首，耳面常常印人字纹。均山窑的造型和装饰具有与越窑相同的风格，所以陶瓷界有把均山窑列入越窑青瓷系统⑩。

当然均山窑的产品比较单纯，质量也比越窑青瓷稍逊一筹。瓷胎较松，断面比较粗糙，气孔率高达7—12％，通常的吸水率为3—7％，坯泥的粉碎、淘漂和练土都欠精细，经测定，胎土中铁、钛氧化物含量也较高。故胎呈灰、青灰或土黄色，烧成温度在1160—1260°C，通常在1200°C左右，故吸水率较高，玻化程度比较差。青釉常作豆绿色，微泛黄，器里满釉，器外施釉多数不到底，有的胎釉结合牢固，有的容易脱釉，釉面开裂成网形。

瓯窑　瓯窑在浙南的温州一带。这里东临浩瀚的大海，南与福建为邻，西北是括苍山区，山峦重叠，瓯江、飞云江由西奔腾而下直入东海，地势险要，水陆交通便利，是我国古代的通商口岸之一，制瓷、造船、刺绣和漆器等手工业都比较发达。早在汉代，瓯江北岸的永嘉就已生产原始瓷器，到了东汉末年更进一步烧制成青瓷。清人朱琰在《陶说》里提到："杜毓《荈赋》'器择陶拣'出自东瓯"，"后来'翠峰天青'于此开其先矣"、"是先越州窑而知名者也"。《景德镇陶录》也说："瓯，越也，昔属闽地，今为浙江温州府，自晋已陶，当时著尚"，所以瓯窑一直为陶瓷界所重视。但朱琰等人对瓯窑的评价是言过其实的。从已发现的窑场数量和生产规模来看，瓯窑远不如越窑，在瓷器的制作和纹饰方面也不及越窑精细优美，从各地出土的瓷器中也可看出越窑产品的供应范围比瓯窑广大，当时达官显贵所用的瓷器极大部分是越器，在社会上影响也应该是越窑大而瓯窑小。

瓯窑瓷胎呈色较白，白中略带灰色，釉色淡青，透明度较高，可能即是潘岳《笙赋》所谓"倾缥瓷以酌酃"的"缥瓷"。三国西晋时部分瓯瓷的胎质不及越窑那样致密，坯体没有完全烧结，断面较粗，胎釉的结合也欠佳，常有剥釉现象，而且釉色不稳定，除淡青色外，青黄色与青绿色也时有所见，说明胎釉的配方和烧成技术都不及越窑。东晋的瓯瓷，胎质细腻，釉层厚而均匀，胎釉结合比较牢固，釉色多数呈淡青色，部分为青绿色，青黄色釉少见，表明制瓷技术已有很大的进步。南朝时釉色普遍泛黄，开冰裂纹，容易脱落，胎釉结合情况又不如东晋。瓯窑青瓷的品种和造型有许多与越窑相同。常见的器物仍为罐、碗、钵、洗、壶、盘之类，早期罐、壶的耳面也印叶脉纹，但有不同之处。例如三国西晋时不生产或很少生产三足洗、槅、狮形烛台和蛙形水盂等一类的日用器和文具，专门用于随葬的明器也很少见。又如五联罐的腹部较深作圆筒形，罐上部的五个小罐高低几乎相等，而且紧紧地聚挤在一起，显得杂乱拥挤，主次不分，上下很不协调。温州双屿公社雨伞寺东晋升平三年（359年）纪年砖墓出土的牛形灯，灯柱作直立的牛形，牛头向前突出，后肢落地，在盘座与灯盏口之间装一个半圆形把手，既实用又美观。温州西郊发现的圆球腹假圈足褐彩盖罐，永嘉县永和十年(354年）墓出土的褐彩碗，瑞安桐溪西晋墓出土的肩部装三个乳凸的束腰罐以及三国西晋时的笔筒等，在造型上都有自己独特的风格。

瓯窑的花纹装饰比较简单，常见的有弦纹褐彩和莲花瓣纹，水波纹也偶有所见。褐彩普遍使用于东晋到南朝早期的瓷器上，它的形式有二种：一种是在器物的口沿及肩腹部加几点褐彩，或者在器物的肩腹部用褐色点彩组成各种图案。如在四系盖罐的肩腹部以耳为中心，围饰一圈褐彩，耳间又用点彩相连组成一个画面，在盖面则以钮为起点，向四周展开与罐身的四系相对构成垂直相交的点彩；又如鸡头壶，在盘口、鸡首和把手上加饰点彩外，肩腹间用十八个圆点构成一个圆圈，腹部以鸡头、把手和双耳作为弧线的起点，点出四条半圆线，将腹壁划成上下交叉的八个区间，各个区间饰圆形花一朵。另一种形式是绘成长条形，线条的长短和粗细视画面的大小而定，一般是盖面较小而短，腹部较大而粗，推测当时系用毛笔蘸含铁量较高的彩料绘成，所以起笔较细落笔较粗，瓯窑的这种褐彩装饰手法，新颖独特，为其它瓷窑所不见。

婺州窑　婺州窑在今浙江中部的金华地区。秦汉时属会稽郡，孙吴宝鼎元年（266年）分会稽郡置东阳郡，郡治设在金华山之阳，瀔水之东，故名东阳。隋平陈，结束南北分裂，将会稽、东阳改置吴州，开皇九年又分吴州置婺州。炀帝初改婺州为东阳郡，直至唐高祖武德四年（621年）改东阳郡为婺州，隶越州。

唐朝人陆羽所著的《茶经》有“碗，越州上、鼎州次、婺州次”的记载，因此以往人们都认为婺州窑始于唐代。

五十年代以来，在金华地区各县三国至隋代的墓葬中出土了大批青瓷器，同时在武义县发现西晋瓷窑遗址。墓葬和窑址中所出的瓷器，既与越窑不同，又和瓯窑有别，而与唐宋时期的婺州窑瓷器，在胎釉质地，成型和装饰等方面都有着明显的渊源关系，应该是婺州窑早期的产品。

三国时期的婺州窑青瓷，胎普遍呈浅灰色，断面比较粗糙，瓷土处理不细，而且没有完全烧结，玻化程度较差。釉层厚薄不匀，常常凝结成芝麻点状，一般呈淡青色，也有呈青灰或青中泛黄的，裂纹密布，在胎釉结合不紧密和釉面开裂处，往往有奶黄色的结晶体析出，这是婺州窑青瓷特有的一种现象。由于这一地区的土层为粉砂岩地带，瓷土矿分散，而且矿层很小很薄，不易开采。因此在西晋晚期，婺州窑手工业者就创造性地利用当地遍地皆是、开采和粉碎都比较容易、并具有很好可塑性的红色粘土做坯料。但因粘土中氧化铁和氧化钛的含量都较高（胎内Fe_2O_3为3.02%，TiO_2为1.02%）⑪，烧成后胎呈深紫色，影响青釉的呈色，所以就在胎的外表上一层质地细腻的白色化妆土，以掩盖胎色。由于胎外有化妆土衬托，所以釉层滋润柔和，釉色在青灰或青黄中泛一点褐色，但釉面开裂和析晶的情况较用瓷土做胎的瓷器更为严重。南朝时，婺州窑瓷器釉层普遍呈青黄色，胎釉结合较差，容易剥落。

婺州窑器类比越瓷少。三国、西晋时以生产盘口壶、罐、盆、碗、碟、篮、笔筒、水盂、唾壶和虎子等日用器皿为主，此外还烧猪圈、鸡笼、鐎斗、谷仓、水井等明器。东晋以后则主要生产罐、壶、碗、碟、水盂和鸡头壶等，明器已经不见。南朝时碗、钵、盏的数量增多，同时出现了盏托。

瓷器的造型既有时代的共同特征，也有一些地方特色。武义县桐琴果园三国墓出土的五联罐，上部的五个小罐塑成凹脸高鼻、圆眼正视的男性头像，中间的人物稳身端坐，左肩上驮一幼儿作抚面贴耳的嬉耍状；周围四个人物稍低一头，均左手托腮，右手取左肩之搭巾以示恭候，手法传神。同时期的敛口扁腹水盂和直口斜肩筒腹双系小罐，都在底部装三个矮矮的圆柱形足，也为其它瓷窑所不见。又如西晋时的罐和壶，肩部近平，上腹向下斜出，下腹向内聚敛的造型和东晋南朝时的盘口壶，腹部瘦长，肩腹采用柔和的圆弧形廓线以及从刘宋元嘉年间就在盘口瓶上堆贴龙纹等等，都是有别于其它瓷窑的地方（图版壹拾柒:5）。

婺州窑自三国创烧以来，制瓷工艺不断改进提高，产品销售到江苏、福建等地。到了唐宋时期婺州窑瓷场广布东阳、金华、兰溪、武义、永康、江山等县，成为我国青瓷比较有名的产地之一。

德清窑 德清位于杭嘉湖平原的西端，南与余杭县相邻，北和吴兴县接壤，天目山脉横亘其间，东苕溪由南而北流经县城然后汇入太湖，水陆交通便利。目前已发现的古瓷窑址有县城东郊的焦山和西南郊的戴家山、陈山和丁山四处，遗物堆积丰富，范围较大⑫。另外在余杭县大陆公社大陆果园附近又新发现瓷窑遗址二处。大陆果园距我国原始社会晚期有名的良渚文化遗址很近。离安溪的西晋瓷窑遗址不过一、二十里，很可能是安溪青瓷窑业的延续和发展。

德清窑是黑瓷和青瓷兼烧的瓷窑，以生产黑瓷为主。

黑瓷的胎多呈砖红、紫色或浅褐色。瓷胎的化学组成与婺州窑东晋紫胎瓷片非常一致，其中氧化铁的含量为3%，氧化钛为1%左右，可能采用了红色粘土做坯料或在瓷土中引入了适量的紫金土。青瓷的胎一般呈或深或浅的灰色，少数用含铁量较高的瓷土做胎料的则呈紫色。由于胎色较深，对青釉的呈色很不利，所以普遍地在胎外上一层奶白色的化妆土，以改善青釉的呈色并使胎面光洁，改善成品的外观。德清窑青瓷的釉色比较深，一般作青绿、豆青或青黄色，釉层均匀，具有较好的光泽。黑瓷釉层较厚，其中最出色的产品，釉面滋润，色黑如漆，釉光闪闪，可与漆器相媲美。这种乌黑发亮的釉的主要着色剂仍是氧化铁，含量高达8％左右。

器物的种类有碗、碟、盘、钵、耳杯、盘口壶、鸡头壶、香炉、盆、罐、唾壶、虎子、灯和盏托等。造型简朴而实用。盒、槅、筒形罐、盘口壶和鸡头壶等都配制了器盖，盖口密合，更适合于盛放食物；碗底大、腹深、口部微敛，比之西晋时越窑、瓯窑的口大、腹浅、底小的碗，容量增加，放置平稳。用于饮茶的盏，则配备了浅盘形的盏托，以免"盏热烫指"和茶水外溢，是一种新型的茶具。造型风格与婺州窑相似，轮廓线柔和，罐、壶腹部浑圆，不像越器那样挺拔。其中有的鸡头壶，盘口高颈、腹部瘦长，前有并列的双鸡头，后为双股泥条做成的龙头柄。鸡高冠引颈，昂首远眺，造型十分优美。镇江市郊出土的德清窑青瓷博山炉，盖作三层重叠的山峰状，每层五峰交错并列，峰沿划三线弦纹，使用时酷似火焰起伏，香烟缭绕，把器形与实用巧妙地结合起来⑬。此外，那种直筒形小盖罐和扁圆形的盖盒也都实用美观，为同时期其他瓷窑所罕见⑭。德清窑的装饰十分简单，通常是在器物的口沿和肩腹部划几道弦纹或在青釉器上饰几滴褐色点彩。也有用褐彩书写文字的，如镇江市东晋墓出土的德清窑青瓷盆，外底书写一个"偶"字，东晋末年以后，在部分碗、盘和壶上划饰复线莲瓣，与瓯、越等窑相同。

德清窑的烧造历史并不久长，从东晋开始到南朝初期结束，共一百多年，但由于黑釉瓷深受人们的喜爱，故产品运销到浙江、江苏的许多地方，甚至到遥远的四川等地。

2.湘、鄂、蜀、赣地区

位于长江中、上游的四川、湖南、湖北和江西等地区，从已经发现的资料来看，烧造瓷器的时间要比长江下游的江浙地区晚一些，很可能到晋代才开始设窑制瓷。

荆楚一带在三国吴时已经生产质量较高的原始瓷和少量青瓷。胎呈紫红色或浅灰色，外施黄褐色釉或青釉，釉层厚薄不匀且易剥落，严格地说，还不能称瓷器。器形有罐、壶、钵、盆、碗、仓、灯、槅、耳杯、碓、井、院落、牛车、香炉、灶、尊、鸭舍、羊舍、鸡笼和俑等。其中庑殿式的院落、小屋和畜舍，长方形的鬼灶等都是承袭了汉代陶器的形式。武昌莲溪寺永安五年墓出土的人物俑，脸部丰满，肥鼻大眼，眉间额部印白毫相的形态，与浙江瓷窑常用凹脸高鼻的胡人形象迥然不同，而和本地区所出的大批西晋瓷俑一脉相承，显然是当地的产品。此外，盖钵式谷仓、亭屋式水井、腹壁印"大开五十”的钱纹罐以及鸡、鸭、羊舍和单系罐等都富有地方特色⑮。

西晋时已用瓷土作坯，胎质细腻，呈青灰或灰白色，胎表施黄绿色釉。釉色有的近黄，有的近绿，有的黄中泛青，还有少数呈褐色。釉面开冰裂纹，胎釉结合不好，常有脱釉现象，甚至有完全剥光的。器形有碗、盘、洗、槅、四系罐、盘口壶、唾壶、泡菜坛、砚等实用器和屋、仓、车、灶、猪圈、羊舍、牛、马、狗、鸭以及各种人物俑等明器，品种繁多。湖南长沙、浏阳等地墓葬中发现的盆，唇面向上卷起，下有圈足，上腹饰联珠纹一圈，所贴铺首的兽头形式也与别的瓷窑不同；四系盘口壶，盘口大而浅，腹部硕圆，盛行横系；双口泡菜坛，形体较小，内口很高，腹部扁圆，肩有横系四个；碗的腹壁近于斜直，底较大，有的上腹饰菱形和弦纹的花纹带，地方特点浓厚。特别是长沙市郊西晋墓的出土物，有手持刀盾的武士俑，也有执物或作炊的奴仆俑；有高冠长服身背简册或正在书写的文吏俑，还有骑马吹乐弹琴拨瑟的奏乐俑；有出行用的车和马，更有成群的牛、马、猪、羊等，是当时士族门阀豪强地主拥有大量部曲、田客、奴仆、仪仗的真实写照⑯。其中一部分俑的面部形象与武昌莲溪寺吴永安五年墓出土的基本相同，额上带有佛教模仿释迦的“白毫相”，说明这一时期佛教在社会上的影响。

进入东晋以后，与浙江的越窑、瓯窑相似，青瓷制品以日用瓷为主，明器少见。长沙出土的东晋时期的长颈四系盘口壶、带盘三足炉、高把鸡头壶和南朝时期的龙柄盉形壶、双莲杯、长颈喇叭口瓶、凸雕覆莲纹水盂和湖北武汉等地发现的盘口壶、四系盖罐等都是它特有的产品。其中高把鸡头壶、壶颈细长，鸡首尖嘴圆眼，与它相对称的一面，装一个高把手，上端衔住盘口，下面接于肩部，器形优美⑯。龙柄盉形壶和双莲杯，造型独特，是别出心裁的作品；长颈喇叭口瓶，线条柔和，式样优美，类似后来的玉壶春瓶⑰。武汉地区的部分盘口壶，颈部粗大；那种四系盖罐，圆筒形的器腹很高，都另有一种风味⑱。这些瓷器，胎呈灰白色，少数为灰色或紫色，外施青或青绿、青黄色釉。由于胎釉的烧成温度不一致，膨胀系数不匹配，釉层普遍开冰裂纹，易剥落，瓷器的质量还不高。

特别应该提到武汉地区何家大湾齐永明三年（485年）刘凯墓发现的莲花尊。通高32·8厘米，盖面浮雕莲瓣，盖口密合，大小一致；颈上部饰仰莲，下刻忍冬，中间隔以凸弦纹；椭圆形的腹壁饰浮雕仰覆莲，平底，喇叭形圈足，肩部有六系。制作精细，工艺水平很高⑲。

两湖地区生产青瓷的窑址，在湘阴县已有发现。古窑主要在县城堤垸一带，北起水门，中经西外河街、许家坟山、马王坳、上烟園、湘阴轮渡、直至洞庭庙旧址。遗物有东晋时期的盘口四系壶、鸡头壶、菱形纹罐、平底托盘、褐色点彩宽底钵、褐彩罐和南朝时的印花短足盘、印花洗、饼形底杯与碗等⑳。

四川省昭化、广元、绵阳、德阳、彰明、成都等地的南北朝墓葬普遍发现了青瓷器，这些瓷器胎色灰白，釉呈青黄色，多开片，易剥落，有蜡泪痕，造型简单，式样不多。彰明常山等地崖墓出土的双鸡头壶，合股柄的上端做成熊头，双足蹲抓盘口，在并列的双鸡头下贴饰一个小圆饼，饼上和腹部常划四条放射式的短线并用点线延伸，装饰特殊。成都发现的覆莲瓣纹六系盖罐，盖和上腹均饰莲瓣，花瓣肥宽，瓣尖上翘。此外广元、昭化等地出土的四系扁圆腹罐，四系大口罐以及盘口壶、唾壶和盏等都富有地方特色，应是本地的产品[21]。

南朝时，四川成都和邛崃等地先后设立瓷窑，烧制青瓷。成都通惠门外的青羊宫瓷窑遗址，1955年经过小规模试掘，出土的四系壶具有南朝的时代风格。邛崃固驿窑所见的早期遗存器物有四系壶、敛口小杯等。瓷器的胎质较细，呈浅灰色，釉层比较均匀，釉色普遍青中带黄或黄色，釉面多开冰裂纹，易脱落，与墓葬中出土的瓷器相同。

江西是我国原始瓷的产地之一，制瓷基础比较好。根据墓葬资料，在三国时可能已开始烧制青瓷，西晋时已有较多的生产。

西晋时期的江西青瓷，坯泥经过淘洗，质地细腻，呈青灰或灰白色。器物内外施青绿、米黄或黄绿色釉，外壁施釉不到底，胎釉之间似未形成中间层，故釉易剥落，而且开冰裂纹。常见的器形有碗、碟、钵、盂、盆、洗、罐、壶、灯、耳杯等实用器和仓、灶、猪棚、鸡笼和提桶之类的明器。鸡笼形如盖盂、腹下部开长方形口，上部镂稀疏的长条形孔一圈，盖顶为一伏鸡钮。水桶作圆桶形平底，上有人字形提梁。谷仓的仓身与盖相连形似盖罐，腹中有凸棱一圈，将仓分成上下两部，上部的一侧开一个方形的窗门，盖顶有鸟形钮，造型别致。猪棚为长方形，顶有人字形脊，前墙半边开门，棚内放食槽。灯盏和支柱连接一起，有汉代陶灯的遗风。壶，有的为短颈喇叭口，有的为盘口短颈鼓腹，口颈短小而腹部肥胖，上下比例失调，式样不及越窑壶优美。同时罐、壶、钵、盆、碗等实用瓷装饰简朴，通常只饰几圈朴素的弦纹[22]。这些造型和装饰与越窑、婺州窑等迥然不同，应该是江西本地瓷窑的制品。

东晋时常见的制品有碗、盏、杯、盘、壶、罐、灯、唾壶和鸡头壶等日用器，明器罕见。纹饰也极简单，除弦纹外，只在少数器物上饰褐色点彩。器物的造型与别地的瓷窑基本相同，具有较多的时代共性。惟盘口壶、鸡头壶和唾壶的腹部过分肥大，口颈嫌小，不及同时期的越窑产品优美。碗、盏通行大口浅腹，罐则盛行广口四系，盛取食物方便。有些蚕茧形虎子，提梁矮小，而口部特别高大，各部位的比例不协调。狮形烛台，模仿越窑西晋时的样子，只是腹部略嫌瘦小单薄。瓷胎细腻灰白，釉多数呈青黄色，少数为豆青色[23]。

南朝时的制瓷作坊，已在江西丰城罗湖发现。罗湖在丰城县的东北，赣江的西岸，距离南昌市约三十公里。在罗湖南面的斜坡山、寺前山、狮子山，外宋村的管家、文龙包、南坪、对门山，下坊村的鹅公包，里宋村的尚山这一片红壤丘陵地发现了南朝至隋唐的瓷窑。窑址分布范围广，规模大，占地面积约三万余平方米，废品堆积层有厚达五、六米的，足见古代瓷业十分发达。丰城在唐代属洪州，产品由舟船通过赣江转运，当天可达当时的州治所在地南昌，产销方便。因此，可以肯定这里的唐代瓷窑就是文献记载的“洪州窑”，而南朝时期的窑场则是洪州窑的前身。

从窑址的瓷片标本和南昌、新干、清江、永修等地南朝墓葬出土的瓷器，可以窥见南朝时江西瓷业的概貌。瓷胎以灰白色为尚，堪称细腻，但烧成温度不高，没有完全玻化。釉层均匀，釉色以青黄、米黄色为主，也有呈豆青色的。青黄釉中釉层普遍开裂，胎釉结合较差，釉层容易脱落。常见的日用器有碗、钵、盘、盏托、五盅盘、泡菜坛、罐、壶、瓶、槅和熏炉等。五盅盘是在浅腹平底的盘内环置五个小盅，是一套轻巧适用的茶具或酒器。盘作子口，似乎有盖。盏托形状与越窑的相似，盘中心有凸起的环形托圈，以放盏底，盘面很浅，划饰莲瓣纹，底有饼形或圈足二种。熏炉为圆把手，下装浅盘，炉体外堆塑前后交错的细长莲瓣，形似升腾的火焰。瓶，品种较多，有一种瓶喇叭口、细长颈，腹部浑圆，圈足外撇，细巧雅致。尤其引人瞩目的是这里的瓷明器生产仍较盛行。灶、镳斗，带盘三足炉等在墓葬常有出土。灶作船形，上置釜、甑，旁塑一女俑，双手抱釜或扶灶，作烹饪状。火门上设护火墙，火门内放长短的柴薪数根，有的在门旁塑女俑，发作双髻，双手交叉于胸前，形象逼真，是当时现实生活的写照。镳斗形似深腹钵，下装兽蹄形三足，口肩部安一个微向外斜的短直把。带盘三足炉，炉身与镳斗相似，口肩部无把手，炉下连接浅盘。上述五盅盘、瓶、带盘三足炉和灶等在福建也相当盛行，地方风格明显。

3.闽、粤地区

广东至今尚未发现六朝时期的瓷窑遗址，但是从墓葬出土的瓷器中可以看出，这里在两晋时可能已设窑烧瓷。西晋时的直口扁圆腹四系罐、豆形灯、圜底圆腹心形钮盖盂、直口扁圆腹三足水盂，西晋末东晋时的圆肩筒腹平底四系覆钵式盖罐、点彩圆腹盖盂，南朝时的侈口浅腹圜底盘等，是这里比较典型的产品。半圆腹盂和圆筒形四系罐等是各时期都有的传统制品。同时西晋的狮形烛台、东晋的鸡头壶，耳杯托盘、盆、槅、唾壶和南朝时一部分碗、盘的造型，以及联珠纹等与越窑相似，而褐色点彩的装饰手法和瓯窑类似，其时海上交通已经发达，随着经济文化的互相交流，瓷业生产也互有影响。

瓷器胎呈灰白色，里外施青釉，多数釉作青黄色或青绿色，釉层透明开片，容易脱落，质量不及越瓷。

福建制瓷历史较晚，大约在东晋时期开始生产瓷器，南朝时的瓷窑发现于闽侯洪塘怀安村。

东晋的瓷器以日用器为主，明器少见。器形有罐、盘、钵、碗、壶、三足砚和蛙形水盂等。砚和水盂与同时期的越窑风格相似，只是水盂的腹部圆胖，盛水量大。带嘴双系罐和敛口深腹钵等，造型独特，与其它瓷窑不同㉔。

南朝时瓷业有了显著的发展，产品丰富，地方风格浓厚。这里的熏炉，炉盖排列多层乳尖或螺旋形堆纹，尖端弯曲向上，酷似烟云缭绕，有的还在上部堆贴仰莲；制作精细。高足杯，直口，深腹，下装外撇的高圈足，其它如盖碗，内底浅刻重瓣莲花盘、单管、双管、四管和荷花形灯等都是具有强烈地方色彩的产品。在各地的墓葬中还出土大量的瓷质明器，常见的有镳斗、火盆、带盘三足炉、提桶、虎子和鬼灶等等，品种繁多，说明这里的丧葬习俗与别地不同，仍盛行用瓷明器随葬。镳斗与鬼灶的形状与江西的类似。镳斗为凤头曲柄把手，出土时常置于三足盆上，盆多数用瓷制，也有陶质的，显然是盆中放炭火的暖食器。㉕ 虎子有的器口上仰。前肢直立，欲待猛扑，有的四肢拳曲作俯伏形态，背部有半圆形提梁，口部贴耳目和鼻。它们的形体都很小，一般长在10厘米左右，显然是不能实用的明器。

第二节　江南地区制瓷工艺的成就

从三国到南朝的三百六十余年中，我国的制瓷工艺取得了很大的成就。制瓷工匠们对胎釉原料的选用、成型、施釉方法、窑炉结构和装烧技术等方面进行了一系列的改进和革新，取得了很大成就。上虞县西晋元康七年纪年砖墓出土的越窑双系罐碎片经过分析研究，认为它无论在组成上、工艺上都已达到极高的水平。它的组成除Fe_2O_3和TiO_2的含量较高（分别为2.72％和1.11％），而使胎呈较深的灰白色外，已接近宋、元、明时期瓷器的组成。它的烧成温度已达1300°C左右，吸水率为0.42％，显气孔率为0.92％。釉呈青灰色，厚薄均匀，胎釉结合好，无剥落现象。在光学显微镜下，可看到瓷胎里有发育良好的莫来石晶体，石英颗粒较细，还可看到它的熔蚀边。有较多的玻璃态，烧结程度较好，薄片（0.5毫米）微透光。根据这些结果应该说它已接近近代瓷器标准⑪。

1.坯料的选用

三国时期各地的瓷窑，都用当地的瓷土作为制坯原料，所以越窑、瓯窑瓷器的化学成份和呈色都与东汉晚期的瓷器一样，没有什么大的变化。西晋的越窑瓷器，在胎质、釉色和造型装饰等方面都与三国时有差别。瓷胎的呈色较深，普遍作灰色。根据上虞县上浦公社石浦大队所产瓷土氧化铁和氧化钛的含量，瓷胎的色泽应该和东汉三国时的一样，呈淡灰色，因此西晋越窑的青瓷很有可能是有意识地选用了铁、钛含量较高的瓷土作为坯料，或者在坯料中引入少量的紫金土，使胎中的氧化铁含量由东汉、三国时2%以下，提高到2.5—3%，钛的含铁量由1%以下，增加到1%以上，使胎烧成灰色，对釉起衬托作用，使釉青中带灰，色调比较沉静㉖。

至于德清窑，它的原料开采和处理就更复杂了。前面已经提到几个德清窑瓷场都同时烧造青瓷和黑瓷两种产品，他们用含铁量接近3%的原料做黑瓷胎料，用含铁量较低的原料做青瓷胎料，所以青瓷胎呈灰或灰白色，黑瓷胎多呈紫色。德清窑所需的用料约有：配制胎料和瓷釉用的瓷土和含铁量较高的紫金土，配釉用的石灰石，供作化妆土用的含铁量很低的白瓷土；以及制作窑具所需的普通陶土和耐火粘土等。一个窑场所用的原料，约有六、七种之多。这些原料都需要分别加以粉碎、淘洗和堆放，工序比较复杂，而且场地要大，生产设备要齐全等等，这些都表明制瓷工艺已具有相当高的水平。

制瓷工艺的另一项突出成就，是婺州窑首先应用化妆土成功。它的作用是：第一，使比较粗糙的坯体表面，显得光滑整洁；第二，使坯体较深的色泽得到覆盖，为利用劣质原料制造瓷器创造了条件，从而为扩大原料范围，繁荣瓷业作出了贡献；第三，使釉层在外观上显得比较饱满柔和，提高了产品的质量。

由于化妆土具有这些优点，所以婺州窑自西晋晚期开始，采用当地遍地皆是的红色粘土作坯，解决了瓷土资源不足的困难。东晋时越窑、德清窑在部分青瓷中也用化妆土美化瓷器。南朝时，化妆土的应用范围更广，湖南、四川等地的部分瓷窑也相继采用。

瓷器上使用化妆土可能是受陶衣的影响。但是瓷与陶不同，瓷器上加化妆土，需要胎、化妆土、釉三者的烧成温度和膨胀系数大致匹配，否则就不能紧密结合，容易剥落，制作工艺比较复杂，应用化妆土的成功，不能不说是窑工们的一个大的成就。

2.成型工艺、釉料配制和施釉方法的改进

这一时期在成型技术上取得了很大的成就。碗、盏、钵、壶、罐等圆器都已用拉坯成型，胎壁厚薄一致，器型规整，提高了器物的实用价值，增加了美观。拉坯用的陶车，采取了比较进步的瓷质轴顶碗装置（详见第三章第二节三《瓷器的出现》部分），使装在轴承上的轮盘传动自如，转速快，成型效率高。同时还采用拍片、模印、镂雕、手捏等多种成型方法，生产扁壶、方壶、槅、俑、狮形烛台等式样特殊的器物。其中扁壶和方壶基本上用拍片成型法，即先拍成器物形状所需的方形、长方形或椭圆形的薄片，然后粘合成器，再接口、足和耳等。为了使器形规整，扁壶的腹片在外模中进行修整。槅也一样，器座和隔档都是分别拍成片，再粘合而成。狮形烛台和鸡头壶的鸡头是模制成

形。上虞县皂湖公社宋家山晋代瓷窑遗址发现的陶模证明：狮形烛台是用坯泥在陶模中分别压印成器身左右的两半，然后粘合成器，所以内壁有高低不平的按捺痕迹和接缝；鸡头是用坯泥在模中翻出，然后粘接在鸡壶的肩部。这种用陶模压印成器物，大小和纹饰一致，规格统一，工效高。各种人物和动物俑大都用手工捏塑而成。三国，特别是西晋时常见的谷仓，成形最为复杂。口部和腹部系分段拉坯粘接而成，底和屋檐等则用拍片，各式人物和禽兽，有的用模印，有的用手捏塑，仓口和器腹的小圆孔则用镂雕，在一件器物上连用了拉坯、拍片、模印、雕刻等各种技法。南京林山梁代大墓出土的青瓷莲花尊，装饰复杂，造型雄伟，高达85厘米。这类器物的制成，有力地证明当时的成型工艺确已具有很高的水平。

东晋南朝时，碗、碟的数量增加，而且大小成套。德清窑等瓷窑在装窑时用大小碗和碟套装，碗与碗之间不用窑具而用扁圆形泥点间隔。坯件之间的距离很小，所以各种规格的碗需要大小相同，碗形一致，不然就会造成两器相碰和粘连。说明当时的拉坯成型技术，已经相当熟练。

三国、两晋、南北朝时期南方各地的青瓷窑场使用的都是石灰釉。经过选样测试，越窑青瓷釉氧化钙的含量在18％左右，高的达19.69％，最低的也有16.09％，婺州窑东晋青瓷为18.14％，宜兴南山窑为17.92％，而上虞上浦公社石浦大队所产的瓷土氧化钙含量仅0.02％，所以当时的青瓷釉显然是由石灰石和瓷土配成的。

石灰釉具有光泽好，透明度高等特点。因为透明度高，所以胎的色泽对釉色的影响很大。越瓷胎色灰，釉呈青灰色，瓯窑胎较白，釉作淡青色，显示了各窑产品的不同特色。同时氧化钙含量过高，往往会产生失透现象，使釉缺乏光泽，三国、两晋时大部分越窑婺州窑青瓷就是这样。

我国历代的青瓷釉都以铁为主要着色元素，以氧化钙为主要助熔剂。釉内氧化铁含量的多少，对釉的呈色有很大的关系。越窑、婺州窑青瓷釉料中铁的含量在2—3％，釉色较深，呈豆青色或艾色。唐代瓯窑青瓷釉的氧化铁含量为1.54％，釉作淡青色。德清窑用含铁量很高的紫金土来配制黑釉，使釉内含铁量高达6—8％，因此色黑如漆，釉面光泽强，是釉料配制的一个很大进步。这种因用料不同而产生的釉色特点，也是区别各地瓷窑产品的标志之一。

在石灰釉内，除了以铁做着色元素外，钛和锰也是很强的着色元素，如含量较高，对青瓷釉色会产生不利影响。

施釉普遍使用浸釉法，釉层厚而均匀。其中浙江境内瓷窑的产品胎釉结合好，很少有剥釉现象，流釉的情况也少见，说明胎釉的烧成温度和膨胀系数都比较匹配，烧成时温度控制恰当，制瓷工艺技术比较高。湘、鄂、蜀、赣等地瓷窑的制品，可能采用了当地含铝量较高和含铁量比较低的瓷土做原料，胎的烧成温度提高了，而釉却没有作相应的调整，结果普遍出现胎尚未烧结，而釉已经玻化，釉面光泽很强，胎釉结合不良，釉层产生龟裂和严重的剥釉现象。

3.窑炉结构的改进和烧成技术的提高

浙江各地瓷器手工业作坊，普遍采用龙窑烧瓷。龙窑具有体积大、热效率高、燃料省、造价低、单件产品成本低等优点。同时浙江境内多山，适于建造龙窑，故自商周以来很快得到发展和应用。

三国、两晋、南北朝时期正是龙窑发展的重要阶段，它由不定型逐渐转变为比较合理、完善和定型。上虞联江公社帐子山发掘的两座东汉龙窑，窑床前段斜度大，后段比较平缓，窑室中间有横向凸起的棱脊，窑后有墙，墙下部设烟火弄，墙后有出烟坑，龙窑的基本结构已经具备。但是两窑窑床的斜度不同，烟火弄的数量和大小相差较大，说明龙窑尚处在不断的实践探索中，还未定型。

在与东汉龙窑遥遥相对的鞍山上，发现一座三国时龙窑，保存完整。全长13.32、宽2.1—2.4米，由火膛（即燃烧室），窑床和烟道三部分组成。火膛为半圆形，长80厘米左右，底比窑床低42厘米，用粘土铺成，比较坚硬。火膛与窑床之间有垂直的粘土墙一堵，厚11厘米，朝火膛的一面有薄薄的一层窑汗。窑床似斜长的甬道，长10.29米，宽2.1—2.4米，其中前段较宽，后段渐渐缩小。倾斜度前段为13度，后段为23度，底面铺砂层，两边窑墙用粘土筑成，高30—37厘米，窑顶为半圆形拱顶，用粘土砖坯砌成，向窑内的一面有厚厚的一层窑汗。在窑床和烟道之间有一堵粘土矮墙，高仅10厘米，墙顶平，两壁向下斜伸，墙面烧结坚硬。这样的矮墙，在其它几座龙窑中都不见，且此窑的前后段倾斜度又和其它龙窑相反，后段倾斜度高达23度，烧窑时抽力很大，火焰流速快。筑此墙的目的应该是减少窑内的抽力，使火焰流速减缓，所以称它为“挡火墙”。在“挡火墙”后，有一排前后略有参差的五个粘土柱，高15厘米，每个柱面都有窑汗，说明柱上无墙。粘土柱间有六个排烟孔，柱后有粘土堆，它由许多块粘土搭成，高低不平，形状很不规则，表面有薄薄的窑汗，显然是烧窑时为了调节窑内温度而临时加堵的（图四十六）㉗。

这座龙窑的窑身比东汉时的龙窑加长了，装烧量增加，同时窑身前宽后窄，也有利于烧成，是对龙窑结构的合理改革。但是这座窑的倾斜度与东汉龙窑适得其反，前段比较平缓，后段较陡，窑床中段下凹。这样的结构对烧成是很不利的。因为窑身短、前段坡度小，窑内的自然抽力不强，对发火和升温是不利的，后段又过陡，自然抽力太大，造成火焰流速过快，不利于升温和保温，所以只好采用砌挡火墙和临时用粘土堵塞出烟孔的办法。东汉和三国龙窑结构的这些差异，说明龙窑还处在不断的摸索改革中。

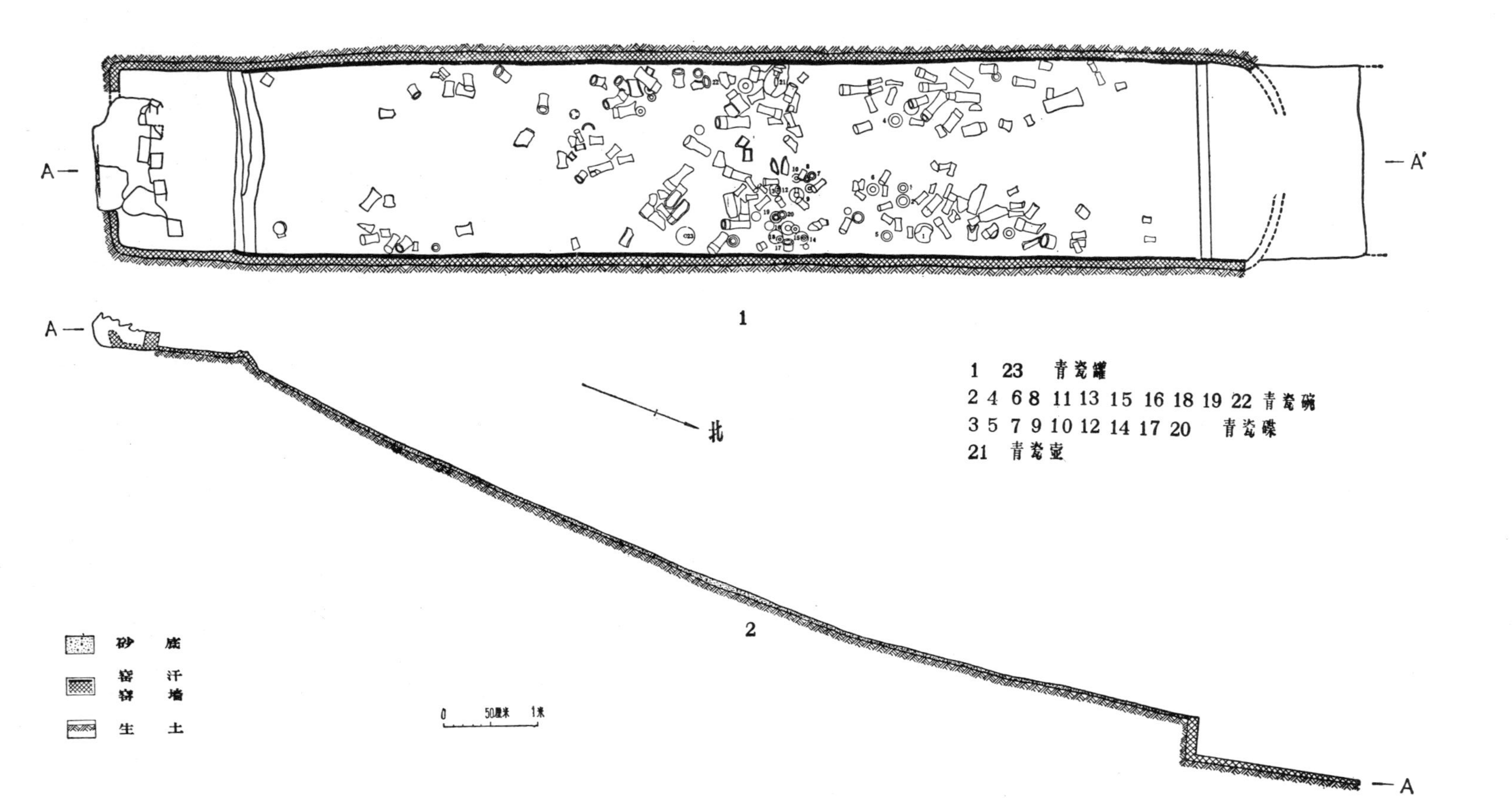

图四十六 三国龙窑平剖面图

在三国龙窑内保存着大量的装坯件的垫底窑具，其中，中段最密集，后段靠近挡火墙部分很少，只有零零碎碎的几件。这种情况说明，这座窑的前中段烧成比较好，后段因受燃料火焰长度的限制、火力弱，温度不高，烧不成瓷器，故很少装坯件。因此，龙窑若不解决分段烧成的问题，就不可能再把窑体延长，增加装烧量。

在上虞联江公社帐子山发掘的晋代龙窑，仅存窑床后段和烟道部分，残长3.27米，宽2.4米，壁残高15—22厘米，窑床残长2.05米，倾斜度10度，与现代龙窑基本相同。底由粘土做成，厚11厘米，呈砖红色。底上铺沙二层，厚12厘米。拱顶也用粘土砖坯砌成，已经塌入窑内。从窑床和排烟坑相交处的窑墙向内折的情况判断，这里原来应该有烟火弄和墙，但已被扰乱和破坏。最后是排烟坑，长1.22米，宽与窑床同，平面作横向长方形。

窑床内遗留的窑具排列规则，纵横成行，行距有疏有密，间距略有差错，以调节底部火焰的流向。

这座龙窑因保存不全，长度不明。从龙窑由短向长的发展趋势分析，它可能比鞍山的三国龙窑要长。如果是这样，那么在两晋时很可能已解决了龙窑分段烧成的问题。即在窑顶或窑室的两侧设投柴孔，用“火膛移位”的办法把制品烧成。所以这座龙窑的后段也放满了装坯件的窑具，而且在窑内和窑外的废品堆积层中都很少有生烧产品。

在没有解决分段烧成以前，窑床的长度受燃料火焰长度的限制，为了扩大窑位，增加产量，只好把窑建宽。所以东汉至晋代龙窑的特点是短、矮、宽、陡。短主要是受火焰长度的限制；宽是为了扩大装烧面，但是窑室过宽了，窑顶的跨度就大，而且当时越窑、瓯窑都用粘土砖坯砌顶，容易倒塌，因此，这时期龙窑的使用年月都不会长久；陡是因为窑室短自然抽力较小，倾斜度大可以加强自然抽力；矮是适应当时的装窑情况，因为这时还没有创制匣钵，坯件叠装不高，而且罐、壶、灯、虎子等大部分器物只能单件装烧，不能叠放，所需的高度有限，窑室矮，更有利于烧成。当然，在这样矮的窑室内装窑出窑，劳动强度很大，操作是十分艰苦的。

解决分段烧成后，龙窑的长度可由窑场的需要和生产能力来决定，窑内的装烧面积可以用延长窑身的办法来解决，而且窑身愈长，余热利用率愈高，节省燃料。同时窑身长了，还可把宽度适当减小，使窑内温度更加均匀，有利于烧成，并使拱顶更加坚固不易倒塌，延长使用寿命。所以南朝前后，龙窑逐渐向窄与长的方面发展。浙江丽水县吕步坑南朝时期的龙窑，只发掘中间长10.5米的一段，窑宽2米，比晋代龙窑要窄。同地唐代初期的一座龙窑，残长达39.85米，宽1.7米，倾斜度10—12度[28]。这说明龙窑已向狭长发展，斜度也合理了，龙窑窑型一步步地走向定型化。

与此同时，窑具和装烧方法也在不断地改变。窑具（图四十七）按照不同的用途、可分两大类。一类是放在窑底上把坯件装到窑内最好烧成部位的垫具，这种窑具比较高

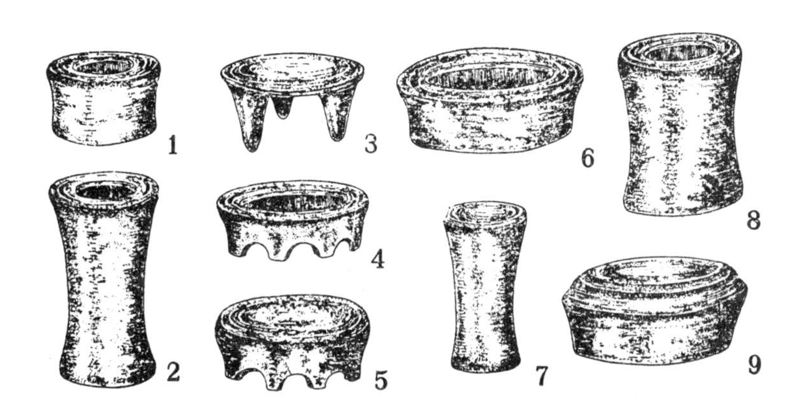

图四十七　三国两晋南朝窑具示意图

大和粗壮；另一类是坯件叠装用的间隔具，体积小，制作比较精细。三国时的主要垫具，器身作直筒形，腰部作弧形微束，托面有内折平唇。大小按所装的器物而不同，最高的达40厘米（图四十七:2）。另一种也为圆筒形，中间空，上下两端都有内折的环形平唇，作为承放坯件的托面。此类垫具高不到10厘米，它的功用是放在前一种垫具之上,上面再装坯件（图四十七:1)。晋代改用喇叭形和钵形垫具，喇叭形窑具多数较小而高，托面平，承装碗、盘、唾壶、水盂等小件（图四十七:7、8)；钵形垫具常见的有两种：一种是口大底小，腹壁斜张，口部有内折平唇，唇面承放盆、洗等器底大的器物；另一种腹壁较直，平底，底的中心镂圆孔，使用时口向下，底朝上，上面装器形较大的坯件（图四十七：6)。叠装用的窑具种类较多，三国时主要用三足支钉，使用时三足向下，托面朝上，以便上面再放碗、盘等坯件（图四十七：3)。这种窑具自重小，可以多叠放坯件，但支撑点少而尖，重量都集中在三个足尖上，因此足尖往往陷入坯件的底部，影响产品的质量。所以在西晋时窑工们创制一种锯齿口的盂形窑具，作为叠烧坯件的间隔物。此种窑具着力点多，重量分散，而且齿口是个小平面，不会因承受重量而陷入下面的坯底里。叠装时齿口朝下，放在一个坯件的内底里，上面再叠装碗、盏之类。（图四十七:4.5）

随着成型技术的提高，拉成的碗、碟等坯件能够达到大小一样，厚薄一致。所以自东晋开始德清窑和一部分越窑窑场就不再用窑具间隔，坯件之间只放几颗扁圆形泥点（即“托珠”)垫隔，这样不仅减少了窑具本身的重量，可以多装坯件，增加装烧量，而且还可节省制做窑具的工时和原料，是一项既增加产量又具有很大经济价值的装烧法。南朝时还有一种器形很矮的盂形垫具，直口平底，使用时口朝下，底朝上放在坯件的内底，然后再在其上装坯件。在福建等地的瓷窑中还使用一种三角形窑具，它是用扁平形的泥条由中间作“Y”岔开，前端转折成直角，作为支点，轻巧省料，但荷重力小，坯件叠装不多。

在龙窑结构和装窑方法得到不断改进的同时，烧成技术也有了很大的提高。上虞西晋元康七年墓出土的越窑双系瓷罐，经测定，烧成温度已达1300°C左右，吸水率为0.42%，显气孔率为0.92%，胎内有较多的玻璃态。上虞帐子山三国、晋代瓷窑遗址的瓷片，经测定，前者的还原比值为0.8，显气孔率1.05%，吸水率0.45%，后者的还原比值为0.77，显气孔率1.06%，吸水率0.5%。这都是在弱还原焰中烧成，烧结程度较好，胎的薄片微透光，基本上达到现代瓷的要求。当时制品都用明火烧成，外面没有匣钵等保护体，但熏烟的现象少见，过烧而造成器物变形或流釉的现象也较少，青釉的合格率比较高。凡此种种都说明越窑的窑工们已具有很高的烧成技术。

总之，在三国、两晋、南朝时，由于广大制瓷匠师们在生产实践中不断的积累经验和创造发明，使我国的制瓷工艺获得了迅速的提高，为以后瓷器的进一步发展奠定了基础。

4.造型与装饰

三国时期，瓷器还是一种兴起不久的新产品。瓷器的造型和装饰基本上是承袭汉代的，较多地吸取了陶器、铜器和漆器等的形式和图案花纹。各式罐和壶与汉代陶器和原始瓷器相似，宽沿兽足洗和腹部贴铺首的唾壶等又是模仿汉代铜器的式样，长方形槅则与汉代的漆制品相同，虎子的造型也由汉代铜、陶质产品演变而来。习见的弦纹、水波纹、铺首、兽头足和耳面印叶脉纹等装饰，也是汉代常用的。当然也有一些变化，例如盘口壶的盘口加大，颈缩短，腹部由椭圆形的深腹变为矮胖；虎子出现束腰，向蚕茧形发展，腿部丰满，形似一只昂首蹲伏的猛虎。

吴末、西晋时，越窑、瓯窑已有较长的制瓷历史，生产经验丰富，造型和装饰艺术有了很大的提高，能够大量地制成扁壶、谷仓、把杯、砚、蛙形水盂、熏炉和各种瓷塑等品种丰富、式样优美、装饰复杂的日用器和明器。1974年上虞县百官镇凤山砖室墓出土的鸟形杯，半圆形的杯体以为腹，前贴鸟头、双翼和足，后装一个上翘的鸟尾，鸟圆头尖喙似鸽，双翅飞展，两足紧缩于腹，酷似一只安然翱翔的飞鸽，供人喝酒欣赏，达到了美与实用的完满结合。南京板桥镇石闸湖西晋永宁二年（302年）墓出土的鹰形壶，肩部堆塑双目圆睁尖喙下勾的鹰头，两侧划飞翼，腹下前面贴附双爪，后面塑尾巴，给人以鹰栖于枝的感觉(参见图版壹拾柒:1)，江苏金坛县白塔公社惠群大队、浙江上虞县砖瓦厂、南京甘家巷等西晋墓出土的扁壶，都系直口扁圆腹，下装扁圆形圈足，腹部划花。

前者肩部两侧粘贴鼠钮，后者两侧上下有四系，都是可以系绳背带的酒器，特别适用于出行和狩猎。常见的文具砚，砚面圆而平，外围不高不矮的子口，既可围护墨汁，又起固定扁平形器盖的作用。底部的三个熊足，扁平细巧，与砚的功用和谐协调。上虞县东关红星大队出土的蛙形水盂，蛙作蹲伏状，背设管状进水口，腹部扁圆以贮水，蛙头前伸，前足捧钵作饮水之势，嘴内穿一小孔，以便滴水。后腿弯曲贴于腹壁，器形优雅别致。绍兴萧山等地出土的吴晚期的谷仓，仓口百鸟簇拥，引颈展翅，生动地展示了粮食盈廪百鸟争食的情景。其下是人物百戏，有的奏乐，有的耍技，又是一番喜庆丰收的欢乐场面。一是鸟、一是人，以两种迥然不同的表现形式，突出粮食满仓的主题，足见构思的巧妙。绍兴古墓出土的一件谷仓，腹上部的龟碑正面有："永安三年时，富且洋（祥），宜公卿，多子孙，寿命长，千意（亿）万岁未见英（殃）"的铭文，是一件难得的珍品。此外，如狮形烛台、熊形灯、猛兽尊和各式香熏等都是造型优美，艺术造诣很高的作品。

这时期越窑、婺州窑塑造的砻、磨、碓、米筛、畚箕、猪栏、羊圈、狗圈、鸡笼以及湖南各地墓中出土的各种人物俑和动物俑等等，形态逼真，表情各异，是当时江南以水稻为主的农业经济和社会生活的真实写照。

西晋时的越窑，为了使器形更加稳重端庄，瓷胎比前期稍厚。为避免由此而产生的厚重感觉，匠师们把碗、碟一类器物的口沿做薄，把洗的唇面做成弧形内凹，将平唇钵的口缘和盘口壶的盘口外缘等部位，或做成规整的直角线条，或做成纤细的棱线，给人以轻巧的感觉，足见用心之细。

造型服从于器物的实用美观，也与装烧、成型工艺水平有关。前面已经提到这时期坯件的装窑方法是：洗、钵、碗、碟等口大的器物，采用叠装法，以增加装烧量；不能叠装的器物，则是单件排放，一个坯件占据一个窑位。由于生坯的机械强度差，为了使叠装器物的底部增加承压力，造型设计者常采用厚厚的平底或饼形底，不用外形美观的圈足。又如三国西晋时常见的虎子；圆筒形的虎身中间作适当的压缩，腿部微微鼓出，显得强壮有力，前面贴虎首，双侧划飞翼，底部安四足，形似一只蹲伏的猛虎。但臀部却不是鼓出，使虎形逼真，而是一个圆形内凹的平臀。这不是造型上的疏忽，而是为了增加装烧量。若把虎子的臀部作成圆形鼓出，装窑时只能四肢落地平放，所占的窑位大。把它做成圆形内凹，就可以臀部着地竖装，装烧量可增加一倍以上。由此可见，造型还需考虑到装烧等各个方面。

西晋的瓷器装饰也与别的时期不同。那些日常使用的罐、壶、盆、洗、钵、碗等容器和饮食用瓷也都普遍印、划或堆贴各式花纹，常见的装饰是在器物的肩腹部或口沿划弦纹和压印斜方格网纹、联珠和禽兽纹等。联珠纹多数由一个个并列连接的花蕊纹组成，只有少数简化为圆圈纹，它常常装饰在网纹的上下端。网纹的变化较多，有单纯用斜方格纹组成，也有在斜方格内用细斜线划分成九格或十六格，或者只印出内凹的棱形，没有凸起的格线，别具一种风味。禽兽纹等比较少见，它由龙、凤、虎、朱雀等飞禽走兽交替组成，也有完全印龙纹的。另外有印斜线篦点纹、忍冬纹、重线棱形纹上下布短条纹等。它们都组成规整的带状画面。在器物上还常常堆贴铺首、辟邪、朱雀、白虎、人物、骑兽人和佛像等。它们常与网纹、联珠纹带结合在一起，使之具有深浅层次的艺术效果。

佛教在汉代开始传入我国，佛教艺术也随之而来，三国、西晋时在瓷器装饰上已有所表现，谷仓、罐和碗、钵等器物出现了佛造像和忍冬纹的装饰。制瓷匠师们将佛教造像与我国传统的四神、仙人、乐舞百戏和其它图案巧妙地组合在一件器物上，从而创造出不同于前代的新的风格。

东晋以来，造型注重于经济实用，纹饰简朴，盛行褐色点彩和手法简便的弦纹，在瓯窑等产品中还使用褐色彩绘。

莲花是佛教艺术题材之一。南朝青瓷中普遍以莲花为装饰，在碗、盏、钵的外壁和盘面常常划饰重线仰莲，形似一朵盛开的荷花。武昌何家大湾齐永明三年（485年）刘凯墓和南京林山梁代大墓出土的莲花尊，是瓷器中同类装饰的典型之作。灵山梁代大墓所出的莲花尊，高85厘米，全器为喇叭口、长颈、椭圆腹，底较高，有盖。其装饰较武汉地区出土的莲花尊更为复杂。盖顶四方形，以肥厚短俏的堆塑莲瓣环绕四周，莲瓣上下围饰齿纹、颈部为模印贴花装饰，以凸出的弦纹分成上中下三段，上段为飞天，中段为熊，下段系双龙抢珠。器腹上部由两层模印双瓣覆莲，一轮贴花菩提和一组刻划瘦长的复莲组成；下部为一组双层单瓣仰莲，莲瓣尖端略微上卷。足部亦由两层覆莲组成，上层的莲瓣较短，且无瓣尖；下层则为刻划而成的瘦长莲瓣。整个装饰除一部分贴花外，均用不同形式的堆塑、模印和线刻仰覆莲所组成。这种实用与美观相结合的产品，反映了我国这一时期制瓷工艺发展和变化的特点（彩版11）。

5.器形的演变

江南六朝时期的瓷业，以越窑规模最大，产量高，质量好。现以越窑为主，说明这时期的器形演变（图四十八）。

从器物演变图中可以看出，这时期器物造型的发展趋向是合于实用。以盘口壶为例，三国时盘口和底都较小，上腹特大，重心在上部，倾倒食物相当费力，占据的平面也较大，而且还给人以不稳定的感觉。东晋以后盘口加大，颈增高，腹部修长，各部位的比例协调，线条柔和，造型优美，重心向下，放置平稳，使用时比较省力。南京和平门外朱家山东晋墓出土的羊头壶，肩部装一个引颈远眺、双角卷曲的羊头，配以椭圆形

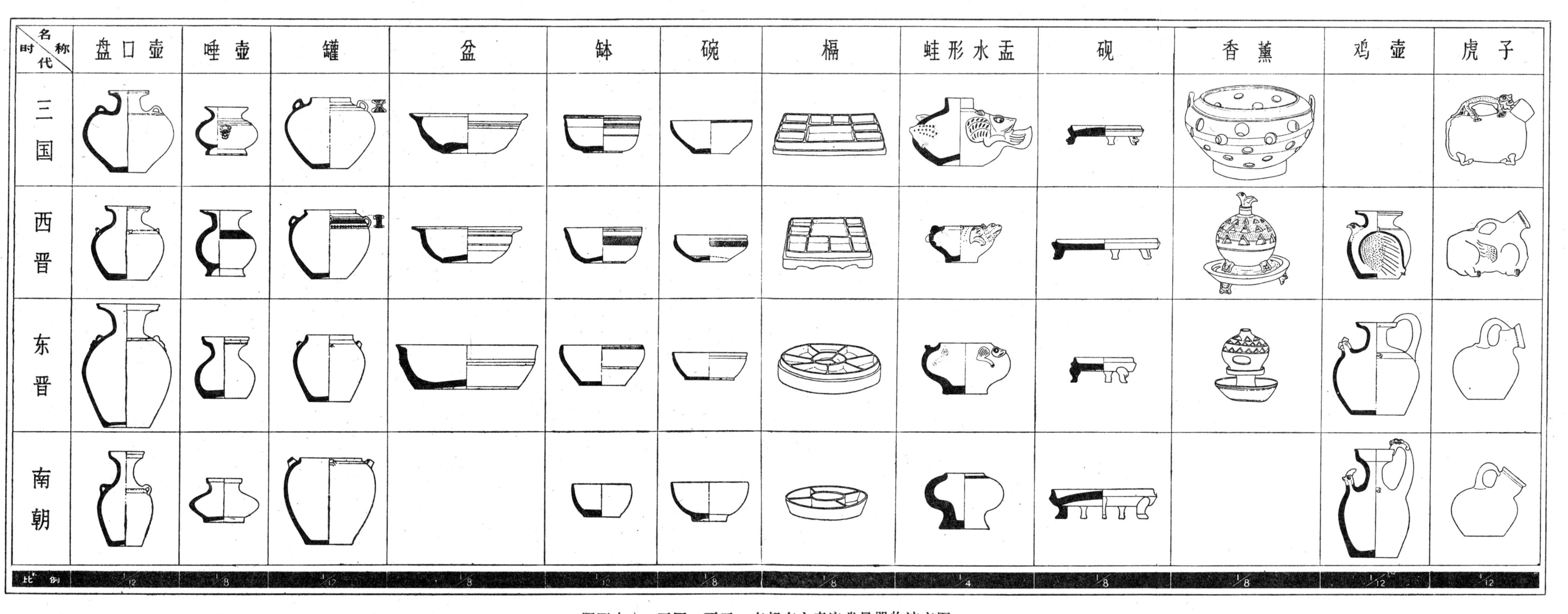

图四十八　三国、两晋、南朝南方青瓷常见器物演变图

的肩腹，体现出绵羊温柔的性格[29]。

贮盛各种食物的罐也如此，器体不断加高，上腹收小，下腹和底相应地扩大，重心向下，更加切合于实用。此外，东晋时德清窑生产的平顶圆筒形盖罐，个体小，成型方便，用以盛放适量的调味品或茶叶之类是很适宜的。南朝时，湖南、广东、四川、浙江等地瓷窑生产的一种盖罐，短直口、圆肩，上腹鼓出，下腹渐渐内收，平底，盖面微鼓，盖缘下折成母口。这种罐类似汉代的陶井。在三国、西晋时已有生产，到南朝时器形优美，而且盖口密合，在气候比较潮湿的南方，更适宜于盛放干燥的食品。

三国、西晋时，壶和罐等容器，常以碗、碟为盖，盖和器口大小不一，不利于食物的保存。东晋开始，壶、罐较多地配制器盖，盖与器口密合，是一项很好的改进。

唾壶，也叫"唾器"，安徽阜阳县双古堆西汉汝阴侯墓所出漆唾器，底有"女阴侯唾器六年女阴库䜣工延造"等铭文[30]。瓷唾壶的造型，晚期的不及早期的优美，三国、晋初的为大口、圆球腹，高圈足，形似尊。以后逐步演变为盘口、扁圆腹、平底或假圈足。南朝时，有的还配以盖和托盘，更合于卫生、实用。从晋人贺循《葬经》一书中得知，唾壶是当时常用的随葬品之一，在六朝墓葬中常有出土，生产的数量也比较大。

碗和钵也都是向高的方向发展。早期的碗口大底小，造型矮胖，以后碗壁逐渐增高，底部放大。到南朝几乎与现代碗形相同，器壁也薄了，使用轻巧方便，只是器底较厚，多数为假圈足。

在古代，我国劳动人民擅长用各种动物作为铜器、陶器和瓷器的装饰，或者把整个器物做成动物的样子。图四十八中的蛙形水盂、鸡头壶和虎子，以及狮形烛台、熊形灯、牛形灯等都属这一类，是瓷器中的精湛之作。

蛙盂以三国到西晋早中期的造型比较优美，蛙栩栩如生，背部装一个圆筒形口，蛙口内有小孔，便于出水，艺术价值很高。东晋时的蛙盂，下腹向内收敛，假圈足较高，堆贴的蛙头和足僵硬呆板。此外，有一种鸟形水盂，上塑双翅和鸟尾，两足直立于圆饼形座上，整个造型拘谨无力，艺术效果大不如前[31]。

鸡头壶是三国末年两晋时期越窑、瓯窑的一种新产品，以后各地瓷窑都有烧制。早期的鸡头壶多数是在小小的盘口壶的肩部，一面贴鸡头，另一面贴鸡尾，头尾前后对称，鸡头都系实心，完全是一种装饰。东晋时，壶身变大，前装鸡头，引颈高冠，后安圆股形把手，上端粘在器口，下端贴于上腹。到东晋中晚期在把手的上端饰龙头和熊纹，器形优美，是一种很好的酒器。到了南朝，器身修长，口颈加高，造型更加适合于实用，浙江绍兴南池公社尹相公山南朝墓出土的一件鸡壶，碗形口，下接细长的弦纹颈，肩部前有圆嘴的鸡头，后贴上翘的鸡尾，壶下有承盘[32]。湖南长沙南郊野坡三号墓出土的龙柄三足壶[17]，肩部的圆嘴与上述尹相公山南朝墓出土的鸡头壶相似，都是比较别致的产品。

1972年南京市南京化纤厂东晋墓出土的一件青瓷鸡头壶，底部刻“罌主姓黄名齐之”七字，可知这类器物晋时称“罌”。

青瓷虎子导源于战国、西汉时的铜虎子，当初造型比较简单，横卧的一个圆筒体，前面有一个向前凸出的微向上翘的圆形口，背上装提梁，没有虎形装饰。浙江等地出现的东汉釉陶虎子，口部饰张牙露齿的虎首，常常成90度角折向左侧，背有扁平式提梁，下有四足，腹部划出一条条虎纹，威武凶猛。吴赤乌（238－250年）前后的瓷虎子，虎身还是个圆筒体，口部基本上不见虎头装饰，只是提梁作奔虎状，腹下有四肢，以后口部堆贴虎头的装饰逐渐盛行，腰部收小，两侧划刻飞翼，前后腿部鼓出，底下蹲伏四足，虎子的口部常作45度角左右上仰，虎形逼真。西晋时又出现一种圆球腹平底没有虎形装饰的虎子，但数量较少。东晋、南朝时圆形虎子盛行，虎形虎子少见。在福建等地的南朝墓中虽然常有虎形虎子发现，但器形很小不是实用器，而是明器。

我国用烛照明的历史十分悠久。《楚辞》：“室中之观多珍怪，蘭膏明烛华容备，”《文子》：“鸣铎以声自毁，膏烛以明自销。”战国秦汉时已有各式精致的铜烛台。三国、西晋时随着制瓷工艺的发展，始用瓷烛台。三国时有羊形烛台，到了西晋则盛行狮形烛台。羊形烛台曾被认为是插物的插座。它的造型与河北省满城中山国王刘胜墓所出的铜羊灯一模一样，唯一的区别是铜羊灯的羊背可以翻转搁在羊头上作灯盏，瓷羊的额部镂一圆孔，用以插烛，两者的照明点都在羊头上。狮形烛台过去定为“水注”，认为是盛水的文具。它的成型方法与当时盛行的蛙形水盂、敛口扁圆腹水盂完全不同，后者都是拉坯成型，有一个器壁薄而光滑的扁圆形腹以贮水，狮形烛台用模印法成型，器体厚重，内壁凹凸不平，有管状口而无流，不像盛水的样子，也与砚、笔筒等文具不相匹配。有的烛台在狮背上骑坐一人，头戴管状高冠，显然是插烛的器座，所以从实用、形态和体重来看，都以插烛照明为宜。1975年绍兴县上游公社长红大队黄公山出土的一件南朝时期狮形烛台，狮首向左上方回顾，尾巴上竖，四肢伏地，背部负方座，座上挑长方形横梁，梁面置并列的三个圆筒形管，管径上大下小，平底，与器腹不通。此器的下部与狮形烛台相同，其插烛部分又与福建等地常见的双管、四管烛台相似。这就进一步证明，这类器物不是水注，而是插烛照明用的烛台。

南朝时期福建等地盛行单管、双管、四管和荷花形烛台，具有强烈的地方色彩。

油灯的基本造型是由油盏、灯柱和承盘三部分构成，南京市清凉山吴墓出土的一件油灯，承柱作成熊形，蹲坐在承盘内，头顶和前肢托着油盏，造型十分生动，而且在承盘底部刻有“甘露元年五月造”的铭文，是一件难得的珍品㉝。此类油盏在西晋时继续烧造，有的在承盘下附三熊足，造型庄重。有的在灯柱上堆塑裸体人像。东晋、南朝时的油盏，纹饰简朴，只在圆筒形的灯柱上饰几道凸弦纹，有的承盘下装马蹄形三足。但灯柱细长，把放光体托高，便于照远。

熏炉，又名“香炉”，也叫香熏。湖南长沙汤家岭西汉张端君墓出土的铜熏炉，上有“张端君熏炉一”等铭文[34]，证明汉代叫“熏炉”。唐人杜佑在《通典》里引用晋贺循关于晋代随葬品的叙述：“神位既定，乃下器圹中”、“其明器：…瓦香炉一、釜二：枕一、瓦烛盘一、……”器名更加通俗。三国时的熏炉多作敛口扁圆腹的罐形或盆形，多数装双耳，也有口部装丁字形提梁或无耳的。器腹镂几排小圆孔，以便空气流入和出烟，底部有圈足或三矮足，造型简单，像个有双耳或提梁的镂孔罐。江苏宜兴周处墓出土的西晋香炉，炉体为圆球形，上部镂三层三角形孔，下开椭圆形炉门，顶部的鸟钮，昂首露体，展翅欲飞。炉底及承盘下各装熊足三个，熊直立躬背，肩负香炉。造型端巧玲珑，制作精致，属于贵族使用的高级用具[35]。东晋时，熏炉开始趋向经济实用，管状口，圆球体的炉身置于豆形承盘之上。体积较小，式样大方，承盘用以承接香灰和手执，使用方便。南朝时，今福建、江西等地的香炉，盖部有的堆贴前后交错的细长莲瓣或多层乳钉，形似升腾的火焰。

谷仓，是越窑在三国、西晋时期常见的一种产品，它由汉代的五联罐演变而来。东汉中期，上虞县的原始瓷窑就已生产五联罐，在椭圆形的深腹上部做五个盘口壶形的小罐，其中中罐较大而高，环置的四罐较小。颈肩部由素面到堆塑，少量的捏塑朴拙的人物和禽兽。东汉晚期出现瓷五联罐。三国时五联罐中的中罐逐渐增大，周围的四罐逐渐缩小，堆贴的人物、楼阙和羊、鸟等不断增多。最后中罐变成大口，周围的四罐被楼台、亭阙和各种堆塑所掩没，成为不引人注目的次要附件。江西瑞昌马头三国末晋初墓葬出土的谷仓，与炊具和饮食器皿放在一起，仓门上有楼，门旁为重檐双阙和追赶鼠、雀的仆人等，仓门下的腹部划有十五级阶梯[36]。西晋时的谷仓常有盖，盖和仓上设层层的楼台亭阙、佛像、人物和各种飞禽走兽等。佛像盘腿静坐，人物姿态不一，有的奏乐，有的表现各种杂耍。楼台常作庑殿式，层层相叠，楼前设左右双阙，建筑雄伟，气魄很大，是研究我国古代建筑的重要资料。

在部分谷仓上堆塑龟趺碑铭，均系划写的阴文，记载制造年月和产地等。如浙江余姚和平阳县敖江所出的谷仓，分别书写“元康四年九月九日[造]□州会稽”、“元康元年八月二日[造]会稽上虞”，说明谷仓的主要产地在会稽上虞一带。另外瓯窑、婺州窑也有少量生产，显然是受越窑影响的结果。

槅，以往称格子盘、果盒和多子盒等，定名不一。江西南昌晋墓出土的一件长方形漆槅，底写“吴氏槅”三字[36]，形状与三国西晋时的长方形瓷槅相同。为了统一起见，故定名为“槅”。瓷槅是模仿漆槅形式。初期的瓷槅底足是平的。不久足壁下部切割成花座，既美观又便于拿取。东晋以后出现圆槅，长方槅逐渐为圆槅所代替。

扁壶用于盛酒和装水，在新石器时代晚期已经出现，瓷窑生产扁壶是在西晋。因为它的腹部扁圆，所以形象地称它为“扁壶”。江苏金坛县白塔公社惠群大队出土的一件，腹下部有“紫是会稽上虞范休可作坤者也”等刻文。上虞县百官镇外严西晋墓所出的一件扁壶，腹部划飞鸟和奔兔，足底划“先姑坤一枚”五字。江西九江地区收集的一件西汉铜扁壶铸铭为“钾”㊲。湖北江陵纪南城凤凰山167号墓发现的一件漆扁壶，名为“柙”㊳。说明这种器物在汉、晋时期的正名是“坤”、“钾”、“柙”，由于所用的原料不同而偏旁各异。金属的从金从甲，漆木的从木从甲，陶瓷的从土从甲。宋朝以来称“扁壶”，《博古图》说：“形制特匾，故因其形而名之”，至今不变。

最后说说盏托。宋朝程大昌在《演繁露》中说：“托始于唐，前世无有也。崔宁女饮茶，病盏热熨指，取楪子，融蜡象盏足大小而环结其中，寘盏于蜡，无所倾倒，因命工髹漆为之。宁喜其为，名之曰托，遂行于世”㊴。这里所说的崔宁女病盏热熨指，设法做一个带托圈的漆托，可能是事实。但说“托始于唐，前代无有也”就不确切了。考古资料证明，盏托是由耳杯，托盘发展而来的。东汉的瓷耳杯，完全仿照漆杯的形式。漆耳杯中有写“酒杯”、“君幸酒”、“君宜酒”等隶书，是饮酒用的杯。耳杯的平面作椭圆形，两侧附耳。三国西晋时的耳杯腹较浅，底较小，东晋时两端微向上翘。耳杯常与托盘共存，说明是用托盘盛托耳杯的。东汉时的托盘很大，一盘托四至六只耳杯。以后托盘逐渐缩小，到东晋常放一、二只耳杯，盘壁由斜直变成内弧。有的内底心下凹，有的有一个凸起的圆形托圈，使盏“无所倾倒”，同时出现了直口深腹假圈足盏。从此盏托兴起，耳杯和托盘被淘汰。南朝时，托盏已普遍生产，成为当时风行的饮茶、喝酒用具。可见盏托出现于东晋，南北朝时已较盛行。

第三节　北朝的瓷业

1.北方的青瓷

从西晋八王之乱到十六国混战的一百多年间，北方一带兵连祸结，广大居民挣扎在死亡线上，大量迁徙流亡。昔日中原的繁荣城市，也遭到严重破坏，经济凋敝，手工业极端衰落，没有出现过较精美的工艺品。因此，这一段时间，制瓷工艺一直独让南方专美。

439年魏太武帝统一了中国北部，450—451年侵宋失败，从此确立了南北分立的局面。485年魏孝文帝实行均田制，扶助依附农民立户分田，限制普通地主使用奴隶，使得农业得以恢复发展，从而也使手工业的复兴有了可能。

这时，南方的青瓷，正在普遍发展，人们日常的生活用具如金属制品及漆器等，已渐被青瓷所代替。南方青瓷既已广泛流行，青瓷器皿和制瓷工艺，自然要传入北方。当时既有北人南去，也有南人北返。北魏孝文帝在迁都洛阳以后，就用南齐的逃人王肃制礼作乐，实行汉化。在这样的历史条件下，青瓷的生产工艺传入北方就是可以想像的了。

但是北方青瓷的生产究竟始于何时，目前还没有充分的材料可以说明。据出土实物考察，推测其始于北魏晚期，可能是合理的。

关于这一时期北方青瓷生产的分布地区，目前掌握的资料还很不够。北朝的青瓷窑址除山东已有发现外，河北、河南、山西、陕西等省均未找到，只能根据墓葬中出土的实物来进行探索。墓葬出土的北朝青瓷，以河北地区数量较多，现分别概述于下：

山东省淄博寨里窑　这是目前唯一已知的北方青瓷的产地之一[40]。它位于淄博市淄川区城东约十余公里，年代为北齐时期。它发展较早，持续生产的时间颇长，是北方青瓷一个重要的产地。

寨里窑青瓷，胎骨一般较薄，带灰白色，火候较高，没有黑斑现象，釉色深浅不一，有带青褐色的，也有青黄色的。早期釉层很薄，釉面烧成后斑驳不匀；晚期改进了施釉工序，采用二次上釉，使釉层加厚，明亮润泽。器形以碗、盘、缸为最常见。碗的造型与南方青瓷略同，深腹、直口，有些在碗壁上饰莲瓣划纹，粗壮质朴，显然是北方的风格。盘的底部有些划同心圆纹或莲瓣纹。缸多有四系，或作弧形，或为桥形。还有高足盘、玉壶春式瓶，带子口的青瓷盒。这类器物都施满釉，由轮制成型，修整不甚细致，底足多挖成内凹形，带有早期瓷器的特征。

值得注意的是寨里窑也制造一种精美的莲花瓣尊，虽不及封氏墓的仰覆莲花尊，但从一件尊腹的残片中所堆贴的莲花和宝相花等纹饰观察，也具有相当高的艺术水平。尤其是肩部与系之间饰有联珠人面纹，玲珑精巧，颇为罕见。该器胎骨坚致，釉色莹润，造型优美，纹饰华缛，是寨里窑代表性的青瓷产品。

淄博寨里窑的发现，证明了北朝时期，北方已能够烧造青瓷，但就寨里窑遗址所见，它生产的青瓷器，制作还不成熟，釉面厚薄不匀，还原气氛控制较差，釉色青黄不一，胎与釉结合不甚紧密，常发生剥落现象。且装烧方法比较原始，只用垫柱托烧，盘、碗都由支具迭装，烧好后四面留有难看的疤痕，影响产品质量。后期虽有所改进，仍未能克服这些缺陷。无论从胎釉的成分或外表观察，它和河北封氏墓出土的青瓷尚有较大的差距，与河南所发现的北朝青瓷，风格也不一样，可以推知北方青瓷尚有其它窑场，不仅山东淄博的寨里窑而已。

另外，山东省博物馆藏有东魏兴和三年（541年），高唐房悦墓出土的一件青瓷碗，腹部较深，口微敛，假圈足，胎质坚致，火度较高，呈深灰色，外壁挂半釉，里面满釉，釉层极薄而透明，近于灰色，有开片。这件青瓷碗年代虽然比寨里窑略早，但从制作风格来看，它与寨里窑的青瓷颇相似，可能是同一地的早期产品。

河北省墓葬出土青瓷　到目前为止，河北省还没有发现过北朝的青瓷窑址，但墓葬出土的青瓷比较丰富。其中最重要的是1948年在河北景县封氏墓群出土的一批瓷器，是最早发现的北方青瓷。这批青瓷的年代，大约从北魏到隋初[41]，对于研究北方青瓷及它的出现时间，提供了可靠的线索。

封氏墓群出土的青瓷有壶、缸、杯、碗、托杯、大盘等日用器皿。一般是灰胎，有黑点和气孔，胎质比较粗糙。釉层薄，多细纹片，呈灰绿或黄绿色，有些仅施半釉，不甚均匀，工艺技术不够成熟，但造型很有特色。除四系盘口壶及唾壶与南方青瓷大略相似之外，其余如口径达40厘米左右的大盘，带托深腹碗，腹部凸起一周，将腹底分为上、下两段，上段施釉，下段露胎的四系缸，都与南方青瓷不相同。它自成一格，凝重质朴，表现着北方的特色，且有早期和晚期的差别，例如上述的四系缸和深腹碗，已接近隋代作风，可以窥见当时北方青瓷的成长和变化过程。

最突出的是封子绘和祖氏墓中所出的四件仰覆莲花尊，不仅体积高大（最高的达40厘米），造型宏伟，而且装饰瑰丽，它集中运用印贴、刻划和堆塑等艺术手法，在器身上下遍施纹饰。由口缘到颈部堆贴着三周花纹：上周六个不同姿态的飞天，中间为宝相花图案；下周四个兽面和两组蟠龙。肩部有六个直系。腹部凸塑成上覆下仰的莲花：上段覆莲共分三层，每层依次递长，第三层莲瓣最长，瓣尖向外微卷，每瓣还加饰一片下垂的菩提叶纹；下段仰莲为二层，丰满肥壮。器腹以下收缩为向外微撇的高足，也堆塑两层覆莲。器上有盖，同样有莲瓣装饰。整体华缛精美，堂皇庄重，有高度的艺术水平。要烧造这样大型青瓷，纹饰又那么复杂，而能保持不变形，各部位均完美端整，是很不容易的。釉层厚而均匀，呈青灰色，不甚透明，全体色调一致。釉与胎之间结合得很牢固，经过一千多年，无脱釉现象，证明它在工艺上已相当进步了。

过去一般认为封氏墓的仰覆莲花尊，是北方青瓷的代表产品，经过鉴定也认为它的胎釉化学成分比越窑青瓷有明显差别[42]。它的胎釉所含的氧化铝较高，氧化硅及氧化铁较低，而越窑则反是。数据可参看下页表。

这个北朝青瓷的代表产品，目前仍未能证明它在什么地方烧造，河北没有发现过北朝青瓷窑址，北方各地墓葬出土的青瓷，制作水平都不能和它相比。值得注意的是这种莲花尊不仅北方有，南方也有，出土数量比北方的多，体积有些也比北方的大。根据现有资料，南方发现的莲花尊就有武昌县盂山六朝墓中出土的两件，形制与封氏墓所出的基本相似。武昌周家湾南齐永明三年（485年）墓出土的一件六系莲花尊，形体略小，纹饰较简，但年代则比封子绘墓的早八十年。现藏南京市博物馆的南京林山梁代大墓出土的仰覆莲花尊两个，一大、一小，其中大的一个高达85厘米，颈部也有六组飞天和熊、龙等堆贴装饰，造型和纹饰风格与封氏墓出土的极为相似。此外，流散在英国和美

成　份(%)	景县封氏墓出土青瓷		周处墓出土越窑青瓷	
	胎	釉	胎	釉
SiO_2	67.29	57.25	77.84	60.79
TiO_2	1.17	0.69	1.41	1.14
Al_2O_3	26.94	16.35	14.16	11.03
Fe_2O_3	1.11	1.65	2.88	2.60
CaO	0.59	17.99	0.40	17.59
MgO	0.53	3.35	0.50	2.25
K_2O	1.86	2.51	1.84	1.42
Na_2O	0.20	0.52	1.01	0.74
MnO	—	0.06	—	1.16
CuO	—	—	—	0.14
其　它	—	—	—	—
总　　数	99.69	100.37	100.04	98.86

国的两个莲花尊㊸，装饰尤为华缛，制作都相当精美，不少考古工作者认为是南朝的产品。因此，对于景县封氏墓群出土的四个仰覆莲花尊与南方出土的两者之间的关系究竟怎样？仍然值得进一步研究。所以周仁等在《中国历代名窑陶瓷工艺初步科学总结》中指出："如景县封氏墓出土的青釉器，只能肯定它是早期的北方青瓷。至于烧造地区，尚待作更多的研究"。只有今后有更多的实物出土，提供了充分证据，才能对它的产地问题，作出正确的结论。

此外，河北省河间县邢伟墓中也发现过北魏时期的青瓷，有唾壶及碗。唾壶的造型与封氏墓的相似，仅施半釉，釉色颇青。碗的腹部略鼓，直口，饼形足，釉色比唾壶略浅；另在吴桥、赞皇和磁县等墓葬中㊹先后出土过北魏时期的青瓷，以敛口深腹碗最多，胎骨厚重，挂釉多不到底，釉色青灰，易于剥落，制作较粗，是一般普及的日常用品。还有带系缸，釉较匀润，但胎质疏松，火度较低，表明这些北方青瓷的烧制技术还处于初级阶段。

值得提到的是北齐天统元年（565年）崔昂墓发现的青瓷㊺，其中四系罐一件，直口、圆腹、平底、饼形足，高17.1厘米、口径 9 厘米，肩部有两方形系和两桥形系，系下有凸起的粗弦纹，腹下段有附加的手捏绹纹一周。器形饱满粗壮，是习见的北方风格。罐内布满釉，外施半釉，呈艾青色，薄而透明。胎质粗，带有黄色，火度颇高。造型与河南李云墓的六系划花罐大致相似，惟罐身没有刻划纹饰而已。另有青瓷碗多件，釉色青黄不一，无纹饰。其余为唾壶和盘口壶，两者器形大略相同，但盘口壶颈部较长，显得壶身较高。釉色润泽，胎亦坚致。特别是唾壶，各地出土的造型都基本一致，制作也很规整，是这一时期流行的产品。

河北各地所发现的北朝青瓷，在造型和烧制工艺上，都具有地方风格特点，浑厚质朴，大方耐用。

河南省出土的青瓷　河南发现的北朝青瓷不多，如洛阳北魏元邵墓，因解放前被盗掘，出土的几件青瓷壶、罐均已散失，对它无法了解。只有1958年在濮阳发现的北齐武平七年（576年）李云墓的青瓷六系罐㊻，可以窥见河南地区这一时期的青瓷工艺的面貌。

现藏于河南省博物馆的李云墓出土的划花六系罐，很有特点，它的器形是直口，圆腹平底，高28、口径18、底径17.5厘米，胎质坚硬，里面满釉，外壁挂半釉，釉层较厚，青而透明，玻化程度较强，火度颇高，叩之声音清越。肩部有六系，两方系、四弧形系，造型浑厚饱满，尚略带东汉陶罐的遗风。肩腹之间有三周弦纹，分别刻划成两道带状纹饰，有圆圈、三角和树木纹，用一种尖锐的工具随手划成细线。圆圈似用圆规一类的工具作成，圆心中还清楚地留有一小洞。这些圆圈有单、有双，有数圆相联，颇有变化。此外，还刻划有鸭子，单纯朴拙，略似儿童的自由画法，另有一种天真的趣味。这件六系罐，无论造型、纹饰、胎质、釉色等方面，都表现了北方青瓷的特色，是一件不可多得的北朝产品。

综观北方几省出土的北朝青瓷，在品种、形制和烧制工艺上，都存在共同的时代特征，同时，又各有它的地方风格，质朴庄重，实用性强，全属于日常生活用具（除仰覆莲花尊外），虽然技术仍不甚成熟，但自具一格，有些器物在艺术上尤其值得重视。这些早期的北方青瓷，是后来隋、唐青瓷普遍发展的基础。联系近年来发现的河北磁县贾壁窑，以及河南的巩县窑和安阳窑等隋代青瓷窑址，证明了河北和河南一带，是北方青瓷的中心产区。这些隋代青瓷的风格，和北朝时期的青瓷是一脉相承，可以看出它们之间的密切关系。

2.北方白瓷的诞生

长沙东汉墓中曾出土过几件疑似为早期白瓷的灰釉器，其中一件灰釉高足碗（簋），其器形与广西贵县出土的东汉青瓷高足碗极为相似。胎质灰白，釉层匀润，已经接近白釉，但后来在南方似乎并未连续生产，这几件瓷器便成为罕见的孤例。至于北方白瓷的出现，过去一般认为在隋代，但从各地发现的隋代白瓷来看，烧制技术已有一定水平。因此，在它之前还应该有一个发展的过程，而北齐可能正是这个发展过程的开端。

白瓷的出现，是我国陶瓷史上一件大事！它是后来各种彩绘瓷器的基础，没有白瓷，就不会有青花、釉里红、五彩、斗彩、粉彩等各种美丽的彩瓷。白瓷的出现，为我国制瓷工业便开拓了一条广阔的发展道路。

有人以为白瓷与青瓷是两个独立发展的系统，白瓷的生产与青瓷无关，其实不然。我国的早期瓷器，全是属于青釉系统。因为所有制瓷原料都含有一定量铁的成分。这些含铁的坯釉经过还原焰烧成，便呈现各种深浅不同的色调。经过制瓷工人的长期实践和研究，控制了胎釉中的含铁量，克服了铁的呈色的干扰，从而又发明了白瓷，这标志着制瓷手工业的又一个飞跃，是陶瓷发展史上新的里程碑。

由青瓷到白瓷，应该肯定是伟大的创造。但是白瓷并非由另外一种物质制造，而是在青瓷的基础上逐步改进而烧成。青瓷和白瓷唯一的区别，仅在于原料中含铁量的不同，其它一切生产工序并无差异。随着对原料的要求日益提高，使胎、釉中铁的含量渐次减少，经过长期反复实践，白瓷便终于诞生。而北朝的制瓷技术迅速提高，也为白瓷的出现创造了条件。

从出土实物得知早期的北方白瓷，比北方青瓷的出现时间稍晚。近年来在河南安阳北齐武平六年（575年）范粹墓首次发现了北朝的白瓷[47]。这一发现，把已知白瓷产生的年代上推了一个历史时期。这批早期白瓷具有明显的特点：胎料经过淘练，比较细白，没有上化妆土。釉层薄而滋润，呈乳白色，但仍普遍泛青，有些釉厚的地方呈青色，可以见出它脱胎于青瓷的渊源关系。如果拿它和隋代的白瓷相比，显然是不够成熟，表明它是一种早期的产品。

范粹墓出土的白瓷，有碗、杯、三系罐、四系罐、长颈瓶等，造型与北朝的青瓷大致相同。其中三系罐，与平山县崔昂墓的莲瓣罐很相似，由肩至腹部堆塑成宽肥的莲瓣，挂釉不到底，露胎处呈淡黄褐色。从表面观察，可以知道它的白釉里含铁量仍偏高，火度也偏低。另外还有些白釉绿彩的四系罐和长颈瓶，绿釉未经化验，尚不能肯定它是否高温铜釉。

这批早期白瓷，无论胎釉的白度、烧成的硬度和吸水率等，都不能用现代白瓷的标准来衡量。特别是釉色呈乳浊的淡青色，还没有完全解除氧化铁的呈色干扰。但是，任何事物的发展，必须有一个过程，总是由低级到高级，由粗糙到精美。即以隋代的白瓷而论，釉中仍常见泛青的现象。甚至到了唐代，有些白瓷釉薄处呈白色，釉厚处依然带青色。可知由青瓷发展到白瓷，要经历较长的时间才能达到成熟阶段。范粹墓出土的早期白瓷[47]，虽然不怎么成熟，但它是目前发现有可靠纪年的早期白瓷，有十分重要的意义。将来地下出土瓷器更多时，可以进一步了解北方白瓷发生发展的情况。

3. 北方黑瓷的兴起

黑瓷是随着青瓷的出现而相继产生的。在认识了青釉的呈色原理以后，以青釉为中心，在工艺上设法排除铁的呈色干扰就出现了白瓷，如果相反，加重铁釉着色，就烧成了黑瓷，所以青瓷与黑瓷是同一根株的姐妹。1977年发现的上虞东汉晚期窑址和东晋的德清窑址中黑瓷和青瓷是同窑、同时烧造的，这就是证据。东晋的德清窑以烧造黑瓷著名。这种南方独盛的黑瓷，再经过一百年，北方也开始烧造出来了。

北方黑瓷最早兴起的年代，尚不清楚。但是从北齐时期已经出现比较成熟的黑瓷，则是可信的。河北平山县北齐崔昂墓出土的一件黑釉四系罐[48]，可以代表这一时期北方黑瓷的特点。它的造型与德清窑产品有显著区别，呈倒置梨子形，肩部特宽，最大直径在肩部的四个系之间，由此往下作反弧形收缩，腹部较深，阔口无颈，系由口缘接连肩部，平底，通高14、口径9.4厘米，底径与口径相等。全器内外满施黑釉，釉层较厚，上部分浓处呈黑褐色，下部较淡，仍呈茶褐色，严格说来，还不是纯黑釉。

崔昂墓出土的这种黑釉四系罐，造型稳重大方，线条挺拔，制作颇精，胎质坚硬，釉色也匀净光亮，已有一定工艺水平。看来不像刚刚试烧成功的初期产品，在它之前应该还有一段成长的过程。

1975年在河北赞皇县东魏李希宗墓里，曾发现了一块黑釉瓷片[49]，器形虽无法了解，但釉色漆黑光亮，瓷胎也坚硬细薄，制作规整。这块黑瓷片，比崔昂墓出土的黑瓷罐要早二十二年，可以推知东魏时期北朝已有黑瓷了。

上述这些有确实纪年可考的北朝早期黑瓷，它的价值在于标志着北方制瓷手工业迅速发展，不论青瓷、白瓷、黑瓷，这时都已能烧造出来，水平也不断提高，迎头赶上了南方的瓷业，从而为唐、宋北方名窑的普遍出现，准备了基础。

4. 北朝瓷器的造型和装饰

北方的陶瓷手工艺从汉末到两晋，长期处于衰落状态，南方一带盛行的青瓷，在北魏时期才开始兴起，故制作水平仍有一定的局限，技术尚未成熟，造型简朴，品种较少，大多素面，不施纹饰，无论工艺上或艺术上都不及南朝的精美。到北齐以后，日益进步，并且创烧了白瓷，发展了黑瓷，取得显著的成就。

北朝的瓷器主要有：碗、盘、杯、罐、壶、瓶、盒等，全属于日常实用器物。很少陈设品和明器。

这时瓷器的造型，有一部分受南方的影响，和南朝青瓷的形制有相同的特征。如大量流行的深腹碗，有直口和敛口两种，一般腹部较深，腹壁轮廓由直线向下倾斜收缩。它的优点是容量较多，烧制方便。在封氏墓和范粹墓、崔昂墓出土的青瓷碗，都属于这一类型。封氏墓中还有带托青瓷碗，碗形也和深腹碗相似。在南朝这种深腹碗是相当普遍的，甚至广西也有发现，如恭城新街南蛇岭的南朝墓葬，就有这类造型的青瓷碗出土。特别到了隋代，深腹碗更是大量流行的普及产品。

再如盘口壶，在南朝是最常见的，这时北方也出现这种造型。如封氏墓出土的四系青瓷盘口壶，壶身瘦长，盘口较小，颈部较高，平底，和南朝的青瓷盘口壶很相似。

但北朝瓷器的造型，也有其独创的风格，可以代表北方制瓷工艺的特色。其中当以莲瓣罐最为典型。这种罐有些带盖，有些无盖，有三系、四系、六系和方系、圆系、条形系等区别。从肩至腹堆塑成凸起的丰肥莲瓣，八瓣或六瓣不等。莲瓣下露胎，底有圈足。如北齐范粹墓的四系白瓷莲瓣罐和崔昂墓、李云墓的釉陶莲瓣罐，都属于同一类型。它运用莲瓣这个富于装饰性的题材，与器形巧妙结合，打破了一般缸的单调呆板的造型，取得变化、优美的艺术效果，既有装饰性，又适于实用，表现出地方风格，是北朝一项成功的产品。

除莲瓣罐之外，还有四系或六系罐也很有特色。这时罐的腹部多凸起一周粗弦纹，或附加一道绹纹，下面露胎不施釉，把罐的造型分为上、下两段，形成一种质朴厚实的作风。如前面提到的李云墓的青瓷四系罐，封氏墓的青瓷四系罐，都单纯大方，浑厚饱满，粗壮稳重，与南方秀致的青瓷四系罐不同。尤以崔昂墓的黑釉四系罐，造型新颖别致，阔口、宽肩、缩腹、平底，肩部突出四个直系，器身较高，轩昂挺拔，颇有气魄，制作规整，实用美观。此外，如长颈瓶及玉壶春式瓶，在造型方面已渐渐趋向于轻快柔和，摆脱古拙的形式，均属这一时期的新产品。至于封氏墓出土的仰覆莲花尊，是作为特殊的用途和精心设计的艺术品，和一般日用陶瓷的造型不能相提并论。前面已详细论及，不再重复。

在装饰方面，由于北朝器物注重实用，不论青瓷、白瓷或黑瓷，都以素面为主，极少纹饰。最常见的是几条弦纹。山东淄博寨里窑也有划纹，在盘、碗上刻划简单的莲瓣纹，或在瓶上刻划三角纹和鳞纹，也仅寥寥几笔。值得注意的是北齐李云墓出土的青瓷六系罐的纹饰，也是顺手划成，无论形象或线条的技巧，都显得粗糙稚拙，象儿童画一样，很不成熟，表现出北方瓷器装饰仍处于初级阶段，没有形成它的艺术特点。

北朝陶瓷装饰的主流，是最常见的莲瓣纹。上面谈到的莲花罐所堆贴的莲瓣纹，与造型融合为一体，既加强了造型的美感，又发挥了装饰的效果，比刻划莲瓣纹更胜一筹。尤以封氏墓的仰覆莲花，充分运用莲瓣作为装饰，每层莲瓣的形式与处理手法都不相同，其变化之丰富，形制之壮观，在北朝陶瓷中是独一无二的。山东的寨里窑产品虽然也有类似莲花的莲瓣和人面纹饰，但仅得一块碎片，未能窥见全貌。

这些莲瓣纹饰的广泛流行，自然是和北朝的佛教影响有密切关系。北朝统治者大量开凿石窟，兴建寺院，佛教艺术因而深入到各个领域，各种工艺品的莲花题材就成为当时最时兴的装饰。

第四节　三国两晋南北朝制陶工艺的发展

1.南方的日用陶器及陶明器

这一时期墓葬中出土的陶器，日用器皿数量不多，器形有罐、盘、碗、钵、缸、耳杯，还有柄勺、砚、灯等。除缸外，均为火度较低、质地松软的灰陶，它与前代实用的硬陶有显著区别。有些盘、碗和耳杯中往往涂有红朱或一层白粉，无疑是当时的随葬器皿。

陶缸在浙江上虞及江苏的南京等地，发现较多，一般高约80、口径40、底径30厘米左右。椭圆腹、卷口、平底、胎青灰色。外有一层黑褐色釉。口部装有四个条形耳，器体饰线纹，线纹外还加一圈锯齿。由此可见这时陶器的实用价值，除大型特制的器物外，已逐渐居于次要地位了。

至于陶制明器则大量流行。在孙吴和西晋墓葬中出土的陶明器，以谷物加工工具、生活用具及各种家禽家畜模型为主。陶胎大多为红色，外涂一层极薄的棕黄色釉。东晋以后则以仪从车马为主，其它明器逐渐衰替。

孙吴、西晋陶明器中最常见的有：杵、臼、舂、磨、谷砻、箕、筛、帚、井、灶、桶、缸、盖缸以及犬、羊、猪、马、牛、鸡、鸭等等。有些器物形体不大，但小巧玲珑，给人以真实的感觉。南京光华门外赵士岗吴凤凰三年墓（274年）出土的方形和圆形陶臼，形制不仅与汉墓中出土的石臼相同，而且与解放前南方各地经常使用的石臼也相似。南京板桥付两山吴墓出土的陶仓，很象现在江南地区在高地上所建的圆形粮仓。浙江绍兴五星公社红山大队发掘出的一件陶灶，在灶眼和烟囱之间，还刻有“鬼灶”二字。

在江南广大地区的孙吴和西晋墓葬中，还发现堆塑人物楼阁陶罐，它与青瓷人物楼阁罐的风格大致相同。罐上堆塑重楼双阙，环座模制塑象，楼顶群集鸟雀，有些器腹堆贴龟、鱼、蛇、犬等各种水陆动物。南京中华门外眼香庙出土的这种陶罐，口部塑贴陶棺一具，棺旁有头戴双揩长巾掩面的妇女，有伏地嚎啕的孝子，还有伴奏哀乐的乐伎排列于棺前，有声有色地描绘出一幅葬仪的场面。

值得提出的是南京甘家高场出土的一件堆塑陶罐，该器共分三层，除塑有常见的殿阙之外，每层皆有坐佛，且有背光。据《江宁府志》记载，在孙权赤乌四年（241年），西域康居国僧会来建康前，“中国未有象教”，乃于“秦淮西南建建初寺”，这是江南建立的第一座佛寺。从伴随该器出土的缸、灶、磨、碓等陶器来看，均属孙吴时期遗物，其年代可能在赤乌之后。因此，这件堆塑罐应是我国南方地区现存最早的佛教艺术品。

在东晋的墓葬中，常发现一种所谓陶犀牛，其形似牛非牛，项脊和腹侧有成束的角状鬣毛，多放在通道中其它随葬品的前列，头向墓门作守卫状。这种陶犀牛应该是辟邪的猛兽，因而在命名上值得考虑。据《汉书·司马相如传》：“赤首环题，穷奇象犀。”张揖注：“穷奇状如牛而猬毛，其音如嗥狗”。所以称它为穷奇是比较合适的。

上述的陶明器，是由专制明器的作坊为当时丧葬需要而成批生产的。如南京中央门外四板村出土的穷奇，与中华门外砂石山六朝墓葬出土的，简直是一个模子印成的。

东晋以来，南方的战祸较少，地主庄园经济有了很大的发展。北齐颜之推在《颜氏家训》中说南朝的地主庄园，除了没有盐井，可以作到“闭门而为生之具已足”。故这一时期的明器，虽不及汉代那些气魄雄伟的陶楼、城堡等模型和整套的井、灶、仓、奁等豪华的明器，但从大量出土的陶仓和陶制的谷物加工工具、生活用具及各类家禽、家畜等随葬器物，也可以看出南方地主庄园经济发展的景况。

2. 北方的铅釉陶器

三国、两晋时期北方制陶手工业，远不如汉代发达，民间流行的陶器，大都是粗糙的灰陶，火度低，质量差。但造型方面则有了新的变化。在洛阳晋墓出土的西晋时期的灰陶中，可以见到那些盘口壶、双耳罐、四系罐、果盒等，都是受南方青瓷造型的影响。

至于铅釉陶器，虽仍烧造，但数量很少，质量也不如前。洛阳晋墓曾发现过一些绛色釉陶，有双系罐和反口小壶，器形和当时的灰陶相似。可知由三国至东晋大约两百年左右，北方陶业衰落不振，与南方陶瓷业蓬勃发展，恰成明显对比。

北魏建国以后，北方陶瓷进入复兴时期，这时低温铅釉陶器，在北方又继续盛行，并用于宫殿建筑。这种釉陶在汉代的传统基础上有所改进，用途日益扩大，品种花色增加，釉色莹润明亮，出现了新的面貌。在施釉方面，有些黄地上加绿彩；或在白地上加绿彩，有些黄、绿、褐三色同时并用；从汉代的单色釉向多色釉迈进了一步，并为过渡到唐代绚丽多彩的三彩陶器奠下基础。

铅釉陶器在北魏早期已再度流行，如大同太和八年（484年）司马金龙墓就出土过釉陶器物[50]，皆为深绿色铅釉，并有莲花纹饰。到北齐时期，铅釉产品制作更精。在淄博寨里窑址中发现过不少黄釉陶片，为北朝铅釉陶器的产地，提供了一个可靠的佐证。

河北出土的北齐时期的铅釉陶器，已达到相当高的水平。如封氏墓群所发现的黄釉高足盘，釉色黄中闪青，晶莹如镜，造型单纯明朗，不加任何纹饰，但极有气魄和特色。还有黄釉杯，胎白釉薄，制作也颇端整。绿釉品种较多，有碗、杯、瓶、盒和灯等，挂釉多不到底，呈深绿色。在酱色釉中有玉壶春式瓶一件，棕褐色胎，质地坚致，造型优美，盘口、细颈，壶身上小下大呈胆形，釉层匀润不甚透明，制作颇精巧，是北方釉陶中比较难得的品种。造型与汉代鼎、奁、仓、罐不同，又和两晋南朝的器形各异，独具一格。器物皆为素面，以釉色、造型取胜，质朴无华，表现了北方的风格特征。此外，在磁县也发现过北齐武平七年（576年）高润墓出土的铅釉鸡头壶和莲花罐，釉呈淡绿色，均匀润泽，形制也颇优美。

河南的北朝铅釉陶器，最有代表性是北齐范粹墓[47]出土的几件黄釉扁壶，这些扁壶受外来风格影响，造型别致。胎质细腻，釉色呈深黄色，莹润透明。由于它制作精巧，曾经有人误认为瓷器。该扁壶由模制成型，高20厘米，作扁圆形，上窄下宽，正面略呈梨子形，短颈、直口，颈肩之间有联珠纹一周。肩部凸起两小系，可以穿带。最值得注意是两面模印着浮雕的乐舞胡人的装饰，由五个人物构成：中间一人舞于莲座之上，左右各二人，丝管合奏，击掌按拍，均穿胡服，窄袖长靴，深目高鼻，神态生动，俨然是一幅富于生活情调的龟兹乐舞场面。另外，故宫博物院也藏有一件北朝的绿釉印花人物扁壶，形制纹饰大致与上述黄釉扁壶相似，可能是同一地区的产品。

范粹墓出土的还有绿釉、淡黄釉及酱色釉等釉陶器，有些在淡黄釉上同时再加深黄釉和绿彩的，可以认为是唐三彩陶器的前驱，起着汉、唐之间的承前启后作用。

在河南濮阳北齐李云墓出土的两件四系莲瓣罐[48]，也是北朝釉陶中的精品，两器造型纹饰基本相同，仅肩部一为圆系，一为方系的不同。罐高28厘米，直口、圆腹、平底。系的下边有划花带状卷草纹一周，腹上部由八瓣丰满的覆莲组成，瓣尖向外微卷，与罐腹下半分成两段，施釉仅及莲瓣部分，下段露胎，胎质细白。在莹润的淡黄色薄釉上，由口缘至莲瓣尖，分别直垂着六道绿彩，淋漓流动，优美柔和，它与范粹墓出土的三系绿彩莲瓣罐，形制及施釉方法非常相似。

山西省发现的北朝釉陶，制作水平与河南省发现的釉陶、造型、釉色及品种都很接近。近年来发现的寿阳北齐库狄回洛墓及祁县韩裔墓出土的铅釉陶器，都很精美。其中库狄回洛墓的釉陶，皆属淡黄釉色，有盘、碗、瓶、罐等。尤以黄釉莲瓣缸最佳，高约30厘米，釉薄而透明，光泽很强。有小开片。它的造型比较别致，罐上有僧帽形盖，罐身堆贴莲瓣三层，每瓣分开，不相连缀。还有一周大、小圜形纹饰，形制、纹饰都受佛教影响。另有黄釉大盘，直径约40厘米，直口、平底，两面均满釉，底部用支钉托烧，工艺水平较高。也有黄釉龙柄鸡头壶，器形与南方流进的鸡头壶相似，惟器身比较瘦长，颈部较高。肩部至腹部装饰凸起的覆莲六瓣。壶柄塑造的龙头紧衔着壶的口缘。这批出土器物，大小和形式同样的，均有多件，可知它当时是成批生产的。至于韩裔墓[51]

出土的釉陶大盘及龙柄鸡头壶，形制尺寸完全与库狄回洛墓的相同，又都是深绿色铅釉，可以推知它们是同属于一个窑场的产品。

山东寨里窑的釉陶，主要是深浅不同的黄色铅釉，釉薄而匀润，器形有小碗和盘等。据化学分析，釉中的氧化铅含量很高，达55.42%。同时山东也出土过一些釉陶，如高唐东魏房悦墓有酱褐色釉陶器；淄博辛店北齐崔氏墓出土的黄釉高足盘。它们的制作方法和胎、釉成分，与寨里窑有共同的特点。总之，北朝的铅釉陶器已进入一个兴盛阶段，工艺比较成熟，品种丰富多样，标志着北方制陶的新水平。

3. 陶塑艺术

三国、两晋时期，陶塑艺术不甚发达，一般制作简陋，形态呆板，数量也较少，没有什么特色。孙吴时期的陶塑也偶有发现，如南京赵士岗凤凰二年（273年）墓出土的武士俑多件，形式相同，塑造技术拙劣。武昌莲溪寺永安五年（262年）墓出土的绿釉陶俑，皆裸身跪地，双手合在胸前，也粗拙不精，无甚艺术价值[52]。

两晋时期的北方陶塑，水平也不高。如洛阳晋墓及郑州晋墓[53]，两处出土的陶俑，多大同小异，其中执盾武士俑，形式千篇一律，很少变化。有意思的是这些武士俑多深目高鼻，不似汉人形象，可能是当时统治阶级从西北雇来的少数民族充当武装部曲的形象。其余男、女侍俑，大都缺乏表情，制作方法比较原始。

这时南方一带流行用青瓷器物随葬，陶俑制作不占重要地位。有些墓葬也出土一些陶俑，不论男、女都是双手拱立，好象都由一个模子印成。长沙西晋墓出土的陶俑[54]，形式较为多样，有武士俑、背物俑、跪俑、坐俑、男、女对跪俑、及骑俑和书写俑等，但人物呆态可掬，骑俑的比例，人和马大小不相称。这批俑全是手制，一些施有绿釉，塑造较佳的不多见。南京中央门外迈皋桥出土的南朝女侍俑，扎扇形头巾，穿广袖长衣，形象清秀，颇有南方风格特色，但如果和北朝陶塑相比，仍差距很大。

真正可以代表这时期陶塑艺术水平的，自然要数北朝了。无论人物或动物的制作，都已突破了前代古拙生硬的作风，而注意神态的刻划，在继承汉代优秀的传统上，又吸收了佛教艺术的特点。形式也很丰富，有按盾而立的武士俑，神气雄猛，威武昂藏（北魏元邵墓，河北磁县东魏尧氏墓和北齐崔昂墓均有这类按盾武士俑出土）；有宽袍博袖的文士俑，肃然拱立，温文恭谨；各式女侍俑，又皆体态端庄，秀骨清象，具备北朝艺术特征。

早期的北朝陶塑，技巧仍不甚成熟，如西安草厂坡出土的一批北朝早期陶俑[55]，形象仍呆板古拙，只粗具轮廓动态。到了北魏孝文帝以后，陶塑艺术有显著进步，并流行铅釉陶俑。这时各类人物俑形态写实，比例匀称自然，还出现骆驼俑，背有双峰，昂首屹立，颇为生动。

在人物俑中可以分为下列几种类型：

1、文吏俑。一般戴冠、长袍、束带，下着长裤。有的拱袖而立，有的双手下垂，或双手按剑。如景县封氏墓，北魏元邵墓，东魏李希宗墓，北齐韩裔墓皆有极好的文吏俑[56]。北齐范粹墓及崔昂墓还有鲜卑侍吏俑，深目高鼻，头戴圆顶风帽，外披宽袖套衣，双手拱于胸前，标志着北朝时代的特点。

2、武士俑。其中以按盾武士俑最为突出，皆全身甲胄，左手按盾而立，右手持有武器，怒目挺胸，形貌凶猛，从北魏到北齐发现的墓葬中，这种武士俑相当流行，造型、服饰大多相同，表现着武士们威武有力和强悍的性格。特别是北齐崔昂墓中出土的一个按盾武士俑，盾上刻有两个拳术师形象，对我国拳术的研究，是一件重要的参考资料。

3、最值得注意的是出现甲骑武士俑。这是北朝的骑兵，人马全披着铠甲，雄赳赳地排成一个骑兵队伍，体现了北朝的部队装备已相当进步，突出了鲜卑民族驰马善战的本色。由于甲马骑兵是北朝新发展起来的主力战斗部队，具有较强的进攻能力，为北朝所依靠的武装力量，故豪门贵族的墓中多用甲骑武士俑以显耀他们的声威。如北魏司马金龙墓、元邵墓、东魏李希宗墓，一直到咸阳底张湾北周墓都有发现[57]。它和敦煌西魏壁画中眼得林故事和麦积山北魏壁画中的甲骑武士像，共同反映着北朝的军事力量，从装备到战术有了新的发展。

4、还有大量的男侍俑、女侍俑、伎乐俑、仪仗俑。它们或执用品，或蹲坐持箕，或奏乐，或牵马，或垂袖恭立，各有不同姿态，刻划逼真。这些都是当时奴仆的形象。

在动物陶塑方面，值得注意的是马俑和驼俑。北朝的陶马已有较高的写实技巧。如封氏墓出土的一匹陶马，四蹄矫健，肌肉丰隆，头部有装饰，身上披着宽敞的鞍鞯，胸前饰以璎珞，生动地塑造了一匹骏马的形象。它如北魏元邵墓、东魏尧氏墓以及北齐张肃墓出土的陶马，也非常生动，鞍鞯装饰豪华，彩绘鲜明，形神兼备，有很高的艺术水平。

骆驼俑是从北朝时期才开始出现的。在司马金龙墓中出土的绿釉骆驼俑，已相当精美。河北曲阳北魏墓[58]发现的骆驼俑，昂首屹立，背上负着排状屐，上面铺有厚垫，四肢稳健有力，表现出耐劳任远的神态，与北魏元邵墓的骆驼俑非常相似，是北朝陶塑艺术中很有特色的作品。

这时还流行一种镇墓兽俑，是用以守卫墓门，镇压邪祟，带有迷信色彩的陶塑。早在战国墓中，已有木雕漆绘的镇墓兽，但作为陶塑明器，则大约从北朝始。早期状甚简陋，如任家口北魏墓的一对镇墓俑，作蹲伏形，头上长角，身上有刺。后来则渐趋复杂。如曲阳北魏墓出土的镇墓兽俑，有兽身人面的，也有兽身兽面的，身上都长着长刺，表现恐怖的威力。北齐张肃墓中的镇墓俑，则更作成昂首竖耳，巨口獠牙，加上彩绘，使它的神秘气氛十分突出。

北朝陶塑，由于当时佛教石窟造象盛行，也促使陶塑艺术不断提高。故造型优美，技巧熟练，它是隋唐时期中原陶塑辉煌成就的前驱。而且在衣冠服饰，社会生活等方面，具体地反映了当时南北各族文化大融合的特点。

4. 建筑用陶

孙吴、两晋和南朝时期的建筑用陶继续得到发展。随着各种建筑物的兴建，各地都有烧造。出土的纪年的砖上，有“天玺元年（276年）六月四日孙子徐××建作”及“元康三年（293年）一月作”、“永和四年（348年）城阳灵氏作”等等题记。在浙江绍兴、漓渚、汤溪和古方等地，曾发现南朝的砖窑窑址，仅漓渚一地就有八座之多。窑的结构有椭圆形的，有束腰式的，窑床底离地面深达1.6米，窑长3.46米，火门宽30厘米，窑底有火道七条，窑墩六个。有的后面还发现烟囱。这些砖窑，规模较大，可知当时对砖瓦的需要相当广泛，产量质量也得到提高。

这一时期砖瓦形制一般较小，汉代的大型空心砖已少见。最普遍的是长方砖，多青灰色，约长35、宽17、厚5厘米左右。有些上面印有五铢钱纹，斜线或线纹间加双十字斜线的纹饰。花纹为用印模拍印而成。东晋的砖较前略小，初期纹饰简单，稍后则采用多块拼成一个画面，并加上榜题。如南京迈皋桥永和四年墓出土的龙纹砖，由凸起的阳线印成，龙昂首张咀，翘尾疾奔，活泼简练，上角有一“龙”字榜题。也有在花纹砖的四角上，题着“虎啸山丘”四字[59]。到南朝以后，这类印花纹砖有了进一步发展，由数十块甚至百余块组成一幅大型画面，纹饰内容也更复杂，印有狮子、羽人戏、竹林七贤等题材，结构紧凑，形象生动，表现了这一时期墓砖的特色。

还有印着韵语的长方砖，如广州发现的西晋墓砖有：“永嘉世，天下荒，余广州，皆平康。”和“永嘉世，九州空，余吴土，盛且丰。”等铭文，可以作为了解当时南方各地战乱影响较少的历史见证。

瓦的制作也和汉代不同，瓦上的花纹已少见，板瓦、筒瓦都是素面的。瓦当上的卷云纹渐为莲花纹所代替。吉祥文字仍旧流行，并出现印有纪年的瓦当。如辽阳三道壕晋墓中[60]，曾发现过西晋太康二年（281年）的圆瓦当，中间凸起一个同心圆，由此划分上下左右平行直线两条，内印“太康二年八月造”铭文，形式比较特别。

北朝自拓跋珪建都平城，即大兴土木，建造宫殿。到了拓跋焘时，又将平城扩建，《魏书·蒋少游传》记载：“高宗时，郭善明甚机巧，北京宫殿，多其制作。”特别在魏孝文帝元宏迁都洛阳之后，把西晋末年遭到严重破坏的洛阳重新建设起来，大规模进行营造。《洛阳伽蓝记》：“太和十七年（493年）高祖迁都洛阳，司空公穆亮，营造宫室。”其后，又由匠作大匠蒋少游，对洛阳的宫殿台榭设计兴建。洛阳城北魏遗址中，宫城里有御道，两侧有官署、社庙、寺院和里坊，当时洛阳重新成为北方最繁荣的城市。佛教寺院也大量兴建。其中最大的寺院，据《洛阳伽蓝记》所说："永宁寺，在宫前阊阖门南一里，……寺院墙皆施短椽，以瓦覆之，若今宫墙也。四面各开一门，南门楼三重，通三阁道，地二十丈，形制似今端门。”可见其规模之大，所用的建筑材料要求很高，由北魏殿中将军郭安兴设计建造。东魏天平元年（534年），高欢又建都于邺城，由高隆之负责营建邺都。这三次建都，无疑促使北朝的建筑用陶得到蓬勃发展。

北魏的建筑用陶，在数量和质量上都超过前代，现藏北京历史博物馆的"传祚无穷"瓦当，采集于大同云岗，是北魏时期的遗物。这个瓦当当中作井字格，上下左右四格里作北魏书体"传祚无穷"四字，可能是当时宫殿或太庙中所用的瓦当。同地出土的还有莲花纹瓦当，莲瓣凸起，中心为莲房，制作质朴。

《太平御览》引《郡国志》言北朝已应用琉璃瓦："朔方太平城，后魏穆帝治也。太极殿琉璃台及鸱尾，类以琉璃为之。”在大同北魏故城遗址中，曾发现过一些琉璃瓦的碎片，胎质含细砂，釉作浅绿色，比唐三彩质地稍粗[61]。日人上田恭辅藏的《中国陶瓷的时代研究》，也印有北魏的绿琉璃釉陶片。可见北魏时期皇室的宫廷，已烧造琉璃砖瓦作为建筑装饰，使建筑用陶更加华美适用。

在洛阳北魏宫城遗址发现的建筑用陶[62]，有板瓦、筒瓦和瓦当、瓦钉，均颇有特色。板瓦呈深褐色，质地坚致，火度较高。这种板瓦在瓦头部分捏成花纹或锯齿形作为装饰，一般称为花头板瓦。瓦面经过磨削加工，上一层陶衣。面积颇大，长49.5、宽33、厚约2.5厘米，每块重达12公斤。筒瓦皆素面，里面布纹，表面刮磨光润。长49.5、径13、厚2.3厘米，重约8公斤。

瓦当，主要是莲花纹和兽面纹两种，而以莲花纹最多。莲花纹又以六个双瓣宝装式的莲花，中间凸起一个圆珠，四周饰以联珠纹最为常见。径约15.6、厚1.6厘米。也有七瓣或八瓣的，形式基本相同，整齐大方，富于装饰性。此外，还有兽面纹瓦当及少量卷云纹和朱雀纹瓦当，都沿袭前代遗风。这时洛阳一带用文字装饰的瓦当已很少见。至于瓦钉皆作扁平菱形，下有长柄，菱形中又交叉成四个小菱状孔，它的用途是插在筒瓦中固定它的位置。以上几种瓦均灰陶，质量较精，打磨细致，是用于宫廷建筑的，不是一般民间建筑用陶。

砖有长方形素面砖和绳纹砖两种，为灰褐色，形制与洛阳王湾北朝遗址中的细绳纹砖相似。值得重视的是在洛阳宫殿遗址中出土一种大砖，塑有神态凶猛，巨口虬须，怒目獠牙的兽面，造型生动，气魄宏伟，有很高艺术水平。分大、小两种，大的长57、宽45、厚6厘米。砖背打磨平整，有两孔以备穿钉。小的形制完全相同，是一种装饰在檐下墙头的贴砖。还发现过形体庞大的陶鸱尾，尾部呈扇形，胎为灰褐色。

从这些砖瓦的种类、用途及制作质量观察，可以推测是当时用于宫殿或太庙一类豪华的建筑物上的，特别是这些瓦上多刻有文字，无论板瓦、筒瓦，都刻有制瓦的时间、匠人姓名、工种和主管人名字等。如“主”，即瓦窑主；“削人”即削瓦工；“昆人”即打磨瓦面工匠。还有“轮”、“匠”等名称。可见当时制瓦工场生产规模很大，分工很细，工匠数量很多，仅洛阳发现的瓦文记录的工匠姓名就有两万多个。北魏统治者驱使大批制陶工匠，烧制建筑用陶，为建设洛阳城服役，这些瓦文是当时最可靠的历史资料。

在邺城遗址中[63]，也有东魏、北齐时期的砖瓦发现，东魏所建的邺城，在今安阳县属。瓦以素面最多，质地坚致厚重，背面印有布纹，表面呈黝黑色光泽。《邺中记》载：“北齐起邺南城，其瓦皆以胡桃油油之。”可能即指这种黑瓦。筒瓦成半圆形，直径约16、厚2.5厘米。带瓦当的接合处打磨光滑，板瓦和筒瓦上多有戳记。《河朔访古记》指出：“邺城古砖，其纪年非天保即兴和，盖东魏、北齐之年号也。又有筒瓦者，其花纹年号与砖无异。”还有文字瓦当和莲花瓦当，不作宝装式，莲瓣丰满，末端微卷，直径约18厘米，造型浑厚质朴。

在蒙古大青山乌兰花土城子古城中[64]，曾发现北魏时期的青砖及绳纹砖、子母口筒瓦、大型板瓦、莲花纹和兽面纹瓦当，与中原同时期的形制基本相似。另在乌兰不浪的古城遗址，也发现板瓦和筒瓦，尤以瓦当最多。有些瓦当印有隶书“富贵万岁”四字，直径约14厘米。它与云岗山顶出土的“传祚无穷”瓦当风格十分相似。这里是北魏时期武川镇古城旧址，所用的建筑陶与中原一带的无甚差别。

---

① 《颜氏家训》第三卷《勉学篇》。

② 罗宗真：《江苏宜兴晋墓发掘报告》，《考古学报》1957年4期；南京博物院：《江苏宜兴晋墓的第二次发掘》，《考古》1977年2期。

③ 张志新：《江苏吴县狮子山西晋墓清理简报》，《文物资料丛刊》第3期。

④ 镇江市博物馆：《介绍一件上虞窑青瓷扁壶》，《文物》1976年9期。

⑤ 《宋书》第57卷《蔡廓传附子兴宗传》。

⑥ 浙江省博物馆、上虞县文化馆1977年联合调查资料。

⑦ 党华：《浙江肖山县上董越窑窑址发现记》，《文物参考资料》1955年3期；沈树芳：《萧山县石盖村发现古窑址》，《文物参考资料》1957年4期。

⑧ 浙江省文物管理委员会：《浙江鄞县古瓷窑调查纪要》，《考古》1964年4期。

⑨ 江苏省文物管理委员会：《宜兴发现六朝青瓷窑址》，《文物》1959年7期；刘汝醴：《宜山均山青瓷古窑发现记》，《文物》1960年2期；蒋玄佁：《访均山青瓷古窑》，《文物》1960年2期；王志敏：《宜兴县汤渡村古青瓷窑址试掘简报》，《文物》1960年10期。

⑩ 王志敏：《宜兴县汤渡村古青瓷窑址试掘简报》，《文物》1964年10期。

⑪ 李家治：《我国瓷器出现时期的研究》、《硅酸盐学报》第六卷第三期，1978年。

⑫ 汪扬：《德清窑调查散记》，《文物参考资料》1957年10期。王士伦：《德清窑瓷器》，《文物》1959年12期。

⑬ 镇江市博物馆：《镇江东晋画像砖墓》，《文物》1973年4期。

⑭ 梅福根：《杭州晋兴宁二年墓发掘简报》，《考古》1961年7期。

⑮ 湖北省文物管理委员会：《武昌莲溪寺东吴墓清理简报》，《考古》1959年4期；鄂城县博物馆：《鄂城东吴孙将军墓》，《考古》1978年3期。

⑯ 湖南省博物馆：《长沙两晋南朝隋墓发掘报告》《考古学报》1959年3期。

⑰ 湖南省博物馆：《长沙南郊的两晋南朝隋代墓葬》《考古》1965年5期。

⑱ 湖北省文物管理委员会：《武昌东北郊六朝墓清理》《考古》1966年1期。

⑲ 湖北省博物馆：《武汉地区四座南朝纪年墓》，《考古》1965年4期。

⑳ 湖南省博物馆：《从湘阴古窑址的发掘看岳州窑的发展变化》，《文物》1978年1期。

㉑ 沈仲常：《四川昭化宝轮镇南北朝时期的崖墓》，《考古学报》1959年2期；石光明、沈仲常、张彦煌：《四川彰明县常山村崖墓清理简报》，《考古通讯》1955年5期等。

㉒ 江西省博物馆考古队：《江西清江晋墓》，《考古》1962年4期；余家栋：《江西新建清理两座晋墓》，《文物》1975年3期。

㉓ 江西省博物馆：《江西新淦金鸡岭晋墓南朝墓》，《考古》1966年2期；《江西南昌晋墓》，《考古》1974年6期。

㉔ 泉州市文物管理委员会：《福建南安丰州狮子山东晋古墓(第一批)发掘简报》，《文物资料丛刊》1期。

㉕ 曾凡：《福州西门外六朝墓清理简报》，《考古通讯》1957年5期；卢茂村：《福建建瓯水西山南朝墓》，《考古》1965年4期；福建省博物馆：《福建福州郊区南朝墓》，《考古》1974年4期。

㉖ 郭演仪、王寿英、陈尧成：《中国历代南北方青瓷的研究》，《硅酸盐学报》1980年3期。

㉗ 浙江省文物管理委员会和上虞县文化站联合发掘，资料未发表。

㉘ 浙江省文物管理委员会发掘，资料未发表。

㉙ 华东文物工作队：《南京幕府山六朝墓清理简报》，《文物参考资料》1956年6期。

㉚ 安徽省文物工作队等：《阜阳双古堆西汉汝阴侯墓发掘简报》，《文物》1978年8期。

㉛ 南京博物院：《南京富贵山东晋墓发掘报告》，《考古》1966年4期。

㉜ 绍兴县文物管理委员会：《绍兴县南池公社尹相公山出土一批南朝青瓷》，《文物》1977年第1期。

㉝ 南京博物院等《江苏省出土文物选集》图126，文物出版社，1963年。

㉞ 湖南省博物馆：《长沙汤家岭西汉墓清理报告》，《考古》1966年4期。

㉟ 南京博物院：《江苏宜兴晋墓发掘报告》，《考古学报》1957年4期。

㊱ 江西省博物馆：《江西南昌晋墓》，《考古》1974年6期。

㊲ 江西博物馆藏品。

㊳ 《凤凰山一六七号汉墓遣册考释》，《文物》1976年10期。

㊴ 明嘉靖本，卷十五《托子》。

㊵ 山东淄博陶瓷史编写组、山东省博物馆：《淄博寨里青瓷窑址调查简报》（未刊稿）。

㊶ 法季：《河北景县封氏墓群调查记》，《考古通讯》1957年3期。

㊷ 周仁、李家治：《中国历代名窑陶瓷工艺初步科学总结》，《考古学报》1960年第1期。

㊸ 冯先铭：《略谈北方青瓷》，《故宫博物院院刊》第1期。

㊹ 张平一：《河北吴桥县发现东魏墓》，《考古通讯》1956年第6期；石家庄地区文化局文物发掘组：《河北赞皇东魏李希宗墓》，《考古》1977年第6期。磁县文化馆：《河北磁县东村东魏墓》，《考古》1977年第6期。

㊺ 河北省博物馆：《河北平山北齐崔昂墓调查报告》，《文物》1973年第11期。

㊻ 周到：《河南濮阳北齐李云墓出土的瓷器和墓志》，《考古》1964年第9期。

㊼ 河南省博物馆：《河南安阳北齐范粹墓发掘简报》，《文物》1972年1期。

㊽ 河北省博物馆：《河北平山北齐崔昂墓调查报告》，《文物》1973年11期。

㊾ 河北地区文化局文物发掘组：《河北赞皇东魏李希宗墓》，《考古》1977年第6期。

㊿ 大同博物馆：《山西大同石家寨北魏司马金龙墓》《文物》1972年3期。

51 陶正刚：《山西祁县白圭北齐韩裔墓》《文物》1975年4期。

52 湖北省文管会：《武昌莲溪寺东吴墓清理简报》，《考古》1959年第4期。

53 河南文化局文物工作队第二队：《洛阳晋墓的发掘》，《考古学报》1957年1期；河南省文化局文物工作队第一队：《河南郑州晋墓发掘记》，《考古通讯》1957年1期。

54 湖南省博物馆：《长沙两晋南朝隋墓发掘报告》，《考古学报》1959年3期。

55 陕西省文管会：《西安南郊草厂坡村北朝墓的发掘》，《考古》1959年6期。

56 洛阳博物馆：《洛阳北魏元邵墓》，《考古》1973年4期。其余封氏墓，李希宗墓，韩裔墓注见前。

57 山西省博物馆：《太原圹北齐法肃墓文物图录》，中国古典艺术出版社。

58 河北省博物馆：《河北曲阳发现北魏墓》，《考古》1972年5期。

59 柳涵：《邓县画像砖墓的时代和研究》，《考古》1959年5期；南京市文物保管委员会：《南京六朝墓清理简报》同上。

60 王增新：《辽阳三道壕发现的晋代墓葬》，《文物参考资料》1955年11期。

㊶ 蒋玄佁：《古代的琉璃》，《文物》1959年6期。

㊷ 考古研究所洛阳工作队：《汉魏洛阳城一号房址和出土的瓦文》，《考古》1973年4期。

㊸ 俞伟超：《邺城调查记》，《考古》1963年1期。

㊹ 张郁：《内蒙古大青山后东汉北魏古城遗址调查记》，《考古通讯》1958年第3期。

第五章　隋、唐、五代的陶瓷

（公元581—960年）

统一全国，结束几百年的战乱，开创一个新的历史时期，隋和秦是一样的，秦历年短促，隋也享国不长，继隋而起的唐，总结前代兴亡的教训，采取和实行一些缓和阶级矛盾与民族矛盾的措施，以巩固政权与国家的统一，建立起一个更繁荣昌盛的大帝国。唐也与西汉相似，所不同的是隋唐立国的基础更为广阔，经过东晋、南朝三百年间的开发，长江流域的经济已出现赶上和超过黄河流域的趋势。隋末大运河的开凿，更促进了这个趋势的发展。

《旧唐书·食货志》（卷四十八）言，“又有韦坚……乃请于江淮转运租米，取州县义仓粟转市轻货……”。这些“轻货”据《旧唐书·韦坚传》(卷一百五)记载就有“若广陵郡船，即于栿背上堆积广陵所出锦、镜、铜器、海味；丹阳郡船即京口绫、衫、段；晋陵郡船，即折造官端绫绣；会稽郡船，铜器、罗、吴绫、绛纱；南海郡船，即玳瑁、珍珠、象牙、沈香；豫章郡船，即名瓷、酒器、茶釜、茶鐺、茶椀；宣城郡船，即空青石、纸笔、黄连；始安郡船，即蕉葛、蚺蛇胆、翡翠。船中皆有米，吴郡即三破糯米、方文绫。凡数十郡。”以上列举各郡大都在长江两岸和岭南地区。

安史之乱以后，刘晏主持盐铁院也兼作商业活动，《刘晏传》（《旧唐书》卷一百二十三）言刘晏“重价募疾足，置递相望，四方物价之高下，虽极远不四五日知，故食货之重轻尽权在掌握，朝廷获美利而天下无甚贵贱之忧。”于此又可见那时商品经济的发达和统一的全国市场的酝酿形成。

此外，萌芽于南朝的“和伫”、“和市”以及与此相关的“以资代役”制度在玄宗朝已广泛推行。这些制度的推行也有利于私人手工业的发展。

除了沟通南北的大运河，唐代的陆上海上的交通也很发达，唐的政治文化影响越出了国境以外。沟通中西的丝路空前繁荣，唐三彩的骆驼俑和人俑中的胡商形象就是丝路繁荣的记录。除了丝织品，瓷器也从陆上与海上输出到国外。交通的发达，商业的繁荣，落后地区的开发，都为陶瓷制品准备了市场。陶瓷考古发现的唐瓷窑址之多是空前的，特别是北方瓷窑的增加超过了长江以南各地，为日后出现众多的名窑和南北制瓷中心奠定了基础。

通常用“南青北白”来概括唐代瓷业的特点。邢窑白瓷与越窑青瓷分别代表了北方瓷业与南方瓷业的最高成就，这虽是事实，但实际上，北方诸窑也兼烧青瓷、黄瓷、黑瓷、花瓷，也有专烧黑瓷与花瓷的瓷窑。北方诸窑中，很多瓷窑烧瓷历史较短，没有陈规可以墨守，因而敢于作各种尝试和探索。釉色不厌弃青、白、黄、黑、绿、花，制胎可以两色重叠拉坯，形成纹理，不薄雅素，更喜富丽。这代表了一种新的自信和进取的时代风格。在南方的唐墓也发现了相当数量的白瓷，只是没有发现白瓷窑址，但这是一个白瓷向倾向于保守的青瓷进行冲击的迹象。

评诗家说唐诗有所谓盛唐气象。陶瓷艺术最能表现这种盛唐气象的则是唐的三彩釉陶。这不仅因为三彩釉器绚丽斑斓，富于浪漫色彩；釉色的富丽热烈能反映唐人的生活意趣；凤头壶、龙首杯这些有异邦色彩与趣味的新的器物造型，表现了唐人对异域文化广收博采的自信与气魄。而且三彩陶俑就是制造它的那个时代的艺术记录，和唐代长安与洛阳贵族风习与生活情趣的风情画。那些丰腴的贵妇，那些射猎的贵族，那些恭谨的的文吏与女侍，那些牵駝的胡商，还有那些负重的骆驼，那些马，那些狞猛的武士与天王……记录了开元盛世的安富与尊荣，豪华与放纵。

在制瓷工艺上，唐人的贡献是不少的。他留给后世的一份厚礼是在烧成工艺中普遍使用了匣缽装烧。匣缽创制使用可能早于唐，但大量使用并作为工艺的常规，则在中唐以后。唐人烧出了高质量的邢窑白瓷与越窑青瓷，也为宋代名窑的出现准备了工艺条件。

“纷纷五代乱离间”。五代、十国的纷争是唐王朝各种固有矛盾发展的结果。但是各地割据政权之能够存在，也是因为唐末地方经济有了发展，可以作为割据者的依凭的原故。一些割据政权为保持自己的统治，采取保境息民的政策，使得战祸较少，社会比较安定，客观上有利于经济的开发。所以在五代十国时期，在一些地方政权割据的地区，包括陶瓷在内的手工业仍然有所进步和发展，吴越的青瓷就是其例。但是也正因为在全国分裂、割据的形势下，各地瓷窑之间借鉴、仿制以至市场竞争成为不可能，这种进步与发展又是有限度的，瓷业的新的发展繁荣还有待于北宋统一全国。

第一节　隋代陶瓷业的发展

继秦、汉、西晋以后再次统一中国的隋代，历年甚短。隋以北朝为基础统一全国，隋初的文化面貌也常有较浓重的北朝色彩。但南北政治的统一，促进了南北经济、文化的合流和交融，开始了一个新时期。由于隋朝历年短促，隋代的陶瓷工艺不曾表现出超越前代的建树，表明隋代在陶瓷史上开始了一个新时期的是北方的瓷业有了新的发展。

在隋以前，瓷业的发展，烧瓷的窑场都主要在长江以南和长江上游的今四川省境内，北方没有发现值得重视的窑场。但入隋以后，改变了这个趋势，瓷业在大河南北发展起来。全国已发现的隋代瓷窑十处，就有四处在大河南北(图四十九)，是未来北方瓷业大发展的先兆。我国地土广大，南北烧瓷原料各有特点，南北人民的生活习惯不尽相同，人口众多，市场广大。各种花色、风格、样式的瓷器都可以百花齐放，各擅胜场。这是一个有历史意义的新趋势。它预示了中国陶瓷业的前程无限，是未来唐宋瓷业大发展的先导。

隋代陶瓷的发展状况没有文献记载，但是结合陶瓷考古和墓葬考古提供的资料加以考察，我们仍然可以看到隋代陶瓷业的大致面貌。

目前，隋代的窑址还发现得不多。有些地区隋墓出土的瓷器有显著的地方风格，但未发现烧造的瓷窑。隋代已有烧得较好的白瓷，但迄今也未发现烧白瓷的隋窑。这就有待于今后考古的新发现来补充了。

1. 隋代的白瓷

长沙东汉墓虽然出土过几件疑似为早期白瓷的灰釉瓷器，但是持续烧制，工艺传统不曾中断，却是始于北朝晚期的北齐。虽然北齐的白瓷窑址未发现，但是隋墓又继续发现白瓷，而且胎釉质量较北齐的进步，隋的白瓷窑也未发现，而唐代出现了瓷业的“南青北白”的局面，这就使得白瓷始烧于北朝的北齐成为无可怀疑之事。

1959年中国科学院考古研究所安阳发掘队在河南安阳发掘了一座隋开皇十五年(595年)的张盛墓，发现了一批白瓷器。这批白瓷器还带有若干青瓷的特征，原发掘报告记为青瓷。但是这批瓷器实际上要比北齐武平六年(575年)范粹墓出土物要好得多，胎、釉质量都有提高。白瓷俑（彩版12：1）以外，器物还有罐、壶、瓶、坛、三足炉、博山炉、炉、烛台、碗、钵、盆等日用器，可见已不是偶而烧造。晚于张盛墓十三年的西安郊区隋大业四年(608年)的李静训墓，出土了白瓷器。它的胎质较白，釉面光润，胎釉已经完全看不到白中闪黄或白中泛青的痕迹，无可怀疑地应称作白瓷。这批白瓷器中以白瓷龙柄双连瓶和白瓷龙柄鸡头壶为最精。西安郭家滩隋墓出土的白瓷瓶，姬威墓出土的白瓷盖罐，更是隋代白瓷的代表作。如果以北齐武平六年（575年)的范粹墓为起始，到隋大业四年（608年）止，这个过程经历了三十三年，可见，古代工艺的进步是很慢的。但是白瓷的真正成熟还要到唐代邢窑白瓷的出现。

隋代白瓷的出土地点除了河南、陕西以外，在安徽亳县隋大业三年墓中也出土了几

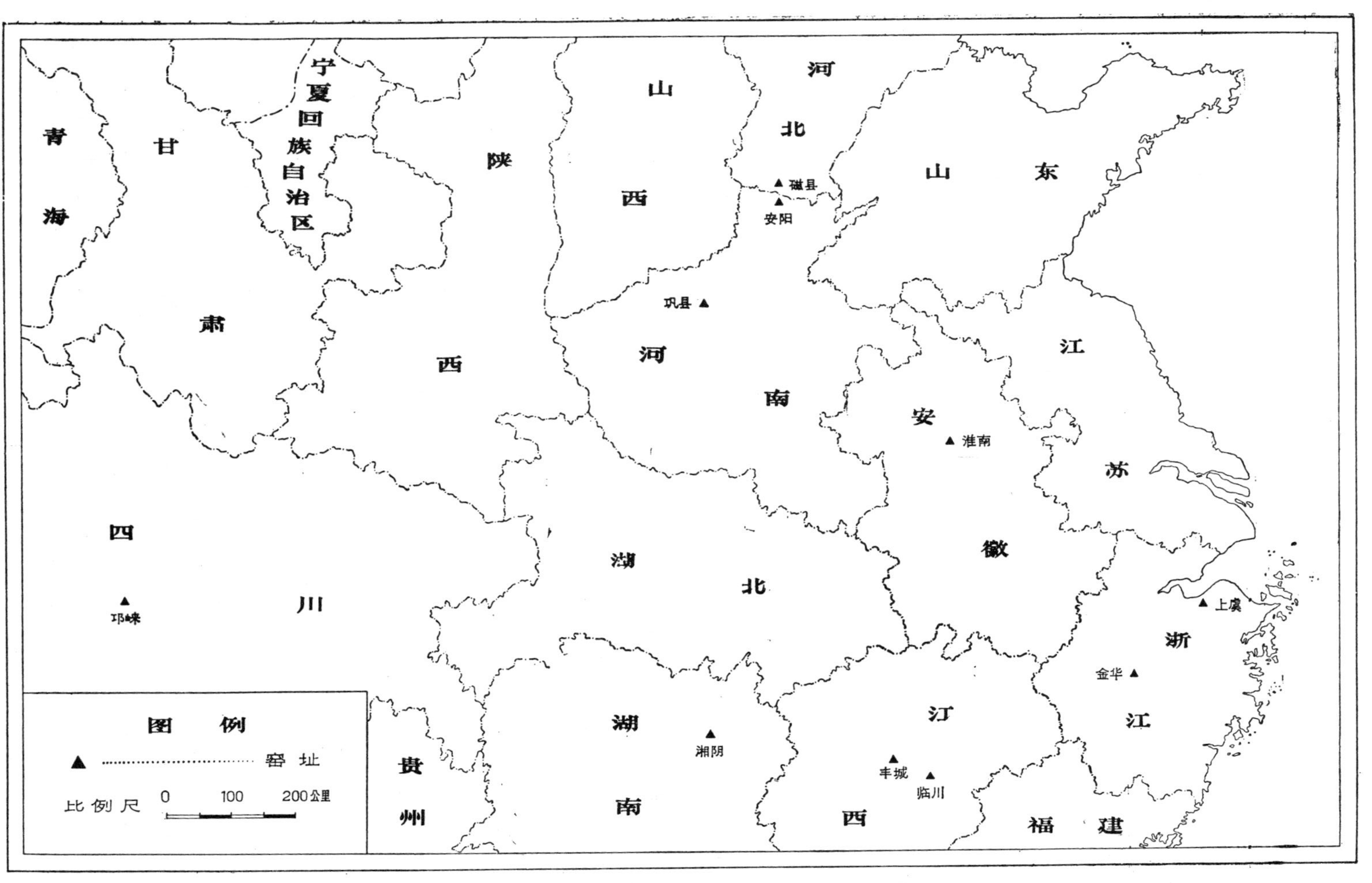

图四十九　已发现的隋代瓷窑遗址分布图

件。今后可能还有新的发现。

2. 隋代的青瓷

在隋代，青瓷仍是瓷器生产的主流。已发现的隋窑都是烧制青瓷的。现按窑口分别介绍于下：

河北磁县贾壁村窑① 1959年发现并进行了多次调查。贾壁村位于河北省峰峰矿区西部地区。贾壁窑瓷器的瓷质大致可分为两大类：一类胎质细腻，瓷化良好，颜色灰白，胎面施一层透明的青绿色釉，流釉现象不甚显著；另一类胎色青灰，颗粒较粗，有黑色斑点，瓷化较差，胎面施一层透明的青褐色釉，常有流釉现象。烧成温度前者为1200° C以下，后者稍高于1200° C。前者瓷土可能经过淘洗，矿物颗粒细小，因而聚集态的铁也很少，所以瓷胎呈灰白色。后者瓷土未经淘洗，颗粒较粗，聚集态的铁质往往附在粗粒矿物的表面，烧成以后，聚集态的铁就成黑色斑点分布于瓷胎中。

贾壁窑烧制的器物有碗、高足盘、钵、壶、罐、砚、盂等多种，以碗、盘、钵为最多。器物的特征一般胎体厚重，件大而不变形，器里外施釉，外部施釉不到底。因系叠烧，器里均留有三个支钉痕迹。器物以光素无纹饰为主，仅在钵形器里划有花瓣纹和波浪纹饰。

贾壁窑器以轮制成形为主，只有少数附件如砚足、罐系等是用模印、手捏好之后再粘接上去的。在窑址中未发现匣钵，但有大量大小锯齿形支托和三叉形支具、扁圆形垫饼及筒形支具等。贾壁窑青瓷器件大、体厚，器内留有较大的支钉疤痕，应是用这类支具叠烧所形成的。

河南安阳窑② 安阳窑位于安阳市北郊安阳桥洹河南岸附近。窑址于1974年发现。安阳窑烧制的器物有碗、高足盘、四系罐、钵、杯、瓶等，除此之外，还有瓷塑以及各种明器装饰品等多种。一般器物胎壁较厚，胎质较为细腻，胎色灰白，可看出瓷泥是经过淘洗的。器里外施釉，器外施釉不到底。釉为青色玻璃质，光泽较强，透过釉层可以窥见胎面。釉厚处色浓，釉薄处色淡。常见的有青中带绿、青中带黄以及青灰、青褐等色。施釉一般薄而均匀，流釉现象不甚显著。因系叠烧，器物里面都留有支烧痕迹。安阳窑烧制的器物不仅釉面光亮，而且往往还有花纹装饰。装饰方法有刻花、划花、印花和贴花等多种。纹饰题材以莲花瓣纹居多，常见于器盖的顶部，碗心的中央，瓶的肩部和器座的表面。除了以莲花作为装饰艺术的题材以外，还有忍冬纹、草叶纹、三角形和水波纹等。瓷塑品的形象生动，表现出窑工们具有较高的塑造技巧与创作才能。

安阳窑使用的窑具有支烧具、支棒、器托、垫饼及范模等，其中以支烧具为最多。没有使用匣钵。

河南巩县窑[3] 巩县窑于1957年发现。窑址位于县城以南，其中以铁匠炉村遗址为最大，隋代的青瓷碎片就在此处发现。这就证明巩县窑在唐代烧白瓷以前曾经烧过青瓷。

铁匠炉村隋代青瓷窑以烧制大小平底碗和高足盘为主，其形制与河南安阳窑、河北磁县贾壁窑大致相同。胎厚重呈灰白色，釉为透明玻璃质，器里外施釉，外部施釉不到底。

安徽淮南窑[4] 淮南窑是1960年发现的。窑址位于淮南市田家庵区的上窑镇。上窑镇在唐代归寿州所辖，应即唐代寿州窑的所在地。窑址在镇的南郊和北郊。

淮南窑烧制的器物有四系瓶、高足盘、小口罐等。胎质一般坚硬、细腻，击之有清脆声。烧成温度约在1200° C左右。断面较粗，有大小不同的气孔和铁质斑点。胎泥没有经过淘洗加工，因而留有细小的砂粒。器物的胎壁较厚，由0.8至1.2厘米。青色釉为透明玻璃质，光泽很好。釉层厚薄不均，釉厚处色浓，釉薄处色淡，还有些青中带绿，青中带黄。一般器皿施釉只及腹下。釉面常有小开片，也有些器物在积釉处往往产生一种紫翠色的窑变釉。装饰方法有印花、划花、贴花三种。都装饰在瓶和罐上。划花有单弦纹、复弦纹、弧纹、波浪纹及莲瓣纹等。贴花只发现一种卷草纹。一种器物也常兼用几种装饰，组成带状或团花状图案。

湖南湘阴窑 湘阴古属岳州，是唐代岳州窑的所在地。就目前所知，它是湖南烧瓷历史久，延续时间较长的一个瓷窑[5]。

湘阴窑烧制的器物有碗、盘、钵、高足盘、四系罐、盘口壶、瓶等。器物胎壁一般较厚，胎色有灰白与青灰多种。釉有青釉、黄釉、褐釉、酱色釉等，局部釉因窑变而呈蓝色或紫色。一般青釉莹洁有闪光，具有透明或半透明感，釉面多开片。器物均施半釉，釉层较薄，有流釉现象，但不甚显著。酱色以酱绿为主，不太透明，略开片或不开片。酱黑釉开片，且易剥落。

四川邛崃窑[6] 邛崃有两处瓷窑：一处位于离邛崃县二十里的固驿镇，遗物散布在固驿乡南河之南约一、二里地的瓦窑山。窑址长约200米，从下到上高约20米。另一处在邛崃县西门外的什方堂。两处烧制的器物相同，有桥形系罐、盘口壶、高足盘和大小平底碗等。器物胎质为紫红色，胎与釉之间有一层白色化妆土。里外施釉，外部施釉不到底。窑具有各种支具，以大小圈状锯齿支托与平底锯齿支托较多。

河北磁县贾壁村窑、河南巩县窑和安阳窑的地理位置相近，情况基本相同。这些窑烧造的器物都以四系罐、高足盘、钵形器与大小平底碗等为主。胎质厚重，呈灰白色，为青釉或青中闪黄、透明玻璃质釉，都有不同程度的流釉现象。器里外施釉。器外施釉不到底。施釉方法有荡釉与蘸釉两种。一般器物里面都采用荡釉法，器外用蘸釉法。窑具以支具为主，还有大小锯齿支托、三叉支具、扁圆形垫饼及筒形支具等。三窑均未发现匣钵，可见是叠烧。三窑在产品数量、烧制技术以及器物的精粗上也有所不同。其中以河南安阳窑生产规模为最大，瓷器的品种亦多，除了日常生活用具外，还有各种雕塑与明器等，产品也比较精致，在许多器物上还附有花纹装饰。它代表了这时期北方瓷窑的烧造水平。

湘阴窑烧制的器物品种较多，在造型上也有自己的特色。它的四系罐为浅盘口，圆腹或椭圆腹，随着器物的大小而有所变化。平底腹与肩部常常装饰着由团花和卷叶纹组成的带状纹饰。这种罐显然与河北、河南三窑的四系罐有较大的差异。钵形器及大小平底碗等也有自己的风格。钵形器底部丰满，一般足径较大。碗深形，敛口，小平底，并有一凹圈。特别是深盘口、高长颈四系壶与高足碗为其它各窑所没有。另一种带短八棱嘴的壶更为少见。施釉一般较薄，常有开片现象，有的器物釉易剥落。釉色有青、黄、酱三大类，一部分釉因窑变而呈蓝色或紫色。

湘阴窑烧制的器物都重视装饰。纹饰以印花为主，配以划花，根据不同器物进行装饰，高足盘中心部位的多层花纹装饰，为其它各窑所不见。

安徽淮南窑的四系瓶为其它各窑所未见。罐的形制也不同。河北、河南三窑所流行的钵形器和大小平底碗在淮南窑址迄未发现。器物施釉方法与北方瓷窑相同，但釉薄，透明度也较差，在纹饰题材和构图方法上与湖南湘阴窑稍有区别。淮南窑的窑具比较简单，只发现三叉支托和四叉支托两种。在烧瓷技术上不如河南安阳窑，品种也比较单调，器物釉色的多变也说明在窑炉结构以及控制窑炉气氛方面还存在着一些不足之处。

邛崃窑所烧制的器物，具有浓厚的地方色彩。釉均较薄，不甚透明，因为胎质紫红，胎与釉之间普遍施一层白色化妆土。另外高足盘的形制也较矮，碗浅或平底小足也独具一格。

3. 隋墓出土瓷器

1929年在河南安阳小屯村的殷墟遗址中，发现隋仁寿三年（603年）墓一座，墓中出土了几件青瓷，隋瓷的面目才初步为人所知。1948年河北景县出土有隋瓷。五十年代以来，西安隋墓出土了青瓷以外，还出土了精致的白瓷。湖南长沙、湖北武昌出土的隋代青瓷，还印有各种花纹装饰。江苏、浙江、江西、安徽、四川、广东等省隋代青瓷均有出土，都是研究隋瓷的重要资料。

江西出土的隋瓷以清江为其代表，出土器物具有江西地区的特点⑦。清江隋墓，有纪年的就有“开皇十年”两座，“大业十七年”一座。出土瓷器质地一般较粗，器里外施釉，外部施釉不到底。釉色分青绿、黄绿和酱色三种，釉面常有开片，胎与釉结合较差，有些釉易于脱落。胎质较厚，色调灰白或青灰色。烧成温度一般较高，器身都装饰莲瓣纹、杂花纹和弦纹。器物较多地继承了南朝时期所盛行的造型，如双盅盘、五盅盘、多格盘和唾壶等，六系盘口壶的颈较粗，底部丰满，颇具特色。高足杯的形制在其它地区也属少见。一种口沿饰弦纹二道、腹部饰等距旋涡纹的碗，也是江西地区隋墓出土瓷器较为明显的特征。

江苏省境内发现隋墓的有扬州、高邮、新海连市、泰州、徐州等地。出土器物有四系、六系盘口壶，鸡头龙柄壶，四系、五系罐，双复耳瓶，大小平底碗等。胎质坚硬，呈灰白色，火候一般较高。釉为透明玻璃质，釉层较薄而匀，流釉现象不甚显著，釉色以青绿和黄绿色者居多。里外施釉，器外施釉不到底。一般双复耳瓶、盘口、短颈、长腹较为少见，六系盘口长颈壶形制与湖南长沙、湖北武昌出土的基本相同[8]。

湖北武昌地区[9]出土的隋瓷都为生活用具，有六系盘口壶、四系带盖罐、鸡头壶、高足盘、大小盘碗等。胎质一般坚硬，火候较高，胎色灰白。釉色青绿或黄绿，釉面有细小开片，釉层较薄，器外施釉不到底。有些器物带花纹装饰。六系盘口壶的盘口深而外撇，颈部瘦长，腹椭圆，施釉仅至腹中部，颇具特色。四系罐均有盖，有一种罐，广口，扁圆腹，肩部有四横系，整个器形肥矮。另一种椭圆腹，器通身瘦高，近底处外撇，器身还带印花装饰，施釉仅至腹中部。高足盘体小，与北方的高足盘有明显区别。同型器物除了在湖南长沙出土过外，其它地区未发现。

湖南出土隋瓷较多，器物的造型，胎、釉的特征和印花纹装饰都与湘阴窑出土物相同[10]。如盘口长颈壶、四系罐，具有各种花纹的高足盘和大小平底碗等在湘阴窑址中均有发现。无疑它们都是湘阴窑烧造的。

安徽出土的隋瓷，盘口四系瓶在淮南窑遗址中曾有发现，其它如四系罐等器物也不同于其它地区，也应当属于淮南窑的产品[11]。

四川成都一带出土的隋瓷，具有浓厚的地方特色，器物的胎都为紫红色，碗均浅式，小平足，高足盘也较矮浅。这些特点与邛崃窑出土物相似，可看出它们来自邛崃窑。

广东出土的隋瓷别具一格。最突出的是一种广口罐，溜肩，束腰，近底处外撇，平底，肩部立四系或六系，器身无纹饰者居多，有的装饰莲瓣纹一周。釉玻璃质，釉色青中闪绿，釉面有开片纹并易于脱落[12]。

以上南方各省墓葬出土瓷器，在一定程度上反映了南方陶瓷的发展水平。它们之间尽管有些差异，但与北方各地出土器物相比，在造型、胎釉质地或装饰风格上有较大区别。

4. 隋代瓷器的造型和装饰

隋代青瓷继承了南北朝时期的造型而有所变化，创制了许多新的器型（图五十，图版壹拾捌：1、2）。

壶一般分为带流和无流两种：带流者以鸡头作流，无流者都为盘口，一般习惯上称之为“鸡头壶”和“盘口壶”。

鸡头壶由两晋到唐沿用的时间很久。其造型为洗口，以鸡头作流，肩部贴附双系。其演变趋势为鸡头由小到大，壶身由矮小到瘦长，系的形式由条状系到桥形系等。隋代鸡头壶壶身较南朝更为瘦长，壶口更高，颈变细，中部还有弦纹装饰。鸡的头部又趋向于写实，柄仍保留着南朝时期的双龙形柄，肩部双系出现了新的形式，足部微向外撇（图五十：17）。

盘口壶　多流行于南方。它的基本特征为盘口，有颈，系都贴附在肩上。盘口壶的演变趋势是通体由矮小发展为高大，盘口逐渐高起，颈由短到长，腹部由圆发展到椭圆。系由桥形系演变到条状系。隋代的盘口壶通体变得瘦长，盘口更高而微撇，颈长而直，腹呈椭圆形，系的形式多为条状（图五十：2）。

罐最常见的有两种，分别流行于南北两地。北方常见并具典型性的罐，直口、无颈、罐身近椭圆形，腹中部常凸起弦纹一道，分器身为二等分。肩上贴附二系、三系或四系，以四系者居多，一般称它为“四系罐”。四系罐最初发现于河南安阳小屯村的卜仁墓中，随后又在河南其它地区和陕西、河北等省出土不少，但在南方的隋墓中很少发现。可见它是属于北方青瓷系统，为北方人喜用的一种器物（图五十：11）。隋朝的四系罐和南北朝相比，有了显著的变化，腹部凸起弦纹一道，代替南北朝的覆莲花瓣装饰。南方较为流行的罐，罐身瘦长，口直而大，无颈、丰肩、瘦颈、撇足。肩部贴附六系或八系。一般称它为六系罐或八系罐（图五十：6）。湖南湘阴窑烧制的一种盘口罐，在形制上与北方出土的四系罐有较大的不同。盘口浅，颈细而短，圆腹、平底、肩部立四系，腹部往往装饰弦纹数道，弦纹之间印有朵花与卷叶纹一周（图五十：18）。

瓶是由北朝时期的洗口瓶演变而来，盘口，短颈，平底。它的主要变化是在腹部。北朝的瓶，腹瘦长，最大腹径在近底处。隋瓶的颈变细长，腹径阔大略呈椭圆形（图五十：7）。

瓶的造型在隋代有许多新的创造，如安徽淮南窑中的盘口四系瓶。盘口外撇，长颈、溜肩、平底(图五十：13)。颈部装饰凸弦纹数道，颈肩交界处贴附两系或四系，腹呈椭圆形，颈与肩部往往有朵花卷叶纹和莲瓣装饰，形式美观。此种瓶在安徽地区出土较多，在河北景县封氏墓中也有出土。但胎釉有所不同，可能为北方窑的制品。陕西西安隋墓中出土的另一种盘口瓶。在形制上与此又有较大的区别，其特点是颈中部细小，并装饰以凸弦纹二道，腹部丰满，腹以下收敛，平底（图五十：4）。

湖南湘阴窑烧制的一种八棱形短嘴壶，是一种新的造型，但还保留着盘口带系的形式。

高足盘在南北墓葬中都有出土，其基本特征是浅盘式，口沿微外撇，盘心平坦，常有阴圈线纹，沿线纹留有三、五、七个不等的支烧痕迹。下承以高空心喇叭状足。高足盘在南北瓷窑都大量烧制，是隋瓷中一种典型器物（图五十：22—24、26、27）。

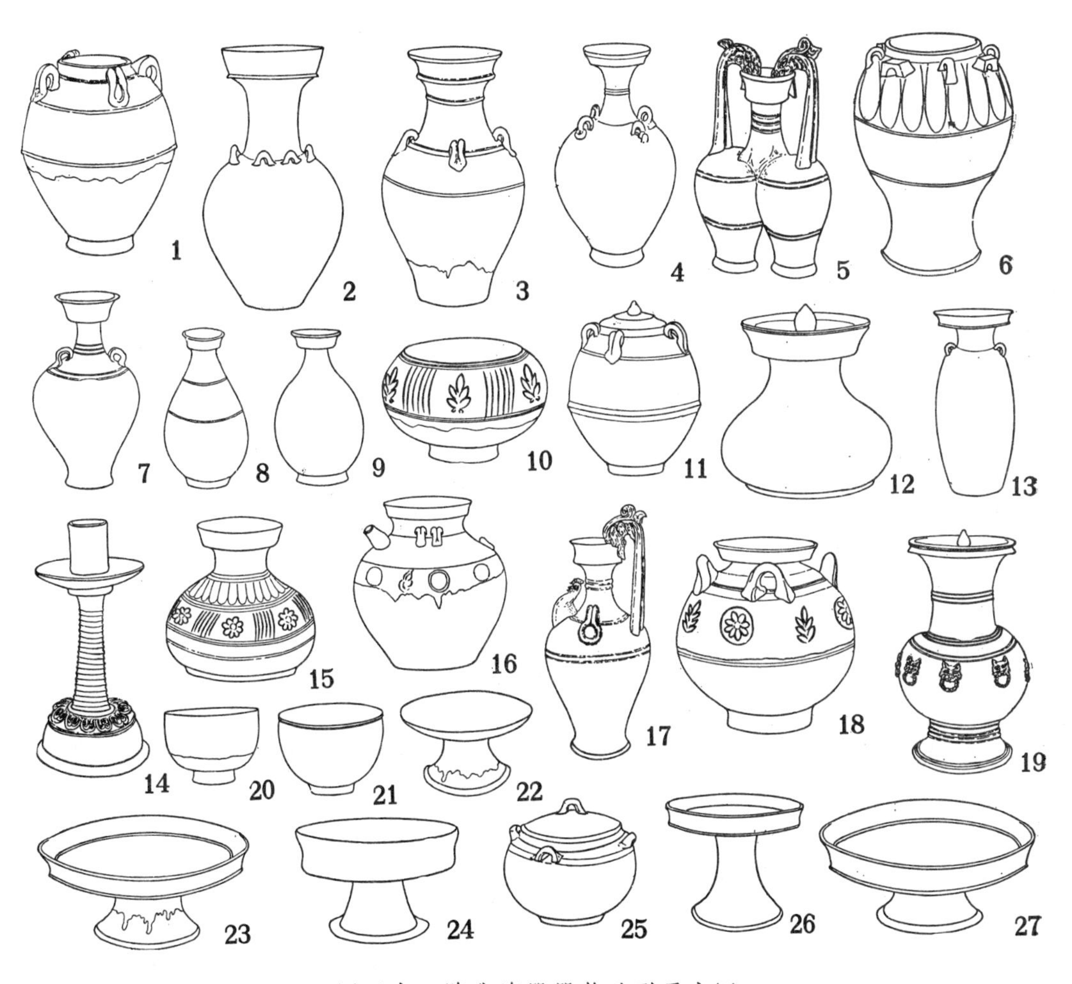

图五十　隋代瓷器器物造型示意图

1. 青釉四系罐（1/8）2、3. 盘口壶　（1/12、1/10）4. 白釉四系瓶（1/10）5. 白釉龙耳双身瓶（1/6）6. 青釉莲瓣纹八系罐（1/6）7. 盘口瓶（1/8）8. 酱釉玉壶春瓶（1/10）9. 青釉瓶（1/6）10. 青釉印花钵（1/4）11. 青釉四系盖罐（1/6）12. 白釉唾壶（1/6）13. 青釉双系瓶（1/8）14. 白釉烛台（1/10）15. 青釉印花唾壶（1/6）16. 青釉印花四系壶（1/10）17. 白釉龙柄鸡头壶（1/8）18. 青釉印花四系罐（1/4）19. 白釉贴花带盖尊（1/12）20、21. 青釉杯（均1/8）22、23、24、26、27. 青釉高足盘（1/6、1/10、1/6、1/8、1/10）25. 青釉四系盖罐（1/6）

隋瓷的装饰工艺：印花是隋瓷常用的一种装饰工艺。准确的称谓应为模印。它与纺织品印染工艺的印花着色显然不同。它是用瓷质的印模在胎上压印出凸凹的暗花，然后施釉，入窑烧制，显出釉下的花纹。其常用纹样有如下几种：

朵花纹　有圈形花蕊，花蕊周围有花瓣，花瓣分五瓣、六瓣、七瓣、八瓣多种组成各种花朵。装饰器物的颈部和腹部（图五十：15、18），有时也插入条纹之间或与草叶纹间隔组成新的纹饰（图五十：10）。

草叶纹　是由四到八片草叶组成的，常有规则地插入条纹之间以装饰器物的颈部和腹部（图五十：10、18）。高足盘的中心也用它组成一幅完整的图案(图五十一：6、8)。有时也与朵花纹穿插使用（图五十一：4、10）。

几何纹　呈塔式，上小下大，中腰挂着两支七瓣朵花，它多与五瓣朵花穿插，组成一个单独纹样，常用它作为碗、高足盘的装饰（图五十一：5，五十二：2）。

其次是划花　划花一词最早见于宋人笔记，划写作“劃”。其法，用尖利的工具在瓷胎上刻划出各种花纹，然后施釉入窑烧制，也属一种不着色的暗花。隋瓷常见的纹样有：

莲瓣纹　瓣作圆状及尖状两种，常刻划在物器的肩部和腹部，有时在一件器物上作覆莲花和仰覆莲花（图五十：6，五十一：1）。用莲瓣组成的图案也是常见的，常用来装饰碗和高足盘。

卷叶纹　这是一种荷叶变形后形成的纹样，常与莲花纹一起装饰器物的颈部和腹部（图五十二：1）。

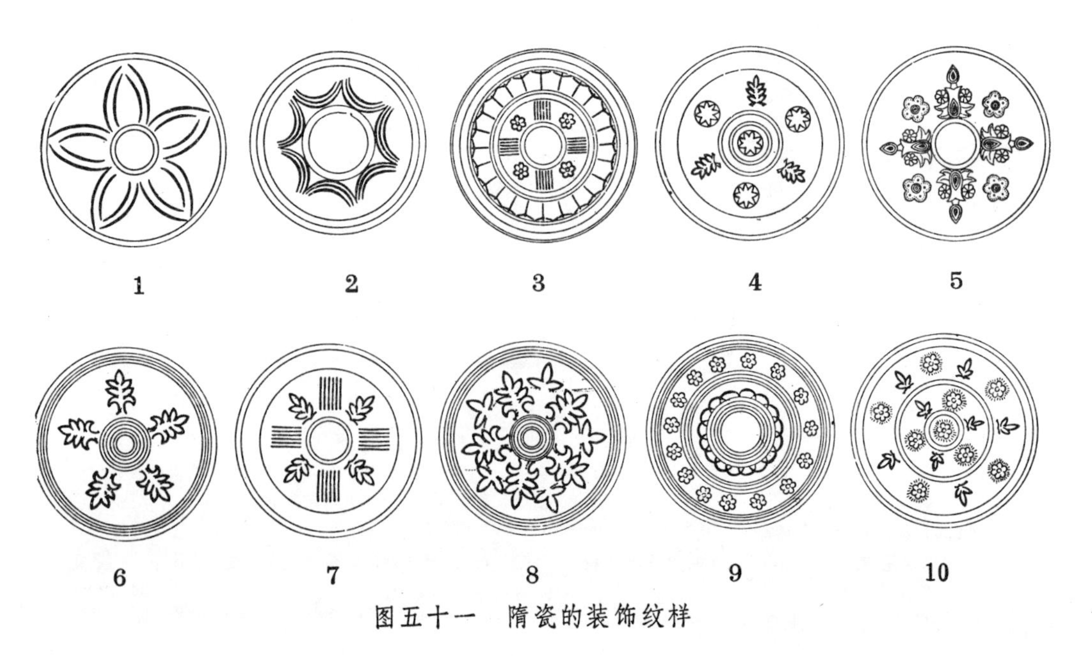

图五十一　隋瓷的装饰纹样

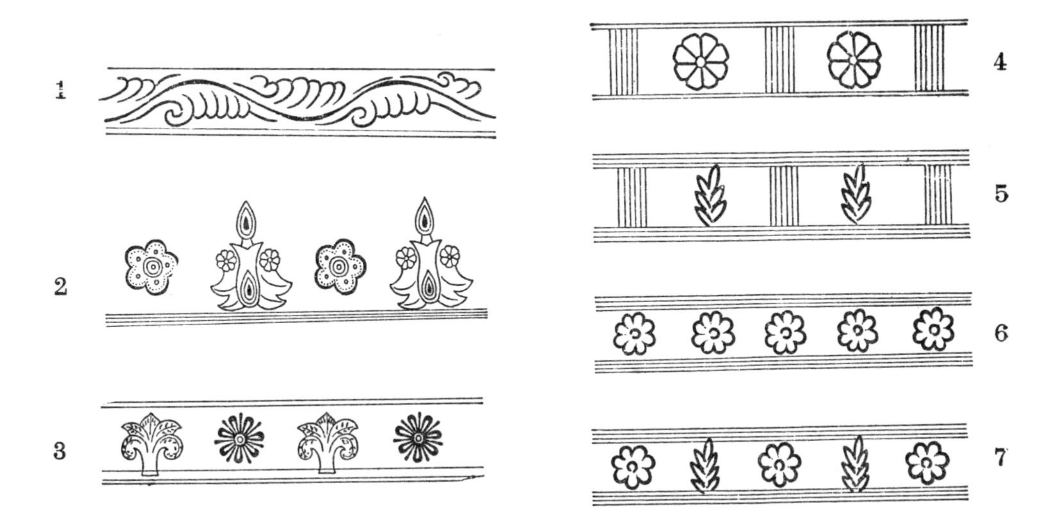

图五十二　隋代器物边饰示意图

波浪纹　似水波浪，刻划不规则，但非常流利，经常在器物的弦纹处刻划一道或二道，用来装饰碗的口沿和盘心。

又其次是贴花。贴花可能起源于模塑器物的附件。后来发展到模塑浅雕的图案纹样。用泥浆粘附在器物胎面，然后施釉入窑烧制。贴花在隋瓷中较为少见，一种为五片叶组成，与印朵花穿插排列，常用来装饰器物的颈部与肩部。

第二节　唐、五代的青瓷

唐代瓷业虽则出现“南青北白”的局面，白瓷向青瓷的传统优势地位提出了挑战，但就唐墓各期出土瓷器考察，特别是南方的唐墓，青瓷出土数量仍然多于白瓷。南方各窑仍然继续烧造青瓷，北方烧白瓷的诸窑也有兼烧青瓷的。越窑青瓷代表了当时青瓷的最高水平。唐代瓷窑遗址的分布见图五十三。现按窑口分述于下：

1. 越　窑

唐代越窑制瓷作坊仍集中在上虞、余姚、宁波等地。随着瓷器质量的提高和需要量的增加，瓷场迅速扩展，诸暨、绍兴、镇海、鄞县、奉化、临海、黄岩等县相继建立瓷窑，形成一个庞大的瓷业系统。其中以上虞县窑寺前、帐子山、凌湖、余姚县上林湖到慈豁县上岙湖、白洋湖一带最繁荣，这些地方，窑场林立，瓷器产量巨大，是唐、五代到

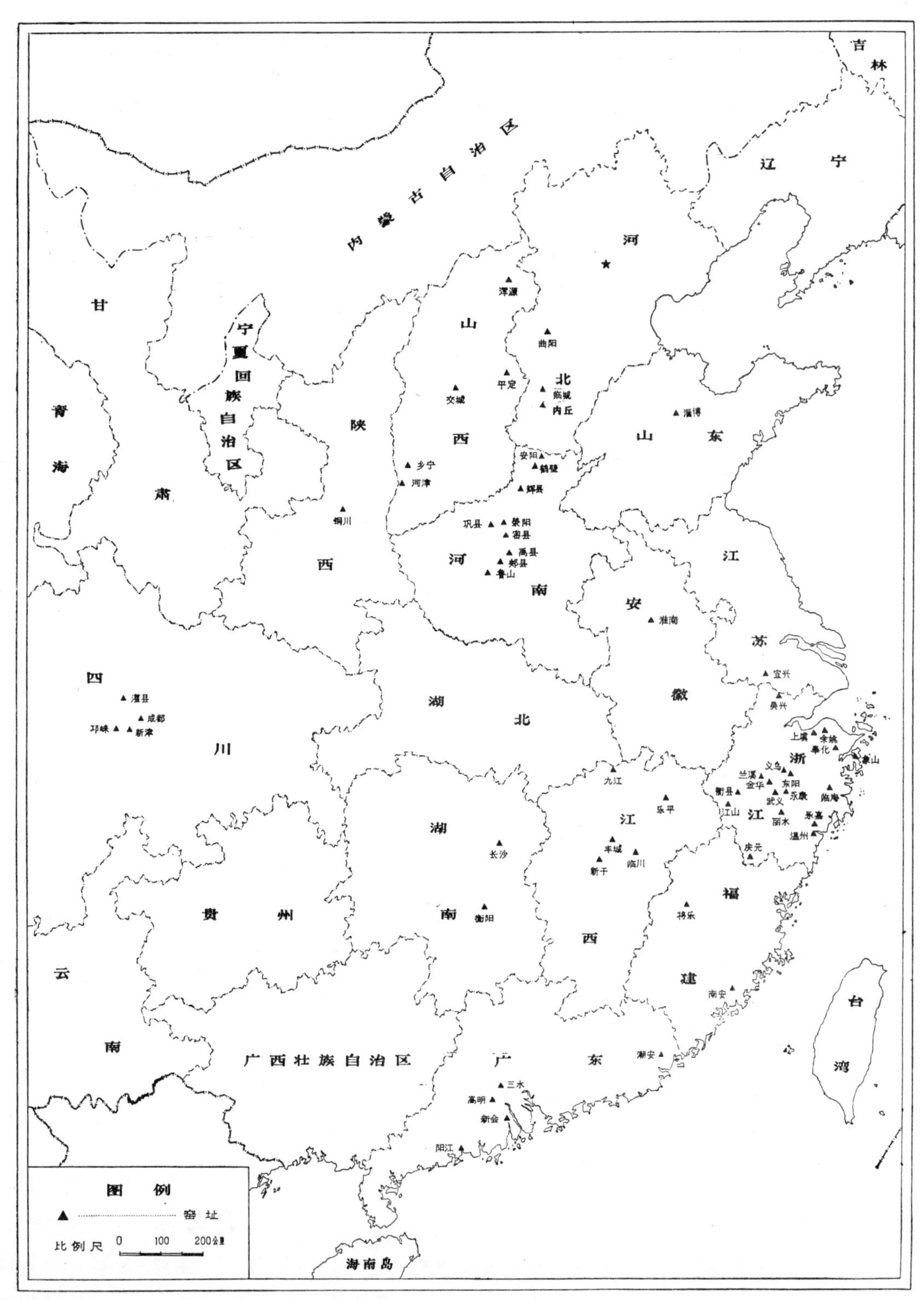

图五十三　唐代瓷窑遗址分布图

北宋时越窑的大规模生产基地。今鄞县东钱湖、镇海洞等滨海地区也发现了较多的越窑窑址，说明瓷窑的布局已向当时对内对外输出的重要港口——明州（今宁波）靠近。1973年宁波市余姚江边和义路唐、五代遗址中有大量越窑青瓷的出土，证明当时许多越窑瓷器是从宁波由海路运往全国各地和输出国外的。

唐、五代越窑瓷业大体可以分为初唐、中晚唐、五代三个时期。

初唐 这个时期的瓷器，基本上保持着南朝和隋代的风格，胎质灰白而松，釉色青黄，容易剥落。产品种类和造型的变化不大。淳安县官山等地唐贞观年间（627—649年）墓中出土的瓷盅，直口深腹假圈足，造型与隋盅一样，唯腹更深，圆饼形底稍高；盘口壶的盘口扩大到几乎与腹径相等，口沿外翻，口下缘的棱线更加突出，腹部瘦长形若橄榄，有头重脚轻之感⑬。

杭州灵隐香料厂发现初唐时期的鸡壶，通高51厘米。直柄上端的龙首急转俯视，张口睁目，紧衔盘口，鸡首引颈欲啼，左右肩间各有半环形耳二个。高大的颈部配饰规整的凸弦纹二圈，肩腹部刻覆莲和忍冬纹各一组，全器动中有静，极有气魄。

这时期的瓷砚，砚足明显增多，四足五足以至多到排列成密集的一圈。有的砚，砚面圆形突起，四周围以深凹的水槽，造型更适合于实用。李肇《国史补》说："内邱白瓷瓯，端溪紫石砚，天下无贵贱通用之。"石砚的普遍应用，瓷砚被逐步淘汰，所以越窑在中唐以后就很少生产了。

初唐时还盛行折腹碗，口和上腹几近垂直，下腹向内折收，平底。这种碗，口大，腹浅，除当饮食用具外，还常常置于壶、罐的口上以代盖。

中晚唐 这一时期的越窑瓷器，在三十年代已有重要发现：1934年浙江慈谿县鸣鹤场附近山中出土的唐长庆三年（823年）姚夫人墓志铭⑭。通体施淡橄榄釉。首行刻"唐故彭城钱府君姚夫人墓志并序"，志中记载姚氏死于长庆二年六月二十八日，三年八月葬于上林湖东皋山；1936年绍兴县古城唐元和五年（810年）户部侍郎北海王府君夫人墓出土执壶、盘、水丞和唾壶等⑮；1937年在上海市场上发现一件腹部刻"会昌七年改为大中元年三月十四日清明故记之耳"三行文字的残壶。五十年代以后，各地发现的越窑窑址更多，越窑青瓷也不断有发现，器物的质量有了显著的提高。

中晚唐越窑瓷器，既有继承前代的形式，也有按照社会生活需要而新创的器型。

碗和盘是当时人们的主要餐具。根据诸暨县牌头茶场唐贞元十年（794年）和上虞县联江公社红光大队帐子山贞元十七年墓葬等资料，当时已通行撇口碗。这种碗口腹向外斜出，璧形底，制作工整，是中唐时出现的新品种。它与敞口斜壁形底盘和撇口平底碟，器形风格相同，成为一套新颖的饮食用具。同时还有翻口碗，口沿外翻，碗壁近于斜直，矮圈足和敛口浅腹平底碗等。到了晚唐，碗的形式越来越多，计有荷叶形碗、海棠式碗和葵瓣口碗等。荷叶形碗，边缘起伏，碗面坦张，很像初出水的荷叶。海棠碗，曲折多姿，形如盛开的海棠。宁波市和义路唐城遗址中出土的二件直口印花碗，内底印飞鹤和反文“寿”、“大中二年”五字，为判断同时期越瓷的年代提供了确切的证据。

盘，常见的有翻口斜壁平底盘，撇口璧形底盘，直口弧腹短圈足盘，委角方盘和葵瓣口盘等。前几种出现的时间较早，后二种是晚期的产品。其中委角方盘呈方形，四角弧形折进。葵瓣口盘，有的口沿四至五处凹进，腹壁配以内凹的直线，有的口缘作波浪式起伏，花瓣丰满，给人以轻巧活泼之感，配以滋润的青釉，引人喜爱。

执壶是中唐时出现的一种酒器，习惯上称作执壶，根据唐人记载，它的正式名称应作注子。这种执壶很可能由鸡壶演变而来。在隋和唐初期越窑仍生产鸡壶，而不见执壶。到了唐代中期则多产执壶，鸡壶少见。前述唐元和五年（810年）户部侍郎北海王府君夫人墓中出土两件执壶，喇叭口短嘴，嘴外削成六角形，腹部硕大，弯曲的宽扁形把手，壶的重心在下部。到了会昌、大中年间壶的形状有了显著的改变，颈部加高，腹作椭圆形，有四条内凹的直线，腹作瓜形，嘴延长，把孔加大，式样优美，装酒注酒方便（图版贰拾壹：1、2）。

唐晚期还生产各式小壶，有的形似盘口壶；有的又像球形小罐，但肩部装一个外壁削成多角形的短嘴；还有一种为喇叭口短颈，球腹平底，肩腹之间装短嘴和柄各一，嘴在前，柄在右，成90°角。这类小壶高仅6至9厘米，容量很小，多数有嘴，应该是盛放饮食调味品的器具。

瓷罂是这个时期常见的一种产品。其形状与六朝、初唐时的习惯上称盘口壶或瓶相似。五十年代以来，先后发现几件腹部刻铭自名的器物，浙江嵊县出土的一件盘口壶，上刻“元和拾肆年四月一日造此罂，价直一千文”；余姚县上林湖东岙南山脚掘得的一件刻有“维唐故大中四年……故记此罂”，可知这类盘口壶本名为罂。罂字下部，有从“瓦”、从“缶”和从“女”的，互相通用。根据南京市南京化纤厂东晋墓出土的青瓷鸡壶的底部刻“罂主姓黄名齐之”七字推测，在六朝时期，这种盘口壶也称作“罂”。

嵊县发现的一件瓷罂，有制造日期，有器名，还标明价格，是极为难得的一件珍贵器物。该器盘口，喇叭形颈，颈部堆贴舞龙，肩上的耳更向上移，紧紧贴住颈部，与初唐时的造型略有不同。大中四年的瓷罂，口大于腹，双耳上移至颈的下部。以后颈部继续升高，四耳演变成高高的双股柄，上端贴于颈的中部，柄上堆塑蟠龙⑯。蟠龙瓷罂最早发现于武义县的刘宋元嘉三年墓，是早期婺州窑的产品。

大中四年瓷罂的全文是“维唐故大中四年岁次庚午八月丙午朔，胡珍妻朱氏四娘于此租地，自立墓在此，以恐于后代无志，故记此罂。”既是租地券，也是墓志铭。

烧瓷作墓志在越窑常见，且形式多样，不拘一格。长庆三年姚氏墓志作长方形，用直线为栏，直行刻写。大中四年朱氏四娘墓志为瓷罂志文，划刻在器腹，共八行，每行五字、六字不等。余姚县樟树公社周家岙出土的唐咸通七年（866年）颍川府君墓铭，则是盖罐形。罐作直筒状，上覆盖，下有盘座，盖、罐、座互相粘结，不能分离，通高20.9厘米。志文作直行自右而左刻在罐体上（图版贰拾壹：4）。其中有“慈溪上林乡石仁里”等语，说明上林乡上林湖等地在唐代隶属慈溪县，五代时划归余姚县。五代时，越窑又烧制钵形墓志。余姚上林湖发现的五代梁龙德二年瓷墓志，通高19.1厘米，器身作圆筒形，圈足外撇，底部穿圆孔，孔径7厘米，不能盛装骨灰之类实物，器表刻直线分格，格内刻志文，字已残缺，墓主人死于贞明六年（920年），葬于龙德二年(922年)，内有“余姚县上林乡使司北保之私舍，……”等语⑯。

瓯是当时流行的茶具。陆羽《茶经》:“瓯，越州上，口唇不卷，底卷而浅，受半升而已……”。对照当代越窑瓷器，他说的就是盏托中的盏，形似南朝、唐初的盏，容量小，底有圈足。到了唐代晚期盏托的式样增多。盏，或为直口浅腹，或作葵花形式。圈足外撇。

越窑所产的瓯，曾经风靡一时。诗人们有不少关于越瓯的描写，如：“舒铁如金之鼎，越泥似玉之瓯”（顾况《茶赋》)、“蒙茗玉花尽，越瓯荷叶空”（孟郊《凭周况先辈于朝贤乞茶》）、“越碗初盛蜀茗新，薄烟轻处搅来匀”（施肩吾《蜀茗词》)、“茶新换越瓯”（郑谷《送吏部曹郎免官南归诗》)、“越瓯犀液发茶香”（韩偓《横塘诗》）等等。

水盂，属文具用品，器形细巧。唐晚期的水盂常作小口扁圆形，有的在上腹压四或五条凹直线。有的自肩部往下用细条堆贴直棱四条，至底部折进成足，式样新颖雅致。

此外，还有各式罐、钵、碟、匙、灯、枕、唾壶、瓷塑和印盒、粉盒等等。其中有的造型与同时期的金、银器皿相同，细巧玲珑，式样优美。

唐代晚期，越瓷的原料加工和制作都很精细。瓷土经过很好的粉碎和淘洗，坯泥在成型前经过揉练，所以瓷胎细腻致密，不见分层现象，气孔也少，呈灰、淡灰或淡紫等色。器形规整，碗、盘、执壶等胎面光滑，釉层匀净；特别是晚期，坯体显著减轻，圈足纤细或外撇，制作十分认真。釉料处理和施釉技术也有很大提高。釉层均匀，开细碎纹和剥釉的现象少见，呈色黄或青中泛黄，滋润而不透明，隐露精光，如冰似玉。

晚唐时越窑瓷器质量的显著提高还与匣钵的使用和装窑工艺的改进有很大的关系。在中唐以前，越窑还未使用匣钵，坯件多数采取叠装，用明火烤成。装窑时，凡碗、盘等口大底小能够重叠的坯件，都逐层叠装，以增加装烧量，所以器底很厚，以便承受重压。碗、盘的内外底留有窑具支烧痕迹，釉面常有烟薰或粘附砂粒的缺陷。晚唐开始使用匣钵，除罂等大件器物外，坯件都放在匣钵内叠装成匣钵柱烧成，坯体受匣钵保护，不再重叠，不易损坏，为制造精细瓷器创造了条件。所以晚唐时越瓷胎体细薄，釉面光滑，圈足外撇，印盒、粉盒等精致的小件瓷器大量出现，质量显著提高。

五代 越窑瓷器在五代时被称为“秘色瓷”。这称呼的由来据宋人的解释是因为吴越国钱氏割据政权命令越窑烧造供奉之器，庶民不得使用，故称“秘色”瓷。清人评论“其色似越器，而清亮过之”近二十年来，在吴越国都城杭州和钱氏故乡临安县先后发掘了钱氏家族和重臣的墓七座，其中有杭州市郊玉皇山麓钱元瓘墓，杭州施家山钱元瓘次妃吴汉月墓，临安县功臣山钱元玩墓等，出土了一批具有代表性的秘色窑瓷器。

这批瓷器，质地细腻，原料处理精细，多数呈浅灰或灰色。胎壁较薄，表面光滑。器形规整，口沿细薄，转折处分界显明，给人以轻巧之感，成型操作十分严格。胎外通体施釉，薄而均匀，临安板桥五代早期墓中出土的瓷器，釉色仍以黄为主，滋润有光泽，呈半透明状，但青绿釉的比重已比晚唐时增加。其后以青釉为主，黄釉少见，胎釉结合紧密。

器形有碗、盘、洗、碟、盒、杯、钵、釜、灯、罐、罂、缸、执壶和唾壶（彩版16：2，图版贰拾贰：4）等。造型和装饰也有一些新样，例如：

执壶，嘴长而微曲，腹或作瓜果形或为圆球状，柄加长，下端粘贴于腹的中下部，柄孔宽大，不仅式样更加秀气，而且容量增加，使用轻巧方便。杭州三台山五代墓出土的瓜形执壶，壶身上下小中间大，上配半圆形盖，盖和器身均压出六条内凹直线，将壶分成六瓣瓜形，瓜瓣丰满，弯曲的长嘴和把手高于壶口，瓜蒂钮，青绿釉，似一个新鲜的瓠瓜。

钱元瓘墓出土的瓷罂，圆肩球腹，圈足外撇，肩颈两侧各安一对并列的耳形高鋬，腹部浮雕双龙，旁缀云纹。龙腾空飞舞，奋力抢珠，造型庄重，气魄很大，可能是当时名匠专门烧造的作品。非唐代一般瓷罂可比。

临安板桥吴氏墓所出的褐彩云纹四系瓶，器形与瓷罂相似，惟腹部呈椭圆形，肩颈两侧置对称的双复系，腹颈部绘酱褐色卷云纹，肩部绘覆莲，形体高大，是一件难得的珍品。

钱元瓘墓出土的方盘，盘壁自口至底向内斜收，浅腹平底，口下有委角方座，式样别致。又如盖罐，高直口，椭圆形深腹，有的作成瓜棱状，肩部两侧各设两个长方形钮座。盖的两侧相应位置有一个圆头长方形钮，钮与钮座之间镂轴孔。盖盖时钮插入钮座中，然后在轴孔中插销固定，既防潮又卫生，是一种美观、实用的食物储盛器。此外，如碗、盘的形状，也都有局部改进，变为更加符合实用。

五代越窑制瓷工艺的另一成就，是缸、瓶等大件瓷器的烧成。钱元玩等墓出土的几件瓷缸，宽厚唇，口下安环耳四个，耳根饰柿蒂形，上饰小圆饼三个，系仿铜器的铆钉，高37、口径62.5—64.7、底径35—38厘米。上述彩绘四系瓶，高50.7、腹径31.5厘米。这类大件瓷器，无论是成型还是烧成都是相当困难的。它们有力地说明早在一千年前，我国的制瓷技术已有很高的成就。

钱氏君臣，奢侈成风。钱元瓘墓中发现的瓷罂，龙身涂金，证明了钱氏确实用金银装饰瓷器，“金釦瓷器”、“金银饰陶器”、“金棱秘色瓷器”等记载是可信的。

2. 瓯窑和婺州窑

瓯窑和婺州窑是今浙江省境内除越窑以外久负盛名的另外两个制瓷业集中地。

唐宋时代的瓯窑窑场，仍在浙南的温州、永嘉、瑞安等地。其中窑场最密集的是在瓯江北岸的永嘉灶岩头到大坦坟山一带和温州的西山。它们距当时的通商口岸温州很近。

瓯瓷与越瓷的最大区别，是瓯瓷胎呈灰白或淡灰色，釉层匀净。唐代早中期的瓯瓷常常呈现黄或淡黄色，釉易剥落；晚唐前后出现纯粹的青色或青黄色，滋润如玉，胎釉结合紧密，极少有剥釉现象，制瓷技术显著提高。

产品种类，与越窑大体相同，惟器形略有差别。如唐代撇口璧形底碗，腹壁作45°倾斜，较越窑为高。晚唐时期的碗、盘、壶、盏托等造型也突破以往稳重呆板的格局，仿花果造形，活泼秀丽。瑞安礁石发现的一件执壶，细长颈喇叭口，斜肩，腹部压四道凹直线，形成修长的椭圆形瓜腹，一面有微弯的长流，另一面有弧曲的把手，廓线柔和流畅，式样优美。温州杨府山出土的鱼纹执壶，喇叭口，短颈，扁腹，短嘴微曲，直柄较短，上端贴于口外，下端接于肩部，是盛唐偏晚时期的产物。执壶腹部两侧的中间压进，鼓起处各划鱼一尾。鱼有鳞有鳍，头上，尾下，双双相对，肥胖健美，引人注目。又如五代末北宋初的印盒、粉盒的造型也趋向扁与宽。常见的盖盒，盖平顶，盖缘作弧形展开，然后下折成母口，盒身很浅，唇面平以承盖，内有子口，圈足外撇，盖面刻划牡丹和缠枝花卉等，造型秀丽，装饰优雅。

瓯窑不见于唐宋时期的文献记载，但就其制瓷的成就而言，远远超过婺州、洪州等窑，在我国陶瓷史上应该占有一定的地位。

婺州窑在唐代陆羽所著的《茶经》中居青瓷窑的第三位，即所谓：“碗，越州上，鼎州次，婺州次……”，其实婺窑器质量并不高，多数比较粗糙，属一般的民间用瓷。但制瓷作坊较多，生产发展较快，现在的金华、兰溪、义乌、东阳、永康、武义、衢县、江山等县的广大地区都有唐宋时期的婺州窑址发现。其中东阳、金华、武义等县都发现几十处到一、二百处瓷窑窑址，它们都有连绵几华里的瓷窑密布的集中地。这说明婺州窑在唐、特别是五代到北宋时生产规模有了迅速的发展。

婺州窑产品在种类和造型方面有许多与瓯窑、越窑相似。江山、兰溪等县永徽年间（650—655年）墓中出土的盘口深腹瓶和直口折腹平底碗与越窑初唐时的同类器物的式样完全相同；直口圆肩球腹平底四系罐也较近似，惟腹部较圆胖。不同的是胎色较深，呈深灰或紫色，釉色青黄带灰或泛紫，釉中呈现星星点点的奶白色，这种奶白色也出现在釉层开裂处，这是婺州窑瓷器从六朝以来常见的现象。唐代中晚期以后，婺州窑瓷器渐趋粗糙，制作远远不及瓯器、越器的精细。大量生产碗、盘、钵、瓶、罐等民用瓷，同时较多地生产蟠龙罂和多角瓶等。蟠龙形体扁平，用宽扁形泥条堆贴而成，多数用指甲压成鳞纹。多角瓶，直口圆肩，腹部自下而上逐段弧收成级，每级按等距离装圆锥形四角，上下角成垂直。唐代的常分三级，圆锥形角粗；以后级数增加，角相应缩小，至宋代演变成堆纹瓶，肩腹部堆塑密密层层的人物、飞鸟和禽畜等。多角瓶和堆纹瓶是一种盛粮食的明器。当地方音"角"、"穀"音近，多角即"多穀"，是由吴晋时期的谷仓演变而来的。

3. 湖南的唐代瓷窑

岳州窑 陆羽《茶经》评茶盌："越州瓷、岳州瓷皆青，青则益茶。"岳州窑窑址1952年发现。窑址在湖南湘阴的窑头山、白骨塔、窑滑里。南朝刘宋划罗县一部分设湘阴县，隋开皇初并入岳阳县，不久又改岳阳为湘阴。唐武德初改天下诸郡为州，湘阴隶于岳州，八年并罗县入湘阴，湘阴南境窑头山一带，未变更隶属关系，实为唐岳州属地。

岳州窑窑场分布范围较宽，唐五代时期遗物堆积较厚，器皿以盘盌为主，还有壶、罐、瓶等（图版贰拾贰：3）。胎一般较薄，胎骨灰白，胎质不如越窑青瓷致密。釉色以青绿色最多，也有青黄色。釉层较薄，玻璃质很强，开细碎冰片纹，有的器物胎釉密合得不好，容易剥釉。烧制瓷器时使用匣钵和垫饼。已经发掘的长沙市黄泥坑王清墓，葬于唐文宗太和六年，墓中出土青瓷，与窑头山窑址发现的碎片标本完全相同。长沙子弹库五代墓出土的浮雕莲瓣瓶，腹部翘起一层莲花瓣尖，瓶身修长，洗形口，造型秀美，釉色匀净，瓶身端正，代表了五代时期岳州窑的烧瓷水平。五代时期盘盌的烧造工艺有较大改进，垫饼改为支钉支烧，盘盌底部留有支钉痕。

长沙窑 长沙窑不见于文献记载。1974年长沙市文化局文物组对窑址进行局部发掘，获得了两千多件遗物，其中有带纪年的窑具及器物三件⑰。据调查发掘获得的资料，并比较长沙及各地唐墓出土器物，可以判明此窑创始于唐而终于五代。长坡垅遗址出土有元和三年纪年罐系印纹范模，而与元和三年印纹系相同的带系罐标本在窑址里俯拾皆是，唐墓中出土这种带系罐也为数不少；可知在元和时期长沙窑已具有较大的生产规模。元和三年印模出土于长坡垅遗址中层，下层还有一米厚的堆积层，说明在元和三年以前还有一段烧瓷历史，但上限到何时，因为缺乏纪年器物或纪年墓出土同类瓷器对照，目前还不能确定。它的下限，湖南省博物馆收藏有一件早年出土釉下褐绿彩长方枕，枕面右侧褐彩书写五代贞明纪年，形式及彩绘保留晚唐时代风格可供参证。五代墓出土瓷器多为青釉，瓶腹部多作瓜棱形，盘盌多作葵瓣形，口部与器身相适应，与窑址标本基本相同。长沙窑还生产一种盖罐，盖两端各延出一带孔片，分别插入肩部两侧带孔的双耳之中，一端系绳，盖可启而不落，提起时，盖又紧扣罐口。在广东番禺石马村南汉刘氏墓也有这种罐出土。根据墓砖铭文，墓主葬于五代末，由此可知长沙窑夹耳罐的流行时间也在五代后期。

长沙窑的瓷器式样之多，在唐代瓷窑之中可以说是少见的。长沙窑工匠对于罐等器物的口、腹、系、流的部位，善于随形变换，创造出了许多实用、美观的形式。以1974年的浙江宁波局部发掘出土长沙窑的壶为例，款式多达十七种，壶口就有喇叭口、直口、洗形口；壶腹有长腹、圆腹、瓜棱形腹、扁圆形腹、扁腹、椭圆形腹和袋形腹，而每种款式又有高低、肥瘦、深浅和弧度上的差异；壶流的安排也颇具匠心，有的切削成多方形，有的轮旋成直管状，有的又细长而弯曲，不同的流又有与之相适应的不同款式的壶柄，壶身变化，其他附件也随之变化，壶颈短的壶柄就短小，壶颈长的柄就增长；壶形还有葫芦式者，壶身为两节，上节小，下节饱满，一面为长寸许的多方形流，另一面配以3字形曲柄，造型新颖。比这种壶稍晚的又有葫芦式带盖执壶，上半节一分为二，盖占一半，有子口，盖可密合于壶口，下半节椭圆形，整个器形较高，壶流细长，柄的高度与流平行，设计秀美而精巧，白釉绿彩，又为它增添了色彩美。盒子的形式也有多种，早期的盒多与金银器的造型相同，盒体较高，上下平分为二等分，盖面与盖底坦平，转角处弧度很小。另一种与上述式样相同，盒盖面上有褐彩书“油合”二字，盒下半部如水盂，小口，油装在盒里，拿动时不易溢出，是盛装妇女梳发用油的盒。这种油盒越窑也有，但盖上无字；有长沙窑出土的自书“油合”二字款的器物作例证，可知也是油盒。长沙窑烧造的瓷塑动物玩具也惹人喜爱，兽类有狮、象、牛、羊、猪、狗、马，禽类的鸡、鸭、鸽等几乎都有。这些小瓷塑作品形象都极生动，鸟的形体如圆球，好象刚刚从卵里孵出来，浑身还带着软软的胎毛一样；象本来是动物中笨拙的庞然大物，但在艺术家们的手下塑出的象却特别温驯服贴，使人怜爱。器身都镂有一对圆孔，可以吹响。长沙窑这类小瓷塑产量相当大，可以想见其产品是如何的深入民间。

江南地区唐代青瓷多光素，中唐以后划花装饰在浙江省瓷窑开始出现，继之又出现了印花，有在青瓷上点褐彩圆斑的。

长沙窑在装饰艺术方面有特殊成就。出现较早的是模塑贴花装饰。花贴在壶流和腹部，纹饰褐色彩斑，然后施青釉。模印贴花的纹样有人物、狮子、葡萄、园林等。罐类多有双系，系的制作也属模印贴花。窑址出土有元和三年印模一个，已见上文。彩斑有大圆斑和小斑点之分，大圆斑又有褐色、褐绿色的区别，小斑点则多数为褐绿相间的组织纹饰。长沙窑这种釉下彩的褐色大圆斑出现较早，在元和三年双系罐一类器物上以及模印贴花壶都已普遍使用，至于壶罐肩上饰以褐绿四圆斑的，其时间要晚于元和三年。双系罐上饰以褐绿彩点的，出土器物有镇江大中十二年解少卿墓中的一件双系罐，可知这种装饰流行于晚唐时期。釉下彩绘是长沙窑有历史意义的首创，开始出现时纹饰比较简率，先出现釉下褐彩，然后发展为褐绿两彩。釉下褐绿彩有两种：一种是在坯上用褐绿彩直接画纹饰，另一种是先在坯上刻出纹饰轮廓线，再在线上填绘褐绿彩，最后施青釉（彩版16）。长沙窑釉下彩突破了青瓷的单一青色。各种纹样大量出现，丰富了唐代瓷器的装饰艺术，对后世釉下彩的继续发展开了先河，在工艺上也为后世奠定了基础。长沙窑的印花装饰工艺出现较晚，印花主要见于盘、盌、碟等器的里心，纹样以花卉居多，也有花鸟和云纹，一般多比较简练。长沙窑模印贴花限于双系罐附件的系，在器物上作局部装饰，印花则作主题装饰。模印印花出现于中唐偏晚，印花出现于晚唐。

唐代长沙窑瓷器的地下遗物散布很广，今陕西、河南、安徽、江苏、浙江和广西，六个省的唐墓及古城遗址都有出土。出土数量多的是江苏省，江苏又以扬州为最多。扬州在唐代是国际贸易都市，波斯、阿拉伯商人来此经商的相当多，1975年发掘扬州唐城遗址，出土唐代陶瓷碎片一万五千片，其中长沙窑器碎片不少，收藏于扬州博物馆的一件唐釉下彩云纹双系罐（彩版16:1）是长沙窑有代表性的作品。安徽地区出土唐长沙窑瓷器也不少，唐墓及治淮水利工程中都发现有青釉褐斑壶一类器物。浙江省出土的长沙窑瓷器以宁波为多，出土器物有壶罐等。这是因宁波（即明州）也是出海口岸。河南洛阳唐墓出土有釉下彩绘鹿纹壶。鹿纹壶在长沙窑址及宁波都有出土，但多属残器，洛阳出土的完整而精美。陕西出土的为贴花人物和狮纹壶。广西、广东出土唐长沙窑瓷器虽数量不多，但地距长沙相当远，可以看出唐时长沙窑瓷器市场的广阔（图版贰拾壹：3）。

4．江西、福建、广东的唐与五代的瓷窑

洪州窑　洪州窑器在陆羽《茶经》中名列第六，并说：“洪州瓷褐，茶色黑，悉不宜茶。”

江西省博物馆1978年于丰城曲江公社罗湖大队境内发现了六朝至唐代的青瓷古窑址群，出土器物属于唐代的有碗、杯、盅、盏、罐及钵等标本。盅、盏的口沿外多印有一周圆涡纹装饰。其中，一些器物的釉呈黄褐色或酱色[18]。陆羽所指的就是这一部分产品。此外，沿赣江而下的新淦地区也发现了唐代瓷窑群。《旧唐书·地理志》：“洪州上都督府，隋豫章郡，武德五年平林士弘，置洪州总管府，管洪、饶、抚、吉、虔、南平六州，分豫章置锺陵县。洪州领豫、丰城、鍾陵三县。”[19]这些瓷窑群以及丰城的瓷窑群可能都属于唐代的洪州窑。

九江蔡家垅窑　窑址于1977年发现[18]，在约一百平方米的堆积中，比较多见的是直口折腹、平底钵，多饰酱褐釉，釉不及底，堆积物中还有大量的青瓷片和半成品。

临川白浒窑　临川白浒窑的唐代窑址发现于1963年[20]。产品有碗、壶、罐、缸、钵

等，以碗为主。这些器物制作的共同特点是胎骨粗糙、厚重；施釉多不及底；釉大多呈酱褐色。这一特点，和唐陆羽所评洪州窑器有共同之处。临川在唐代属抚州，然而与唐洪州属县南昌、丰城相邻，很可能和丰城、新淦等瓷窑属于同一个瓷窑系。陆羽只写洪州当是因洪州名声较大，生产这类瓷器本不限于洪州，也包括了洪州邻近的白浒窑等在内。

此外，东平县也发现了唐代窑址。

景德镇五代窑 五十年代发现的景德镇胜梅亭（旧称杨梅亭）、石虎湾和黄泥头等窑都烧造青瓷和白瓷，当时把时代定为唐代。三处窑址的产品以青瓷盘碗为最多，其平底宽边的器形，应是五代的制作。白瓷有壶、盆、水盂、盘、盌等器，造型与江南地区五代墓出土白瓷相同。青瓷、白瓷都用支烧方法，因此碗外底及盌心均有支烧痕。

福建南安[21]和将乐[22]唐代青瓷窑 今福建地区唐代墓葬出土青瓷比较普遍[23]，其中有的碗、瓶及罐等器物和将乐窑址的出土物基本相同。

广东唐窑 广东地区发现的唐代青瓷窑址有潮安窑[24]和佛山专区的高明县大岗山窑、三水县洞口窑及新会崖门官冲窑[25]等，产品质量以潮安窑的为佳，品种以盘、碗为主。佛山专区三个窑址出土的瓷器都比较粗，一般胎骨粗松，施半釉，胎釉结合不密。

广东地区从初唐时期起，常以日用青瓷随葬，但一般数量不多。常见的器形有六耳罐、四耳罐、直口深腹平底碗、侈口曲腹小平底碗、高足杯、盘、碟等。中唐以后基本也是这样，但碗、盘、碟、杯、灯等生活用具明显增多[26]。这些墓葬出土的大部分青瓷，其质量比已发现的唐窑的产品为好。

广东地区还没有发现可以确认为五代的青瓷窑址，但广州石马村南汉墓出土的青釉瓷器，是值得重视的。该墓出土大、小青瓷罐二十八件[27]，胎质坚细，釉层晶莹，遍体鱼子纹。其中二十件为六耳盖罐，都是广肩、敛足，造型优美。四件夹耳罐，盖的设计极为别致。两边多凸出一带孔的长形片，罐肩部两面多有竖立的带孔双系，盖子盖合后，圆孔可以系绳。这种罐在浙江越窑、湖南长沙窑均有发现，长沙五代墓葬之中也有出土，是五代时江南地区比较流行的一种形式。

5. 四川青瓷窑

四川地区已发现的唐、五代青瓷窑址有成都的青羊宫窑[28]、邛崃固驿窑、什方堂窑、尖子山窑和瓦窑山窑[29]；新津县的石厂湾窑和五代至宋的华阳琉璃厂窑[30]等。这些瓷窑除烧制青釉瓷器外，一般都兼烧青釉加彩的器物，其中以邛崃窑的加彩瓷最为著名。

成都青羊宫窑 窑址在成都通惠门外的青羊宫。1955年四川省博物馆曾作过小规模试掘。器物有碗、杯、盘、罐、砚及圆形管筒等。出土的四系壶标本有南朝时期的特点。唐代此窑不仅烧一般的青釉瓷器，而且也烧制黄釉褐绿彩圆点纹瓷器。

邛崃窑 四川地区唐代瓷窑以邛崃窑有代表性，窑址以什坊堂比较集中。什坊堂窑址早年曾经过严重破坏，五十年代以后作过多次调查，对于邛窑烧瓷上限以及分布情况初步有所了解。唐代是邛窑的极盛时期，尽管窑址遭到严重破坏，但存留的邛窑瓷器的数量还是很丰富的，这与邛窑瓷的坚硬胎骨有利于保存有一定关系。

邛窑器造型繁多，彩斑、彩绘装饰与湖南长沙窑有不少共同之处，如罐的腹部饰以褐色大圆斑或褐绿彩大圆斑，钵形器的外腹用褐彩绘纹饰，大盘的盘里中心饰以褐绿彩绘纹饰等等。在器形方面不少器物具有四川地区特色，在其它唐代瓷窑中极少见，例如提梁罐，口大于底，罐身成斜直形，在口缘上有弓形提梁，便于提携，油灯的制作也极别致，灯盘为夹层，中空。可以注水降低灯盘的热度，减少油的过热挥发，以达到省油的目的。这种灯为四川地区所特有，南宋时期仍沿袭烧制，《老学庵笔记》里所提到的省油灯，其形式与唐代邛窑油灯大体相同。

唐代邛窑瓷器中的小雕塑也具有浓厚的地方特色，这种小雕塑有动物，也有各种人的形象，身体一般比较瘦小，但姿态都很传神。像赤身露体的胖娃，四肢圆润，匍匐在地上，令人喜爱；杂技小俑塑造一个双手着地，身体倒立，双腿微向后曲，杂技艺人在倒立动作中用双腿后曲来取得平衡的动作，惟妙惟肖地表达了出来。四川地区东汉时期画像砖就有各种杂技形象，邛窑的瓷塑则为我们留下了唐代杂技表演的形象。邛窑小雕塑形态生动逼真，一般施青釉、绿釉或褐釉，色釉也比较丰富。

邛窑点彩装饰也较多，有用褐点组成纹饰，有用褐彩点成一圈。中央点绿彩，也有用褐绿两色间隔排列组成纹饰的，一般装饰在罐和钵的肩部或盖子的面上。这种点彩装饰在四川成都附近的灌县窑址也有发现，不同的是邛窑为青釉，而灌县为淡黄釉，釉面没有光泽。这种表面无光的淡黄釉具有四川地区特色，五代仍大量烧淡黄釉绿彩瓶、罐、盘、洗等物，前蜀王建墓出土陶瓷器中也有这类瓷器。

第三节 唐、五代的白瓷

白瓷自北朝晚期出现，历隋至唐发展成熟。邢窑白瓷成为风靡一时“天下无贵贱通用之”的名瓷。目前已发现的今河北省境临城邢窑、曲阳窑，河南省境的巩县窑、鹤壁窑、密县窑、登封窑、郏县窑、荥阳窑、安阳窑，山西省境的浑源窑、平定窑，陕西的耀州窑，安徽的萧窑等都烧白瓷，形成了一般所谓唐窑的“南青北白”的局面。

我国长江以南地区迄七十年代末尚未发现唐代烧白瓷的窑址。但也不能就此断定南方的诸窑场不曾烧过白瓷。近三十年来今江苏、浙江、湖南、广东、福建省境发现的唐墓都有白瓷出土，尤以湖南省为多。

故宫博物院收藏的一件唐代白釉花口瓶，釉下刻“丁大刚作瓶大好”七字，就与长沙窑唐代瓷器书写“卞家小口天下第一”、“郑家小口天下有名”这种做派相似，今湖南省境内在唐代烧制过白瓷大有可能，唯至今未发现其窑址。

唐代广州似乎也烧过白瓷，唐李勣奉敕新修《本草》，玉石部下品条：“白瓷屑，平无毒，广州良，余皆不如。”日人中尾万三从日本仁和寺得到的《唐本草》作：“白瓷屑，平无毒，主妇人带下白崩，止呕吐逆破血，止血水摩涂疮灭瘢。广州良，余皆不如。”但广州地区至今尚未发现唐代白瓷窑址。

四川大邑白瓷。杜甫《又于韦处乞大邑瓷碗》诗：“大邑烧瓷轻且坚，扣如哀玉锦城传，君家白碗胜霜雪，急送茅斋也可怜。”对大邑白瓷描写得十分细致。“轻且坚”说明胎质薄，“扣如哀玉”说明经高温烧成以后胎体烧结得很好，“胜霜雪”说明釉质细致洁白，“锦城传”说明这种白瓷在蜀中风靡一时。四川地区的瓷器生产，历史悠久，唐代的青瓷和带彩瓷器窑址也有发现，唯大邑白瓷窑址至今没有发现。

江西省景德镇五代烧造白瓷的窑址是目前南方地区已发现的最早的白瓷窑址。

唐代前期大型墓葬中发现的白釉双龙瓶和白釉罐等大件器物，往往只施半釉，这是隋代施釉方法的延续，这种施半釉到盛唐以后就逐渐减少。中、晚唐的白瓷，除了一部分粗瓷外，大多已改为施全釉了。

唐代对白瓷的白度要求愈来愈高，因此在一部分较粗的瓷胎上，先施化妆土，以增加烧成后的白度。到中、晚唐，白瓷已经多数采用高质量的坯料，而减少或不用化妆土加工瓷胎了。其中的白瓷精品已达到了体薄釉润、光洁纯净的地步。

五代时期，白瓷的生产仍以北方地区为主。上述唐代的窑址，大多继续烧造，其中规模最大的是曲阳窑、鹤壁窑、耀州窑的黄堡镇和玉华宫窑等。曲阳涧磁村窑址五代出土的白瓷器皿就是碗、盘、灯、碟、盒、罐、瓶、枕和各种玩具。每一器类的式样繁多，即如食器的碗的式样竟达八种，可见当时生产的发达（图版贰拾贰：1、2）。

1. 河北白瓷诸窑

邢窑 唐代的白瓷以邢窑器最有名。唐李肇《国史补》说：“内丘白瓷瓯，端溪紫石砚，天下无贵贱通用之。”可见其生产规模之大，影响之远。文献记载，邢窑在河北省的内丘县。邢窑白瓷也作为地方特产向唐朝廷进贡。《国史补》一书记唐开元至贞元（713—804年）间的见闻，如果那时邢窑白瓷已经天下通用，可见它绝不是初创。

公元九世纪中，段安节《乐府杂录》记乐师郭道原“用越瓯、邢瓯十二，施加减水，以筯击之，其音妙于方响。”这段文字说明邢窑白瓷质量很好，胎骨坚实、致密，叩击时有金石之声，所以能与越窑瓷器一起，当作乐器，奏出美妙的音乐。

邢窑白瓷和唐代其他著名瓷窑如越窑、鼎窑、婺窑器广有盛名。陆羽《茶经》，评各地瓷器已有“或以邢州处越州上”的说法。陆羽从品茶的角度，抑邢而扬越，认为越窑瓷器质量应在邢窑之上，这一点并不重要。重要的是，我们从这里知道北方邢窑白瓷和越窑青瓷在唐代是并肩齐名的。

公元九世纪的七、八十年代，尽管越窑青瓷的生产兴盛，声望甚高，但宪宗咸通（861—873年）年间，皮日休作《茶瓯诗》仍然对邢与越一并称赞：“邢人与越人，皆能造瓷器，圆似月魂堕，轻如云魄起，枣花似旋眼，苹沫香沾齿，松下时一看，支公亦如此”。但到唐末五代，邢窑白瓷的影响暗淡下来，越窑的青瓷几乎独步一时。从晚唐起，北方另一个白瓷体系，即邢窑北边曲阳县的涧磁村白瓷产品逐渐兴起。由于曲阳白瓷以极好的生产工艺显露头角，邢窑白瓷也就不再有人提到它了。

关于邢窑遗址问题，文献记载多在内丘，三十年来调查邢窑遗址多在内丘境内的东磁窑沟一带，但唐代窑址迄未发现。1980年河北临城县轻工业局调查古窑址，在县境内先后发现晚唐到元代窑址数处，都烧白瓷；以后又在祁村发现唐代白瓷窑址一处，出土白瓷壶、盌、骑马小瓷塑及支烧窑具等，以盌为主。祁村窑址与内丘交界，《国史补》所记当是就大体而言，与定窑之不在定州，而在定州邻近的曲阳一样。祁村窑白瓷盌足轮旋极规整，玉璧底的中心施釉者为高级瓷，不施釉者为一般用品。祁村窑唐代白瓷胎洁白度很高，远胜曲阳、浑源、密县诸窑，故陆羽形容其白如雪。釉的白度也较高，釉厚处呈浅水绿色，与各地出土唐代白瓷相同。祁村窑的发现证实了唐代鼎鼎大名的邢窑的存在，解决了陶瓷史上一个悬案。

曲阳窑　河北曲阳涧磁村是我国宋代著名定窑白瓷产地。过去认为定窑白瓷出产于定州，但是，定州范围很广，窑址在何处一直没有发现。最早指出“定州窑在河北曲阳县”的是叶麟趾先生。河北省文物工作队从1960年以来，对该窑址作了小规模的发掘，证实窑址主要集中在曲阳涧磁村的村东和村北。

村东窑区在北宋层之下，还有代表两个先后不同时期的堆积层，上层是五代时期的，下层为晚唐的堆积，以黄釉、黄绿釉及褐绿釉碗、盆类的碎片为多，白釉次之。唐代白瓷生产主要在这个窑区。

涧磁村的唐代白瓷，器形有碗、盘、托盘、注壶、盆、三足炉和玩具等，造型与五代时期的作品相比，器沿均折边成厚唇，丰肩，平底，底加圆饼状实足，有的为玉璧底，涧磁村唐瓷的胎骨比较厚实，断面比较粗，但烧结较好；胎色略发灰、黄，也有的器物的胎比较薄，断面较细，胎色洁白，如各式盏托、葵瓣口盘、兽形曲柄壶等。

施釉一般用蘸釉法，器物外壁的腹下部至底部都不施釉。釉的质地随器物的不同而异。施在胎体比较厚重的器物上的釉比较粗，釉面凝厚，釉色一般是白里泛青，釉水凝聚处多呈青绿色，釉面有开片。胎质细腻者，胎色洁白，则施白釉，釉质很细，表面釉光莹润，是涧磁村白瓷的优秀作品。胎色略为发黄，为取得洁白的效果，在胎体上先施一层洁白的化妆土，再罩以透明的玻璃釉。

五代时期白瓷以唇口盌发现较多。唇口的作法是在成型后把盌口翻折过来粘合，口外形成一条状如凸出的口唇，故称唇口。这类唇口有的较宽，有的较窄，与江苏地区五代墓出土的白瓷器特征大体相同，可以看出同时期不同瓷窑的产品，在造型和作法上具有相同的时代风格。

2. 河南白瓷诸窑

巩县窑 河南地区唐、五代白瓷窑，文献只记载了一处，提到开元时贡白瓷。窑址是1957年发现的，在巩县小黄冶、铁匠炉村、白河乡等地，均以烧白瓷为主，兼烧三彩及黄、绿、蓝等单色釉陶器[31]。

巩县窑烧制的白瓷器物有碗、盘、壶、瓶、罐、枕等类。而以碗盘为主，尤其碗类最多。据《河南巩县古窑址调查纪要》的报导，白瓷碗有十一种类型。高2.9到6.6厘米。有侈口，圆尖唇，腹壁浅而微曲，浅圈足；有侈口，翻沿圆唇，腹壁较直而微曲，圆饼状实足；有侈口，口缘略外撇，曲腹，口缘作四花瓣形，碗里壁沿花瓣口凸起四条直棱，玉璧形圈足等几种造型。盘类有直口，浅腹，平底盘和口缘四花瓣形，缺口处凸起成四条直棱，窄圈足盘等几种，还有卷沿双耳罐等。

根据出土器物的造型、施釉以及伴有三彩器物出土情况考察，这个窑生产白瓷的年代比较长。三彩陶器的制作及兴盛时代，是唐开元天宝年间。《调查纪要》列为第七型的碗，特点是侈口，圆唇，平底实足，腹壁较深。比较唐墓出土白瓷器物，这类碗在唐中宗时期较流行。《调查纪要》列为第二型的直口、平底浅盘，比较唐墓壁画侍女手捧的生活用具的造型，和唐总章元年（668年）李爽墓出土的白瓷盘来看，这类盘流行于唐高宗时期，应是初唐至玄宗开元之间的制作。

从以上现象分析，巩县窑生产白瓷的时代应是从唐初开始，武则天至玄宗时期生产比较兴旺，陶器和瓷器生产的品种增多，开元天宝以后则逐渐下降。那种花瓣口里壁起棱的白瓷碗，在唐代中期的墓葬中出土很多。与《国史补》、《元和郡县图志》和《新唐书·地理志》中关于河南盛产白瓷，向长安贡献白瓷的记载，在时代上是一致的。在西安唐长安城的西市遗址及唐大明宫遗址出土的白瓷中，有巩县窑的产品，与文献记载开元时期河南向长安进贡的情况也相符。唐代的巩县交通也很方便，两三里地就到洛河，瓷器用船运输，可以直达洛阳，由洛阳转赴长安。

中国科学院上海硅酸盐研究所对巩县唐白瓷的胎、釉作过分析：

品名	厚度（毫米）	氧化物含量 %										
		SiO_2	TiO_2	Al_2O_3	Fe_2O_3	CaO	MgO	K_2O	Na_2O	MnO	P_2O_5	总数
瓷胎	5—8	61.90	1.07	32.89	1.28	0.58	0.37	1.82	0.47	无		100.38
瓷釉	0.089	65.78	0.42	17.81	0.57	10.84	1.59	2.02	1.06	0.05		100.14

氧化物存在状态，含量 %		分子式	孔隙 %	比重
Fe_2O_3	FeO			
0.72	0.56	$0.140ROR_2O \cdot R_2O_3 \cdot 3.151RO_2$	1.58	2.45
0.09	0.44	$ROR_2O \cdot 0.654R_2O_3 \cdot 4.031RO_2$		

见周仁、李家治：《中国历代名窑陶瓷工艺的初步科学总结》，《考古学报》1960年第1期。

唐巩县白瓷釉所含的三氧化二铁为0.57％，比宋代定窑白瓷釉的0.96％低，这是值得重视的。

密县窑 河南省密县窑是1961年发现的[32]。生产瓷器的年代在唐至宋初。品种相当多，釉色有白釉、黄釉、黑釉和青釉珍珠地划花。唐、五代以白釉为主，黑釉和黄釉次之，青釉最少。

白瓷器有碗、碟、壶等生活用具。碗侈口，口唇之下凸出一圈棱，碗身成45°斜角，圈足的边沿宽而浅，足外侧的边棱用刀削去。壶颈较宽，壶柄与口沿齐平。还有一种平底的带盖盒，都具有唐代特征。胎质较河北曲阳窑、河南巩县窑的产品为粗，但广泛地使用化妆土，化妆土洁白细腻，釉层也显得白润。在装饰上，晚唐五代开始采用珍珠地划花装饰。这样把唐代金银器上的钻花装饰应用到瓷器上，西关窑是最早的，也是该窑白瓷制作的独特之处[33]。

密县西关窑所用窑具，大体上与巩县窑的相似。但瓷碗的圆形垫圈与巩县窑的不同，密县西关窑的垫饼是用手捏成三鼎足式的乳钉，巩县窑的垫饼承托器物的一面，则用刀削成等边三角形。这里的三岔形支具与河北曲阳窑、河南巩县窑的大体相同。

北方发现的唐代白瓷窑址中，还有一些也值得重视。山西平定柏井村窑，距河北省较近，与临城邢窑和曲阳定窑成犄角之势，它所生产的玉璧形式底白瓷盌，与临城、曲阳发现的基本一致。山西浑源窑则除了白釉盌外，还发现有外施黑酱釉、里施白釉的玉璧形底盌的残片，这种盌尚属首次见到[21]。西安发现的唐天宝三年史思礼墓出土的一件瓷盆，外施黑釉，内施白釉，作法同浑源窑的一样。

3. 江西景德镇诸白瓷窑

江西景德镇的胜梅亭（以前称杨梅亭）、石虎湾、黄泥头是目前已发现的南方地区烧造白瓷的最早窑址。“这些窑都烧青瓷和白瓷，都用叠烧法，盘心多粘有支烧痕，器物变形较多。青的色调偏灰，白釉色调纯正，洁白度达到70°。时代均属五代，造型与五代墓出土物相同”㉑。

关于胜梅亭、石虎湾和黄泥头窑址的时代，在五十年代初期，曾一度误认为唐代。随着一些五代墓葬的发现，断代标准器的增多，这三个窑址的时代也就得到了纠正，它们应该属于五代。

三个窑址都出土有五代白瓷标本，以胜梅亭出土的最为丰富。器物主要有盘、碗、壶、盒、水盂等，而以盘和碗为主。

胜梅亭等窑白瓷的烧造成功，对于景德镇地区宋代青白釉的制作，以及元、明、清时期瓷业的发展，有极为重要的作用。胜梅亭五代白碗碎片胎、釉化学分析数据如下：

品名	厚度（毫米）	氧化物含量%										
		SiO_2	TiO_2	Al_2O_3	Fe_2O	CaO	MgO	K_2O	Na_2O	MnO	P_2O_5	总数
胜梅亭白碗胎	3—4	77.48	痕量	16.93	0.77	0.80	0.51	2.63	0.35	0.14		99.61
胜梅亭白碗釉	0.216	68.77	0.04	15.47	0.73	10.92	1.16	2.60	0.24	0.23		100.16

氧化物存在状态，含量%		分子式	孔隙%	比重
Fe_2O_3	FeO			
0.43	0.31	$0.366ROR_2O \cdot R_2O_3 \cdot 7.540RO_2$	0.81	2.44
0.25	0.43	$ROR_2O \cdot 0.604R_2O_3 \cdot 4.421RO_2$		

见周仁、李家治：《中国历代名窑陶瓷工艺的初步科学总结》，《考古学报》1960年第1期。

4. 晚唐、五代纪年墓出土白瓷

唐、五代白瓷窑址发现不多，因此，很多出土和传世的白瓷，还无法确定窑口。有几处唐、五代墓出土的白瓷，值得特别重视：

1956年西安市东郊韩森寨唐乾封二年(667年)段伯阳墓出土了一批白瓷，有人形尊、印花贴花高足钵，小口罐等，质量很高，但不能确定是何处的产品（图版壹拾捌：3)。

1956年江苏省连云港市发现了一座五代吴太和五年（933年)的纪年墓，墓中出土白瓷达十四件之多，有盖盒、葵瓣口碗、花瓣口盘、茨叶碟等㉞。这批白瓷的胎质较细，釉色匀净洁白，虽然不能确定其生产的地点，但由于有可靠的纪年，为我们提供了一批重要的断代标准器。

1956年安徽省合肥市西郊发现的五代南唐保大四年（946年)墓，出土白瓷六件，其中粉奁两件、碗一件、洗一件、高足杯一件、莲瓣壶一件㉟。这批白瓷的胎釉都比太和五年的那一批稍粗，但它们同样是现存重要的断代标准器。

1978年浙江省临安县发现了吴越王钱镠之父钱宽的墓葬，钱宽卒于唐乾宁二年(895年），葬于唐光化三年（900年）。墓中出土白瓷十九件，其中除四件为粗制的瓷碗外，其余十五件均属精瓷。计有花式口碟十件、碗二件、执壶一件、海棠杯一件、盘一件。值得特别重视的是在这十五件精瓷中，除执壶外，其余的器物的外底都有“官”或“新官”字样的刻款㊱。这批胎壁仅厚2毫米左右的洁白细瓷器的发现，首先使我们认识到，晚唐时期已经改变了唐代浑圆厚重的风格。这批精巧细洁的薄胎瓷器，如果不在晚唐纪年墓中发现，很可能按习惯的看法定为五代时期的制品。其次，“官”、“新官”字款在这批晚唐瓷器上的发现，也极为重要。“过去根据‘官’、‘新官’款白瓷的出土报道，认为这种字款流行于十到十一世纪前期，也就是五代后期到北宋真宗时期。现在我们知道‘官’和‘新官’款的出现还要早半个世纪。有人认为‘新官’是对旧官而言，也就是说‘官’字款比‘新官’款的时间早；临安十五件白瓷的出土，说明早在唐代末期，‘官’和‘新官’款是同时的产品，……带‘官’字款的白瓷除了定窑和辽官窑之外，还应考虑到其它产地……”㊲。

第四节　唐代黄釉、黑釉、花釉和绞胎瓷器

1. 黄釉瓷器

唐墓里经常出现一些黄釉瓷器，初唐墓里也有发现，开元、天宝时期的墓葬里更多一些。安徽省在治淮和淮北河网化的水利工程中，也出土了大量唐代黄釉瓷器。这些黄釉瓷器在唐代各类瓷器中，尽管比不上邢窑、定窑的白瓷、越窑的青瓷有名，但是也不应忽视它在唐瓷中的历史地位。除墓葬出土黄瓷外，烧黄瓷的唐代瓷窑已有发现，包括

安徽省淮南市寿州窑、萧县白土窑、河南省密县窑、郏县窑、陕西省铜川市玉华宫窑、山西省浑源窑和河北省曲阳窑等七个窑址。

寿州窑 陆羽评唐代六个瓷窑出产的茶碗，把寿州窑产品排在越、鼎、婺、岳州窑之后，洪州窑之前，并指出“寿州瓷黄，茶色紫”。1960年2月安徽省博物馆在淮南市的上窑镇、李咀子、三座窑、徐家圩、费郢子和李家咀子等地发现了唐代寿州窑窑址[38]。烧瓷的时代始于隋，唐代是其繁盛时期，历时二百余年。窑场由马家岗、上窑镇发展到余家沟、外窑一带，形成长达二公里的大窑场。

唐代的黄釉瓷器以余家沟窑烧造的为代表，器皿有碗、盏、杯、钵、注子、枕、玩具和狮形足等。烧制瓷器的窑具有匣钵、托杯、三岔支托、四岔支托、印模和支棒等。

寿州窑器物的胎体比较厚重，器多平底，有的底心微凹。碗、盏一类器足的边棱用刀削去。钵类器物，体形较高，敛口圆唇，腹壁微曲。注壶为唐代流行式样，喇叭形口、圆唇、长颈、壶柄为带形曲柄，壶嘴为多棱形短嘴或圆柱形短咀，平底。枕类器物为长方形，平底，棱角作圆形或方形。瓷玩具有骑马俑，马头高昂，短尾，骑人两手持缰绳，双腿夹马腹，姿态生动，形象逼真。

寿州窑瓷器流行施用化妆土，表层是透明的玻璃质釉。釉面光润，开小片纹。釉层厚度约3微米左右。釉色以黄为主，有蜡黄、鳝鱼黄、黄绿等。化妆土光润细腻。用蘸釉法上釉，釉层厚薄不均，釉色浓淡不一。玻璃质釉和化妆土有的结合得不好，有剥釉现象。

寿州窑黄釉瓷的坯体制作有轮制、模制和手制三种。圆形器物的坯体一般都用轮制，柄和嘴用模制，用瓷泥和釉料配成的浆水粘合在一起。玩具都用手制。

马岗和余家沟窑发现了窑炉的遗迹，窑室为圆形，直径3米左右。窑室内还有排列整齐的匣钵，一钵可装一件或数件，按照瓷坯大小而定。匣钵之间留有8厘米左右的火路；普通粗器直接入窑烧成，不用匣钵。

管家嘴窑隋代烧青釉瓷，余家沟等唐窑则以烧黄釉瓷为主。由青釉改为黄釉，形成了唐代寿州窑的时代风格。唐代寿州窑改烧黄釉，并不是原料的不同，而是改变了窑炉的烧成气氛，隋代用还原焰烧成青釉，唐代改用氧化焰烧成黄釉，胎色也由青灰变为白中泛黄。唐寿州窑已经使用了匣钵，与各地唐代瓷窑大体相同。

萧县白土窑 安徽省萧县白土镇窑，历来称为“萧窑”，1960年和1961年安徽省博物馆和南京博物院分别进行了调查和试掘，两次调查和试掘的结果大体相同，判明白土镇窑创始于唐而衰微于金。调查和试掘共七处，所得唐代瓷器均为黄瓷、白瓷和黑瓷三类，其中三处以黄瓷为主，兼烧白瓷，三处以白瓷为主，兼烧黄瓷，少量为黑釉。黄瓷均为平底盘，底心微凹，底边修坯时旋掉，胎体厚重，胎釉之间均施化妆土，形质、制作工艺特征与寿州窑黄釉碗基本一样。萧窑与寿州窑相距较近，寿州窑烧瓷历史比萧窑早，寿州窑茶碗已列入唐代六大瓷窑产品之中，制瓷风格对萧窑肯定会有影响。

曲阳窑 1957年在河北省曲阳县的北镇的窑址区发现了唐和五代白瓷碎片，同时还发现白黄釉粗瓷盌。盌的造型，敞口、平底、胎厚重、盌里施白釉、外施黄釉。色调不及寿州窑器的纯正，多呈黄褐色，胎亦较寿州窑黄瓷为粗。曲阳北镇所烧黄釉粗瓷盌与同时出土的轮旋规整的白瓷盌相比。显然属于一种民用的粗瓷。但盌里仍施白釉，既保留了白釉传统，又考虑到了实用价值，这点倒与寿州窑产品通体施黄釉的作法不同，有其可取之处。

郏县窑 1964年在郏县黑虎洞和黄道公社发现唐代瓷窑遗址，两窑烧造瓷器大体相同，以白瓷为主，黄瓷次之，此外还有黑瓷。黄瓷主要是盌、罐和壶等器物，盌的数量较多。施釉方法为北方地区所习见，盌里只施半釉，盌底露五角形或六角形胎。这种施釉方法主要为了叠烧需要，由于仅施半釉，叠烧时底足不致粘釉而成废品。这种施釉方法沿袭时间较久，而以黑釉瓷盌采用最多，有的还在五角或六角形的中心部位绘一朵小于盌的圈足的花芯。金代采用刮釉叠烧，即施满釉后，再按照盌足大小，在中心刮去一圈釉，尺寸稍大于盌足。这种刮釉叠烧法流行于北方绝大多数瓷窑。黄釉罐在两处窑址里都有发现，造型与窑址所出白釉罐完全相同，口唇微外撇，颈短而直，斜肩罐身近垂直，平底，罐体不高，多在20厘米以下。口部都不施釉，有一层白化妆土，系的形式是上端略呈圆形，下端细直，釉有黄和褐黄两种。黄釉壶数量不多，流呈短小的圆柱形，多有双系，壶身印有席纹装饰。黄釉双系短流席纹壶以往出土较多，造型有各种形式，席纹也有多种，多见之于黄釉壶上；白釉壶带席纹的虽有发现，但数量远较黄釉壶为少，可见这是北方黄釉壶上的一种特殊装饰。

发现黄釉瓷器标本的，还有河南的鹤壁窑和密县西关窑，邢窑也发现有壶和盌，但数量比郏县窑少，鹤壁窑有瓶，是比较少见的。

浑源窑 浑源瓷窑，《大明一统志》和《浑源州志》均有记载，提到的瓷窑有青磁窑、大磁窑、磁窑口和磁窑峡等。现在的浑源有地名古磁窑，顾名思义，古磁窑可能是较大磁窑、青磁窑烧瓷历史更早，因此才称古瓷窑。调查证明，古磁窑确是一处唐代窑址，以烧白瓷为主，有不少外施黑褐釉、里为白釉的盌，这种施釉方法在北方尚属初见；此外也发现有少量黄褐釉席纹小罐，罐为圆唇式口，腹部丰满，席纹与河南地区所产席纹壶大体相同。浑源窑的席纹小罐，为河南地区所少见。

此外，近年还发现陕西铜川玉华宫窑烧黄釉瓷器，玉华宫窑在铜川市西北二十多公里。这一发现，使我们对北方黄釉瓷的了解更多一些。

2. 黑釉瓷器

北方黑瓷的出现比江南地区的晚三百多年。六世纪七十年代北齐时期墓葬中有黑釉瓷器发现，釉色介于黑酱二者之间。目前已在陕西、河南和山东三个省的七个县发现唐代烧黑瓷的窑址，以河南为多，有五处瓷窑发现黑瓷。

铜川窑 陕西铜川窑窑址在黄堡镇，是宋代北方青瓷耀州窑的所在地。黄堡镇窑在六十年代曾作过大面积发掘，证实早在唐代已烧瓷器，以黑瓷白瓷为主，兼烧少量的青瓷。出土黑瓷标本有盌、盘、盒子、灯、盆、壶、盖罐等器物，造型多种多样。盌有五花瓣口圈足盌和唇口平底盌两种。盒子有三种形式，有扁形者，盖与底的高度相等，有的盒盖隆起如馒头状，盒底又有平底及圈足两种不同形式。壶为喇叭口，腹近圆形，流很短，双带形柄，平底。三足带盖罐，直口，腹部为扁形，四面各有一条凹入的直线，使腹部呈瓜棱形，底部坦平，下承以三个矮小的足，盖为子母口，盖顶有纽。比较少见的是双系瓶，盘形口，短颈，长圆形腹，盘口与肩部连以双带形系，盘口内凸起三个乳钉，似为放灯盏而设。

1972年，黄堡镇出土了一件黑瓷塔式盖罐，造型和唐三彩陶器类似，但又不尽相同。盖罐集中了雕镂堆贴等技法，罐腹下部模印堆贴叶纹一周，下承以多边形底座，座上镂雕佛像人物及花卉。罐盖为七级宝塔形，盖顶塑一小猴，形象生动，通高超过50厘米，而且器形端正不偏不斜，极其可贵，是唐代北方黑瓷的一件杰出作品。足以表现铜川窑的制瓷水平（图版贰拾：2）。

巩县窑 河南巩县共发现唐代窑址三处，以烧白瓷为主，兼烧黑瓷和三彩陶器。黑瓷有瓶、壶、盌、盘等器。瓶的胎体很白，平底轮旋极其规整，修坯之精细，在北方唐代黑瓷中很少看到。壶的形体一般都较小，扁圆形腹，壶口外卷，平底，短流，与流相对处为双带形曲柄，柄的上端为一圆饼形装饰，柄的空隙仅能容纳一食指，与短流配在一起非常协调。整个器形虽小，但给人以纯朴厚重感。盌以平底大盌为多，浅式，胎体较厚重，撇口腹下部丰满，为唐代流行的盌式，盌里施白釉，外施黑釉。盘亦浅形，胎体厚重，圈足，施釉特征与盌相同，唯口缘不施釉，露胎，这种做法具有巩县窑特色。窑址中也有为数不少的茶叶末釉器物，器形与黑釉一样，似为烧黑瓷过火而出现的一个特殊产物，不是窑工有意烧制。这种情况在以后各时期的黑瓷窑址里是经常见到的。

河南烧造黑瓷的还有：鹤壁窑，也创烧于唐，窑址出土的标本中有黑瓷双系葫芦瓶和执壶。郏县、密县和安阳窑也都发现了唐代黑瓷壶碗等器物。

从上面五县瓷窑所发现的唐代黑瓷器物，可以由此得知河南是目前发现唐代烧黑瓷最多的一个省分。

淄博窑 窑址在山东淄博市淄川区磁村，在区西南十公里。1976年试掘，出土了大量瓷器和标本。磁村窑始于唐而终于元，唐代盛烧黑釉瓷器，产量较河南、陕西为大，器皿以盌为最多，瓶、壶、罐、炉等也不少。磁村窑唐代黑瓷器皿均为平底。有的底部中心微凹入，当是修坯时遗留。这种修坯法北朝及隋代早已出现，唐代北方一些瓷窑有的还保留这种遗迹。磁村窑的唐代黑瓷除具有平底的特征之外，釉质晶莹滋润和色黑如漆是它的特色。器物的底部一般比其它瓷窑产品为厚，有的厚达2厘米以上，占器高的三分之一多，因之给人以稳重感。芦葫瓶与河南鹤壁窑造型不同，颈肩之间没有双系，瓶的底部几乎与腹部最大径度相等，显然是为了保持瓶身的平稳而设计的。

黑瓷烧制工艺，唐代较北朝有明显改进，建筑材料科学研究院为系统研究我国南北方历代黑瓷的异同，以及兔毫油滴等各种结晶所含物质和烧成原因，对上起东汉、下至元代的不同时代与不同窑口的黑瓷进行了化验分析和物理测定。唐代黑瓷有河南巩县和山西浑源两个窑，测定结果，胎的化学成分、吸水率及烧成温度如下表所列：

	SiO_2	TiO_2	Al_2O_3	Fe_2O_3	CaO	MgO	K_2O	Na_2O	总和	化学式	吸水率%	°C
巩县	64.74	1.38	28.80	1.05	0.67	0.43	2.48	1.09	100.64	$0.32R_xO_y \cdot Al_2O_3 \cdot 3.81SiO_2$	0.3	1290°±20
浑源	68.15	1.12	24.75	1.93	0.66	0.70	2.85	0.32	100.48	$0.37R_xO_y \cdot Al_2O_3 \cdot 4.67SiO_2$	0.2	1320°±20

国家建材总局建材研究院：《我国古代黑釉瓷的初步研究》，《硅酸盐学报》1979年第3期。

从表列数字可以看出，巩县窑与浑源窑胎中含SiO_2，为64.74和68.15，比南方黑瓷含量低，而Al_2O_3的含量分别为28.80和24.75，又均较南方黑瓷高，是采用烧结温度高的硬质粘土为原料；含铁量也与北方瓷窑有所不同，分别为1.05至1.93，比宋时北方黑瓷胎含铁量显然要低。因此胎呈灰白色。北方黑瓷烧成温度一般比南方黑瓷烧成温度高，两窑分别达到1290°C±20和1320°C±20，吸水率为0.3%和0.2%，（河北曲阳定窑也为0.2%），比其他瓷窑的黑瓷吸水率都低。

3. 花釉瓷器

花釉是唐瓷中又一新创造。它是在黑釉、黄釉、黄褐釉、天蓝釉或茶叶末釉上饰以天蓝或月白色斑点，斑点有的作有规则的排列，有的任意加上几点，有的又象波浪。由于它们都装饰在深色釉上，衬托出浅色彩斑，显得格外醒目。花釉瓷器常见的有各种形式的大小罐、双系壶、花口或葫芦式瓶、三足盘、腰鼓，而以壶、罐为多。罐类多双系，传世品以黑釉者居多，腹部多饰以天蓝或月白色斑点，黄褐釉者有的也饰以月白色斑点，但比较少见。罐高多在20至30厘米之间。也有不带系的大罐，罐体高大、丰肩、腹部比较丰满，所见有天蓝釉和黑褐釉各一件，上面也都饰以月白色大斑点，气势庄重雄伟。壶多双系，一面为短流，一面为曲柄，平底，壶体饱满，轮廓线圆润，也以黑釉居多，间有茶叶末釉者，斑点多天蓝色，有的呈现细条纹。花口瓶的体积较小，口呈三瓣形，有柄，这种花口瓶唐代也有白瓷的，在三彩陶器中则比较常见。葫芦瓶较少见，上部小，下部大而圆，也有上部呈花瓣形杯状，下部为饱满的圆形腹，这两种瓶的造型都很别致。腰鼓极罕见，仅故宫博物院收藏有一件。鼓形为两头大，中腰纤细，鼓身凸起线纹装饰，整器施黑色釉，饰以月白色大斑点。今天所见这类花瓷器物绝大多数是半个世纪以前非正式发掘出来的，五十年代以后唐墓中出土了一些，地点多在河南地区（图版贰拾：4）。

六十年代在河南郏县的黄道窑窑址首次发现了花釉标本。七十年代以来又先后在河南的鲁山、内乡、禹县及山西交城等窑发现了四处花瓷产地。这五处发现的花瓷，就釉色及斑点特色说，可以分为两类：一类为黑色或黑褐色釉，饰以月白色或灰白色彩斑，器物有腰鼓和壶罐；另一类为黑色、月白或钧蓝釉，饰以天蓝色细条纹彩斑，器物有壶罐。前者在河南鲁山段店、禹县下白峪和山西交城三处都发现有腰鼓标本，后者在河南郏县黄道和内乡二处都有出土。五处窑址出土的不同类型标本，对于辨认传世的花釉瓷器产地有很大帮助。故宫博物院所藏花瓷腰鼓，六十年代因郏县黄道窑发现花釉标本，故认为有可能黄道窑就是腰鼓的产地；七十年代根据唐代南卓《羯鼓录》中有关鼓的“不是青州石末，即是鲁山花瓷”的记载，故宫博物院和河南省博物馆第二次调查了鲁山窑，果然在鲁山窑址采集到五块腰鼓碎片，特征除与传世腰鼓的胎色、薄厚、凸起弦纹及斑点装饰完全一致，只釉色稍有差异。《羯鼓录》的“鲁山花瓷”之说从而得到证实[39]。此后不久，河南禹县钧瓷厂在小白峪也发现了一处唐代瓷窑遗址，采集的标本中也有不少腰鼓碎片，釉色斑点、形质与鲁山段店窑的基本一致，由此得知河南唐代烧腰鼓的除鲁山窑外，还有禹县小白峪窑。山西交城是近几年新发现的山西地区唐宋古窑址之一，在它的唐代遗址里也发现了不少黑釉斑点腰鼓标本，但与前两窑的略有不同；交城窑腰鼓形体较小，胎较薄，斑点有明显的笔痕。交城窑腰鼓的发现，唐代花瓷腰鼓的产地又增添了一条新资料（彩版：15）。

4. 绞胎瓷器

绞胎也是唐代陶瓷业中的一个新工艺，唐代以前尚未出现。所谓绞胎，是用白褐两种色调的瓷土相间揉合在一起，然后拉坯成型，胎上即具有白褐相间的类似木纹的纹理。这种纹理变化多端，上釉焙烧即成绞胎瓷器。陕西、河南两省的唐墓都出土过这类器物，有杯、盌、三足小盘、长方形小枕等。杯多小型，有的杯身稍高，有的较浅。

盌有唐代习见的弦纹盌，口外撇，盌身浅而近于垂直，盌身中部凸起一条弦纹，圈足。三足小盘为浅式，盘口沿平折，盘底坦平，下有三个矮小的乳足。长方形小枕为晚唐五代流行的式样。其制法大致是把制好的绞胎坯泥，切成薄片，然后粘合成形，（底部一般都不用绞胎），阴干后将四角修圆，在背面挖一个圆孔，最后施釉装坯入窑烧成。绞胎瓷器的制作工艺比一般色釉瓷器繁复。绞胎瓷器之中还有一种小枕，枕面上绞出三组圆形的团花，成等边三角形排在枕面上，三组团花大体相同，构成一幅装饰性很强的图案。这种绞胎似是模仿漆器的犀毗工艺。绞胎枕传世品较多，流散到国外的也不少。上海博物馆收藏的一件，枕面也为三组团花，枕底刻“杜家花枕”四字。国内还有一件，底刻“裴家花枕”四字。可知唐代这类瓷枕叫做“花枕”。据此又可知，当时有专门从事生产花枕的作坊，而且出现了“杜”、“裴”等名家。1978年故宫博物院在巩县窑址采集到一件花枕的残片，是素烧坯，据此可知花枕是先素烧，烧出的正品再上釉。从残片断面看，绞胎团花只占枕面厚度的三分之一，三分之二为白胎，很象木器的包镶做法，表面用贵重木料包镶，里面衬以次料。巩县烧花枕已经有了物证，但“杜家花枕”和“裴家花枕”作坊是否就在今巩县地区，目前还缺乏证实的资料，有待于来日了。

绞胎瓷器历来出土的只有上述各类器物。1972年陕西乾县唐懿德太子墓出土了一件绞胎骑马俑，人马全部是绞胎，这是目前绝无仅有的一件绞胎瓷塑。它的制作工艺比盘盌等圆器的难度要大得多。

第五节　唐代的三彩陶器和陶瓷雕塑

唐代三彩陶器，通常简称唐三彩，它是一种低温釉陶器，用白色粘土作胎，用含铜、铁、钴、锰等元素的矿物作釉料的着色剂，在釉里加入很多的炼铅熔罐和铅灰作助熔剂，经过约800°C的温度烧制而成。釉色呈深绿、浅绿、翠绿、蓝、黄、白、赭、褐等多种色彩，人们称为“唐三彩”，其实是一种多彩陶器。在三彩器物中，有的只具备上述几种彩色中的一种颜色，人们称为单彩或一彩，带两种颜色的，人们称为二彩，带有两种以上颜色的则称为三彩。

三彩陶器釉料中含有大量的铅，铅的氧化物作为熔剂，降低釉料的熔融温度，在窑炉里烧成时各种着色金属氧化物熔于铅釉中并向四方扩散和流动，各种颜色互相浸润，形成斑驳灿烂的彩色釉。铅的另一个作用是使釉面光亮度增强，使色彩更加美丽。

唐代盛行的三彩釉陶器，主要见于作随葬的明器。唐代盛行厚葬，并且有明文见于唐代典章。唐代曾经多次颁发过不同等级的官员死后随葬相应数量的明器。三彩陶器有可能是适应这种厚葬风气而兴起的，在不太长的时期有了很大的发展。长安是唐代都城所在，洛阳也是唐代的东都。三彩器以西安和洛阳两地唐墓出土数量最多。其它出土三彩陶器的地区还有今江苏省，以扬州为多。山西、甘肃两省的唐墓也有三彩陶器出土，其他省区出土者很少。这种情况似乎说明以三彩陶器随葬主要流行于西安和洛阳。三彩器的产地也主要在长安与洛阳。三彩陶明器，特别是三彩陶塑，形体一般比较大，比瓷器更为易碎，长途运输是非常困难的。这似乎可以解释为什么其它地区三彩陶塑出土特别少的原因。

关于三彩陶器的制作始于何时，从有纪年的唐墓考察，早于高宗时期的唐墓没有出土三彩陶器，这一事实似乎说明三彩陶器始作于唐高宗朝，而开元朝则是它的极盛时期。这一时期产量大，质量高，色彩绚丽，造型多样，三彩陶人俑，不仅人体结构准确，而且形态逼真传神。天宝以后数量逐渐减少。至于三彩陶器怎样发生、形成，它的前期作品如何，目前这方面发现的资料不多，现在所能说的只是三彩陶器似乎是从单色釉到二彩釉、再演进到三彩釉这样一个简单轮廓。

唐三彩陶器的产量很大，它的产地在哪里？这是人们关心的一个问题。五十年代以来只在河南巩县发现了三彩陶器窑址一处，出土的标本有三彩器钵，形式如常见的钵而深，都带双系，彩色都是黄绿白三色，色彩很艳；有白釉蓝彩盌，盌外中部凸起弦纹一道。单色釉标本较多，有黄、绿、蓝三种。蓝釉有盌和瓶，釉色纯正。标本中三彩陶器素烧坯不少，以双系罐较多。七十年代又在窑址里出土了一些三彩陶器的贴花陶范，证明这里唐代也有贴花装饰。巩县窑址发现后可以据出土标本推知洛阳唐墓出土的部分三彩陶器中有巩县窑产品，但巩县窑址没有发现三彩陶塑标本。洛阳唐墓的三彩陶塑很多，应当还有专烧三彩陶塑的窑场。洛阳北邙山出土唐三彩很多，三彩陶俑的形象、施釉的风格与洛阳唐墓所见的很不一样。但至今也未发现窑址。西安出土三彩陶器陶塑，数量比洛阳还多，特别是大型陶塑从远地运去不易，推想西安附近也应有窑场。江苏扬州出土的三彩陶塑，形象与西安、洛阳出土的不同，那里似乎也应有烧制这类陶塑的作坊。

用作明器的三彩陶器，凡是与死者在世时生活有关的如建筑、家具、牲畜和人物等等无不具备。生活用器有瓶、壶、罐、钵、鍑、杯、盘、盌、盂、烛台、枕等十多种，而每一种又有许多式样。瓶就有双龙耳瓶、双系扁瓶、花口瓶、洗口瓶和细颈瓜腹瓶等。其余器物也都式样繁多。建筑物既有亭台楼阁，又有花园中堆砌的假山和水榭；家具则有仿木质的箱柜；牲畜有马、驴、骆驼、猪、牛、羊、狗，禽有鸡、鸭；人俑有贵妇人、男女侍俑、拉马俑、文官俑、武士俑、胡俑、天王俑等等。可以说是包罗万象，远比唐代任何手工业艺术部门的产品丰富。唐三彩陶器的绚丽多彩以及塑工的高超技巧，都是我国艺术宝库中的珍品。

唐三彩不仅在艺术上有很高的成就，在陶瓷工艺上也对后世作出了重大贡献。宋代以后的各种各样的低温色釉和釉上彩瓷，大部分都是在唐三彩陶工艺基础上发展起来的，后世各种低温色釉和釉上彩的瓷器，其主要着色剂基本上和唐三彩一样，仍是铜、铁、钴、锰四种。唐三彩釉的蓝釉证明我国用钴作陶瓷着色剂始于唐代。

雕塑艺术在唐代处于一个巨大的发展时期。陶瓷雕塑具有很高的艺术价值。这些雕塑作品所反映的社会生活，是研究唐代社会历史的珍贵资料。

陶瓷雕塑，因使用原料不同，分作几类，下面分别介绍青瓷、白瓷和三彩釉陶的作品。

青瓷雕塑 四川省万县发现一座唐初贞观时期的墓葬[40]，出土了一百多件青瓷俑，有骑镫马的武士俑、抚盾俑、抚剑俑、文吏俑、幞头男侍俑、胡人男侍俑、镇墓俑（魌头）、人头鸟身俑、十二辰俑以及骆驼、马等动物俑。

抚盾武士俑，高48厘米，戴盔，盔的额前部有一朵菊形小花，面部丰腴，两眼炯炯有神。身穿铠甲，一手抚盾，一手作持剑状。盾牌成长方形，中心镶嵌一朵大团花，下部为一金龟，两侧有小团花，盾的下部为网状纹。武士站立在13.5厘米见方的方座上。

甲骑武士俑，高25厘米，马身穿铁甲。铁甲由马颈上开始，至马的膝上，马的后臀部上竖一寄生，寄生上有几个镂孔。武士戴盔，披甲，脚穿软靴，一手放于胸前作持物状，一手抚剑。

十二辰俑是人形化的动物，身穿宽袖道袍，腰系宽带，双手捧笏，头部分别塑成龙、虎、马、牛、鼠、鸡等十二辰形象。

这些瓷塑形象，胎色灰白，瓷质坚硬，颗粒比较细，但有一些砂粒，青釉釉层较厚，釉为玻璃质，开片，流釉处凝聚如珠，釉色较深。

这批青瓷俑的形象与陕西礼泉郑仁泰墓出土的大体一样，镇墓兽、马的形象也与该墓的同类俑一样。郑仁泰死于龙朔元年，故可断定这些瓷塑都是初唐时期的作品[41]。它们反映了唐代初期的风格，与隋代瓷塑艺术有共同处，即结构简练，形体较瘦，比例不够匀称。

白瓷雕塑 西安乾封二年（667年）段伯阳墓出土的白瓷人形尊和胡人头像，是唐代初期白瓷艺术塑像的代表作品。人形尊是装液体的容器。整个器物塑成一个天真纯朴的西域少年形象，深目高鼻，身穿圆领短袖衫，前额有一个硕大的白毫相，前额发尖上和衣领上缀着成串的珍珠，双手斜抱一瓶，瓶口塑成荷叶形，瓶腹部嵌着宝相花，中间是一块宝石。这是一件生活用品，工匠们将它塑成这样的艺术形象，美观实用，就以今天的艺术标准来看也是十分难得的。

同墓出土的胡人头像，浓眉大眼，满脸胡须，安详端庄，人面的各部分刻划相当精细，这是一个劳动者的形象，勤劳而朴实的神态塑得栩栩如生。

三彩陶塑　唐代陶塑艺术的成熟之作多在唐三彩。唐三彩器种繁多，模仿生活用的各类器物，有住房、仓库、厕所、舂、假山、柜橱以及马车、牛车模型以及天王（武士）、文吏、贵妇、少妇、男僮、男装美女、侍从、牵马胡人、乐舞、骑马射猎、骑马武士，还有镇墓兽（魌头）、马、骆驼、驴、牛、獅、虎、羊、狗、兔和鸡、鸭等。可以说包括了唐代社会生活的各个方面（彩版13、14）。

三彩陶塑很多成功的作品，形神具佳。三彩陶塑一方面保持了秦汉以来我国彩塑的写实传统，一方面又创造性地运用低温铅釉色彩的绚丽、斑斓，烘托出富有浪漫色彩的盛唐气象。在造型上有的三彩俑衣褶稠叠贴体，有曹衣出水的风致，有的作品衣袂飘举，也有吴带当风的韵味。所以宋人郭若虚在《图画闻见志》总结前代的雕塑艺术说"雕塑铸像，亦本曹吴"。

鲜于庭诲墓出土的载乐舞队驼俑，骆驼站在长方形的座板上，四肢强劲有力，头颈上扬。驼背平台上四个乐俑分坐两侧，中间为一舞俑。五俑中三俑深目高鼻多须。隋唐时期的龟兹乐和西凉乐都是"以琵琶为众乐之准"㊷，俑手中所持乐器虽仅保留琵琶一件，所奏当为胡乐（图版壹拾玖：3）。

胡人左手托琵琶，右手握拳。琵琶作鸭梨形，为波斯式的四弦曲项琵琶。左侧后乐俑穿圆领衣，双手作吹笛状，右侧前乐俑，穿圆领长衣，貌不类胡。右侧后面的一个是穿翻领长衣的胡人。二俑双掌作拍击状，所击的当是拍鼓一类。舞俑也是胡人，身穿圆领长衣，前襟下半撩起扎于腰间，脚穿长统软靴，右手向前屈举，左臂后伸，右手藏于长袖中，面部向前，似乎应着音乐起舞。"跳身转毂宝带鸣，弄脚缤纷锦靴软，四座无言皆瞪目，横笛琵琶偏头足。"唐人刘言史这首咏乐舞的诗可为这件三彩陶塑作注脚。这件陶塑所表现的景象，正是唐代的长安作为一个国际都市，既有西来的胡商，又有东来求学的新罗、日本的士子的那个时代的一幅胡汉杂处的风情画。

昭陵陪葬墓的越王李贞墓出土了一件三彩骑马击鼓俑，一个头带风帽的武士，穿圆领宽袖长衫，腰束宽带，下着长裤，骑马，马鞍右侧立一羯鼓，乐人上身微前倾，头上扬，两手各握一杖，作击鼓状。击的是羯鼓。羯鼓自然也是胡乐。

1972年陕西省乾县懿德太子李重润墓出土的绞胎骑马狩猎俑，马立于长方形平板上，鬃毛分披于前额两侧，眉骨突出，双眼圆睁，两耳上竖，张嘴作奔跑暂停时的静立状，胸肌突出，神态矫健，马背及腹铺毡垫，垫上置鞍。鞍上骑一武士，侧身仰望，注视天空飞翔的猎物，两手作张弓欲射状。除了骑士而外，马背上还负载着猎物，给人以骑士射猎百发百中的联想。这件陶塑作品，其可贵之处不仅在于它是绞胎制成，而且在于艺术家成功地表现了射猎者的神情（图版壹拾玖：2）。

除了这些风俗画式的带有戏剧情节的作品，那些单个的作为殉葬明器的三彩陶俑，也有很高的艺术价值。

1955年西安王家坟90号唐墓出土的女俑，头发梳成双层偏高髻，粉面，身穿袒胸酱色窄袖襦衫，外罩白色锦褂，长裙高束胸前，裙裾宽舒，长垂曳地。衣领镶酱色锦边，衣上绣出绿色八瓣菱形宝相花，袖边绣绿色连续的双圈纹，长裙是嫩绿色，由上向下作成放射形褶皱，每个褶皱上绣柿蒂纹，脚穿云头靴。端坐在藤条编织的坐墩上。坐墩作束腰形，镶嵌双圈、宝相花、石榴形花纹。她左手持镜照面，右手伸出食指作涂脂状。态度娴雅，悠然自得。

鲜于庭诲墓出土的女立俑，双手藏在袖内，拱举于胸前。身穿窄袖绿色襦衫，圆领袒胸，下穿黄裙，长垂至地。《新唐书》:“天宝初，杨贵妃常以假发为首饰，好服黄裙，时人为之语曰：‘叉髻抛河里，黄裙逐水流’。”女俑身披一件敞领的蓝色外套，由两臂外侧下垂，微向左侧立，向左斜视，体态丰腴，靓妆炫服，这些女俑是宫廷或达官贵妇的形象。

鲜于庭诲墓另一女俑，两手于胸前作捧物状，头部微偏，表情拘谨，似在侍候主人。另一头戴软巾的幞头男俑，身躯微倾，两手相交于腹下，头部微俯，两目下视，似在听候主人的随时召唤。

甘肃秦安唐墓的三彩天王俑，体形硕大，是在地下执行驱邪的凶神，也是人间专政、镇压权力的象征。俑头戴鶡冠盔，鶡口衔珠，展翅举尾。尾着红彩，翅彩绘贴金。铠甲战袍，象头护膝，一手叉腰，一手举拳，两足踏一恶鬼，鬼作挣扎欲起状。

从这些不同形象的三彩俑，可以看出唐代无名艺术家十分熟悉当时社会各阶层的生活，善于运用雕塑手法把人物的性格、情绪表现了出来。

唐人爱马，屡见于唐代诗文和绘画。唐代陶俑、三彩俑、石刻艺术中马的形象也很多，而且非常精致（图版壹拾玖：1）。

唐三彩马的共同特点是头小颈长，膘肥体壮，骨肉停匀，眼睛炯炯有神。有的在闲悠漫步，有的在狂奔，有的静立，有的仰啸，有的饮水，有的负重，各种形态，生气盎然。永泰公主墓里出土的俯首马和啸马，把俯首闻骚和仰天长啸的个性和动静之感塑得极其自然逼真。鲜于庭诲墓出土的白色三彩马，雕塑精工，装饰华丽，马鬃梳剪整齐，留有三花。三花饰马，是当时宫廷和贵族间流行的风尚，是“官样”[43]，昭陵六骏也有三花。这匹白马装饰也最华丽。马鞍上有浓绿色绒毯制的障泥，绒面雕刻成毵毵披离状，还加有同样绿色的流苏。李白的《白鼻骃》有“绿地障泥锦”之句。马头辔饰俱全，笼套上饰黄色的八瓣花朵，两耳下和鼻上革带系有杏叶形垂饰。股后的鞦两侧饰有杏叶形垂饰各五枚，革带交结于尻上。交结处也有杏仁形垂饰四枚，王勃《春思赋》:“杏叶装金辔”[44]便是这种垂饰。棕马也很华贵，鬃上只有一花，口衔代表银质的白镳，鞍饰和套头都显得低白马一等

两马都用白色粘土堆塑而成，筋骨、肌肉、眼睛、鬃毛、鞍饰等细部雕琢精细，刀

痕清楚。各种饰物是模印或捏塑好后粘贴上去的。在焙烧时，熔融的釉由上向下流动，所以釉层厚薄不匀，釉色有深有浅，上部较浅，下部较深，但釉面莹润。釉色釉光与雕塑的成功相得益彰。

第六节　唐、五代陶瓷造型与装饰

唐、五代陶瓷的造型　有以下几个特点：

1.陶瓷制品使用的范围更为宽广，陶瓷器类增多。新的器物应时而兴。茶具、餐具、酒具、文具、玩具、乐器以及实用的瓶罐和各类陈设装饰器类，几乎无所不备。瓷制日用品形式新颖多样，造型大方美观，制作质量，远远超出前代。

2.唐瓷造型特点的总的倾向，是浑圆饱满，不论大件器物还是器皿都不例外，在质量上要求更高，小中见大，精巧而有气魄，单纯而有变化，表现了唐代风格特色。

附唐代典型器物示意图（图五十四）。

3.因其它工艺制品的影响和人们审美要求的提高，陶瓷制品的造型也出现了许多过去没有见过的新样。段伯阳墓出土的堆花高足钵，形式新奇的跪人尊，河南新安县出土的三彩鸳鸯壶，以及凤头壶、双龙柄瓶、皮囊壶、花釉拍鼓、三彩塔形罐、带柄鸟形杯等等。

唐代社会风尚和习俗对唐瓷的釉色和造型也起了相当大的影响。唐代盛行饮茶，士大夫、文人之间，更以饮茶为韵事，不仅讲究茶叶的色香味和烹茶方法，而且对茶具也非常重视。陆羽《茶经》就曾对当时各地瓷窑所产的茶碗，作了细致的比较和评论。孟郊、卢同、皮日休、郑谷、徐夤、陆龟蒙、韩偓等诗人，也都有赞美茶瓯的诗句，给瓷制茶具增添了声价，促进了茶具生产的发展和工艺的改进。唐代饭碗一般多是深腹、直口、平底，与隋代碗的造型基本相似。而茶碗则器形较小，器身较浅，器壁成斜直形，敞口，玉璧形碗足，器身小而轻巧，敞口浅腹，适于饮茶；加以制作精工，釉色莹润，名器如越窑和邢窑的茶碗，造型风格又各有特点。邢窑的茶碗，比较厚重，口沿有一道凸起的卷唇，它与越窑茶碗，“口唇不卷，底卷而浅”的作法，有明显区别。越窑除了具备“捩翠融青”的釉色之外，造型也优美精巧。从皮日休的“圆似月魂堕，轻如云魄起”，和徐夤的“巧剜明月染春水，轻旋薄冰盛绿云”等诗句中，可以想见越窑青瓷茶碗形质之美。

碗托最早见于南朝青瓷，因为用以托茶碗，称为茶托，以后又称茶船。唐代越窑茶托托口一般较矮，浙江宁波市出土的一批唐代越窑青瓷器，还有带托连烧的茶碗。茶托口沿卷曲作荷叶形，茶碗则作花瓣形，加以釉色青翠，故唐末诗人徐夤将茶和盛茶的茶

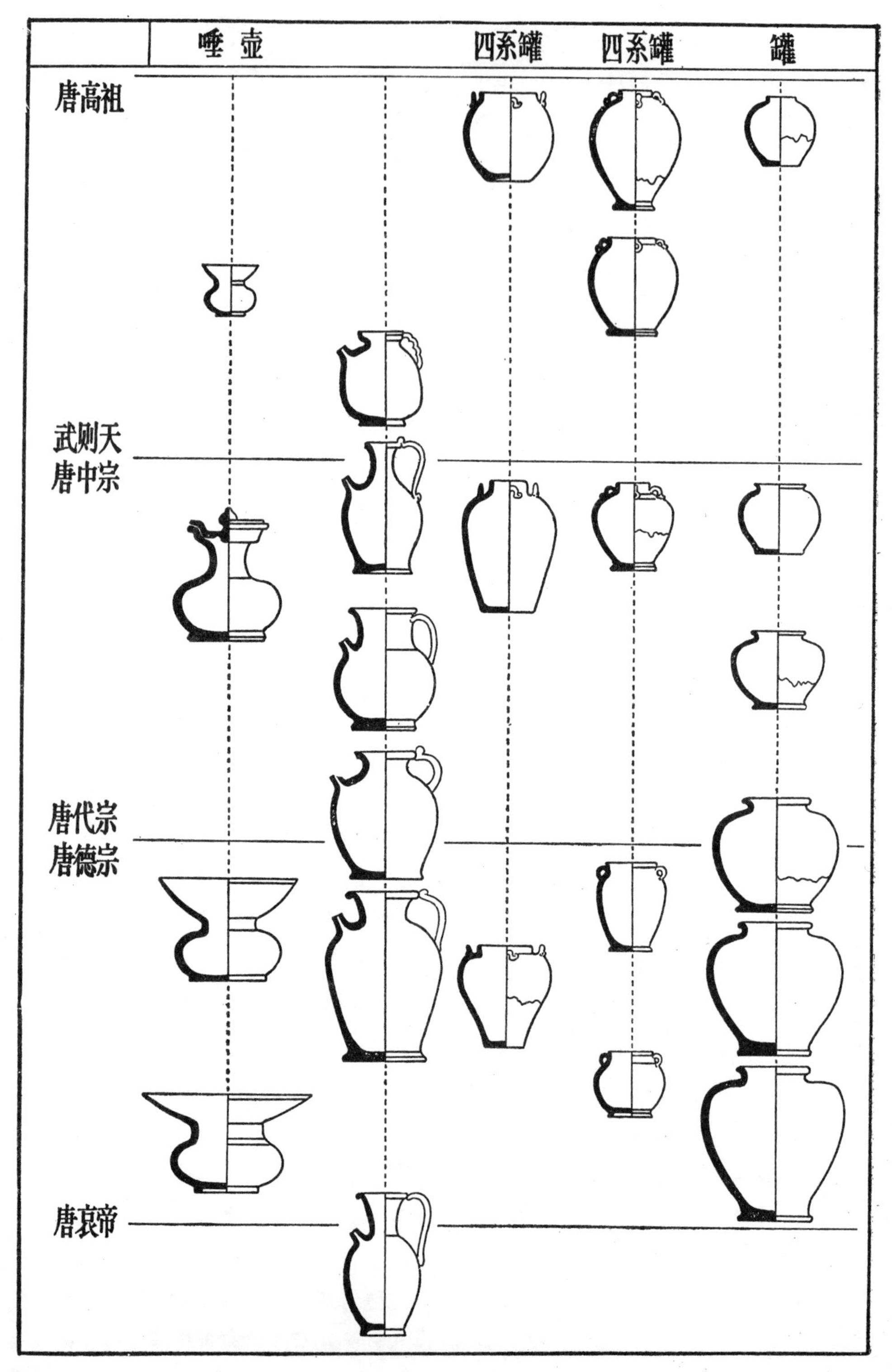

图五十四 唐代典型器物示意图

具比之“嫩荷涵露”。汉晋以来，文人作赋、写诗称颂酒德，而尤以唐人为多。于是饮酒成为一种“雅道”，而酒具也成为一种雅器。青瓷制作工艺的进步又为茶具、酒具成为雅器准备了条件。除茶具而外，注子和酒杯也大量出现。

唐代饮茶用煮法，即唐诗中所谓“烹茶”、“煎茶”㊺。和现代用沸水沏茶，出汁后饮用是不同的。

唐人是将茶叶煮沸后倒在碗里饮的，故不用茶壶。那些习惯上称为执壶的短咀注子，不是茶壶，而是酒壶。饮酒在唐代风行，自然要有大量的酒壶、酒杯应用。根据出土实物，开元前后的唐墓中已发现有盘口短颈、鼓腹、短咀、咀作六角形或圆筒形，与咀相对的一边安着曲柄的酒注㊻。故宫博物院所藏元和五年（810年）唐墓出土的越窑青瓷注子与早期青瓷注子造型基本相似。这种注子随着时代而演变，到了唐代晚期，壶身较高，多作瓜棱形，咀和柄也渐增长，显得更轻盈雅致。在宁波出土的唐代越窑瓷中，注子有五种造型，有短咀、长咀、弯柄、直柄，腹部多成瓜棱形。注子在南北各地都很流行，有青瓷的也有白瓷的，风格大致相同。在陕县刘家渠唐墓出土的一批白瓷注子，就有短咀的，制作也相当精美。

和注子一同使用的是酒杯。从唐人的“举杯邀明月”，“会须一饮三百杯”和“衔杯乐圣称避贤”等诗句中，可以知道当时饮酒是用杯。酒杯有高足杯、圈足直筒杯、带柄小杯、曲腹圈足小杯等，有些则和同期的金银钿工酒杯形式相似。

唐瓷的新器型、新器类，除了反映那个时代的社会习尚和社会的审美观念，还提供了中外文化交流和外来文化影响的证据。凤头壶在初唐时已经流行，以三彩为最常见。故宫博物院收藏的青瓷凤头龙柄壶，是一件有代表性的北方产品。它的造型相当巧妙，在壶身上堆贴着瑰丽的纹饰，壶盖塑造成一个高冠、大眼、尖咀的凤头，与壶口恰相吻合，由口沿至底部连接着生动活泼的螭龙壶柄，它是唐代以前所未见的新的风格样式，是吸收了波斯萨珊朝金银器的造型，而又融合了中国本土的风格，用龙凤纹作为装饰。

双龙耳瓶的器形也同样可以看出是在鸡头壶的基础上吸收了外来的胡瓶的特点，壶身与隋代李静训墓出土的鸡头壶大体相似，不用鸡头，而是用一对龙形的双耳作为装饰，并且成为器形最突出的部分。它盛行于初唐时期，唐高祖的儿子李凤墓中出土的白瓷双龙耳瓶，就是这样的造型。

唐代乐器的拍鼓原是西域乐器。唐人不仅吸收入唐乐，而且用花瓷烧制鼓腔，这也是罕见的，使人想见唐人的气派和风格。这件美丽的花釉拍鼓，不仅造型规整，线条柔和，而且装饰十分突出：在黑釉上泼着几块蓝色斑纹，如云霞飘渺，如水墨浑融，作为乐器，更是有声有色。

唐代佛教流行，陶瓷也用来烧制有印度风格的宗教器物。有一种塔形罐，用作随葬品，具有佛教的特征。它的形制比较特别，整体甚高，下大上小，略似塔形，由三个部分组成：中部器身作罐形，圆腹，平底；上部是一个高耸的圆锥形盖，堆塑着浮雕装饰；下部则是高大的底座，承托着罐身，有些饰着莲瓣等纹饰。以三彩陶器为最常见。这种罐流行的时间较长，从唐中宗起直至唐代末年的墓葬中常有这些塔形罐出土。其形制先后略有不同，盛唐至中唐期间，塔形罐的造型为广肩、高盖、底座宽大；晚唐以来，则变为窄肩、高盖、底座狭小，远不及以前的雄伟了。

五代的陶瓷造型沿袭晚唐风格，如瓜棱形的长咀注子，花瓣形的茶盌、茶托以及盘碟之类多作五瓣或六瓣的形式。这时越窑已成为吴越钱氏王朝的官窑，生产越器作为贡品，制作更为精巧，秘色青瓷代表了这一时期的工艺水平。五代的白瓷也相当进步，南唐二陵（李昪、李璟墓）所出土的葵瓣口和敞口卷唇的白瓷碗，造型大方端整。长沙五代墓中也出土过白瓷，有短咀带盖注子，葵瓣口碗、十瓣瓷碟、菱花形盒等，制作都很精美。江苏新海连市发现的杨氏吴太和五年（933年）赵恩虔夫人墓，出土的白瓷也相当精美，有盘、碗、盂、罐、奁、枕等，而以花瓣口的器物最有特色，有三瓣的，有十瓣的，形式优美别致。

总的看来，唐到五代，陶瓷器物，笨拙粗重的造型，渐次淘汰，代之的是精巧优美的新型产品，丰富多样，风格鲜明，具有新的时代特征，在工艺方面也更为成熟。唐代的雍容浑厚，五代的优美秀致，各有特色，而又都表现着我国传统的民族风格。

唐及五代的陶瓷装饰　多采用几条垂直的划纹，使光素的器面产生节奏感，质朴大方，制作简便，适于大量生产，故南北各窑均喜采用，成为唐代一种普遍流行的装饰。

其次，是堆贴花工艺有了新的发展。唐乾封二年（667年）段伯阳墓出土的青瓷堆花高足钵，以方、圆相间的花朵图案，穿插排列，整齐而有变化，装饰性极强。韩森寨盛唐墓出土的堆花青瓷壶，腹部堆贴着胡人、武士打马球，武士和奔马，跃跃欲动。长沙窑也大量运用堆贴装饰，多在壶上贴着双鱼、双鸟、人物、狮子等。人物为胡人，或吹笛奏乐，或婆娑起舞。有的人物和狮子、花鸟配在一起。尤以青黄釉褐彩贴花张字壶，除纹饰外还有“张”字题记，应是当时的一种名牌产品。

前面提到的凤头龙柄壶，是堆花装饰中的精品。腹部堆贴两周纹饰，有舞蹈的力士，有精美的宝相花，周围上下还堆贴联珠、葡萄、莲瓣等图案，繁缛瑰丽，改变了六朝时期粗糙堆砌的现象。堆贴工艺形式优美，设计新颖，标志着唐代装饰艺术的进步与发展。

唐瓷的装饰工艺，还向着多样化途径发展。那些绚丽的三彩釉，挥洒淋漓的花釉，变化巧妙的绞胎，以及丰富多采的釉下彩，都表现着唐人的创造性和革新的精神，为由单色釉到缤纷华美的彩瓷开了先河。如何进一步由均匀的单色釉变为复杂的多色釉，并利用釉作成彩绘，来代替素地刻花的装饰，是我们古代陶瓷工匠努力探索的问题。唐代发明的三彩釉和彩绘技法，正是这种探索的新成就。

三彩陶器的最大特色，是在于高度发挥低温铅釉的性能，运用黄、绿、蓝、褐等色釉，作成复杂、华美的装饰。无论是全部利用釉色的淋漓变化，或在釉上再加绘图案花纹，或印花、划花与三彩并用，而皆灿若云锦，堂皇壮丽。同时，又吸取姊妹工艺品的特长，参考染缬的技法作成异彩斑斓的图案，目前，我们还可以从三彩陶器上找到唐代著名的“玛瑙缬”、“鱼子缬”和“撮晕缬”的纹饰的迹象，从而可知唐代纺织业印花工艺是非常发达的。

河南郏县和鲁山等地所烧的花釉器，则又凝重豪放，别具一格。那些光怪陆离，气韵天成的蓝、白、斑饰，具有北方人粗犷的气派，三彩陶器则以华丽取胜。它们共同的倾向，都突破了单色釉的局限，发展为多样化的装饰。花釉器除拍鼓之外，近年还发现了不少花釉瓷罐，在黑釉或褐釉上泼着大块的蓝斑或灰白色斑纹，利用釉的流动，使它出现象窑变一样引人入胜的艺术魅力；淋漓酣畅，大胆泼辣，似有意，似无意，似有形，似无形，妙趣横生，变幻莫测，为后来的钧窑彩斑开启了先声。

至于绞胎瓷器的出现，则又表明在制胎工艺上进行装饰革新的努力，使胎体本身呈现出行云流水般的纹理变化，来取得犀皮漆器一样的装饰效果。

釉下彩的发明，无疑是我国陶瓷史上一件大事。长沙窑在这方面作出了有历史意义的尝试，首创了胎上画彩，然后上釉烧成的高温釉下彩的新技术，和白釉绿彩、黄釉褐彩、褐绿彩、青釉褐绿彩等种种新工艺，在艺术上也别出心裁，富于独创，那些用小圆点连结成的图案似乎是取法于蜡染。近年来在扬州出土的一件黄釉蓝褐两色点彩双系罐，就是长沙窑的代表性产品，在罐的腹部用一串绿色和一串褐色的连珠细点，绘成对称式的卷云和莲花纹，工整细腻，色调明朗谐和，意趣横生。瓦渣坪遗址发现的在盘、罐上画着折枝花卉、菊花、莲花和鹦鹉等花纹，虽寥寥数笔，而神态如生，颇得写意画之妙。其它各窑瓷器虽然也有花鸟纹，但多属于刻划花或印花堆贴等工艺装饰，长沙窑的釉下彩绘，则是与绘画艺术的结合，笔法流利，色彩鲜明，开了以绘画技法美化瓷器先例。我国唐代花鸟画艺术已有相当高水平，边鸾、刁光胤等名家的作品，被称为“穷羽毛之变态，夺花卉之芳妍，”对当时影响很大。长沙窑釉下彩绘花鸟，正是唐代的时尚。从出土的鹦鹉枕和褐绿彩的花鸟壶来看，它的技法已比较成熟，笔法流利，一气呵成，生动自然，由此可以窥见唐代民间花鸟画的艺术风格，是后来磁州窑及釉下彩绘的先导，是陶瓷装饰艺术一项重大的发展。

唐代的陶瓷装饰纹样，如凤头龙柄壶上的力士和卷草纹；1956年太原西郊唐墓出土的青瓷人物狮子扁壶所塑的象头、狮子和胡人形象；韩森寨唐墓及长沙窑的贴花壶中的胡人和狮子等纹饰，显然是外域的装饰艺术的移植。

杭州和临安的几座吴越王室的墓葬中出土的许多五代越窑青瓷，绝大部分没有纹饰，形制仍沿袭唐越窑的风格。钱元瓘墓发现的四系龙纹壶，腹部浮雕双龙戏珠和卷云纹，刻划相当精致，但如果和上林湖出土的那些结构繁复的龙水图案相比，则迥不相侔。它的特点是整体感强，空间开阔，没有多余的堆砌，简练有力，浑厚大方。另一件划花壶，腹部四面刻划花，疏朗简洁，比较朴素。这批典型的五代越窑青瓷，不论造型、釉色、制作方法和装饰风格，都与晚唐越窑基本相似，从而可以知道所谓五代秘色瓷的真正面貌。

第七节　唐、五代陶瓷的外销

如前所述，唐和五代是我国陶瓷史上一个大发展时期，不仅制瓷工艺有了很多创造和进步，制瓷的窑场数量和分布都有很大的扩展，直接为宋代陶瓷业的繁荣作了准备。

隋代的陶瓷窑址考古发现只限于今河北、河南、安徽、江西、浙江、湖南、四川七个省的十个县内，到了唐代扩展到共十二个省五十个县。以省区而论，东边山东、江苏，西北陕西，东南福建、广东，都在原来七省的外围，扩大了一圈，把后世的产瓷中心、名窑都囊括在内了。已发现的唐瓷窑址也比隋窑多了五倍。

表明唐、五代陶瓷业大发展的另一个重要事实是，至迟从九世纪下半期起，我国陶瓷已输出到国外。起初也许还不是有意识地向海外开拓市场，但它显然为宋代陶瓷外销开了先路。陆上丝绸之路所到的西亚，海上，我国唐代东西洋航路所及之处，都发现有唐瓷碎片。日本陶瓷学者三上次男把这条运输瓷器的海上航路称为“瓷器之路”。关于唐代陶瓷输出的情况，史书失记，正是不朽的瓷片记录了古代人民友好往来的踪迹。

1974年，宁波余姚江唐代出海口附近发现一条沉船，船中和船体附近发现几百件越窑青瓷器和长沙窑青釉褐彩器以及少数黑釉器等。与沉船同时发现的还有一块方砖，有“乾宁五年”（898年）刻款，与瓷器的年代相符。证明这是一条唐船。唐时，由海上去朝鲜、日本，航船多从明州（即宁波）出发，这条沉船里的货物很可能即是准备在明州港转海船去日本、朝鲜时遭难沉没的。可以与这艘沉船上的瓷器相印证的是在南朝鲜曾发现唐代长沙窑的青釉褐彩贴花壶，壶上有“卞家小口，天下有名”字样，是典型的长沙窑器物。在日本太宰府附近筑野市大门出土的一件青瓷壶，腹部作瓜状，三处施椭圆形褐绿斑，也与宁波发现的沉船中的越窑和长沙窑青瓷壶式一样，褐绿彩斑的装饰也相同。

1954至1969年日本玄海滩发现唐三彩陶器碎片二十二片，两地发现的是同一件器物，是唐三彩长颈贴花瓶。在奈良市大安寺的金堂与讲堂之间的烧土层里发现有唐三彩陶器和绞胎陶枕，陶枕有三十多件。1968年，在奈良县橿原市安部寺址西北出土了唐三彩兽足残片。这个时期，日本制陶工匠仿烧三彩器，制作出了“奈良三彩”。在福冈县太宰府町通古货立命寺出土了越窑瓷器。在平城京的调查发掘中，发现越窑青瓷。从东一坊的水沟中发现了唾盂。在药师寺西僧房遗址，发现了中国的白瓷、青瓷和长沙窑的青瓷壶。

唐代瓷器还在我国古代南海航线沿岸的一些国家中发现。巴基斯坦卡拉奇东郊的班布尔是古代印度河沿岸的重要港口，这里发现晚唐时期的越窑青瓷壶和长沙窑碗。在西南沿海岸的阿里卡美，在唐末五代时期的越窑青瓷。在印度河上的布拉明纳巴德，公元1020年（宋真宗天禧四年）因地震而成为废墟，十九世纪中期进行发掘，得到过许多瓷片，其中有越窑青瓷和邢窑白瓷。在印度尼西亚也出土有唐代越窑、长沙窑器和三彩陶器。在马来西亚的彭亨，发现过唐代四耳青瓷尊。

在波斯湾的阿拉伯重要港口席拉夫，出土了大量的中国陶瓷碎片，引人注目的是其中的唐代的白瓷和越窑青瓷。这正是当地商人和旅行家苏莱曼的中国游记中所记述过的中国瓷器。

伊拉克的萨麻拉，在公元883年（唐中和六年）成为废墟。考古学者在这个遗址中发现了来自中国的白瓷、青瓷和三彩陶器的碎片。这些青瓷碎片根据分析，属于越窑的产品。在巴格达东南忒息丰附近的阿比耳他遗址，曾采集到晚唐五代时期的越窑青瓷和白瓷。

埃及上京的福斯塔特城，十三世纪初叶成为废墟。考古学家在这里发现了许多中国陶瓷碎片，日本学者小山富士夫从中拣出越窑青瓷六百多片，还有不少唐代白瓷和三彩陶器碎片。

中国唐代陶瓷经由“丝绸之路”运到中亚和西亚的为数不少。据1059年巴依巴基的记录，八世纪末至九世纪初，呼拉珊总督阿里·宾·伊萨曾向巴格达国王河论·拉西德进献了中国精美陶器二十件和一般陶器二千件。这些陶器是用骆驼队从陆路运去的。

尼夏普尔是呼罗珊的中心地，也是东西交通的要冲，伊斯兰时代的达希尔王朝、沙法维王朝（867—903年）的首都，萨曼朝是总督的居住地。这个地方也发现了长沙窑和晚唐越窑青瓷以及邢窑白瓷。

---

① 冯先铭：《河北磁县贾壁村隋青瓷窑址初探》，《考古》1959年第10期。
② 河南博物馆、安阳地区文化局：《河南安阳隋代瓷窑址的试掘》，《文物》1977年第2期。
③ 冯先铭：《河南巩县古窑址调查记要》，《文物》1959年第3期。
④ 胡悦谦：《寿州瓷窑址调查纪略》，《文物》1961年第12期。
⑤ 周世荣：《从湘阴古窑址的发掘看岳州窑的发展变化》，《文物》1978年第1期。
⑥ 徐鹏章：《川西古代瓷器调查记》，《文物参考资料》1958年第2期。
⑦ 江西省文管会：《江西清江隋墓发掘简报》，《考古》1960年第1期。
⑧ 屠思华：《江苏凤凰河汉、隋、宋、明墓的清理》，《考古》1958年第2期。
⑨ 湖北省文管会：《武汉市郊周家大湾241号隋墓清理简报》，《考古通讯》1957年第6期。
⑩ 湖南省博物馆：《长沙两晋南朝隋墓发掘报告》，《考古学报》1959年第3期。
⑪ 亳县博物馆：《安徽亳县隋墓》，《考古》1977年第1期。
⑫ 徐恒彬：《广东英德浛洸镇南朝隋唐墓发掘》，《考古》1963年第9期。

⑬ 新安江水库考古工作队：《浙江淳安古墓发掘》，《考古》1959年第9期。
⑭ 小山富士夫：《支那陶瓷史稿》。
⑮ 陈万里：《中国青瓷史略》，上海人民出版社，1956年。
⑯ 王士伦：《余姚窑瓷器探讨》，《文物参考资料》1958年第8期；金祖明：《浙江余姚青瓷窑址调查报告》，《考古学报》1959年第3期。
⑰ 肖湘：《唐代长沙铜官窑址调查》，《考古学报》1980年第1期。
⑱ 江西省博物馆编：《江西历史文物》1978年第1期。
⑲ 《旧唐书·地理志》，中华书局1975版第1604页。
⑳ 陈柏泉：《江西临川南丰窑址调查》，《考古》1963年第12期。
㉑ 冯先铭：《三十年来我国陶瓷考古的收获》，《故宫博物院院刊》1980年第1期。
㉒ 邵出荣：《福建将乐县发现唐代窑址》，《文物》1959年第9期。
㉓ 泉州海外交通史博物馆：《福建泉州市西南郊唐墓清理简报》，《考古》1961年第12期。
黄汉杰：《福建闽侯荆山杜武南朝唐墓清理记》，《考古》1959年第4期。
㉔ 曾广亿：《广东潮安北郊唐代窑址》，《考古》1964年第4期。
㉕ 广东省文物管理委员会：《佛山专区的几处古窑址调查简报》，《文物》1959年第12期。
㉖ 广东省博物馆：《广东高要县晋墓和罗情唐墓》，《考古》1961年第9期；广东省文物管理委员会：《广东英德、连阳南齐和隋唐古墓的发掘》，《考古》1961年第3期；徐恒彬：《广东英德浛洸镇南朝隋唐墓的发掘》，《考古》1963年第9期。
㉗ 商承祚：《广州石马村南汉墓葬清理简报》，《考古》1964年第6期。
㉘ 江学礼、陈延中：《青羊宫窑址试掘简报》，《文物参考资料》1956年第6期。
㉙ 徐鹏章：《川西古代瓷器调查记》，《文物参考资料》1958年第2期。
㉚ 林坤雪：《四川华阳县琉璃厂调查记》，《文物参考资料》1956年第9期。
㉛ 冯先铭：《河南巩县古窑址调查纪要》，《文物》1959年第3期。
㉜ 河南省文化局文物工作队：《河南省密县、登封唐宋窑址调查简报》，《文物》1964年第2期。
㉝ 冯先铭：《河南密县、登封唐宋古窑址调查》，《文物》1964年第3期。
㉞ 《江苏省出土文物选集》，文物出版社，1963年。
㉟ 《合肥西郊南唐墓清理简报》，《文物参考资料》，1958年第3期。
㊱ 《浙江临安晚唐钱宽墓出土天文图及“官”字款白瓷》，《文物》1979年第12期。
㊲ 冯先铭：《有关临安钱宽墓出土“官”、“新官”款白瓷问题》，《文物》1979年第12期。
㊳ 胡悦谦：《寿州瓷窑址调查纪略》，《文物》1961年第12期。
㊴ 李辉柄、李知晏：《河南鲁山段店窑》，《文物》1980年第5期。
㊵ 该墓发掘品现藏四川省博物馆。墓志模糊不清，能看出以下字迹：“□□……南太守□□……郡太守胡州刺史开府□□……旭州随液郡丞□□……贞观（　）六年除澧州刺史十一年迁□□……”
㊶ 陕西省博物馆、礼泉县文教局唐墓发掘组：《唐郑仁泰墓发掘简报》，《文物》1972年第7期。
㊷ 冯汉骥：《前蜀王建墓内石刻使乐考》，《四川大学学报》社会科学版，1957年第1期。
㊸ 白乐天诗，“风笺书五色，马鬃剪三花”。宋代楼钥《再题韩干所绘十四马题名》：“国人贵解多雍容，三花剪鬃自官样。”
㊹ 王勃：《王子安集》第一卷。
㊺ 皮日休《煮茶》诗：“香泉一合乳，煎作连珠沸。时见蟹目溅，乍见鱼鳞起……”。白居易《睡后茶兴》：“红炉炭方炽，沫下曲尘香。”陆龟蒙也有《煎茶歌》。
㊻ 宋·高承约《事物纪原》说：“注子，酒壶名。元和间(唐宪宗年号，806—820年)，酌酒用注子。太和中(唐文宗年号，827—835年)，仇士良恶其名同郑注，乃去柄安系，若茶瓶而小异，名曰偏提。”

第六章　宋、辽、金的陶瓷

（公元960—1279年）

公元959年，五代的后周世宗柴荣病故。960年，赵匡胤以殿前都点检兼宋州归德军节度使防守京师，被部将拥戴为皇帝，建号宋。宋于十世纪七十年代末统一了大部分中国，只是伐辽没有成功，对今云南境内的大理国的割据也置之不问。宋以集中兵权，防止武将割据为国策，对内控制与对外用兵成为一个不可解决的矛盾，以后对辽、对金，都基本采取守势。

宋朝官员可以随意购置田产成为大小地主，地主也可通过科举成为大小官员。宋的开国君主标榜与士大夫共治天下，也就是与大小地主共治天下，把政权的基础扩大及于全体地主阶级，以求得地主阶级统治的长治久安。但由于与农民的矛盾，地主阶级分裂为新法与反对新法的两派。后来又在对外政策上分成主战与主和的两派。终宋之世，这些矛盾与分裂始终困扰着宋王朝，直至灭亡。

但是宋结束了五代十国的分裂割据，宋初宽减了若干割据政权时期的赋税，使得人民得以休息，国家社会比较安定，有利于生产发展和社会进步。加以自晚唐五代以来发生的土地占有方式与剥削方式的变化，地主与农民的租佃制的剥削关系在宋代得到普遍发展。经济关系的变化，促进了社会生产力的发展。在这个基础上，商品经济也有了很大的发展。全国出现了许多商业繁荣、人口密集的城市。宋人张邦基《墨庄漫录》记包拯答宋仁宗问历代户口奏摺，言唐代最盛时的天宝十三年户口，只及九百六万九千一百五十四。宋太宗至道二年户口也只四百五十一万四千二百五十七。仁宗庆历八年增至一千九十万四千四百三十四。“拯以谓自三代以降，跨唐越汉，未有若今之盛者”。户口的增加，也使得广大的农村出现了许多手工业与商业兴旺的集镇。宋代许多瓷窑集中地本身就是繁荣的市镇。河南登封曲河宋代窑址附近发现的清代碑记说：“尝就里人偶拾遗物，质诸文献通考而知，当有宋时窑场环设，商贾云集，号邑巨镇。”登封窑场如此，其他瓷窑集中地也可推想而知。至于北宋的东京与南宋的临安，则既是那时的政治中心，又是最大的消费城市与商业中心，人口有百万之众。北宋的东京商行有一百六十多行，行户有六千四百多户。行有“行头”和“牙人”，还有货栈邸店、质库及官营的汇兑机构“便钱务”。商店铺席而外还有酒楼、茶坊、瓦舍、勾栏……。

著名商业城市，东京、临安而外，北方还有太原、秦州、真定、京兆、大名、洛阳、密州、晋州，今四川境内的成都、梓州、绵州、兴元、遂州、汉州、利州，沿海的广州、泉州、福州、明州等等。这些城市与集镇既是瓷器制品的市场，也是瓷器的集散地。定窑窑址在曲阳而以“定”名，当是因定州是产品的集中地，瓷器商品又由此销往四方的原故。

宋代农村虽仍是封建的自然经济占统治地位，但是陶瓷制品因为原料与烧造工艺条件与农产品加工的酿造、榨油、纺织等手工业的不同，为农村的自然经济难以自给自足。因此在农村也仍然有它的市场。已发现的宋代瓷窑中也有不少是烧制粗瓷制品，应是为农村市场所生产。

随着社会经济关系的变化，宋代的社会面貌也与唐代有所不同。唐代都城长安，还保持了坊（住宅区）、市（商业区）区分的古典形式。宋代的东京则坊市不分，夜市不禁。我国的席地而坐的起居生活方式，经过南北朝，历隋、唐至宋，也有了很大变化。唐墓有瓷器，但壁画不见有描写居室陈设，而宋墓壁画则多见表现家庭居室生活场景。这是意识的变化，也是生活方式的变化，生活方式的变化也对瓷业提出了新的需求，首先是为满足皇室、贵族、官僚、富商大贾装点居室的豪华富贵，和观赏收藏的陈设用瓷。后世鉴赏家收藏家所盛赞的宋代名瓷如汝窑、钧窑、官窑器等也主要是供观赏的陈设用的高级瓷。

据宋人的笔记、话本记载，宋时的酒楼茶坊都悬挂名人字画，以器皿精洁为号召。饭店用耀州青瓷碗，饮食担子也用定州白瓷瓶，可见那时的风气与瓷器的普及。此外，自晚唐以来民间流行以瓷枕作睡具，宋代东南亚的香料的大量输入，妇女化妆使用瓷制香料盒、脂粉盒。陶瓷考古中还发现有专门烧制这类瓷器的作坊，可见当时社会需要量之大。宋代自帝王起，风行“斗茶”。斗茶用的黑瓷茶碗也有大量需要，已发现的宋窑中很多窑场都生产这种黑瓷茶碗。

宋朝廷注意海外贸易，把对外贸易的税收作为一项重要政府收入。我国瓷器输出自唐开始，但不见文献记载。可能开头大半还属于民间小额贸易，小半属于贡赐性质的贸易。宋代瓷器之作为商品大量输出则有《宋史·食货志》及南宋人赵汝适的《诸蕃志》的明确记载。这些记载已为国外的考古发现所证实，发现器物数量之多、地区之广已非唐瓷所可比拟。广州西村宋窑发现的遗物，国内不见出土，而多出土于东南亚国家，可见所制瓷器多为外销，也可见宋时瓷器外销之盛。

宋代是我国瓷业发展史上的一个繁荣时期，自1949年以来，陶瓷考古发现的古代瓷窑遗址分布于我国十九个省、市、自治区的一百七十个县，其中分布有宋窑的达一百三十个县，占总数的百分之七十五，可以说遍布各地。宋代瓷业的繁荣，一方面是宋代政治的、经济的、社会的各种因素共同作用的结果，一方面又是宋代社会、经济、文化繁荣的反映(图五十五)。

陶瓷史家通常用多种瓷窑体系的形成来概括宋代瓷业发展的面貌。瓷窑体系的区分，主要是根据各窑产品工艺、釉色、造型与装饰的同异，根据它们之间的同异可以大致看出宋代形成的瓷窑体系有六：北方地区的定窑系、耀州窑系、钧窑系、磁州窑系，南方地区的龙泉青瓷系、景德镇的青白瓷系。

但这些瓷窑系所以能形成，固然是唐代“南青北白”的瓷业布局与发展趋势的合乎逻辑的发展；另一方面又是宋代历史条件下瓷业市场竞争的结果。它们在历史渊源上和某些工艺特征上都可溯源于唐代，但它们又大大不同于唐瓷。它们的进步与发展不仅使得唐瓷瞠乎其后，而且还使得一代名窑如邢窑与越窑从此都渐渐湮没无闻，成为历史的陈迹。

正是因为竞争，一种瓷器在市场上受到欢迎，首先是邻近瓷窑的相继仿制，继之就是瓷窑的增加与窑场的扩大，形成瓷窑体系。同时在这种瓷的销售地也引起当地瓷窑仿烧，扩展到他处。销售地和主产地可以相距很远，广州西村宋窑烧制陕西耀州窑风格青瓷出口外销，就是其例。

同时，因为要保持传统市场和争夺新市场，也促使宋代的制瓷工艺有很多的革新与创造，一方面是提高产量与降低成本的努力，例如宋代瓷窑普遍应用“火照”检查烧制过程中窑炉的温度与气氛，以保证尽可能高的成品率。北宋中期由定窑创始的覆烧工艺，是用一种垫圈组合匣钵，可以一次装烧多件碗类瓷器，能够充分利用窑炉空间，扩大生产批量以降低成本。这种覆烧工艺后来也为其他瓷窑所采用。

各个瓷窑间的竞争，不论是一个瓷窑系之内，或一个瓷窑系之外，竞争的另一个结果就是名瓷名窑的出现。宋代名窑中的官窑是专为宫廷生产的。它的产品不是可交换的商品，似乎与瓷业的市场竞争无关。但官窑的工匠却是来自民窑，至于汝窑可能最初本就是民窑，后来才在官督下为宫廷烧瓷，产品为官府宫廷所专有。随后也如汴京官窑一样，因靖康之变，北宋朝廷的倾覆而衰歇。

宋代制瓷工艺在我国陶瓷史上的最大贡献是为陶瓷美学开辟了一个新的境界。钧瓷的海棠红、玫瑰紫，灿如晚霞，变化如行云流水的窑变色釉；汝窑汁水莹润如堆脂的质感；景德镇青白瓷的色质如玉；龙泉青瓷翠绿晶润的梅子青更是青瓷釉色之美的极致。还有哥窑满布断纹，那有意制作的缺陷美，瑕疵美；黑瓷似乎除黑而外无可为力，但宋人烧出了油滴、兔毫、鹧鸪斑、玳瑁那样的结晶釉和乳浊釉。磁州窑的白釉釉下黑花器则又是另一种境界。釉下黑花器继承了唐代长沙窑青釉釉下彩的传统，直接为元代白瓷釉

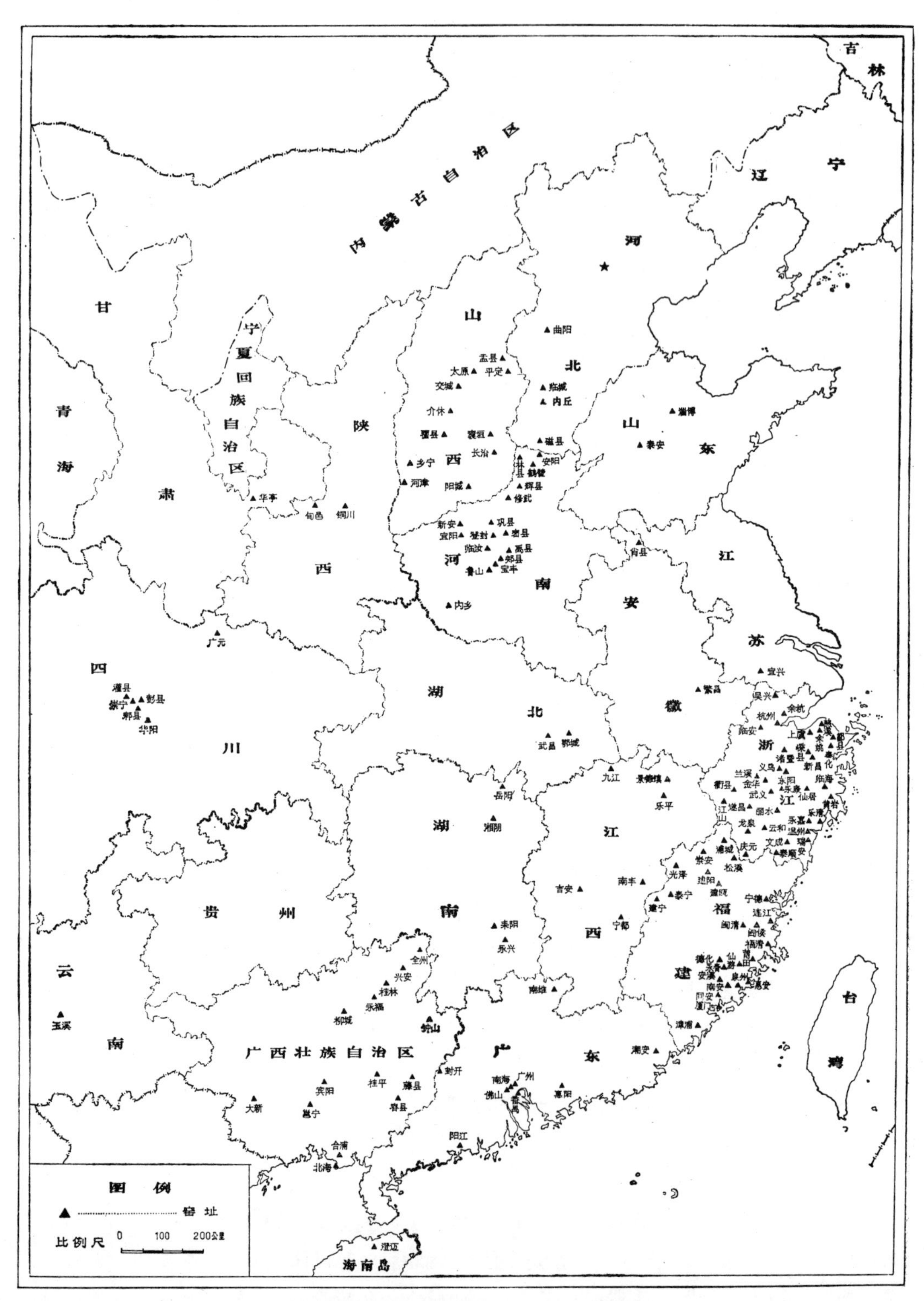

图五十五　宋代瓷窑遗址分布图

下青花器的出现提供了榜样。定瓷的图案工整严谨的印花，耀瓷的犀利潇洒的刻花都是只知有邢窑白瓷与越窑“千峰翠色”、“秘色”、“如冰似玉”的唐和五代人所不及见、不及知和不可想像的新的仪态和风范。

宋瓷的美学风格，近于沈静雅素一路，钧瓷虽灿如晚霞，但也不属唐三彩的热烈华丽。宋瓷所创造的新的美学境界，主要在于宋瓷不仅重视釉色之美，而且更追求釉的质地之美。钧瓷、哥瓷、龙泉、黑瓷的油滴、兔毫、玳瑁等都不是普通浮薄浅露、一览无余的透明玻璃釉，而是可以展露质感的美的乳浊釉和结晶釉。北宋的汝瓷与南宋的官窑、龙泉窑青瓷都是玻璃釉，但它们釉料配方已不再是稀淡的石灰釉而是粘稠的石灰碱釉，因而汝瓷“釉汁莹厚如堆脂”，官窑及龙泉青瓷经多次施釉，利用釉中微小气泡所造成的折光散射，形成凝重深沉的质感，使人感觉有观赏不尽的蕴蓄。唐人称赞越窑青瓷的“如冰似玉”，还只是一种修辞学上的比喻和理想，但是宋人烧造龙泉青瓷和青白瓷却是巧夺天工的实际。宋瓷的这些作品都是我国陶瓷历史画廊中的杰作与瑰宝。它们的仪态和风范也是后世陶瓷业长期追仿的榜样，千载之下，至今仍然使我们赞叹和倾倒。

辽瓷以富有游牧民族特色的皮囊壶（因形如鸡冠又称鸡冠壶）、鸡腿瓶的造型而闻名于世，并且受到收藏者的珍爱。契丹人立国于我国东北草原。在其未立国前主要以游牧、渔猎为业，瓷业是没有根基的。辽的瓷业成就主要是华北地区汉族烧瓷工人的贡献。辽瓷除了某些器物造型特异，烧瓷品系与工艺也大体与华北白瓷系统诸民窑相同。

金人灭辽、侵宋，继承了辽与宋的瓷业根基。但金瓷并无出色创造，所以在本世纪五十年代以前，谈瓷者多不知有金瓷存在。只是由于五十年代以后，陶瓷考古发现了金代地层中的金代遗物，才修正了人们的错误观念。实际上，陶瓷制品，关系到民生日用，是不可能长期停顿的。

金人南侵，这个事变对于中国瓷业的直接后果是北方熟练窑工逃亡、南迁，造成北方瓷业的衰落。北方几大窑区入金以后，不久虽又恢复烧造，但产品粗劣，战乱之余，人们也以享用粗瓷为满足，同时因战争和商路的断绝，市场大大缩小，已失去了发展的势头，而且产品也失去了精彩。

但是在南方，南宋立国水乡、海隅，交通发达。南宋朝廷为了扩大税源又以发展海外贸易为国策，陶瓷为我国独有的商品，海外有广大市场。景德镇的青白瓷与龙泉窑的青瓷大量输出海外，北方窑工的南迁又带来北方形成的新工艺，南方青瓷白瓷工艺水平继续进步、发展，形成了后来元代瓷业中心南移的新局面。

第一节　定窑及磁州窑系诸窑

1. 定窑系诸窑

定窑是宋代名窑之一，宋人笔记屡有称述。定窑始烧于唐，它的烧白瓷是受邻近的邢窑影响，当时邢窑盛名满天下，定窑及其他瓷窑相继仿烧是很自然的事。但后来定盛而邢衰，至宋时人们已只知有定而不知有邢了。而定窑系诸窑也确实形成了自己的一套制瓷工艺与制瓷风格，工整雅素的印花定窑器确是陶瓷艺术中的珍品。

可列入定窑系的诸窑除曲阳涧磁村的定窑外，多在今山西境内，如平定窑、阳城窑、介休窑。此外还有四川的彭县窑也烧定窑风格的白瓷器。

1.定窑

定窑是宋代著名瓷窑之一，烧瓷地点在今河北省曲阳县涧磁村及东西燕山村。曲阳县宋属定州，定州唐末、五代以来是义武节度使的驻地，是一个地区的政治中心，也是曲阳瓷器的集散地。定窑白瓷对后代瓷器有很大影响。宋以来留下了不少有关它的记载。本世纪二十年代叶麟趾先生第一次进行了调查。指出定窑在曲阳涧磁村。五十年代以来，故宫博物院、河北省文物工作队等单位对它进行了多次地面调查与小规模发掘，基本上了解了定窑的烧瓷历史以及与邻近地区瓷窑之间的相互关系。同时，各地宋墓也出土了不少定窑器，定县两座宋塔塔基出土了一百多件既完整又精美的定窑白瓷（图版贰拾叁:3),对于进一步研究定窑的分期断代有极大帮助，江南地区南宋墓与北方地区金墓都出土有定窑白瓷，从而也使定窑废于北宋末年金人南侵之说，得以修正。

定窑的烧瓷历史　曲阳涧磁村窑址发掘中取得的早期标本，有平底浅身碗，外施黄釉里施白釉，胎厚重，制做较粗糙，这种碗具有唐代早期的典型风格。比这种平底碗时代稍晚的是白釉碗，这类碗的碗身多做45°斜出，碗身较浅，宽圈足，胎较上述平底碗薄，里外施釉，这种碗具有标准唐代后期形式。五代时期唇口白碗在遗址里稍多，《曲阳县志》里著录有一件五子山院和尚舍利塔记碑，碑石立于后周显德四年，立碑人中有“使押衙银青光禄大夫检校太子宾客殿中使御史充龙泉镇使钤辖瓷窑商税务使冯翱”①,从碑文可知五代后期这里商品瓷产量已经很大，才派瓷窑税务使冯翱在此收瓷器税。涧磁村窑址面积相当大，地面散布标本极多，绝大部分是宋代白瓷，有印花、刻花、划花和光素无纹几种。北京通县金大定十七年墓、辽宁省朝阳金大定二十四年墓以及流散到英国的金大定二十九年印花陶范、墨书金泰和三年印花陶范，这些带纪年铭文的定窑瓷器有力地说明金代定窑仍继续烧白瓷；南京南宋庆元五年（1194年）张同之墓② 也出土有定窑印花瓷器，反映了定窑瓷器不仅供应金人统治的淮河流域以北地区，商品瓷也有运到江南地区销售的。窑址标本中还有一定数量的粗瓷，如白釉碗之中碗心一周刮釉的叠烧法，具有北方地区金代瓷窑装烧方法特色；此外，粗白碗中碗心书写段、李、刘、元、液、蛰等字及∴点纹饰的也不少，也具有金元时期特征。遗址里看不到晚于元代的标本，应该说涧磁村窑的烧瓷历史始于唐而终于元。《大明会典》记录的明宣德、嘉靖年间光禄寺每年所需的酒缸、瓶、坛，均由钧、磁和曲阳县等窑承办。但在涧磁和燕山村窑址里没有看到这些器物标本，可能明代曲阳另有专门烧造酒缸、酒瓶和酒坛等器物的瓷窑。

定窑瓷器的装饰与釉色 定窑宋代以烧白瓷为主，兼烧黑釉、酱釉、绿釉及白釉剔花器。白釉装饰有刻花、划花与印花三种。刻花装饰南北方瓷窑大都采用，是宋代早期瓷器的主要装饰方法。

莲瓣纹样在五代时期的越窑瓷器上曾大量使用，北宋早期定窑和耀州窑首先吸取了越窑的浮雕技法。定瓷早期刻花，除莲瓣纹外，还有与缠枝菊纹在一件器物上同时出现，布局很不谐调，这应看作是一种新装饰工艺还处在初期阶段的表现。

刻花装饰兴起之后，又盛行刻花与篦划纹结合的装饰，在折沿盘的盘心部位刻出折枝或缠枝花卉轮廓线条，然后在花叶轮廓线内以篦状工具划刻复线纹；装饰纹样以双朵花为常见，或左右对称，或上下呼应；有两花并放，有一花盛开，一花含苞待放，也有莲花荷叶两枝交错并出，布局富有变化。耀州窑青瓷也有这种布局，是那时的瓷器装饰共同的特征。定窑刻花器还常常在花果、莲鸭、云龙等纹饰轮廓线的一侧划以细线相衬，以增强了纹饰的立体感，也使主题更加突出。

定窑印花装饰始于北宋中期，成熟于后期，纹饰多在盘碗的里部。布局严谨，层次分明，线条清晰，密而不乱。这些都是它的特点。从大量标本观察，定窑印花纹饰似取材于定州缂丝，把缂丝纹样局部地移植于瓷器。因此，定窑印花装饰一开始就显得比较成熟，有很高艺术水平。此外，定窑装饰也有金银器纹饰的影响。因此，定窑印花瓷器在宋代印花白瓷中最有代表性，对南北瓷窑有较大的影响。

定窑印花题材以各种花卉最多见，动物、禽鸟、水波游鱼纹等也有一定数量；婴戏纹则比较少见。花卉纹又以牡丹、莲花多见，菊花次之。布局亦采用缠枝、转枝、折枝等方法，讲求对称；在敞口小底碗内印三或四朵花卉，碗心为一朵团花，有四瓣海棠花、五瓣梅花和六瓣葵花；不同于北方青瓷只一种团菊。禽鸟纹的孔雀、凤凰、鹭鸶、鸳鸯、雁、鸭，多与花卉组合，如孔雀多与牡丹组合，在大盘的里部为四只飞翔的孔雀，孔雀之间以一枝牡丹，盘心配以鸳鸯牡丹。整个纹饰俨如一幅布局严谨的织锦图案，鹭鸶鸳鸯则多与莲花组合。印花龙纹标本在窑址散布较多，印龙纹的都是盘，盘里满印云纹，盘心为一姿态矫健生动的蟠龙，龙身盘曲首尾相接。1948年涧磁村法兴寺遗址曾出土过这种印花云龙纹盘十件，六件已流散到国外，其余四件现收藏于故宫博物院及上海博物馆，流散到国外的有一件底部划刻“尚食局”三字铭文。可知这类器物是北宋宫廷里的专用品。北宋晚期丝织品上盛行婴戏纹，定窑印花器中也有婴戏纹。窑址出土标本和传世品中有婴戏牡丹、婴戏莲花、婴戏三果和婴戏莲塘赶鸭纹等；其中婴戏三果纹比较少见，三婴三果间隔排列，缠枝布局。三果为桃、石榴与枇杷，三婴姿态不同，双手均拽树枝，一骑于枝上，一坐于枝上，一立于枝上，赤身露体，肌肉丰满可爱。此种纹饰布局其他瓷窑未见。

定窑除以白瓷驰名之外，还兼烧黑釉、酱釉和绿釉器。明曹昭《格古要论》说“……有紫定色紫，有黑定色黑如漆，土具白，其价高于白定”，黑定与紫定胎质与白瓷一样，同样都是白胎，黑定釉色光可鉴人，确有漆的质感。但所谓紫定的釉色实际与今天芝麻酱色很接近，酱色釉、黑釉着色剂都为氧化铁，宋代各地瓷窑都生产酱釉器，有人认为是黑釉烧过火了，就烧成酱色釉，这虽有工艺上的根据，但酱色釉的普遍出现应当还有其他原因，似与当时社会风尚有关，似是有意仿酱色漆器烧制的，从定窑、耀州窑、吉州窑、修武等窑烧成的酱色釉看，它们都很匀净，应当说是有意识烧成的。

定窑绿釉器历来不见记载，1957年故宫博物院调查涧磁村窑址时曾发现两片标本，胎色洁白，其中一片刻云龙纹，与白釉刻花云龙纹基本相同（图版贰拾叁:3），可以确定是定窑产品。调查时曾就此访问过当地居民，据说过去涧磁村出土过绿釉瓶，由此得知定窑绿釉烧瓶盘等器物，而且有刻花装饰，这是过去所不知道的。

定窑覆烧工艺 覆烧是宋代瓷器的装烧方法之一，是把盘盌之类器皿反过来烧，因此称为覆烧。是河北曲阳定窑首先创造的。这种烧法对北方及江南地区青白瓷窑有很大影响。在使用覆烧法以前，定窑使用匣钵，即一件匣钵装烧一件器物；改用覆烧方法后，用垫圈组合的匣钵取代普通匣钵，每一垫圈的高度只占普通匣钵高度的五分之一，因此用同样的窑炉，耗用同样的燃料，烧一次窑比用普通匣钵产量为高，这就是覆烧方法为什么得到普遍推广的主要原因。

定窑覆烧方法一般认为始于北宋，河北定县两座塔基出土一百多件北宋早期定窑白瓷，盘碗却是用普通匣缽装烧，覆烧还未出现；文献提到北宋宫廷不用定瓷，是因为有芒。芒是指因用覆烧方法，而出现口部无釉的缺点，定窑创用覆烧法的时间似在北宋的中期。

定窑的题款 定窑瓷器带题款的有十五种，大都与宫廷有关，十五种题款中数量最多的是带“官”字的，据不完全统计，出土及传世的近八十件。这种带“官”字铭文的绝大多数是碗、盘，也有少量的瓶壶和罐。这些器物大多出于五代末到北宋前期墓葬之中。出土地点有辽宁省赤峰、建平、法库、北京、河北及长沙地区。河北定县出土较多，仅定县两座塔基就出土了“官”字款瓷器达十七件之多③，而多数又出于5号塔基之中。此外，故宫博物院、上海博物馆藏品中也有带“官”字款盘、碗、罐七件；流散到国外的有皮囊壶、碗和盘等数件。除“官”字外还有刻“新官”二字的，四件出土于上述地区同时期墓葬之中，二件流散到国外。

关于上述近八十件“官”字款及“新官”字款瓷器的产地，一般认为它们是定窑的产品，也有认为是辽官窑的产品。但定县塔基出土大批定瓷之后，使人确信“官”字题款绝大多数白瓷是定窑产品。早年出土流散到国外的定窑白瓷有盘底刻“会稽”二字的，可以肯定是吴越钱氏定烧之器，吴越钱氏统治地区属会稽郡，定烧瓷器底刻会稽郡字样。传世定窑瓷器碗底刻“易定”二字的有碗两件。碗形相同，大小相等，胎体薄厚也一样。早年出土于同一墓中，刻字也出于一人之手，字体瘦劲有力，时代也属五代后期。出土及传世定窑题款中还有刻“尚食局”、“尚药局”的。刻“尚食局”的稍多，刻“尚药局”的仅一件直口平底碗，碗外由右向左横刻“尚药局”三字。刻“尚食局”器均为大形盘类器物，所刻字体有粗细两种。曲阳涧磁村窑址出土印花云龙纹盘及碎片标本之中都发现过这种“尚食局”的铭文。宋宣徽院下设六局，其中尚食局掌管膳馐之事，尚药局掌管和剂诊候之事，除设有官员外，下面设有膳工及医师。流散到国外的还有刻“食官局正七字”铭文的白釉碗，刻这种铭文的仅此一件。“食官局”一名不见于宋、辽、金三史职官志，有待进一步考证。1957年故宫博物院第二次复查涧磁村窑址时，采集标本中有刻“五王府”三字铭文的碗底一件。“五王府”铭文过去未见，这种铭文应当是某五王府定烧的器皿。

上述八种题铭都是在烧窑前刻在坯足上。定窑瓷器传世品中有些铭文是宫廷玉工刻的。这类铭文都与宫殿建筑有关，如“奉华”、“风华”、“慈福”、“聚秀”、“禁苑”、“德寿”等等。定窑白瓷刻“奉华”铭文的有三件，上海博物馆收藏有折腰盘及小碗各一件，故宫博物院收藏一件标本。“奉华”字铭还见之于汝窑青瓷器物上，台湾故宫博物院汝窑藏品中有出戟尊、瓶、瓜棱注碗及碟四件器物都刻有“奉华”二字。河南禹县钧瓷厂1975年调查禹县钧台窑址时，也采集了一件钧窑出戟尊残品，底部亦刻“奉华”字铭。这八件器物都是北宋晚期宫廷使用的器物。“奉华”铭文除钧台出土的在烧前先刻者之外，其余七件字体大体相同，都出于宫廷玉工之手，是到宫廷之后刻的。“德寿”、“慈福”为德寿宫、慈福宫简称。清·朱彭《南宋古迹考》中多次提到了它，此外，“风华”、“聚秀”，也似是宋代宫殿名称。

“风华”等均未见宋人著录。流散到国外的一件定窑盘，光素无纹，盘心印阴文“定州公用”楷书四字，宋瓷未见过这类的铭文。1977年南朝鲜新安海底发现了我国沉船，打捞出元代龙泉窑瓷器之中有两件盘底刻有“使司帅府公用”字样，“使司帅府”是“使司都元帅府”的简称，瓷盘是供这个机构使用的。一件为“定州公用”字铭盘，定州是地名，定州辖地有几个县，此器或为定州官衙所使用，字铭是楷书体，在宋瓷中也比较少见。除刻或印字铭外，定窑小杯有用红彩在碗里写“长寿酒”三字的，上海博物馆收藏有两件。宋代北方白瓷已用红绿黄彩绘纹饰，而定窑宋瓷尚未见到这种标本，使用红彩写“长寿酒”的在定窑白瓷中也不多见。

定州红瓷、金花定碗、金装定器、仁和馆四系瓶 宋邵伯温《闻见录》中“定州红瓷”条云：“仁宗一日幸张贵妃阁，见定州红瓷，帝坚问曰安得此物，妃以王拱宸所献为对。帝怒曰，尝戒汝勿通臣僚馈送，不听，何也？因以所持柱斧碎之。妃愧谢久之乃已”。关于定州红瓷，苏东坡也有“定州花瓷琢红玉”诗句，唯定窑窑址里未见铜红釉标本，两人所记定州红瓷，是否铜红釉现尚难定，故宫博物院1950年第一次调查涧磁村窑址时，采集到的酱釉标本中有的呈现红色。辽宁阜新县辽墓也出土有酱红色釉碗。这类酱红色釉或酱釉中闪现红斑，是铁的呈色，与宋代钧窑以铜为着色剂的钧窑紫红釉不同。

定窑有金彩描花器，见于著录的仅有两件黑釉描金花卉纹碗。两碗多年前流散到日本，现分别收藏于根箱美术馆及大和文华馆中。故宫博物院定窑藏品中有白釉描金彩云龙纹盘三件，惜金彩大多伤脱，但云龙纹痕则依稀可辨。此盘当为宫廷用瓷。定瓷描金的具体制作方法，宋·周密《志雅堂杂钞》说：“金花定碗用大蒜计调金描画，然后再入窑烧永不复脱”。考历代陶瓷器上的金彩大都用胶来粘结，大蒜汁虽比较黏，但起不到粘结效果。从传世的几件定窑金花碗上的金彩看，多数都已脱落，可见“永不复脱”的记载也是不符合事实的。

用金彩描瓷并不限于定窑，福建建窑所产黑釉碗上也有金彩装饰，传世品中有三件，一件碗里绘建筑花卉，碗里口题有四句七言诗；一件写“寿山福海”四字，字外画双线六花瓣形开光，空间金彩画兔毫纹，碗心为朵梅纹；故宫博物院1954年调查江西吉安永和镇宋吉州窑窑址时，曾采集到一片黑釉碗的残片标本，内书一“山”字，字外也有双线六花瓣形开光。由此可知福建、江西地区的黑釉瓷器也有此种类似的装饰。

五代越窑青瓷、宋定窑白瓷和景德镇青白瓷器都有镶金口、银口或铜口的做法，这类做法有两种用意：一种是为了表明使用者身分尊贵或显示豪华，在器物上包镶金口或银口，这一类多见之于五代宋初统治阶层使用的瓷器。一种是为了弥补缺欠，如定窑和景德镇青白瓷因系覆烧，器物口部无釉，用包镶口办法把漏釉部位包起来。《吴越备史》、《宋两朝贡奉录》以及《宋会要辑稿》诸书中，在贡瓷名目里有金釦、银釦和金装定器等名称。各地墓葬出土文物中，这类镶金、银、铜口的瓷器实物也有发现，如浙江杭州钱氏墓出土镶金口的越窑青瓷，扬州、南京宋墓出土镶金银口的青白瓷，河北定县的静志寺与净众院两座舍利塔出土有镶金银口的定窑白瓷。《吴越备史》所记之“金装定器”之金，包括金银，有广义的金属含义。定县净众院塔基出土的定窑刻花瓶，除包镶银足外还配有银质带花盖，也应属“金装定器”,即带金属装饰的定器。吴越钱氏于太平兴国五年（980年）向宋进贡了“金装定器”两千件，定县静志寺塔基出土有书太平兴国二年（977 年）铭文的瓷器，同时出土的镶金银口瓷器比钱氏贡宋“金装定器”早三年，包镶工艺不会有什么变化，因此可以大体得知钱氏那批贡瓷的包镶工艺的情况。

图五十六　仁和馆铭四系瓶

明代陈眉公《妮古录》：“余秀州买得白定（原文误为锭）瓶，口有四组，斜烧成仁和馆三字，字如米氏父子所书”。故宫博物院藏品中有“仁和馆”铭文四系瓶一件（图五十六），该瓶小口外撇，短颈，瓶形略如橄榄，腹部稍肥大，圈足；瓶身上半部施白釉，下半部施黑釉；瓶口亦施黑釉，颈肩之间有四系，系上部宽、下为尖形，系面印四条直纹，由肩部向下斜书“仁和馆”三字，字为行书体，馆字稍倾斜，书法苍劲有力。可以确定这件瓶就是《妮古录》中所说的白定瓶。但这件瓶不是定窑产品，无论从瓶的造形、系的式样，器身兼施黑白两色釉，定窑都不见类似标本。山东省博物馆藏品中有一件与此相同的四系瓶，肩下斜书“太平馆”三字，字体与书写部位如出一辙。可以肯定两件瓶属于同一瓷窑的产品。这两件瓶的具体烧造地点应是在河北省磁县西面的彭城镇。彭城近年陆续发现宋代瓷窑遗址，标本中有斜书“馆”字的这类系瓶的标本，因此可以正《妮古录》之误。仁和馆似为宋代馆驿的名称。宋·周淙《乾道临安志》卷二馆驿条中有“仁和馆在清湖闸之南，绍兴十九年郡守汤鹏举重建”的记载④。临安府辖九县，仁和县为九县之一。仁和馆类似今天的县招待所。这件带铭文的四系瓶应是宋仁和县招待所里使用的酒瓶或水瓶。“仁和馆”既为绍兴十九年重建，建造时间当比较早。《乾道临安志》书后附有校勘记，有“仁和馆汤鹏举重建，原校一本无重字⑤”，可知校勘记作者曾取《乾道临安志》及《淳祐临安志》互校，但不刻二志原文，因之仁和馆也有可能建于绍兴十九年。无论如何“仁和馆”款四系瓶的烧造时间最迟不得晚于是年。

2.山西平定窑

平定窑最早见于明李贤《大明一统志》⑥，陆应旸《广舆记》及清代文献多因之，旧有西窑之称。但据明清两代文献所记，仅知产瓷，具体烧瓷情况都语焉不详。1977年发现了平定窑的窑址。

窑址共发现两处，初步判明窑始烧于唐，经五代、宋而终于金，有五百多年历史。

平定窑地距河北邢窑、定窑较近，造型、胎釉有很多共同之点，烧瓷也以白釉为主，兼烧黑釉瓷器；碗足具有晚唐五代玉璧底的特征。晚唐五代的唇口碗与花口钵等器物也常见。宋代白瓷有印花莲瓣纹碗，莲瓣的轮廓划以双复线，具有定窑的作风。定窑产量最大的折腰盘，这里也有发现，甚至定窑产量不多的黑釉印花器，平定窑也烧制，可知两窑属于同一窑系。

3.山西盂县窑

盂县窑最早见于《元一统志》："石甘有窑十处在盂州"。《永乐大典》记录比较具体，也只说，"盂县磁窑一座，在县东南三十里"。1977年在县磁窑坡发现了窑址。盂县窑烧白瓷为主，有印花、刻花装饰。印花有莲花、牡丹纹等，莲花纹有不同布局。刻花装饰有两种，一种为粗线条，一种为刻花结合篦划纹，有莲花、鸟纹等；也有镂空装饰器足。装烧瓷器窑具采用定窑覆烧的组合匣钵。盂县窑烧瓷始于宋代。山西地区金代瓷窑普遍采用碗心一圈刮釉叠烧法，盂县窑也大量烧制这种碗，盂县窑下限止于金，应有近三百年历史。盂县窑亦以地距定窑较近，造型、纹饰、烧成工艺受定窑影响，属定窑系瓷窑。盂县与平定同属太原路，而且距离甚近，但两窑烧瓷品种相同的却很少，还看不到它们之间的相互关系。

4.山西阳城窑

阳城窑过去以烧阳城罐知名。关于它的历史，文献很少提到。近两年来，山西省陶瓷史编写组进行普查，在阳城县东关外的窑畔间发现了一处窑址。阳城窑宋代以烧白瓷为主，标本中也有白釉黑彩小俑。白瓷主要是盘碗等器，有折腰盘，显系仿定作品。定窑大量生产的盖缸一类器皿，这里也有发现。标本中有两种盖，一种为刻花菊瓣纹，一种光素无纹饰，盖平沿、盖顶有瓜蒂小纽，与定窑特征相同。阳城窑瓷器胎较灰，为了增加白度，都敷一层白化妆土，做法与河南及河北磁州窑同类器皿大体相同。定窑器胎土较白，不需要敷白化妆土，这是它们之间的区别。在烧法上阳城窑白瓷有的用单件装匣钵，有的用五支钉叠烧，碗里碗足大都留有支钉痕。支钉较山西地区其他瓷窑大，是阳城窑的一个特征。

5.介休窑

介休窑历来不见记载，1957年发现。介休窑创烧于宋初，历金、元、明、清数代，烧瓷达千年之久，在北方瓷窑中是比较少见的。介休窑宋代烧瓷品种比较丰富，除以白釉为主外，有黑釉和白釉釉下褐彩。装饰有印花、釉下彩绘、釉下彩绘划花和镂雕等多种技法。白釉以盘碗数量最多，早期器物有多种造型，胎较厚，器足部处理具有浓厚的地区特色。晚期印花白瓷受定窑影响，纹饰布局完美，线条清晰。窑址采集品中有残印模一件，为婴戏牡丹纹，构图布局与定窑讲求均衡对称不同。印花白瓷较多的是小件盏洗。盏里多印缠枝花卉，盏心及圈足各有三个小支钉痕，这是介休窑的独特支烧方法。

介休窑印花装饰还大量运用于褐釉盘碗洗等器物。碗里多为缠枝花卉，盘洗器则四面饰以婴戏荡船纹（图五十七）。这种纹饰布局仅见之于介休窑，题材新颖，极富生活气息。这类黑褐釉印花器的器里都有一圈无釉，具有金代制作特征。

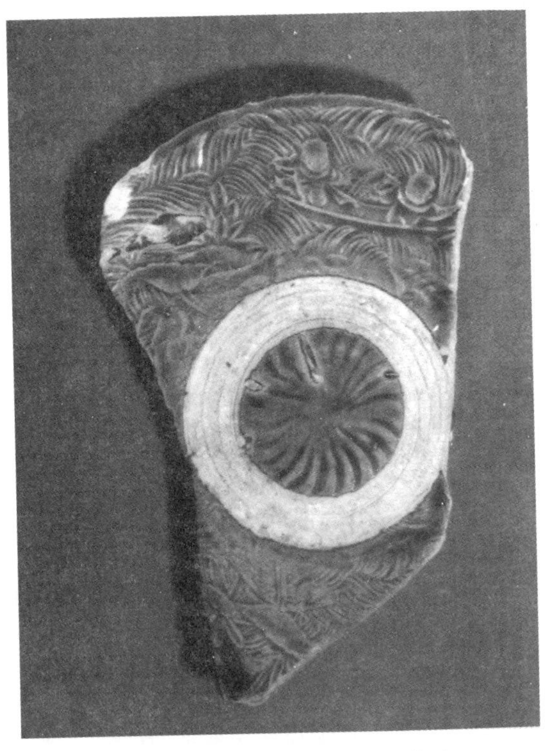

图五十七　介休窑婴戏荡船纹瓷片

6.四川彭县窑

彭县窑不见记载，窑址是1976年发现的。窑址在县西北三十八公里的磁峰公社，1977年进行了试掘，对彭县窑的烧瓷年代，制瓷工艺特点有了初步认识。四川地区唐代有大邑窑，以白瓷精美而博得杜甫的赞赏。但大邑窑迄今未发现。彭县窑专烧白瓷，是四川省发现的唯一烧白瓷的窑址，对了解古代四川地区的前期白瓷可作参考。

窑址出土的标本有精粗之分，精者有的釉洁白，粗者呈灰白色；装饰有刻花、划花、印花。刻花以双鱼纹最多，还有折枝莲、花叶、缠枝牡丹、莲瓣、萱草纹等。刻、划并用，与定窑具有共同风格。印花纹饰以花鸟为主，如飞鸟衔草、凤穿牡丹、莲池鱼鹅、鹅戏莲、孔雀、鹰及各种折枝花卉，纹饰都在器物的里部，布局取材都与定窑风格相近。

彭县窑所见标本完整器物较少，1953年彭县金口乡出土一件白碗，碗口外部划刻有“彭州金城乡窑户牟士良施碗碟壹料永充进盏供献售用祈愿神明卫护合家安泰”三十三字，明记此碗的烧造地点及窑业主姓名。彭县唐到元称彭州，金城乡即今磁峰旧名。这是一件唯一有确凿铭文可考的彭县窑白瓷。故宫博物院藏品中有彭县窑印花碗数件，碗里印花卉纹饰。彭县印花白瓷都用砂柱支烧，碗里中心留有一圈砂粒，这是它的美中不足之处。

2.磁州窑系诸窑

磁州窑系是北方最大的一个民窑体系。这个窑系的窑场分布于今河南、河北、山西三省，而以河南为多、为早，它们的早期历史似乎可以追溯到唐代北方烧制白瓷的诸民窑，如河南的鹤壁窑、禹县的扒村窑、登封的曲河窑都创烧于唐。唐代北方民窑烧白瓷而外兼烧黑瓷、花瓷、青瓷、低温三彩等，品类多而不单一。宋代磁州窑系诸窑仍然保持了唐代民窑这个特点。此外，磁州窑的釉下黑、褐彩器，有明显的唐代长沙窑的影响。长沙窑的釉下彩画以及在器表题写诗句作装饰都为磁州窑所继承。磁州窑本身烧瓷历史据现有材料考察不能早过北宋。但磁州窑延续最久，也最知名。磁州窑中观台窑最具代表性，其产品的品系、种类可以说集本系诸窑的大成。至于江西的吉州窑于宋南渡后烧制磁州窑风格的瓷器，则是北方瓷窑工人因受金人压迫，南迁江西烧瓷的结果。

磁州窑系继承了唐代南北民窑的特点，烧瓷品系繁多。这一方面是为了适应不同社会阶层、不同地区、不同需要的结果，但是从已发现的磁州窑枕署有“张家造”、“赵家造”“张家枕”、“张大家枕”、“王家造”、“王氏寿明”、“王氏天明”、“李家枕”、“滏阳陈家造”、“刘家造”标记看来，一个窑区可能同时有很多规模不大的制瓷作坊。它们生产同一器类，如磁枕，或者生产不同的器类、品系，它们各有专长。它们是一些烧瓷的“世家”，以烧瓷为世业。磁州窑瓷枕以“张家造”最多，其带年款的瓷枕有早到宋仁宗“明道元年”（1032年），与其晚期瓷枕相比，延续了三百年之久。以宋代“张家造”瓷枕的标记而言，也有多种式样，三字有阴文阳文之分，有直写横写的区别。三字有带边框和不带边框的，有上覆一荷叶，下托一荷花。荷花荷叶也不尽相同。这些不同之处，既表明有时间的差别，也有同时期不同作坊的作品，因此有这些区别。至于“张大家枕”的标记，又似乎是张氏家族大房作坊的产品。

关于这些作坊的细节方面，现在还没有更多的材料可以说明，它们是否除了家族成员以外，还以封建师徒关系雇佣了辅助劳力，或者还聘请有技艺熟练的匠师。每一个作坊的规模如何，是否都有自己的瓷窑等等，都有待新资料的发现和未来对窑址和作坊遗址的大规模发掘进行研究。

1.磁州窑

磁州窑的烧瓷历史　磁州窑，宋代文献不见记载。明代初期文献才开始提到，但很简单。此后文献记载虽日渐增多，但对它的评论则颇不公允。

磁州窑经过历年的调查和发掘，已经发现的窑址主要分布在两个区域：一是以观台镇为中心，窑址分布在镇西二公里漳河的两岸，河东岸有观台和东艾口村，河西岸为冶子镇；一是以彭城镇为中心。两个窑址区遗址密集，地下埋藏有大量的瓷器碎片标本。历年调查及小面积发掘均以观台镇为重点，1957年冬至1958年4月间河北省文物工作队对观台镇漳河东岸窑址进行过发掘，虽然发掘面积只有一百平方米，但地层关系比较清楚，出土瓷器及标本多达二千六百三十六件。1964年4月故宫博物院第二次对观台、东艾口村及冶子村三处窑址进行调查，在东艾口村发现了专门烧瓷枕的作坊。宋代传世磁州窑“张家造”戳记枕，这里是它的主要产地。冶子村发现了带“张家枕”戳记枕片标本。1976年以后邯郸陶瓷研究所又在彭城镇及其附近地区发现了隋唐时期青瓷及宋金元时期磁州窑遗址多处，经过二十多年来的工作，对河北磁县地区隋以来历代陶瓷的发展有了初步了解。调查发掘中获得的实物资料，部分地弥补了文献不足的缺憾。

磁州窑烧瓷历史究有多久，河北省文物工作队的观台窑址发掘报告⑦，以第七探方为例，作了如下的分析和推论：探方共分七层，第一、二层出土瓷器具典型元代作风，其中碗里书写“王”字铭文的与各地元墓出土者相同。第三层出有金正隆通宝一枚，出土瓷器以划花篦划纹碗较多，狮子驮盘与陕西耀州窑址金代层出土物造型特征相同，时代属于金。第四层出土划花篦划纹碗比第三层少，唐宋铜钱出土较多，最晚的是哲宗时期绍圣通宝，南宋及金代钱币均未发现，应属哲宗绍圣时期。五至七层出土钱币最晚的为神宗熙宁、元丰时期，出土瓷器有第三、四层不见的剔花及六孔瓶，报告认为五、六、七层的年代最早不会超过宋元丰年间。下限则定为元代。因为发掘面积不大，窑区各窑之间，可能也有早晚不同，但这个推论可供参考。

北宋时期的墓葬未见有出土磁州窑瓷器的报导。但河南禹县白沙宋墓壁画中有磁州窑瓷器的形象。宋代磁州窑带纪年款识的甚少，多年前流往英国的一件瓷枕，枕面刻“家国永安”四字，右书“赵家枕永记”等九字，左书“熙宁四年”（1071年）等字，边饰为剔花，这是一件有确实年代可考的瓷器。这件赵家枕装饰具有磁州窑系风格，但不是磁州窑产品，它的具体产地目前尚不能肯定。

传世磁州窑瓷枕之中带“张家造”标记款数量相当多，而带纪年款识的仅有一件，现收藏于甘肃省博物馆。枕为长方形，枕面绘一虎（图版贰拾肆：2），右上侧题“明道元年巧月造青山道人醉笔于沙阳”十六字，正面为竹纹，后面绘折枝花卉，两侧为勾线花卉，纹饰均呈褐色。明道为仁宗年号，这是传世磁州窑枕中年代最早的一例，标记款与东艾口窑址出土者不同（图五十八），可以看出早晚的区别。磁州窑专做瓷枕的作坊有四家，张家作坊延续时间很长，以明道元年计算亦有近三百年的历史。磁州窑长方枕随着时间的推移，枕长逐渐加长，元枕的长度有的达到40厘米以上。明道元年枕较后期枕尺寸短。这件枕画虎的笔法熟练，形象生动，不是初创期的产品，可见磁州窑的烧瓷历史要比明道为早。但早到什么时候则不能定。

图五十八　明道元年虎纹枕“张家造”铭文拓片

磁州窑的烧瓷品种　磁州窑四处窑址之中以观台窑址烧瓷品种最为丰富，除白釉、黑釉之外，还有白釉划花、白釉剔花、白釉绿斑、白釉褐斑、白釉釉下黑彩、白釉釉下酱彩、白釉釉下黑彩划花、白釉釉下酱彩划花、珍珠地划花、绿釉釉下黑彩、白釉红绿彩和低温铅釉三彩等十二种之多，是磁州窑及磁州窑系众多瓷窑之中最富代表性的一处窑址(图版贰拾肆:3)。

白釉划花器最初见于曲阳定窑，观台窑划花纹样有荷花、卷叶与水波纹，同时在纹样间隙部位还用篦状工具划复线(图五十九)。窑址标本以盘碗为多;冶子村、彭城镇的瓷器也有同类装饰。彭城镇划花碗能复原看出纹饰内容的有十多种(图六十)。划花线条流利，纹样不拘泥于统一规格，可以看出划花是在很快的时间之内完成的，反映了匠师们的娴熟的技法。白釉划花盘碗采用叠烧法，里部都有五个条形支烧痕迹，是美中不足之处。

其次是白釉剔花，所谓剔花，即是将纹饰以外的地子剔去，使纹饰具有浮雕感，花叶上再划以花蕊叶筋。由于剔出地子而露出黄褐的胎色，达到了烘托白色主题纹饰的目的。剔花装饰在河南地区比较流行，但白釉剔花装饰不多见。观台白釉剔花装饰在碗、渣斗、洗等器的外面，题材多为缠枝花卉。

在白瓷上点以绿色彩斑，北方地区晚唐时期即已出现。短流平底壶的流及柄、花口钵的口沿以及小长方枕的四角部位都可以看到。宋代北方地区瓷窑继承了这一装饰方法，白釉绿斑器除观台窑外，河南省郏县、登封、宝丰窑，山东淄博窑和陕西铜川耀州窑都有，主要装饰于盘、碗、壶、花口钵、小罐、六孔瓶等器。

白釉釉下黑彩是磁州窑瓷器的主要装饰方法，观台窑标本以直口式盖罐及深式敛口硕腹碗稍多，硕腹碗造型与注碗极相似，但器里满釉，而窑址很少见到与注碗配套的注子，因之这类碗的用途已不是做为温酒的用具。禹县白沙宋墓壁画上有这种碗与盆一起出现，是做为女子盥洗用具。观台窑址出土此类器物标本中多画花蝶、飞凤与卷枝叶纹饰；直口盖罐以画卷枝叶纹者为多。东艾口窑址标本以瓷枕最多，有如意头、腰圆及八方形三种形式。如意头式边饰都为卷枝忍冬纹，枕面纹饰题材有人物、花卉、鹭鸶、芦雁、波浪等纹，题写诗句的也较多。

值得注意的是白釉釉下黑彩划花瓷器是磁州窑瓷器中的高档瓷。这类瓷器选用优质原料制作，其工艺过程是在成型的坯上，先敷一层洁白的化妆土，然后用细黑料绘画纹样，再用尖状工具在黑色纹样上勾划轮廓线和花瓣叶筋，划掉黑彩，露出白色化妆土，施一层薄而透明的玻璃釉，入窑烧制，黑白两色形成强烈对比。这类作品，除了花卉题材，还有以龙为装饰主题的龙纹瓶，瓶的上下为菊瓣纹，瓶身饰一龙，张牙舞爪，两眼炯炯有神，龙背出脊，脊尖怒张，龙的形态矫健有力，空间衬以两条云纹，如同在云海中穿走。

这类艺术精湛之作以往都被当作修武窑产品，但修武窑这类标本在窑址里已很少见到。这类瓷器并不全是修武窑的产品，观台窑已发现这类标本，传世品中应有观台窑的作品在内。

图五十九　宋代磁州窑（观台）纹饰复原图

图六十　宋代磁州窑（彭城）纹饰复原图

与白釉釉下黑彩划花器相似，还有一种酱彩，这种酱彩不是有意烧制的，黑色与酱色釉的配方，区别不大；酱彩标本在窑址里数量又极少，应当是偶然出现的，它似与烧成温度过高有关。但这种偶然出现的酱彩却具有一种特殊效果，本应是黑白分明，而却成了酱白相衬，惜于传世品中不见，我们只能从窑址标本来欣赏了。

珍珠地划花装饰晚唐时创始于河南密县，北宋时传到了河北、山西两省，已经发现的有河南省的密县、登封、鲁山、宝丰、修武和新安；山西省的介休、河津和交城诸窑，而以登封窑产量最多。各窑所烧器物有枕、瓶、罐、炉、洗、碗和灯，密县发现了枕、碗、罐标本，器物多属小件；登封窑以大瓶标本最多（瓶高约40厘米），腰圆枕次之；新安窑也以枕为主，与其他窑不同的是珍珠地排列整齐。观台窑标本中枕有长方形及如意头面方座等两种形式，此外还有折沿炉。观台窑珍珠地色调为橙红色，色彩鲜艳为诸窑同类装饰中最美者。交城窑枕面划花胖头鱼及莲花，河津窑有腰圆枕，边饰为珍珠地划花，与登封的只划卷枝纹、密县的印菊花纹不同。以上各窑各自具有它们的独特作风。传世的以及出土的珍珠地划花枕，目前还有不少未发现它们的具体窑口归属。烧制这类瓷枕的决不仅仅是目前发现的十个瓷窑，今后还会有新的发现。

釉下绿彩装饰在磁州窑址中少见，观台窑既大量烧制低温铅釉三彩陶器，也烧纯绿釉陶器，烧绿地黑花装饰在技术上是没有问题的，但窑址中发现的标本数量不多，只发现枕、瓶和炉三类器物。河南禹县扒村窑窑址中也只发现瓶类标本，似乎产量也不大。观台窑绿釉釉层较厚润，色调翠绿，黑色如漆，扒村窑绿釉釉层薄而无光，釉下彩呈黑褐色。磁州窑绿地黑花装饰作品出土极少，目前所见的几件瓶是多年前出土的，绿釉多有土锈，已失掉了翠绿而又光润的原来面目。

磁州窑的低温三彩铅釉陶是唐三彩陶的继续，观台窑出土数量较多，尤以枕和炉的素烧坯多见，说明是两次烧成。长方形炉的素烧坯多饰以阳纹印花，题材有鹭鸶、荷叶及波浪纹等。低温铅釉三彩以黄、绿、褐三色为主，器物装饰有印花和划花两种，也有黄釉绿釉器物标本，绿釉色泽鲜艳。烧低温三彩铅釉已发现的有河南省登封曲河、鲁山段店、禹县扒村、宝丰青龙寺诸窑。登封窑三彩品种按釉色区分又可分为黄绿白釉、黄绿酱釉、黄绿釉和绿、黄、酱单色釉六种。器物有枕、洗、盂、盆和盘，枕有腰圆、卧狮及长方形三种，盘洗以黄绿白三色为多，器内多划花卉。鲁山段店三彩浮雕莲瓣纹高足炉最具特色，在其他瓷窑遗址中均未发现。宝丰窑单色釉标本较多，其中以折沿炉较具特色，沿面稍宽，以篦状工具印放射性篦点纹，这种炉有酱釉和绿釉两种，枕有绿釉划花水波纹如意头式及酱釉卧狮形三种，卧狮枕面划狮毛纹。禹县扒村三彩标本与各窑不同，以划花装饰为主，纹饰有多种花卉及禽鸟，扒村窑三彩不局限于黄绿白三色，还使用红黑二色，红色较艳，在三彩中比较少见。

白釉釉上红绿彩器是宋瓷装饰中比较珍贵的品种，窑址中出土数量不多，观台窑仅发现一件带红绿黑彩的小俑。这类瓷器是在正品白瓷上加工的，废品极少，这恐怕是窑址发现标本极少的主要原因。临水县窑藏出土一批白釉加红绿金彩文殊菩萨等塑像，坐于象、狮背上，高20到50厘米，加彩塑像过去仅见男女侍俑及小件玩具，塑像高大，又分乘狮象，而且色彩鲜艳，特别是大面积加金彩，更属难能可贵。临水地距观台很近，应是观台窑的产品。其他烧釉上红绿彩的窑址还发现了两处，一是禹县扒村窑，一是新安城关窑。扒村窑出土碗的标本较多，碗里用红黄绿彩绘花卉，里口多用红色画线纹几圈，标本中还有加彩男俑头，在洁白的釉上施以红黑二彩。黑彩如漆，面颊及口唇敷烧红色，在同类的彩俑中可列为上乘作品。新安窑只出土少量加彩花卉纹碗，纹饰及胎色特征与山西同类器物近似。山西长治八义窑，在窑址采集到了一些红绿黄彩绘碗的标本，纹饰都画在碗的里部，纹饰布局具有地区特色，以花卉为主，多数画折枝花，里口红彩画粗细线纹二至三道，线纹之间点以绿彩点饰，分布在四面，外部露胎处呈浅紫红色，圈足稍宽而矮，足上有五个支钉。山东淄博窑址进行了试掘，出土遗物丰富，其中也有红绿黄彩绘碗标本，纹饰布局特征与河南山西大体相同，也在碗心画折枝花卉，里口画线纹三道，彩色较艳。山东曲阜、济南宋墓中出土过两件加彩男女立俑，形质略同，有很大可能是淄博窑烧制的。1954年故宫博物院调查江西吉安永和窑时，也发现过红绿黄彩绘碗的标本，数量虽然不多，风格与北地各窑相近。

磁州窑器的画与诗 磁州窑瓷器产品品系繁多，以富有乡土气息与民间色彩见称，在宋瓷中别具一格。磁州窑釉下黑彩彩绘，特别是瓷枕画面多取材于当时人民喜闻乐见的生活小景，富有生活意趣与幽默感。不仅保存了宋代民间绘画的史料，也保存了宋代民俗学的资料。从各地博物馆藏品所见，瓷枕画面的题材有马戏、熊戏、婴戏等。尤以婴戏为多。所谓婴戏，即是以儿童为画面的主角，描写儿童种种活动，钓鱼、玩鸟、蹴球、赶鸭、放鹌鹑、抽陀螺等。这些画着墨不多，情趣盎然。传世的孩儿赶鸭枕较多，通常画一男孩及二三只鸭，男孩持一荷叶作赶鸭状，但细节常有变化而不落套。画中儿童有的赤身露体以表现暑热天气，有的手持残荷以表现深秋季节，有的则不画池塘，男孩肩扛一荷叶一鸭随后，表示放鸭归来。这种婴戏题材宋代十分流行。刻花、印花瓷器中也常见婴戏花纹图案，唯都不如磁州窑瓷画的真切生动。宋初社会安定，人口增殖，婴戏题材的图案与绘画的盛行似与宋初的社会情况有关。

在瓷器上题写通俗的诗句与民谚作装饰开创于唐代的长沙窑，磁州窑釉下黑褐彩器继承了这个传统。陶枕、瓷枕题写宋、金两代流行的词牌、曲牌也很不少，如《满庭芳》、《朝天子》、《普天乐》、《阮郎归》等等，磁县彭城出土的一件磁州窑瓷枕，枕面题《朝天子》："左难右难，枉把功名干，烟波名利不如闲，到头来无忧患，积玉堆金无边无岸，限来时，悔后晚，病患过关，谁救得贪心汉。"它反映了失意士人与一部分在乡地主的情绪。临水县出土一件题诗枕："……过桥须下马，有路莫行船，未晚先寻宿、鸡鸣早看天。古来冤枉者，尽在路途边”。有的枕面题写“众中少语，无事早归”，“有客问浮世，无言指落花”。则又反映了商人、市井小民的意识。于此也可见磁州窑瓷器的消费者群所属的社会阶层。

磁州窑器的釉下彩画直接为元代青花器的出现作了准备，元代青花器一开始就表现了画工技巧的熟练，元初北方窑工继续南迁，景德镇的元代青花作品是否有北方磁州窑系画工的劳绩在内，是一个值得注意和探究的问题。

2.修武当阳峪窑

当阳峪窑在今河南省修武县，本世纪三十年代在焦作煤矿任职的英人R·W·Swallow曾调查过窑址，此后不久，北京古董市场上也开始卖当阳峪窑碎瓷片，从此引起了人们的注意。河南地区古董商于农闲时节招人在窑址大肆挖掘瓷片，窑址由此遭到了严重破坏，破坏的程度与杭州乌龟山南宋官窑遗址大体相同。五十年代发现了一块崇宁四年的碑记⑧，碑文中涉及到与耀州窑的关系及当阳峪窑烧瓷工艺具体问题，是国内仅有的三块宋代瓷窑碑记中的一件，对于研究宋代北方瓷窑诸问题有一定参考价值。

由于遗址破坏的程度严重，两次调查所获得的瓷器标本数量不多，当阳峪窑瓷器完整器皿传世的也不多，能够代表烧造水平的又多流往国外。就目前所见到的传世当阳峪瓷器及窑址调查所获得的标本看，当阳峪窑属磁州窑系，是北方民间瓷窑之一，烧瓷品种虽不及磁州窑丰富，但有些品种如白地釉下彩绘划花与剔花装饰，在磁州窑系诸瓷窑之中却可名列前茅。

白地釉下彩绘划花是当阳峪窑最具代表性的作品，以纹饰流利洒脱而为人们所赞赏，又以强烈的黑白对比而独具一格，装饰之美居“磁州窑系”诸窑同类作品之上。当阳峪这类器物的胎色以赭灰居多，故多施用化妆土，在白土上画黑彩纹饰，再刻划轮廓及花蕊叶脉，最后再罩以透明玻璃釉。

当阳峪窑的剔花装饰中，有一种特殊装饰为其他瓷窑所不见，即在瓶罐一类器物上除主题纹饰外，剔刻方块形组成的几何图案作辅助纹饰，故宫博物院藏品中有瓶罐各一件就属于此类(图版贰拾伍:4)。

绞胎在唐代后期就已出现，模仿当时流行的漆器纹饰。宋代当阳峪窑的绞胎做出了纹理对称整齐有如禽鸟羽毛的花纹。除当阳峪窑外，河南宝丰青龙寺及新安城关两窑也有少量发现。从数量看是微不足道的，但可见当阳峪窑对周围其他各窑的影响。

3.鹤壁集窑

鹤壁集窑不见文献记载，1954年河南省文物工作队普查时首先发现了窑址⑨。

鹤壁集窑遗址面积达84万平方米，创烧于唐而终于元，烧瓷历史达五百年之久。入宋以后烧瓷品种较多，有属于磁州窑系的白地黑花、白釉刻花、褐釉划花及剔花器，也烧钧窑系青蓝釉和带紫斑器。窑址中一种褐黄釉折沿大盆遗留较多。这类盆里部施褐黄釉，外施黑釉，器里多刻划有各种花纹，有的划一只昂首的鹅游于水上，有的划莲花荷叶纹，也有的划兔纹。在纹内敷一层薄薄的白化妆土，然后施釉，在深褐色地上托出褐黄色纹样。这种折沿盆具有鹤壁集窑特殊风格，其他瓷窑尚未发现。

发掘报告将发掘东西两区的八个层次归并为六期，即第一段为唐代末期，第二段为五代，第三段为北宋早期，第四段为北宋中期，第五段为北宋晚期，第六段为元代初期。参照河北观台及陕西铜川两窑发掘所见，宋元之间均有金的地层及遗物，鹤壁集窑也不会例外，应在宋元之间有金代层。发掘过程中没有发现可靠的断代资料，才作了这样分期。但排比三窑出土标本，发现原定北宋晚期的第五段出土标本中，莲花荷叶纹，莲花在上荷叶在下的布局特征，在铜川窑金代层标本中大量出现。观台窑金代层中的白地黑花标本，以疏疏几笔画出一花一叶，而笔道很粗。上海博物馆藏有一卧虎枕，除枕面外画虎皮纹，枕底墨书“大定二年六月六日□家”十字铭文，此枕与原定第五期出土卧虎枕形质特征基本相同，可见第五层的时代应为金代，原第四期似也应订为北宋晚期比较适宜。这一层出土的白釉篦划纹碗，在观台、彭城、禹县扒村与淄博等窑均出于北宋晚期到金代层次之中，而不会早到北宋中期。

4.禹县扒村窑

扒村窑在河南禹县，禹县是宋代名窑钧窑的所在地，但文献中说禹县瓷窑，都只及钧窑，而不及扒村窑。扒村窑于1950年冬发现。扒村窑的烧瓷历史与烧瓷品种才为世人了解⑩。禹县是一个瓷窑遍于境内的盛产瓷器的地方，据不完全统计，已经发现的窑址达一百多处。它创烧于唐，而终于元，明代文献只记载为宫廷烧造装酒的粗器，烧瓷前后达六百年之久。近年在下白峪村发现了唐代花瓷的标本。花瓷是钧窑的前期作品，在黑、茶叶末釉上饰以灰蓝色彩斑，唐人卓歇《羯鼓录》里提及的鲁山花瓷拍鼓，下白峪窑址也有发现。在发掘钧台窑遗址过程中，发现除烧钧瓷，也烧磁州窑系白地釉下黑花、三彩等。而扒村窑烧瓷种类与钧台窑也大体相同，只是时间稍晚，其余窑址绝大部分烧钧窑系瓷器。

扒村窑属磁州窑系，白地釉下黑彩虽与磁州窑大体属于同一类型，但风格有所不同。扒村窑白地釉下黑彩有瓶、罐、盆、枕、盘、碗各种器皿，纹饰笔调粗放、简练，任意几笔，在似与不似之间；黑彩浓而醇厚，配以洁白的地子，使纹饰更加突出(图版贰拾伍:3)。折沿大盆的残器，遗址里散布较多，可见当时产量是比较大的。这种大盆见于宋墓壁画，既可供妇女梳洗，又可供厨房洗菜洗碗，用途多种多样，需要量自然会很大。故宫博物院收藏的花卉纹大盆，早年出土于扒村。这件盆的沿面宽而平，与坦平的盆底相适应。大盆共绘五组纹饰，沿面为盛开的十二个花朵，缠枝叶纹有如松针一般，这是扒村窑比较常用的笔法。盆里为十一个肥大的莲花瓣，整个盆底画纹饰三组，外围为四组卷枝纹，主题绘三朵盛开的莲花，莲花之间各隔一荷叶，并绘水波及浮萍地，中心画与沿面相似的团花一朵，用浓厚的黑彩烘托，整个纹饰既有写意，又有图案效果，是一件扒村窑不可多得的精致作品（图版贰拾伍：2）。

扒村窑全部标本之中也发现有金代作品在内，但目前还不便区分。

5.登封曲河窑

登封曲河窑，1961年3月发现⑪。曲河窑始烧于唐代后期，北宋为其繁盛时期。窑址附近庙内一座清嘉庆二十一年重修观音文殊普贤三菩萨堂碑记说："地名曲河，面水势也，其中风景物色，宋以前渺无可稽。尝就里人偶拾遗物，质诸文献通考而知，当有宋时窑场环设，商贾云集，号邑巨镇。金元两代亦归淹没……堂创于何时，蚤无可考……"。遗址就分布在曲河的东、西、北三面。证诸宋·王存《元丰九域志》，曲河确为宋时登封三大镇之一，其南为颍河，交通方便，碑文所记"商贾云集"是可信的。

能够代表曲河窑特征的要算珍珠地划花装饰。珍珠地划花创始于密县西关窑，曲河窑对它有了改进与发展，在遗址散布的大量标本中，最引人注目。故宫博物院1962年调查时采集标本四百七十三件，其中珍珠地划花有一百一十件，器形有瓶、罐、洗和碗，瓶类所占比例居于首位，枕类次之。瓶有两种形式，一种为口底大小相若，瓶身细长，腹部稍广，整个瓶形略如橄榄，与彩版20双虎纹瓶相同；一种为小口、长身、瓶高在40厘米以上。这类瓶的标本在窑址散布很多，近底部胎体厚重，下部划不规则莲瓣纹，中部突出位置珍珠地划缠枝花卉纹；珍珠地划花卉纹腰圆枕传世品较瓶为多。剔花柳斗盃也有一定特色，有两种不同装饰，一为白釉，一为白赭二者相间，前者为先剔刻后上化妆土及釉，后者先上化妆土，然后剔刻，再罩以透明釉；制作工序上先后不同，产生两种不同的装饰效果。

《元丰九域志》记载河南府在北宋神宗元丰年间（1078—1085年）贡磁器二百件，河南府十三属县中出产瓷器的有巩县、密县、登封和新安等县，但贡磁仅二百件，这是一种象征性的例贡。登封窑主要还是为了满足民间的需要，但是民间消费者的身份也不尽相同，像珍珠地划花、剔花瓷器则属高档瓷器，其享用者应属等级、身份较高的中、小地主和商人。河南禹县白沙宋墓描写地主生活情景的壁画中就留有类似登封窑高档瓷器形象，可作了解宋代使用北方民窑高档产品的参考。

6.山西介休窑

介休窑是五十年代山西省最早发现的一处古窑址⑫。介休窑创烧于北宋，有近千年的烧瓷历史。是北方民间瓷窑之一。

介休窑早期以烧白瓷为主，胎体厚重，中期以后受河北地区定窑及磁州窑影响，开始烧制具有定窑及磁州窑风格的瓷器。从窑址遗存的无数瓷片中，白釉划花、白釉剔花、白釉釉下黑彩划花器都可见到，白釉釉下褐彩器的碎片数量也不少，有盘、碗、罐、盖碗、盆、洗等器类标本。这种釉下彩绘多画折枝叶纹，褐彩的色调有深浅咖啡色、黑褐色和桔红色，色调变化较多，纹饰部分凸起，可以看出是彩绘时用料较多的结果。纹饰外罩以透明玻璃釉，胎上敷有洁白的化妆土，把咖啡色、桔红色的简练纹饰烘托了出来。这种色调只见之于介休与交城二窑，其他诸窑迄今未见，可以说是晋中地区的独有的地方特色。采集标本中有一件盆底，风格与磁州窑、当阳峪窑的白釉釉下黑彩划花装饰品种相似，但它不是白地黑花，而是白地红花，色彩非常漂亮。这类标本是介休窑的绝精作品，遗址里也很少见。

洪山镇附近有座源神庙，庙内至今仍有碑十几座，其中宋大中祥符元年（1008年）源神庙碑记，记有"……丹炉炊频，洙风扇宙，高士云集，□舡频届，陶剪翠殊，名彰万载……"等语。碑阴题名有"瓷窑税务任韬"、"前瓷窑税务武忠"。截至目前止发现有关宋代烧瓷的碑记共有三座，一个是河南修武县当阳峪窑发现的崇宁四年（1105年）德应侯百庙灵碑，一个是陕西铜川黄堡镇窑发现的元丰七年（1084年）德应侯碑，三碑中以介休源神庙碑为最早。立碑人中有两任瓷窑税务，说明大中祥符年以前这里烧瓷已经很盛；因此设官收瓷器税，但窑址未经发掘，对于当时的盛况，还不能作更多的说明。

7.江西吉安吉州窑

北宋末年靖康之变，北方地区一些瓷窑遭到了一定程度的破坏，磁州窑部分工匠也迁到了安徽、浙江和江西等地继续从事烧制瓷器。吉安吉州窑也烧制了具有磁州窑风格的白地釉下彩绘装饰品种。这种瓷器就其体系来说是属于磁州窑系的。吉州窑遗址试掘所获得的结果判明，吉州窑北宋时烧青白瓷，出土标本有注子和注碗。注子腹如球形，无附加纹饰，注碗有坦口深腹及瓜棱形两种。瓷质比景德镇湖田窑略粗。这类标本压在最下层，压在青白瓷上面的是黑釉及釉下彩绘器。试掘中出土了大量覆烧标本，以盘碗为主。器物里印折枝花卉纹，胎薄，质地也较细。这类标本显然受到定窑影响，它们的时代应略晚。

图六十一　吉州窑莲花纹三足炉

1970年江西省南昌县一座南宋嘉定二年（1209年）墓出土了两件吉州窑釉下彩绘瓷器。由于它们出于纪年墓，这两件瓷器对于了解十三世纪初期吉州窑烧瓷水平及时代风格有重要参考价值。出土的两件瓷器，一件为三足炉(图六十一)，炉通体绘纹饰四组，炉口沿绘卷枝纹，炉身上下为两道回纹，主体纹饰绘荷花荷叶纹，纹饰画法不同，主体纹饰为酱褐地白花，其余三组为白地酱褐花。一件器物上用两种相反的画法在吉州窑是不多见的。1955年安徽省巢县宋墓出土一件酱褐色釉莲花瓶，通体酱褐釉地，上画白色荷花、荷叶与莲实纹，纹饰画法与上述三足炉几乎完全相同，可以肯定这也是十三世纪初期吉州窑产品。嘉定二年墓出土的另一件为鹿纹盖罐。罐顶部绘卷枝纹，罐身两面海棠花瓣形开光，内绘一奔鹿，开光外满绘缠枝叶纹[13]。类似奔鹿纹罐的传世品有直颈瓶，奔鹿以及开光特征非常近似[14]，该瓶烧制期间也应距此罐不远。

吉州窑釉下彩绘对景德镇青花瓷器有较大影响，元后期青花瓷器中的蓝地白花画法可以看出借鉴于吉州窑。元青花、釉里红瓷器边饰回纹的画法多为正反相连构成一组如回回形，这种回纹边饰也取材于吉州窑，此外，从海水的画法也可看出它们之间的渊源关系。

第二节　耀州窑与钧窑系诸窑

1. 耀州窑系诸窑

耀州窑创烧于唐代，兼烧黑釉、青釉、白釉瓷器。五代末迄宋初受余姚越窑的影响创烧刻花青瓷，故耀窑青瓷有“越器”之称，刻花以犀利洒脱闻名，除刻花外兼烧印花青瓷。同时或稍晚仿烧耀窑青瓷的有河南省境的临汝窑、宜阳窑、宝丰窑、新安城关窑、禹县钧台窑、内乡大窑店窑、广州西村窑和广西的永福窑等，形成了一个与越窑面貌、风格有别的北方青瓷窑系。广州的西村窑与广西永福窑之仿烧耀窑青瓷则是为了外销，可见宋时耀窑器影响之广。

1.耀州窑

耀州窑以今陕西省铜川市黄堡镇为代表，包括陈炉镇、立地坡、上店及玉华宫等窑在内。铜川旧称同官，宋时属耀州，因此称耀州窑。黄堡镇位于漆水西岸狭长小盆地上，东北距铜川市十五公里，南距耀县十三公里。漆水从镇内穿过，流经耀县与沮河汇合；镇东西均有大道，水陆交通便利，附近出产煤与坩子土，有良好的烧瓷条件。

明嘉靖本《耀州志》卷二地理同官古迹条云：“黄堡镇……镇故有陶场，居人建紫极宫祀其土神……今其地不陶，陶于陈炉，陈炉复庙祀德应侯如黄堡云”。这里有个问题值得注意，若据《耀州志》记载，黄堡镇窑停烧时间应是在明嘉靖以前。1957年故宫博物院调查黄堡镇窑址时采集标本中有一件刻有弘治纪年铭文的窑具，说明停烧时间是在弘治以后和嘉靖之间。

雍正四年窑神庙碑文中说："同邑东南乡，土少石多，大都以陶谋生。其先创始于黄堡，自彼窑场废，而陈炉一方始习其业。神之爵实无从考稽，而庙之由来，阅梁间板记则创自周至五年，嗣正观二年，绍兴四年社人重修之。又越永乐二年、正统九年、万历三年及二十一年、天启三年凡五次重修……"。嘉庆二十一年及光绪七年两碑中亦有同样记载。但历代纪元无周至及正观年号，这里暂且不提，就以绍兴四年重修为据，正当陈炉镇南宋初烧瓷器的时候，黄堡镇并没有停止烧瓷。如果按照前面的分析，黄堡镇窑场是在明弘治至嘉靖年间才废掉的话，那么黄堡与陈炉二窑在很长时间里同时并存，都烧青釉瓷器。明嘉靖本《耀州志》与雍正四年碑文所记不符合实际，都有重新考虑的必要。

耀州窑黄堡镇遗址1958—1959年共开了探方十八个，面积1257平方米，经过分析整理，出土物归纳为三期，第一期为唐代，第二期为宋代，第二期之中，根据出土物铜钱以及带纪年铭文标本又可划分为早中晚三期。三期所出文物以青釉为主，中期有少量酱釉标本，晚期有少量月白色釉。结合各地宋墓出土及大量传世耀州窑瓷器，通过排比可以做如下归类：

早期出土物及传世品都较少，以青釉为主，器形比较单纯，只有三种碗。其中两种碗外部刻花，一种外刻浮雕莲瓣纹，是仿照浙江越窑装饰特征制作的。这种碗又有两种形式，一种稍高，莲瓣纹颇长⑮；一种稍矮，莲瓣纹肥短，一种刻简单的花草纹，是耀州刻花青瓷的初级形式⑯。

中期出土物及传世品较多，此期为耀州窑鼎盛时期，制瓷技巧纯熟。元丰七年德应侯碑记里的"巧如范金，精比琢玉。始合土为坯，转轮就制，方圆大小，皆中规矩。然后纳诸窑，灼以火，烈焰中发，青烟外飞，锻炼累日，赫然乃成。击其声，铿铿如也，视其色，温温如也……"。这段对耀州窑瓷器的描述并不夸张，特别是转轮就制，方圆大小，皆中规矩，谈得非常中肯，把耀州窑工匠拉坯的纯熟技巧，仅用十二个字就概括了出来，既形象，又生动。

中期器物仍以生活实用的盘碗为主，此外，瓶、罐、壶、盆、炉、香薰、盏托、钵、注子、注碗等器物无不具备，器形之丰富，在宋代同期瓷窑之中是少见的。釉色仍以青釉为主，兼烧酱釉品种。装饰除刻花外，印花也比较常见。

北宋中期耀州窑不仅各类器皿具备，而且每种器皿都有多种样式。兹仅举几例可见一斑。

瓶类器皿见于出土标本和传世品的有十多种样式，有的瓶形瘦长，有的比较丰满。所有瓶式对肩部弧度的处理都给人以优美的感觉(图版贰拾叁)。如插图六十三之12，小口，短颈，丰肩，肩以下渐收敛，瓶身的各部比例匀称，造型秀美，周身刻划缠枝花卉。插图之8瓶口与上瓶略同，瓶宽肩，瓶身垂直，造型稳重大方，磁州窑大量烧制这种瓶式。插图之2瓶口多是喇叭形，长颈，颈部多有双系或四系，瓶身长圆如瓜形，肩部堆塑蟠龙二条，瓶身刻划莲瓣及莲花纹饰。此瓶为耀州窑比较流行的瓶式之一。比较少见的为供器中的净瓶，瓶身与口颈细长，口颈间凸出一圆形薄片，便于持取。此种瓶式定窑稍多，其他瓷窑很少烧制。图之17也属耀州窑特有瓶式，卷口、短颈、折肩，瓶身垂直细长略如萝卜形，亦通体刻划流利的莲花瓣纹饰。

炉类器皿也有多种形式，大体可分折沿与直筒两种。折沿炉有斜折与弯曲下折两种，插图六十五之11、17为向下斜折，图之1、15、16为向下弯曲下折。折沿炉上部大体略同。均为直口平底，炉身接近垂直；炉下部又有多种底足，图之1为五个兽足，耀州窑此种炉比较常见。插图之17炉身底座一周跪有五个力士，故宫博物院收藏一件耀州窑八角形供碗，碗为双层，外层八面镂空，里面亦各坐一力士，形象与此大致相同。堆塑力士可以说是耀州窑的特有装饰。图之11为喇叭底座，这种底座在河北、山西瓷窑中比较常见。山西太原小白峪北宋明道二年墓出土一件白釉炉，足外凸起弦纹一道，与此炉大体近似。图之2、12炉身作直筒形，下承以三足，筒形三足炉北宋中期比较少见，北宋后期外部饰以弦纹的仿汉铜尊三足炉逐渐增多，南宋以后大为盛行，南北瓷窑都普遍烧制。耀州窑烧制的这种炉应当说是一种新的式样。图之15、16两种炉，炉体镂空，似有两种用途：一为偶像前焚香之用；也可放入香料，燃点后香味通过镂孔四溢，是两晋时期香薰的进一步演变形式。

中期制瓷技巧已臻成熟，器皿繁多，瓜棱、葵瓣、多折等造型难度较大的器物也能做到规整周正。十二瓣瓜棱碗与十六菊花瓣盘等等，都能够达到瓜瓣距离与弧度相等，六瓣瓜棱注子、注碗，也配合谐调。

这一时期海水游鱼纹和莲塘戏鸭纹刻划生动令人赞叹，盘碗里面，部位很小，而海水刻划得汹涌澎湃，波浪翻滚，也有在水波纹外刻划以六角形边线，既有水波滚动的自然景象，又富装饰趣味，每件作品都是一幅成功的杰作。水波三鱼纹的最令人喜爱，在漩涡之中三鱼悠然自得地游弋，鱼鳍与尾的动作是如此的逼真和生动；水波游鸭纹也具有异曲同工之妙。

北宋晚期出土及传世品也以日常生活使用的盘碗为主，此外还有瓶、罐、钵、洗、盆、碟等器皿。中期出现的印花装饰，这时有较大发展，除习见的缠枝、折枝牡丹、菊花、莲花等纹饰外，出现了把莲、凤凰牡丹、犀鹤博古、飞鹤、飞蛾及姿态多变的各种婴戏纹饰。

印花把莲纹多出现在小碗的碗里，以海水为地的稍多，主题以莲花、莲实、荷叶或茨菇叶四五枝系为一把；印两把莲纹的，用交错对称布局；印三把莲的，并印有“三把莲”三个字，使我们由此得知这种纹饰叫“把莲”，义为一把或一束莲花。

印花婴戏纹此期比较流行，在小碗的里面婴儿做各种游戏姿态，有印一婴戏于花间的；有两婴在竹枝上荡秋千和在梅竹丛中嬉戏的。有趣的是四婴在一把莲花上游戏，上面两婴做骑竹马姿态，下面两婴做荡秋千动作。

发掘所得资料表明，耀州窑创烧于唐，烧制黑釉、青釉、白釉瓷器，入宋以后青瓷得到很大发展。北宋中期以后为鼎盛时期，以刻花印花装饰为主，尤以刻花的刀锋犀利和线条流畅为宋代同类装饰之冠。耀州窑刻花创于宋初，从出土标本可以看出，它受到浙江余姚越窑刻花装饰的启发。宋初耀窑碗类标本之中有两种刻花装饰：一种是在碗的外面用浮雕手法，刻两层莲瓣纹[17]，这种刻花装饰盛于五代越窑碗，耀窑刻花莲瓣碗刻花装饰就首先取材于越窑碗器纹样，具有越窑风格。故南宋陆游有"耀州出青瓷器谓之越器，以其类余姚县秘色也"之说。耀瓷早期刻花另一种装饰是在碗外刻草率的似是而非的花卉纹饰，这应是耀州窑刻花装饰初创时期的本来面目。但到北宋中期，耀瓷刻花发展成熟，刻花有线条活泼流畅、刀锋犀利、纹饰题材丰富多变等独特风格。耀瓷在北宋中期开始出现的印花装饰，到北宋晚期，布局严整，讲求对称，各地出现的印花纹饰无不具备，说耀瓷印花纹饰在宋代印花瓷器中最为出类拔萃，是不为过分的。

关于耀州窑历史的几个问题 关于耀州窑，宋人的《清异录》、《老学庵笔记》、《清波杂志》与《元丰九域志》，元人的《辍耕录》，明代的《耀州志》，清代《耀州续志》、《大清一统志》与《乾隆府厅州县图志》都有记载。此外，黄堡镇有宋元丰七年德应侯碑碑记，陈炉镇也有清代碑记六种。这些记载有不少问题值得讨论。

南宋陆游《老学庵笔记》有"耀州青瓷器谓之越器，以其类余姚秘色也。然极粗朴不佳，惟食肆以其耐久多用之"一段记载，前两句似应理解为指的是宋前期浮雕莲瓣碗，这种碗从造型到纹饰都模仿越窑烧制的；后两句的"极粗朴不佳"则是陆游的亲见，这就是黄堡镇窑址金代地层的那种刻花而碗心一圈刮釉的大碗。这种碗胎体较厚，耐用程度显然比薄胎瓷器好，因此食肆喜欢用它。

周煇《清波杂志》卷中有谓："耀器白者为上"，当是周煇使金时得自北客的传闻。在黄堡镇发掘的八万多片标本中，白瓷标本不及万分之一，可知白瓷的生产量是微不足道的。黄堡镇灯泡厂耀窑遗址发现有白釉和白釉绿彩器标本，数量既少，其质量也令人很难同意北客的说法，也许这是北客的一种偏爱吧。

关于耀州贡瓷问题 耀州窑产品以民用为主。由于具有独特地方风格，产品质量在北方民用青瓷之中，属于上乘。正因为如此，它被地方官吏所选中，以常年例贡形式，烧造贡瓷供北宋宫廷使用。宋·王存《元丰九域志》卷三有：耀州华原郡土贡瓷器五十事；《宋史》卷八十七《地理志》也有耀州贡瓷的记载。两书所记耀州属县之中都明确提到同官县，今黄堡镇耀州窑遗址就是宋同官县属地，宋代耀州其他几个属县，都没有发现瓷窑遗址，宋时贡瓷可以肯定为黄堡镇所产，两书所记耀州窑贡瓷的时间是在神宗元丰（1078—1085年）到徽宗崇宁（1102—1106年）之间约三十年。

1953年在北京广安门外的基本建设工程中出土了一大批青瓷，故宫博物院曾赴现场进行了调查，采集了三百多件标本，绝大部分是盘碗一类器皿。器里刻花，纹饰除龙凤为主外(图六十二)，还有花卉。出土标本制作工艺及外观基本一致，釉色大都青中显黄，当时初步确定属于同一瓷窑的产品。1957年故宫博物院到黄堡镇耀州窑窑址调查，发现窑址标本与1953年北京广安门出土的青瓷标本在胎、釉、制做工艺以及刻划花装饰有很多共同点，只是纹饰不同⑱。1959年中国科学院陕西省考古研究所对黄堡镇窑址进行了大面积的发掘，出土标本八万多片，发现有刻花龙凤纹标本⑲，证实了北京广安门出土青瓷为黄堡镇耀州窑所烧贡瓷。刻花龙凤纹的标本出土于北宋中期地层。这批贡瓷也当是烧于北宋中期。北宋末，金人攻陷汴京，典籍珍宝无不为金人搜刮殆尽。《系年要录》卷四记金人掠夺汴京财物说："二百年积蓄，一旦扫地，凡人间所须之物，无不毕取以去……"。《三朝北盟会编》中也记有："祖宗七世之遗，厥存无几"。瓷器，当然也毫无例外的一起扫数运走。北京广安门发现的耀窑青瓷当是金人的胜利品。这批瓷器的出土使我们对耀州贡瓷面貌有所了解。属于这类贡瓷的完整瓷器，还有流散到国外的刻花凤纹枕、龙柄刻花壶及凤头壶等器物。通过这些瓷器可以看到耀州贡瓷的庐山真面目。

图六十二　耀州窑龙纹印花瓷片

2.河南临汝窑

河南省是我国北方瓷器的重要产区，不少瓷窑集中在豫中地区。宋代这里先后出现了几个驰名于时的瓷窑，临汝窑就是其中之一。临汝县窑场宋时烧瓷分两部分：一部分烧宫廷用瓷，就是宋代五大名窑之一的汝窑（后文另述）；一部分烧民间用瓷，为便于区别，今称为临汝窑（这里专谈民间所用青瓷）。在本世纪三十年代初期以及后来的抗日战争期间，临汝窑址遭到了严重破坏，五十年代以后文物考古部门对窑址进行了多次调查，对已经暴露的窑炉残基进行了清理发掘。临汝县共发现窑址十一处，其中烧耀州窑系印花刻花青瓷的有三处，其余八处烧钧窑系青瓷（在钧窑系节内论述）。三处耀州窑系青瓷窑址为严和店、轧花沟和下任村，以严和店遗址范围较大。严和店北距县城十二公里，在蟒川的西岸，窑址在今汝瓷厂西，距厂150米有一个沟，沟南可通蟒川，沟东地表一米以下有两米厚的堆积层；沟西有由匣钵、瓷片堆成的三个大堆积，由此向南至蟒川，在长200米、宽50米的地面上，遍地散布着瓷片标本。

从采集的标本结合传世临汝窑瓷器观察，临汝窑以烧盘碗为主，宋代瓷窑习见的瓶壶枕等器皿，这里极少见。盘碗造型样式不多。严和店窑址虽经过严重破坏，地面散布标本仍然不少，烧瓷时间较轧花沟及下任村为长。

关于临汝窑历史问题，过去人们做过一些推测。有人认为始于宋代[20]；有人认为始于北宋初年，或更早一些[21]；也有人认为始于隋。

根据严和店等三处窑址采集的标本，参照耀州窑址发掘出土的大量标本进行综合比较看来，临汝窑的烧瓷时间应当始于北宋中叶，盛于北宋后期，延续到金代。严和店等三处窑址标本中看不到宋代早期器形标本，绝大部分盘碗属北宋晚期样式。从印花纹饰看，六格布局方法、水波纹、水波游鱼以及缠枝、折枝花卉纹，与黄堡镇窑址北宋晚期层所出的基本特征相同。严和店窑址采集的碗里缠枝菊、碗外刻线的小碗和碗里印长瓣菊花纹碗，都与黄堡镇北宋中期出土的相同。在临汝窑三处窑址中刻花标本只采集到三件，耀州窑刻花器始于北宋早期，盛行于北宋，成为北宋时期刻花装饰具有代表性的瓷窑；而临汝窑由于技术力量或其他原因没有生产多少刻花瓷器。从刻花装饰产品很少这一点来看，临汝窑烧瓷历史显然要比耀州窑晚得多。

临汝窑瓷器主要特征 临汝窑青瓷器据标本看来大体分为两种：一种光素无纹饰，一种为印花。印花绝大部分为凸起的阳文，纹饰轮廓线凸起较高，叶筋多以点线纹表现[22]。纹饰题材以缠枝、折枝花卉为主，以缠枝菊纹最为多见，在碗里多用缠枝布局，大小六朵菊花相间排列，除菊花外还有牡丹等多种花卉纹饰。折枝花有两种：一为大花大叶，二方连续布局，以两朵饱满盛开的花朵为主题，辅以大叶衬托，花叶轮廓均为阳文，花瓣及叶筋为凹入阴文。另一种花叶较小，布局亦为六朵花卉，碗中心为三组花枝交叉，也有印折枝叶纹的，主枝一分为二，两枝上各为三叶，左右对称。团菊纹也较多，大体也分两种：一种团菊中心无花蕊，一种团菊纹中心为一圆圈，内印阳文“童”或阴文“吴”字，这表明是作坊主或工匠的标记。具有临汝窑独特风格的为海水纹，海水布局为圆圈形式，多为八到十圈，好像在静静的湖水之中投入一枚石子，击起的水波由小到大，形成多层波浪式水纹。中心为一花朵，具有落花流水的含意，也有中心饰以田螺纹的。

临汝窑盘碗胎稍厚，轮旋修坯较耀州窑草率，尤其表现在盘碗圈足部位，釉色青中闪绿较多见，与耀州窑的青中偏黄色调不同，施釉稍厚，气泡较多。

3.宜阳窑

宜阳产瓷最早见于明·李贤《大明一统志》，康熙三十四年本《河南通志》也记此窑产青瓷。清乾隆十二年本《宜阳县志》卷五，德应侯庙条说庙“在县西二里，宋熙宁感德军守臣以水旱祷应状闻治庙封侯爵享祀。崇宁六年夏重修，今圮无考，一在半壁山”。

宋代北方产瓷区一般都立有窑神庙，陕西铜川耀州窑窑神庙中供奉的就是德应侯，因此，宜阳的德应侯庙也是窑工供奉窑神之处。烧瓷现场遗址当距此不远。1977年河南省博物馆、故宫博物院共同调查了窑址。窑址在县西一公里的三里庙。遗址范围不大，以烧青釉为主，兼烧白釉、白釉黑花及黑釉等品种。青釉共采集了一百七十件标本，光素者八十五件，印花者七十件，刻花者十五件。刻花青瓷以花卉为主，先刻出花叶轮廓线，花筋叶脉以篦状工具划刻，风格与耀州窑完全相同；碗里满刻菊瓣纹的较多，也与耀州窑风格毫无二致。罐盖的盖面上刻百折纹的比较普遍，这类作品也见于耀州窑及临汝窑，但数量不及宜阳窑多。印花者以花卉纹饰为主，耀州窑、临汝窑所见的六朵缠枝菊碗这里也盛行烧造，也有印牡丹及其它花卉的，花脉叶筋都以点、线点划，与临汝窑相同。碗外多刻线纹，从剖面看，线纹有三种：一种用半圆形工具刻出粗线；一种如耀州窑风格，先直刻一刀，然后再从旁斜剖，剖后线条具立体感；一种用尖状具划细线。印缠枝菊纹除习见小碗外，大碗数量比耀州窑、临汝窑多，口缘较厚，外口下划弦纹一周。印纹中比较少见的为鱼龙纹，这种纹饰在河北曲阳定窑白釉印花瓷枕上见到过，在青瓷印花中尚属首见。印花大碗里心有印一阳文文字者，共有两种，一印“同”字，一印“吴”字。印“吴”字的，在临汝窑址也采集到一件。宜阳窑青瓷施釉稍厚，釉色比较多样，气泡比临汝窑的少。

《宜阳县志》记载德应侯庙有二处：庙在清乾隆时已废圮，三里庙窑址只是其中的一处；另一处在县南十五公里的半壁山（俗名鹿蹄山），窑址至今尚未发现，还有待于进一步调查。

4.宝丰窑

宝丰县青龙寺窑窑址在大营公社，距县二十公里。窑址标本计有白釉、青釉和低温三彩釉陶器等。

青釉有光素无纹饰、印花及刻花三种。印花缠枝菊纹不少，纹饰清晰，线条细而圆润，精者几与耀州窑完全相同，胎亦较薄，与临汝窑和宜阳窑不同。印花小碗碗里印花卉纹饰，花卉安排在六等分的框线之内，每格内安排一组折枝花卉；也有分为十等分布局的，但碗身都较浅。这种浅式小碗在河南其他几处青瓷窑中比较少见。缠枝与转枝菊纹者运用较多，碗心多印团菊一朵。这种纹饰的碗也有深浅二式。波浪纹有与临汝窑圆圈式布局相同的；也有具有图案式的海水，碗里或碗心点缀一个或几个螺纹的。这种纹饰在耀州窑、临汝窑也都可以见到。印花纹饰绝大部分是阳文，花脉叶筋也以点线纹表达，阴文印纹者极少，阴文折枝花卉纹仅采集到一件。轮廓线为粗线条，不附加任何装饰，实际上只有花叶的轮廓，装饰效果比较呆滞，因此未能大量生产。

刻花器与耀州窑风格大致相同，轮廓线用刻花手法，花叶筋脉用篦划。篦划纹有疏密两种，稀疏的不如细密的好。刻花标本中有大瓶下部一件，瓶身满刻花纹，刻花篦划并施，纹饰生动有力。施釉较厚，透明如玻璃，呈浅绿色，质量甚精。可惜这类标本不多，但仍可看出宝丰窑的制做水平是比较高的。

5.新安城关窑

新安县城关窑是河南省博物馆与县博物馆近年调查豫西地区发现的窑址之一。这里遗址面积经过钻测为270,000平方米，堆积层在1.5至2.5米之间，地下埋藏丰富。由于历年垫土，窑址全部被封埋在地下，地面散布瓷片及窑具较少。

新安县城关窑址出土标本品种较多，制做工艺水平也较高。其中青瓷以印花装饰为多，印花纹饰也有耀州窑、临汝窑、宜阳窑所见的六朵缠枝菊纹，布局也采取盛开与半开的花朵间隔排列。碗心亦为团菊一朵，这种碗心有刻印姓氏字铭的，计有吴、杨、惠等字，也有印张、同等字的，印张字商标的，标记与磁州窑“张家造”瓷枕底部戳记有些近似。磁州窑标记是上覆一荷叶，中部为细长方栏，中印“张家造”三字，下托一莲花。城关窑带张字款的碗底，上部似为覆荷纹，中部只书一“张”字，下面托一朵莲花，标记主要特征是一致的。印花纹饰还有卷草、水波游鱼、水波田螺、莲池鸳鸯、把莲、婴戏、鸭、海石榴纹等。其中水波游鱼与水波田螺纹见之于耀州窑与临汝窑；把莲纹则仅见于耀州窑。城关窑印花把莲以三把莲花首尾相接排列，空间亦辅以水波纹，碗内没印三把莲字铭，但可以看出它与耀州窑的关系。

刻花装饰在城关窑址采集数量虽不多，但制做是很精美的，不少标本的造型与风格与耀州窑极为相似。如直口碗，碗外满刻缠枝花卉，具有犀利的刀锋与流畅的线条。里外刻花碗不仅纹饰近似，圈足的修坯工整也几乎与耀州窑基本一致。这种修整碗足在河南其他几处青瓷窑址里是看不到的。此外，从贴花莲瓣灯、百折洗、刻花莲瓣碗等器，更可以看出城关窑与耀州窑之间的关系。

6.禹县钧台窑

钧台窑位于禹县县城西北隅，遗址东西长1100米，南北宽350米，面积30万平方米以上。堆积层一般在1米左右，厚者达2米以上，地下埋藏相当丰富，可以想见。这里当时瓷器生产是比较兴旺的。钧台窑北宋时期除以生产紫红釉“钧窑”瓷器驰名于时以外，还烧造青釉瓷器，有印花及光素无纹两种。印花有缠枝花卉、水波游鱼等纹饰。纹饰布局具有耀州窑系风格，但在造型上稍有不同。耀州窑系瓷窑中常见的碗里缠枝印花小碗，绝大多数是敞口尖底，碗身稍高；钧台窑这类碗圈足不明显，碗身较矮，与其他青瓷窑略有区别。钧台窑青瓷未发现刻花装饰，而以印花为主。烧制时代与耀州窑北宋晚期层出土同类标本大致相同。

7.内乡大窑店窑

内乡县宋时属邓州，内乡大窑店窑就是文献中提到的邓窑。南宋叶寘《坦斋笔衡》记有“本朝以定州白瓷有芒不堪用，遂命汝州造青窑器，故河北唐、邓、耀州悉有之，汝窑为魁”之说。可知邓窑是宋代河南地区烧青瓷的瓷窑之一。明·李贤《大明一统志》在南阳府土产、瓷器条中指出为内乡县；清康熙三十三年本《南阳府志》里又有大窑店名称，地点在县西五十里。内乡县文化馆据此在大窑店地区发现了瓷窑遗址。

邓窑始烧于唐，宋代有较大发展，金元时期仍继续烧青瓷，前后沿续烧瓷达五百年之久。宋代以烧青瓷为主，以碗盘标本最多。青瓷又分光素与印花两类：印花以花卉为主，习见的缠枝菊纹在窑址里散布较多，此外也有缠枝、折枝牡丹纹等；刻花器极少，划花器也少见，大窑店窑是以印花装饰为主的。青瓷碗里满刻细长菊瓣纹饰的稍多，但这种纹饰也采用模印方法，碗外留有印模压印痕迹。耀州窑与河南青瓷窑常见的碗里印花、碗外刻斜线的装饰方法，大窑店窑却一件都没有，这是大窑店窑比较特殊之处。

光素无纹饰的青瓷，有的施釉较厚，垂釉处如透明玻璃珠，釉色青绿介于禹县、临汝窑之间。圈足内多是紫褐色，此类特点应是宋邓窑青瓷的本来面目。

8.广州西村窑

广州西村窑不见方志记载，1956年广州市文管会对遗址进行了全面发掘，烧瓷有青白釉、青白釉彩绘、青釉及黑釉等几种。广州地处东南海隅，广州西村窑的出现显然与宋代瓷器大量外销有关。三十年来，西村窑瓷器在国内绝少出土，目前见于报道的西村窑瓷器，多出土于东南亚国家。西村窑青釉标本之中有印花缠枝菊纹小碗，除釉色不同，碗外刻线呆板、胎土与制做稍嫌粗率之外，看不出与耀州窑有什么区别。广州是宋代重要商港，当时在这里设立市舶司专门管理进出口有关事宜，丝、茶、瓷是对外输出重要商品。宋代著名的景德镇窑、龙泉窑、越窑、耀州窑和磁州窑瓷器都经过这里转运往东南亚、西亚、东非地区。在这些地区不少国家的古城遗址和海岸港口地带，出土不少我国宋代瓷器。广州西村窑烧制的印花青瓷无疑是受到耀州窑的影响，纹饰与耀州窑极其相似，有较大可能是使用耀州窑印模。否则达不到极其相似的程度。西村窑缠枝菊印花青瓷有与耀州窑相似的，也有略有变化。这可能是为了大量出口印花青瓷，原版印花模具不敷应用，以复制或翻刻方法制出印模，以满足烧造大量外销瓷的需要，因而花纹有了一些变化。

9.广西永福窑

永福窑是1975年在广西省区内发现的宋瓷窑址之一。永福窑以烧青瓷为主，有刻花与印花两种装饰，有盘、碗、碟、壶、罐等器物。釉色以青黄及翠绿两种具有代表性，尤以翠绿釉釉色为美。在江南地区青瓷窑之中极少有此釉色，带有永福窑独特地方风格。这类翠绿釉器物之中，碗里也印有耀州窑风格的缠枝菊纹饰。毫无疑问，它与广州西村窑一样，都受耀州窑的影响。

2. 钧窑及钧窑系诸窑

钧窑在后世视作宋代五大名窑之一。但钧窑之名不见宋代文献记载。关于钧窑早期的历史，也还不清楚。在1974—1975年钧窑窑址发掘以前，关于钧瓷的始烧年代，也有人以为在金而不在宋。已故的陈万里先生在他的《中国青瓷史略》中说，“钧瓷的兴起与汝窑的衰落有密切的关系，就是说，临汝窑到北宋末年，经过靖康之变是毁灭了，而紧邻着临汝东北大峪店的阳翟县野猪沟（东距神垕镇十里），就烧造了一种不同于临汝所烧的青釉器。这是在北方金人统治之下及元代一百余年间的产物”。“钧窑之继汝而起是在金人统治时代，那时是钧器的黄金时代”㉓。此外，关松房《在金代瓷器和钧窑的问题》㉔一文中，也以为窑以钧名，主张钧窑建于金大定二十四年（1184年）钧州一名出现以后，约当金章宗明昌到金宣宗天光四十年之间，为时短促，因此金代实物流传甚少。

六十年代初期，故宫博物院两次派人去禹县与临汝县窑址进行调查，采集了大量的标本。在发表的报告中，认为钧窑始烧于北宋。他们认为窑址所发现的标本具有典型的宋代特征㉕。另一篇报告㉖中更认为传世大量钧窑花盆、尊、洗等器大多属仿古式样，与宋代官、汝、定窑有共同特点，都应是为宫廷需要烧制的。钧瓷传世器有于底部刻“奉华”字的，字体与汝、定窑的宫廷用瓷刻字相同。而金代无奉华宫殿名，可以肯定不是金代产品。而禹县在宋南渡后为金人占领区，可以肯定不会为南宋烧制宫廷用瓷，因而提出钧窑的创烧可能始于宋而不始于金。但是早到什么时候则不能肯定。1974—1975年河南省博物馆在禹县八卦洞及钧台的古瓷窑址进行了局部发掘，发掘面积700多平方米，清理出窑炉、作坊、灰坑等遗迹。出土了大量窑具、瓷器及瓷片标本一千余件。器形有各式花盆、盆托、洗、炉、钵等器物(彩版17:2)；釉色有天蓝、月白、紫红多种色调。盆、托及尊等宫廷使用器物的底部均刻一个由一到十的数目字；同时出土的还有瓷土制做的“宣和元宝”方形钱范，表明了宫廷用瓷为宋代物，它提示人们北宋晚期是钧窑的鼎盛时期。钧台窑除烧钧瓷，还兼烧印花青瓷、白地黑花釉下彩绘及黑瓷，从窑址全部标本看来，钧窑始烧于北宋，金元时期继续烧钧瓷，并兼烧白地黑花及黑釉器。北宋时钧窑已影响河南省内一些瓷窑，金元时期影响面更为扩大，不仅今河南省内钧瓷的瓷窑有了显著的增加，而且影响及于今河北、山西两省，形成了一个钧窑系。

但是钧瓷的早期历史仍然很不清楚。七十年代末期，禹县瓷厂在小北峪钧窑遗址发现唐代窑址。唐窑的遗物有黑釉斑彩装饰的壶、罐、拍鼓等物。提示了钧窑早期历史与唐代花瓷有关。

钧窑形成一个瓷窑体系在北方诸窑中最晚，时间延续到入元以后。金的晚期，政治腐败，民不聊生，已不可能在文化上有什么创造了。

1.钧窑

钧窑在河南禹县，瓷窑遗址遍及县内各地。已发现的窑址达一百处，历来为中原重要产瓷区。禹县城城内八卦洞地方发现的宋窑遗址出土标本证明八卦洞窑是宋代烧造宫廷用器的瓷窑。

钧窑属北方青瓷系统，钧窑瓷器独特之处在于它是一种乳浊釉，釉内还含有少量的铜，不同于耀州窑，也不同于汝窑，烧出的釉色青中带红，有如蓝天中的晚霞。青色也不同于一般的青瓷，虽然色泽深浅不一，但多近于蓝色，是一种蓝色乳光釉。是青瓷工艺的一个创造和突破。

我国传统高温色釉最重要的是以氧化亚铁着色的青釉系统。从原始青瓷到晋代和唐代的越窑，宋代的龙泉窑、耀州窑、官窑、哥窑、汝窑等各地名窑基本上都以烧造青瓷为主。在宋代以前，青瓷是我国陶瓷生产中的主流。宋代钧窑创用铜的氧化物作为着色剂，在还原气氛下烧制成功铜红釉，为我国陶瓷工艺、陶瓷美学开辟了一个新的境界。铜红釉的呈色与着色剂的加入量，基础釉的化学组成以及温度和气氛等因素都十分敏感，条件稍稍偏离规定要求，就得不到正常的红色，技术难度比较大。宋代的钧窑首先创造性地烧造成功铜红釉，这是一个十分了不起的成就。这一成就对后来的陶瓷业有着深刻的影响，它使陶瓷装饰的百花园中又陆续开放了不少瑰丽的鲜花，如宋元时期钧窑的海棠红和玫瑰紫，明清时期的宝石红、霁红、郎窑红、桃花片以及某些窑变花釉。元代烧造成功的釉里红是一种名贵的釉下彩，元以后历代都有烧造，釉里红的着色剂也是铜的氧化物，它的发明显然也跟钧瓷有关。

钧窑窑变色釉的形成机理 钧窑大部分产品的基本釉色是各种浓淡不一的蓝色乳光釉，蓝色较淡的称为天青，较深的称为天蓝，比天青更淡的称为月白。这几种釉都具有萤光一般幽雅的蓝色光泽，其色调之美，实非言词所能表达。这种蓝色的乳光釉是钧窑的一个重要特色，但是对于这种奇特的乳光现象和那种幽雅的蓝色的形成机理，以及釉的外观跟釉的化学组成及其烧成温度之间的关系历来很少研究。六十年代初期上海硅酸盐研究所以及七十年代中期山东淄博陶瓷研究所都对宋元时期的钧窑作了较为系统的科学研究，他们的研究结果可大致归纳如下：[27][28]

（1）钧釉和一般的陶瓷釉不一样，它是一种典型的二液相分相釉。即在连续的玻璃相介质中悬浮着无数圆球状的小颗粒。这种小颗粒称为分散相。钧釉的分散相是一种富含SiO_2的液滴状玻璃，连续相则为富含磷的玻璃。分散相的粒度介于40—200毫微米之间，比可见光的波长要小得多，因此能按瑞利定律散射短波光，使釉呈现美丽的蓝色乳光。

（2）根据化学分析结果，钧釉在化学组成上的特点是Al_2O_3含量低而SiO_2含量高，还含有0.5—0.95%的P_2O_5。早期宋钧的SiO_2/Al_2O_3比介于11.0—11.4之间，P_2O_5多数为0.8%，官钧釉的SiO_2/Al_2O_3比在12.5左右，P_2O_5在0.5—0.6之间。关于宋、元时期钧窑胎釉化学组成的范围可参阅下表：

化学组成(%)		SiO_2	Al_2O_3	TiO_2	Fe_2O_3	P_2O_5	CaO	MgO	K_2O	Na_2O
早宋钧胎	最高	67.14	28.90	1.30	3.27		1.53	0.49	2.10	0.75
	最低	63.67	25.40	1.16	2.23		0.59	0.03	1.25	0.38
官钧胎	最高	67.14	27.30	1.37	3.35		0.94	0.70	2.85	0.58
	最低	63.99	25.30	1.10	2.80		0.63	0.53	2.00	0.22
元钧胎	最高	66.99	30.59	1.66	3.68		2.73	0.70	2.91	0.50
	最低	61.28	24.80	1.14	1.44		0.62	0.04	1.45	0.25
早宋钧釉	最高	71.56	10.80	0.31	2.30	0.95	10.66	2.15	3.86	1.60
	最低	69.74	10.30	0.19	1.44	0.64	9.45	0.80	3.02	1.16
官钧釉	最高	71.86	9.90	0.51	2.70	0.68	11.20	1.15	4.86	0.72
	最低	69.78	9.50	0.31	1.95	0.46	9.04	0.75	3.64	0.48
元均釉	最高	74.35	10.45	0.53	2.44	0.92	12.09	1.40	5.50	2.30
	最低	69.29	9.40	0.17	1.36	0.53	6.77	0.50	2.35	0.51

（3）钧釉的红色是由于还原铜的呈色作用，红釉中含有0.1—0.3%的CuO，还含有差不多数量的SnO_2。在天蓝、天青和月白色釉中，CuO含量极低，只有0.001—0.002%，和一般白釉中的铜含量差不多。钧釉的紫色是由于红釉与蓝釉互相熔合的结果。钧釉的紫斑是由于在青蓝色的釉上有意涂上一层铜红釉所造成的。

（4）钧窑的烧成温度介于1250°—1270°C之间，采用还原气氛。还原的作用在于大大降低Fe_2O_3的含量，以便使分相过程得以顺利进行。这是由于Fe_2O_3和Al_2O_3在硅酸盐玻璃的网状体中所起的作用甚为相似之故。如果在氧化气氛中，Fe_2O_3的含量就会大大提高，这就跟提高Al_2O_3含量所起的作用差不多。在这种二液相分相釉的组成中，Al_2O_3的含量是不允许太高的。否则就会阻碍釉的分相。

（5）蚯蚓走泥纹也是钧釉的特征之一。这种纹的形成原因是由于釉层在干燥时或烧成初期发生干裂，后来在高温阶段又被粘度较低部分流入空隙填补裂罅所形成的。钧釉的釉层特别厚，瓷胎在上釉前先经素烧，因而促使裂纹和缩釉等现象出现。

传世钧窑瓷器铭文　传世钧釉瓷器带铭文的不多，带铭文的又都是北宋后期宫廷用瓷，而铭文则主要刻一到十的数目字，数目字的意义，过去有种种解释和推测，比较早的清《南窑笔记》说，“有一二数目字样于底足之间，盖配合一副之记号也……”；寂园叟：《陶雅》、许之衡：《饮流斋说瓷》认为器底一、三、五、七、九单数的，是红朱色器物，青蓝色器物用二、四、六、八、十双数；有的认为数目字是区别器物的。对钧台窑的发掘所得标本的研究使我们了解了数目字的用意，即数目字越小，器物越大，一是同类器物中最高或口径最大的；十是最低或口径最小的。现将见于著录的带刻字的钧窑器物加以排比，选择了三种器物，把它们的情况分别列表如下：

出　戟　尊　（共9件）

器身高	32.6	29	26	24	22	20	20	18
底刻字	三	四	五	六②	八	八	十	十

注：○内数字表示件数

尊　（共16件）

器身高	26	25	24	23	21	19	18—20.1	17
底刻字	十	一	二　②	三	四	五　③	六　③	七　④

鼓　钉　洗　（共17件）

器口径	23.5—26.5	22.2—24.2	21.1	20—21.8	20.8	17.2—17.5
底刻字	一　⑦	二　③	三	四　②	五	八

从三种表列数字看，出戟尊及尊的数字编号比较准确。其中尊刻“六”字有三件，其中二件高度均为18厘米，一件为20.1厘米，按高度顺序应编“四”或“五”，但底也刻“六”字，其字为烧后补刻，字上无釉，其他原刻的字上与底釉一样，都呈芝麻酱色。《南窑笔记》认为数字是配合一副的记号，这只适合于花盆及盆托，对于上述三种器物是不适用的。但花盆及盆托的底及足有内刻两个字的，刻于底部的是统一按口径大小的编号，刻于足内的是配对编号。

宋钧窑器带铭文的很少，仅见“奉华”及“省符”两种。“奉华”系宋宫殿名，汝窑、定窑及钧窑均有此铭文，而“省符”二字也不解何义。有人认为“省”字可能为“祥”字之误，但瓷器直书年号二字的也少有先例。传世宋钧窑瓷器，主要是钧台窑烧造的北宋后期宫廷使用的瓷器。器底除有数目字编号外，还有刻宫殿名称的，如“养心殿”、“重华宫”、“景阳宫”、“锺粹宫”等等。这些铭文的刻字笔划都很纤细，是清代造办处玉作匠后刻的。清代宫殿之内的陈设文物都有陈设档，这类档案专门记录清代宫殿陈设文物名称件数与动态。宋钧窑瓷器底刻上列宫殿名就是分别陈设于各殿的陈设文物，如刻“养心殿遂安用”字样的就陈设在“养心殿”的配殿“遂安室”里，刻“养心殿明窗用”字样的，是陈设在养心殿靠窗的条案上。所刻字铭多数把东西六宫的主要宫名横刻，东西配殿名竖刻。这类带清宫名称铭文的器物见于著录的有二十多件，绝大部分是清宫之内的名称；有两件刻中海瀛台的“虚舟用”及“静憩轩用”；一件刻“永安寺悦生殿用”铭文。

2.河南临汝东沟窑

临汝窑烧钧窑系瓷器的窑址共发现八处[29]，其中宋代的三处，元代的五处。宋代三处窑址分布在大峪店区的有东沟及陈家庄各一处。东沟窑位于临汝县东北隅，在大峪店东越山即入禹县，地距钧窑甚近。所烧青瓷既具有汝窑特征，又具有钧窑特色，可以看出两窑的影响。东沟窑烧制的扳沿洗，具有典型宋钧窑特征。洗底轮旋有凹入的浅圆窝，在天蓝釉地中带几块玫瑰紫色斑点。这种洗也有通体施青绿色釉的，釉色介于钧、汝之间，釉质纯粹滋润，可说烧制得恰到好处。这种洗都是里外施满釉，洗底留有支钉烧痕，也具有两窑共有的支烧特色。陈家庄在大峪店北四公里，所烧器物亦为盘碗洗罐之属。烧制的小盘，平坦的居多，口缘微微下卷，本身既是独立的小盘，由于口缘下卷的弧度又可置于直口碗上做盖，造型设计美观实用。除圈足之外，里外施釉，釉以月白、天蓝居多，色泽都较滋润纯正。分布在蟒川区的有蜈蚣山窑。窑址距严和店半公里。这里烧制的扳沿洗也具典型宋代特征，釉色以月白较多，有的于淡月白釉中带红色斑点。红色是那样的鲜艳，用淡月白釉托出，更是相得益彰。这种月白釉红斑在其他钧窑系窑址中是没有的，可以说是具有临汝蜈蚣山窑的特殊风格。传世瓷器中没有这类完整瓷器，因此是难能可贵的。

第三节　青白瓷与龙泉窑系诸窑

1.景德镇与青白瓷窑系

青白瓷是宋代以景德镇窑为代表烧制成的一种具有独特风格的瓷器。因为它的釉色介于青白二色之间，青中有白和白中显青，因此称青白瓷，一般又习惯称之为“影青”。青白瓷的早期烧制历史还不清楚。

五十年代以来在江南地区发现兼烧青白瓷的宋代瓷窑不少，也有少数专烧青白瓷。景德镇之外，有江西南丰白舍窑、安徽繁昌柯家冲窑、福建闽清窑及湖北武昌金口窑等。景德镇烧青白瓷的窑址已发现有湖田、湘湖、胜梅亭、南市街、黄泥头、柳家湾等。这些窑址都遗留有大量的碎片标本。胜梅亭的烧瓷始于五代，烧青瓷及白瓷，青白瓷还没有出现，到了宋代，青白瓷在这里大量生产，并在景德镇形成风尚。由宋迄元，青白瓷盛烧不衰，形成了一个大的瓷窑体系。属于青白瓷窑系的还有吉安永和镇窑、广东潮安窑、福建德化窑、泉州碗窑乡窑、同安窑、南安窑等。

1.景德镇窑

江西景德镇窑是宋代重要瓷窑之一，它有优质的制瓷原料，有便于烧瓷的松柴，有比较便利的水路交通，特别是工匠来自各地，带来了各地制瓷的好经验。在原料选择、制瓷工艺以及装饰纹样等各个方面都达到了相当的高度，可以说它比较集中地代表了宋代的烧瓷水平。

清·兰浦在《景德镇陶录》卷五历代窑考一节之中记景德镇的两处唐窑，一名“陶窑”，另一名“霍窑”：

> 陶窑，初唐器也，土惟白壤，体稍薄，色素润，镇锺秀里人陶氏所烧也。邑志云，唐武德中镇民陶玉者载瓷入关中，称为假玉器，且贡于朝，于是昌南镇瓷名天下。
>
> 霍窑，窑瓷色亦素，土善腻，质薄，佳者莹缜如玉，为东山里人霍仲初所作，当时呼为霍器。邑志载唐武德四年诏新平民霍仲初等制器进御。

《景德镇陶录》是研究景德镇陶瓷史的重要参考书，历来为研究我国陶瓷史的学者所引用。但此书称述的陶窑与霍窑，目前还查无实据。二十多年来故宫博物院、景德镇陶瓷馆等文物考古单位在景德镇辖区范围内，对古代瓷窑遗址进行过多次调查，迄今为止尚未发现唐代窑址。胜梅亭、石虎湾两窑在窑址范围内，未见典型的唐代器物，显然创烧于五代。两窑烧青瓷和白瓷，亦未见青白瓷。两窑都采用叠烧方法。叠烧法在大多数瓷窑，都带有建窑初期草创简陋的特征。由于还没有掌握制瓷原料的特性和烧成工艺的规律，瓷器的变形比较普遍，废品率比较大，五代时如此，如果再上溯到三百年前的唐武德时期，可以推想，其时瓷器质量比胜梅亭、石虎湾两窑的瓷器会更粗糙。然而《景德镇陶录》也不是无根之谈，唐·柳宗元有《代人进瓷器状》。《柳河东集》的编注者，以柳宗元有《答元饶州书》，以为所进瓷器即是饶州瓷器。但即便如此，时间也不属初唐。

其次，今关中地区及西安市唐墓出土瓷器，以白瓷数量为多，绝大部分是今河南、河北地区瓷窑的产品，青瓷则有越窑及长沙窑产品。唐人评为青瓷产品首位的越窑瓷器，在初唐出土青瓷之中也较难肯定。

由此看来，景德镇初唐时期的陶窑和霍窑是否果有其人其事，目前还只能存疑。

但是如果把“假玉器”和“佳者莹缜如玉”的评语，用于宋代景德镇的青白瓷倒是比较恰当和符合实际的。

唐人陆羽在《茶经》一书中曾对越窑青瓷有过“如玉如冰”的评语。陆羽评的是青釉温润的程度如玉如冰。宋代青白瓷不仅远远超过了越窑，使釉的质感达到了如玉的要求，而且也几乎具备了与玉器无别的质地。宋人诗词中也不乏赞美青白瓷的句子，词家李清照《醉花荫》词中就有“薄雾浓云愁永昼，瑞脑销金兽，佳节又重阳，玉枕纱橱，半夜凉初透……”一段话。重阳节的江南地区暑热未退，瓷枕蚊帐是却暑的良好用具。词中的玉枕可能指的就是色质如玉的青白瓷枕。这类瓷枕是景德镇湖田、湘湖等窑的产品，在江苏南京、湖北汉阳等地宋墓都有出土。南京出土婴戏纹枕，色质如玉，制做及纹饰俱佳，为宋代青白瓷枕的代表作品。

宋墓出土的青白瓷 宋墓出土青白瓷数量较多的有江西、江苏、辽宁三省，此外，浙江、湖南、湖北、安徽、河南、陕西、四川、吉林、内蒙等地区也都有出土，可以看出有些地区距景德镇很远，但青白瓷仍能经过长途运输到达各地。近几年来四川省发现宋代窖藏出土青白瓷很多，反映了当时这类产品流通到四川省的数量是相当多的。与北宋同时并存的辽，地处北方草原地带，在辽宁、吉林和内蒙地区的辽墓及古城遗址里，也出土了不少青白瓷。

地下出土的青白瓷不仅数量多，器物也多种多样，日用必需的盃盌盘碟多式多样，酒具有执壶、注子、浅盌和盏托（图版贰拾陆:4），容器有造型优美的瓜棱罐，瓷枕有象枕、狮枕，炉有镂空香薰，盛装化妆品及香料的盒更为丰富，还有浮雕人物鸟兽的盖瓶与谷仓等明器。

出土的青白瓷，在造型上常有明显仿金属器特征，如瓜棱型的壶身，细长弯曲的壶流，薄胎盘碟的里部凸起几条直线纹，盘口折沿，盌罐等器皿口部多呈花口五出或六出装饰。纹饰有刻花，印花两种（图版贰拾陆:3）。刻花又多辅以篦点纹，使刻花纹饰突出；印花装饰均为阳纹，绝大多数印在盘盌的里部或盒盖上面。

墓葬出土有墓志或带纪年文物，对于认识瓷器的相对烧制年代有很大帮助，现按照时间顺序排列如下：

出土地点	纪年墓的年代	出土青白瓷件数
江西九江	北宋咸平三年(1000年)	钵一
江西九江	宋咸平五年(1002年)	钵一件
河北迁安	辽开泰六年(1017年)	注子一、盏托一
江苏南京	宋天圣五年(1027年)	瓶一件
江西德安	宋景祐四年(1037年)	碗、壶、盒等九件
辽宁阜新	辽重熙七年(1038年)	碗二件
江西德安	北京康定元年(1040年)	壶一、钵一
江苏江宁	南京庆历五年(1045年)	盘二件
江西南城	宋嘉祐二年(1057年)	注子一、注盘一、瓶三、壶一、盏一、盏托四
辽宁义县	辽清宁三年(1057年)	盏、盏托、盖盌、碟

出土地点	纪年墓的年代	出土青白瓷件数
江西德安	北宋嘉祐四年(1059年)	壶一
江西永新	宋嘉祐五年(1060年)	盌五件
江苏淮安	宋嘉祐五年(1060年)	小罐一件
江西景德镇	北宋治平二年(1065年)	壶
浙江新昌	北宋乾道六年(1070年)	盒子一
江苏镇江	宋熙宁四年(1071年)	盏一、盏托一、壶一、碟一件
辽宁阜新	辽太康元年(1075年)	盌碟
江苏江宁	北宋熙宁十年(1077年)	香薰一
吉林哲里木盟	辽太康六年(1080年)	壶、罐、盌、碟二十件
江苏南京	宋元丰四年(1081年)	香薰一件
江苏江宁	宋元丰四年(1081年)	盌一件、洗一件、盌十件
内蒙昭盟	辽太康七年(1081年)	盘一、碟九、钵一、盒子一
浙江武义	北宋元丰六年(1083年)	注子一、碟二
安徽宿杠	宋元祐二年(1087年)	注子、注盌、壶、托子、盘、碟等
江西彭涤	宋元祐五年(1090年)	碟一件
江苏缧阳	北宋元祐六年(1091年)	盌、盘、碟二十三件
江西星子	北宋元祐七年(1092年)	壶一、钵二、盌四、盏三
浙江兰溪	北宋元符元年(1098年)	盏一、碟十四、托子一、盃一、壶一
辽宁昭乌达盟	辽寿昌五年(1099年)	注子、注盌、盌等五件
江西鄱阳	北宋大观三年(1109年)	盌二、碟一、钵一、罐一、盒子三
江西鄱阳	北宋政和元年(1111年)	盒子二件
湖北麻城	北宋政和三年(1113年)	瓶、注子、注盌、盏、托子、盌、碟十四件
河北宣化	辽天庆六年(1116年)	盏托一件
浙江绍兴	南宋绍兴十九年(1149年)	盒子一件
广东潮安	南宋乾道八年(1172年)	盌一件
江西景德镇	南宋乾道八年(1172年)	盖瓶、炉
江西景德镇	南宋乾道九年(1173年)	壶一件
辽宁朝阳	金大定二十四年(1184年)	碟二、盌一件
江苏苏州	南宋淳熙十年(1183年)	盒子一件
江西景德镇	南宋淳熙二年(1185年)	盌
江苏吴江	南宋庆元元年(1195年)	盒子三、盖罐一、盘十、盌二
江西宜黄	南宋嘉泰元年(1201年)	盖瓶二、盌四
陕西略阳	南宋嘉泰四年(1204年)	瓶二、盌一、碟一
四川绵阳	南宋嘉定二年(1209年)	盌四件

出土地点	纪年墓的年代	出土青白瓷件数
江西清江	南宋嘉定四年(1211年)	盖瓶四、盒子一、盘一
湖北武昌	南宋嘉定六年(1213年)	盌四
上海市	南宋嘉定七年(1214年)	瓶一
上海市	南宋嘉定六年(1213年)	瓶一
江西清江	南宋宝庆三年(1227年)	盖瓶二、盒子一、盘一
江西永修	南宋嘉熙四年(1240年)	盖瓶二
浙江上虞	南宋淳祐十一年(1251年)	条纹
浙江上虞	南宋淳祐十一年(1251年)	子母盒一
江西清江	南宋景定元年(1260年)	盖瓶二、盒子一、谷仓一
江西进贤	南宋景定二年(1261年)	盖瓶二、盒子一
江西清江	南宋景定三年(1262年)	盒子、炉
江西清江	南宋景定四年(1263年)	盒子
浙江杭州	元至元十五年(1278年)	观音三、盌一、盘一、灯三
四川成都	元元贞三年(1297年)	瓶二
四川重庆	元大德元年(1297年)	炉、壶、瓶
四川广汉	元大德十年(1306年)	炉、瓶、壶、盌、盏等
江西南昌	元延祐二年(1315年)	盖瓶四、谷仓二
江西万年	元泰定元年(1324年)	盖瓶二
江西抚州	元至正三年(1343年)	盖瓶二、盘二
江西抚州	元至正八年(1348年)	盖瓶二

上表所列纪年墓出土瓷器，可以大致看出青白瓷器物的器形演变，流行使用时间，并可由此进一步探索它流行的历史渊源。

表列出土瓷器中的钵，唐代已大量生产，五代时越窑青瓷仍大量烧造，器形已由唐代的高式钵演变成浅式钵，但器身仍保留有唐代丰满的遗风，口底大小相若。北宋时期景德镇继续烧造青白瓷，鉢由前期的敛口变为敞口，器身多折肩，鉢形有了比较显著的变化。鉢出于真宗咸平以后到神宗元丰四年之间的墓葬之中，这段时间可以视为它的流行时期。注子注盌是一组盛酒温酒的用具，五代时已经盛行，北宋墓出土青白瓷器物之中，注子注盌也有不少，近三十年来，各地宋墓出土的近二十份。青白瓷注子注盌多仿金银器，瓜棱形器身比较多见。北宋早期注子多有盖，盖多饰以狮纽，狮体形象生动。注子注盌最晚出于徽宗政和时期纪年墓中，它的盛行时期大约是五代到北宋晚期这一段时期之内。盒子开始大量出现是在唐代，其用途主要为盛装药品、化妆品和香料等。宋代瓷盒子的产量较唐有更大的增加，各地瓷窑几乎都生产这类用具。宋代不仅盒子产量多，而且景德镇窑有专门从事生产盒子的作坊。福建德化窑出土了大量的青白瓷印花盒子，仅盒盖面的纹饰就有一百种以上，可以想见这里也有制做盒子的专业作坊，也似有专门匠师从事这项设计。各地纪年墓出土的盒子多数属于南宋墓，国外出土的青白瓷盒子也多数是南宋时期的产品；似可做出如下推论，南宋时期烧制盒子的专业作坊有了增加，产品数量也随之增长。

南宋时期瓷盒子大为盛行与南宋海外贸易发展、香料的大量输入有关，香料的使用遍及朝野。据文献所记进口香料中，细色香就有：麝香、沉香、檀香、龙涎香、降真香、苏合香、天竺香、安息香等二十多种；粗色有暂香、速香、香脂、粗香、生香、鸡骨香、莅香等十多种。来自各国的几十种香料需要盛装香料的盒子，从而金、银、玉、玛瑙、雕漆香料盒就应运而生，而瓷盒价廉物美，更易于满足社会需要。瓷盒除盛装各种香料，还能盛装妇女化妆用品如敷脸用的粉、画眉用的黛，抹唇用的朱红等，因此社会需要量更大。青白瓷及龙泉窑青瓷盒有于大盒之中带三个小盒的，这类盒俗称“子母盒”。这类梳妆盒可把粉黛与朱分别放在大盒中的三个小盒之内，用起来更为方便。此外，也有盛装各种药品用的。至于国外出土的大量小盒，究竟盛装什么东西，这方面国外的报道很少。日本出土南宋青白瓷盒子，多数出于经塚之中，而国内多数出于墓中。它们的用途显然不同。

盖瓶盛产于南宋宁宗嘉泰以后，绝大部分出于江西地区墓葬中，是带有浓厚地方色彩的一种随葬品。这一习俗一直沿袭到元代。南宋时期瓶身上部堆塑着人物鸟兽，瓶盖多饰以鸟形纽，整个盖瓶的形体瘦长，上部与下部大约相等。入元以后，瓶的体积随着时间的推移而增高，上半形体只占整体的三分之一，瓶身变长，与南宋瓶相比，有较大的变化。

景德镇的瓷盒作坊 宋代墓葬和外国古遗址出土的景德镇窑青白瓷盒，盒的底部往往印有“□家合子记”五字，已发现十一种之多，计有：“许家合子记”、“段家合子记”、“蔡家合子记”、“吴家合子记”；多年以前朝鲜古遗址出土宋青白瓷中还有“汪”、“蓝”、“朱”、“徐”、“程”诸姓及“张家合子记”六种；日本德岛经塚出土一件，惜第一字已模胡不清，Borneo也出土一件“陈家合子记”。这些标记款式相同，当属同一地不同作坊的产品，长沙宋墓还出土一件盒子，底印“段家子大”几字，可能与“段家合子”有关，也与磁州窑的“张大家枕”一样，属于段家大房的作坊。福建德化的屈斗宫窑及盖德碗坪仑窑窑址也有大量瓷盒出土，惟不见作坊标记。仅有一件作“颐草堂先生雕造功夫”，功夫是宋代手工业中习用语，“功夫”又作“工夫”。上海博物馆藏一件北宋印刷广告用的铜版，版面印“济南刘家功夫针铺”，即是其例。看来这些家族作坊性质也和磁州窑的制枕作坊相似，属于产品单纯的较小作坊。

2.南丰白舍窑

南丰窑最早见于《浮梁县志》（乾隆刊本）所附之蒋祈《陶纪略》一文，文中谈到能够与景德镇争夺瓷器市场的有南丰窑在内。南丰白舍窑是江西省文管会于1960年调查发现的，初步知道它烧青白瓷和白瓷，窑址范围长达二公里，有窑址堆积十六处，地面瓷片极多，是江西省另一瓷器重要产地。

白舍窑烧制的洁白的薄胎和釉质晶莹润泽的青白瓷和白瓷（釉中含铁量稍少于青白瓷，烧后呈现白色，景德镇湖田、湘湖窑的青白瓷标本中也有同样情况），造型、釉色与景德镇大体相似，也用垫饼支烧，与景德镇的区别之处是底部不是呈现黄褐色，说明白舍窑垫饼使用的原料不属于含铁量高的紫金土。

白舍窑是一处烧民间瓷器的瓷窑，产品多为习见的壶、炉、盘、盌等器，以盌的数量最大。壶有两种式样：一种为瓜棱壶，壶身通体呈瓜棱形，配以细长的壶流及曲柄，仍留有金属器的遗风，壶腹部划刻几条弦纹装饰。一种为八方形壶，壶腹部有凸起的一道接痕，可以看出是分为两段成型之后粘连在一起的，留有凸起痕是修坯草率的结果。碟和高足碟的式样与景德镇无显著区别，胎极薄，器里凸起线条装饰也保留有金属器的遗风。

白舍窑遗址采集的标本多属宋代，《陶纪略》所说的南丰窑对景德镇窑瓷器市场有“所夺”，“夺”的是什么呢？景德镇宋代主要烧青白瓷，白舍窑在宋代只能是与景德镇争夺青白瓷的市场。

3.吉安永和镇窑（吉州窑）

永和窑即吉州窑。1974年江西省文管会在永和窑遗址进行了小面积试掘，从地层叠压关系得知，最下层为青白瓷，上为黑釉及白地釉下黑彩器。下层青白瓷有与湖田窑相似的产品。出土标本中有注子注盌，注子呈圆球形，光素无纹饰，注盌有坦口深腹及瓜棱形两种式样，瓷质略粗。出土标本还有大量覆烧器物，以盘盌为主，器内印各种缠枝花卉纹饰。标本中还有一种较粗糙的，在盘盌的里部印“吉”“记”等字样的。这种覆烧器物的时代为南宋。

永和窑附近村庄有曾、朱、尹等姓，在匣钵上发现有不少刻有“曾、朱、尹”字样，说明很早以前他们的祖先就在这里烧制瓷器。匣钵中还发现一件刻有“咸淳癸酉腊月”六字，这是南宋末期的制品，对于研究永和窑的烧瓷时间有很大参考价值。

永和窑下层所出标本系北宋时期青白瓷，说它创烧于北宋时期是言之有据的。它的下限过去多沿袭《格古要论》所说，因文天祥经过永和，以窑内瓷器尽变为玉，遂封窑停烧，以为停废于南宋末年，但出土的瓷器及窑址遗存的标本说明元代仍继续烧瓷器，直持续到明代后期，因此吉州窑有六百多年的烧瓷历史。吉州窑烧瓷品种丰富。磁州窑的白地黑花釉下彩，绿釉和红绿彩等品种，对吉州窑影响较大；定窑印花装饰工艺及覆烧工艺也传到这里，南北瓷窑之间技术上的交流于吉州窑表现最为明显。

4.潮安窑

潮安窑窑址早于1953年发现。根据大量出土标本判断，潮安窑创烧于唐而终于宋，北宋中期为其鼎盛时期。唐代主要烧青釉器物，入宋以后以烧青白瓷为主。据不完全统计，青白瓷约占出土标本总数的50%，还兼烧青釉和黑釉器。青白瓷器皿除习见的各种盒、盌、盘、碟外，壶、炉的烧造数量较一般青白瓷产地为多。可见是为了适应某种特殊需要而生产的。壶的造型多为喇叭口，瓜棱形腹，细长的壶流和弯曲的弓形柄，整个壶形设计得非常秀美。炉的造型也与其他青白瓷窑所烧的不同，尤其是炉身外部浮雕莲花瓣的最为生动。莲花瓣立体感极强，装饰以划花为主，线条纤细而流利，辅以篦划纹及弦纹。釉色偏白，在积釉及纹饰部位才显现水青色。

1922年潮州曾出土四尊瓷造像。造像方座四面都刻有“潮州水东中窑甲”等数十字。现已判明水东窑就是笔架山窑，以地处韩江之东而得名。笔架山附近仍有“下窑村”名，方志中也有“南窑”名称。四尊瓷造像分别刻有“治平四年”、“熙宁元年”和“熙宁三年”纪年铭文，记刘扶及妻陈十五娘三年定烧送庙供养。这些造像反映了潮安窑北宋中期的烧制水平与地区特色，在窑址之中没有发现这类带黑褐彩的瓷造像标本。铭文说明造像系佛教徒施舍定烧，也可说是一种特殊的商品。

潮安窑窑址已发现六处，其中四号窑为阶级窑。潮安窑发掘以后，使我们知道早在北宋时期这里已出现了阶级窑。四号窑基内所出青白瓷标本，白中泛青较为普遍。这与阶级窑结构易于控制还原焰有关。

5.福建德化窑

德化窑明代以出产白瓷著名，它烧瓷始于何时则不为人知。1976年福建省博物馆对它进行了较大面积的发掘，对德化窑的烧瓷历史、瓷窑分布、历代烧瓷品种以及特征等问题有了比较全面的了解。

德化窑创始于宋，元代有发展，碗坪仑及屈斗宫两窑均烧青白瓷。两处遗址标本极为丰富，一般青白瓷窑烧制的器物，两窑也都烧造。尤以洗及盒子两类器皿遗存数量最多，而且造型多种多样。洗以敞口凸底居多，也有直口仿蔗段洗的，洗里多印有纹饰。盒子造型有大中小之分，形式又有圆式、八角式与瓜棱式等多种式样，盖面多印有折枝花卉纹饰，纹饰异常丰富，达一百余种之多。这在江南各地青白瓷窑之中是比较少见的。碗坪仑窑址出土标本中有带铭文的，其中有刻“颐草堂先生雕造功夫”九字，与此盒铭文相同的盒子有一件完整的，现藏于新西兰。该盒铭文十一字，“颐草堂”前多“后山”二字，这两件盒子的铭文均反书，雕字系刻制印模时漏掉，又补刻在下面。两件盒子特征完全相同，因此可以断定是同一个时期、使用同一印模印制的。否则不可能有此巧合。“功夫”二字见于宋铜镜、石砚及印刷铜版，是宋代工艺品中常用术语。这两件瓷盒的具体烧制时期似在南宋。屈斗宫遗址出土匣钵有刻“丁未年”三字的。从伴出标本分析，此“丁未年”匣钵应是元大德十一年的窑具，对判断屈斗宫遗址的烧瓷时间是很有研究价值的资料。

6.泉州碗窑乡窑

泉州碗窑乡窑是福建地区发现的另一重要窑址。泉州历来为我国重要港口。泉州共发现两处窑址群，一在碗窑乡，窑址面积较大，遗存丰富，以青白瓷为主，少量烧青釉器物；一在磁灶，包括有许山、官仔山，蜘蛛山及土仔山四处，烧青釉、黑釉器。青釉壶胎均较薄，且都属小件，与习见的江南地区青瓷壶的造型不同，带有地方特色。黑釉以盌为主，兼烧长流曲柄壶。碗窑乡遗存标本之中以青白瓷折沿大盘独多，盘心多留有叠烧粘结的条形支具痕，直沿深盖式盌也较多，盌外多刻莲瓣纹。洗类器皿均覆烧，洗心印花卉纹饰，胎较薄，釉较润，洗口轮旋整齐，口边较景德镇厚，是为了防止变形而采取的一种措施。

泉州碗窑乡窑遗存标本上限为宋，下限到元。元周达观《真腊风土记》记泉州青瓷畅销柬埔寨，是文献中谈及泉州窑的最早资料。遗存标本证明早在宋代泉州窑瓷器就已大量销往海外。

7.永春窑

永春县与德化县接壤，经过调查在县境内发现了六处宋元时期青白瓷的窑址。宋代以蓬莱窑产品质量较好，器物以盌为主。盌里多有篦划纹装饰，盌和洗的外部即有类似蝴蝶纹饰的，这种纹饰在德化、连江窑址中也有发现。蓬莱窑址遗留物中盒子的数量也很多。

8.安溪窑

安溪烧瓷最早见于明嘉靖本《安溪县志》，书中简略记载嘉靖以前烧粗青瓷。经过调查发现安溪有宋元时期青白瓷窑址二十余处，以垵园窑遗址面积最大，遗留标本也最丰富，垵园窑距县十一公里，烧各式盘盌、瓶、壶、盒子、军持等器物。盌有多种装饰，有里刻缠枝花卉的，有外印重叠莲瓣纹的，有盌身模印菊瓣形的。盒子也有多种式样，大的口径超过20厘米，小的不及10厘米。盒外多模印纹饰，有印直条纹的有印卷枝纹的，口径大者多粗线条，盒子的盖面纹饰线条较细，有于盒子外底印花卉纹的，但为数很少。安溪窑还发现有青白釉上加酱褐彩绘的，也有于军持肩部堆贴一只乌龟，在龟的眼、背及四爪上也施酱褐彩，这在晋江地区其他瓷窑遗址里尚未发现过。

9.同安窑

窑址是在1956年修汀溪水库时发现的，以烧青瓷为主，兼烧青白瓷器。器皿也以盌为主，盌里外细线条划花及篦划纹饰，多近似云纹和水波纹，盌心多有凹入圆窝，早期多小圆窝，晚期为大圆窝，盌外亦刻划六、七组垂直状复线纹，也有盌里刻二方和连续花卉，盌心大圆窝内划花卉一朵，也有盌里划四组任意纹的，空间辅以自里向外的篦划纹。炉有两种式样，早期多敞口，炉身下部浮雕莲瓣纹，下承以撇足座，此种炉福建地区宋墓中出土过；晚期炉多直筒形，圈足，炉身刻划莲瓣纹。瓶口多下折，瓶身划复线纹，罐和炉的外部也有这种装饰。

10.南安窑

南安发现宋代窑址近50处，多烧青瓷及青白瓷两类瓷器，以盘盌器皿最多。青白瓷盌里多刻花篦划纹饰，胎较细洁致密，在南安窑中似属细瓷；南安窑盒子与晋江地区普遍烧制的扁式者不同、多数都为高式，盒有瓜式者，作六瓣瓜形，盖顶凹入有小圆钮；有平面平底略如直筒形者上下小于盒的口径，盒身多压印直线纹，直线纹有粗细三种，这类装饰的盒子在窑址里遗留最多；也有扁形者，形式又与晋江地区印花者不同，与浙江地区越窑青瓷造型特征比较接近，与上述各式盒明显不同，而且遗留数量较少。

福建省发现宋元时期青白瓷窑址18处，除以上六县瓷窑之外，尚有浦城、崇安、政和、光泽、建瓯、建宁、莆田、连江、闽清、闽侯、仙游及漳浦等12个县，是烧青白瓷最多的一个省。

2. 龙泉窑与龙泉系诸窑

龙泉窑属南方青瓷系统。早在公元三、四世纪时，今浙江东部宁绍地区以绍兴、上虞为中心，已经形成了一个早期越窑青瓷体系，五代、北宋初期又以余姚为中心，再度形成一个以烧制所谓秘色瓷的越窑体系。除越窑而外同时烧制青瓷的还有婺窑与瓯窑。北宋时期的龙泉窑受三窑的影响，烧制与三窑相似特征的瓷器。南宋以后，龙泉窑为应付南宋宫廷、官家的需索，也生产一种以施粘稠的石灰碱釉为特征的似官或仿官瓷器，在南宋中期以后终于形成了有龙泉自身特点与风格的梅子青、粉青釉龙泉青瓷。

在南宋晚期，龙泉青瓷有很大的发展，除在今龙泉县境内有众多的烧瓷窑场，并旁及邻境的庆元、遂昌、云和等县，终于形成一个新的青瓷窑系，江西吉安的永和窑和福建泉州碗窑乡窑也烧龙泉风格的青瓷。这种趋势入元以后持续不衰，在今浙江南部的瓯江两岸就已发现一百五十处元代窑址，烧制龙泉窑风格青瓷窑场范围更为扩大，今福建省境内各窑也盛烧龙泉青瓷。

龙泉青瓷窑系的迅速发展，除了龙泉地区自然条件的优越，还因为入金以后，北方瓷业衰落，南宋立国水乡、海隅，水上交通发达，有利于商业、贸易的发展。南宋政府又以发展海外贸易为国策，宋宁宗嘉定十二年（1219年）为防金银外流，“命有司止以绢布、锦绮、瓷器之属博易”（《宋史·食货志》）。更刺激了瓷器的出口，龙泉青瓷在东亚及东非、阿拉伯诸国都是受欢迎的商品，这情况到了元代仍有盛无衰。在国内，龙泉青瓷也和景德镇的青白瓷一样，它的商品市场也扩及到宋占领区的北缘。近年发现陕南与四川的青白瓷与龙泉青瓷的窖藏就是很好的证据。

在宋代民窑诸窑系中，龙泉青瓷的兴起是最晚的，但由于有海外市场的支持，终于迅速发展成一个窑场众多的庞大瓷窑系。

1.龙泉窑

龙泉窑在今浙江省龙泉县境内，龙泉县境不仅有蕴藏丰富的制瓷原料，而且山区、丘陵都盛产松柴可作烧瓷的燃料。窑址炉多溪流山坡建筑，制瓷原料的加工依赖水碓利用。成品输出也便于利用水运。据浙江省文管会的调查，在龙泉县境内发现的青瓷窑址有大窑、金村、溪口、梧桐口、小白岸、大白岸、道泰、山头窑、松溪、安福口、安仁口、笔架山、项户、安福、碗圈山、马坳、大方、岑脚、周墙、大棋、下村、黄金坑、武溪等二十三处，其中以大窑和金村两地窑址最多，质量也最精，南宋时期大窑附近的窑址由北宋时期二十三处发展到四十八处，窑场数量成倍的增长。

从窑址遗存的早期标本可以看出，龙泉窑创烧于北宋早期，南宋晚期是龙泉窑的极盛期，元代在烧大件器物的技术上有突破，明中期以后逐渐走向衰落。工匠有的迁往江西等地，另行建窑，仍烧龙泉釉瓷器。故宫博物院藏品中有带康熙五十一年铭文的龙泉窑标本，这可以做为龙泉窑的下限资料，此后看不到清代龙泉窑的产品，传世器所见，都是景德镇的仿烧品，文献里也有景德镇仿烧龙泉釉釉料配方的记录㉚。

龙泉窑烧瓷有七、八百年的悠久历史。早期产品以习见的日用品如盘、碗、壶等为主，盆、钵、罐也少量烧制，造型制做工整，底部修理平滑，器物比较普遍地使用刻花，辅以篦点或篦划纹，此外还有波浪、云纹、蕉叶、团花和婴戏等纹饰；在大窑、金村、王湖、安福等窑址中这类标本都很丰富。早期产品在器形、装饰与釉色各方面与越窑、温州窑、婺窑有相似的特征。龙泉窑在南宋中期逐渐形成了自己的风格，器物造型淳朴，器底厚重，圈足宽阔而矮。具有稳重感。早期的器物仍继续生产，并出现了炉、瓶、盆、渣斗、塑像等器物，器皿造型很多，每种器物都有多种式样，炉有鼎式炉、葱管足炉、八卦炉、四足炉、奁式炉等等，瓶有胆式瓶、鹅颈瓶、龙纹瓶、虎纹瓶、带盖瓶和五管瓶等等（图版贰拾陆:2）；釉晶亮透明如镜，装饰以刻花为主，篦纹逐渐减少，碗口多花口五出，花口下碗壁多凸起五条直线，碗内刻云纹的较多，有的碗分为五等分划线，内划“S”形纹饰，划饰简练快速；碗心印阴文“河滨遗范”或“金玉满堂”，四字的也比较多。一种浅式平底小碟，碟里心刻一条鱼尾弯卷的游鱼。这类浅碟里心还有刻荷花纹的，无论造型与纹饰均与陕西耀州窑具有异曲同工之妙，耀州窑这类刻花碟出于北宋中期层，北宋末期浮雕莲瓣纹开始流行，在盘、碗的外部以及瓶上饰以浮雕莲瓣纹的较多，龙泉窑不少窑址里也遗留有大量的标本。

龙泉窑瓷器，其造型、花纹虽可与其他瓷窑标本比较，参考断代，但若考虑到龙泉窑兴起较晚，在其未能进入远地广大市场与其他先进瓷窑争胜之前，同样的造型、花纹其实际生产时间可能要比其他瓷窑为晚，至于宫廷、官府烧造的“官样”瓷器，流行于民间与民窑大量烧造的时间，可能还要更晚一些。

龙泉窑的兴盛期可能开始于南宋中期，至于通常作为龙泉青瓷的代表作品，成为青瓷釉色之美的顶峰的粉青釉、梅子青釉器的烧制成功，则可能始于南宋晚期。窑址遗存的大量瓷片，按其胎色可分为白胎和黑胎两类，而以白胎为主，约占总数十分之九以上。黑胎青瓷可能即是仿南宋官窑的产品，白胎青瓷则是代表龙泉窑系特点的龙泉青瓷。这一时期器物造型更加多种多样，有各类盆、碟、盘、碗、盏、壶、渣斗等日用品，也有文房用文具水盂、水注、笔筒、笔架、棋子，还有鸟盏与佛前供器的各式香炉以及八仙塑像等等。值得注意的是此时出现了不少模仿古代铜器和玉器造型的器物，仿铜器的有鬲、觚、觯、投壶等器，仿玉器的有琮。表明龙泉青瓷工艺上的成就已受到社会各阶层的爱重。

龙泉青瓷是青瓷工艺的历史高峰。我国烧造青瓷的历史十分久远，浙江地区烧造青瓷的历史遗迹可以追溯到战国、春秋，从原始青瓷到龙泉青瓷经历了将近两千年的岁月，传统之悠久罕有伦比，历代烧制青瓷的匠师也都十分重视发挥青瓷釉色与质地之美，晋人形容瓯窑青瓷为“缥瓷”，唐人称越窑釉质“如玉似冰”，釉色为“千峰翠色”、“秘色”。但是成为青瓷釉色与质地之美的顶峰的则是宋代窑工创造的龙泉青瓷，它是巧夺天工的人工制造的青玉，宋代龙泉青瓷每一个碎片，至今仍令我们为它的美感所倾倒。

龙泉青瓷的烧造工艺　为了对龙泉青瓷的烧造工艺进行科学的总结，1959年，中央轻工业部和浙江省轻工业厅邀请中国科学院上海硅酸盐研究所，中央轻工业部硅酸盐研究所、浙江省文物管理委员会，浙江美术学院以及龙泉瓷厂等单位对历代龙泉青瓷的原料、烧制工艺、呈色机理、造型装饰作了专题研究，他们收集了五代至明各历史时期中较有代表性的青瓷标本，作了细致的观察和分析研究。他们研究了龙泉地区的原料，胎釉的化学组成，釉层厚度，烧成温度，气氛性质以及显微结构等等因素对釉色的影响。他们的研究结果可大致归纳如下：

1　龙泉地区瓷土原料中，有一部分属于瓷石类，它们含有大量石英和一定量的高岭石、绢云母等矿物，另有一部分则属于原生硬质粘土类，其中亦含有大量石英。而高岭石的含量则较前一类为多。用这些瓷土烧制成的瓷胎，其主要矿物组成是石英、绢云母和高岭石等等。因此，龙泉青瓷属于石英—高岭—云母质瓷器，与江西景德镇瓷器是同一种类型的。该地区的紫金土系由石英、长石、含铁云母以及其他含铁矿物所组成。紫金土的含铁量一般为３—５％，高者可达15％左右。主要用于配制釉色或胎色较深的制品，如梅子青釉、豆青釉以及黑胎青瓷等。石灰(或石灰石)是釉的主要助熔剂，据据文献记载以及向老工人调查得来的传统工艺材料、传统釉料是以石灰与砻糠制成“乌釉”掺入釉内，制成的石灰碱釉。

2　古代龙泉青釉大体上可分成石灰釉和石灰碱釉两大类。前者见于五代和北宋，后者见于南宋和元、明。

石灰釉的特点是高温粘度比较小，即在高温下易于流釉，因此这类釉一般都显得比较薄。就显微结构而言，这类釉主要由玻璃相所组成，而气泡和未熔石英颗粒则很少。因此釉层显得相当透明，釉面光泽亦比较强，石灰碱釉的特点是高温粘度比较大，即在高温下不易流釉。这样，釉层就可以施得厚一些，使器物的外观显得比较饱满。南宋的陶瓷工匠们还通过控制烧成温度和还原气氛，使这类釉的外观获得一种柔和淡雅，有如青玉一样的艺术效果，这就是著名的龙泉窑粉青釉。在显微镜下可以看到，粉青釉的釉层中还含有大量小气泡和未熔石英颗粒，它们使进入釉层的光线发生强烈散射，从而使其在外观上获得一种和普通玻璃釉完全不一样的别有风格的艺术效果。南宋时期发明的石灰碱釉对青瓷说来是一个很有创造性的巨大进步。

4 南宋时期，龙泉窑还生产一种其色调可与翡翠媲美的梅子青釉。通过试验得知，梅子青釉的烧成温度比粉青釉要高，故釉的玻化程度也比粉青釉高。梅子青釉的釉层略带透明，釉面光泽亦较强。从工艺观点而言，梅子青釉的形成原因除了烧成温度较高以外，还需要较强的还原气氛和比粉青釉更厚的釉层。

5 上述粉青和梅子青釉，其所配的胎基本上都是白胎。从近年来大量发掘出来的实物资料看来，龙泉窑除了生产这种白胎青瓷外，还生产一种黑胎青瓷。从出土器物的数量看来，白胎青瓷的产量占主要地位。在发掘时还发现，黑胎青瓷和白胎青瓷混杂地堆积在一个层次里，没有单独的层位，这表明这二种类型的瓷器是在同一窑中兼烧的。黑胎青瓷的胎色跟烧成温度有关。烧成温度较高，胎呈深灰，烧成温度较低，胎的颜色也相应变淡。釉的色调和光泽也和烧成温度与气氛密切有关。温度较高的釉呈棕黑色玻璃状，温度较低，釉色也变浅，光泽亦减弱，呈半木光或木光。这种黑胎青瓷，无论在造型、釉色、纹片以及底足的切削形式等方面都和南宋官窑相似，从外观上看，这二类瓷器很难分辨。

6 胎的色调对釉色有一定的衬托作用。古代龙泉青瓷一般都要在胎的配方中掺加一定量的紫金土，其目的就在于降低胎的白度，使胎色在白中略带些灰的成分，甚至成为灰黑色，这样便可使釉色深沉，而不致过于显露。不同类型的釉色所要求匹配的胎色也不一样。如粉青釉要求胎白中带灰，梅子青釉要求胎的白度高一些，或白中略带灰，而黑胎青瓷则要求灰到灰黑色胎。

7 历代龙泉青瓷在化学组成上的特点为：

	Fe_2O_3(总)%			CaO%			(K_2O+Na_2O)%		
	最低	最高	黑胎青瓷	早期	南宋以后	黑胎青瓷	早期	南宋以后	黑胎青瓷
胎	1.6	2.4	4.5						
釉	0.95	2.30	0.83	13—16	6.3—11.5	12.2	5.2—6.2	4.8—7.6	4.2

铁含量是决定青瓷胎釉色调的主要因素之一。“朱砂底”和“紫口铁足”都是由于胎内含有较多的铁质并在烧成后期受到二次氧化所致。当胎内氧化铁含量在1.5—2.5%时，成“朱砂底”，在3.5—5%时则成“紫口铁足”。

关于南宋时期几种典型青瓷的胎釉化学组成可参阅下表：

	SiO_2	TiO_2	Al_2O_3	Fe_2O_3（总）	CaO	MgO	K_2O	Na_2O	MnO	总量	FeO
粉青胎	67.82	0.22	23.93	2.10	痕量	0.26	5.32	0.32	0.03	100	
黑胎青瓷胎	61.37	0.74	27.98	4.50	0.87	0.73	3.74	0.38	0.20	100.51	
粉青釉	69.16	痕量	15.40	0.95	8.39	0.61	4.87	0.32	痕量	99.70	0.59
梅子青釉	66.97	0.14	14.71	1.01	11.51	0.65	4.26	0.54	0.20	99.99	0.83
黑胎青瓷釉	65.31	痕量	16.61	0.83	12.24	0.82	3.75	0.45	0.08	100.09	0.17

8 南宋和元、明时代胎釉配方中钾、钠含量很高，无法用现在见到的当地原料配成，这个问题可能由于古代所用瓷石的风化程度较浅，因而含钾较高之故，古代采用“木叶”来烧炼釉灰，也会在釉中引入一部分钾。所谓“木叶”，可能是一种钾含量较高的植物枝叶。

9 古代龙泉青瓷的烧成温度大约在1180—1230°C之间，梅子青则在1250—1280°C之间。胎质都不太致密，介于生烧与微生烧之间。利用还原比值（即FeO与Fe_2O_3含量的比值）这个概念可以看出古代青瓷在烧成时气氛的平均性质。上品的粉青釉的还原比值约为2—3，即要求强弱适中的还原焰，梅子青釉的还原比值约在10以上，即要求强还原焰，黑胎青瓷的还原比值约0.4左右，即要求弱还原焰。

第四节　宋代黑釉瓷器的生产

我国黑釉瓷器的生产和青瓷一样历史悠久。最早的标本有镇江东汉元光十三年墓出土的黑釉小罐。江浙地区东晋南朝墓多出土黑瓷，唐代北方诸窑也多兼烧黑瓷，入宋以后，黑釉瓷器更大量烧造。已发现的宋瓷窑址中，有三分之一以上都见到黑瓷，南北都产，尤其是一种黑釉盌盏，产量特别大，也有不少瓷窑专门烧造。这种情形在宋以前是少见的。这要从当时的饮茶风尚来找寻原因。

以茶叶的浸出汁作饮料，在我国开始得很早，至少可以追溯到西汉。但是直到唐代饮茶才成为一种地不分南北、人不分老少、普遍饮用的社会习尚。入宋以后更盛行“斗茶”，使饮茶具备了一种超乎止渴作用的风雅价值。

宋代斗茶与黑瓷茶具　宋代的茶叶是制成半发酵的膏饼。饮用前先把膏饼碾成细末放在茶碗内，再沏以初沸的开水，水面沸起一层白色的沫。宋代的茶盏虽有五种釉色：黑釉、酱釉、青釉、青白釉、白釉，但以黑釉茶盏便于衬托白色茶沫观察茶色而受到斗茶者的爱重。宋徽宗也很爱好此道，常与臣属斗茶，上行下效，影响很大。赵佶在他写的《大观茶论》中说："天下之士励志清白，竟为闲暇修索之玩，莫不碎玉锵金。啜英咀华，较筐箧之精，争鉴裁之别"；宋人唐庚《斗茶记》也说："政和三年三月壬戌，二三君子相与斗茶于寄傲斋，予为取龙塘水烹之而第其品"。蔡襄《茶录》里谈到建安斗茶。他说斗茶先斗色。建安人对当地所产的一种半发酵的白茶评价很高。因茶色贵白，黄白者受水昏重，青白者受水详明，故建安人斗茶以青白胜黄白。其次为茶汤，以茶汤先在茶盏周围沾染水痕的为负，这种白茶因含有黄色染精和胶质，时间久了茶汤便会在盏内染成一圈水痕。宋代茶色是白的，当然以黑盏最为适宜观色。正因为有这种特殊需要，黑盏就得到了极大的发展，也由此兴起了不少专烧黑盏的瓷窑，尤以福建地区为突出。宋代文献记黑茶盏的材料的有不少。如：

陶穀《清异录》"闽中造盏，花纹鹧鸪斑点，试茶家珍之"㉛，《清异录》刊于宋初，据此可知宋初已用黑盏饮茶，而且已经有了黑盏带鹧鸪鸟羽毛斑花纹的，受到精于饮茶的人们的珍视。

祝穆《方舆胜览》："兔毫盏出瓯宁"㉜。

蔡襄《茶录》试茶诗有"兔毫紫瓯新，蟹眼清泉煮"㉝之句。诗中的紫瓯应是酱色釉，与定窑的紫定实际上也是一种酱色釉相同。

苏东坡《送南屏谦师》："道人绕出南屏山，来试点茶三昧手，勿惊午盏兔毛斑，打出春瓮鹅儿酒"㉞。

赵佶《大观茶论》："盏色贵青黑，玉毫条达者为上"㉟。

《宣和遗事》："政和二年……又以惠山泉建溪异毫盏烹新贡太平嘉瑞茶赐蔡京饮之"㊱。

除上列各书外，散见于诗文集的还有：僧洪的"点茶三昧须饶汝，鹧鸪斑中吸春露"㊲。

杨万里的"鹰爪新茶蟹眼汤，松风鸣雪兔毫霜"㊳；陈蹇叔的"鹧斑椀面云萦字，兔毫瓯心雪作泓"㊴；黄山谷的"研膏溅乳，金缕鹧鸪斑"和"兔褐金丝宝椀，松风蟹眼新汤"㊵。

上引诗文中记述的茶盏绝大多数是福建省建阳县水吉镇建窑的产品，提到的兔毫、玉毫、异毫、兔毛斑、兔褐金丝等等，都是兔毫盏的不同名称。建窑是宋代新兴的黑瓷窑之一，是众多民间瓷窑的一个。北宋后期由于建窑烧制的黑盏适于斗茶，因此一度为宫廷烧制供斗茶用的黑盏，底足刻"供御"和"进琖"字样。在水吉镇遗址之中发现不少带这类铭文的底足标本。

黑瓷的装饰与地方特色

黑釉是宋代瓷器中最普通的一种釉色瓷器，可以说我国各地都具备烧黑釉的原料。从釉色说它是不美的，但到了有才智的制瓷工匠手里，经过了特殊加工之后，黑釉釉面上烧出了丰富多样的装饰，有的呈现出条状或圆点等不同形式的结晶，有的釉面色泽变化万千，有的把剪纸纹样烧在瓷器上，有的又剔刻出线条流畅的纹饰，这些装饰风行于不同地区，具有浓郁的地方特色。

兔毫盏 带结晶纹的黑瓷在不同地区有不同的纹样，流行于福建地区的有兔毫纹，盌身里外都有细长的条状纹，细长的程度很像兔毛一样，因此称做兔毫盏，这种细条纹都闪银光色。兔毫盏的产地以建阳窑最著名。福建省很多瓷窑也都烧制这类茶盏；此外，带兔毫纹的黑盏在其他地区也有发现，如四川、山西等地瓷窑，但数量比福建少，似乎不是有意仿制的。

油滴釉 油滴结晶釉是宋代黑瓷的又一种装饰，就传世品看，福建地区也烧造这类黑盌，目前流散到日本的宋代油滴盌不少，造型、胎土、施釉等特征带有典型建窑特色，但在窑址调查发掘报告中没有报道过这类标本。北方地区瓷窑中也发现有油滴结晶标本，如河北定窑、河南鹤壁窑和山西临汾窑，以临汾窑稍多，定窑、鹤壁窑油滴结晶斑点很小，但银光色泽很强。

玳瑁盏 以釉面色泽变化万千而著称的是江西吉安永和窑，以黑、黄等色交织混合在一起，有如海龟的色调，宋代称它为玳瑁盏，这种花釉富有变化，色调协调滋润，是永和窑的主要装饰品种之一。玳瑁釉北方没有发现，广西地区有发现，有仿永和窑玳瑁釉的标本。建窑黑盏有窑变花釉者，在碗里不规则的油斑的周围出现窑变蓝色。这种窑变极其少见，流散到日本的少数几件这类茶盏，今天被评为“国宝”级文物。这类茶盏标本在众多的福建黑瓷窑中尚未发现。1977年故宫博物院调查浙江金华地区宋代武义窑址时，采集品中有黑釉窑变蓝釉碗标本，可惜只采集到一件，数量虽少，但由此可知浙江地区宋代也烧制过窑变蓝釉茶盏，为研究这类瓷器增添了新的资料。

剪纸漏花 剪纸是我国民间艺术的一个门类，宋时江南地区比较流行。江西吉安永和窑的匠师们，把当时民间的剪纸花样移植到黑釉茶盏上。这个移植是成功的，既丰富了永和窑的瓷器装饰，又使我们了解到南宋时期江西地区民间剪纸的部分内容。剪纸一般具有窗花、衣鞋纹样稿本等作用，题材有象征春天即将来临的梅花。梅花又有折枝梅、团梅等多种，有用以祝福的吉语，如“福寿康宁”、“金玉满堂”和“长命富贵”等。此外还利用树叶通过特殊的工艺在釉上烧出叶纹，这又是永和窑匠师们的另一种创造，具有浓厚的永和窑特色。

黑釉剔花 黑釉剔刻流畅的线条，这是宋代民间瓷窑的丰富装饰品种之一，南北瓷窑都有这种装饰，但风格各自不同，其中以山西雁北地区最为突出。黑瓷上剔、刻花纹主要是在瓶和罐的肩腹部。1955年天镇夏家沟出土的黑釉剔花罐及瓶各一件。罐的布局讲求对称，剔刻刀法纯熟，黑釉乌黑光亮，褐黄地衬托出流利的纹饰，为雁北地区剔刻装饰的代表作品。据调查，烧制黑釉剔刻纹饰的有大同窑、怀仁窑、浑源窑和晋西南的乡宁窑。四窑以浑源制做精细，标本中有与夏家沟出土剔花罐质量相类的。除瓶罐之外，标本中还有剔花盆，这是很少见到的。大同、怀仁、乡宁等窑风格粗放，纹饰简练，除黑釉外，还有茶叶末釉，器物亦以瓶罐为主。

黑釉印花 河北定窑发现了这类标本。1974年吉林省奈曼旗白音昌窖藏出土了三件完整的定窑酱褐釉印花碗，这是极罕见的。山西平定窑发现了黑釉印花碗标本，毫无疑问是受定窑的影响。在晋中地区的太原市孟家井窑和介休洪山镇窑也先后发现有类似标本。两窑发现的这类标本数量较多，在烧法、釉色和纹饰上具有山西地域特色，反映了山西地区制瓷工匠吸取了河北定窑装饰艺术的长处，又保留了本地区的工艺特点。介休窑印花纹饰与定窑风格不同，采集的标本之中有二童子荡船纹者十多件，釉为褐黄色，纹饰为粗线条，多印在大盘和大碗的里面，印此种纹饰的在其他瓷窑较少见到。孟家井窑印花纹饰普遍为各种缠枝花卉，盘碗中心多一圈刮釉，缠枝花卉装饰则借鉴于定窑，在支烧方法上采用了本地区所用的叠烧法，这种印花碗纯属民间用瓷，粗朴而美，当时肯定会深受欢迎的。

宋代民用黑瓷盘碗有里部施釉做五角或六角纹的，这种方法可以视为中心刮圈的前期形式，河南、山西、陕西等地瓷窑采用较多，如在河南省郏县、登封，山西省平定、怀仁和陕西铜川耀州窑各遗址中都发现有这种标本，可以看出这种做法在北方瓷窑被广泛地采用后即改为碗心一圈刮釉，从美观要求考虑，刮去一圈釉比五角六角形露胎部位为小，因此被刮釉支烧法所代替。

黑釉上饰以酱色斑点的在北方地区宋瓷窑中也比较常见，而以河南省独多，河北磁州窑次之，在瓶、罐、碗、壶各类器皿中有的饰以斑点，有的饰以条纹，这种装饰任意点画，不拘形式，没有什么规则排列，烧后反而显得自然，而且黑酱两色很谐调，加以造型优美适用，自然也会惹人喜爱。

宋代还有黑釉加金彩的，传世品只有三件碗。纹饰大体有两种，一种是金彩画纹饰，碗里画花蝶；一种书写文字，如碗里金彩画兔毫纹，碗心一朵梅花，碗里四面书“寿山福海”四字。1954年故宫博物院调查江西吉安永和窑时采集到一件碗的残片，上书一“山”字与上述碗特征相同。建窑碗还有书四句七言诗者，但传世品也仅只一件。这三件碗多年前已流散到国外，国内未见，可见这种装饰的瓷器在宋代产量也不多。

黑釉的工艺特点以及“油滴”和“兔毫”的形成机理探讨

油滴、兔毫、玳瑁斑。这些黑釉都属同一体系，它们在烧造工艺和形成机理上，彼此间既存在着某些共同之处，同时也存在着不少独有的特点。对于这些现象，历来甚少进行科学研究。1977年国家建材总局建筑材料科学研究院对从东汉到元代南北方十七个地区和窑口的二十一种黑釉标本进行了系统的科学研究，初步总结了我国古代黑釉的发展规律，同时对具有我国独特风格的“油滴”和“兔毫”的形成机理进行了探讨[41]，他们的研究结果可综合归纳如下：

工艺特点：

（1）着色剂——各种不同品种的黑釉中都含有较多量的铁的化合物，这些铁的化合物就是各种黑釉的主要着色剂，黑釉中还含有微量到少量的的氧化锰、氧化钴、氧化铜、氧化铬等其他着色剂，虽然含量很低，但有时对色调也有一定的影响。在下表中，Fe_2O_3（总）表示黑釉中铁的总含量，表中列出了黑釉中的主要着色剂和次要着色剂的变化范围，还列举了油滴和兔毫本身及其周围玻璃体中铁含量的差异。

主要着色剂铁含量：5—6%

宋吉州永和窑黑釉最低，为2.97%

北宋浙江武义黑釉最高，为9.54%

（油滴釉的Fe_2O_3(总)为5.34，但电子探针测定结果表明，油滴中铁元素含量比周围玻璃体约高10倍。兔毫釉的Fe_2O_3（总）为5.96，毫毛处铁元素含量比周围玻璃体略高）。

次要着色剂含量：MnO：0.05—3.77%，CoO：0.01—0.03%，CuO：0.01—0.02%，Cr_2O_3：0.01—0.09%。

（南方黑釉中的MnO含量普遍高于北方。前者MnO含量一般在0.19—1%之间，而北宋浙江武义黑釉中的MnO含量甚至高达3.77%，北方黑釉中MnO含量介于0.06—0.11%之间）。

（2）釉——和青瓷釉一样，我国古代黑釉也分石灰釉和石灰碱釉两大类。东汉、东晋等早期黑釉都属石灰釉，但辽代抚顺江官屯黑釉已开始采用石灰—碱釉，唐代以后，基本上都改用石灰—碱釉。今将宋代几个典型黑釉的化学组成示为下表。

黑瓷釉的化学组成（%）

	SiO_2	Al_2O_3	Fe_2O_3	TiO_2	CaO	MgO	K_2O
宋永和黑釉	60.99	18.52	2.21	1.47	7.44	2.27	5.48
宋河北曲阳黑釉	65.65	15.28	4.95	0.75	6.89	2.66	1.80
宋河北曲阳酱釉	65.85	16.32	3.48	0.95	5.64	2.44	2.33
宋山西临汾油滴釉	68.63	13.38	4.17	0.87	4.28	1.88	4.32
北宋建阳兔毫	58.66	20.59	3.22	0.69	6.85	1.92	3.72

Na_2O	FeO	MnO	Cr_2O_3	CuO	CoO	总 量
0.61	0.68	0.97	0.02	0.01	0.01	100.68
1.38	1.81	0.09	0.09	0.02	0.02	101.39
1.04	2.22	0.07	0.02	0.02	0.02	100.40
1.05	1.05	0.09	0.02	0.03	0.03	99.80
0.24	2.47	0.82	0.01	0.02	0.02	99.23

从表中可看到，油滴釉的SiO_2／Al_2O_3的比值在黑釉中要算最高，而兔毫釉的SiO_2／Al_2O_3比则为最低。在釉层厚度方面，早期较薄，多数在0.1—0.2mm.之间。北宋以后，釉层显著增厚,最厚者达1mm.左右。在釉色和光泽方面，南方黑釉早期时呈深绿褐色至黑棕色，釉面开纹片，光泽较差，宋以后，呈黑色，光泽比早期有较大改进。北方黑釉呈棕黑到黑色，光泽较好。在显微结构方面，除油滴、兔毫部分有赤铁矿和磁铁矿小晶体析出外，普通黑釉在薄片状态时，都呈透明玻璃状，其中有数量多少不等的气泡和未熔石英晶体。这种普通黑釉的着色是由于氧化铁在高温时熔解在釉中所造成的。

（3）胎——南方早期黑瓷釉一般采用烧结温度较低的瓷土作原料，而北方则采用烧结温度较高的硬质粘土。由于所用原料不同，在化学组成上也有区别。一般的规律是，南方黑釉瓷胎中含SiO_2高而Al_2O_3低，北方胎则SiO_2低，而Al_2O_3高，今将宋代几个典型黑釉瓷胎的化学组成和吸水率示例如下：

黑瓷胎的化学组成（%）和吸水率%

	SiO_2	Al_2O_3	Fe_2O_3	TiO_2	CaO	MgO	K_2O	Na_2O	Cr_2O_3	BaO	烧失	总量	吸水率
宋永和黑瓷	66.77	23.00	1.44	1.07	0.10	0.32	5.07	0.46	0.02	0.27	1.31	99.77	7.9
宋河北曲阳黑瓷	61.53	33.21	0.56	0.58	1.10	0.78	1.11	0.84	0.18		0.60	100.49	
宋河北曲阳酱色瓷	60.40	33.95	0.58	0.66	1.11	0.85	1.31	0.35	0.01			99.23	0.2
宋山西临汾油滴瓷	58.33	31.43	3.63	2.05	0.59	0.64	1.92	0.71				99.30	9.6
北宋建阳兔毫瓷	62.86	23.06	9.24	1.22	0.08	0.45	2.53	0.45	0.02			99.91	0.9

（4）烧成温度和气氛——各个时期各种不同类型的黑釉瓷的烧成温度列于下面的表中。这里还列出了二价铁（FeO）在总选中所占的百分数。根据这一数值，可大致看出烧成时的气氛的性质。

南方普通黑釉器的烧成温度：

早期：	1130±20—1240±20°C	FeO/Fe_2O_3（总）	36—64%
北宋至元：	1250±20—1330±20°C	〃	24—45%

北方普通黑釉器的烧成温度：

	1290±20—1350±20°C	〃	23—42%
油滴釉碗烧成温度：	1280±20°C	〃	22%
兔毫釉盏烧成温度：	1330±20°C	〃	46%
酱色釉器烧成温度：	1350±20°C	〃	42%

油滴釉和兔毫釉的形成机理探讨

（1）油滴——是黑釉的特殊品种之一。在这种釉的釉面上，可以看到许多具有银灰色金属光泽的小圆点，形似油滴，大小不一，大的可达数毫米直径，小的只有针尖大小。

在上面着色剂一节中已经谈到，油滴本身的铁含量比其周围玻璃体要大10倍左右。显微镜观察进一步表明，这些具有银灰色光泽的小圆点实际上是由一群密集的粒状或块状的赤铁矿小晶体以及少量磁铁矿小晶体所组成。现在我们可以初步肯定，油滴的形成是由于在烧成时铁的氧化物在该处富集，冷却时这些局部逐渐形成过饱和状态并以赤铁矿和磁铁矿的形式从中析出晶体所致。油滴处铁的氧化物富集的原因主要由于釉层中的氧化铁在1200°C以上的高温时发生分解并生成气泡，特别在氧化铁含量较高处易产生气泡。换句话说，气泡周围氧化铁的含量一般比其他部分要高。随着分解反应的不断进行，气泡逐渐长大，小的气泡也逐渐合并成大的气泡，这就使气泡周围氧化铁的含量不断提高。当气泡长大到一定大小时，它就向釉面上升并排出釉面，随后釉面再度变平。在此过程中，气泡周围富含铁的熔体也随着升到釉面，并在气泡处排出富集。釉层厚度和釉的粘度对油滴的形成也有较大的影响。一般釉厚处油滴较大，釉薄处油滴较小或甚至不能形成油滴。这是因为釉层厚和粘度大有利于气泡长大，从而使气泡周围能富集更多的氧化物所致。油滴的形成还与烧成温度有关。这种釉的烧成温度范围很狭，一般仅约20°C左右，如果控制不当，就不能得到满意的结果。

（2）兔毫——黑釉的特殊品种之一。其特点是在黑釉上透出黄棕色或铁锈色流纹，状如兔毫。在显微镜下观察，这种毫毛呈鱼鳞状结构。在毫毛两侧边缘上，各有一道黑色粗条纹，系由赤铁矿晶体构成。毫毛中间是由许多小赤铁矿晶体组成。兔毫盏的胎中氧化铁含量高达9％以上，在高温时胎中部分铁质会熔入釉中，这对兔毫的形成可能也有一定影响。兔毫的形成可能是由于在烧成过程中釉层中产生的气泡将其中的铁质带到釉面，当烧到1300°C以上，釉层流动时，富含铁质的部分就流成条纹，冷却时从中析出赤铁矿小晶体所致。

第五节　汝窑、哥窑与官窑

1. 未发现遗址的汝窑与哥窑

宋代的汝窑与哥窑都是后世所谓的宋代名窑，两者虽则情形不同，但都是只有瓷器传世，而并未发现烧造的确实遗址。汝窑因宋人书中已屡有称道，而且窑以地名，仅仅因为遗址在后世受到破坏，足以确认为宋代烧制宫廷用器的窑址尚未发现。哥窑的情形则比较复杂，问题较多。但两者都未形成一个独立的窑系则相同，两者的制瓷工艺也似乎与北宋官窑、南宋官窑有关，现为叙述方便，姑作一节一并讨论。

1.汝窑

宋代几大名窑的得名，可能始于明代宣德年间，为宫廷编制藏器目录的《宣德鼎彝谱》中关于宫廷用器的记载有所谓："内库所藏：柴、汝、官、哥、钧、定"。柴窑之有无姑且不论，它不属宋代。宋代诸窑则以汝为首。宋人记载虽也有"汝窑为魁"的说法，但宋人是与同时的青瓷系统诸民窑比较而言。实际上，汝窑由于烧瓷时间短促，传世品稀少，弥足珍贵，故为后世谈瓷者所津津乐道。目前已经发现的临汝窑，主要烧造民用瓷，属于耀州窑体系，不能为本节所讨论的汝瓷提供多少材料。下文主要就传世汝窑瓷器与文献记载中的问题进行讨论。

汝窑主要器型与胎釉特征　汝窑为北宋宫廷烧制瓷器历年不久，中经北宋末年金人南侵，南宋人已有"近尤难得"之叹，流传至今者不足百件。为宋代名窑中传世品最少的一个瓷窑。汝窑传世品造型也不如定、钧等窑丰富，所见到的以盘、碟一类器皿较多，有大小深浅等形式；盌较少。仅见有十瓣瓜棱形及撇口卷足者两种；洗有圆形、椭圆形及三足者三种形式；有仿汉代铜樽的弦纹三足樽，盏托极少见。传世仅只见到一件；瓶青有玉壶春、胆式及纸槌形三种造型；仿铜器的出戟尊，传世品亦仅只一件；还有椭圆形四足盆，这种盆在其他名窑还未见过，可以说是汝窑的特有造型。汝窑无大件器皿，器皿的高度没有超过30厘米的，一般的在20厘米左右；盘、盌、洗、碟等圆器的口径一般在10—16厘米之间，超过20厘米以上是极个别的。这可以说是汝窑的一个特点。

南宋人周密的《武林旧事》书中抄录了一份绍兴二十一年（1151年）宋高宗赵构的宠臣张俊向宋高宗进奉礼物的清单。其中供奉的汝窑瓷器有酒瓶一对、洗一、香炉一、盒一、香球一、盏四、盂子二、出香一对、大奁一、小奁一，共十六种。这是见于文献著录的最多的一批汝窑瓷器。

历代文献谈汝窑都着重形容釉色与质感，关于胎的颜色则一概不提。从传世品看，汝窑瓷胎多数像点燃过的香的香灰色，透过釉处呈现出微微带些粉色，其色调与官窑有些近似。论及汝窑釉色的宋《咸淳起居注》说是天青色[42]：明人《归田集》认为与柴窑的雨过天青相似[43]，高濂《遵生八牋》说："其色卵白，汁水莹厚如堆脂，然汁中棕眼隐若蟹爪，底有芝麻细小挣针"[44]，张应文：《清秘藏》亦沿袭此说[45]；田艺衡：《留留青》认为"色如哥而深，微带黄"[46]；清代《南窑笔记》说："有深淡月白二种"[47]，唐铨衡：《文房肆考》又认为是"淡青色"[48]。上面所列宋、明、清书中谈汝窑釉色，形容的色调达八种之多，但就故宫博物院及国内各地博物馆所藏汝窑瓷器而论，其釉色不同于其他同时期的青瓷，而有它独有的特殊风格，呈现一种淡淡的天青色，有的稍深一些，有的稍淡一些，但不离开淡天青这个基本色调，这种青的色调比较稳定，变化较少；釉面无光泽的较多，有光泽的只占少数；《格古要论》说"有蟹爪纹者真，无纹者尤好"。《遵生八牋》及《清秘藏》二书又据此加以引申，说"汁中棕眼隐起若蟹爪"，这就使人难于理解，棕眼本来是釉面上一种缺陷，小小的如棕毛孔大小的棕点又怎能隐起若蟹爪！高濂没有理解曹昭关于蟹爪纹的原意，因此错误地予以引申，以致使人如坠五里雾中。高濂的《遵生八牋》，说汝窑"底有芝麻细小挣针"，传世宋汝窑瓷器的器底都留有支钉痕，无一例外。而且支钉的痕点又都很小，故高濂用芝麻大小来形容。汝窑支钉以单数居多，小件器物用三个支钉支烧，稍大的用五个支钉支烧，用六个支钉支烧的有椭圆形的盆。用支钉支烧瓷器比汝窑早的有湖南地区的五代北宋时期岳州窑，用支钉支烧的瓷窑发现不多，汝窑有较大可能是受到岳州窑的启发，但汝窑支钉细小，器物仍达到完整不变形的目的，在支烧方法上是有改进与发展的。

汝窑瓷器铭文　汝窑瓷器仅见两种铭文，一为"奉华"，奉华堂系南宋高宗时德寿宫的配殿，为高宗宠妃刘妃所居。带"奉华"字铭的宫廷用瓷都是"奉华堂"的专用品，汝窑器带"奉华"字铭的有三件，铭文是宫廷玉作工匠后刻的。另一种铭文刻一"蔡"字，共两件，一为盘，一为碟，分别收藏故宫博物院及台湾省故宫博物院。刻"蔡"字铭文的是物主的姓氏无疑，宋代蔡家能收藏汝窑瓷器的恐怕有两种可能，一为蔡京，徽宗时京位极人臣，居一人之下，万人之上，可能性较大；一为蔡京之子蔡絛，絛为驸马，徽宗七次至其府第，赐予珍宝无数，其中必有珍贵的汝窑瓷器在内。

国外书刊图录多次发表的一件汝窑圆环形火照，上有"大观元年岁次丁亥三月望日将作少监监设汝州瓷窑务萧服视合青泑初试火照"三十三字铭文，这件带铭文的火照长时间以来被当成中国陶瓷史上的珍贵资料，这里应当指出，这件火照是伪造的。宋代烧窑都用火照测定窑内温度。五十年代以来在宋代窑址里发现了不少。其形状大体都是▽形。是利用碗坯改做的，把碗坯削成上平下尖形状。下部尖形是为了便于插入放满砂粒的匣钵内，匣钵放于炉前的观火孔内，火照上端有一圆孔，当烧窑工测定窑内温度时，用钩伸入观火孔将火照从匣钵里钩出，每烧一窑要验火照数次，每验一次，就钩出一个火照：火照都上半截釉，每烧窑一次火照即废弃不用。带大观铭文的火照为圆环形，历来瓷窑就没有这种形式。同时把印有瓷窑务官萧服视的名字放入窑内去烧，这是不合情理的。类似匣钵、印模、辗轮等一类生产工具，凡带铭文的都出于工匠之手，字体比较生硬了草，而这件火照也一反寻常，字体规整，决非出于工匠之手，是煞费心机与挖空心思精制出来的一件骗人的假古董。

汝窑的玛瑙釉 南宋人周煇《清波杂志》云："汝窑宫中禁烧，内有玛瑙为釉。唯供御拣退方许出卖，近尤难得。"由此可知：汝窑虽不同于专为供御宫廷使用瓷器的官窑，但接受官督，所烧瓷器，供御拣退的次货方许出卖。因此民间流传甚少，所以"近尤难得"。汝窑供御的瓷器是否以玛瑙作釉的原料。实际上玛瑙的主要成分为二氧化硅，与一般石英砂作釉料并无区别。玛瑙往往含有铁等着色原素，以玛瑙作釉料可能对汝瓷的特殊色泽有一定作用。宫廷用器不计成本，以奢侈豪华为尚。汝州确也产玛瑙石。宋·杜绾《云林石谱》汝州石条云："汝州玛瑙石出沙土或水中，色多青白粉红，莹澈少有纹理如刷丝"。汝瓷釉中有玛瑙石是可能的。

汝窑烧制宫廷用瓷的时间 宋人有一些含胡的记载。陆游《老学庵笔记》："故都时定器不入禁中，唯用汝器，以定器有芒也"。陆游是南宋人，他说的"故都时"，应是陆游见闻所及的北宋晚期。已故的陈万里先生曾经根据北宋人徐竞《奉使高丽图经》的成书于宣和五年（1123年）以及书中有"汝州新窑器"一语，推断汝州烧宫廷用瓷的时间是在哲宗元祐（1086年）到徽宗崇宁五年(1106年)的二十年之间。他还指出"新窑器"是对"旧窑器"而言。但是旧窑器为何物，他没有说。"旧窑器"，我们从文献上可以找到根据的是，宋人王存的《元丰九域志》，记耀州窑自神宗元丰（1078年）到徽宗崇宁（1102年）之间也烧造宫廷用瓷，它的实物标本，我们已在耀州窑遗址及北京广安门外发现。很可能"旧窑器"即是耀州青瓷。

此外，宋人叶寘的《坦斋笔衡》也说到汝州青瓷问题。他说，"本朝以定州白瓷有芒不堪用，遂命汝州造青瓷器"，这是南宋人的通论，已见上引陆游《老学庵笔记》文。但他下文接着说"故河北、唐、邓、耀州悉有之，汝窑为魁"。则显然是作者不曾详考的私见。根据陶瓷考古所得的材料，耀窑始烧青瓷是在唐代晚期。邓窑，即内乡大窑店窑，就窑址所见标本考察，至少与汝窑同时。故叶寘《坦斋笔衡》所记不可信。

2.哥窑

哥窑与汝窑不同，它不见于宋人记载。元人记载中有所谓"哥哥洞窑"，与"哥窑"是否一事也有待进一步的证明。哥窑瓷器的窑址迄未发现，也难以陶瓷考古所得材料与传世哥窑器印证。因此，哥窑问题至今仍是我国陶瓷史上一大悬案。

哥窑与“弟窑” 哥窑列名为宋名窑，最早见于明初宣德年间的《宣德鼎彝谱》一书所谓：“内库所藏：柴、汝、官、哥、钧、定”。列名于宋名窑：汝、官之后，钧窑、定窑之前。可见至少自元末起，哥窑已被认定为宋窑，并且是重要收藏对象，其品第高于钧窑与定窑。但是其时不见有“弟窑”之名，龙泉青瓷似乎也未为藏家所重。稍晚的明人曹昭《格古要论》考论古器也只说：

“旧哥哥窑出（下有原阙文，原意谓“出”产于某地，但产地待考，作者未及补，刊本照刻如文。）色青浓淡不一。亦有铁足紫口，色好者类董窑，今亦少有。成群队者，是元末新烧，土脉粗躁，色亦不好”㊾。

曹昭认为哥窑有新旧之分。他明确指出新哥窑成队者是元末新烧，那么旧哥窑当然要早于元末，但早到什么时候则未具体提到，在提法上旧哥哥窑是对新哥窑而言。值得注意的是《格古要论》“龙泉窑”条并没有提到弟窑，可见明初哥窑与弟窑之说尚未成立，但比《格古要论》晚一个世纪的《浙江通志》一书却纪录了以下的传说，“处州……县南七十里曰琉华山”，“山下即琉田，居民多以陶为业。相传旧有章生一、生二兄弟，二人未详何时人，至琉田窑造青器，粹美冠绝当世，是曰哥窑，弟曰生二窑……”㊿。这是有关章生一、章生二兄弟烧瓷的最早材料，但是书中未记章生一和生二为何时人。

嘉靖四十五年刊刻的《七修类稿续编》，则进一步说：“哥窑与龙泉窑皆出处州龙泉县，南宋时有章生一、生二弟兄各主一窑，生一所陶者为哥窑，以兄故也，生二所陶者为龙泉，以地名也；其色皆青，浓淡不一；其足皆铁色，亦浓淡不一。旧闻紫足，今少见焉，惟土脉细薄，釉色纯粹者最贵；哥窑则多断纹，号曰百圾破……”[51]。《七修类稿续编》距《浙江通志》成书仅相隔五年，在“相传旧有章生一、生二兄弟，二人未详何时人，”的基础上具体地肯定为南宋时人。并说“生一所陶者为哥窑，以兄故也；生二所陶者为龙泉，以地名也”。这是我们见到的肯定章生一生二弟兄为南宋时人的最早材料，明嘉靖以后对哥窑弟窑的进一步演绎，大都来源于此。值得注意的是，《格古要论》中哥窑和龙泉窑是分为两条描述的。文中没有提到两窑有什么关系，而且哥窑条又提到了新哥窑，从文章结构分析，旧哥哥窑是对新哥窑而言的，其次，明·陆容《菽园杂记》一书亦刊刻于嘉靖年间，对龙泉窑记录得比较细致。是研究龙泉窑不可忽视的重要参考书，书中提到“青瓷初出于刘田，去县六十里，次则有金村窑，与刘田相去五里余，外则白雁、梧桐、安仁、安福、绿遶等处皆有之。然泥油精细，模范端巧，俱不如刘田。泥则取于窑之近地，其他处皆不及，油则取诸山中，蓄木叶烧炼成灰，并白石末澄取细者合而为油。大率取泥贵细，合油贵精。匠作先以钧运成器，或模范成形，候泥干则蘸油涂饰。用泥筒盛之。置诸窑内，端正排定，以柴篠日夜烧变，候火色红焰无烟，即以泥封闭火门，火气绝而后启。凡绿豆色莹净无暇者为上，生菜色者次之，然上等价高。皆转货他处，县官未尝见也”[52]。这段记载从龙泉窑的分布、原料出处、制做工艺装窑方法直到烧窑，描绘得极其细致，但对于哥窑也无只字提及。基于上述情况，宋时龙泉窑章生一生二弟兄各主一窑的说法，从文献记录的资料看，开始得自传闻，以后又进一步演绎而渐次形成。

哥窑与龙泉窑的黑胎青瓷 1960年，浙江省文管会对龙泉窑的大窑、金村窑遗址进行了发掘，在大窑和溪口等五处窑址发现了黑胎青瓷，器物有碗、盘、盏、杯、洗、瓶、觚、盂、盒、灯及炉等标本；而故宫博物院、上海博物馆等单位收藏的传世哥窑器，如三足鼎、鱼耳炉、乳钉五足炉、双耳乳足炉、觯式瓶、胆式瓶及折腰盘等典型南宋器物，在所有窑址里均未发现；由故宫博物院提供的经中国科学院硅酸盐研究所化验测定的哥窑标本，其胎釉的化学组成、纹片颜色以及底足的切削形式等都与发掘出来的龙泉黑胎青瓷不同，比较说来反倒与江西地区的仿哥、仿官以及碎器一类产品则接近[53]。根据上述的发现，就有一种意见认为传世哥窑瓷器不是龙泉窑烧的。其烧造地点接近江西景德镇。关于龙泉的黑胎青瓷问题，目前有两种看法，一种意见认为黑胎青瓷就是古代文献中所提的哥窑的产品无疑。另一种意见认为龙泉窑的黑胎青瓷不是哥窑，是仿官窑的作品，哥窑弟窑的命名本身就值得怀疑，从文献材料看是后人根据前人传闻演绎出来的，《格古要论》在论官窑时有“有黑土者谓之乌泥窑，伪者皆龙泉所烧者，无纹路”之说。龙泉窑的黑胎青瓷造型与杭州乌龟山官窑出土的标本有不少共有的式样。正是《格古要论》指出的乌泥窑，因此，它是仿官窑的作品。

中国科学院上海硅酸盐研究所化验宋龙泉黑胎青瓷标本后认为：“有人认为是仿官窑的制品，它的胎骨成分很接近北方窑，而与一般龙泉窑差别较大，可见仿官窑的说法是有所根据的”[54]。

传世哥窑器 传世哥窑瓷器为数不少。此处探讨的仅限于南宋时期的作品，这些作品现在大多数分别藏于故宫博物院、上海博物馆及台湾省故宫博物院，流散到国外的为数也不少；其造型有各式瓶、炉、洗、盘、碗和罐。论胎有薄厚之分，其胎质又有瓷胎与砂胎两种，胎色有黑灰、深灰、浅灰、土黄多种色调；釉色也有粉青、月白、油灰、青黄各色。从时间讲，这里应有早晚之别，从产地说也恐非出于一个瓷窑的出品，情况是比较复杂的(图版贰拾陆:1)。

传世哥窑有早期晚期的作品，《格古要论》的旧哥哥窑与新哥窑记载是值得重视的，曹昭对新哥窑解释为凡是成群成对的就属于新哥窑的作品，换句话说，旧哥哥窑大部是单件的，成群成对的非常少。

关于传世哥窑产地问题，有一种意见认为它接近江西省，景德镇明代仿官仿哥窑成风，这类仿品现在流传下来很多，比较早些的有成化时期的仿品，而且是成化时期景德镇御器厂烧制的，器物底部有青花楷书六字款，款体与传世大量成化时期官窑瓷器相同。再早的景德镇仿哥作品未见到。江西地区烧开片瓷的还有吉安永和窑，也就是宋代的吉州窑，就这类传世瓷器的时代看，大部分是明嘉靖到崇祯时期的作品；《格古要论》提到一个碎器窑，烧造地点就在吉安永和镇，碎器窑就是与哥窑类似的开片釉，有较大可能这是宋代的名称，因此吉安有可能烧哥窑器物。景德镇与吉安永和窑窑址都未发掘过，两窑明代都仿烧过哥窑瓷器，特别是吉安永和的碎器窑可能性更大一些。

元至正二十三年刊刻的《至正直记》一书也提出了可供研究的另一个新线索，在窑器不足珍一节里说："乙未冬在杭州时市哥哥洞窑者一香鼎，质细虽新，其色莹润如旧造，识者犹疑之。会荆溪王德翁亦云，近日哥哥窑绝类古官窑，不可不细辨也"[55]。这里引人注意的是"哥哥洞窑"一词的出现。上引文中王德翁所说的"哥哥窑"不知是否即"哥哥洞窑"。无论如何"哥哥洞窑"或"哥哥窑"都可能与哥窑有关，如果据此进一步追根求源，哥窑究竟出于何处，可能会得到解答。又，《格古要论》说的新哥窑是元末新烧，与《至正直记》所说"近日哥哥窑绝类古官窑"的"近日"属于同一时期，可以说说法相同，可证哥窑在元后期，仍继续烧瓷。传世的哥窑瓷器中有不少是南宋时期作品，其中也有些元代的作品，如何区分，还有待今后的努力，如果对哥窑器多做一些化验分析，加以比较研究，哥窑问题是能够澄清的。

此外，《遵生八牋》又有如下记载："官窑品格，大率与哥窑相同"，"窑在凤凰山下"，"哥窑烧于私家，取土俱在此地"。文意似乎是说哥窑的烧造地点在杭州，高濂此说不知何所本。是否与哥哥洞窑有关亦不详，姑记于此以待研究。

2. 宋代宫廷垄断的三个瓷窑

宋代瓷窑众多，绝大部分是民营制瓷手工业，在众多的民营瓷窑之中，少数产品质量好的，地距两宋都城较近的瓷窑被宋宫廷看中，在烧民用瓷器的同时，也为宫廷烧造一定数量的宫廷瓷器，这类瓷窑有定窑、耀州器、钧窑、景德镇窑和龙泉窑。宋代还有三个瓷窑产品为两宋宫廷所垄断，烧瓷全部供宫廷专用，失去的商品瓷的性质；三个瓷窑是浙江余姚越窑、河南开封的北宋官窑和浙江杭州南宋官窑。现分述于后。

1. 浙江余姚越窑

越窑烧青瓷有悠久历史，唐人陆羽列为六大青瓷名窑的首位。五代吴越钱氏为了结纳中原中央朝廷的后唐、后晋、后汉、后周以及宋诸政权，无不称臣进贡，贡物之中除珍宝外，越窑青瓷也列为贡品之一，钱氏对中原统治者贡奉之多，次数之繁以及态度的虔诚。都超越了历来地方割据政权称臣供奉的程度。越窑由于有此政治上的特殊需要，钱氏立国后就把它垄断起来，所烧瓷器除自身使用和做为贡品之外，臣僚及百姓都不能使用[56]。

据《册府元龟》、《宋会要》、《宋史》、《十国春秋》、《吴越备史补遗》及《宋两朝贡奉录》所载，宋立国之初，从开宝到太平兴国十年之间越窑贡奉青瓷竟达十七万件之多。宋·周密《志雅堂杂钞》诸玩条有“李公略所藏雷咸百衲琴”，“两傍题云，大宋兴国七年。岁次壬午六月望日，殿前承旨监越州窑务赵仁济”记载。可知自吴越钱氏入朝、纳土称臣，越州窑务已由宋朝廷接收，并设官监烧，但设官监烧的时间似乎并不长。因为明嘉靖刊本《余姚志》，《风物记·杂物》条有“秘色瓷器初出上林湖，唐宋设官监窑，寻废”的记载。此外还有当时越窑所产的实物可以作证。故宫收藏越窑器中有“端拱元年戊子岁十二月造□”十二字年款盒盖一件。盒面光素无纹饰，仅刻文字，与五代到宋初越窑精致划花盒相比，质量相差悬殊。另一件里刻“淳化二年……”年款碗，胎釉都很粗糙，找不到一丝“千峰翠色”的痕迹，此外，见于著录的腹部刻“元丰三年”年款的双系盖瓶，不过是一般陪葬的大路货。这些实物标本显然都不是官监时期贡奉朝廷的作品。看来官监停废的时间也就在太平兴国七年至端拱元年七、八年之间。

至于越窑官监停废的原因，据现在已知的材料推测，大约此时北方诸瓷窑中定窑、耀窑烧瓷工艺有很大的进步，定州白瓷刻花器的雅洁素净，耀州青瓷刻花器比之越窑器更是青出于蓝，宫廷用瓷已无须取给于越州窑了。而越窑也自官监停废以后，大约也有一部分熟练的工匠走散，越窑转向民间，生产民用的大路货，产品质量下降，在竞争中，后来者居上，越窑的盛名也渐次为其他青瓷诸窑所取代。

2.汴京官窑

汴京官窑是北宋的官窑，也是一个无法从窑址取证的一个瓷窑。关于北宋官窑也仅有南宋人顾文荐《负暄杂录》中的一条简单记载，仅云：“宣政间京师自置窑烧造，名曰官窑”。但顾文荐虽是南宋人，“杂录”而以“负暄”名，应是作者老年闲居时的著作，行文也是老年忆旧时的语气。所以这条记载应当是可信的。顾文的所谓“宣政间”，即是宋徽宗政和到宣和十五年间（1111—1125年）。宋徽宗是一个纨裤子弟型的帝王，他能不惜民力到江南采运花木竹石，即所谓花石纲，在汴京设一个专烧宫廷用瓷的官窑，更属可能，宋徽宗风雅自命，能诗能画，并仿制古代铜器，好古成癖，设窑烧造他所指定式样的瓷器，不仅可能，而且必要。但是由于汴京入金以后，有几次大的黄河泛滥成灾，宋汴京城遗址早已掩埋于泥沙之下，据古遗址钻探所得资料，宋汴京遗址深埋在今开封市地下六公尺深处。而且黄河在开封上下，河床高于地面，成为地上悬河，开封地下水位很高，考古发掘也难以进行，况且地面遗迹一点不见，也无从入手。几乎是无法取得实证。

因为文献材料太少，窑的有无又不能以窑址作证。因此对汴京官窑问题就有许多分歧的意见，迄今关于汴京官窑问题，主要有三说。

一说认为汴京官窑即是汝窑。持此说的根据可能来自《格古要论》谓汴京官窑器“色好者与汝窑相类”。但是如果比较两窑传世的实物标本，两窑烧造器物的造型并不一样，釉色也有差别。汴京官窑和汝窑是两个窑，而不是一个窑。况且，据明初人曹昭的意见也分明说的是两窑，只是他所见的某些官窑器色泽类似汝窑器。

第二说者以明清两代谈瓷诸书只说“官窑”而不言“汴京官窑”，据此否定有所谓“汴京官窑”。但此说看来也难以成立，因为南宋人写的《负暄杂录》早已明确提到有汴京官窑。此外南宋人叶寘《坦斋笔衡》在论到南宋修内司官窑时也明说修内司官窑是“袭故京遗制”，实际上暗示了“故京”也有官窑，只是当时去北宋未远，汴京之有官窑不如后世之成为问题，故略而未提而已。

第三说则认为汴京官窑与南宋杭州“修内司官窑”都同样存在。此说主要是从比较两窑传世实物与南宋郊坛官窑标本立说的，说者以传世品官窑圆洗为例作了剖析。洗的形状是器身接近垂直而微外敞，平底，里外施满釉，底部用支钉支烧，与汝窑的施釉支烧方法相同。它们之间应有某种关系，或是汝窑给汴京官窑以影响，或是官窑工匠就来自汝窑。汝窑传世品中这类圆洗，胎较传世的汴京官窑为薄，釉色也有显著区别。官窑传世品中还有一种带圈足的圆洗，圈足宽而浅，露紫黑色胎，用宽圈足支烧，洗底没有支钉，底部处理与支烧方法与汝窑及汴京官窑迥然不同；但这类圆洗在杭州乌龟山南宋郊坛官窑遗址里发现了这类标本，从而证明这件宽圈足圆洗是南宋郊坛官窑的产品。可是就这件洗的釉色，却与用支钉支烧的汴京官窑洗大体相同，都是粉青色，施釉较厚，与南宋叶寘《坦斋笔衡》所谓修内司官窑“釉色莹澈”、“袭故京遗制”说法相合。

3.杭州修内司官窑

北宋汴京官窑随着北宋王朝的灭亡而终结，高宗南渡后在杭州另立新窑，这是汴京官窑的继续，因称南宋官窑。最早见诸文献著录的是南宋叶寘《坦斋笔衡》，“中兴渡江，有邵成章提举后苑，号邵局，袭故宫遗制，置窑于修内司，造青器名内窑；澄泥为范，极其精致，油色莹澈，为世所珍。后郊坛下别立新窑。比旧窑大不侔矣。余如乌泥窑、余杭窑、续窑皆非官窑比，若谓旧越窑，不复见矣”。这里明白指出修内司窑也称“内窑”。带有内廷及大内的用意。也指出修内司官窑是仿汴京官窑形制特征烧制的，用澄泥做坯，制做极其规整，由于釉色晶莹透澈而受到珍视。明初曹昭《格古要论》说：“官窑器宋修内司烧者土脉细润，色青带粉红，浓淡不一，有蟹爪纹紫口铁足，色好者与汝窑相类，有黑土者谓之乌泥窑，伪者皆龙泉所烧者，无纹路”。曹昭说修内司官窑特点是胎细釉润、色青带粉红，釉有深浅之分，有蟹爪纹开片和紫口铁足特征；他概括的几点比《坦斋笔衡》具体，紫口铁足，蟹爪纹等一再为明清两代文献所引用，修内司窑的烧窑地点在凤凰山下。此说见于高濂《遵生八牋》，半个世纪以来中外研究修内司窑的人前往凤凰山下访古的络绎不绝，但确切的窑址则并未发现，地面上散布的瓷器标本倒为数不少，日人米内山庸夫有《南宋官窑の研究》一文，所列的标本有青瓷、白瓷、青白瓷和黑瓷各类标本，青瓷标本种类繁多并有精粗之分。似乎可以肯定，米内山庸夫采集到的标本多数不是修内司官窑的产品。因为没有任何文献资料说到修内司官窑烧过白瓷、青白瓷和黑瓷，就是他采集的青瓷碎片似乎也不都是修内司官窑的标本。因此修内司官窑遗址究竟在凤凰山下什么地方至今还没有搞清楚。

《坦斋笔衡》里提到的“后郊坛下别立新窑”，是南宋初期设立的第二座官窑，也称“郊坛官窑”，它的窑址在今天杭州市南郊的乌龟山一带。早在本世纪初期，窑址已经被人发现，瓷片零星流落到古董市场。由此引起中外研究陶瓷的人们的注意。1930年以后到乌龟山郊坛官窑遗址访古还大有人在。五十年代浙江省文管会对窑址进行了小规模试掘，发现了窑炉一座与瓷片、窑具等，历年郊坛官窑遗址出土的标本，胎土呈黑灰以至黑褐色、胎较薄，施釉较厚，釉有粉青、炒米黄等多种色泽；器型除习见盘、盌、碟、洗等之外(彩版17:1)，仿商周秦汉古铜及玉器者甚多，显然是受北宋徽宗朝帝王提倡的仿古复古风气影响，这类仿古器皿只能是作为宫廷陈设用品而生产。郊坛官窑遗址中遗物比较丰富，其特征又与文献记载颇多吻合。此外，《遵生八牋》中还有“官窑品格，大率与哥窑相同，色取粉青为上，淡白次之。油灰，色之下也；纹取冰裂鳝血为上，梅花片墨纹次之。细碎纹，纹之下也”之说。按照高濂的说法，官窑与哥窑一样，无法区分，因此他只能把两窑并列在一起。但就目前传世的官窑和哥窑瓷器而言，应当说大体是可分的，不可分的只占其中的一小部分。高濂在书中把官、哥二窑瓷器分为四个等级，即妙品、上乘、中乘和下乘四种，每个等级都列举有器物名称；如上乘作品中的“方印色池、四入角委角印色池”；中乘作品中的“菱花壁瓶、提包茶壶、观音、弥勒、洞宾神象、螭虎镇纸”；下乘作品中的“径尺大盘、夹底盆、蟋蟀盆、佛前供水碗”等等器皿，绝大多数是元、明两代景德镇民窑仿宋代官哥二窑的作品，元后期兴起了一股仿宋名窑的风气，入明以后几乎代代都有仿制，高濂的书刻于明万历十九年，高濂所见传世品中这类仿宋官、哥二窑瓷器的数量也确实不少，其中书六字官窑青花款的，属于明宣德、成化时期。高濂列举的既是仿造品，那么他所归纳的特征描述当然也把仿造品包括进去，而官窑、哥窑的真正面貌，反而不显。官、哥两窑既有宋代的，又有元、明及以后历代的仿制品，加上明后期以来的文献又误把仿品当真品而予以概括描述，给辨别真伪无疑增加了不少困难，这只有依赖考古发掘的资料，才能澄清陶瓷历史上的这类悬案。

---

① 见清光绪三十年本卷，12页。

② 《江浦黄悦岑南宋张同之夫妇墓》，《文物》1973年4期。

③ 1969年河北省定县博物馆发掘了两座塔基，一座名静志寺真身舍利塔，编号5，一座名净众院舍利塔，编号6。见《文物》1972年第8期《河北定县发现两座宋代塔基》一文。

④ 商务印书馆丛书集成本，48页。

⑤ 商务印书馆丛书集成本，99页。

⑥ 明天顺本，十九卷，13页：“太原府土产瓷器，榆次、临县及平定州出，具有窑。”

⑦ 《文物》1959年第6期，页59。

⑧ 陈万里：《谈当阳峪窑》，《文物参考资料》1954年第4期。

⑨ 见河南省文物工作队：《河南省鹤壁集瓷窑遗址发掘简报》，载《文物》1964年第8期，1页。

⑩ 陈万里：《禹州之行》，《文物参考资料》1951年，第二期；叶喆民：《河南禹县古窑址调查记略》，《文物》1964年第

8期。

⑪ 河南省文物工作队：《河南省密县、登封唐宋窑址调查简报》，《文物》1964年第2期；冯先铭：《河南密县、登封唐宋古窑址调查》，《文物》1964年第3期。

⑫ 吴连城：《山西介休洪山镇宋代瓷窑址介绍》，《文物参考资料》1958年第10期。

⑬ 《文物》1975年第3期，图版肆之1。

⑭ 蒋玄佁：《吉州窑》图47。

⑮ 《陕西铜川耀州窑》图版玖之3。

⑯ 《陕西铜川耀州窑》图版玖之2。

⑰ 《陕西铜川耀州窑》图版玖之3。

⑱ 冯先铭：《略谈北方青瓷》，《故宫物博院院刊》总第一期。

⑲ 《陕西铜川耀州窑》图版拾伍之4。

⑳ 陈万里：《中国青瓷史略》，39页。

㉑ 贾峨：《汝窑址的调查与严和店的发掘》，《文物参考资料》1958年第10期。

㉒ 冯先铭 《河南省临汝县宋代汝窑遗址调查》，《文物》1964年8期。

㉓ 《中国青瓷史略》，上海人民出版社，1956年。页44，页46。

㉔ 《文物参考资料》1958年第2期。

㉕㉖叶喆民：《河南禹县古窑址调查记略》；冯先铭：《河南省临汝县汝窑遗址调查》，《文物》1964年第8期。

㉗ 周仁、李家治：《中国历代名窑陶瓷工艺的初步科学总结》，《考古学报》1960年1期。

㉘ 淄博市硅酸盐研究所：《钧窑釉的研究》（未刊稿）。

㉙ 冯先铭：《河南省临汝县宋代汝窑遗址调查》，《文物》1964年第8期。

㉚ 清《南窑笔记》龙泉窑条有："今南昌仿龙泉深得其法，用麻油釉入紫金釉，用乐平绿石少许，肥润翠艳亚于古窑"等语。

㉛ 明宝颜堂秘笈本卷二，三十七页。

㉜ 宋咸淳三年本卷十一，建宁府，土产条。

㉝ 明万历刊本《蔡忠惠文集》卷二。

㉞ 《四部丛刊》本《天门文字禅》卷八，十一页。

㉟ 清顺治三年本浙江委宛山堂本《说郛》卷九十三。

㊱ 明金陵王氏洛川校正重刊本，元集，二十二页。

㊲ 《四部丛刊》影宋写本《诚斋集》卷二十，七页。

㊳ 同上书同卷同页。

㊴ 同上书，卷十九，八页。

㊵ 藤冈了一《宋代の天目》。

㊶ 凌志达：《我国古代黑釉瓷的研究》，《硅酸盐学报》，7（3）190（1979）。

㊷ 明说郛本作晴。

㊸ 明刻本卷十一，页12。

㊹ 明万历十九年本，卷十四，页41。

㊺ 清四库抄本，卷上，页9。

㊻ 明万历四十二年本，卷六，页6。

㊼ 《美术丛书》本，第16册，页312。

㊽ 清乾隆四十三年本，卷三，页30。

㊾ 明天顺本，卷七，页22。

㊿ 明嘉靖四十年本，卷八，页20。

51 乾隆四十年刊本，卷六，页7。

52 明嘉靖年本，卷十四，页10。

53 周仁、张福康：《关于传世宋哥窑烧造地点的初步分析》，《文物》1964年第6期，页8。

54 见周仁、李家治：《中国历代名窑陶瓷工艺的初步科学总结》，载《考古学报》1960年1期，页89。

55 清粤雅堂丛书本，卷四，页35。

56 宋赵麟：《侯鲭录》"今之秘色瓷器，世言钱氏有国，越州烧进，为供奉之物，不得臣庶用之，故云秘色"。（稗海本）。

第七章　宋、辽、金的陶瓷(续)

(辽928—1125年，金1115—1234年)

第六节　宋瓷的造型与纹饰

宋代制瓷业发达兴盛，各地瓷窑为了满足各阶层人们物质生活的需要，烧制了丰富多采的陶瓷器。有碗、盘、碟、洗、砚滴、盏、托、瓶、壶、罐、钵、尊、盆、奁、唾壶、渣斗、炉、薰、枕、腰鼓、瓷塑等，器物造型丰富，有的匀称秀美，有的轻盈俏丽，民间瓷窑的作品则具有经济大方、朴实耐用的特点，完全从实用出发兼顾到审美的要求。其中许多好的造型，为后世延续烧制。美的器物首先要有好的形体，而成功的装饰又给器物增添光彩，赢得人们的喜爱。

1. 造　型

宋代瓷器品类繁多，而每一类器物又有多种多样的形式，工匠们利用粗细、横直、长短、弯曲不同的外部轮廓线，组合成不同形体，实用美观，不少器物具有明显的时代特征。如瓶，多数为生活用品，样式很多，有玉壶春瓶、梅瓶、扁腹瓶、直颈瓶、瓜棱瓶、多管瓶、橄榄瓶、胆式瓶、葫芦瓶、龙虎瓶、净瓶等（图六十三）。器形的变化大多表现在口、颈与腹部。大体可分两类，一类是瓶体修长秀美；一类是瓶体短硕稳重，但以修长者居多。

玉壶春瓶　是宋瓷中较多见的瓶式之一，撇口、细颈、圆腹、圈足。以变化的弧线构成柔合、匀称的瓶体。是北宋时期创烧的瓶式之一。自它问世后就惹人喜爱，并为定窑、汝窑、耀州窑、磁州窑普遍烧制，是宋代瓷器中具有时代特点的典型器物。

梅瓶　是宋代南北瓷窑普遍烧制的又一瓶式。造型特点是小口、短颈、丰肩，肩以下渐收敛，圈足。因瓶体修长，宋时称为“经瓶”，是盛酒的用具。上海博物馆藏有磁州窑系白地黑花梅瓶两件，瓶身上一书“清沽美酒”、一书“醉乡酒海”四字，用途就更加明确无疑了。

花口瓶　也是宋瓷瓶中比较常见的一种。景德镇、磁州、耀州都有此瓶式。瓶口有如开放的花瓣，细颈微撇，圆腹、撇足。各窑制品不同点在于腹与足部的变化，景德镇青白瓷特点为腹部长圆，圈足。磁州窑系的白地黑花、三彩、黑釉瓶及耀州窑花口瓶则为圆腹，喇叭形足。

卷口瓶　北方磁州窑系的瓶式之一。侈口、卷沿，细长颈微撇，口颈相连呈开放的喇叭花状，圆腹，腹下内收，喇叭形足。

洗口瓶　以瓶口似浅洗而得名。南北瓷窑都有此瓶式，以龙泉窑制品为多。大体可

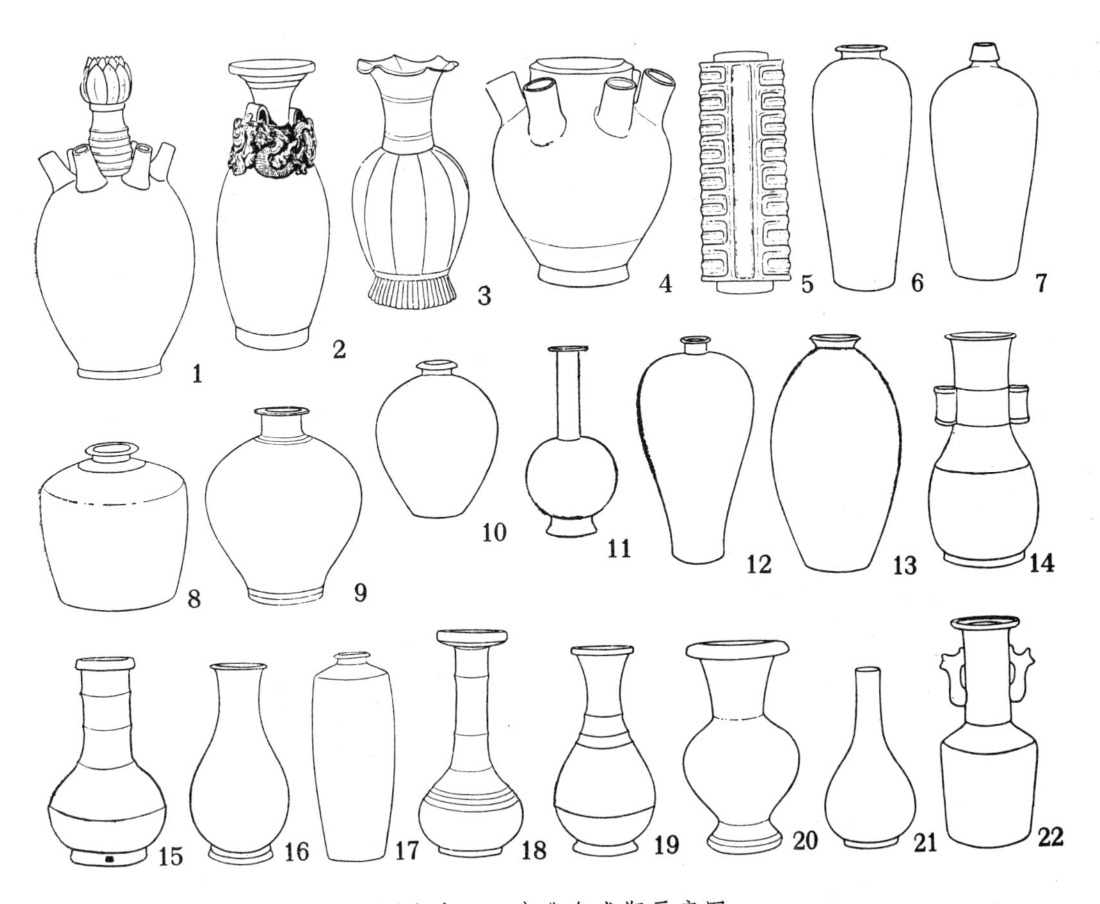

图六十三　宋代各式瓶示意图

1.白釉莲瓣口六管瓶(1/6)　2.凸雕龙纹瓶(1/6)　3.青白瓷瓜棱瓶(1/8)　4.珍珠地划花六管瓶(1/8)　5.琮式瓶(1/8)　6.白地褐花瓶(1/12)　7.白地黑花瓶(1/12)　8、9.刻花瓶(均1/8)　10.白釉瓶(1/10)　11.刻花螭纹瓶(1/10)　12.刻花瓶(1/12)　13.珍珠地划花双虎纹瓶(1/10)　14.双耳瓶(1/10)　15.弦纹瓶(1/12)　16、17.刻花瓶(均1/10)　18.弦纹瓶(1/10)　19.青白瓷瓶(1/10)　20.白地黑花瓶(1/8)　21.哥窑瓶(1/6)　22.双耳瓶(1/8)

(其中:景德镇3、19;龙泉窑5、14、18、22;官窑15;哥窑21;磁州窑20;磁州窑系7;登封窑13;定窑11、12;耀州窑2、8、9、16、17)

分三式：一种为洗口、直颈、垂圆腹、圈足；一种为洗口、直颈、折肩、筒式腹、浅圈足；另一种洗口、长颈、扁圆腹、圈足。通体有数道弦纹装饰。耀州窑的洗口瓶，颈部较短，鼓腹似球状。由上述瓶式可以看出：南方作品修长，北方作品圆浑。

直颈瓶　直口，口颈相连，扁圆腹，圈足。造型古朴典雅。南宋时官窑、龙泉窑、吉州窑共有的一种瓶式。北方瓷窑比较少见。

瓜棱瓶　宋瓷中多见的瓶式之一。特点是瓶的腹部由凸凹的弧线组成似瓜棱式的形体。南北瓷窑都有烧制，以景德镇窑制品居多。其造型是撇口，直颈，长圆瓜棱形腹，圈足做花瓣式外撇。瓶体秀丽灵巧。

橄榄瓶　撇口、短颈，口底大小相若，腹部微凸，以瓶体似橄榄而得名。造型匀称秀美，河南登封窑有此瓶式。

琮式瓶　南宋时出现，是龙泉窑烧制的特殊瓶式之一。仿照周代玉琮的主要特征加以变化而成。器物的特点是圆口、方身，四面各凸起横直线纹，圈足，口、足大小相若。

胆式瓶　直口，细长颈，削肩。肩以下渐硕，腹下半部丰满，器形如胆而得名，圈足。钧窑、哥窑、耀州窑都烧制。

葫芦式瓶　南宋后期龙泉窑的创新品种之一。瓶身由两截粘合成为上小下大的束腰式葫芦，造型新颖。这种瓶传世品较少。1972年四川什邡窖藏中出土了一件龙泉窑带盖葫芦瓶，这件瓶由龙泉千里迢迢运至四川而又完整的保存下来是难能可贵的。

双鱼瓶　用鱼纹装饰器物盛行于汉代。“鱼”做为吉祥的象征，千百年来成为各种工艺品的装饰题材，而用双鱼做瓶体的最早见于唐代，金银器、越窑青瓷和三彩陶器中都有，而宋代烧制极少。河北省井陉县出土一件宋白釉双鱼瓶，整器鱼口、鱼目、鱼鳞、鱼背脊俱全，双背脊间各有凹槽，槽上下两端贴附桥形系，胫部有圆孔。槽、系、孔安排在一条线上是为了系绳，完全从实用出发而设计的，反映了宋代制瓷工匠在设计上的高度造诣。

多管瓶　造型奇特，是北宋时浙江地区多见的器形之一，俗称“五孔瓶”。瓶的特点是在器身的肩部贴有向上直立的多棱形五管。瓶直口，上有花钮盖，瓶身有圆筒式和多级塔式。龙泉窑制品较多，温州窑也烧制。这种多管瓶大都出土于墓葬中，是专为陪葬用的器物。北方河北省磁州窑也烧制多管瓶，但造型与南方不同，瓶体短肥、圆腹，肩部有直立的短粗的六管。

蟠龙瓶　宋代陪葬器皿之一。在瓶的颈、肩处堆塑一条蟠曲舞动的龙，习称为“蟠龙瓶”。龙泉窑制品较多，大部带盖，盖顶上饰虎、狗、凤、鹤、鸡、鸟等形钮，以虎钮居多，又称为“龙虎瓶”。瓶体有筒式、多级塔式。耀州窑烧制的蟠龙瓶多数无盖，有的在肩部用龙体蟠成曲状双系。

双耳瓶　是宋代南北瓷窑普遍烧制的一种瓶式。瓶的颈部两侧贴附双耳，由于耳的形式不一，而有贯耳瓶、凤耳瓶、鱼耳瓶、环耳瓶等名称。龙泉窑、哥窑、官窑多烧制贯耳瓶，瓶体仿汉代投壶式样。凤耳瓶、鱼耳瓶是龙泉窑特有的作品。定窑烧制的双环耳瓶形体丰满庄重，肩两侧贴附的双环耳增加了器物的古朴色彩，这种仿汉铜器式样的双环耳瓶在宋瓷中是少见的。

净瓶　是一种佛前供器，仿金银器式样烧制。瓶上部有直立的细长圆管，肩部一侧有上翘的短流，也有配以龙头流的尤觉生动。1969年河北定县宋静志寺，静众院两塔基出土了二十四件定窑白釉净瓶。最大的高60.7厘米，瓶体上有匀称精细的浮雕装饰，增加了器物静穆庄重感。除定窑外，耀州窑也烧制。

壶，宋代生活用器中的酒具，南北瓷窑普遍烧制。宋瓷壶式多种多样，有瓜棱壶、兽流壶、提梁壶、葫芦式壶等（图六十四）。

瓜棱壶　宋瓷中比较多见。此类壶形体多变，有仿金银器式样烧制的，肩一侧有弯曲细长流，另一侧贴附扁形曲柄，婀娜窈窕的形体美丽动人。以景德镇窑作品最精。

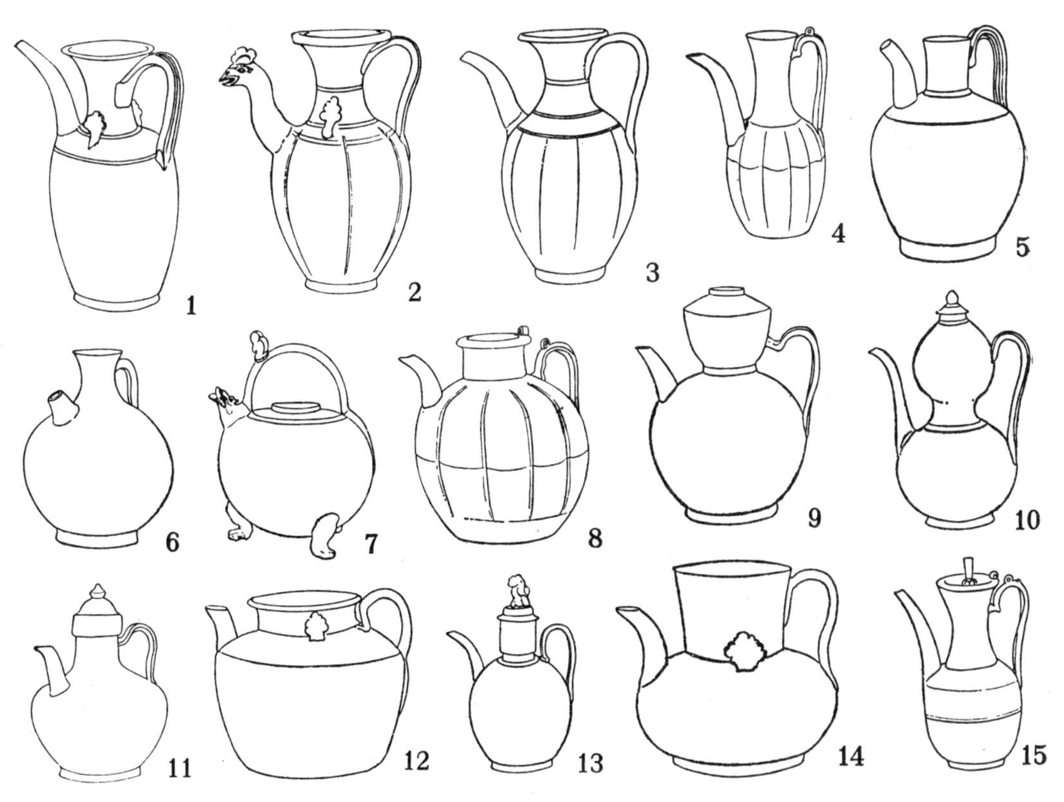

图六十四　宋代各式壶示意图

1.刻花双系壶(1/8)　2.刻花双系凤头壶(1/8)　3.瓜棱壶(1/8)　4.青白瓷瓜棱壶(1/8)　5.刻花壶(1/8)
6.剔花壶(1/6)　7.刻花凤纹提梁壶(1/8)　8.青白瓷瓜棱壶(1/6)　9、10.刻花葫芦式壶(均1/8)
11.剔花壶(1/8)　12.刻花壶(1/6)　13.青白瓷壶(1/8)　14.刻花壶(1/6)　15.青白瓷壶(1/6)
(其中：景德镇4、8、13、15；龙泉窑12；磁州窑系5、6、11；定窑9；耀州窑1、2、3、7、10；耀州窑系14)

提梁壶　耀州窑特有的壶式之一。小口、球腹，下承以三兽足，肩一侧有龙首流，肩部两端连以半月形提梁。略仿战国铜盉式样烧制。

葫芦式壶　宋代创新的壶式之一。定窑、景德镇窑、耀州窑均有此壶式。特点是以葫芦做器身，短直的流贴附在下截圆腹上侧，另一侧在两截壶体间有束带形曲柄相连。

唾壶　卫生用具。吴晋时期早期越窑已大量烧制，宋时仍继续烧制。器身上部为盘形口，似漏斗形碗状，下有扁腹或圆腹。龙泉窑、越窑、定窑都有完整器皿传世。

渣斗　宋时宴席桌上盛装肉骨鱼刺的用具。元人笔记有"宋季大族设席，几案间必用筯瓶、渣斗"的记载。南宋官窑、龙泉窑都烧制，龙泉窑制品较多。渣斗的口大，沿宽，便于放骨刺。唾壶的口小，两者之间是有区别的。

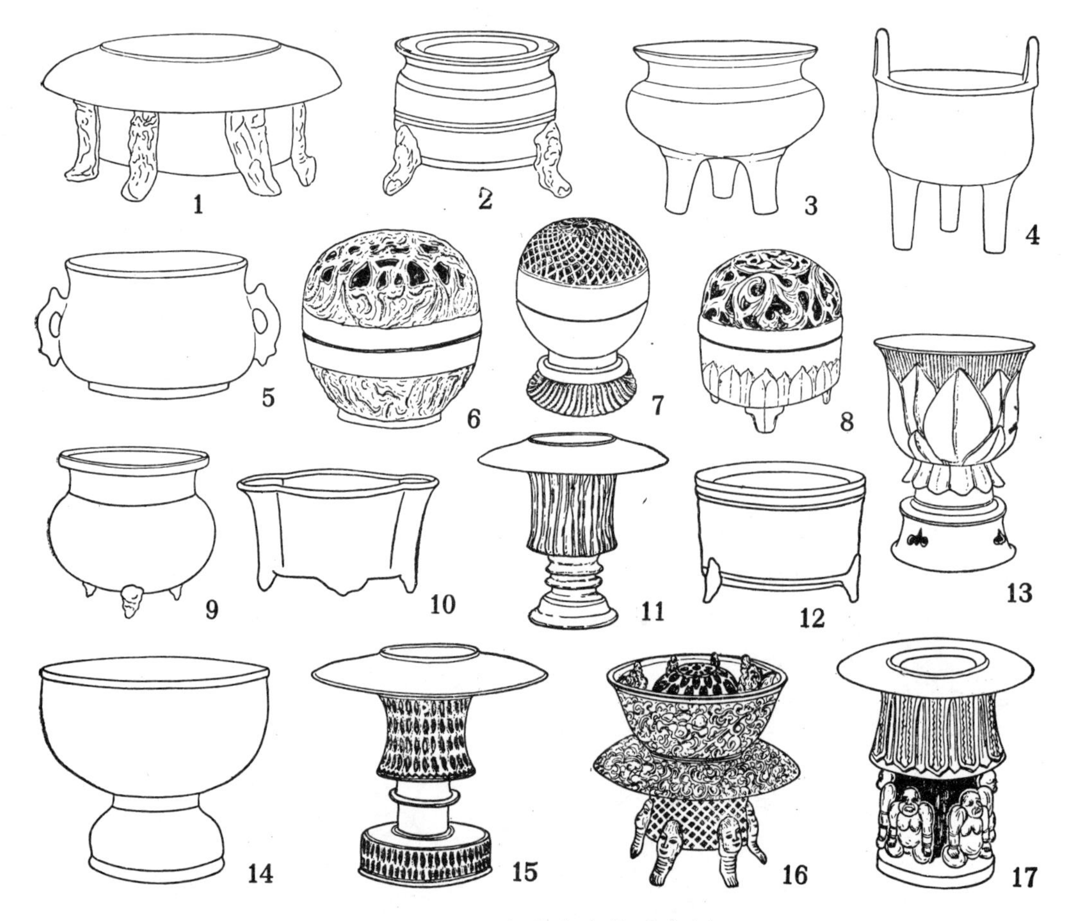

图六十五　宋代各式炉示意图

1.刻花五足炉(1/4)　2.印花三足炉(1/6)　3.鬲式炉(1/6)　4.鼎式炉(1/6)　5.鱼耳炉(1/6)
6、7、8.青白瓷镂空熏炉(1/4、1/6、1/3)　9.三足炉(1/6)　10.海棠式炉(1/6)　11.刻花炉(1/6)
12.三足炉(1/6)　13.青白瓷浮雕莲瓣炉(1/3)　14.青白瓷炉(1/6)　15.镂空炉(1/6)
16.五足熏炉(1/4)　17.刻花模印力士炉(1/6)
(其中：景德镇6、8、14；龙泉窑3、12；哥窑4、5；福建7、13；钧窑9、10；耀州窑1、2、11、15、16、17)

盏托　生活用器之一。瓷盏托始于南朝，唐代逐渐增多，宋代南北瓷窑几无不烧制，这与茶具盛行有关。盏托式样繁多，定、汝、官、钧、耀州、景德镇等窑都各有特色。

注子　注碗　这是一组盛酒和温酒的用具。使用时将注子置于注碗中。注碗内盛热水可以温酒。注子、注碗南方瓷窑普遍烧制，以景德镇窑制品最精。因其配套使用，故两器形体要求谐调一致，瓜棱形注子必配以瓜棱形注碗。1963年安徽省宿松县宋墓出土了一组注子、注碗，说明这两种器物是配套使用的。

罐　宋瓷多见的生活用器之一。多广口，短颈，腹部丰满，整体圆润浑厚。景德镇窑瓜棱罐，钧窑鸡心罐，定窑直口罐，耀州窑盖罐，吉州窑奔鹿纹盖罐，磁州窑系白地黑花双系罐、黑釉凸线纹罐、白釉瓜棱罐等等都具有各自的不同风格。

炉，南北瓷窑普遍烧制的焚香用具之一。有鬲式、鱼耳、鼓钉、莲瓣、三足、五足、弦纹炉，薰炉等等多种式样（图六十五）。

薰炉　燃香用具，汉代以前就出现，宋代薰炉样式较多，薰有盖，上有镂孔，炉内燃香，香烟袅袅由孔飘出。安徽省宿松县出土的绿釉莲瓣薰炉，浮雕莲花式炉身，上有仰首张口、蹲坐戏球的狮钮盖。烟雾由狮口喷出。造型新颖，比例适度，显示了民间工匠的艺术才能。

灯　南北瓷窑烧制的生活用品之一。有的作品粗简，有的极为精致。如耀州窑花口座灯，是精工细雕的产品，灯身花口浅碗式，下承筒形支柱，接以盘形托。筒形支柱上部有花朵形镂孔，中间贴塑六兽装饰。灯身、底托呈圆面形，上下对称，使灯体丰满稳重。六兽装饰增添了器物的生气。

尊　北宋后期供宫廷陈设用的特殊瓷器。多为宋代著名瓷窑所烧造。如钧窑、汝窑的出戟尊（图版贰拾叁:1）、撇口尊、官窑的直口尊等。

花盆　也属北宋后期宫廷用的陈设器皿。徽宗赵佶喜好花石，举凡江浙奇竹异花、湖湘文竹，四川佳果木石，无不毕至。为了适应这种特殊需要，钧窑烧制大量陈设用具，花盆就是其中的一种，盆式有莲瓣、葵瓣、海棠、长方、六方、仰钟等式，以莲瓣、葵瓣式制品为多。

盆　民间生活用品之一，多见于北方瓷窑，以黄河流域的河南鹤壁窑、禹县扒村窑、河北磁州窑制品居多，四川琉璃厂窑也烧制。盆体大容量多，直口、宽板沿、浅腹、平底。宽厚的板沿，便于拿放，与盘形的平底也很谐调。

樽　宋时宫廷陈设瓷之一。仿汉铜樽形式烧制。口身相连，圆筒式器身，平底，下承三足，樽身凸起弦纹数道。汝窑（彩版17:3）、定窑、龙泉窑均烧制。

洗　宋代常见的一种用器。汝窑、官窑、龙泉窑、钧窑、耀州窑等都有烧制，汝窑制品最名贵。除习见的圆洗外，有三足洗、折沿洗、桃式洗、蔗段洗、葵瓣洗、鼓钉洗、单柄洗等各种式样。

盒　生活日用品之一，用途很广（图六十六）。有盛装铜镜用的镜盒（图六十七），装药的药盒，盛装妇女化妆品用的油盒、粉盒、黛盒、硃盒，而瓷盒更为广泛的用途是盛装各种香料的香盒。

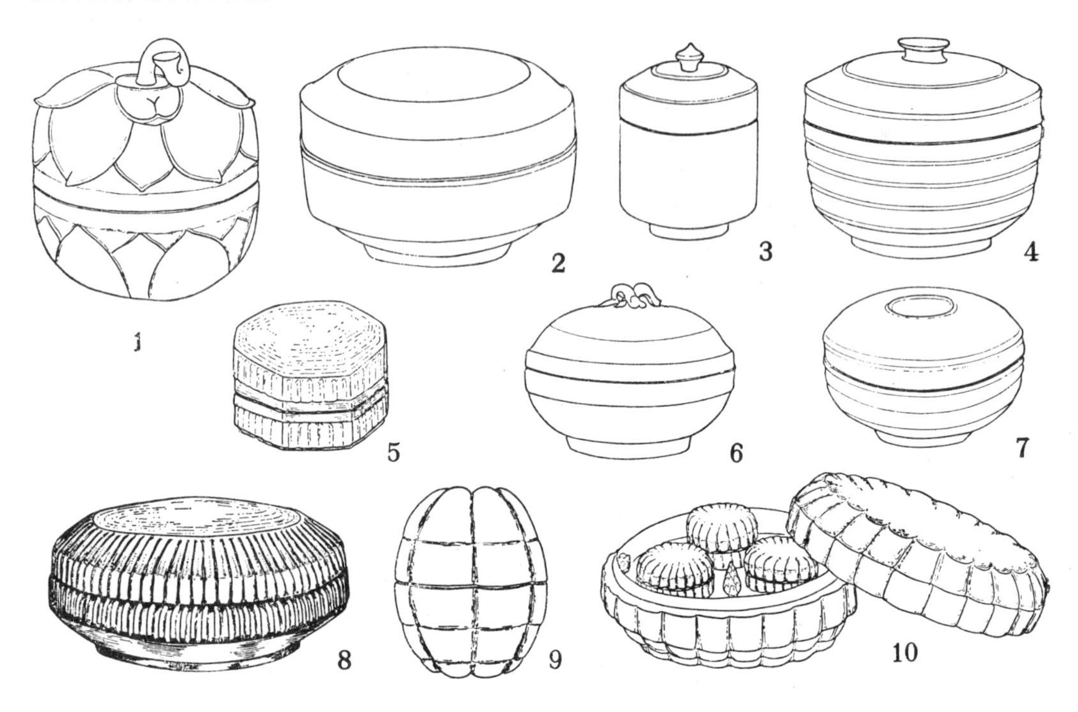

图六十六　宋代各式盒示意图

1.仰覆莲花盒(1/4)　2、3、4.定窑盒(均1/4)　5.青白瓷八方形盒(1/3)　6.青白瓷盒(1/4)　7.青白瓷褐斑盒(1/4)　8.刻花菊瓣盒(1/4)　9.青白瓷瓜式盒(1/4)　10.青白瓷菊瓣式子母盒(1/4)
(其中：景德镇5、6、7、9、10；越窑1；定窑2、3、4；耀州窑8)

图六十七　磁州窑镜盒

枕　大部属生活用具。瓷枕最早见于隋，唐以后大量生产，宋代以磁州窑系制品最为丰富。有长方形、腰圆(图版贰拾肆:1、2)、云头、花瓣、鸡心、八方、椭圆、银锭等式样（图六十八），也有塑成婴孩、虎形、龙形的，定窑孩儿枕最为罕见(彩版18)。景德镇青白瓷有童子荷叶枕，设计巧妙，一童子侧卧于榻上，双手持一荷叶，荷叶边缘翻卷作枕面，童子神态自然，维妙维肖。

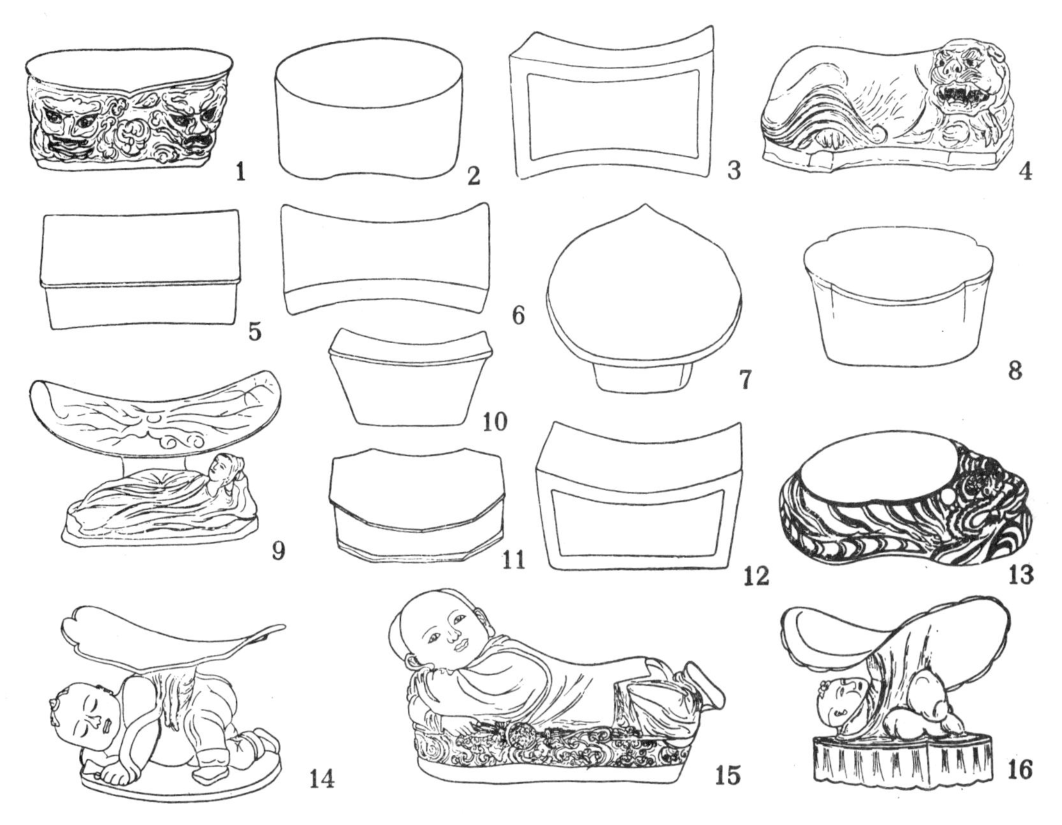

图六十八　宋代各式枕示意图

1.酱釉兽头枕(1/8)　2.白釉剔花枕(1/10)　3.青白瓷枕(1/8)　4.白釉卧虎枕(1/10)　5.白釉黑花枕(1/10)　6.青白瓷枕(1/10)　7.白地黑花枕(1/10)　8.珍珠地划花枕(1/10)　9.青白瓷卧女枕(1/10)　10.酱釉枕(1/8)　11.白釉黑花枕(1/10)　12.白釉刻花枕(1/8)　13.虎枕(1/10)　14.耀州窑系孩儿枕(1/6)　15.定窑孩儿枕(1/6)　16.青白瓷孩儿枕(1/6)

(其中:景德镇3、6、9、16;磁州窑5、7、11;磁州窑系13)

镇江出土有青白瓷卧女枕，一女子侧卧于榻上，左手支撑头部，右手抱浮雕莲瓣纹饰的枕面支柱，人物形体比例适宜，身材秀丽，温柔秀美，神情意态栩栩如生。惜枕面残缺。1977年南朝鲜新安海底打捞的我国元代沉船上有一件与此枕类似的完整无缺的青白瓷卧女枕，看到了枕的完整的形式。

2.纹　饰

宋瓷的纹饰题材极其丰富，花卉是主要装饰内容之一，龙、凤、鹤、麒麟、鹿、兔、游鱼、鸳鸯、鸭、花鸟、婴戏、山水纹也是常见的题材；回纹、卷枝、卷叶、曲带、云头、莲瓣、钱纹多用于器物的间饰和边饰。经工匠的妙手，用不同的技法，表现出不同的神情意态与器物形体巧妙地结合成完美和谐的整体。北方民间瓷器的纹样装饰具有主题突出，构图完整，自由奔放和简练豪放等特色。

牡丹花纹　自唐以来，被人视为繁荣昌盛、美好幸福的象征。宋时被称为富贵花，并把它作为装饰题材表现在各种工艺品上。牡丹花纹样在宋代瓷器装饰中被尽情抒发，瓶、罐、盘、盌、盒、缸、枕等器物上牡丹纹饰构图多样，有的茎蔓缠绕，花叶连绵，有的两枝相交花朵环抱，有的一枝独放，姿容娇娆，有的两两相对婀娜俊俏。在制瓷工匠的手下，因器施画，姿态各异。在云头形枕面上随枕型的曲线画缠枝牡丹三朵；椭圆形枕面上画斜向伸出的折枝牡丹；在挺秀的瓶体上，布满了缠枝牡丹花，花叶互相缠绕，花叶纷披，俯仰有致，给人以欣欣向荣之感；耀州窑制瓷匠师在碗的里面刻一枝牡丹布满全器，花朵盛开，枝叶舒展，既简洁又潇洒；刻划交枝牡丹纹的则别有情趣，碗心二株牡丹相交，弯曲的枝头缀以怒放的花朵，宛如牡丹池中盛开的牡丹花交织在一起；定窑盘面的中心划刻牡丹一株，花儿两朵，相向开放，枝干矫健，花朵丰满，配在温润晶莹的白色釉面上十分雅洁优美。总之，纹饰构图从写实出发，结合型体特点，毫无拘束的任意发挥，但都配置的匀称适宜，表现了制瓷工匠的艺术才能。

莲花纹　南北朝时佛教盛行，影响了装饰艺术。莲花、莲实、莲瓣纹饰成为陶瓷装饰的主要题材。随着历史的推移与佛教的中国化，莲花题材丧失了宗教意义，而成为优美的纯装饰性题材。宋代龙泉窑、景德镇窑、吉州窑、定窑、磁州窑的盘、碗、瓶、罐、枕上莲花纹装饰丰富，姿态优美。其中一花一叶的装饰比较多，器物的画面上一张舒展的荷叶托起莲花一朵，用深而宽的斜向刀痕刻出花叶的轮廓，再划以浅而密的篦纹表示花脉叶筋，增加了花朵的立体感，显得活泼有力。缠枝莲的构图很普遍，多出现在瓶、罐、盘、碗等器物上。定窑划花梅瓶的缠枝莲纹具有一定的代表性，瓶体上茎蔓缠绕，莲花迎风开放，布局疏密得当，配置在挺拔秀俊的瓶体上，越发显露它出污泥而不染的高尚典雅风貌。装饰在盘碗内壁的缠枝莲纹，以环带形式缠绕于器壁，莲花两朵相对开放，陪衬着布于碗心的主题纹饰——盛开的朵莲一枝，构图简练，重点突出。还有三叶三花互生于缠卷的莲茎上，间以飘荡的浮萍水草。把盛开的莲花、翻卷的荷叶、落花的莲实、欲放的花苞用锦带系在一起，组成“一把莲”装饰，在北宋晚期耀州窑器物中除一把莲外还有二把莲、三把莲纹饰，并印上“三把莲”三字。千百年来莲花纹一直被人们喜爱，今天多种工艺美术品仍然大量以它做为主要装饰。

盆花　盆花是景德镇窑、定窑制品中的新颖构图。把盘、盌内壁划为六等分，每格印有莲、梅、牡丹、萱草等盆花或瓶花，这种装饰在宋瓷中比较少见。

婴戏纹　是南北瓷窑喜用的装饰题材之一。描写儿童生活的画面很多，耀州窑、定窑、景德镇窑、磁州窑系烧制的瓶、罐、盘、碗、枕等器物中最为常见。童子戏花的构图最多，织绣中的太子玩莲图案移植在瓷器上，赤裸身躯的童子戏于花丛之中，有的匍卧扳枝，有的攀树折花；双婴做扳枝游荡、夺花、驯鹿和戏鸭动作；三婴孩做抱球或三五成群追逐嘻戏，纹饰构图用刻划、印花技法表现，婴孩个个肌体丰满，体态活泼惹人喜爱。青白釉花口瓶上有刻划一胖婴手持花茎奔跑舞动的，配以清澈莹润、湖水般的釉色，宛如晴空丽日下，孩子在花圃中玩耍，既真切又动人；定窑洗有印胖娃坐在莲池旁，双手用力拉扯莲茎摘取莲实的，把孩子想吃莲蓬的神情表露无遗；定窑盘有印玩童追鸭纹的，双鸭受惊扑翅奔跑，看了以后使人联想到生活中的那些顽皮孩子追戏鸭禽取乐的情景；耀州窑印花婴戏纹器物传世较多，有三婴匍匐在地争夺花球，四婴攀树，八婴戏花等等，画面活泼有趣；磁州窑工匠用绘画的技法在枕面上描绘的双婴戏鸟，打陀螺，骑竹马，池塘赶鸭，钓鱼，放炮竹等等。画面活泼自然，笔法简练，寥寥几笔神情意态栩栩如生，有浓厚的生活气息。

龙纹 “龙”是封建权威的象征，皇帝以“真龙天子”自居，皇室使用的器物上充满着龙纹。定窑、耀州窑瓶、盘、碗器物上印、刻划着不同姿态的龙纹。定窑、耀州窑的龙纹构图呈圆弧状的盘绕姿态；定窑瓶的龙纹变盘绕为飞行，龙体弯曲，四爪舞动，驾云疾驰；磁州窑白地黑花龙纹瓶，用画、划结合的技法表现出行龙张口怒目、须鬣飞动、腾拏而起的姿态，矫健勇猛，笔触细致，熟练有力，堪称杰作。

凤纹 甲骨文中就有长尾凤凰的象形，在装饰艺术中以后变化到顶有高冠、后曳长尾与孔雀相似的形象，唐宋时期牡丹纹出现后民间艺术家就把两者结合起来构成凤穿牡丹的题材。定窑、景德镇窑的盘、碗、盖盒上常常出现，有单凤口衔牡丹拖着美丽的长尾飞舞，有双凤拖着彩带般的长尾在牡丹花中追戏，也有比翼双飞、双凤穿云、双凤口衔彩带在云间对舞；吉州窑工匠运用民间剪纸的手法装饰器物，烧制出结晶釉的朵花双飞凤纹饰，新颖别致；耀州窑遗址出土的印花凤衔牡丹纹碗，花心印有“政和”二字，烧于北宋晚期，可见丹凤题材是北宋时期流行的纹饰之一。

鹤纹 瓷器上的鹤纹初见于唐代，但为数甚少。耀州窑遗址发掘的宋青釉碗内壁印着双飞鹤纹，双鹤在云间展翅飞翔，还有群鹤飞舞与博古图相间的画面。

花鸟纹 是宋代北方民间瓷窑常用的装饰题材之一。在磁州窑陶枕上花鸟纹最多，笔触流利生动，风格活泼豪放，残荷秋叶纹枕，枕面画野塘芦鸭、残荷败草，大雁南飞，一片凋零的深秋景色。情调与此相反的竹雀图，只是草草几笔描画了挺拔的竹枝，白头鸟停落在枝头，竹枝似乎在微微摇颤，充满了一派生机。其余，小鸟啄果，枝头鹊噪报喜、飞雁、绶带鸟穿花以及双系瓶上的草花飞燕等等，画师们抓住了瞬间动态，达到了意到笔随，笔下生情的境界。

鸭纹 定窑、景德镇窑、耀州窑的画面布局多以对称形式，富有装饰趣味，如池塘游鸭，有的辅以莲花、水草、芦苇等纹，布局多数是二、四成双的鸭，莲草相间，首尾相对，也有三鸭与荷莲相间。定窑器较多见的是器壁三组鸭莲纹，器心一组荷叶莲花纹，两层纹饰组成完整的画面。划花月夜游鸭纹最为生动，皓月当空，水波微起，芦苇摇拽，双鸭仰首并列游荡，很有诗意。莲池游鸭、竹林双鸭、鹰逐鸭、珍珠地莲鸭纹构图简洁，笔意生动，是磁州窑枕精彩之作。鹰逐鸭图，在白色枕面上黑鹰从天空扑下，一鸭仓皇而逃，一鸭入水，鸭尾犹露水面，水花四起，芦苇也似在摇颤，艺人笔下的惊险场面与紧张气氛，既真切又动人，是一件极富生趣的佳作。

鸳鸯纹　鸳鸯纹自隋唐以来大量出现，宋瓷画面中鸳鸯戏莲纹最普遍。鸳鸯历来被人们视为爱情的象征，常常是成双成对的在一起，有时在莲池中游荡，有时在空中飞翔，这些纹饰在定窑、景德镇窑、耀州窑、磁州窑烧制的盘、碗、枕面上普遍出现；此外也仍然有三只鸳鸯组成画面出现，池塘中白莲盛开，岸边杨柳垂拂，二只鸳鸯立于塘边，天空一只鸳鸯孤独飞旋。见于定窑盘面，但比较少见。

鱼纹　在六千年前的半坡彩陶上就已出现。后世因“余”、“鱼”同音，鱼就具有了富足、富裕的含义，成为吉语的表征。鱼纹题材广泛地运用到工艺品的装饰画面上。宋瓷中定窑、景德镇窑、龙泉窑、耀州窑、磁州窑的制品中都有不同风格的鱼纹装饰。水是不可缺的背景，故有莲池游鱼，水波游鱼，水藻游鱼的构图。或单或双，或三、四、五追逐，构成鱼水相融的画面。双数鱼的构图，在器壁用对称法，两两相对，若在器心，则两鱼并排而游，三五尾单数鱼的构图多是顺向追逐游动，这些纹样均用印花、划花的手法表现在器物上。印花线条纤细柔和，定窑印花鱼莲盘，器壁满印莲叶纹，盘心印两条肥大的鲢鱼，画面布局充实，主题突出，鱼纹刻划刀锋犀利，线条流畅，活泼可爱。耀州窑花口碗内壁，匠师以篦状工具左旋右转刻划出非常生动的波浪纹，用简洁有力的单线勾勒出鱼儿游动的形体，真象鱼儿在银光闪闪的水浪中游荡。龙泉窑碟心只刻划一尾游鱼，不辅以水波纹，小鱼张咀、鼓腮、摆尾，在青翠的釉层掩映下宛如小鱼在清泉中游荡，釉色与鱼纹的巧妙结合，产生了静中有动的艺术感染力。龙泉窑双鱼洗，洗心贴有两条首尾相对的游鱼，同样运用翠青釉色代替水纹来烘托主题纹饰的动态。磁州窑工匠运用绘画或兼剔刻的手法把生存在漳河里鱼的动态如实地表现在瓶、枕等器物上，有的溯水而上，有的沉在水底，有的在荷莲中静息，有的跃出水面，也有只绘水藻飘动，鱼儿游荡，用水草的飘拂暗示水的流动，使人如看到微风中水波起伏，鱼儿在逆流中游动。

鹿纹　汉代铜器上即有鹿纹，唐代金银器上的鹿纹更加丰富精致，唐代瓷器画面上也出现了鹿纹装饰。宋代缂丝中的天鹿纹直接影响到宋瓷装饰，定窑工匠把它移植到定瓷画面上，盘面上两只长着长角的鹿奔跃在枝叶缠绕的石榴花丛，前鹿回首顾盼，后鹿追赶呼唤。磁州窑枕面上鹿的题材更多，描绘了山林中小鹿种种的动态，有的在山中奔跑，有的漫步于莽草，有的卧于灌木中惊望，有的行中停足而立，抬头顾望。吉州窑也有小鹿衔草奔跑纹等。

宋代瓷器除上述主体装饰外，器物上还有辅助装饰，比较多见的题材有回纹、曲带纹、钱纹、莲瓣纹、蕉叶纹、卷叶纹、圆圈纹、水波纹、云头纹等。

回纹　用短、横、竖线环绕组成的回字形纹饰，经常被作为边饰见于定窑、耀州窑、磁州窑、吉州窑、景德镇窑烧制的瓶、罐、盘、碗、洗、炉、枕等器物上。回纹有个体独立，有一正一反相连成对，也有连续不断的（图六十九：1—9）。

曲带纹　用短直线、横线、斜线连续折成正S或反S形的曲带状饰，作为器物的边饰或纹饰之间的间饰，磁州窑或吉州窑烧制的瓶、罐、碗、盖盒、扁壶、枕等画面上比较多见（图六十九：10、11）。

卷草纹　唐代卷草纹已很流行，宋瓷装饰中广泛使用。以柔和的半波断线与切圆组合成二方连续、四方连续的装饰带，适用于做各种器物的纹饰，长期以来不断变化与发展，始终盛行不衰。不论卷草、卷枝，还是卷叶，它的茎干长短适度，圆浑有力。宋代吉州窑、耀州窑、磁州窑、密县窑和扒村窑都用它装饰器物（图六十九：12、13）。

钱纹　为宋瓷习用装饰题材，是宋代商品生产发达的反映。钱纹多做盘、碗的边饰，也有作为主题纹饰的，多安排在器物的腹部。

莲瓣纹　宋瓷中莲瓣纹饰最为普遍，多装饰于器物的颈、肩、胫部。定窑、龙泉窑、耀州窑、吉州窑、景德镇窑、潮州窑、磁州窑均采用。莲瓣的形式较多，有圆头莲瓣、尖头莲瓣、单勾线莲瓣和双勾线莲瓣。一般规律是早期莲瓣浑圆肥厚，南宋时莲瓣清瘦秀丽，经刻、印、划花的技法处理后，有的隐露在莹润的釉下，有的凸出在器身上，少则一层莲瓣纹，多者达四层，往往在大莲瓣之间夹有小的莲瓣。经常在器物的肩部与胫部饰以上下相对的仰覆莲瓣纹。在器物的胫部饰上仰莲瓣纹，在器物的肩部饰下覆莲瓣纹。

蕉叶纹　宋代定窑、景德镇窑、龙泉窑常用的纹饰题材。如定窑的刻花梅瓶的胫部饰

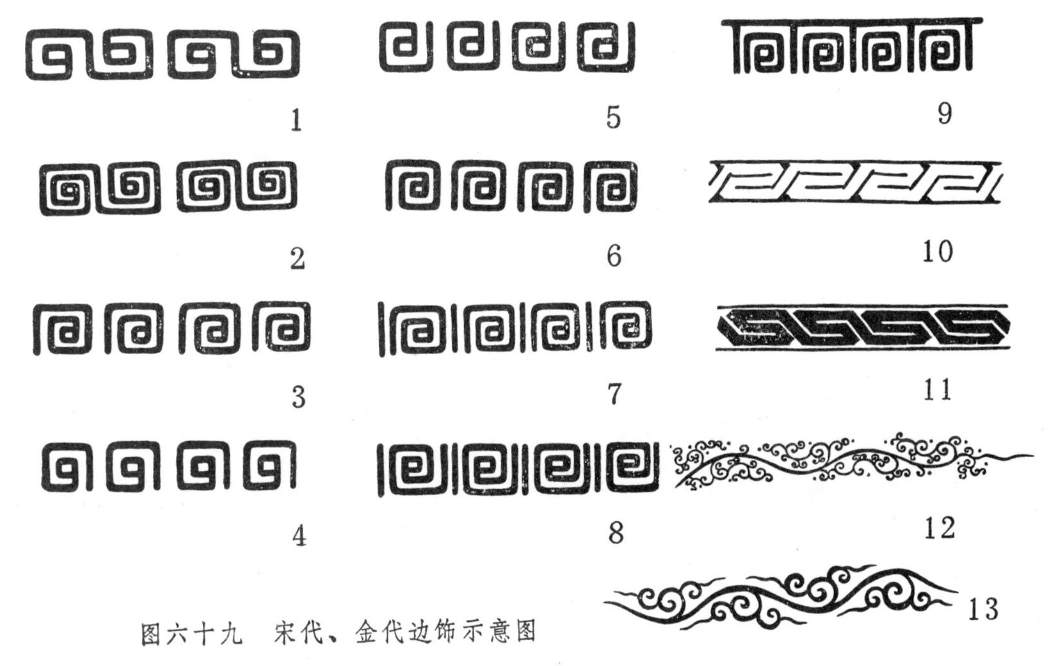

图六十九　宋代、金代边饰示意图

单层蕉叶纹，青白釉碗外壁刻划双线蕉叶纹，龙泉窑刻花碗内壁则饰短而粗的蕉叶纹。

第七节 宋代瓷器的外销

我国陶瓷在唐代已有相当数量输出国外，入宋以来瓷器对外输出有增无已。在亚洲的东部、南部、西部及非洲东海岸很多国家都发现了我国宋代瓷器，不仅行销的市场较唐代有了扩大，而且数量有了急剧的增长，反映了宋代制瓷业的发达兴盛。

瓷器为我国最先发明，作为生活日用品，它以一种新型商品出现于世界，唐代都城长安的西市就是一个国际性市场。这种新商品使亚洲不少国家前来我国的人感到惊异，他们把这些极其珍贵的宝物带回到各自的国家，从此唐代瓷器扩大了影响与市场，随着来我国的船只而运往亚洲各地。瓷器是中国独有的商品，宋王朝立国之初就比较重视海外贸易，设立管理对外贸易机构以董理其事，在东南沿海的广州、明州、杭州、泉州等处先后设立了市舶司。开宝四年（971年）于广州设立，稍后又在杭州、明州设立，泉州设立于哲宗元祐二年（1087年），《宋史·张逊传》也有“太平兴国元年（976年）设榷易署”①的记载；除设立市舶司外，还派内侍到海外去招徕贡市贸易。《宋会要辑稿》有太宗雍熙四年（987年）“遣内侍八人，賫敕书金帛分四纲，各往海南诸蕃国勾召进奉，博买香药、犀牙、珍珠、龙脑；每纲賫空名诏书，于所至处赐之”的记载。靖康以后，宋的统治区日益缩小，税源日减，靡费日增，宋廷为了达到更进一步增加税收以助国用的目的，《宋会要辑稿》记绍兴七年（1137年）高宗赵构上谕，说“市舶之利最厚，若措置合宜，所得动以百万”。绍兴十六年（1146年）上谕中又说“市舶之利颇助国用，宜循旧法，以招徕远人阜通货贿”。为此宋王朝并授商以官，以此作为一种奖励。《宋史》卷一百八十五《食货志·香》：绍兴“六年知泉州连南夫奏请，诸市舶纲首能招诱舶舟，抽解物货，累价及五万贯十万贯者，补官有差。大食蕃官罗辛贩乳香值三十万缗，纲首蔡景芳招诱舶货收息九十八万缗，各补承信郎。闽广舶务监官抽买乳香，每及一百万两，转一官”。海外贸易对宋王朝岁收有极大好处，《建炎以来系年要录》甲集卷十五市舶司木息条中说：“建炎二年至绍兴四年凡七年间，泉州市舶司获利九十八万缗，绍兴末期广、泉二市舶司抽分及和买所得，每年多至二百万缗……”。由于奖励外贸，宋王朝获得的利益逐年增加。为了发展海外贸易，宋王朝还大力发展造船业，北宋时东南沿海的福建、广东地区造船业比较发达，能制做远涉重洋的民用海船，载重二千斛，船上设备齐全，包括抛泊、驾驶、起碇、转帆、测探等部件。尤其是因使用了指南针定航向，沈括《梦溪笔谈》里记载了罗盘的构造原理，朱彧《萍洲可谈》和徐竟《宣和奉使高丽图经》记录了舟师在航行之中夜观星，昼观日，阴天、黑夜看指南针，这种设备齐全的远洋帆船是当时世界上最先进的。各国商人及使节来我国都乐于乘我国海船，这对发展海外贸易无疑是一极有利的条件。

1.《诸蕃志》关于宋代陶瓷外销的记录

成书于南宋理宗宝庆元年（1225年）的《诸蕃志》一书，为我们提供了直接的材料。作者赵汝适是福建路市舶提举，书前赵汝适自序说“汝适被命此来，暇日阅诸番图，有所谓石床长沙之险，交洋竺屿之限，问其志则无有焉。迺询诸贾胡，俾列其国名，道其风土，与夫道里之联属，山泽之蓄产，译以华言，删其秽渫，存其事实；名曰诸蕃志……”。序里讲到了成书经过与所持态度。书中列举了当时亚洲五十六个地区或国家，其中用瓷器进行贸易的有十五个地区和国家，占全部的四分之一以上。这是一本研究宋代中外交通与文化交流的唯一完整的文献，因之具有相当重要的意义与价值。兹将有关贸易用瓷的地区或国家列表如下。

占　城	番商兴贩用……瓷器……等博易
真　腊	番商兴贩用……瓷器……之属博易
三佛齐	番商兴贩用……瓷器……等物博易
单马令	番商用……瓷器……博易
凌牙斯加	番商兴贩用……瓷器等为货
佛罗安	番以……瓷……博易
兰无里	番商转易用……瓷器……等为货
细　兰	番商转易用……瓷器……等为货
闍　婆	番商兴贩用……青白瓷器交易
南　庇	用……瓷器……为货
层　拔	以……瓷器……为货
渤　泥	番商兴贩用……青瓷器等博易
西龙宫	商人以白瓷器……货金易之
麻　逸	商人用瓷器……等博易
三　屿	博易用瓷器……为货

上表所列笼统提用瓷器博易的有十二处，具体提用青瓷器、青白瓷及白瓷器者各一处，瓷器只是一种泛称，实际包括青、青白和白瓷三个品种。赵汝适书中十五个地区或国家属今亚洲的越南、柬埔寨、马来西亚、印度尼西亚、菲律宾、印度，非洲的坦桑尼亚等七个国家，赵汝适询诸贾胡的内容或有遗漏，谈博易用货也有挂一漏万的可能，瓷器实际输往的地区和国家决不仅只有十五个；就航程而言，到达了东非的层拔（今桑给

巴尔岛）则是确凿的事实，桑给巴尔岛出土的文物之中有我国宋代瓷器在内。

半个世纪以来，在亚非地区不少国家的古城废墟和沿海地带，陆续发现了很多我国宋代瓷器及碎片标本，个别国家在十九世纪后期进行有组织的科学发掘，也获得大量我国宋代瓷器及标本，弥补了文献不足，使我们看到了宋代瓷器输出的地点与数量。这不仅对进一步了解宋代瓷器生产的全面情况提供了实物资料，更重要的是通过出土瓷器对于了解公元十到十三世纪宋王朝与亚非各国之间的友好往来与文化交流历史有极大帮助。

2. 亚洲各地出土的我国瓷器

亚洲地区出土我国宋代瓷器的国家几乎遍布于东亚、南亚和西亚地区，由于直接看到的发掘报告材料较少，因此不免带有一定的局限性，现仅就见闻所及的资料，概述于下。

日本出土我国宋代瓷器　日本地距我国较近，交通运输比较便利。近代日本学者有人主张中国瓷器首先传入朝鲜，然后再传到日本的唐津。但目前已知日本出土我国宋代瓷器很多，出土地点散布在日本本土、九州、四国沿岸及中心地带，达四十个县以上[②]，似乎还不能证明上说。绝大多数出土标本属于北宋后期到南宋时期。出土瓷器以青白瓷、青瓷为主，此外还有黑釉、褐釉及低温绿釉三彩等。出土器物以盘碗器皿最多，瓶、壶、罐、盒子、水注、经筒也有一定数量。经筒似是定制的，细长形的筒身，上有盖，下有座。器身有刻花者，盖与座有浮雕莲瓣纹，盖有多种形式，出土的经筒达三百数十件。与经筒相伴出土的有青白瓷盒子、盖罐、碟、盆、水注等小件器皿，多数置于经筒之内；经筒有青釉、褐釉和青白釉三种。经筒中青白瓷印花盒子出土较多，据粗略统计达一百余件。

关于出土瓷器的产地问题，青白瓷绝大部分是江西景德镇的产品，盒子有多种形式，印纹也较丰富，好象不是湖田窑产品。景德镇应有专烧小件器皿供外销的作坊，并一直延续到元代。青白瓷刻花瓶的造型及漩涡纹、婴戏纹都具景德镇典型风格（见长谷部乐尔:《日本出土的中国陶瓷》一书附图 28）；青白瓷中有一种四系瓶，卷口、短颈、肩上有四横系、腹部丰满、瓶胎厚重、平底，这类瓶出土不少，它是福建沿海地区瓷窑的产品，福建宋元墓中也有出土，传世品中也经常可以见到。青瓷中龙泉窑产品占多数，里刻花、外浮雕莲瓣纹碗出土较多。镰仓市海岸遗留有大量南宋到元代盘碗碎片；除龙泉窑外，有里刻花篦点纹装饰，外划刻复线纹的碗及平底碟等器，具有福建同安窑特征。但是带此种装饰的产品不止福建同安一处，浙江出品也有相似风格。出土瓷器中有一种类似北方柳斗罐的特色，这种罐里部施黑褐釉，外部素胎，罐腹划刻柳斗纹，颈部饰以凸起的一周白色乳钉，这种罐菲律宾也有出土，它的烧造地点为江西赣州窑，吉安永和窑也有可能烧造。

日本现保存平安时代有关我国宋代驶往日本船只的文献资料，这批文献资料记载了船主（纲首）姓名、出发时间、着陆时间以及港口名称，这批资料极为珍贵，对于研究中日海上交通与贸易往来有重要参考价值。日本亀井明德著《日本出土の越窑陶瓷器の诸问题》一书，曾据日本平安时代的《成算法师记》、《日本考略》、《扶桑略记》、《元亨积书》、《日本记略》、《百錬抄》、《小右记》、《左经记》、《朝野群载》、《参天台五台山记》、《国玲宝记》、《为房卿记》、《中右记》、《师守记》、《帝王编年记》、《弘赞法师传》、《本朝续文粹》、《千光祖师年谱》、《玉叶》诸书所记，搜集了很多这时期中国商人去日本经商的记事，自中国明州、台州诸港出发到日本但马、越前、大宰府、贺津等地经商的材料。诸书所记中国商人的名子有的一再出现，如《元亨积书》记中国台州商人周文德于正历元年（宋·淳化元年，990年）去日本，长和四年（宋·大中祥符八年，1015年）再度去日本，此事有《扶桑略记》、《百錬抄》同记此事，可见当时是一件引人注目的事件。一再去日本的中国商人还有李充、朱仁聪、周文裔、曾令文、孙忠等人。除了台州、明州商客，还有福州、泉州、广州、婺州的商客。婺州不是港口，但盛产瓷器，他们去日本贩运商货，其中有瓷器是可想而知的。

《朝野群载》卷二十大宰府条还附有两浙路市舶司签发的公凭一件，公凭原文是：

提举两浙路市舶司

据泉州客人李充状，今　自己船壹只。请集水手，欲往日本国，转买回货，经赴明州市舶抽解，乞出给公验前去者。

一人船货物

自己船一只

纲首李充　　梢工林养　　杂事庄权

部领吴第（船员六十七人姓名）

物货

象眼肆拾匹　　生绢拾匹　　白绫贰拾匹　　瓷垸贰百床　　瓷碟壹百床

右出给公凭付纲首李充收执，禀前须敕牒指挥前去日本国，经他国赴本州市舶务抽解，不得隐匿透越，如违，即当依法根治施行。

崇宁四年六月日给

这是仅见的一件宋代市舶司公凭，李充上文已见，李充于崇宁元年、三年、四年连续三次往返于中日之间。诸书未记或失记的一定还有不少，但也可见一斑了。

巴基斯坦出土我国宋代瓷器　巴基斯坦位于阿拉伯海北部，这里地理位置重要，是我国唐宋以来海上贸易商舶到西亚诸国必经之路。早在一个世纪以前这里就发现了我国唐宋时期瓷器标本。本世纪二十年代以来又续有发现，前后共发现四处遗址，出土遗物中都有我国瓷器，其中三处出唐宋时期瓷器。

① 布拉米纳巴(Brahminabad)，1854年英国A.F.Bellasis及C.M.Richardson两氏首次调查了遗迹，该地七至十一世纪为印度河商业中心，宋真宗天禧四年毁于地震，发掘出土的中国文物是公元1020年以前的遗物。出土瓷器碎片标本有青瓷、白瓷和褐釉，标本经霍蒲森（R.L.Hobson）鉴定并分为六类，它们的时代为晚唐、五代到北宋前期③。

② 巴博（Bhambore）位于巴基斯坦旧都卡拉奇与著名宗教城市达塔（Tatta）之间，西距卡拉奇64公里。巴博考古勘测始于1951年，有系统地发掘工作是1958年在巴基斯坦考古研究所所长卡恩（F.A.Khan）博士领导下进行的。在巴博地区的山丘地面之上几乎到处都可看到我国瓷器，有晚唐时代越窑青瓷及长沙窑釉下彩绘标本，宋代瓷器种类很多，有北宋初期的越窑划花标本，广东地区的青白瓷浮雕莲瓣纹标本，以及南宋后期到元初的龙泉窑青瓷碎片。巴博遗址出土瓷器现在卡拉奇国家博物馆有专题展览，展品中有中国瓷器标本在内。

③ 巴克（Pak）遗址位于马库兰地方山中的柯尔瓦(Kolwa)地区，遗址是1927—1928年英国斯坦因（A.Stein）访问西亚时发现的，但只发现一片中国瓷器；1931—1932年又在马库兰地区一些古遗址中发现了属于公元十世纪的青白瓷碎片。

菲律宾出土我国宋代瓷器 菲律宾与我国友好往来最早见于赵汝适《诸蕃志》，书中记录了三屿（菲律宾群岛）、麻逸（今民都洛岛）、巴姥酉（今巴拉望岛）、巴吉弄（待考）、白蒲延（今巴布延岛）及蒲里鲁（今波利略岛）等名称，三屿与麻逸更明确提出用瓷器为货进行博易，元汪大渊《岛夷志略》也记录有三岛、麻逸等岛屿，明清两代也留有类似记录。瓷器是做为贸易的主要项目之一。

菲律宾发掘古遗址始于十九世纪八十年代，本世纪二十年代密执安大学从菲律宾中部和南部搜集了八千件瓷器，但缺乏科学断代依据。对菲律宾出土的陶瓷研究和有贡献的是拜耳教授（H.Otley Beyer），拜耳发掘了菲律宾许多遗址，积累了相当数量的出土资料。五十年代后期福克斯博士（Robert B-Fox）在八打的卡拉塔甘地区进行了发掘；六十年代初期洛克辛（Locsin)夫妇在马尼拉的圣安娜进行发掘；1967年4月洛克辛夫妇与宿务（Cebu）城的圣卡洛斯（San Carlos）大学协作，在罗莎·特纳札斯夫人（Rosa Tenazas）指挥下，发掘了内湖遗址。十年来，出土了大约4万件瓷器，由此建立了桑托斯（De Santos）、洛克辛（Locsin）和罗伯特·维拉诺瓦（Roberto Villanneva）三个收藏馆，后者包括了拜耳博士遗留的陶瓷器。

出土瓷器中宋瓷数量不大，元以后明显增多。宋代主要为青瓷，就已发表的图片看，以浙江地区瓷窑为主，有的目前尚不能判明它的具体产地，如罐类器物上的刻花粗线条莲瓣纹装饰，在浙江地区宋代早期窑址中是比较普遍的，不仅见之于余姚、鄞县、黄岩、临海等五代北宋时期窑址，东阳、嵊县、金华等窑也有此类装饰。菲律宾出土的粗线条莲瓣纹罐大体可以肯定不属于前者烧制，而以后者民间瓷窑可能性较大。出土物中的浮雕莲瓣纹小罐，叶瓣上划以细线条纹，与鄞县窑窑址标本特征完全一致。出土青瓷中还有北宋早期龙泉窑，如具有梅瓶特征的刻花瓶，瓶身刻缠枝花卉及莲瓣纹，花瓣均划篦纹，肩部饰以篦点纹，这些都具有典型北宋特色；五管瓶也是北宋龙泉窑的常见器物之一，温州地区也烧造这类器物，出土的五管瓶是龙泉窑产品，刻花莲瓣纹与刻花瓶完全一致。属于南宋时期的有福建沿海地区德化、泉州等窑的青白瓷，福建地区黑瓷以及浙江、福建地区青瓷。

马来西亚出土我国宋代瓷器 马来西亚联邦由马来亚、沙捞越和沙巴三部分组成。马来亚称西马来西亚，后者称东马来西亚。本世纪以来在东马来西亚沙捞越地区的沙捞越河三角洲的圣土邦（Santubang）及其附近的桑吉布亚（Sungei Buah）、桑吉加昂（Sungei Jaong）和尼亚大窟（Great Caee at Niah）周围进行了发掘，出土我国瓷片达到了惊人的程度，仅据沙捞越博物馆十几年来发掘所得瓷片达一百余万片。宋瓷碎片中有青白瓷、青瓷、黑瓷及磁州窑系瓷器。青白瓷有壶、瓶、盒子、洗和碗等器物，这类瓷器大部分来自福建德化、泉州、广东潮安及广州西村等产区（附出土青白瓷碎片），青瓷为浙江、福建沿海地区瓷窑产品，黑瓷则大部分来自福建地区，磁州窑系刻花标本与福建广东地区瓷窑产品比较接近，肯定不是来自北方地区。在西马来西亚的莫尔包河口南边的布吉巴土林登（Bukit Batu Lintang）也出土有景德镇及福建德化窑青白瓷印花标本。

文莱出土我国宋代瓷器 文莱在加里曼丹岛北部，与东马来西亚沙捞越接壤，五十年代初在首府文莱附近的柯达巴都（Kota Batu）进行了发掘。柯达巴都是文莱的古都所在地，公元十六世纪中为西班牙人征服苏尔坦纳（Sultanate）时被放弃。经过发掘，这里出土十二至十六世纪中国瓷器碎片，宋代瓷器有福建、广东沿海地区的刻花青白瓷，有南方地区磁州窑系产品，底色大部分是黑色或深褐色，这里发现的青瓷圈足外露胎处都呈现米红色，显然具有浙江龙泉窑特征。

柯达巴都出土瓷器与沙捞越河三角洲地区出土瓷器在品种、年代方面有类似处，完整瓷器极少，这点也极其相似。

朝鲜出土我国宋代瓷器 朝鲜出土我国瓷器是在本世纪三十年代以后，出土瓷器之中有不少名窑的精致作品，由于未经科研单位的正式发掘，只能大体了解瓷器出土地点是在海州所属的龙媒岛、开城附近及江原道的春川邑等地区。

出土宋代瓷器有磁州窑白地黑花瓶、耀州窑刻花注碗、临汝窑印花碗、龙泉窑碗、青釉刻花篦划纹碗及景德镇青白瓷等窑瓷器，其中以青白瓷数量较多，江原道春川邑出土青白瓷印花盘三十件，同时伴出的还有高丽青瓷。

从朝鲜出土及传世瓷器中可以看到越窑、汝窑、定窑、磁州窑都给高丽王朝以较大影响。北宋宣和年间出使高丽的徐兢，于宣和六年写了一本《宣和奉使高丽图经》，在卷三十二器皿一节之中的陶尊条说“陶器色之青者，丽人谓之翡色。近年以来，制作工巧，色泽尤佳，酒樽之状如瓜，上有小盖，而为荷花伏鸭之形……”，附图④瓜形壶与上述陶樽大体相同。高丽青瓷中有仿汝窑形质的盏托、注碗与盘等器物。高丽青瓷传世完整器皿不少，造型规整，设计奇巧，制做工艺高超。南宋时期刊刻的《袖中锦》一书，在“天下第一”条文中列举了宋代各地以及与宋并世的契丹、西夏、高丽等国的著名特产，“监书、内酒、端砚、洛阳花、建州茶、蜀锦、定磁、浙漆、吴纸、晋铜、西马、东绢、契丹鞍、西夏剑、高丽秘色、兴化军子鱼、福州荔眼、温州桂、临江黄雀、江阴河豚、金山咸豉、简寂观苦笋、东华门把鲊京兵、福建出秀才、大江以南大夫、江西湖外长老、京师美人皆为天下第一；他处虽效之终不及”⑤。这里提到的高丽秘色是仿照越窑青瓷的釉色烧制的青釉瓷器，南宋时与定窑白瓷同被评为天下第一。

在朝鲜史书的《高丽史》中也留有北宋商人到高丽国的记载。如：

文宗十一年丁未（1057年，仁宗嘉祐二年）宋商叶德宠等二十五人来献土物。

文宗十一年丁卯宋商郭满等三十三人来献土物。

文宗十四年（1060年，仁宗嘉祐五年）七月乙巳宋商黄肋等卅六人来献土物。

文宗十四年八月癸亥宋商徐意等卅九人来献土物。

这样的纪录，（朝鲜）宣宗时（1084—1094年）六次，献宗时（1095年）三次，肃宗时（1096—1105年）八次，睿宗时（1106—1122年）三次，仁宗时（1123—1146年）二次，毅宗（1147—1170年）、明宗（1171—1197年）、熙宗（1205—1211年）、高宗（1214—1259年）时各一次，每次少则二、三十人，多至三百人。由此可知，宋代商人到高丽进行民间贸易的船舶，从北宋神宗到南宋理宗一百多年里络绎不绝，多数是载运量较小的小船，少数为载运量较大的大船。

第八节　辽的陶瓷

辽朝是十世纪初我国契丹族在北方建立的地方政权。契丹族是古代北方民族鲜卑族的后裔，晋末始称契丹。南北朝以来，契丹在今辽河上游西拉木伦河流域一带游牧，与中原的关系逐渐密切。唐朝以其地置松漠都督府，并任契丹首领为都督。唐代后期，契丹已成为我国北方各族中最强大的力量。唐末，契丹迭剌部首领耶律阿保机统一契丹及邻近各部，于公元916年（五代后梁贞明二年）建立了辽朝，遂先后与五代和北宋并立。

辽的辖境：“东至于海，西至金山，暨于流沙，北至胪朐河，南至白沟。”即东到日本海，西到阿尔泰山，北至克鲁伦河，南至今河北、山西北部。

在辽朝建立前后，不断地对中原进行侵扰，用俘获来的汉人，建立新的州县，并用他们原来所属的州县命名。这些汉人是属于奴隶身份的、从事农业生产的“官户”。当时阿保机还容许诸王、外戚、大臣以从征所获的汉人建立州县，称为“头下军州”，把汉人作为奴隶，使之从事农业生产。

1.制瓷工匠来源

随着契丹人由畜牧、渔猎生产为主转向以农业、畜牧生产为主，由游牧生活转向定居生活，陶瓷手工业也随之发展起来。

辽代制瓷业，是辽代手工业中的一个重要组成部分。辽代制瓷业工匠的来源，在文献中虽无明确记载，但从辽代手工业中其他部门的工匠来源情况，是可以推想而知的。辽圣宗开泰元年、宋真宗大中祥符五年（1012年），宋人王曾使辽，在辽中京以南地区所见到的手工业情况是：在柳河馆的西北，有炼铁场，居民多渤海人，“就河漉沙石炼得铁”；打造部落馆，“有蕃户百余，编荆篱，锻铁为兵器”；富谷馆的居民“多造车者，云渤海人。”《辽史·地理志》：长乐县“太祖伐渤海，迁其民，建县以居之。户四千，内一千户纳铁。”所谓“纳铁”，就是把他们冶炼出来的铁缴纳给国家。由此可以看出从事炼铁、造车、打造兵器的手工业工匠，除奚人之外，渤海人工匠都是辽灭渤海时，由渤海迁来的。辽大同元年（947年）辽太宗灭后晋时，就把汴州（后晋的都城，今河南开封市）城内的从事各种手工业的“百工”等，全部迁至辽上京城内。所以，在辽穆宗应历三年（953年）由辽逃回中原的胡嶠，他谈到当时辽的上京情况是：“有绫锦诸工作，宦官、翰林、伎术、教坊、角觝、秀才、僧尼、道士等，皆中国人，而并（今山西太原市）、汾（今山西汾阳）、幽、蓟（今河北蓟县）之人尤多。”从“有绫锦诸工作”这句话看来，当时也有其他各种手工业部门作坊。至于所说的“伎术”，是指有各种专门技能的汉人，亦即从事各种手工业的汉人工匠。

唐、五代以来，在我国北方的邢（今河北邢台市）、磁（今河北磁县）、定三州内，先后出现了制瓷业。定州在最北方，与辽接近。辽代的手工业各部门主要是由战争中俘获来的汉人和渤海人而发展起来的，辽代的制瓷业当然也不会例外。《辽史·萧阿古只传》说：“天赞初，与王郁略地燕、赵，破磁窑镇。”同书《王郁传》亦说：“天赞二年，郁及阿古只略地燕、赵，攻下磁窑务。”《耶律孟简传》也有“谪巡磁窑关”的记载。磁窑镇与磁窑务为一地，磁窑关想与磁窑镇相去不会太远。萧阿古只与王郁攻下磁窑镇，一定把瓷窑工匠掳掠至辽，燕云地区由辽统辖后，这个磁窑镇，是否为辽所有，现尚不明。但磁窑镇的窑工被掠至辽，是可能的。从太祖至世宗这一期间，辽对定州的掠夺情况是：辽神册六年（921年），辽侵扰定州，“俘获甚众”。辽天赞二年（923年）闰四月，辽攻下定州的曲阳县。辽天显三年（928年）三月，后唐义武军节度使王都遣人以定州来归辽朝，后唐出兵讨王都，于是王都遣使乞援，辽遂进兵定州，五月，辽兵攻下定州，占据定州达八个月之久，乃被后唐兵所攻败。辽太宗灭后晋，中原人民纷纷起义进行反抗斗争，定州节度使耶律忠于辽世宗天禄二年（948年）弃定州逃回，大肆焚烧城邑，"尽驱人民入蕃"，定州"惟馀空城瓦砾而已"。而定州所属的曲阳县境，是定窑窑址所在地，当然也不能例外。辽对定州多次侵扰，从那里俘获的人口中间，一定有定窑窑工。所以，辽代制瓷业的工匠，应是来源于中原的磁窑镇和定州的定窑。

2.陶瓷窑的设置与烧造

根根制瓷工匠的来源及辽代墓葬的出土品分析，辽代瓷窑的出现，大约在辽太宗会同年间（938—947年），至辽世宗（947—950年）一段时间之内。

辽代的瓷窑，已知者共七处，其分布情况是：上京地区有林东辽上京窑，林东南山窑，林东白音戈勒窑；中京地区有赤峰缸瓦窑；东京地区有辽阳江（音刚）官屯窑；南京地区有北京龙泉务窑；西京地区，大同市西郊青瓷窑村发现窑址，所烧器物为黑釉鸡腿罈等，是辽金时期物品（图七十）。

林东辽上京窑 窑在今内蒙古昭乌达盟巴林左旗林东镇南一公里辽上京临潢府故城的皇城内。窑场规模很小，可知其烧造时间较短，但产品质量很好，在技术上受定窑影响较深。此窑以烧制白和黑釉瓷器为主，同时也烧少量的绿釉陶器。白釉黑釉瓷器胎质细白，大器厚胎者含有少量杂质，有杂色微点或灰白色。绿釉陶器胎质较白、黑两种稍粗，但比一般釉陶器却精纯得多。白瓷釉色纯白，釉层薄而无堆脂现象，光泽强而温润。黑瓷釉色黑而闪暗绿，釉厚处则现蜡泪痕或堆脂状，釉调沉重温润，光泽较强。此种黑釉在其它辽窑中均不见，宋代各窑也未发现，当是此窑所独创。绿釉色稍混浊而不透明，作正绿色，光泽较差。白瓷产品，多杯、碗、盘、碟、瓶、罐、盂、壶、盒等，其中的盘口长颈瓶、海棠花式长盘、方盘、长把执壶等器，多为契丹人所喜用，器底往往刻划各种记号。黑瓷种类较少，仅瓶、罐、壶、盂、瓦等数种。绿釉则有瓶、罐二式。近年于辽上京故城内出土有白瓷"官"字款穿带壶，当系此窑产品。关于此窑始烧年代，从窑场发掘出来的一枚北宋"元丰通宝"钱和此窑所烧器物来看，约在辽道宗大康年间（1075—1084年）或其前后。由于所烧瓷器较精，而又在皇城内设窑，可以断定它应是辽代晚期的官窑。

林东南山窑 窑在辽上京临潢府故城西南一公里，窑场规模不大，烧造时间不长，以烧三彩釉陶器为主，质量较差。所烧三彩、单色和低温白釉陶器，胎质细软，均作淡红色。胎上皆挂化妆土，粉衣上再施黄、绿、白三色釉或单色釉，釉色不甚鲜艳，釉层极易

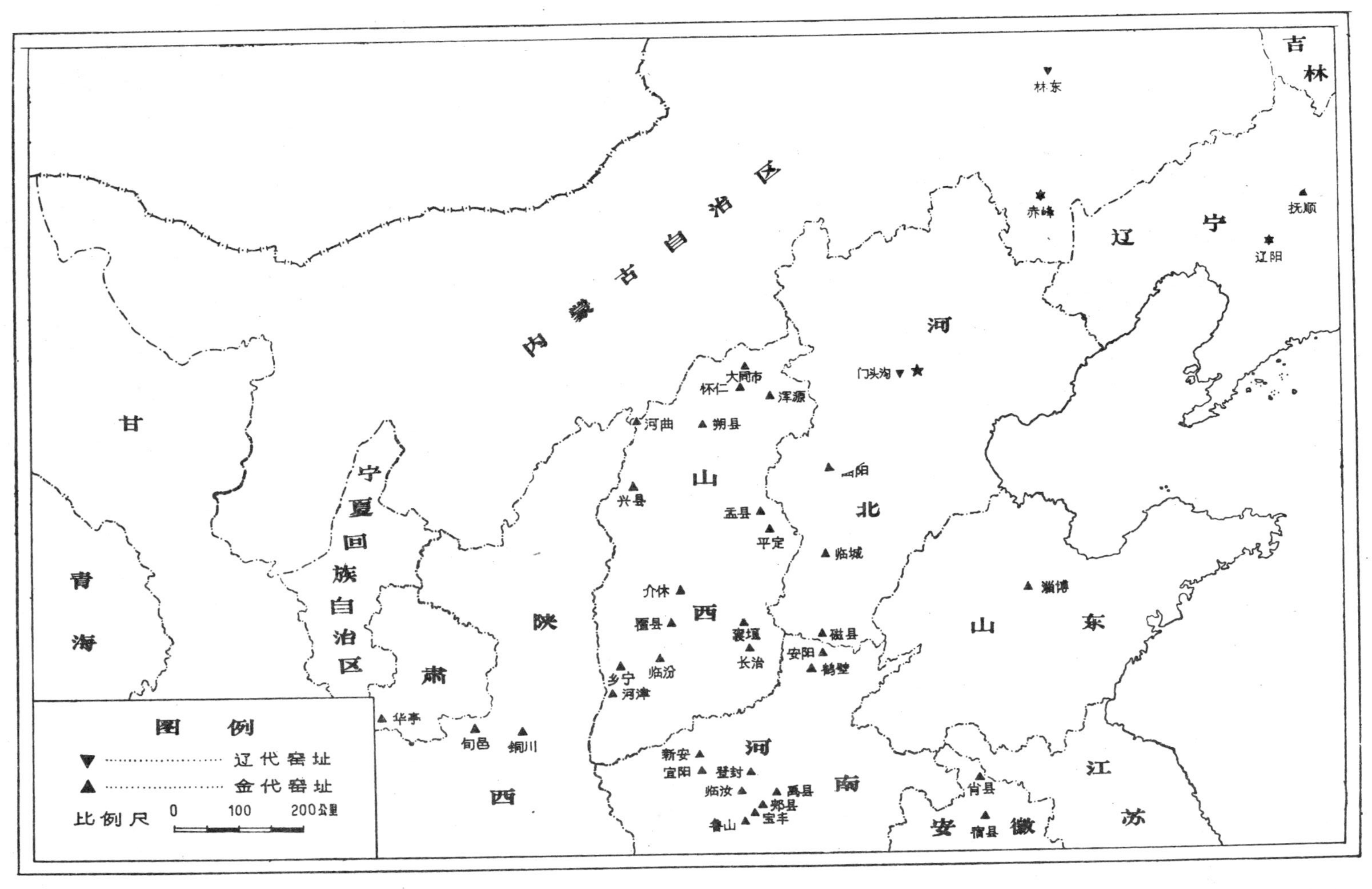

图七十 辽、金瓷窑遗址分布图

脱落。低温白釉陶器，釉色乳白而不润泽。在白釉或黄釉器上，有的还加少许绿彩，颇为美观。此窑产品，多是小器，如盘、碟等。此窑的设置年代，似也在辽道宗大康年间或其前后，当是辽代晚期民窑。

林东白音戈勒窑 窑在林东镇西约二公里的白音戈勒村。窑场规模很大，专烧茶叶末绿釉和黑釉大型粗瓷器，胎质均粗黄厚重，硬度高而坚致。茶叶末绿釉，釉色灰绿而闪黄，釉层厚而光泽较差。黑釉釉色纯黑而欠光润。茶叶末绿釉产品，以鸡腿瓶为最多，黑釉器则多瓮、罐，其中又以双耳小罐为最多，盆、钵等器则不多见。此窑始烧年代根据所烧器物和辽墓出土的同类器物来看，最早为辽景宗（耶律贤）初年，最晚为辽圣宗时或稍晚一些，也是辽代民窑之一。

赤峰缸瓦窑 窑在今内蒙古昭乌达盟赤峰市西南六十公里的缸瓦窑屯。窑场极大，占地面积约一平方公里，烧造时间很长。所烧器物以白瓷为主。白瓷和白瓷黑花器，胎质白而微黄，往往有杂质黑点，大器胎中尤多。三彩及单色釉陶器，胎质细软，呈淡红色。茶叶末绿釉器，胎质粗硬而色黄，多含黑色杂质。除茶叶末绿釉器外，其余各种釉色器，胎上均施化妆土。大器粗品，白釉多带黄色，混浊不透明。三彩釉为黄、绿、白三色，娇艳光洁，可与唐三彩媲美。单色黄、绿釉器，釉调厚重雅致。茶叶末绿釉，釉色灰绿，有的则闪黄色，混浊而不透明。白瓷产品，以杯、碗、盘、碟、壶、罐等较多，棋子、玩具较少。三彩及单色釉陶器，多印花盘、碟和黄釉圆身环梁鸡冠壶，而凤首瓶、三彩印花陶砚和小佛塔等则较少。茶叶末绿釉器则有鸡腿瓶，肩上刻划汉人姓氏“孙”、“徐”等字。另外，此窑产品中也发现有少量的黑釉瓷器精品。白釉黑花器可能出现在辽代晚期。缸瓦窑在辽代瓷窑中比较重要，曾见于宋元人的记载，从其记载中得知缸瓦窑乃是辽代官窑，近年在该窑窑场中又发现刻有“官”字款的支垫窑具，更加证明其为官窑无疑。在赤峰大营子村西北，曾发现有辽穆宗（耶律璟）应历九年（959年）辽驸马赠卫王萧娑姑（即萧室鲁）墓，墓距缸瓦窑较近，而墓中出土的瓷器，多数是此窑产品，其中带有“官”字款的盘、碗也应是此窑烧造。据此，可以推知缸瓦窑的始烧年代约在辽太宗年间或辽世宗时期。

辽阳江官屯窑 窑在今辽宁省辽阳市东三十公里太子河南岸的江官屯。窑场很大，已被太子河水冲去不少。所烧以白釉粗瓷为主，白釉黑花和黑釉瓷器较少，也烧少量的三彩器。白釉瓷器，胎质粗糙，色白，往往杂有红黑色杂质细点。白釉黑花胎质与白釉略同，黑釉器较粗杂。此窑所烧器物，均施化妆土。白釉色白而微黄，黑釉色纯黑，但白釉黑花器的黑花却呈黄黑色。白釉器产品，多杯、碗、盘、碟、瓶、罐等，虽有精品，但数量极少。黑釉器产品，多日用较大的粗糙大器，较好的器物则有茶盏、小碗、小罐小瓶等，数量不大。各种小人、兽头笛、犬、马、骆驼等小玩具，则黑、白釉均有。在窑场中曾出土过北宋铜钱和带有“石城县”刻款的金代陶砚。从烧造的器物来看，此窑的始烧年代，当在辽代晚期，而盛于金代，是当时一个较大的民窑。

北京龙泉务窑　窑在今北京市西郊门头沟北六公里的龙泉务村北永定河西岸。窑场占地面积约3,000平方米，东西长约200米，南北宽约150米。所烧瓷器以白釉为主，黑釉、酱釉和褐釉器较少，在技术上受定窑影响很深。白瓷制品有精、粗两种，精的胎质莹白坚致；粗的胎质不如精的纯净细腻。白釉釉色，精的色白而微微泛青，呈半透明状；粗的白而不润，有的则带有较重的黄色，混浊而不透明，但不多见。黑釉等器胎质大体与白釉相同。由于还没有进行发掘或作更多的调查，目前对此窑了解还不够全面。所烧的白瓷精品，可与定窑媲美。据《宋会要辑稿·蕃夷一》的记载，宋太平兴国四年(979年)，六月"二十六日，幽州神武厅直卿兵四百余人来归，山后八军、伪瓷窑官三人，以所授处牌印来献"。"幽州神武厅直"这一句，在同书"兵七"，则作"幽州本城神武厅直并乡兵四万余人来降"。可知"卿兵"乃"鄉兵"之误，但"四百"后者又误作"四万"。幽州即辽的南京，神武是由汉人组成的辽朝军队的军号。正是当时宋太宗率兵围攻南京时所发生的事情，所记虽然是两起事情，实是一件事。但后者是记兵，前者是记官，不然的话，前者就不会有"以所授处牌印来献"的话。那么这"伪瓷窑官"究竟是从哪里来的，是从远处来的，还是就在南京的附近，或者是南京城内。从远道来似乎不大可能，如果说是由燕山以北地区来的，虽然较近，但也不大可能，不能因为前面有"山后八军"四字，就认为是从山后来的，应当是从南京附近或南京城内来的才合理些。如果此说无误，则北京龙泉务窑，很有可能也是辽代官窑，其始烧年代，大约在辽太宗会同年间及其前后。

3. 辽的陶瓷工艺

辽代制瓷业，由于在技术上受中原影响，所以制瓷工艺与中原北方各窑也大体相似。辽代各窑所使用的制瓷原料，应是就地取材，那种认为是靠中原运输而来的说法，似不大可能。以辽宁省来说，曾发现有不少的制瓷原料产地，不仅有普通的原料，而且也有优质原料。如巴林右旗的查干木伦、巴林左旗的哈里哈达、朝阳的六家子、哈左自治县的双庙南山等处和它们的附近，都发现有优质原料，虽然不如中原产地的蕴藏量大，满足不了今日辽宁日益发展的陶瓷工业的需要，但在辽代还不至于有原料不足的问题。至于一般的原料和釉料等，在辽宁境内各处都有发现。在辽所属的今河北、山西的北部地方，也同样有优质原料产地。据考古调查，在林东白音戈勒村的后岭，曾发现有古代开采制瓷原料的采石坑，白音戈勒窑和辽上京窑所用的原料，很有可能就是从那里开采的。辽代的制瓷工艺从窑址遗存观察，大致如下：

原料粉碎　从赤峰缸瓦窑所遗留的粉碎工具，可以了解其大体情况。赤峰缸瓦窑所使用的粉碎工具，有石辊和石臼。石辊有两种，一为碾砣形，长约68厘米，圆径约62厘米，两端中部有方形孔，一端于孔眼外刻八瓣花饰，周边有8厘米宽边。一为有齿碾砣形，长约86厘米，圆径约58厘米，圆径外有高约10厘米、宽约12厘米的尖状齿共十一个，圆径中有方眼。此两种形式石辊，有齿者当是初次粉碎时的工具，无齿者当是第二次粉碎时的工具。石臼有长圆形和长方形，大小宽窄基本相同，长约95厘米，宽约74—81厘米，高约55—57厘米。面中部有一圆形坑，圆径有大有小。

成型 有拉坯、印坯、镶接等法。拉坯用右旋辘轳，所制皆为圆形器。印花用瓷胎印范印制三角形、方形、多角形器和器物的部件以及器物上的装饰花纹，如三角形碟、方碟、海棠花式长盘、壶把、棋子和印花盘、碟等。镶接，是将拉坯或印坯的部件粘接起来，如瓶颈、壶嘴、壶梁、壶把等。

挂釉 由于各窑所使用的瓷土有优劣、精粗的不同，所以在成型后挂釉的工序也不一致。有的在成型后直接挂釉，有的则先施化妆土然后再挂釉。林东辽上京窑和北京龙泉务窑，因所用瓷土细而胎质白，则直接挂釉而不施化妆土。林东白音戈勒窑，胎质虽粗黄，但所烧皆为深色釉粗器或大器，所以也不施化妆土而直接挂釉。赤峰缸瓦窑和辽阳江官屯窑，因所用瓷土较差，胎质白而微黄或含杂质黑点，则先施白化妆土，然后再挂釉。林东南山窑和赤峰缸瓦窑所烧之三彩及单色釉陶器，因陶土松软，胎质淡红，则先素陶胎，次施白色化妆土，然后再挂釉烧成。白瓷精品则器身全部挂釉，但也有外底无釉的；粗器外底均无釉，而器身外部挂釉情况也不相同，有的仅及口边下，有的挂釉至下腹部，有的将近底足，釉厚者则有堆脂痕或泪痕。黑釉、茶叶末绿釉等器，大体与白釉相同。三彩釉和单釉陶器，外底均无釉，精品多挂釉至底足，粗器则与白瓷粗器挂釉情况相似。

窑具 有匣钵、障火砖和支垫等，用耐火粘土制造。匣钵有大有小，形状也不相同，以林东辽上京窑为例，大体可分为两种。一种作平底圆形，圆径约30—40厘米，底部比筒部稍厚，在底部外缘有深约2厘米的指窝多个，便于搬运以免手滑。另一种作釜底圆形，圆径约22—32厘米，筒部高约10—14厘米，底部高约8—10厘米，筒部厚约2.5—3.5厘米，底部比筒部稍薄。障火砖形状不一，有方圆、大小、厚薄之分。支垫形式多种多样，主要有线轴状、圆锥状、三爪状、圆球、垫环等。线轴状用做大型器物两器之间的支具。圆锥状用于器底圈足和另一器的内底上，即以三个圆锥状支具的平面置于圈足上，使其尖端接于另一器的内底。三爪状又分正圆形、正三角形、边线内凹三角形三种，每种都有三个小支钉，比圆锥状进步得多，使用起来也比圆锥状便利。用圆锥状和三爪状支垫的器物，在内底上往往留有三个微小的钉痕。圆球是用半干的耐火粘土来支垫器物的，所以在器物的内底或圈足上往往留有三个疤痕。垫环是覆烧器物支垫口边的用具，所有口边无釉的覆烧瓷器都是用它来支垫的，环体作正圆形，断面为磬折形。

除上述窑具外，还有泥条、泥环等。在赤峰缸瓦窑近年新发现的筒状窑具，也应是支垫工具，有上粗下细和上下粗中间略细的两种。上粗下细的，底为平底，口径约11、高约13、底径约10厘米，还有高矮基本相同而筒径略细的。上下粗中间细的，仅存大上半部，并有“官”字刻款，存高约10、上口径约12、腹径约10.7厘米。口边平面上残存有渣垫痕，底部应与前者相同而作平底式。

装烧　有三种方法：第一种，用匣钵装烧，林东辽上京窑、赤峰缸瓦窑、北京龙泉务窑烧造瓷器均用此法。每个匣钵所装器坯多少，则视所烧器物的高低、大小而定。满窑时，可将装好瓷坯的匣钵一个压一个高叠起来，上下钵之间放一泥条，以便出窑时容易分开。第二种，用障火砖法装烧，辽阳江官屯窑即用此法。装烧时不用匣钵，而是用各种不同形式的耐火砖障火，并用支、顶、挤、垫工具进行装烧，这是烧造技术的进步。第三种，直接入窑法，林东白音戈勒窑即用此种方法。装烧时既不用匣钵，也不用障火砖，则将器坯直接入窑、上下叠积。为了使器物避免前后、左右倾倒粘连，在器腹之间横支以线轴状窑具。此外，林东南山窑，仅见三爪状支具，未见匣钵等障火工具，究竟用什么方法装烧，目前还不清楚。

窑炉　均为圆形窑，这是当时我国北方常见的窑炉形式。平面作椭圆形，前后长约5米，左右略窄些，立体为馒头形。用耐火砖、石块和土坯筑造，前开一门，作装窑和出窑以及烧火之用，内有火膛和窑床，后有烟道四个或六个，烟道与窑后耸立的烟囱相连接。烧窑所用的燃料均为柴草，在各窑场中尚未发现有用煤做燃料的。

4. 辽瓷的造型与装饰

辽瓷的造型　辽代陶瓷的造型是多种多样的，可分为中原形式和契丹形式两大类。中原形式的陶瓷器皿，大都照中原固有的样式烧造。契丹形式的，多是仿照契丹族传统使用的皮制、木制等容器而烧造的。两类形式的造型及其发展变化，都与辽代的政治、经济、文化的发展有着密切联系，是辽代畜牧业和农业经济及其生活的发展变化在陶瓷上的反映。

属于中原形式的陶瓷器，有杯、碗、盘、碟、盂、盒、盆、罐、壶、瓶、瓮、缸以及棋子、香炉、陶砚、砖瓦等。其中有的是食器、酒器和茶具，有的是贮藏器、日用杂器和建筑材料。

属于契丹形式的陶瓷器，有长颈瓶、凤首瓶、篦式瓶、穿带壶、注壶、鸡冠壶、鸡腿瓶、海棠花式长盘、暖盘、三角形碟、方碟等。其中有的是盛食器，有的是贮藏器和注器。此类器物的造型都具有契丹民族传统的独特风格，特征如下：

（1）鸡冠壶　是摹仿契丹族传统使用的各种皮囊容器而烧造的，保留有游猎生活的形迹。壶的式样很多。大体可分为五种，即扁身单孔式、扁身双孔式、扁身环梁式、圆身环梁式、矮身横梁式。其年代早晚，通常多以壶身所保留的皮囊形式多少来区分。

扁身单孔式：此种形式在辽墓中发现的以赤峰大营子应历九年（959年）辽驸马墓出土的为最早。墓中共出有白釉、绿釉鸡冠壶十七件，都是扁身单孔式，仅有平底和圈足的不同。壶上扁下圆，肥身，上有管状口和鸡冠状单孔系，器身有凸起缝合线，系仿照前后两大皮页，下加圆底，上加管口缝合而成的皮囊形状，是辽代早期的形式。

扁身双孔式：此种形式以辽宁法库叶茂台第七号墓出土的为最早（根据墓中出土的干支纪年的漆器来考察，此墓应为辽景宗晚期墓葬，最晚也不能晚于辽圣宗统和初年），墓中出有黑褐釉有盖鸡冠壶二件，都是扁身双孔式。壶作扁体形，上薄下厚，凹底短口，双孔，一孔在鸡冠状中，一孔在口旁，是仿照两大皮页中加条幅缝合而成的皮囊形器，针脚甚为逼真。是由扁身单孔向扁身双孔过渡的器式(图版贰拾柒:1)。河北迁安上芦村开泰六年（1017年）辽韩相墓所出的绿釉有盖鸡冠壶，是扁身双孔式的普通形式。鸡冠状的尖部已成平直，而与口旁孔部的上部平行，呈凹字形，壶体近扁方形。可知此种器式的年代比扁身单孔式较晚。此外，在北京市西城区锦什坊街辽墓出土的黄绿鸡冠壶，壶为略矮的圆体式，平底，上有管口、双孔和横梁，双孔处已不见凹字形而成为平直状，横梁施绿釉，器身有缝合皮条装饰。由于伴随出土的黄釉把杯与河北宣化天庆六年（1116年）辽张世卿墓出土的相同，可知此壶应是辽代晚期的器式。辽宁省博物馆藏有与此壶相同的三彩釉鸡冠壶，当是同窑产品，但横梁已缺失。

扁身环梁式：壶作扁圆体，高身圈足，口无颈，高环梁，器身有皮条皮扣装饰，环梁则作皮绳或多角方形皮环状，有的皮环上加饰皮扣，可以看出皮囊的原形。此种形式近年虽有发现，但无墓志出土，亦不知其伴随出土物的情况，其年代可以肯定晚于扁身双孔式，而又早于圆身环梁式。

圆身环梁式：此种器式以辽宁义县清河门西山村（今属阜新）第一号辽墓（即左夷离毕萧相公墓，为重熙前半期的墓葬）出土的为最早。墓中所出白瓷鸡冠壶二件，肥瘦微有不同。壶圆形拉坯，捏扁上部，上有管状口和圆体形提梁，下为圈足，器身有附加堆纹皮条缝合装饰，是此种器式的初期形式。又于该地所发现的第二号辽墓（有契丹文清室三年墓志），墓中出有绿釉鸡冠壶二件。壶作高身，长管状口，圈足，提梁为指捏纹，器身无皮条装饰，是圆身环梁式的普通形式，盛行于辽代晚期。

矮身横梁式：壶作圆体矮身，平底，上有管口和横曲提梁，器身有皮条缝合装饰，有的底部划刻“官”字款。这种壶与陕西西安唐墓出土的白釉皮囊壶和西安市南郊何家村唐代窖藏中所发现的舞马衔杯纹仿皮囊银壶比较近似，可知此种器式的渊源较早。但此种器式皆为瓷质，由于器物较少，辽墓虽无明确出土例，其年代确定于早期似无疑问。此外，在传世品中有作鸡形者，上有横曲提梁，器身饰以铁锈花，造型十分逼真，比较罕见。底有注水圆孔，从铁锈花考察，应为辽代晚期。

（2）鸡腿瓶　瓶身细高如鸡腿，平底小口，上粗下细。有的器身饰以瓦沟纹，肩部每有刻划类似姓氏的汉字，也有刻划“䡄二年田”（即乾统二年田）、“䡄三艾廿一”（艾，契丹文“月”），或刻划类似契丹字的。鸡腿瓶是契丹族专用的一种贮藏器，在辽墓中常有发现，以法库叶茂台七号墓所出者较早。

（3）盘口瓶、壶　有盘口长颈瓶、盘口长颈注壶和盘口穿带壶等。

盘口长颈瓶：有大盘口和小盘口两种形式。大盘口，盘口作浅盘式，细长颈，宽肩敛腹，底足外展，器身圆肥（彩版21:1）。赤峰大营子辽驸马墓和建平硃科辽墓都曾出土，后者外底划有“官”字款，两墓所出都是辽代早期制品。小盘口瓶，盘口作立壁浅盘式，细长颈，肩宽下瘦，器身细高。法库叶茂台第七号辽墓和义县清河门西山村第一号墓，也都曾出土过。前者年代较早，器身有剔划花纹装饰；后者年代较晚，于细长颈上满饰环纹。

盘口长颈注壶：有两种形式，一为无把注壶，一为有把执壶。壶均作大盘口、短流、细长颈，肩宽敛腹，器身圆肥。

盘口无把注壶，法库叶茂台七号墓中出土两件。器作大盘口，竹节状细长颈，一高一矮，高者肩部饰有凸起弦纹三道，矮者器身作五瓣瓜楞形，属早期器式。此外，北票水泉辽墓所发现的，器作杯口式，长颈上饰有弦纹两道，是由大盘口发展而来的。杯口式注壶为其普通形式，有的杯口呈花式杯口状。属于杯口式的注壶，长颈又多饰以环纹。

盘口有把执壶，此种器式，应是盘口无把注壶发展而来的，以义县清河门西山村第二号辽墓所出土的为最早。壶的长颈上无任何装饰，把手低于大盘口，传世品中所见到的喇叭口、管状口等有把执壶，都是由大盘口执壶发展变化而来，它和中原地区的有把执壶绝不相类。

盘口穿带壶：壶作圆体形，上有立壁浅盘式大盘口，长颈稍粗短，肩宽敛腹，底足外展，两侧各有扁长方穿带鼻两个，外底划有“官”字款。此种器形来源较早，内蒙和林格尔晚唐墓葬中曾有出土，但器身较高，长颈饰瓦沟纹，两侧穿带鼻之间有沟槽，器身有划刻花纹装饰，是我国北方民族游猎生活中所使用的贮藏容器之一。此外，有的穿带壶作喇叭状口，有的作外侈小口，颈的中部稍细，饰有凸起弦纹，器身高而略细，都是盘口穿带壶演变而来的。传世品中有三彩鱼纹穿带提壶，是比较少见的。

（4）长颈瓶　义县清河门西山村第四号辽墓（即嵩德宫铜铫墓，年代约为辽圣宗时），出土的白釉长颈瓶，颈粗而长，侈口平底，宽肩细足，颈的中部和基部各饰凸起弦纹一道，是长颈瓶的早期形式。新民巴图营子辽墓出土的绿釉长颈瓶，瓶作喇叭口，长颈，宽肩，瘦足，肩部饰有弦纹一道，是晚期的形式。

（5）凤首瓶　一般常见的造型多作伸颈敛翼直立的凤鸟形，花式杯口，凤首张目曲喙，环纹长颈，宽肩，瘦足，底足外展。有的花式杯口作凤冠形，有的长颈作竹节式，但也有饰以弦纹两道的。凤首有的作曲喙张口，有的作曲喙衔珠。器多黄、绿釉，白釉则极少见。在考古发掘品中，北票水泉辽墓和朝阳二十家子前窗户村辽墓所出土的，都是凤首曲喙衔珠，是凤首瓶的早期形式。义县清河门西山村第二号辽清宁三年墓所出土的，花式杯口规整，环纹长颈，是凤首瓶的常见形式。凤首瓶在西亚地区很早就已盛行，唐代陶瓷中有类似的制品，辽瓷制品，也受到了影响。

（6）筩式瓶　瓶作圆形直筩式，有的口缘下起脊，足际微敛，有的侈口圈足，器身上下塑贴人像，是仿造鏇制木筩形器而制作的。常见的都是三彩器，是辽代晚期的造型之一。

（7）三角形碟　碟等边三角形，斜立壁，曲线口，平底，器内印凸起花纹，外底刻有“官”字款。此种碟，仅赤峰大窝铺辽墓出土白瓷四件，极为少见。

（8）方碟　碟作方形平底，侈口曲边，碟里满印凸起花纹，多施黄、绿、白三色釉，但也有白釉的，义县清河门西山村第二号辽墓所出土的白瓷印花方碟残片极为少见。锦西西孤山大安五年（1089年）辽萧孝忠墓和建平和乐村大安六年辽郑恪墓，均出土有三彩方碟，可知其盛行于辽代晚期。方碟和三角形碟，应是渊源于木制的同式器皿。契丹人用木制餐具，在文献中早有记载，辽统和二十三年（宋景德二年，1005年）宋孙仅使辽时，谈到途中就餐时所用的器皿，他说：“汉食贮以金器，蕃食贮以木器”，就是证明。

（9）海棠花式长盘　盘作八曲海棠花式，宽边平底。它的造型与唐代流行的金属捶制的曲边长盘完全相似，可知它的造形渊源应与这种金属器有关。内印凸起花纹，涂三色釉，林东辽上京窑曾发现有白瓷光素无纹的制品残片。

除上述外，还有仿自然物的葫芦形器和瓜形器，虽为中原固有形式，但在辽代陶瓷中也极为盛行。瓜形壶，有的以瓜蔓为提梁，枝叶披拂，极为逼真。葫芦形壶以亚腰式注壶为多，但也有的上部仅存半个葫芦或只在口上存一个凸起圆形的。至于鱼形壶和扁把壶虽也烧造，但数量不多。

辽瓷的装饰　辽代陶瓷器皿，在装饰技术方面也受中原的影响。从装饰手法上看，可分为胎上装饰和釉色装饰两种。属于中原传统形式的器皿，则两种手法并用，而与中原大同小异；属于契丹民族形式的器皿，虽也两种手法并用，但却表现出独特的民族风格。

（1）胎上装饰　有刻划花、印花、贴花三法。多数是在成坯后挂釉前进行的，也有在挂釉后加工的，但所占的比例较少。

刻划花：所刻线条较宽，有明显的刀锋痕；划花线条较细，柔和而无生硬感。除此之外，又有雕釉、剔粉、填黑三法。雕釉即在挂釉后再雕刻花纹；剔粉是在成坯后先施化妆土，然后再行刻划；填黑是把刻划的花纹以外的部位填以黑釉，使花纹更加突出。这三种作法在辽代陶瓷中比较少见。林东上京窑、赤峰缸瓦窑和辽阳江官屯窑，都发现有刻花器的标本。刻花器以白瓷为主，也有三彩釉的。划花装饰在白釉、白釉绿彩、黄绿单色釉和二彩三彩器上都使用。此种刻划花纹，多用于盘、碗、盆、罐、瓶、壶等器物上。

印花：是用瓷土烧成印模压印而成，多用于白釉、黄釉和三彩釉的盘、碗上。林东辽上京窑和赤峰缸瓦窑都有印花器的残片。

贴花：是把模印或手塑出的部分花纹贴于器坯上。辽代陶瓷中，属于契丹形式的仿皮囊壶和仿木制的圆筒形器上多用此法，不但十分突出，而且也比较普遍。

（2）釉色装饰　有施多种色釉和用色釉描画二法。施多种色釉作装饰的，有三彩器两彩器或单色釉加彩器等。用色釉描画作装饰的，则有白釉黑花器，所画花纹简单，是辽代晚期才出现的一种装饰方法。

辽代陶瓷中所用的装饰纹样，在刻划、模印的器皿上，以牡丹、野芍药为主。牡丹在当时被种植在东北和河北地区人们的庭院中，白芍药盛产在东北的山野，都是辽代最喜用的花纹装饰。尤其是牡丹，在当时的各种壁画、花饰、石雕中，使用这种题材甚多，陶瓷器皿上更为普遍。圆形瓶、罐，多用缠枝牡丹或野芍药，海棠花式长盘和鸡冠壶，则用成株牡丹，刻划花的盘、碗、盆，有用二株或三株牡丹的，印花盘、碟，在三层花纹带中，往往以牡丹为主。莲花和菊花，虽也比较喜用，但却不如牡丹具有普遍性。卷草也是辽瓷上比较常见的，多用于鸡冠壶或作器物的边饰。此外，还有水波、流云、游鱼、蝴蝶、仙鹤、葡萄、草花、圆钱纹等，一般的多作为辅助花纹，也有偶尔作为主要装饰的。

贴花装饰纹样　手塑或模印的题材有人物、兽面、火珠、蟠龙、流云、牡丹、花叶等等，其中人物有作骑马状，贴于鸡冠壶的孔鼻，有的塑贴几个力士像于篮式瓶上下。兽面，则用于扁把壶的壶嘴上。火珠、蟠龙、牡丹、流云，多用于鸡冠壶上。花叶，则用于喇叭口把壶的颈肩部。塑贴的皮条、皮钉、皮穗、皮绳、皮雕花饰等，多是用于仿皮囊壶陶瓷器上的装饰，有的还与刻划、彩画花饰同时并用，有很好的艺术效果。

釉色装饰纹样　三彩釉器则根据印花、刻划花的花朵、枝叶等分别涂以黄、白、绿、红各色釉。如三彩印牡丹花海棠花式长盘，器心印牡丹花一株，牡丹花涂红色釉，枝叶涂绿色釉，地涂白色，宽边亦涂绿色，边壁涂黄色。三彩釉器，以施黄、白、绿三色者为多。二彩釉器，则为黄、绿二色，单色釉器上也有加彩的，有在黄、白釉器上施少许绿釉，也有在白釉器上施铁彩，不仅釉色富有变化，而且也非常可爱。至于用色釉描画的，除白釉画黑花者外，还有在瓷器表面涂朱画彩和描金的，但不易保存，是一种特殊的装饰方法。

第九节　金的陶瓷

金朝是我国女真族于十二世纪初、在东北、华北地区建立的一个地方政权。金代陶瓷器在我国陶瓷史上是一个不可缺少的组成部分。长期以来，由于历史文献有关金代陶瓷的记载很少，实物资料又所见不多，所以对金代陶瓷，过去没有人作过系统的研究。五十年代以前出版的一些陶瓷史著作，也没有金瓷之说。人们看到金代陶瓷，往往把它视为宋元之物。

五十年代以来，随着我国文物考古工作的开展，金代陶瓷资料不断发现，陶瓷研究者对金代陶瓷器积极进行探索，为我们今天了解金代陶瓷提供了必要的条件。

金代陶瓷器的生产，大致可分为前后两个时期，即海陵王完颜亮迁都燕京以前为前期，迁都以后为后期。

1. 金前期的陶瓷生产

前期是指迁都前在东北地区的陶瓷生产。金王朝于1115年建国至金太宗时注意“务本业”和“抑游手”，促进了农业的发展，为了弥补劳动力不足和汲取中原地区的先进文化，金初曾采取“实内地”的政策。它把中原地区大批的汉人、契丹人迁往黑龙江地区，而且特别注意把汉人手工业工匠，迁移到“金源内地”⑥。这些措施显然对金代陶瓷生产的发展是有利的。金代前期东北地区的陶瓷产品，绝大多数属于日用粗瓷。辽宁省抚顺大官屯窑和辽阳江官屯窑，可以作为这方面的代表。金代的这两处窑址，都是在辽代基础上建立起来的。大官屯窑和江官屯窑的产品，就釉色论，有黑釉、白釉、酱色釉、茶绿色釉等。釉面普遍混浊不纯，器足及周围多不施釉。从釉胎结合的边沿痕迹看，器物多是采取蘸釉方法。胎质比较粗厚且含有不少杂质，胎骨的烧结程度不高，敲之声音粗哑，除少数白釉黑花瓷器，绝大多数为单色釉，极少花纹装饰。器物多为碗、盘、碟等、制作不规整。瓶、壶、罐等产品，往往附有双系、三系或四系的。这是金代东北地区的瓷器造型比较突出的特点。在金代江官屯窑遗址中，不见有匣钵的应用。器物用窑具支放固定在方形垫砖之上，烧造时火焰与器物直接接触。观察该窑的产品，釉面多不纯净、器物多有变形，这些缺点和这种落后的烧造方法很有关系。金代前期的瓷器釉色单调、造型朴拙、缺少装饰。瓷器原料加工粗糙，胎骨厚而色杂，釉面不均缺乏润泽感。成型工艺粗糙，器型不规整，无定式。装饰简单，仅见有白底绘黑花的，其他如刻、划、印、雕、加彩等技法极其少见。这些情况都说明，金代早期的陶瓷器，其生产水平较关内地区为低。当然也有一些比较优秀的作品，如辽宁省彰武公社出土的白釉黑花葫芦形壶，采取塑贴手法，以蛟龙为壶把，壶嘴上塑一老人骑流而坐，壶身上部有黑色点线组成的菱形图案，腹下有一周浮雕莲瓣。这是一件别有风格的艺术珍品⑦。黑龙江省双城公社出土的白釉黑花四系瓶，小口细颈圈足，器身施弦纹及草叶纹，有一种粗犷不羁、用笔自由奔放的特点，显示了金代瓷器的特殊风貌。

2. 金后期的陶瓷生产

后期是指迁都燕京以后在关内广大地区的陶瓷生产。从公元1127年的“靖康”之变到1153年的金海陵王迁都，在这近三十年间，金兵每次南犯，都把掠夺人口、财富、土地作为其主要目标。今河北、河南省境是北宋瓷器生产的重要基地之一，有高度发展的陶瓷手工业，但长期的战争，使它受到空前的破坏。后二十多年间，金代中原地区的陶瓷生产，可能由于战争破坏和窑工的南逃，基本上处于荒废的状态。到金世宗完颜雍“即位五载而南北修好”。在他执政的近三十年间，“群臣守职，上下相安，家给人足，仓廪有余……号称‘小尧舜’”⑧。金朝经济的恢复和发展，必然对陶瓷业生产以刺激。目前发现的带有纪年的金代瓷器和墓葬出土瓷器，有大定二年磁州窑系白釉黑花鸟纹虎形枕、佛光普渡大安二年白釉黑字罐、大安二年耀州窑青瓷片标本、金明昌三年白釉砂圈瓷碗、大定十七年和廿四年金墓出土的许多定窑瓷器等。但很少发现金大定以前的产品。显然它是中原地区的陶瓷业在大定年间得以恢复和发展的反映。

金代中原地区在大定年间及其以后发展起来的陶瓷窑，根据目前发掘和调查，有河北曲阳定窑、磁县观台窑及河南禹县钧窑、陕西铜川耀州窑等。

定窑 窑址仍在北宋时期的曲阳县涧磁村一带。从窑址和墓葬出土的金代定瓷，胎质细白，釉色润泽，多呈乳白色，制作规整精巧，装饰绚丽多姿。胎质、釉色和纹饰，与北宋定瓷相比有大的差别。可以说，金代定瓷是北宋定瓷的直接继续。宋、金两代，在定瓷烧造上，唯一的不同是，金代的定瓷除一部分产品继续采用宋代的“覆烧”工艺外，一部分产品则采取砂圈叠烧法。其方法是，在器胎施釉入窑焙烧之前，在器物的内底（以碗盘为最多），先刮去一圈釉面，使其露胎，然后将叠烧的器物底足置其上（凡叠烧器物底足均无釉），避免器物之间的粘结。金代定瓷产品，凡有纹饰的、比较好的器物，均系覆烧，而无纹饰的、比较次一些的产品，则往往采用砂圈叠烧。砂圈叠烧的器物多是民用瓷。金代耀州窑、淄博磁村窑及金墓出土的瓷器中，都发现有不少砂圈叠烧器物。据此可以推知，这种叠烧新工艺，大概是金代窑工的创造。因为它产量高、成本低，符合广大劳动人民的需要。因此，直到今天，我国某些地方瓷厂，仍沿袭这种传统技法。

观台窑 窑址在河北省磁县观台镇，属磁州窑系。在窑址文化层中，曾发现有金

“正隆通宝”，为断代提供了根据。窑址金代文化层出土的瓷器有白釉、黑釉、白釉黑花、酱色釉和黄绿釉等。器型有碗、盘、罐、碟、盏托、酒盅、瓷枕、花瓶、三足炉等（图版贰拾柒:2）。装饰工艺多为划花，也有白地绘黑花。划花多在盘、碗、碟的里部，绘花多在器物外部。金代观台窑瓷器，白釉，胎质细薄，造型秀丽。白釉黑花器，如罐、盆、瓷枕等，多绘笔道很粗的黑花。在器物的某一部位，以疏疏几笔，勾画出一个枝叶或一个花朵，极为流畅自然。该窑的黄绿釉低温铅釉陶器，器型有方型双耳花瓶、兽面衔环圆花瓶、狮子莲花座灯、三足炉等。这些陶器，多为模制，花纹凸起。从伴出的一些尚未施釉的同类产品分析，这些陶器的制作，是先烧素胎，然后施釉，分两次烧成。这种黄绿釉陶器，胎釉结合不好，脱釉现象严重。中国历史博物馆收藏的金代磁州窑系白釉黑花罐，敞口、鼓腹、平底，罐腹墨书“佛光普渡大安二年张泰造”。上海博物馆收藏的书有大定二年款识的白釉黑花鸟纹虎形枕、河北省博物馆收藏的白釉黑花鸭荷纹瓶，从造型和装饰艺术上，都可以看出金代磁州窑的工艺水平。代表磁州窑典型风格的白釉黑花瓶和黑釉加斑器，在黑龙江、辽宁、山东、河南、河北、安徽等省的金元遗址中大量发现。

钧窑 窑址在河南禹县。钧瓷究竟始烧于何时，有些记载说是始于宋初，也有的认为钧瓷是金代新创造的。从对禹县城内钧台窑址的发掘情况来看，钧瓷始于北宋可能更符合历史事实⑨。根据近年的考古发掘资料分析，辽宁省辽阳金墓、山西侯马金墓、北京大葆台及其他一些金代文化遗址中，都发现有稍与宋代钧瓷不同的瓷器。这些瓷器，一般胎质细灰紧密，釉面润泽有开片，有的有晕斑或带有小墨点，制作不甚规整。这些钧釉瓷，很可能就是入金以后钧窑所烧。不过，由于目前可供鉴别的实物资料较少，加上宋金钧瓷风格上的接近，两者互相混淆的情况，恐怕在所难免。这是今后研究工作中，值得注意的一个问题。

耀州窑 窑址在陕西省铜川市黄堡镇。解放后曾对耀州窑作过科学发掘。在约五百平方米的窑址基地上，发现有制瓷工作间、晾坯场、窑炉和大量瓷片。从发掘出来的金代耀瓷标本看，釉色以姜黄色青釉为主，也有黑釉、酱色釉和白釉黑花。器物以日常生活用的碗盘为主，其次有罐、盆、三足炉等(图版贰拾柒:4)。瓷器的烧造，相当多的采取了类似定窑的砂圈叠烧工艺。窑址中发现有“大安二年”款识的耀瓷片，为研究金代耀瓷提供了断代根据。若仅以青釉瓷器而论，把宋金两代耀瓷标本加以比较，可以看出两者之间的明显差别：宋代耀瓷，釉色翠绿肥厚，釉面莹润半透明；金代的釉色姜黄，薄而不润；宋代的瓷胎青灰色，细薄而致密，素胎上多施白色化妆土，金代的瓷胎浅灰而胎质稍粗，素胎上很少施化妆土。宋代耀瓷碗，多喇叭口，斜深腹，小圈足，器内外通体满釉，金代乃多演变为侈口浅腹广足。宋代的纹饰丰富多样，其题材除牡丹、菊花、莲花外，还出现了飞凤戏牡丹、双鸭、群鹤博古、竹梅戏婴等。在技法上，刻、划、雕、印无不具备。金代的纹饰则日趋简单，比较常见的题材以各种折枝花卉为主，其次还有水波、婴戏牡丹、犀牛望月等。技法上，则以印花为主，刻花次之，浮雕少见。在总的装饰风格上金代耀瓷，逐渐从宋代的布满器外的花纹装饰，演变为只在器内刻印花卉或六方格式的图案。部分砂圈叠烧的瓷器，其砂圈之内，也出现了花纹装饰。

金代墓葬中发现的耀瓷，如侯马大安二年董玘坚墓出土的耀窑刻花碗、北京通县金大定十七年石宗壁墓出土的耀瓷单耳洗，胎质釉色都具有金代耀瓷的共同特色，是研究金代耀瓷的珍贵实物资料。《铜川县志工商条》卷十三："黄堡镇……惜自金元兵乱之后，镇地窑场均毁于火，遂尔失传"。看来战争确曾给耀窑以严重的破坏。金代黄堡镇耀瓷，比宋代耀瓷逊色，究其原因，与战火摧残不无关系。但文献上说的是"金元"兵乱，而不是"宋金"兵乱，可知北宋以后的金代耀瓷，仍在继续生产，只是到了金元之际才失传。黄堡镇窑址发掘出的实物不见元代耀瓷的遗物，可见黄堡窑的下限，应定在金末元初。

磁村窑　窑址位于山东省淄博市淄川区南十公里的磁村。该窑产品以白瓷为主，其次有白釉黑花、黑釉、白釉黑边、酱色釉等。器形以碗盘居多，其次有碟、盏托、盆、俑、小型玩具等。装饰工艺除宋代原有的剔刻花，新出现了篦纹划花、白釉黑花、加彩、绞釉等。可以看出，金代磁村窑比宋代可能有进一步的发展。该窑产品中的黑釉白线纹器（当地称之为粉杠），是金代瓷器中最富特色的品种之一。如该窑出土的一件黑釉白线纹罐，直口、鼓腹、平底，在黑色的釉面上，装饰成瓜棱样的白线纹饰，线条匀称，别具风格。这种装饰，与河南汤阴窑、密县窑、登封窑同类产品的区别在于它的白线纹多呈黄白色，线条较细，器内壁一般无釉或半釉，而磁村窑的这类产品，白线纹色白而粗，器内满釉。由于器内往往同时套烧其他器物，器底出现刮圈露胎现象。该窑还烧造一种加彩器。其制作方法是，先施白釉烧成白瓷，然后再在白瓷上施加红绿诸彩，入低温窑"彩烧"。这种釉上彩器，过去习惯称之为"宋加彩"。由于这类产品上发现书有金"泰和"、"正大"等字款，而且在山西侯马等地金墓中，也有出土，从而为研究宋加彩品种的烧造历史以及延续烧制时间，增添了极有价值的资料。

山西境内的金代陶瓷业。据近年调查，山西省境内，大小古窑址不下六十余处。从采集到的标本造型、釉色等方面分析，似都与金有密切的关系。在雁北地区的浑源窑址，曾发现数量相当可观的钧釉瓷片，不少瓷片还粘结在匣钵之内，可以断定，系该窑所烧。在大同市元代冯道真墓出土了一批钧釉瓷器[10]。冯道真"生于大定廿九年十二月申时，死于元朝乙丑年六月初八日"，元"乙丑"年为1265年。此时不太可能生产钧釉瓷器。但这些钧瓷与该地金代阎德源墓出土的钧釉瓷[11]的胎质、釉色一致，又与浑源窑的钧瓷标本有相似之处，似可定为金代产品。冯道真墓出土的钧瓷，计有香炉一件，敞口、短颈、圆腹、双耳、三蹄足，通高16.8厘米，腹径17.1厘米。月白釉长颈瓶一件，卷口、长颈、鼓腹、平底圈足、白瓷胎，通高26.7厘米，腹径12.5厘米。浅天蓝色釉瓷罐一件，鼓腹平底，胎质白，釉面细，表里都施浅天蓝色釉，釉层较厚，口沿呈黄色，罐口有莲瓣纹盖（盖系后配），釉面有细碎冰裂纹，通高14厘米，口径8.7厘米。紫红釉瓷碗一件，敞口、深腹、圈足，白瓷胎，红紫釉较浓，有冰裂纹，碗内有两块红色斑片，呈青紫色，口沿闪黄，高8.6厘米，口径18.4厘米。另外还有浅天蓝色釉小瓷盆三件，月白釉大瓷盘三件，浅天蓝色釉莲瓣小碟一件，色釉胎与以上器物相同。阎德源墓出土的钧釉瓷器，有长颈瓶二件，形制相同。卷口、长颈、白瓷胎，月白色釉，通高17厘米，口径4.7厘米，底径5厘米。瓷炉一件，敞口、短颈、鼓腹、三蹄足，通高7.3厘米，口径7.6厘米，釉色月白表面有细碎冰裂纹。这两座有明确纪年的金、元墓出土的钧釉瓷器，对科学研究具有重要价值。两墓出土瓷器有瓶、炉、罐、碗。浑源窑目前仅见有碗，但这并不排除浑源窑生产其他器物的可能性。另外在晋南侯马地区的金代墓葬中，出土有金代白釉、黑釉、酱釉、白釉红绿彩等瓷器。这些瓷器中，有两点值得注意，一是白釉瓷器，胎质多为土黄色，质较粗，少数施有仿定竹丝刷纹的装饰。二是不少白釉和黑釉瓷器，多采用砂圈叠烧工艺，其中一件白釉砂圈瓷碗上，在砂圈上还墨书"明昌三年十二月四日买了一十个"的题记。这些情况都表明，无论晋北和晋南，都应该有金代的陶瓷窑场。山西境内何以会出现这么多与金代有密切关系的陶瓷窑址，可能是由于中原地区受宋金战争的破坏，而山西则破坏较少，故陶瓷业在这里有较大的发展。这是一个值得今后进一步探讨的问题。

3. 徐淮地区的金代陶瓷业

萧窑　窑址位于萧县白土镇。在这里曾采集到一件刻有金"皇统"元年款的白瓷瓶。瓶为黄白色胎，乳黄色釉，瓶肩部以上残缺，腹部刻字三行："白土镇窑户赵顺谨施到慈氏菩萨花瓶壹对供奉本寺"。瓶足上横刻："时皇统元年三月二日造"。按皇统元年为南宋绍兴十一年，即公元1141年，是年宋金双方议和，南疆划淮水为界。标有皇统年号的瓷器的发现，说明萧窑被金人占领之后，生产立即得到恢复。金代萧窑的产品，胎骨有焦黄和灰白两种。前者质地较粗，比重较大；后者质地较细，比重较小。器物多为白色釉，釉薄处色灰黯无光，釉厚处透出乳白色亮光。器形主要有瓷碗等，另外有白瓷枕、白瓷双耳罐、小件瓷塑动物如马牛鸡蛙等。碗底足宽而边浅，口径大而壁侈张，是比较特殊的型式。萧窑采用托珠支烧，以托珠来代替支钉。此种烧法，在金代窑址中比较少见。萧窑产品的釉色主要为白釉，还有黑白釉、白釉黑花、黄釉等。窑址出土的瓷器标本，白釉瓷有明显的定窑遗风，给人印象很深。黑白釉瓷则有磁州窑产品的风格。萧窑遗址发现不少炭渣，据此推测，该窑当系烧煤。同时窑址没有匣钵出土，而发现不少瓷质坚硬的所谓“砂缸腿”。可以推知，它大概采用辽阳江官屯窑用耐火砖和窑柱障火入窑的烧法。

宿州窑与泗州窑 其窑址在安徽萧县的南面和东南面，与萧窑接壤并存。目前虽然没有发现二窑的金代产品，但据《清波杂志》记载：“辉出疆时，见燕中所用定器，色莹净可爱，近年所出，乃宿、泗近处所出，非真也。”⑫由此可见，金代宿、泗二窑当以仿定白瓷为其主要特色。这样看来，萧窑、宿窑、泗窑应同为金代徐淮地区的三大窑场。史书记载靖康之变以后，中原地区的窑工大量南逃。金代这三座瓷窑的产品，所以具有中原地区定窑和磁州窑产品的风格，正是这一历史事实的直接反映，是南逃窑工将北宋中原地区的制瓷工艺传过去的结果。

4. 金代陶瓷器的造型和纹饰

出土和传世的金代瓷器以生活用瓷中的碗、盘、罐、瓶（彩版21:2）、壶为多，其次有杯、洗、炉、盏托、瓷枕和玩具等。金代瓷器，大部分日用器皿承袭宋式，比较流行的有以下几种：系瓶之属，包括各种釉色的双系、三系、四系瓶；系耳罐之属，包括黑白釉双系罐、黑釉双系罐、白釉黑花双系罐等；高体器之属，包括孔雀绿长颈瓶、黑釉褐斑瓶、鸡腿瓶等。此外，还有一些虽不多见但很特殊的器形与器类，如上文提到的白釉黑花葫芦形瓶、大官屯窑出土的瓷雷，以及江官屯窑出土的黑釉桃形壶等，都是历代陶瓷中罕见的。

金代瓷器的花纹装饰，总的趋向是日益简化，题材以各种折枝、缠枝花卉和萱草纹为主流，其次有水波、鱼鸭、人物、婴戏莲、犀牛望月等。在装饰技法上，有刻花、划花、印花、剔花、笔绘、塑贴、加彩和绞釉等。其中刻花和划花以定窑为突出。如定窑出土的一件白釉带盖瓷缸，口沿微敛，腹下略鼓，口沿下刻一周锯齿纹，腹身刻密集的直线凸凹纹。这种以刻划技法处理后所形成的具有浅浮雕的艺术效果，在金代瓷器中是仅见的。北京通县金墓出土的葵瓣刻花纹盘，盘口作葵花开放状，盘心刻莲花纹。造型、刻花、釉色浑然一体，给人一种制作精细工巧、装饰富丽俊秀的感觉。北京先农坛金墓出土的白釉萱草纹刻花盘，折沿平底，盘内刻萱草纹，刀法熟练，具有很高的艺术水平。金代瓷器的笔绘艺术，以磁州窑系的产品为代表。它的特点是用笔简练，线条明快，富有浓厚的生活气息。如大官屯窑出土的白釉黑花钵、磁县观台窑出土的白釉黑花罐，就是比较典型的器物。上海博物馆收藏的大定二年款瓷枕，头部施虎头纹，枕面白釉上绘双雁高飞，下绘几丛水草，在水泽旁绘一喜鹊，枕底墨书“大定二年六月六日□家造”。画面着墨不多而生意盎然，是金代磁州窑系作品中罕见的佳品（彩版21:3）。至于金代磁州窑系生产的白釉黑花器和黑釉酱斑器，则是北宋这一装饰艺术的直接继承。它是用一种斑花石，即一种含氧化铁的贫铁矿石做绘料，在施白化妆土或施黑釉的瓷坯上，创造性地将中国绘画的技法，以图案的构图方法，巧妙地绘制在器物上，使其呈现出白地黑花和黑釉酱斑的装饰纹样，代表了金代磁州窑装饰艺术的高度成就。金代瓷器的造型和装饰，基本上是从宋代沿袭发展而来，耀州窑印花装饰工艺的推广、磁州窑作品中白釉黑花器的大量生产，说明金代陶瓷工匠对我国陶瓷艺术发展，也同样作出了积极的贡献。

---

① 见商务本第二六八卷。

② 见《日本出土の中国陶瓷》，所附矢部良明著《中国陶瓷出土遗产一览表》。

③ 见三上次男《陶瓷の道》175页。

④ 选自长谷部乐尔《高丽の青磁》，平凡社本《陶瓷大系》第29册，版6。

⑤ 见《学海类编》本，1页。

⑥ 金朝女真族的早期历史活动，主要集中在我国黑龙江流域、松花江的支流阿什河 流 域，是金朝的“肇兴”之地，在金初有“金源内地”之称。

⑦ 见辽宁省博物馆编：《辽宁省出土文物展览简介》第34页。

⑧ 《金史·世宗纪》标点本，第6卷，204页。

⑨ 赵青云：《河南禹县钧台窑址的发掘》，《文物》1975年第6期。

⑩ 《山西省大同市元代冯道真、王青墓清理简报》，《文物》1962年第10期。

⑪ 《大同金代阎德源墓发掘简报》，《文物》1978年第4期。

⑫ 《清波杂志》第五卷，知不足斋丛书本。

第八章　元代的陶瓷

（公元 1271—1368 年）

元代在我国历史上只存在了九十多年。由于当时蒙古族落后的生产方式，给中国的社会、经济、文化的发展一度带来了逆转。但在南宋和金的已有基础上，经济领域的很多方面，特别是手工业有一定程度的发展和提高。

元初就提倡农业，诏修《农桑辑要》，主张推广种棉。育蚕缫丝也相当发达。农业原料的大量生产，必然会产生一批独立于原料生产的加工者。元代大批专事织帛之家的手工业者正是在这种情况下诞生的。

元政府对于具有一定技能的工匠是比较重视的，官匠免除其他一切差科，其地位可世袭，这在客观上对手工业的发展提供了有利条件。

元帝国的建立，结束了宋、金、西夏三方对峙的分裂局面，国内市场的统一，有利于商品经济的繁荣，这就刺激了手工业的进一步发展。

元政府特别重视对外贸易，元在未建国前，早与西域、阿拉伯国家贸易。统一全国后，即设立泉州等处市舶司。《续文献通考》卷二十六载："帝既定江南，凡邻海诸郡与番国往还互易舶货者，其货以十分取一，粗者十五分取一，以市舶官主之。……（至元十四年，1277年）始立市舶司一于泉州，令孟古岱领之；立市舶司三，于庆元、上海、澉浦，令福建安抚司杨发督之。每岁招集舶商于番邦博易珠翠香货等物，及次年回帆依例抽解，然后听其货卖。"至元廿一年以后，政府欲将海外贸易变为官办。由官府备船只，出资金，招人经营，所得官取十分之七，经营者得十分之三。禁民间私自贸易，但根本无法禁绝。因此终元一代，官营和民营的海外贸易都十分发达。外贸商品需要量的增加，必然促使各类手工业生产的进一步发展。元代的瓷器生产正是在这样的背景下发展起来的。

过去相当长的一段时期里，元代瓷器是被忽视的。自本世纪五十年代以来，由于地上、地下的元瓷不断被发现，才逐渐引起了人们的注意，并着手对元代制瓷史进行认真的研究。

元代制瓷工艺在我国陶瓷史上占有极为重要的地位。元代的钧窑、磁州窑、霍窑、龙泉窑、德化窑等主要窑场，在前代的基础上，仍继续生产传统品种。而且因为外销瓷的增加，生产规模普遍扩大，大型器物增多，烧造技术也更加成熟。景德镇窑在制瓷工艺上有了新的突破。首先是制胎原料的进步，采用瓷石加高岭土的“二元配方”法，提高了烧成温度，减少了器物变形，因而能烧造颇有气势的大型器。其次是青花、釉里红的烧成，使中国绘画技巧与制瓷工艺的结合更趋成熟，具有强烈中国气派与风格的釉下彩瓷器发展到一个新的阶段。最后是颜色釉的成功，高温烧成的卵白釉、红釉和蓝釉，是熟练掌握各种呈色剂的标志，从而结束了元代以前瓷器的釉色主要是仿玉类银的局面。元代景德镇窑取得的成就，为明、清两代该地制瓷工艺的高度发展奠定了基础，景德镇并因此在日后成为全国的制瓷中心，赢得了瓷都的桂冠。陶瓷考古中已发现元代瓷窑遗址见图七十一，下节分别介绍元代的主要窑场和所烧制的瓷器。

第一节　元代的主要窑场和著名瓷器

1.钧　窑

以河南禹县为代表的钧窑系，在元代继续生产着传统品种——天蓝釉、月白釉及蓝釉红斑器物。钧瓷的烧造虽始于北宋，但钧窑之形成一个窑系主要在元代。元代烧制钧瓷的窑场主要是在北方广大地区，在河南省的有鹤壁、安阳、浚县、淇县、新安、临汝、禹县、郏县、宝丰、鲁山、内乡，在河北省的有磁县，在山西省的有浑源、介休等地。

由于窑场扩大，制瓷技术不如老窑，加之大量生产的是日常用品盘、碗、罐、瓶之类，与北宋末年禹县烧造的贡器盆、奁、尊、洗等物相比显然逊色。但是元代钧瓷中也有不少优秀作品。如1972年北京后桃园元代遗址出土的一对钧窑双耳瓶①，高达63厘米，花口、莲座，造型别致，釉色艳丽，是元代钧窑器中的珍品。又如河北省保定市出土的钧窑大盆②，月白色釉，里外有大块红斑九处，口径达45厘米以上。内蒙古呼和浩特市东郊出土的一件元代钧窑堆花三足炉，有阴刻“己酉年九月十五小宋自造香炉一个”铭文，当为元代中期至大二年（1309年）所制③。这件香炉器型浑厚凝重，颈部堆贴麒麟，腹部饰有兽面和铺首衔环纹，双鱼耳，通体天蓝色釉，高达42.7厘米。象这样的大型器物在元代钧窑器中并不少见。而大件器物的烧造又不是一件轻而易举的事。大器物要避免胎裂、变形、烧坏，没有一定的工艺水平，是难以做到的（图版贰拾玖：4）。

与宋代钧窑器相比较，元代钧窑器的特征是胎质粗松，釉面多棕眼，光泽较差，釉

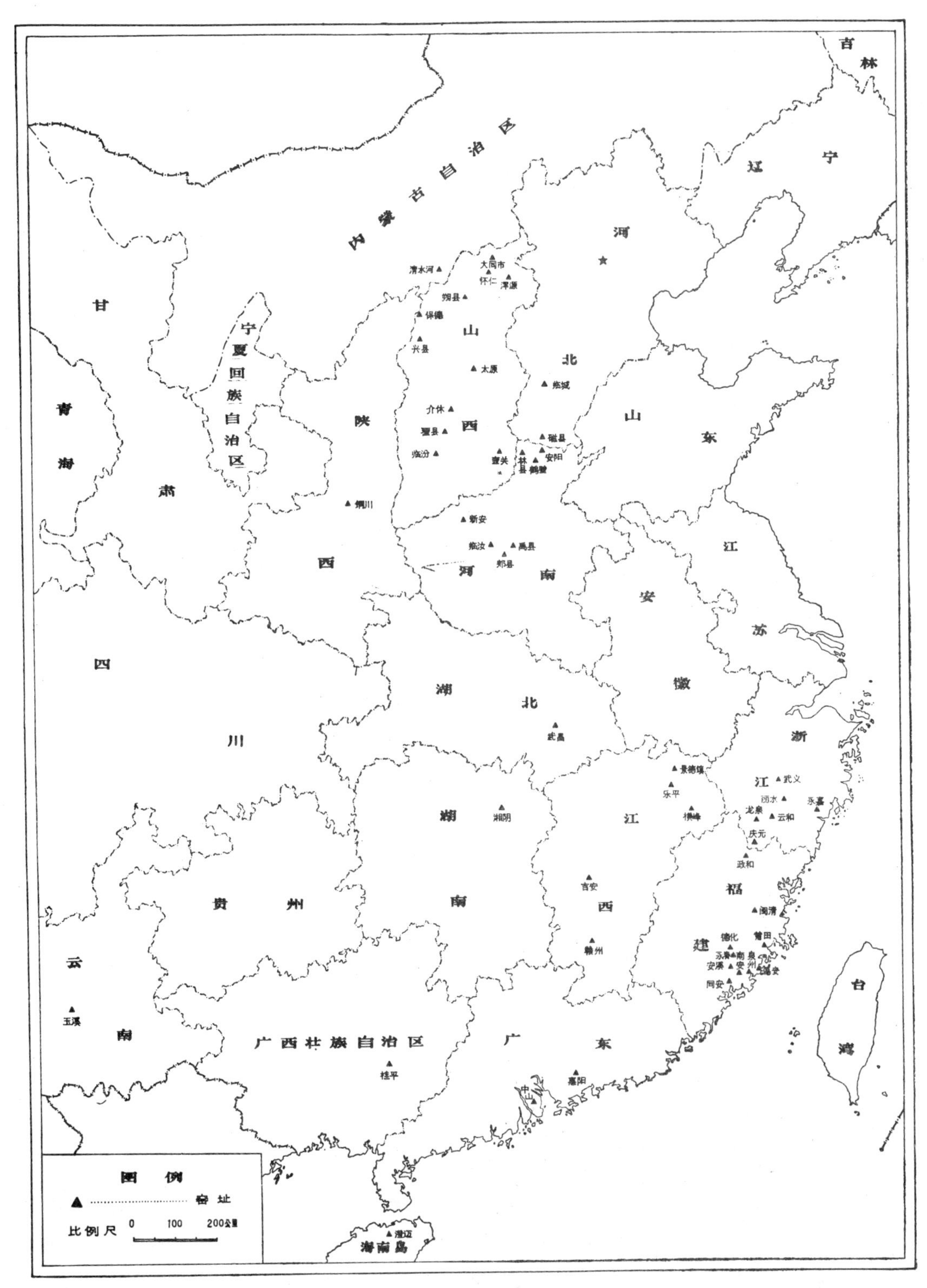

图七十一　元代瓷窑遗址分布图

色天蓝、月白交融，以月白色为主，施釉不到底，圈足内外无釉。

元代钧窑的瓷器多为民间日常用品，诸如碗、盘、罐之类，还有少量的执壶、枕、梅瓶、高足杯、三足炉等。元代钧瓷中已不见了盆、奁、洗、尊之类陈设物件，也不见有红紫交融的玫瑰紫和海棠红釉色。

元代钧瓷的装饰有两种方法，一是红斑装饰，多在器物上不规则地涂上含铜釉药，经高温还原后显现红色，与蓝地相互衬托。此类红斑呈色呆板，不及宋代钧瓷来得自然。二是堆贴花装饰，内蒙古出土的堆花三足炉就是这类装饰的典型作品。这种堆贴手法为元代钧窑所特有，在宋代钧窑器物中不见。由于钧瓷釉厚且失透，采用刻、划、印花的装饰手法，都不能达到预期的效果，因此除采用色釉、堆贴花和镂雕外，很少运用其它装饰方法。

2. 磁州窑

元代磁州窑在宋代的基础上继续烧造，当时除河北省磁州窑以外，还有河南省的汤阴鹤壁、禹县、郏县，山西省的介休、霍县等地的窑场。

元代磁州窑系以烧造白釉黑花器为主，产品也和其它窑场一样，具有硕大、浑圆厚重的特点。主要的器型有白地黑花大罐。这种大口、敛足、鼓腹罐在元大都遗址出土过。器腹纹饰常见的有龙凤、花卉或云雁等，也有墨书诗句的。如元大都遗址出土的一件白釉罐，腹壁草书七言绝句诗一首："百草千花雨气新，今朝陌上尽如尘。黄州春色能（浓）于酒，醉杀西园歌舞人"④。上海博物馆藏有四系题诗酒坛一件，高达56厘米以上，器腹行草题诗："春阴淡淡片云低，纔报江头雨一犁。转过粉墙无箇事，倚栏闲看燕争泥"。如此长篇环以器腹的诗句装饰，是元代磁州窑的特殊风格。宋、金时期，除在枕面题有诗词外，在罐坛等器物上只有"风花雪月"、"春夏秋冬"之类的题字，不见有一首完整的诗。

元代磁州窑常见的器型还有大瓷盆，1972年北京元大都遗址出土了一件鱼纹盆，口径达49厘米，盆里绘鱼藻纹，鱼游于水草间，形象生动逼真⑤。器内盛水后，确有"如鱼得水"，生动活泼的艺术效果。汤阴鹤壁窑也大量烧制这类鱼藻盆。

白地黑花瓷枕也是元代磁州窑的主要产品之一。它与宋、金瓷枕的区别是尺寸更长，一般在40厘米以上。枕面及两侧满绘花卉、人物故事图案，或在枕面题以诗词等。枕底戳有"张家造"、"古相张家造"等作坊的印记。

磁州窑器型大体有上述几种，但在装饰方法上略有异同。一种是白地黑花之外，再加以棕色。元大都出土的一件凤纹罐，腹部以黑彩描绘卷云、飞凤，又在凤身饰红棕色⑥，在色彩上较单纯的白地黑花来得丰富。也有在黑花之上罩以孔雀绿釉的，这在磁州窑和扒村窑中比较多见。此类产品由于温度不高，釉面往往容易剥落。另有一种是在绘画后，用锐器划出细部，称为白地绘划黑花，多在器腹绘划云凤、云龙、云雁等图案。北京良乡元代窖藏出土的双凤罐⑥，就是在黑彩绘画大面积的云朵与双凤后，再用锐器划出细部。这种制作方法的外观效果，与宋代磁州窑精湛的白釉黑花剔地工艺相似，而操作过程要简单得多。

3. 霍　窑

元大都遗址出土的大量瓷器及碎片，绝大部分是钧窑、磁州窑、龙泉窑和景德镇窑的产品。另外还有一种少见的白釉瓷器。这类白瓷胎土细腻，釉色洁白，制作极为规整。根据器物的胎质、釉色、造型，可以判断为元代北方瓷窑所烧制，但又不同于常见的北方白釉器。

近年来，在山西省霍县陈村发现了与上述元大都出土的白瓷相同的瓷片，并在当地征集到十来件完整器皿。这样，不但解决了元大都出土的某些白瓷的产地，并且完全可以与文献史料相印证，揭开了长期来只见著录不明真相的霍窑与彭窑产品的面目。同时，也为某些博物馆的这类传世藏品判定了窑口归属。

明初曹昭《格古要论》记“霍窑”和“彭窑”云：“霍器出山西平阳府霍州”，“元朝戗金匠彭均宝效古定器，制折腰样者甚整齐，故名曰彭窑。土脉细白者与定器相似”。山西省霍县古属霍州，金代已烧白瓷，从采集的瓷片标本分析，大多为元代物。主要产品是胎细釉洁的白瓷和一部分白地黑花器。

霍窑产品制作规整，工艺上采用四至五个（多数为五个）乳钉支烧，因此器物内、外留下支钉痕，或乳钉粘附在器物上。此外，霍器质脆，用手能把瓷片折断，那是由于胎中含铝（Al_2O_3）量高，温度尚嫌不足的缘故。

至于彭窑，《新增格古要论》只说是元人彭均宝仿制定器中的折腰式样极为规整，在何地仿烧则不详。而明谷应泰《博物要览》有这样的记载：“元时，彭君宝仿定窑烧于霍州者，名曰彭窑，又曰霍窑。效古定折腰制者甚工，土骨细白，凡口皆滑，惟欠润泽，且质极脆……”。这就弄清了彭窑烧于霍州又称霍窑的问题。彭窑是以人得名，霍窑是以地得名，彭窑实际上就是霍窑。

霍窑的器型有仿定折腰盘、洗、盏托、高足杯、盖罐之类。霍窑白瓷崇尚素面，也有少量印花装饰。由于霍窑器质极脆，难以久传，出土及传世的完整器物寥寥无几。除元大都及霍窑遗址曾有出土外，河北磁县南开河沉船中也出土了两件白釉高足杯。由于当时对霍窑器还认识不足，因而在发掘简报中未予报导。上海博物馆收藏的元代霍窑器有折腰盘、印花洗及盏等⑦。其中特别是折腰盘，口沿镶铜边，盘内印六条直线，制作规整，釉色莹白，极类定窑。正是《格古要论》所指“彭均宝效古定器，制折腰样者甚整齐”，“土脉细白者与定器相似”的彭窑器，当时也称“新定器”。这些传世品，为我们进一步了解和研究霍窑或彭窑的产品面貌提供了实物资料。

4. 龙泉窑

继元大都遗址出土龙泉瓷器之后，1976年南朝鲜新安海底沉船中发现了大量的龙泉青瓷。1979年为配合浙江省紧水滩水库工程的兴建，浙江省文管会等单位，又在龙泉县境内进行了普查和发掘。龙泉县东部安仁口地区元代窑址的发掘，提供了龙泉窑在这一时期生产情况和产品面貌的大量实物资料。这些资料表明，元代仍是龙泉窑的兴盛时期。元代产品除部分上继宋代传统以外，在器型和装饰上又有新创造。

元代由于水陆交通和对外贸易的发展，瓷器大量出口，需要量激增。元人汪大渊《岛夷志略》中多次提到，对外国销售的瓷器，用“处州瓷”，或称“处瓷”和“青处器”。南朝鲜新安海底沉船打捞出一万多件元代瓷器，其中龙泉青瓷就有三千多件，由此可见龙泉瓷器在元代外销瓷中所占的地位。

在这样的条件下，元代龙泉窑迅速地由交通不便的大窑和溪口，向瓯江和松溪两岸扩展。现在已经发现的元代龙泉窑系统的窑址，大窑周围有五十多处，竹口、枫堂一带有十多处。在龙泉县东部有梧桐口、小白岸、杨梅岭、山石坑、大王屿、道太、葡萄墙、前赖、安福口、王湖、安福、马岙、岭脚、大琪、丁村、源口、王庄等地，在云和县的有赤石埠，在丽水县的有规溪、宝定、高溪、碧湖、石猴等地，在永嘉县有蒋岙、朱涂等地⑧；武义县也发现了元代烧造龙泉青瓷的窑址，总数达到二百处以上。元代龙泉窑系如此广大的规模，是前所未有的，而其中分布在瓯江和松溪两岸的约占总数的一半左右。这样，大批的龙泉窑瓷器便可顺流而下，转由当时重要的通商口岸——温州和泉州，运销国内外市场。

元代龙泉窑的窑型仍沿用长条形斜坡式龙窑，与宋代窑制无异，只在长度上略有短缩。据目前掌握的发掘资料，北宋龙窑有长达80米以上的，元代龙窑长为40—50米左右。这一改变有利于提高窑内温度和使热量分布更均匀、合理。看来，元代龙泉窑瓷器大件的烧成与窑制的改革有很大的关系。

元代龙泉窑瓷器的特点是器型高大、胎体厚重。在大窑和竹口等地窑址发现大量大型瓷器，有高达1米左右的花瓶和口径达60余厘米的瓷盘，安仁口岭脚窑址有口径达42厘米的大碗。大件器物的烧成标志着制瓷技术的新成就。元代新创的器型有高足杯、菱口盘、束颈碗、环耳瓶、凤尾尊、蔗段洗、荷叶盖罐、动物形砚滴、双系小口罐等等（图版贰拾玖：2）。瓷器的装饰，出现了褐色点彩，并普遍饰有花纹。纹饰采用划、刻、印、贴、镂、堆等多种方法。其中印花、贴花和镂刻是这一时期新发展起来的。印花有阳文与阴文两种，特别阴文印花是元代龙泉窑的主要装饰方法。贴花也有满釉与露胎的区别，在元代龙泉窑大件器上常见贴花纹饰。上海博物馆收藏的龙泉窑贴花龙凤盖罐，器身饰云龙戏珠，器盖贴飞凤穿云，是一件贴花工艺的代表作品⑨。岭脚窑址出土的露胎贴花八宝盘，揭示了最早的露胎贴花是作为垫烧工具——垫饼来使用的，而后才成为一种装饰，并且日益精巧。纹饰题材内容丰富，除继承南宋的莲瓣、双鱼外，还有云龙、飞凤、云鹤、小龟、鱼虾、昆虫、鹿含灵芝、“福”字鹿纹、八仙、八卦、云雷、锯齿、方格、“卍”字、鼓钉、钱纹、银锭、杂宝、四如意、八吉祥、梅月、莲花、牡丹、秋葵、牵牛花、竹叶、灵芝、甜瓜、菊花、马上封侯、百花朝王等等。在瓷器上还大量出现了文字，汉字有“太”、“张”、“天”、“富”、“王”、“明”、“利”、“国”、“宝”、“成”、“正”、“寿”、“福”、“舍”、“仁”、“兴用”、“大吉”、“项正”“仲夫”、“国器”、“金玉满堂”、“项宅正窑”等等。大致可以分为吉语和窑业主、工匠姓氏商标二类。特别值得一提的是在大窑、宝定、安仁口等窑址出土的瓷片上有“八思巴”文，所见有如下的文字：

“[illegible]”、“[illegible]”、“[illegible]”、“[illegible]”、“[illegible]”、“[illegible]”、“[illegible]”、“[illegible]”、“[illegible]”、“[illegible]”。

元代龙泉窑生产规模的扩大、烧窑技术的改进、瓷器品种的丰富以及装饰花纹的精美，都在一定程度上超越了前代。如果说南宋是龙泉青瓷烧造的成熟时期，那末元代龙泉窑在规模、烧造工艺和装饰等方面仍有一定程度的发展，这些都是应当肯定的。

5. 南方地区的青白瓷

青白釉瓷器的生产盛于宋而元继之。元代南方地区烧制青白釉器的瓷窑有江西省的乐平、景德镇，福建省的政和、闽清、德化、泉州、同安，广东省的惠阳、中山。其中如福建德化屈斗宫窑址，经过1976年的发掘，弄清它主要是为瓷器外销而生产的⑩。因此德化的青白釉器在东南亚地区的菲律宾、印度尼西亚、马来西亚等国家有大量出土。

蒋祈《陶记》有“江、河、川、广，器尚青白，出于镇之窑者”的记载，说明宋、元时期南方各地崇尚青白釉瓷器，而且以景德镇窑产品为主。从五十年代以来四川、江西元墓出土的青白瓷来看，也证实了这一点。而元代景德镇在继承宋代青白瓷生产的基础上，无论在胎质、釉色、造型、装饰方面都较前有所不同，形成自己独特的风格。

元代青白瓷的胎，采用瓷石加高岭土的“二元配方”法，胎中氧化铝（Al_2O_3）含量增加，烧成温度相应提高，焙烧过程中的变形率减少。

元代青白瓷的釉较之宋代略显青色，也不像宋代那样清澈透亮。器物的胎体普遍增厚，器物的造型由轻巧挺拔变为厚重饱满。附饰增多，常见的有S形双耳、器下连座、兽环铺首以及器物颈肩之间的小圆系之类，器型向多棱角发展。

元代青白瓷的器型比较宋代日见增多，除常见的日用碗、盘、瓶、罐、炉、枕外，新添了不少品种。如扁形执壶、葫芦形执壶、匜、笔山、多穆壶、动物形砚滴等等，都是新创。装饰方法与同时期的其它窑场一样，采用印花、刻划花、贴花、点彩以及串珠纹等。点彩在当时的龙泉窑器物上也见使用，而串珠纹却是景德镇元代瓷器的特殊装饰。1963年北京崇文区龙潭河元墓出土的一件青白釉玉壶春瓶，即是串珠纹装饰的典型。整个器物主要用小圆珠串联成纹，颈饰覆钟纹，腹饰仰垂如意云头，在仰垂云头中，上、下分别环以"寿比南山"和"福如东海"的吉祥语，腹下贴梅花⑪。元大都出土的青白釉观音像，是元代瓷造像中罕见的珍品。全身披挂的璎珞饰物采用串珠组成⑫。串珠纹在同时期的其它产品上也有使用，如河北保定窖藏的一对青花釉里红盖罐即以串珠开光。

一般来说，元代青白瓷不及宋代青白瓷精美，但也有不少佳器。如元大都出土的青白釉笔山⑬和观音像，山西大同市博物馆收藏的"广寒宫"瓷枕（图版贰拾捌：3），北京昌平县出土的青白釉匜、把杯和盘⑭，都是元代青白瓷中的佼佼者。北京出土的青白釉多穆壶⑮，在国外也有发现。菲律宾、南朝鲜、马来西亚等国都出土了不少景德镇元代瓷器，特别是出土物中，由点彩和串珠纹装饰的青白釉小件方罐、双系罐和荷叶罐（图版贰拾捌：1），在国内的出土物与传世品中尚不多见，这类品种似专为适应外销而生产的。

第二节　元代景德镇制瓷业的新成就

1.青花瓷器

元青花在制瓷史上的地位　"青花"是指应用钴料在瓷胎上绘画，然后上透明釉，在高温下一次烧成，呈现蓝色花纹的釉下彩瓷器。

至七十年代末，已发现元代烧造青花瓷器的地点有江西省的景德镇和吉州，浙江省的江山县和云南省的玉溪县。青花瓷器所用的胎、釉和钴料有精粗之分，烧成技术也有高低之别，因此，各时期和各地区的青花瓷器，在质量上有一定的差距。元代景德镇十四世纪前后青花瓷器的制作，达到了相当成熟的程度，它在中国制瓷史上占有重要的地位。

在装饰手法上，元代以前，刻花、划花、印花的应用远远超过笔绘技法，但自青花器的生产成为主流以后，中国瓷器上刻、划、印花的装饰技法退居次要地位，而让首位于彩绘。

青花瓷器的烧制成功，是中国制瓷史上划时代的事件。青花瓷器的优点，一是青花的着色力强，发色鲜艳，窑内气氛对它影响较小，烧成范围较宽，呈色稳定。二是青花为釉下彩，纹饰永不褪脱。三是青花的原料是含钴的天然矿物，我国云南、浙江、江西都有出产，也可从国外进口，有充裕的原料可供使用。四是青花瓷器的白地蓝花，有明净、素雅之感，具有中国传统水墨画的效果。五是具有实用美观的特点，深受国内外人们的喜爱。青花器的这些优点，是其它瓷窑各类品种的瓷器无法与之匹敌的。它一经出现，便以旺盛的生命力而迅速发展起来，使景德镇迎来了空前的繁荣。青花瓷器成为景德镇瓷器生产的主流，产品运销国内外，成为我国最具民族特色的瓷器而闻名于世。

元青花的发现 元青花，在制瓷史上具有重要的地位。但是对它的研究，是五十年代才开始的。1929年英人霍布逊发现了带有至正十一年(1351年)铭的青花云龙象耳瓶，颈部题字为："信州路玉山县顺城乡德教里荆圹社，奉圣弟子张文进喜捨香炉、花瓶一付，祈保合家清吉，子女平安。至正十一年四月良辰谨记。星源祖殿，胡净一元帅打供。"瓶身绘缠枝菊、蕉叶、飞凤、缠枝莲、海水云龙、波涛、缠枝牡丹及杂宝变形莲瓣等八层图案。

本世纪五十年代以后，美国波普博士以此瓶为依据，对照伊朗阿特别尔寺及土耳其伊斯坦布尔博物馆所藏元代青花瓷器进行对比研究，发表了两本书⑯。他以"至正十一年"铭青花瓶为标准器，把凡是与之相似的景德镇在十四世纪生产的成熟青花器，称作"至正型的产品"。这样，就使对元青花的研究进入了高潮。

近三十年以来，在元代居住遗址、元代窖藏和元墓以及明初墓葬中，陆续出土了不少元青花。其中如北京元大都后英房遗址⑰、北京旧鼓楼大街窖藏⑰、河北省保定市窖藏⑱、江苏省金坛县窖藏⑲、湖南省常德县元墓⑳、江西省波阳县元墓㉑以及南京市明初墓葬㉒等，但是这些出土的元青花，都没有确切的纪年断代依据。如1965年江苏金坛发现元青花云龙罐窖藏。窖藏除了青花云龙罐以外，还有五十余件银器。值得注意的是其中一件银盘上刻有阿拉伯文的回历纪年铭文，译文为回历"714年1月"，即元仁宗延祐元年（1314年）⑲，较至正十一年要早三十七年。但是延祐元年只能作为这个窖藏年代的上限，并不能以此作为青花云龙罐的断代依据。

元大都遗址的勘查与发掘，发现了一批青花瓷器，同时出土的还有两件青白瓷碗。碗的底部有墨书的八思巴文"昌"字，译成汉字是"张"或"章"，这无疑是物主的姓。八思巴字颁行于元至元六年（1269年），到泰定二年（1325年）才刻成蒙古字《百家姓》。由此可以推断，这两件青白瓷器底部墨书的八思巴字，有可能是在泰定二年《百家姓》刻印推广后写上去的。由于这批青花瓷器出于窖藏，因此它们的时代也应当晚于泰定二年是无疑的，但也不能据以确定其下限的绝对年代。

类似的青花瓷器还出于明代初期墓中，如明洪武二年（1369年）沐英墓，洪武四年（1371年）汪兴祖墓，永乐十六年（1418年）叶氏墓和正统四年（1439年）沐晟墓。但是纪年墓的纪年只能确定出土物的下限年代，而不能肯定它们的制作年代，把前代的遗物放进墓内陪葬是可能的。这些青花瓷器无论从造型、纹饰与胎釉特征上看，都具有元代后期的风格，同“至正型”青花器相比并无区别，虽然它们出于明初墓中，但制作年代应为元代晚期。

景德镇湖田元青花窑址的发现，是陶瓷史上一件十分重要的事。从已出土的实物看，也还都是属于元代晚期的标本。

在已有的元青花中，有一件河北省定兴县窖藏出的青花梅花纹高足碗[22]。碗里绘梅花一枝，花上侧绘一弯月，这种月梅纹也见之于南宋吉州窑碗内。碗下部有高足，足的高度与碗高约略相等，足外凸起弦纹六条，碗和足的胎都很薄，与习见青花高足碗的胎不同。这件器物显然要比一般的“至正型”为早，但究竟早多少时间，也还无法肯定。

七十年代后期，在浙江、江西两省分别出土和发现了元代早、中期的青花瓷器，有的出于纪年墓中，有的器身书有年号，为我们探索元青花的发展提供了极为宝贵的资料。

1978年，浙江省杭州市元代至元丙子纪年墓发现的三件观音像，在青白釉下用青花、褐彩描绘发、眼、眉及服饰，胸前如意头纹蓝色清晰可见。元代有两个至元丙子年，一为前至元十三年（1276年），另一为后至元二年（1336年），此墓的立碑人明安答儿，是墓主人的曾孙。明安答儿于皇庆二年（1313年）出征死于钧州，因此立碑时间当为前至元无疑[23]。

1975年江西省九江元延祐六年（1319年）墓出土的青花塔式盖罐，肩部四侧有两两相对的狮首、象首堆塑，青白釉下分饰云肩、牡丹、莲瓣纹，器盖作七级塔式，在塔身突起及转折处用青花加绘线条，盖面青花纹饰犹如莲叶脉络。

1979年，江西新发现四件成组的青花釉里红瓷器，二件俑，一件塔四灵盖罐，一件楼阁式谷仓。后二件器物书写至元戊寅年款。盖罐堆塑青龙、白虎为耳，腹部堆贴朱雀、玄武，腹下近底处饰变形莲瓣一周。线条勾青花，突起部分施釉里红，颈及肩部有“大元至元戊寅六月壬寅吉置刘大使宅凌氏用”款。谷仓形似牌楼，二节烧成。楼上、楼下，均塑人物。突出部位施釉里红，仓后青花墓志铭一篇。根据墓志铭得知，墓主人凌氏生于前至元三十年，死于后至元四年，因此这四件青花釉里红器都为公元1338年所制（彩版26—28）。

以上这些元青花瓷器，有几个共同的特点，一是都施青白釉，而并不是典型至正型的透明釉；二是青花色泽都带灰，并不如典型至正型那么深蓝色；第三是纹饰比较简单、疏朗，不及典型至正型纹饰复杂、繁密。

这里有两点值得注意：把至正十一年款青花瓶，作为典型“至正型”的标准器，并不是说所有这类青花瓷器，都是至正十一年以后的，有可能早于至正十一年。同时，也不能肯定至元戊寅以前的元青花必然是青白釉、纹饰简单和青花色泽比较灰的。关于元代青花的分期及其发展过程，还有待各方面的进一步研究。

青花的起源 关于青花的起源，基本上有两种不同的观点。国内外一部分学者认为我国青花瓷器是受波斯影响，从原料到制作工艺都从波斯传入。另一种意见则主张青花瓷是中国的创造，至于历史上确实运用过进口的钴料，那只是引进原料的问题。而且进口钴料和国产钴料究竟哪一种首先应用在陶瓷工艺上，也还有待进一步探索。我们的意见属于后者。

青花瓷器是运用钴料进行绘画装饰的釉下彩瓷器。釉下彩绘和运用钴料，是它的两个基本工艺要素。这两个要素在唐代就已初步具备。在元代景德镇烧造青花瓷以前，唐代湖南长沙窑在九世纪就已采用含铜和铁的矿物为彩料在釉下彩绘，烧制成功了釉下彩瓷器。到了北宋，长沙窑的这种釉下彩装饰方法为河北磁州窑所继承，窑工们使用当地含铁矿物作为彩料，烧出了白地黑花釉下彩。宋、金时期烧造白地黑花器的瓷窑遍及今河北、河南、山西、山东、江西、安徽、广东等省。釉下彩绘的技法从唐代后期的九世纪中叶算起，至十三世纪后期的元代前至元年间，经历了四百年左右的发展，它的臻于成熟是十分自然的。

青花瓷器的第二个要素是钴料的使用。关于使用钴作为呈色剂的最早时间，也是我国陶瓷研究者有待解决的问题之一。在战国墓葬中，发现一些陶胎琉璃珠。这些琉璃珠上的蓝彩显然是钴的呈色。有人怀疑这种陶胎琉璃珠并非中国的产品，但没有充分的根据。陶胎琉璃珠的发现，说明我国在战国时期有可能已经开始在制陶工艺上应用钴料了。唐代用钴作为陶瓷器上的呈色剂已经很普遍，特别是唐三彩中的蓝彩和纯蓝釉陶器都是钴的呈色。从现有资料看，唐三彩出现于武则天时期，流行于开元、天宝期间。但是已发现唐代用钴料的时间却更早。1972年陕西省乾县唐麟德元年（664年）郑仁泰墓出土了一件白釉蓝彩罐纽[24]，这是有确切年代可考的，它是初唐时期使用钴料的实物例证。此外，上海博物馆藏有唐代黄釉蓝彩炉[25]。蓝彩在黄釉之下绘成梅花斑形，这是釉下青花的制作方法，然而是陶胎低温烧成，因此还不能看作青花瓷器。

唐代的青花瓷器，目前已发现的有1975年江苏省扬州唐城遗址出土的一件枕的残片[26]。枕面釉下蓝彩绘菱形轮廓线，菱形四角各绘一圆形略如花朵状纹，菱形线内绘一小菱形轮廓线，空间绘不规则的叶形纹饰。枕面蓝色清晰，经测试为钴矿。但这件瓷枕残片的纹饰风格与组成和唐代传统纹饰截然不同，似与西亚地区波斯有关。在中国传统造型的器物上，绘以波斯式的纹饰，是值得重视的[23]。

除了扬州唐城遗址的瓷枕碎片外，香港冯平山博物馆还收藏有一件唐白釉蓝彩三足馥，该器肩部用蓝彩绘等距四条横线，横线之间各有一蓝点，器口也有四个蓝彩点，与肩部四点垂直相对。据说此器1948年出土于河南省洛阳，胎釉特征与河南巩县窑白瓷近似[25]。

这两件高温釉下蓝彩器物的发现，说明早在唐代就已经开始了青花瓷器的制作。当然，比起元代景德镇成熟的青花瓷器来，那还只是处于原始的阶段。

浙江省两处塔基出土的宋青花瓷片，也是研究我国青花瓷器发展的极为重要的材料。龙泉县金沙塔塔基（有"太平兴国二年"、977年塔砖）出土三件碗的十三片青花瓷片[27]，特征是釉呈青白或青灰色，青花色泽蓝中带黑、灰或褐色。选择了其中蓝色较浓的片子[28]，经中国科学院上海硅酸盐研究所对釉和青花加釉的着色元素和熔剂元素进行了分析："从宋青花的MnO/CoO比为10.25、Fe_2O_3/CoO比为0.61发现，它与所有其它时期的青花样品是不同的。另外从宋青花的外貌观察，其青花色彩暗蓝，甚至带有一些黑色，我们从初步分析认为它是采用国产钴土矿的原矿"，"使用的青花色料是含氧化锰很高的国产钴土矿"，"其烧成温度估计在1270°C左右"[29]。从科学工作者的分析结果看，这批宋青花所用的应该是国产的钴土矿，这是十分重要的发现。

浙江省绍兴县在1970年秋于环翠塔塔基中还发现了青花瓷片一块[30]，由于有宋咸淳乙丑（即咸淳元年，1265年）年号的石碑同出，因此可以确定这块青花瓷片是南宋末年的产物。青花色泽较淡，尚未经过科学分析。这片青花瓷与杭州出土的元代前至元十三年（1276年）三件青花观音只差十二年，几乎可以说是相衔接的。虽然到七十年代末，发现的元代以前的青花瓷器尚属极少数，但即使是这么一点材料，也能窥见中国青花瓷器起源的线索。

元青花的胎、釉和青料　元代烧造青花瓷器的窑场有好几处，然而能代表当时制瓷水平的是景德镇窑。景德镇地区的元青花胎、釉制备是在当地宋青白瓷的基础上发展而来的。

景德镇元青花瓷胎的化学组成比宋青白瓷稍有变化。以经过分析的宋湖田窑青白釉瓷碗碎片[31]与元湖田窑青花大盘碎片[29]相比较，元青花瓷胎中的氧化铝含量明显增加（从宋的18.65%增至20.24%），这是由于元代采用了瓷石加高岭土的"二元配方"法，而宋代青白瓷是瓷石一种原料制胎[32]。

景德镇元青花的釉，色白微青，光润透亮。它与宋青白釉的不同处（仍以上述两个分析标本为例）是釉中含氧化钙量的减少（从宋的14.87%减至8.97%）以及钾、钠成份的相应增加（从宋的3.28%增至5.82%）。

元青花使用的青花（钴）料，有进口料与国产料二种。作为青花料的钴土矿，在我国的云南省、浙江省、江西省均有蕴藏。尽管文献记载的名目繁多、说法不一，一般习惯地称为国产青料。云南的玉溪窑、浙江的江山窑、江西的景德镇窑，由于附近都产青花原料，具备了烧青花瓷器的条件，所以都曾烧过青花器。云南是珠明料的产地，会泽、榕峰、宣威与嵩明等县都出产青花原料，距玉溪窑最近的宜良也产钴土矿，所以玉溪青花料可能来自宜良。江山是浙江青花料的产地，江山窑青花应当采用本地原料。景德镇使用青花原料的情况比前两窑复杂。中国科学院上海硅酸盐研究所对景德镇湖田窑及元大都出土三片元青花所作的物理和化学分析表明，青花料含锰量极低（MnO/CoO为0.01—0.06之间）、含铁量较高（Fe_2O_3/CoO为2.21—3.02之间），且含有砷，与国产青料含锰量高（MnO/CoO为3.74—16.19之间）、含铁量低（Fe_2O_3/CoO为0.11—3.74之间）[29]的测定数据截然不同，应是采用进口的青料。进口料绘画的青花色泽秾艳，釉面有黑色斑点。元代“至正型”一类大件青花器，多采用进口青料。从国内出土物看，也有些器物使用国产青料，青花色调与进口钴料的浓艳显然不同，没有黑色斑疵，纹饰比较简单草率。国产料多用于小件器物，菲律宾出土的元青花小瓷器上，就有使用国产青料的。

2. 釉里红瓷器的烧制成功

釉里红是指以铜红料在胎上绘画纹饰后，罩以透明釉，在高温还原焰气氛中烧成，使釉下呈现红色花纹的瓷器。明宣德和清康熙、雍正时期的釉里红瓷器在历史上颇负盛名，但它们的成就是在元代基础上取得的。

釉里红是元代景德镇瓷工的重要发明之一，与元青花制做工序大体相同。它们同为釉下彩，唯呈色红、蓝各异。它们同样用笔在胎上绘花，但用料铜、钴有别。它们同需在高温下烧成，但对气氛要求不同。釉里红对窑室中气氛要求严格，铜非得在还原焰气氛中才呈现红色，而青花对窑室中气氛要求稍宽，窑室气氛的变化对钴呈蓝色的影响不大。因此青花的烧成比较容易，至今尚有较多的元青花器出土和传世品的保存。釉里红由于烧成难度大，产量更低，传世与出土的元代釉里红器数量不多。特别是具有科学价值的出土物更是屈指可数。国外仅见菲律宾出土了一批元代釉里红瓷器[33]，国内则有北京丰台出土的釉里红玉壶春瓶[34]、保定窖藏的一对青花釉里红盖罐[35]以及元大都和景德镇湖田窑址的少量残片。此外，江苏省吴县收藏有一件釉里红龙纹盖罐[36]，罐身刻划纹饰三组，腹部釉里红为地，衬出白龙，红色艳丽，极为难得。

这里值得特别指出的是，江西省“至元戊寅”款青花釉里红器，不仅出于元代中期纪年墓，并且也是元代釉里红器中唯一带纪年的瓷器。它证明在“至元戊寅”（1338年）已经有了釉里红瓷器的生产。

从传世与出土的元代釉里红瓷器来看，在器型、胎、釉和烧造工艺上与同时期的青花瓷器一样，不同的有以下几个方面：

（一）纹饰比较简单，不像青花纹饰那样繁密细致。

（二）纹饰题材相应减少，不及青花题材那样丰富多样。

（三）铜在高温下容易挥发，因此元代釉里红瓷器无淡彩，只有一个比较浓的色阶，并且纹饰线条常见晕散。

（四）铜彩料在烧成过程中十分敏感，窑室气氛稍有变异，便不能达到预期效果，所以元代釉里红瓷器呈纯正红色的很少。

关于釉里红的起源问题，以往探讨不多，它始于元代景德镇的说法，基本上已成定论。当然，这种釉里红产品烧成难度很大，元代景德镇尚不能十分熟练地掌握这种技术，因此色彩纯红的釉里红瓷器流传下来的为数就更少了。

3. 枢府(卵白)釉的成就

明《新增格古要论》古饶器条记载："元朝烧小足印花者，内有枢府字者高"。这就清楚地表明景德镇在元代烧造一种印花小足器，其中以器内印有"枢府"字样的为最好。到了后来，《景德镇陶录》已见有"枢府窑"条目，后人又往往把那种印花白釉瓷器称为"枢府窑"器。

但从景德镇湖田窑元代遗物堆积来看，它并不是一个专门生产枢府器的窑场。除白釉印花品种外，尚有青花等产品㊲。因此，我们认为把元代白釉印花瓷器称作"枢府器"或"卵白釉器"为妥。

枢府器是元代官府机构（枢密院）在景德镇定烧的瓷器。胎体厚重，釉呈失透状，色白微青，恰似鹅蛋色泽，故称卵白。卵白釉含钙量低（约为５％），钾、钠成份增多㊳，粘度大，烧成范围较宽。早期器物由于釉中含铁量稍高，色微闪青；晚期器物随着釉中含铁量的减少，色趋纯正。洁白润泽的枢府卵白釉，实为明初永乐甜白釉的前身。

枢府器以印花为主，盘、碗等圆器采用压模印花装饰。印花的题材比较简单，常见有一种双龙纹。如上海博物馆藏印花双龙高足碗，釉色纯白，内壁印双龙，是上海郊区元墓出土的典型枢府器㊴。另一种常见的纹饰是缠枝花卉，在花卉间往往印有对称的"枢府"两字，枢府器即由此得名。国内元大都遗址、湖田窑遗址及河北磁县南开河元代沉船中都出土过带有"枢府"款的卵白釉器㊵。传世品中还有相对印"太禧"、"福禄"等字款的。"太禧"是元代专掌祭祀的"太禧宗禋院"的简称。《元史·百官志》说，天历元年，罢会福、殊祥两院，改置太禧院以总之，二年改为"太禧宗禋院"。带"太禧"款瓷器的相对烧造年代当在此时期以后不久㊶。

一般说来，印有"枢府"、"太禧"等字款的器物，无论在胎质、釉色、制作工艺上都比较精湛。正如《格古要论》所说“内有枢府字者高”。

枢府器常见的为盘、碗、高足碗等小件器皿。其中比较典型的是一种小足、平底、敞口、深腹的折腰式样，俗称折腰碗。在同时期的青花、青白釉器中也有这类造型，为元代景德镇的典型器物。

枢府器在制作上的特征是圈足小，足壁厚，削足规整，足内无釉，底心有乳钉状突起，采用铺沙渣（高岭土和谷壳灰的混合物）的垫饼仰烧方法㊷。在底足无釉处，呈现铁质红褐色小斑点，且在边沿粘有沙渣。

南朝鲜新安海底沉船出土了大量的中国瓷器，其中景德镇的青白瓷和枢府器都占有一定的数量。从出土的情况进行分析：大致是碗、盘之类小件圆器，采用器内印花装饰，施卵白釉。大件瓶、罐、炉等琢器，采用器外划花方法，施青白釉。从而证明这二种产品同时在景德镇烧造，且有分工。

这里还需要说明，习惯上所指的枢府器并不一定全部是元代官府的专用器。经过对湖田窑的考察表明，“（南河）南岸刘家坞的折腰碗和小足盘足多外撇，内壁多印有‘枢府’二字，高足杯内壁的印花龙纹有五爪的。印证《元史》，这类器物应为当时的官用瓷；北岸的在造型上虽较相近，但足壁多垂直，内壁无款识，龙只为三爪、四爪，当为民用商品。”㊲既是商品瓷，那末不仅民间在使用这类卵白釉器，并且还对外进行贸易。从国外菲律宾及南朝鲜海底沉船中出土的大量枢府器也证实了它是外销商品。

4．铜红釉和钴蓝釉

元代景德镇烧造的铜红釉是另一个创新品种。红釉的制作是将一定量的含铜物质作为着色剂掺入釉中。由于铜红的烧成技术不易掌握，因此产量低，器型少。传世与出土的元代红釉器更为少见，国内仅元大都遗址有少量出土。

传世和出土的元代红釉器，有盘、碗、印盒等小件器物，其中碗、盘之类一般采用印花装饰，在器物内壁印双云龙纹，器心划有云纹三朵，器底均不上釉。

元代红釉器是初创阶段的产品，由于烧造气氛不能完全控制，红色往往不够纯正，直到明初的永乐时期，才烧成了呈色鲜艳的红釉，称为永乐鲜红。

应用钴着色最早见于“唐三彩”中的蓝釉，不过那是钴在低温铅釉中的呈色，唯有绮丽之感，缺乏沉着色调。到了元代，景德镇才烧成了高温蓝釉，从而为瓷器的颜色釉增添了新品种。明、清两代也就在元代蓝釉的基础上，相继创烧了回青、洒蓝、天蓝、霁蓝等钴蓝颜色釉。

由于钴蓝的烧造技术比铜红容易掌握，因此现在尚能见到的元代蓝釉器数量和器型也就比红釉器来得多。河北保定窖藏出土的三件蓝釉器中就有小碗、盘、匜等器型。传世品中还有梅瓶、高足碗之类。

综观传世与出土的元代蓝釉器，在装饰方法上有两个特征：一是蓝釉金彩。这是在烧成的蓝釉器物上，用金粉描绘纹饰，再次烘烤后，金彩不复脱落。保定窖藏的三件蓝釉器皆属于描金装饰㊸。二是蓝釉白花。在通体蓝釉地色上，衬以白色花纹，蓝白相映，对比强烈。扬州文物商店藏有元代蓝釉白龙梅瓶，通体沉着的蓝釉，配上神态生动的白龙，是一件极为引人注目的艺术珍品（彩版24）㊹。故宫博物院陶瓷馆的一件蓝釉白龙盘也采用相同的装饰方法，盘的造型与保定窖藏的蓝釉金彩盘完全一致。土耳其伊斯坦布尔博物馆里也有蓝釉白花，饰以飞凤海马、灵芝花卉的菱口大盘。总之这是一种具有特殊艺术效果的装饰方法，元代以后，仅明初宣德及清雍正时期尚有少量仿烧。

第三节　元代瓷器的造型与装饰

1. 元瓷造型的继承和创新

我国各个历史时期的瓷器都具有不同的风格，而不同风格首先表现在造型上。元代瓷器的造型和其它时代一样，既有继承也有创新。元代梅瓶和玉壶春瓶可以明显看出是继承了宋代的式样。罐、盘、碗与前代的形制相比就有较大的变化。四系小口扁壶、高足杯、僧帽壶及多穆壶又是元代的新创品种。元代瓷器不论是继承还是创新都具有一个显著的特征，就是形大、胎厚、体重，可以说这是它的时代风格。

元代瓷器的造型主要有罐、瓶、执壶、盘、碗、匜和高足杯。

罐是元瓷中一种常见的器物，从它的形制看，基本上可以分为两类：一类是直口、溜肩，肩以下渐广，至腹部最大处内收，平底。这类罐一般口径大于足径，也有口径与足径相等的，整个造型显得肥矮（彩版23）。除景德镇烧制青花外，北方民间瓷窑中也有烧制，以白地黑花为多。元大都遗址出土的凤纹罐、北京西绦胡同元代遗址出土的龙凤纹罐以及北京良乡元代窖藏中也有类似罐出土。不过在形制上与景德镇青花罐稍有不同，它们的底部较小，整个器型显得上大下小。另一类罐是直口、短颈、溜肩，有的在肩与腹之间贴双兽耳，平底。这类罐一般足径大于口径，整个器型稍见瘦长（图版贰拾捌：4）。罐有盖，盖顶饰狮纽者居多。1973年蚌埠市出土的一件青花盖罐可说是其中的代表作。河北省保定市出土的青花釉里红镂花盖罐（彩版22）也属于这一类。这类罐较第一类罐为少，制作极其精致。这类盖罐在北方民间窑中从未见过（图七十二）。

瓶类以梅瓶、玉壶春瓶为常见。梅瓶是指小口，丰肩，瘦底的一种瓶式，元代梅瓶

盖罐

直口罐

直口罐

荷叶盖罐

洗口罐

兽耳狮纽盖罐

图七十二　元青花各式罐

较多地继承宋制，但它的口部加高，口沿平坦，肩部较丰满，一般不带盖。河北省保定市出土的青花海水龙纹带盖八方梅瓶是少有的珍品。梅瓶在各地瓷窑中都烧制，但以景德镇青花梅瓶最为精湛。南京沐英墓出土的青花人物纹梅瓶是这种瓶的典型式样。

玉壶春瓶也流行较广，沿用时间也较长，南北各地窑场均有烧制。元代前期的玉壶春瓶多袭宋制，敞口，颈部瘦长，颈以下渐广，至近底处内收，腹呈椭圆状，圈足微外撇。河北省保定市出土的青花双狮戏球纹八方玉壶春瓶是极为少见的。另一种颈部较短而粗，腹部肥大的玉壶春瓶，是元末明初的产品（图七十三）。

执壶以玉壶春瓶为壶身，流贴附在腹上。为了与壶身相对称，流较宋代为长，高度一般与壶口平行。为便于流水，嘴向外倾斜。在流与颈之间连以S形饰物。柄与流对称，下端也贴附腹部，高度与流平行或稍低。壶口外撇度较玉壶春瓶为小，盖扣其上。此种执壶主要以景德镇青花瓷器为多，浙江龙泉窑也烧制，未见过北方瓷窑的这种产品。另一种执壶的形体，仍采用玉壶春瓶式，但颈部较短，壶身也相应矮些，流与柄也随之缩短，因而此种壶一般较上述执壶为小。这种执壶也只见于景德镇青花及浙江龙泉窑产品。元大都遗址出土的一件青花扁壶，壶身为扁圆形，以凤头作流，凤尾卷起作柄，纹饰也绘展翅飞翔之凤。这种凤型壶还保留着宋代的遗风，而又有所创新（图七十四）。

碗也是元瓷中常见的器物，有敞口与敛口两种。敞口碗，深腹、小圈足，足内无釉，这类碗以枢府釉和青花为多。敛口碗与敞口碗大致相同，唯口沿内敛，此式仅见有青花碗。

八棱葫芦瓶

梅　瓶

至正十一年象耳瓶

玉壶春瓶

戟耳瓶

洗口瓶

蒜头瓶

梅　瓶

图七十三　元青花各式瓶

高足杯是元代瓷器中最流行的器型，除景德镇烧制的青花与枢府釉器外，浙江龙泉窑、福建德化窑、河南钧窑、河北磁州窑与山西霍县窑等都大量生产，成为元代瓷器中的典型器物之一。南京市汪兴祖墓出土的青花龙纹高足杯，口微撇，近底处较丰满，承以上小下大的竹节式高足，是高足杯的典型式样。各地瓷窑烧制的均与此种没有多大差别。

元瓷中以四系小口扁壶为最具时代特征。不仅前所未有，以后各代的瓷窑中也不见烧制。扁壶以景德镇烧制的青花与釉里红为多，龙泉窑及磁州窑也少量生产（图七十四）。

盘是元代瓷器中主要用器之一，传世品也较其它器物为多。盘大多为折沿，分菱花式口与圆口两类，圈足，砂底（无釉）。这种大型折沿盘以景德镇青花为主，龙泉窑也有生产。另有一种小型薄胎盘，折沿、平底无釉，河北省保定市出土的蓝釉金彩盘就是

高足豆

碗

高足杯

四系扁壶

执　壶

双耳三足炉

图七十四　元青花造型图

这种器型，也是景德镇产品（图七十五）。

匜也是元瓷中常见的一种器物，南北各地窑场均烧制，尤以景德镇窑烧制的为多。匜的基本形制为浅式，一边带流，流下装饰一小圆系，平底。传世有青白瓷、青花、釉里红匜，特别是河北省保定市出土的蓝釉描金匜是极为罕见的珍品（图版贰拾捌：2）。

僧帽壶和多穆壶是元代创新的壶式，具有强烈的少数民族风格，似为适应藏族、蒙族等人民生活的需要，贮放奶液之类的盛器，明清两代仍有烧造。

元代瓷器的造型是十分丰富的，除了上述这些常见的外，还有葫芦瓶、象耳瓶（图七十三）、直颈瓶、军持、花觚、盏托等等，不胜枚举。

图七十五　元青花盘纹饰图

2. 元瓷的装饰

元代瓷器的装饰方法有刻、划、印、贴、堆、镂、绘等多种。南北各地窑场都根据产品的胎、釉特性，采用了既美观又实用的装饰方法，这些都分别在前面有关章节中作了阐述。这里主要是讲景德镇窑的装饰艺术，特别是关于青花的装饰。

在元代青白瓷大型器物上，尚多见划花装饰。但这种装饰方法已不占主要地位，盛行的是印花装饰。印花除在枢府器和青白釉瓷器上大量采用外，红釉与蓝釉器物上也有印花。不仅纹饰清晰，而且由于红、蓝釉颜色厚薄不同的呈色效应，较之白釉印花更富有立体感。这种印花方法在当时的青花瓷器上也有应用，上海博物馆藏元代青花瓜竹葡萄菱口盘，就是先印花，再用钴料涂、绘而成的器皿㊺。

雕花即镂花，这是一种新技法，河北省保定市出土的一对青花釉里红盖罐，就是这种装饰的代表作品。罐的腹部串珠纹开光内雕镂花朵、枝叶，填以红、蓝两色，具有浮雕的装饰效果。采用雕花方法的瓷器并不经常见到。这类雕花罐，在国外也有流传。

绘花即画花，是利用含钴、含铜物质为着色剂，在胎上绘画纹饰，然后上釉烧成的釉下彩绘装饰，这就是青花与釉里红瓷器采用的方法。

印花由于受到印模的制约，不能自由发挥，装饰题材不广；常见的主要是双云龙和缠枝花卉。绘花用毛笔作画，随心所欲，取材较广，因此青花、釉里红的装饰内容极为丰富。

元青花的纹饰，分主纹与辅纹二类。瓶、罐的腹部和盘心，为主要纹饰，其它为辅助纹饰。常见的作为主题纹饰的有植物，如松竹梅、牡丹、莲花、蕃莲、菊花、牵牛花、芭蕉、灵芝、山茶、海棠、瓜果、葡萄等。动物，如龙、凤、鹤、鹿、鸳鸯、鹭鸶、麒麟、狮子、海马、鱼、螳螂、蟋蟀等。其它，如竹石、杂宝、十字杆等。辅纹有卷草、锦地、回纹、钱纹、浪涛、蕉叶、莲瓣、云肩、变形莲瓣、缠枝花卉等等。

除上述这些纹饰内容外，值得特别重视的，是历史故事题材极为盛行，如周亚夫细柳营、萧何月下追韩信（彩版25）、蒙恬将军、三顾茅庐等，都被作为元青花瓷器的装饰画面。它与元代戏曲小说和版画的发达有着密切的联系。明清两代瓷器上人物故事内容无疑受到它的重大影响。明代前期一些所谓琴棋书画青花大罐的纹饰，正是这种风格的延续。

元青花的装饰特征是，层次多、画面满，但由于处理得当，主次分明，浑然一体，并不给人以琐碎和堆砌的感觉。

第四节　元代瓷器的对外输出

元朝的海外贸易较宋代有所扩大，元代瓷器在东南亚地区出土的数量也大大超过了宋代。

元代输出的瓷器主要是东南沿海地区瓷窑烧制的，除浙江龙泉窑青瓷、江西景德镇的青白瓷外，浙江、福建地区大量瓷窑烧造的仿龙泉瓷与青白瓷器也占有很大比重。元代后期，景德镇青花瓷器也输往海外。

1. 元瓷输出的地区

关于元朝瓷器的输出，元·汪大渊《岛夷志略》里有较详细记载。《岛夷志略》是继宋·赵汝适《诸蕃志》之后又一部研究中外文化交流与我国瓷器输出的重要文献，书中所记我国瓷器输出的有五十几个地区，现列表如下：

地区名称	贸易用瓷
琉球	贸易之货用……粗碗处州磁器之属
三岛	贸易之货用……青白花碗
无枝拔	贸易之货用……青白、处州瓷器瓦坛
占城	货用青磁花碗
丹马令	贸易之货用……青白花碗
日丽	贸易之货用……青磁器……粗碗
麻里噜	贸易之货用……磁器盘、处州磁水坛大甕
遐来勿	贸易之货用……青瓷粗碗之属
彭坑	贸易之货用……磁器
吉兰丹	贸易之货用……青盘花碗
丁家卢	货用……青白花磁器
戎	贸易之货用……青白花碗磁壶瓶
罗卫	贸易之货用……青白碗
罗斛	贸用青器
东冲各剌	贸易之货用……青白花碗大小水埕
苏洛鬲	贸易之货用……青白花器
淡邈	货用……粗碗青器
尖山	贸易之货用……青碗大小埕甕

八节那间	贸易之货用青器……埕甕
啸　　喷	货用……磁……瓦甕粗碗之属
爪　　哇	货用……青白花碗
文　　诞	货用……青磁器之属
苏　　禄	贸易之货用……处器
龙牙犀角	贸易之货用……青白花之属
旧　　港	贸易之货用……处甕……大小水埕甕之属
班　　卒	贸易之货用……瓷器
蒲　　奔	贸易之货用……青瓷器粗碗……大小埕甕之属
文 老 古	贸易之货用……青瓷器埕器之属
龙 牙 门	贸易之货用……青瓷器
灵　　山	贸易之货用……粗碗
花　　面	货用粗碗、青处器之属
淡　　洋	货用……粗碗之属
勾 栏 山	贸易之货用……青器之属
班 达 里	贸易之货用……青白磁
曼 陀 郎	贸易之货用……青器
喃 哑 哩	贸易之货用……青白花磁之属
加 里 那	贸易之货用……青白花碗
千 里 马	贸易之货用……粗碗
小 呗 喃	贸易之货用……青白花器
朋 加 剌	贸易之货用……青白花器
天　　堂	贸易之货用……青白花器
天　　竺	贸易之货用……青白花器
甘 埋 里	贸易之货用……青白花器瓷瓶
乌　　爹	贸易之货用……青白花器

上表所列的地区，分别属于今日本、菲律宾、印度、越南、马来西亚、印度尼西亚、泰国、孟加拉、伊朗等国家[46]。

2. 元瓷输出的品种

上表中贸易用瓷的名称繁多，主要可以归纳为“青瓷”、“青白花瓷器”、“青白瓷”及“处州瓷器”四类。“青瓷”和“处州瓷”是以龙泉青瓷为主，包括浙江、福建沿海地区仿龙泉窑的制品在内。“青白瓷”以江西景德镇为主，包括东南沿海地区瓷窑的制品。对于青白花瓷器指的是什么就理解不同，有的认为是胎上刻、划花的青白瓷；有的认为是釉下彩的青花瓷器[47]。“青白瓷”一名《诸蕃志》已有记载，《岛夷志略》沿用“青白瓷”名称。有一点值得注意，如果《岛夷志略》中的“青白花瓷器”指的是青白瓷，为什么不写“青白瓷”，而要写“青白花瓷”？可见汪大渊对“青白瓷”与“青白花瓷”是有区分的。据此陈万里认为《岛夷志略》里的“青白花瓷”不是青白瓷而是指的青花白瓷。

在《岛夷志略》贸易用瓷的所有名称之中，《诸蕃志》里没有“青白花瓷器”名称，如同《星槎胜览》贸易用瓷中的“青花白瓷器”在《岛夷志略》里也找不到一样。由于时代不同，瓷器生产的品种也不一样，作为贸易瓷器也会有所不同，因此《诸蕃志》、《岛夷志略》、《星槎胜览》这三部文献中，记述对外贸易用瓷的名称也就有所不同。

《岛夷志略》是汪大渊在元至正间（1341年—1368年）附海舶往南洋数十国期间写成的。至正年间正是青花瓷器成长及发展的时期，青花瓷器出口已为国外出土文物所证明。菲律宾、印度尼西亚、印度、日本、马来西亚等国都或多或少出土有元青花瓷器残片，以菲律宾、马来西亚出土最多。

中国与菲律宾是一水之隔的近邻。在菲律宾仁牙因海湾上的博利脑角地方，地下埋藏着大量中国瓷器。在八打雁和内湖省出土了不少青瓷，其中有些是福建瓷窑的产品。在马尼拉圣安娜、民都洛（麻逸）的加莱拉港等遗址中出土大批的德化窑印花瓷器[48]。菲律宾出土元代景德镇青白釉带铁斑的小件瓷器，可能专为销往菲律宾的外销瓷，因而在国内这类瓷器出土甚少。在景德镇古窑址中目前也未发现它的标本，这还有待今后的工作。而菲律宾出土的青花瓷器，在景德镇湖田窑址中均有发现，特别是其中一种画折枝菊花纹的双系小罐，造型与纹饰均与湖田窑发掘品完全相同[49]。证明这类青花瓷器是景德镇湖田窑烧制的。它们的时代为元代后期。

马来西亚出土我国瓷器的数量相当大，其中属于元代的瓷器也占一定的比例。莫尔包河口南边的布吉巴士林登就出土了不少元代景德镇的青白瓷和德化窑阳纹印花瓷器。位于加里曼丹岛北部的东马来西亚的沙捞越地方，也曾经发现过大量的德化窑瓷器[48]。

印度尼西亚全境内都发现有中国的青白瓷，在数量上仅次于青瓷，属于元代的也为数不少，从景德镇的青白瓷到德化瓷器都有。德化窑瓷器在西里伯斯和爪哇均出土过不少。东爪哇出土的青白釉军持，形制花纹特征与德化屈斗宫窑的发掘物完全相同[48]。

上述这些东南亚国家和地区出土的元代瓷器，充分证明《岛夷志略》的记载是可信的，将来随着这一广大地区考古工作的进行，我国瓷器还会继续发现，这是可以肯定的。《岛夷志略》也由此更为陶瓷学者们所重视。

除了《岛夷志略》所记载的东南亚国家外，朝鲜与日本是出土我国瓷器较多的国家。这与它们地距我国较近，瓷器海运比较方便有关。朝鲜早在半个世纪以前就出土过不少我国瓷器，1977年在木浦市附近的海底发现了一艘我国元代沉船，打捞出瓷器一万多件，以青瓷与青白瓷为主。沉船中未发现青花瓷器是值得注意的。沉船的时代为元代中期，其中有些器物还具有南宋时代特征，也可能为南宋时物[50]。

我国瓷器输往日本自唐代以来没有间断过，元代青花瓷器近年来也有发现。日本镰仓海岸聚集的青花碎片，过去曾认为是元青花唯一出土物，近年来在冲绳胜连城址发现了不少元青花瓷片，在冲绳岛内还发现了比较完整的元青花瓷器。此外，越前朝仓氏的乘谷遗址中也发现了传世品青花瓷片。这些都有力地说明元青花瓷器十四世纪也传到了日本[51]。

---

① 中国科学院考古研究所、北京市文物管理处元大都考古队：《北京西绦胡同和后桃园的元代居住遗址》《考古》1973年5期，图版捌3。
② 冯先铭：《记1964年在故宫博物院举办的"古代艺术展览"中的瓷器》，《文物》1965年2期。
③ 李作智：《呼和浩特市东郊出土的几件元代瓷器》，《文物》1977年5期，图版壹。
④ 《北京西绦胡同和后桃园的元代居住遗址》，《考古》1973年5期，281页 图五。
⑤ 同上，图版捌1。
⑥ 张宁：《记元大都出土文物》。田敬东：《北京良乡发现的一处元代窖藏》 《考古》1972年6期，图版拾贰：1、3。
⑦ 范冬青：《试论元代制瓷工艺在我国陶瓷发展史上的地位》，《上海博物馆馆刊》1期。
⑧ 朱伯谦、王士伦：《浙江省龙泉青瓷窑址调查发掘的主要收获》，《文物》1963年1期。
⑨ 许勇翔：《龙泉窑贴花龙凤盖罐》 《文物》1980年9期。
⑩ 《福建德化屈斗宫窑址发掘简报》 《文物》1979年5期。
⑪ 赵光林：《从几件出土文物漫谈宋元影青瓷器》，《文物》1973年5期，42页 图一。
⑫ 张宁：《记元大都出土文物》，《考古》1972年6期，图版柒。
⑬ 张宁：《记元大都出土文物》，《考古》1972年6期。
⑭ 马希桂：《北京昌平县出土元代影青瓷》，《文物》1980年1期。
⑮ 鲁琪、葛英会：《北京市出土文物展览巡礼》，《文物》1978年4期。
⑯ Pope, J.A.: Chinese Porcelain from the Ardebil Shrine, Washington, 1956.
Fourteenth Century blue and white ware: a group of Chinese Porcelain in the Topkapu Sarayi Muzesi, Istanbul, Washington, 1952.
⑰ 中国科学院考古研究所，北京市文管会：《元大都的勘查和发掘》，《考古》1972年1期。
⑱ 河北省博物馆：《保定市发现一批元代瓷器》，《文物》1965年2期。
⑲ 肖梦龙：《江苏金坛元代青花云龙罐窖藏》，《文物》1980年1期。
⑳ 冯先铭：《我国陶瓷发展中的几个问题》，《文物》1973年7期。
㉑ 唐昌朴：《江西波阳出土的元代瓷器》，《文物》1976年11期。
㉒ 南京市文管会：《南京江宁县沐晟墓清理简报》，《考古》1960年9期。《南京中华门外明墓清理简报》《考古》1962年9期。南京市博物馆：《南京汪兴祖墓清理简报》，《考古》1972年4期。
㉓ 冯先铭：《有关青花瓷器起源的几个问题》，《文物》1980年4期。
㉔ 陕西省博物馆等单位：《唐郑仁泰墓发掘简报》，《文物》1972年7期。
㉕ 上海博物馆：《上海博物馆藏瓷选集》，插图第十，文物出版社1979年版。
㉖ 南京博物院等单位：《扬州唐城遗址一九七五年考古工作简报》，《文物》1977年9期。
㉗ 浙江省博物馆：《浙江两处塔基出土宋青花瓷》，《文物》1980年4期。
㉘ 上海博物馆：《上海博物馆藏瓷选集》插图第一二，文物出版社1979年版。
㉙ 陈尧成、郭演仪、张志刚：《历代青花瓷器和青花色料的研究》，《硅酸盐学报》1978年第6卷4期。

㉚ 浙江省博物馆：《浙江两处塔基出土宋青花瓷》，《文物》1980年4期。
㉛ 周仁、李家治：《中国历代名窑陶瓷工艺的初步科学总结》，《考古学报》1960年1期。
㉜ 刘新园：《景德镇陶瓷》，《陶记》研究专刊，1981年。
㉝ Adrian Joseph: Chinese and Annamese Ceramics.
㉞ 《中华人民共和国出土文物选》图97。
㉟ 河北省博物馆：《保定市发现一批元代瓷器》，《文物》1965年2期，图版壹。
㊱ 国家文物局编：《各省市自治区征集文物汇报展览简介》，1978年。
㊲ 刘新园、白焜：《景德镇湖田窑考察纪要》，《文物》1980年11期。
㊳ 刘新园：《景德镇湖田窑各期典型碗类的造型特征及其成因考》，《文物》1980年11期。
㊴ 上海博物馆：《上海博物馆藏瓷选集》图六五，文物出版社，1979年。
㊵ 磁县文化馆：《河北磁县南开河村元代木船发掘简报》，《考古》1978年6期。
㊶ 孙瀛洲：《元卵白釉印花云龙八宝盘》，《文物》1963年1期。
㊷ 刘新园：《蒋祈〈陶记〉著作时代考辨》，《景德镇陶瓷》《陶记》研究专刊，1981年总10期。
㊸ 河北省博物馆：《保定市发现一批元代瓷器》，《文物》1965年2期，图版贰。
㊹ 扬州博物馆．夏颖：《元蓝釉白龙纹梅瓶》，《文物》1979年4期。
㊺ 上海博物馆：《上海博物馆藏瓷选集》图六九，文物出版社，1979年。
㊻ 参见清·彭元瑞校抄本及藤田丰八校注本。
㊼ 陈万里：《我对"青白磁器"的看法》，《文物》1959年6期。
㊽ 李辉柄：《关于德化屈斗宫窑的我见》，《文物》1977年5期。
㊾ 刘新园、白焜：《景德镇湖田窑考古纪要》（未刊稿）。
㊿ 冯先铭：《我国宋元时期的青白瓷》，《故宫博物院院刊》1979年3期。
51 长谷部乐尔：《日本出土の中国陶磁》，东京国立博物馆，1975年。

第九章　明代的陶瓷

（公元1368—1644年）

明朝是在元末农民大起义的基础上建立起来的。明朝开国皇帝朱元璋本来是农民起义军领袖。他从明初开始就采取了一些恢复和发展农业生产的措施，例如移民垦荒、兴修水利和实行屯田等。到洪武二十六年（1393年），全国的已垦田达八百五十万七千六百二十三顷，形成了“駸駸无弃土”的局面①。对于工商业，为了达到恢复和发展的目的，也采取了降低商税率等政策。对于手工业，则改变了元代对手工业工人采取的工奴制度。在元代，具有特种手艺的手工业工人，大多被迫在官工业作坊工作，不得自由。明洪武时规定“凡工匠二等：曰‘轮班’，三岁一役，役不过三月，皆复其家；曰‘住坐’，月役一旬”②。“住坐之匠月上工十日，不赴班者输罚班银月六钱，故谓之输班”③。这种“轮班”和“住坐”的封建性超经济的剥削制度，对于明代后期资本主义萌芽的发展起了很大的阻碍作用。但和元代的工奴制相比，则轮班匠三四年中除了为官工业服役三个月外，可自由经营手工业，而住坐匠户若能每月交纳六钱罚班银后，也能从事自己的业务，这对于当时手工业生产的发展，无疑具有很大的促进作用。

城市的繁荣，增加了对手工业产品的需求。明朝初年，社会相对安定，洪武、永乐年间，除了原有的城市继续有所发展外，南北各地又出现了一批新的商业中心。成祖朱棣把首都从南京迁到北京以后，疏浚会通河，修整自济宁至临清的一段运河，畅通漕运，使运河沿线的一些城市也繁荣起来。居住于城市的政府官吏，大中地主和富裕商人，以及为这些人服务的各阶层的城市居民，都需要包括瓷器在内的手工业品。加之永乐三年（1405年）至宣德六年（1431年）郑和八次出使“西洋”④，促进了海外贸易的发展，刺激了手工业生产的繁荣，因此，永乐、宣德年间瓷器生产出现了新的局面。

到了成化、弘治、正德时期，虽然因土地兼并加剧，地租赋税沉重，爆发了多次农民起义，社会经济处于一定程度的停滞状态；但手工业生产，特别是一些高级消费品的生产，往往因为地主阶级乃至统治万民的皇帝的特殊需要，而制造一些特别精致的东西，是完全可能的。瓷器的制造，就属于这种状况。

明代的社会经济，到十六世纪，资本主义因素有了进一步的发展。当时的重要手工业，如纺织、冶铁、采煤、印刷和瓷器制造业，都有一部分进入了工场手工业的发展时期。明代陶瓷的生产正是在这样的社会背景下取得了辉煌的成就。

明代烧造建筑用陶的大规模的砖瓦窑场，除了南京的聚宝山窑以外，永乐以后的临清窑、苏州窑、蔡村窑和武清窑都是最主要的建筑用陶的产地。其中如武清窑在万历二年（1574年）“自立窑座，分造城砖，每年三十万个……每个给价银二分二厘”⑤。

明代日用陶器的主要产地有仪真、瓜州、钧州、磁州和曲阳等地，它们还担负着皇室大量的派造任务。在宣德年间，光禄寺每年就要缸、坛、瓶五万一千八百五十六个，这些器物都分派给钧、磁二州和真定府曲阳县烧造⑥。

日用瓷器，除了宋元时期的大窑场如磁州、龙泉等地仍有烧造外，不同程度的粗、细陶瓷器生产遍及山西、河南、甘肃、江西、浙江、广东、广西、福建等省。其中，山西的法华器、德化的白瓷和江苏宜兴的紫砂器更是这一时期的特殊成就。而福建、广东等地的外销瓷生产也有着相当大的规模。但是，就整个制瓷业来说，代表明代水平的是全国制瓷业中心——江西景德镇。

第一节　瓷业中心景德镇和御器厂

明代景德镇所产的瓷器，数量大，品种多，质量高，销路广。宋应星在《天工开物》中说：“合并数郡，不敌江西饶郡产……若夫中华四裔　驰名猎取者，皆饶郡浮梁景德镇之产也。”这是说明产量大，销路广。从品种和质量来说，景德镇的青花器是全国瓷器生产的主流；以成化斗彩为代表的彩瓷，是我国制瓷史上的空前杰作；永乐、宣德时期铜红釉和其他单色釉的烧制成功，则表明了当时制瓷工匠的高度技术水平。

景德镇在全国处于瓷业中心的地位，它不仅要满足国内外市场的需要，而且还担负了宫廷御器和明政府对内、对外赐赏和交换的全部官窑器的制作。

1. 民营瓷业的发展

明代后期，随着制瓷业中资本主义因素的发展，民营窑场的激增，制瓷工匠的集中和瓷商的汇集，在嘉靖二十一年（1542年），景德镇从事瓷业的，包括工场主和雇工的人数已达十万余。明万历时人王世懋在《二酉委谭》中记录了景德镇当时的繁荣景象：“万杵之声殷地，火光炸天，夜令人不能寝。戏呼之曰四时雷电镇。”景德镇，在万历时已与苏、松、淮、扬、临清、瓜州等都会并列，成为有名的瓷都了。

明代景德镇成为瓷都，在元代已经打下基础。元代青花、釉里红新品种的烧制成功，以钴为着色剂的霁蓝和铜红高温单色釉的出现，以及描金装饰手法的运用，都为明代彩瓷和单色釉的辉煌成就创造了技术条件。但是，景德镇在元代的全国制瓷业中，还不能居于盟主的地位。因为当时的龙泉、磁州和钧窑等各大窑场仍具有相当大的规模⑦。

入明以后，情况就有显著的变化。景德镇以外的各大窑场，都日趋衰落。首先是钧窑系的各种产品全部停止生产。龙泉青釉瓷虽在明初仍继续大量烧造，但它已无法和景德镇的釉下彩、釉上彩、斗彩以及多种多样的高低温色釉相匹敌，所以在明中期以后它们都不可避免地走向衰落的道路。磁州窑系的白地黑花器虽然仍为民间所喜爱，但是和景德镇的青花瓷器相比，在胎、釉和制作工艺上都望尘莫及，最后亦归于没落。随着各大窑场的衰落，各种具有特殊技能的制瓷工匠自然会向瓷业发达的景德镇集中，造成了景德镇“工匠来八方，器成天下走”的局面。

优越的自然条件，也是使景德镇能成为瓷业中心的一个重要因素。景德镇位于昌江与其支流西河、东河的汇合处，四面环山。明代，浮梁县境内的麻仓山、湖田及附近的余干、婺源等地，都蕴藏着丰富的制瓷原料⑧。

浮梁和附近地区，怀玉山脉绵亘起伏其间，山区多产松柴，可经昌江及其支流航运到景德镇，为烧窑提供丰富的燃料。当时的民窑很多设于昌江及其支流沿岸。河水不仅可供淘洗瓷土，而且可以设置水碓，利用水力粉碎瓷土。

丰富的自然资源，成熟的技术条件，在国内外市场需要的刺激下，明代景德镇的制瓷业在元代的基础上突飞猛进，成为全国的瓷业中心。

作为全国瓷业中心的景德镇，瓷窑的规模是很大的。以民营瓷窑来说，正统元年（1436年）浮梁县民陆子顺一次就向北京宫廷进贡瓷器五万余件⑨。可见民窑生产量之巨大。随着民营瓷窑的不断增多，到嘉靖十九年（八月戊子）时，“浮梁景德镇民以陶为业，聚佣至万余人。”⑩万历年间，“镇上佣工”“每日不下数万人”⑪。当时制瓷作坊内的分工已经比较细。《天工开物》列举了制瓷生产过程有舂土、澄泥、造坯、汶水、过利、打圈、字画、喷水、过锈、装匣、满窑、烘烧等各道工序，“共计一坯工力，过手七十二，方克成器”⑫。康熙《浮梁县志》关于明万历年间，景德镇官窑、民窑每窑需工数十人的记载是可信的。

这些劳动力一般来自三个方面。第一是离开小块土地，流入城镇的农民，但这些人只能作为辅助工。第二是世代相传的制瓷工匠，这是制瓷佣工中的主体，但是这批熟练工人，往往被三四年一轮的“轮班”制所强制，不得不在官手工业中劳动，直到万历十二年，将官匠改为雇佣制后⑬，这些熟练工人的积极性和技术才能，才较好地发挥出来。第三是原属官窑征派的“上工夫”、“砂土夫”等辅助工役，因长期从事制瓷业生产，由辅助工而成为熟练工的。

景德镇的瓷业，民窑比官窑显示出较多的优越性。嘉靖时，民营瓷窑的窑炉，因为经过改革，在燃料消耗量相同的情况下，每一窑的产量比官窑大三倍以上。“官窑……青窑系烧小器……制圆而狭，每座止容烧小器三百余件，用柴八九十槓。民间青窑……制长阔大，每座容烧小器千余件，用柴八九十槓，多者不过百槓。官、民二窑槖柴一之，埴器倍之。”⑭面对这种事实，就连当时身居“布政使”高位的王宗沐也不得不承认：“官作趋办塞责，私家竭作保佣，成毁之势异也”⑭。

明代景德镇的民营瓷窑，除了生产供国内外市场普遍需要的一般产品外，还生产极高级的细瓷器。嘉靖以后，凡属宫廷需要的“钦限”瓷器都由民窑生产。地主、官僚上层也需要一部分高质量的陈设瓷，争奇斗丽，以满足他们奢侈生活和夸耀其富贵豪华的需要。这一部分产品，也是民窑工匠的智慧结晶。嘉靖时期的王宗沐，带着世风不古的悲叹，记录了这种现象：“利厚计工，市者不惮价，而作者为奇钧之；则至有数盂而直一金者；他如花草、人物、禽兽、山川屏、瓶、盆、盎之类不可胜计，而费亦辄数金；如碎器与金色瓮盘，又或十余金，当中家之产。”这些高级瓷器的销售地域亦比较广，“自燕云而北，南交趾，东际海，西被蜀，无所不至，皆取于景德镇”⑭。

明代专门经营高质量的细瓷器并为宫廷烧造钦限御器的民窑有“官古器”户，较次于“官古器”户的有“假官古器”户、“上古器”户和“中古器”户等（见《景德镇陶录》卷二）。当时杰出的名家有隆庆、万历年间专仿宣德、成化瓷的崔国懋——崔公窑；善于仿定的周丹泉；万历年间精制脱胎瓷的壶公窑。这壶公窑，过去有些记载说是姓吴，或姓昊，谓其别号十九，又称昊十九。近年来，在江西省景德镇出土了一件“吴昊十”的青花圆形墓志，证明壶公窑应为吴昊十九。“十九”是排行，他和吴昊十是兄弟辈。此外，万历年间的制瓷名家还有陈仲美及吴明官等。

制作广大人民日用瓷器的窑场，突出的有“小南窑”。据文献记载：“镇有小南街，明末烧造，窑独小，制如蛙伏，当时呼虾蟆窑。器粗整，土埴黄，体颇薄而坚。惟小碗一式，色白带青，有青花，花止兰朵、竹叶二种。其不画花，惟碗口周描一二青圈者，称白饭器。又有撇坦而浅，全白者仿宋碗，皆盛行一时”⑮。

景德镇民窑的产品，通过瓷商运销全国各地。明代后期，我国商人资本十分活跃。从全国说，以山西及徽州商人最有实力。承揽景德镇瓷器的贩运者，以邻近的徽州商人为主。

2. 官办的御器厂

上面谈到民窑的优越性和生产、运销方面的情况。这里再谈官窑，具体地说即御器厂的情况。

明代御器厂始设置于何时，在有关史籍中有不同的记载。成书于明嘉靖年间的《江西大志》说在洪武三十五年，即建文四年（1402年）。而成书于清嘉庆年间的《景德镇陶录》则说是洪武二年（1369年）。《大明会典》卷一百九十四，“陶器”条有这样一段记载：“洪武二十六年定，凡烧造供用器皿等物，须要定夺样制，计算人工物料。如果数多，起取人匠赴京，置窑兴工。或数少，行移饶、处等府烧造。”如果洪武二年已经建立御器厂，似乎就不大可能用“行移饶、处等府烧造”的方式了。

御器厂的任务是烧造官窑器供宫廷使用，包括朝廷对内、对外、赐赏和交换的需要。御器厂初设时有窑廿座，宣德年间大量烧造时，增至五十八座。御器厂的窑有六种不同的类型，即：风火窑、色窑、大小熆熿窑、大龙缸窑、匣窑、青窑。其中缸窑三十余座专烧鱼缸，青窑烧小件，色窑烧颜色釉[16]。御厂内的分工计二十三作：“大碗作、酒锺作、碟作、盘作、锺作、印作、锥龙作、画作、写字作、色作、匣作、泥水作、大木作、小木作、船木作、铁作、竹作、漆作、索作、桶作、染作、东碓作、西碓作。”[17]在前资本主义的社会中，分工协作可以使生产专业化，它是提高生产力的主要的办法。分工协作在我国古代官手工业中久已实行，但是它和民营手工工场有着本质的区别。马克思主义认为：“在古代世界，在中世纪，在近代殖民地，间或也有大规模的协作，但是它是以直接的统治服从关系，特别是以奴隶制度为基础。资本主义的协作形式却是自始就把自由的出售劳力给资本的工资雇佣劳动者作为前提。”[18]御器厂所采用的协作形式，便是以封建的超经济强制为前提的。御器厂平时由饶州府的官吏管理，每逢大量烧造时，朝廷都派宦官至景德镇“督陶”。

明代御器厂不断地为朝廷生产瓷器，其数量从见于记载的几次大量烧造看来，就很惊人。宣德初（1426年），为奉先殿中祭永乐及洪熙的祭器。就烧造了大量的龙凤纹白瓷祭器。宣德八年（1433年）根据尚膳监的“需要”一次就要烧造龙凤瓷器四十四万三千五百件。正统六年（1441年）北京重建三殿完成，光禄寺提出为膳食用，要烧造以金龙、金凤作装饰的白瓷和青龙白地花缸。成化年间，虽无确切数字可据，但《明史》也说：“烧造御用瓷器，最多且久，费不赀。”正德年间两次委派宦官至景德镇监督烧造大量瓷器。到嘉靖、万历年间，烧造量更大了，有几年每年要烧十万件左右。这沉重的负担，是景德镇制瓷业一个大的灾难。

御器厂对景德镇民营制瓷业的破坏，主要表现在三个方面：占用了最熟练的制瓷工匠；独占了优质瓷土和青料，并且限制民窑的产品品种；用“官搭民烧”的办法对民窑进行盘剥。

御器厂所需的劳动力有二类，一是具有生产技能的官匠，二是当辅助工的普通劳力。有技能的官匠又分二部分。一部分是所谓“上班匠”。明代把手工业者编入“匠籍”。

景德镇的匠籍户例派四年一班赴南京工部上班。但如果交纳一两八钱“班银”，就可以自己从事手工业生产。然而，御器厂若要烧造瓷器，这些工匠，仍要被迫自备工食去御器厂“上班”。按规定，这些上班匠只要在一次烧造任务完成后，就可归去。但是，繁重的御器烧造任务，往往连续不断，没有一个完结的日期。因此，有的工匠在交纳了班银后，实际还要在御器厂常年无偿劳动。其结果是“正班各匠服役，今二十余年，未得停止。告部缴查，又因烧造未完，未造册缴部。身服庸役，又纳班银，亡所告诉，实不胜困”⑲。这一部分官匠常年维持三百多人的名额。他们被编入御器厂的二十三个作。即：一、大碗作，作头四名，匠二十名；二、碟作，作头二名，匠十六名；三、盘作，作头三名，匠二十名；四、印作，作头二名，匠十六名；五、锤作，作头二名，匠一名；六、酒锺作；七、锥龙作，作头四名，匠十一名；八、写字作，作头五名；九、画作，作头四名，匠十九名；十、匣作，作头三名，匠二十四名；十一、泥水作，作头一名，匠十八名；十二、色作，作头三名，匠十三名；十三、大木作，作头四名，匠三十五名；十四、小木作，作头二名，匠十九名；十五、船木作，作头二名，匠十三名；十六、铁作，作头三名，匠三十名；十七、竹作，作头一名，匠九名；十八、漆作，作头一名，匠三名；十九、索作，作头一名，匠八名；二十、桶作，作头一名，匠八名；廿一、染作，作头一名；廿二、东碓作；廿三、西碓作。

另一部分是所谓的“雇役”，主要是指数量较少的绘画艺人和烧龙缸的“大匠”、敲青匠、弹花匠和裱褙匠等。名义上，对这些召募的工匠给以工食。例如，各作召募的工匠日给银二分五厘，龙缸大匠和敲青匠日给三分五厘，但往往是一句空话。被募的人“庸作与官匠同而无分毫雇值……”⑲。这些有特殊技能的工匠，是怎样召募来的呢？嘉靖二十六年二月，江西布政使给北京的呈文中说：“鲜红桌器，拘获高匠，重悬赏格，烧造未成。”⑬可见，这是强迫抓来的。

不论是上班匠还是所谓召募来的“高匠”，都是景德镇各类瓷业中最熟练的工匠，他们被御器厂长期占用，对于民间制瓷业，显然是有影响的。

至于辅助工，有所谓“上工夫”和“砂土夫”等。大约在嘉靖年间，上工夫为三六七名，砂土夫为一九〇名，都从饶州府所属七个县编派⑲。

要制作高质量的瓷器，先决条件是要有优质瓷土。明代景德镇的优质瓷土被御器厂独占，即所谓官土。“陶土出浮梁新正都麻仓山，曰千户坑、龙坑坞、高路陂、低路陂为官土。”⑲这些官土，民窑无权使用，只能采用较次的。到万历年间，由于这些坑的土逐渐减少，御器厂又要霸占其它地方的瓷土为“官业”，这就引起了当时民间的反抗。《浮梁县志》记录了这次争执：“万历三十二年，镇土牙戴良等，赴内监称高岭土为官业，欲渐以括他土．也儌采取，地方民衣食于土者甚恐……”。

青花瓷器，是明代瓷器生产的主流。但当时最好的青料，也被官家所垄断。例如嘉靖时期的回青，由国外进口，只准在烧造御器时使用："陶用回青，本外国贡也，嘉靖中遇烧御器，奏发工部，行江西布政司贮库时给之。"⑲民窑只能通过各种非法途径，争取得到一点这种高级青料。

民窑制作瓷器的品种、式样，也处处受到官方的限制。正统三年（1438年），"禁江西瓷器窑场烧造官样青花白地瓷器，于各处货卖……违者正犯处死，全家谪戍口外"⑳。正统十一年（1446年），又"禁江西饶州府私造黄、紫、红、绿、青、蓝、白地青花等瓷器……首犯凌迟处死，籍其家赀，丁男充军边卫，知而不以告者，连坐"㉑。

但是，这种落后的、专制的封建性束缚，随着资本主义因素的发展，到了嘉靖时期，已经被时代的潮流所冲破。所以王宗沐在所作《江西大志》中说："今器贡自京师者，岁从部解式造，特以龙凤为辨。然青色狼藉，有司不能察，流于民间，其制无复分。"⑲

"官搭民烧"的制度，更是御器厂对民窑进行盘剥的一种方式。明政府每年所烧造的瓷器，在形式上也有一个额定的数字。从宣德年间开始，以工部所属的营缮所丞管理工匠，御器厂在政府系统应属工部营缮所管辖，每年通过工部颁发的烧造瓷器的额定任务，称为"部限"。但是，在部限以外，往往由于宫廷的需要又临时加派烧造任务，这种额外的加派称为"钦限"。嘉靖以后，瓷器烧造数字激增，御器厂一般只烧造部限的任务，而所谓的钦限任务，则采用官搭民烧的办法，分派给民窑完成。民窑根据派给的任务烧造，成器后，要经过御器厂挑选，并且百般挑剔。如民窑无法烧造或挑选者认为不合格，因而不能完成任务时，那么御器厂就将它自己烧造的器物高价卖给民窑，让民窑用这些买来的瓷器再上交给御器厂以完成钦限。《江西大志·陶书》中说："部限瓷器，不预散窑。钦限瓷器，官窑每分派散窑。其能成器者，受嘱而择之。不能成器者，责以必办。不能办，则官窑悬高价以市之，民窑之所以困也。"在名义上，官搭民烧，也付给工值，但是低得可怜。例如，御器厂自己烧造的大样瓷缸，每口估价银五十八两八钱；二样瓷缸，每口估价银五十两，但定给民窑，即使经过民窑的力争，也只给大样缸每口银二十三两，二样缸每口银二十两。在烧造青花瓷器时，由于民窑没有上等的青料，必须出钱购买，而内监则又用"以低青给诸窑，追呼其值"的手法来榨取。景德镇的民窑，遭受到这么多的封建盘剥和压制，必然大大阻碍了瓷器生产的发展。

御器厂的封建特权和落后的生产管理，不仅影响了民窑生产的发展，而且本厂瓷器成本极高，运输徭役繁重，给景德镇以及附近州县乃至江西全省带来了巨大的灾难。由于御器厂对瓷器的挑选极严，凡上解的御器大多要"百选一二"，檠台、凉墩之类烧造"百不得一"，龙缸、花瓶之类"百不得五"，因此景德镇实际的烧造数比上解数字不知要超出多少倍。就当时来说，每件瓷器的耗费，已和银器的价值相近。万历二十八年，工科给事中王德完说："瓷器节传二十三万五千件，约费银二十万两。"㉒可见每件瓷器的平均烧造费约为白银一两。而嘉靖朝好多年都在十万件以上，则每年的烧造费竟高达十万两左右。王宗沐在《江西大志·陶书》中说："每岁造，为费累鉅万"是符合实际的，这笔巨大的金额往往要江西"竭一省之力以供御"。在嘉靖二十五年就将烧造御器的费用"加派阖省，随粮带征银一十二万两，专备烧造。"而"三十三年，又加派银二万两，亦烧造支尽，自后……岁鉅万，如鱼缸及砖又不止是。"这仅就烧造本身的耗费而言，此外还有"一岁数限"的解运，每次解运所花的装备、人力和运费每年又要几千两白银，当时亦由饶州、广信、抚州的老百姓分摊，有时也由全省负担。万历年间，潘相督陶时，为添造解运御器的船只，限令江西十三府，每府各造一艘，每艘船的造价又需白银一万两。

景德镇所在地的饶州府，劳动人民为御器厂所负担的耗费远不止此，当时，每逢大量烧造御器，宫廷总要指派太监为督陶官，他们和地方官吏相互勾结，对人民进行百般勒索。"镇守太监一到地方，凡百供应役使与夫无名之征。岁该银几万两，奏带参随供奉，又该银几万两。至于烧造太监应办物料，与供应役使之人，岁该银二万七千余两。通总计银十万余两"㉓。这些太监从京城出来到景德镇，一路骚扰，在御器厂更百般苛求，为害甚烈。

御器厂的封建统治，明朝政府对景德镇制瓷工人和饶州府各地农民残酷的政治压迫和经济剥削，必然要迫使广大劳动人民起而斗争，以反抗封建地主阶级的统治，在景德镇则多次激起了以瓷工为主的反封建斗争。

嘉靖十九年八月，"浮（梁）景德镇民以陶为业，聚佣至万余人，会大水食绝，遂肆卤掠，村镇为墟"㉔，嘉靖二十年六月，"辛酉，初，江西乐平县民尝佣工于浮梁，岁饥艰食，浮梁民负其佣直，尽遣逐之，遂行劫夺"㉕。隆庆五年，正值兵灾、天灾之后，人民在饥寒线上挣扎，明廷却强迫景德镇烧造御器十万余件，引起了"地方工匠人等鸣告"㉖。万历二十八年。"陶户既当大疫，又复增税，财务腾涌，米盐阻绝，亡命鼓譟，几成大乱"㉗。以瓷工为主的景德镇市民的反封建斗争在万历三十年反江西税监潘相达到了最高潮。

附：明代景德镇御器厂大事年表

洪武二年（1369年）	就镇之珠山设御窑厂，置官监督烧造解京。（蓝浦：《景德镇陶录》）
洪武末　（1398年）	我朝洪武之末，始建御器厂，督以中官。（詹珊：《重建敕封万硕侯师主佑陶碑记》）

建文四年（1402年）	明惠宗建文四年，壬午，始开窑烧造，解京供用。（汪汲：《事物会原》卷二十八·古饶器条）
建文四年（1402年）	洪武三十五年始开窑烧造……有御厂一所。（王宗沐：《江西大志·陶书》）
宣德元年（1426年）	九月己酉“命行在工部江西饶州府造奉先殿太宗皇帝几筵、仁宗皇帝几筵白磁祭器。”（《明宣宗实录》）
宣德二年（1427年）	十二月“癸亥，内官张善伏诛。善往饶州监造磁器，贪酷虐下人不堪，所造御用器，多以分馈其同列，事闻，上命斩于都市，枭首以狥”（《明宣宗实录》）
宣德五年（1430年）	九月丁卯“罢饶州烧造磁。初，行在工部奏遣官烧白磁龙凤文器皿毕，又请增烧，上以劳民费物，遂命罢之。”（《明宣宗实录》）
宣德八年（1433年）	宣德八年尚膳监题准，烧造龙凤瓷器，差本官一员，关出该监式样，往饶州烧造各样瓷器四十四万三千五百件。（《大明会典》卷一九四）
宣　德	宣德中，以营膳所丞专督工匠（《江西大志·陶书》）
正统初（1436年）	英宗于宣德十年正月即位，曾一度减免征役、造作。御器厂亦曾停烧。（参阅《明史》及《江西大志》）
正统三年（1438年）	十二月丙寅“命都察院出榜，禁江西瓷器窑场烧造官样青花白地瓷器于各处货卖，及馈送官员之家。违者正犯处死，全家谪戍口外。”（《明英宗实录》）
正统六年（1441年）	五月己亥“行在光禄寺奏……其金龙金凤白瓷罐等件，令江西饶州府造。”（《明英宗实录》）
正统六年（1441年）	北京重建三殿工程完成，“命造九龙九凤膳案诸器，既又造青龙白地花缸。王振以为有璺，遣锦衣指挥杖提督官，敕中官往督更造。”（《明史·食货志》）
正统十二年（1447年）	十二月甲戌“禁江西饶州府私造黄、紫、红、绿、青、蓝、白地青花等瓷器。命都察院榜谕其处，有敢仍冒前禁者，首犯凌迟处死，籍其家赀，丁男充军边卫，知而不以告者，连坐”。（《明英宗实录》）
景泰五年（1454年）	景泰五年五月，减饶州岁造瓷器三之一。（郭子章：《豫章大事记》）
天顺元年（1457年）	天顺元年，委中官烧造。（《江西大志·陶书》）

天顺三年（1459年）	十一月乙未“光禄寺奏请于江西饶州府烧造瓷器共十三万三千有余，工部以饶州民艰难，奏减八万，从之。”（《明英宗实录》）
成　化	成化间，遣中官之浮梁景德镇，烧造御用瓷器，最多且久，费不赀。（《明史·食货志》）
成化四年（1468年）	成化四年奏准，光禄寺瓷器，仍依四分例减造。（《大明会典》卷一九四）
成化十八年（1482年）	闰八月壬申“武臣后卫仓副使应时用建言六事……谓饶州烧造御器，必命内臣监督，自后宜止降式，委诸有司，以免供给之费……锦衣卫坐时用以希求进用罪，且为御器为供用之物，内臣为遣差之人，安敢妄言及此。”（《明宪宗实录》）
成化廿三年（1487年）	成化二十三年九月，裁饶州烧造官。（《豫章大事记》）
弘治三年（1490年）	冬十一月甲辰，停工役，罢内官烧造瓷器。（《明史·孝宗记》）
弘　治	孝宗初，撤回中官，寻复遣。（《明史·食货志》）
弘治十五年（1502年）	弘治十五年奏准，光禄寺岁用瓶、坛、缸自本年为止，已造完者解用，未完者量减三分之一。（《大明会典》卷一九四）
弘治十五年（1502年）	十五年……三月癸未，罢饶州督造瓷器中官。（《明史·孝宗纪》）
弘治十八年（1505年）	江西饶州府烧造磁器，除各年起运外，十八年以后，暂停二年。（《明孝宗实录》）
正　德	正德初，设御器厂，专管御器。寻以兵兴，议寝陶息民，未几复置。（《江西大志·陶书》）
	陶匠，官匠凡三百余……曰编役，正德间，梁太监开报民户，占籍在官。（《江西大志·陶书》）
正德十五年（1520年）	十二月己酉命太监尹辅往饶州烧造磁器。（《明武宗实录》）
正　德	自弘治以来，烧造未完者三十余万器。（《明史·食货志》）
嘉　靖	嘉靖初，遣中官督之。给事中陈皋謨言其大为民害，请罢之。帝不听。（《明史·食货志》）
嘉靖二年（1523年）	嘉靖二年，令江西烧造瓷器，内鲜红改为深矾红。（《大明会典》卷二〇一）

嘉靖八年	（1529年）	烧造瓷器二五七〇件（《江西大志·陶书》）
嘉靖九年	（1530年）	嘉靖九年，诏革中官，以饶州府佐贰官一员，专督钱粮。（同上）
嘉靖九年	（1530年）	烧造青色瓷砖四百五块（同上）
嘉靖九年	（1530年）	嘉靖九年定，四郊各陵瓷器：圜丘青色，方丘黄色，日坛赤色，月坛白色，行江西饶州府如式烧解。（《大明会典》卷二〇一）
嘉靖十年	（1531年）	烧造瓷器一二三〇〇件。（《江西大志·陶书》）
嘉靖十一年	（1532年）	春二月乙巳，逮饶州知府祁勅下狱，以稽圜丘瓷也。（《豫章大事记》）
嘉靖十三年	（1534年）	烧造瓷器六一六〇件（《江西大志·陶书》）
嘉靖十五年	（1536年）	降发瓷器样一十件。（同上）
嘉靖十六年	（1537年）	烧造瓷器九四八件（同上）
嘉靖十六年	（1537年）	十六年，新作七陵祭器。（《明史·食货志》）
嘉靖十七年	（1538年）	春正月壬午谪江西巡按御史陈褒为韶州推官，以烧造瓷器违限也。（《豫章大事记》）
嘉靖十七年	（1538年）	饶州府解到烧完长陵等陵白瓷盘、爵共一五一〇件。（《大明会典》卷二〇一）
嘉靖十八年	（1539年）	降发瓷器二样，四十三件。（《江西大志·陶书》）
嘉靖二十年	（1541年）	烧造瓷器二七三〇〇件（同上）
嘉靖二十一年	（1542年）	烧造瓷器二八三〇件（同上）
嘉靖二十二年	（1543年）	烧造瓷器一六四一〇件（同上）
嘉靖二十三年	（1544年）	烧造瓷器七〇九五〇件（同上）
嘉靖二十四年	（1545年）	烧造瓷器一九二〇件（同上）
嘉靖二十五年	（1546年）	二十五年二月戊子，停今年烧造，从光禄卿孙桧奏也。（《豫章大事记》）
嘉靖二十五年	（1546年）	烧造瓷器一〇三二〇〇件（《江西大志·陶书》）
嘉靖二十六年	（1547年）	烧造瓷器一二〇二六〇件（同上）
嘉靖二十七年	（1548年）	烧造瓷器九二〇〇件（同上）
嘉靖二十九年	（1550年）	烧造瓷器一〇〇〇件（同上）
嘉靖三十年	（1551年）	烧造瓷器一〇八三〇件（同上）
嘉靖三十一年	（1552年）	烧造瓷器四四七八〇件（同上）
嘉靖三十三年	（1554年）	烧造瓷器一〇〇〇三〇件（同上）

嘉靖三十三年（1554年）	陶有料价，明时初系布政司公帑支给，嘉靖二十五年，烧造数倍，十百加派合省随粮带征银一十二万两，专备烧造，节年支尽。三十三年又加派银二万两亦烧造支尽。（《浮梁县志》乾隆本，以下同）
嘉靖三十四年（1555年）	烧造瓷器一四七〇件（同上）
嘉靖三十四年（1555年）	三十四年己丑，下饶州府同知杨锡文、通判陈炼子抚臣逮问，以磁器不堪也。（《豫章大事记》）
嘉靖三十五年（1556年）	烧造瓷器三四八九一件（《浮梁县志》）
嘉靖三十六年（1557年）	烧造瓷器三一五八〇件（同上）
嘉靖三十七年（1558年）	三十七年，遣官之江西，造内殿醮坛瓷器三万。后添设饶州通判，专管御器厂烧造。（《明史·食货志》）
嘉靖三十八年（1559年）	烧造瓷器二九二六〇件（《浮梁县志》）
嘉靖四十三年（1564年）	南康通判陈学乾议（管厂官）一年一代。（《浮梁县志》）
嘉靖四十四年（1565年）	添设本府通判，驻本厂烧造，后因停止取回，赴京别选。（《饶州府志》
隆庆五年（1571年）	都御史徐栻疏，题称该内承运库太监崔敏题，为缺少上用，各样瓷器单开要烧造，里面鲜红碗、锺、瓯、瓶、大小龙缸、方盒，各项共十万五千七百七十桌、个、对……（《浮梁县志》）
隆庆六年（1572年）	隆庆六年，复起烧造。（管厂官）仍于各府轮选。（《饶州府志》）
万历十年（1582年）	万历十年，传行江西烧造各样瓷器九万六千六百二十四个、副、对、枝、口、把。（《大明会典》卷一九四）
万历十年（1582年）	万历十年会议。本府督捕通判驻厂。（《浮梁县志》）
万历十二年（1584年）	三月己亥“工科都给事中王敬民极言磁器烧造之苦与玲珑奇巧之难。得旨，棋盘、屏风减半烧造。”（《明神宗实录》）
万历十三年（1585年）	四月乙卯“使持御史疏至阁传烧造磁器内有屏风、烛台、棋盘、花瓶已造成者采进，未造者可停止。阁臣附奏云，臣等又闻烧造数内新式大龙缸亦属难成，请并停之、票入，上欣然从焉。”（《明神宗实录》）
万历十四年（1586年）	八月庚午“江西巡抚陈有年题减瓷器，上传谕票拟照旧

	烧，金辅臣奏言……鲜红等项器皿，从来烧无一成……”（《明神宗实录》）
	九月壬寅“巡按江西监察御史孙旬等题称，磁器烧造难成者乞行减免，上命足敬者暂准停止，其余照旧烧解。”（《明神宗实录》）
万历十五年（1587年）	十二月壬午“江西巡抚陈有年请将难成瓷器尽行免造……从之。”（《明神宗实录》）
万历十九年（1591年）	万历十九年命造十五万九千，既而复增八万，至三十八年未毕工。（《明史·食货志》）
万历十九年（1591年）	正月甲子“工科杨其休等题请停减烧造磁器，不允。工部复疏称，午楼磁器见贮甚多，供用未乏，烧造即不准停，亦当量减。大学士申时行亦以为言，不报。”（《明神宗实录》）
万历十九年（1591年）	四月辛酉“请停江西数年烧造，以苏民困，依议行。”（《明神宗实录》）
万历廿二年（1594年）	二月辛酉“工部以江西土瘠民贫，连年灾祲，请停减烧造瓷器，不从。”（《明神宗实录》）
万历三十年（1602年）	二月甲申“江西税监潘相、舍人王四等于饶州横恣激变，致毁器厂。相诬奏通判陈奇可不能捕救，得旨系逮……”（《明神宗实录》）
万历三十年（1602年）	十二月甲申“大学士沈一贯等言……（潘）相又请添解送磁器船只每府各造一只，每只当费万金，江西十三府当费十三万。”（《明神宗实录》）
万历卅四年（1606年）	三月乙亥“江西矿税太监潘相以矿撤触，望移住景德（镇），上疏请专理窑务……从之。”（《明神宗实录》）
万历卅五年（1607年）	六月乙卯“工部右侍郎刘元震……言……查江西烧造自万历十九年，内承运库止派磁器十五万九千余件，已经运完，所有续派八万余件，分为八运，除完七运外，只一万余件，所当不多，宜行停止，或令有司如数造完……”。（《明神宗实录》）

第二节　景德镇的青花瓷及其他瓷器

明代青花瓷器在元代的基础上又有了新的发展，成了景德镇瓷器生产的主流，甚至可以说成了全国瓷器生产的主流。

景德镇青花瓷器的生产，有官窑和民窑两种。这里先谈官窑，并按时期分别介绍。

1.景德镇的青花瓷器

洪武时期的青花瓷器　明代御器厂成立于洪武初年还是较后时期这个问题有待进一步研究才可确定，但洪武时期青花瓷器的需要量已经很大则是确定无疑的。这大量的需要，包括了民用和官用。明王朝在洪武二年就已规定“祭器皆用瓷”㉘。明朝政府在对入贡国的答赠中，也需要大量瓷器，例如洪武七年一次就赐赠琉球瓷器七万件，十六年赐赠占城和真腊各一万九千件，十九年又遣使真腊赐以瓷器㉙。

1964年，南京明故宫出土的瓷器中，有一部分就是洪武时期的制品。其中有一件官窑青花云龙纹盘残器，特别值得注意。此器“边墙外壁青花，里壁模印，两面同是云龙纹饰”，“盘心……画如意云三朵”㉚。

器内阳纹印花，器外壁青花装饰，这是元代装饰手法的延续，但是此器的底足较大而露胎，则又是明初的风格。

在国内外传世的元末明初青花瓷器中，有一部分似属洪武时期的产品。其特征是一般的青花色泽偏于暗黑，这可能是由于当时战争环境，中断了进口青料而使用国产青料造成的。在图案装饰方面，则开始改变了元代层次多、花纹满的风格，而趋向于多留空白地；扁菊花纹使用较多，葫芦叶的绘画也不如元代那样规矩。在景德镇御器厂旧址宣德层下发现的红釉器残片，有莲瓣纹饰，与北京元大都出土的红釉器极为相似，此外尚有扁菊图案的青花器瓷片，似乎都应该属于洪武瓷。

永乐、宣德时期的青花瓷器　这一时期的青花瓷器，以其胎、釉精细、青色浓艳、造型多样和纹饰优美而负盛名，被称为我国青花瓷器的黄金时代。

永乐（1403—1424年）是明初国力比较强盛的时期。景德镇官窑生产的青花瓷器，不仅要供应宫廷日常生活的需要，还要满足朝廷对外国入贡者的答赠和郑和下西洋所需的礼品和商品，其数量一定是相当可观的。

但由于史籍失记，而永乐青花瓷器除了“压手杯”（彩版29:2）等少数有篆书年号款外，都不书年款，因此，对于永乐青花瓷器的识别较难。永乐和宣德之间，虽然隔着一个洪熙，但为时只一年，事实上几乎是相接的。帝王的更迭，并不必然带来手工业品风格的改变。永乐和宣德两朝的青花瓷器具有共同的特点和风格，是很自然的事。明人王世懋和黄一正，在《窥天外乘》和《事物绀珠》中把永、宣二窑相提并论，是合乎情理的。

永乐、宣德时期官窑青花瓷器的胎、釉制作技术，比元代有了进一步的提高。胎质细腻洁白，釉层晶莹肥厚，是这一时期的特征之一。而在习惯上，又把釉层更肥润的一类归属永乐朝的产品。

青花色泽的浓艳，是这一期最主要的共同特征。历来传说，这时期所用的青料，是郑和出航西洋从伊斯兰地区带回的所谓"苏麻离青"。这种青花料含锰量较低，含铁量较高。由于含锰量低，就可减少青色中的紫、红色调，在适当的火候下，能烧成像宝石蓝一样的鲜艳色泽。但由于含铁量高，往往会在青花部分出现黑疵斑点。这种自然形成的黑斑，和浓艳的青蓝色却又相映成趣，被视为无法模仿的永、宣青花瓷器的"成功之作"。

但是，在传世的永乐、宣德青花瓷器中，有相当一部分不带铁锈瘢黑斑，而青花色泽又极为幽雅美丽的制品。有人物画面的青花器，往往属于这一类，其所用的青料究竟是国产钴土矿，还是进口料加以精制的结果，还有待于进一步研究。

关于永乐、宣德青花料用"苏麻离青"的记载，最早的是成书于明万历十七年（1589年）以前的《窥天外乘》。该书作者王世懋说："宋时窑器，以汝州为第一，而京师自置官窑次之。我朝则专设于浮梁县之景德镇，永乐、宣德间，内府烧造，迄今为贵。其时以鬃眼、甜白为常，以苏麻离青为饰，以鲜红为宝。"成书于万历十九年（1591年）的黄一正的《事物绀珠》也有相同的记载。同年，高濂的《遵生八笺》则谓："宣窑之青，乃苏渤泥青。"

这里的"苏渤泥"青，在译音上和前述的"苏麻离"青很接近，当是同一词的异译。此后，清·唐衡铨：《文房肆考》（1778年），朱琰：《陶说》（1774年），兰浦：《景德镇陶录》（1815年）则都把"苏麻离"青误称为"苏泥渤青"。据兰浦的记载，这种误传，可能开始于明代闽人温处叔的《陶纪》。

王世懋在《窥天外乘》中所说的是否可信，因为目前还没有发现更早的文献记载，所以不能肯定，有必要继续调查研究。但从传世的实物看，永乐、宣德青花器中有一大批实物的色泽，显然和以后各时期不一样。我国科学工作者，曾对宣德器作过化学分析，结果如次页表格所列。

他们还得出如下结论："……从表中的分析成分，我们可以看出宣德青料中氧化锰的含量与氧化钴含量差不多，而氧化铁特高，这是和国产青料在成分上最显著的不同。国产钴土矿即青料的成分中，氧化锰的含量要比氧化钴高达数倍乃至十余倍；而含锰这

宣德青花大盘的化学成分（%）

氧化物	青花部分	白釉	瓷胎
SiO_2	68.94	70.74	72.84
Al_2O_3	15.35	14.16	19.03
Fe_2O_3	2.17	0.97	0.60
TiO_2	痕量	—	0.28
MnO	0.25	0.07	0.01
CoO	0.24	—	—
CuO	0.025	—	—
CaO	5.98	6.79	0.75
MgO	0.97	1.36	0.30
Na_2O	2.84	2.76	3.11
K_2O	3.16	3.10	3.54
总计	99.93	99.95	100.46

样少，含铁这样高的钴土矿，国内至今尚未发现过。这些事实是可以和古籍上宣德青花是用外国青料的记载互相印证的。

“宣德青花的颜色是蓝中泛绿（这是指最有代表性的宣德青花。有些宣青，色纯蓝，没有黑斑，色调与康熙青花相似——原注），深的部分呈黑色，大的成黑斑，小的成黑点。从分析成分中可以看到宣德青料中虽含锰不多但含铁量却很高，因此在还原气氛中烧成可能形成金属光泽的黑斑。我们认为宣德青花的特征是由于以上所述青料特殊成分所致。”㉛

1978年，中国科学院上海硅酸盐研究所又分析了北宋、元代和明清的部分青花瓷器标本（附：青花、釉化学分析），算出了上述标本中青花部分的稀释比和锰钴比、铁钴比的比值（附分布图），并得出结论：“从图4可以看出元朝用的青花料是一类，其锰钴比都在0.1以下，而铁钴比在2—3之间，与明清青花有显著区别。但在明朝，其铁钴比和锰钴比的分布很广，宣德Fe_2O_3／CoO高达5.81，它是目前掌握的数据中最高的，而MnO/CoO只有0.81，根据很多文献记载它是引进的苏麻离青……”㉜。

永乐、宣德青花瓷器在制作风格上，也改变了元代的厚重雄健而趋于清新流丽。尽管永乐、宣德青花仍有较大的盘、碗等器，但很多是精致的器物，如精致、小巧而又显得端稳的永乐青花压手杯，口沿外撇，拿在手中正好将拇指和食指稳稳压住，这种精心设计的新品种，在明代就得到了很高的评价："永乐年造压手杯，中心画双狮滚毬，为上品，鸳鸯心者，次之；花心者，又次。杯外青花深翠，式样精妙。"㉝北京故宫博物院所藏的，是中心画双狮滚毬和画花心的两种。

永乐、宣德时期的大型盘、碗，制作一般都比较规整，变形较少。这说明了当时陶车制坯和烧窑技术的十分成熟。

器物的造型多样，也比较突出，有明以前的一些器形，如盘、碗、洗、三足炉、缸、罐、高足碗、盖碗、灯、渣斗、梅瓶、玉壶春（图版叁拾：1）、贯耳瓶等，还有很多新的器形如：抱月瓶、长颈方口折壶、天球瓶、八角烛台、花浇、筒形花座、仰钟式碗等等，其中有一些显然具有浓厚的西亚地区的风格，这和当时中西交通的发达有密切的关系，而某些器物本身就是为适应国外需要制作的。

在图案装饰上，可说是继承、融合了宋代磁州、扒村窑至元青花的笔绘画风而向着更秀丽、典雅的方向发展。纹饰以植物纹为主，如缠枝莲、牡丹、蔷薇、山茶、菊、灵芝、月季等；象征长寿、吉祥的果实像仙桃、石榴、荔枝、枇杷、葡萄、樱桃等也经常出现。动物纹方面，除了少数的麒麟、海兽波涛外，主要是龙凤纹。此外，也有松竹梅、仙山楼阁和婴戏图等画面装饰。通常把动物纹和人物画面归属于宣德时期。当然，这也不是绝对的。例如龙、凤图案，永乐也有；而胡人舞乐图双耳扁壶，却又被人定为永乐时期的制品。由于永乐时期大多不书年款，且又缺乏文字记载，因此，有些永乐、宣德瓷器，在两朝总风格相同的前提下，要细分其不同处，就比较困难。至于有些习惯上的区分方法，也只是近期才形成的。例如：除了永乐大多无款，宣德大多有款的特点外，同样的器物，永乐较轻，宣德较重；永乐的釉层更莹润，器底圈足凝釉处，往往泛青绿色，宣德釉层较多气泡，呈桔皮纹；永乐偶然有青色混糊的现象，宣德青色则都较清晰。

永乐、宣德时期的青花瓷器，目前收藏在国内外各大博物馆的还有一定数量，其中以宣德大盘为多（图版叁拾：4）。

宣德以后，正统（1436年—1449年）、景泰（1450年—1456年）、天顺（1457年—1464年）三朝，几乎不见有任何官款的瓷器传世（图版叁拾：2），有人称之为中国明代瓷器史上的黑暗时期。但是从文献记载看，有些问题是值得研究的。如宣德八年（1433年）决定烧造龙凤瓷器四十四万三千五百件（见御器厂大事年表）。这样巨大的数量，在当时决非一、二年能烧造完成的。但二年以后，已是正统元年（1436年），这些未完成的数字，必然要在正统时继续烧造。至于每次新皇帝登基，总要发布一道减免征役、造作的命令，那十有九是敷衍故事、装饰门面的。正统六年，北京重建三殿工程告成，又“命造九龙九凤膳案诸器，既，又造青龙白地花缸。”景泰五年五月“减饶州岁造瓷器三之一”；天顺元年有委中官至景德镇烧造瓷器，天顺三年有原定烧造十三万三千余件，后工部奏减八万的记载。这些都说明了正统至天顺的三十年间，景德镇御器厂的制瓷活动并没有停止过，只是它烧造的瓷器，并不书写官款而已。另一个可能是，正统初年对宣德时期未完成的部分产品，仍书宣德款。我们对永乐、宣德、正统三朝传世的器物，也可能习惯地把它们归于永乐、宣德或民窑器中。这个问题，随着科学研究工作的进一步展开，当能得到解决。

这里还要谈到青花釉里红。它是与青花相类似的釉下彩制作，用铜作为着色剂。元代的青花釉里红已经成熟，明代宣德的釉里红器，亦有传世。《遵生八笺》说：“宣德年造红鱼靶杯，以西红宝石为末，图画鱼形，自骨内烧出，凸起宝光，鲜红夺目，若紫黑色者，火候失手，似稍次矣。”这种宣德釉里红三鱼高足杯，上海博物馆有收藏（彩版29：3）。

成化、弘治、正德时期的青花瓷器　如以所用青花料的不同来分期的话，永乐、宣德时期的官窑青花，所用的青料主要是进口的苏麻离青。成化、弘治和正德这三朝的官窑青花瓷器，则是进口青料和国产青料杂用的时期。

成化（1465—1487年）朝御器厂的烧造量是十分巨大的。《明史·食货志》说：“成化间，遣中官之浮梁景德镇，烧造御用瓷器，最多且久，费不赀。”朝廷派人督烧宫廷用瓷，是一件劳民伤财的事。成化十八年，有一个后卫仓副使应时用，因为要求撤销派太监去景德镇督陶，竟触犯“刑律”，被关进了监狱。

成化瓷器最主要的成就，是斗彩的烧制成功（彩版29：4）。但青花瓷器也有一定的声誉。成化青花除了少数早期制品仍沿用苏麻离青因而带有黑斑，同时在风格上又和永乐、宣德时期的青花相似外，其大量而典型的产品，则是以青色淡雅而著称。由于苏麻离青料的断绝，成化官窑后期主要用的是产于江西饶州地区乐平县的陂塘青，也叫平等青。这种国产青料，含铁量较少，因此不再出现宣德青花那种黑斑。由于经过精细的加工，在适当的温度中，能烧成柔和、淡雅而又透彻的蓝色来。从传世的实物看，成化青花瓷器的造型，并不如宣德青花那么多样。但是，玲珑、精巧的小型器物，却是这一时期突出的产品（图版叁拾：3）。在图案的装饰手法上，更趋向于轻松、愉快，如婀娜的花枝和活泼的婴戏图等，都能给人以艺术享受。当然，除了青色淡雅的典型器以外，成化青花也有较浓青色的，但是，胎薄釉白而青色淡雅是这一时期青花器的普遍特征。

弘治（1488—1505年）朝的青花瓷器，从器型、装饰和青料使用等各方面看，都是成化风格的继续。它所使用的青料，主要是平等青，只是由于配料成分及烧成温度的不同，也仍有较浓和较淡的不同色调。器物以盘、碗为主。在装饰图案中，以莲池游龙最有特色。不过，从主题的构思来说，象征着腾跃的龙，竟然局处于莲池之中，是很不协调的。这样的题材，往后就用得较少。

正德（1506—1521年）初年，就在景德镇烧造御器，虽然因宁王叛乱，一度停止生产，但不久即恢复。而且，当时的督陶官梁太监，还把一些民户强迫编入匠籍，以扩大其“官匠”的队伍。这说明正德时期瓷器的烧造量也并不在少。正德青花，从色泽上说，有好几种不同的类型。薄胎白釉而青色淡雅如成化风格的，已比较少见；典型的正德青花瓷器，是胎骨厚重，青花浓中带灰的色泽为主。此外，尚有一种鸡心婴戏图碗，其器形和图案同习见的嘉靖婴戏碗完全一致，而青色亦呈翠青，但“混青”现象严重。

从文献记载的零星资料看，正德时期所用的青花料是比较复杂多样的。正德十年（1515年）《瑞州府志》记载：“上高县天则岗有无名子，景德镇用以绘画瓷器。”这种瑞州产的无名子，也叫石子青。正德青花中，除了较浅淡的品种仍用平等青外，那类浓中带灰的典型产品，可能就是用的石子青。至于作为嘉靖青花标志的“回青”，在正德时也已出现，据《窥天外乘》的记载：“回青者，出外国。正德间，大璫镇云南，得之，以炼石为伪宝。其价，初倍黄金，已知其可烧窑器，用之果佳。”那种和嘉靖青花相同的正德鸡心婴戏碗，其所用的青料，是否即属回青，是值得考虑的。

正德青花瓷器，不仅在色泽上和成化、弘治有很大的不同，而且多数是胎骨厚重、釉色闪青，也和成化、弘治的制作不一样。在器物的造型上，则一反成化、弘治以盘、碗为主的单调品种，而是比较多样，并且大型器物亦重新增多。正德青花器以波斯文作为图案的主题，是当时盛行的一种装饰。

嘉靖、隆庆和万历初年的青花瓷器 以使用回青料为标志的嘉靖青花，是明代青花瓷器史上又一个突出的阶段。嘉靖青花并不是全部使用回青着色，而是以回青和瑞州石子青配合使用的。

嘉靖青花的色泽，一反成化的浅淡、和正德稍浓而带灰的色调，呈现一种蓝中微泛红紫的浓重、鲜艳的色调。由于嘉靖青花中铁与钴的比值是所有国外及国内钴料中最低的一种；而它的锰和钴的比值，虽比宣德以前的进口料为高，但也比一般的国产料为低（见前表）。因此，它既没有永乐、宣德及元代青花那种黑铁斑，也不产生正德时单用石子青那种黑灰色调，而又比成化时所用的平等青要显得浓艳。嘉靖青花器在明清之际曾得到较高的评价。

嘉靖一朝的官窑瓷器烧造的数量，仅从有文字记载计算，已达近六十万件，再加上弘治以来的“烧造未完者”三十余万件，估计将在近百万件。目前传世的嘉靖青花瓷器也是比较多的。当然，并不是所有的嘉靖青花瓷器的色泽都达到“幽菁可爱”的程度。它和其它青花一样，随着配料及烧成温度的不同而呈现不同的色泽。成书于嘉靖三十五年（1556年）的《江西大志》记载了当时回青配料不同而产生不同色泽的情况：“回青淳，则色散而不收；石青多，则色沉而不亮。每两加石青一钱，谓之上青；四六分加，谓之中青；十分之一，谓之混水……中青用以设色，则笔路分明；上青用以混水，则颜色清亮；真青混在坯上，如灰色；石青多，则黑。”典型的嘉靖青花的那种浓重鲜艳的蓝色，正是成功地掌握了恰当的配料比例的结果。

据《江西大志》记载，回青并不单独使用，而是与石子青配合后再用的，这当然会在化验结果中反应出来。

问题的解决也还有待文献资料的进一步收集和更多标本的化验。

嘉靖青花瓷器，除了以青花色泽取胜外，器形则更趋多样，除了各类餐具、陈设器及花盆、鱼缸等日用器外，还有各种宗教供器。造型上，则仿古铜器的风气较盛。总的说，嘉靖的器物带有一种粗犷的面貌。在图案装饰方面，除了以前各个时期所有的主要题材外，道教色彩的题材出现较多，而像“寿”、“福”等字也出现了，这是过去很少有的。

隆庆（1567—1572年）一朝虽只有六年，但据《浮梁县志》记载，瓷器的烧造量也很大，计“十万五千七百七十桌、个、对……”，按件数算就更多了。

隆庆青花瓷器的风格基本上是嘉靖青花的延续，回青料继续使用，有的色泽亦很鲜艳。在传世品中，像六角壶、花形盒、银锭盒和方胜等，都是比较特殊的器形。北京故宫博物院所藏青花云龙提梁壶，胎骨厚重，色泽浓艳，可说是隆庆官窑青花的典型器物。

万历（1573—1619年）早期的青花瓷器，基本上也和嘉靖风格一致，所用颜料亦多回青。有的器物，如若没有万历的年款，就很难和嘉靖时期的区别开来。

万历中期以后至明末的青花瓷器　从本书《明代景德镇御器厂大事年表》的材料看，万历十年烧造瓷器九万多件；十九年以后，共烧造二十三万九千件。此后，一直到明末，再没有烧造官窑器的记载。但是，从传世的实物看，御器厂的制瓷活动并没有完全停止。然而，瓷器产量确实不多了。

万历的青花瓷器，除早期的青料仍用回青，和嘉靖风格相似外，中期以后，可能因回青断绝而改用国产青料。

万历官窑青花瓷器，中期以后所用的青料是浙江省所产的浙料。这在《明实录》有关的记载中可以得到证实。万历三十四年三月“乙亥，江西矿税太监潘相……上疏请专理窑务，又言描画瓷器，须用土青，惟浙青为上，其余庐陵、永丰、玉山县所出土青颜色淡浅，请变价以进，从之。”就是这个潘相，四年前（即万历三十年二月）在景德镇督陶，激起民变，仅以只身逃走。他所指的描画瓷器用浙青，当然是指万历官窑所用的青花料而言。浙江省的衢州、信州、绍兴、金华地区都出青料。但在万历三十五年时，浙江东阳、永康、江山三地所产青料，官府并未征收，而是折成银钱上交的；新昌所产青料，虽由官府征收实物应用，但“青竭而粗恶不堪”。传世的万历中期以后的青花瓷器，并不全是“粗恶不堪”。有的虽没有嘉靖青花那样浓艳，但蓝中微微泛灰的色调，也颇有沉静之感。

万历青花的器形多样，御器厂除继续烧制难度极大的龙缸和屏风等大器如定陵出土的高达73厘米的青花大瓶外，还烧制像碁盘、碁石、烛台、笔管等器物。图案除常见的龙、凤纹外，各种动、植物及人物图案也比较盛行。

天启、崇祯两朝的官窑青花瓷器，到目前为止，有官款的器物还很少发现。

2.景德镇的民窑青花瓷器

现在再谈民窑青花瓷器。瓷都景德镇虽然设立御器厂为宫廷提供御用瓷器，但这里的民窑制瓷业也是具有雄厚的基础的。

在明代，瓷器是城市居民中极为普遍的日用器皿。洪武二十六年（1393年）明政府曾明文规定各阶层的器用制度：“凡器皿，洪武二十六年定：公侯一品，酒注、酒盏用金，余用银；三品至五品，酒注用银，酒盏用金；六品至九品，酒注、酒盏用银，余皆用瓷、漆、木器，并不许用硃红及抹金、描金、雕琢龙凤文；庶民酒注用锡，酒盏用银，余瓷、漆……”[34]。六品以下的官吏、城乡地主、商人和城市居民，一般器皿都要用瓷器，可以想见当时民窑瓷器市场供应量之大。但由于民间的瓷器不易保留下来，而且民窑器一般都无年款，因此，对于明代民窑瓷器的研究，还有待于深入。

遗憾的是，景德镇明清两代御器厂的遗址，以及大量的民窑遗址，还没有作大面积的科学发掘，但从现有的零星材料，也能看出明代景德镇民营窑场，几乎遍及景德镇全市。已发现的湖田和观音阁地区是明代民窑青花瓷器生产的集中点。湖田从元代起，一直是青花的主要产区，而观音阁的下限可能延续更长。

明代景德镇民窑青花瓷器，从国内外传世品和建国以后出土以及采集的一些标本，我们按时期分别介绍如下。

明初至成化以前的民窑青花瓷器　从湖田采集的瓷片看，明代前期宣德年间的民窑青花器虽也有用含铁量较多的进口“苏麻离”青料烧制的宗教用器和各类民间日用品，但明初至成化以前的产品，大多用的是国产料，其青色基本上比用苏麻离青的永乐、宣德官窑青花器为灰，同时也不带黑色的斑点。这一时期的器物，以盘、梅瓶和罐为突出。

在江苏省江宁县牛首山弘觉寺正统年间塔基中发现的青花小盖罐[35]，在江西省新建县明宁献王朱权长子朱盘烒正统二年墓葬中发现的五个青花缠枝莲盖罐[36]，是目前有年代可考的正统青花的典型器物。江西的五个盖罐，都以缠枝莲为主体装饰，全器连盖以五层花纹组成，有的还配有八宝及覆莲装饰，青色浓艳，基本上属于宣德官窑器的作风，这和墓主人皇族的身份是相称的。江苏弘觉寺所出的青花盖罐，器形和江西的基本一致，但图案装饰显然有所不同，而且青花色泽也不像典型宣德青花那样浓艳。弘觉寺的青花罐，应该是目前发现的有年代可考的明代早期民窑典型青花器。

在传世的明代早期民窑青花器中，有一批较大的青花人物罐，其腹围一般达120厘米左右，高30厘米以上。器表以回纹、波涛、锦地和芭蕉、仰莲等作为辅助装饰，而以流云为背景，人物故事为主题。常见的题材有三国故事、仙山楼阁和反映“高人逸士”、“琼瑶仙子”、琴棋书画的内容。青花普遍稍带灰色，但从其器形和图案装饰看，显然是正德以前的器物。这类青花人物罐有一部分很可能是明初至正统、景泰、天顺这三朝的民窑器。

其他器物如盘、瓶等的装饰图案主要是折枝莲、牡丹、变形菊花、孔雀、凤凰、莲池水禽等，基本上不见龙纹。这和明代早期“严禁逾制”的规定，是有很大关系的。

成化、弘治、正德时期的民窑青花瓷器 成化、弘治时期官窑青花瓷器所用的是色泽较淡的陂塘青。上等青料由官府控制，但不会和进口料一样贵重，民窑通过各种途径，得到一些较好的青料，是完全有可能的。1971年，江西省临川县在一座成化十六年（1480年）的墓葬中，出土了一件以五个梵文字作主纹的青花三足炉。此器“胎质细腻洁白，釉色薄白而莹亮，青料淡雅”。“外壁薄釉，内壁、底心及唇沿露胎”㊲。显然是民窑的产品。它是目前有年代可考的成化民窑青花的典型器物。

收藏在英国的弘治九年（1496年）铭、青花缠枝莲兽形双耳瓶，是传世弘治民窑青花器的代表作，此瓶口沿部分有铭文“江西饶州府浮县里仁都程家巷，信士弟子程彪。喜拾（捨）香炉、花瓶三件，共壹副，送到北京顺天府关王庙，永远供养，专保合家清吉，卖买亨通。弘治九年五初十吉日，信士弟子程存二造。”㊳从瓶的造型看，它基本上保持了元至正十一年青花云龙兽形双耳瓶的风格，只是在弘治年间，龙文限于官窑使用，所以用缠枝莲作为主体图案。发愿文中的程彪，是出钱的施主。程存二应该是承造香炉和花瓶的窑户。像这样的高级民窑器，不论在胎、釉制作和花纹装饰上，都是十分接近官窑器的。从湖田和观音阁发现的碎瓷片看，在成化官窑器中常见的十字佛柱图案，在民窑青花中亦屡有发现。

此外，四川省成都市明弘治十一年（1498年）墓曾出土青花三足炉和圆盒各一件。

正德时期的民窑青花瓷器，不论从品种方面，还是从数量方面看，都是比较多的。这一时期所用的青料，表现在器物上基本上带灰色。流传下来的器物，除盘、瓶、炉、洗、罐外，各式碗类数量极大，这和明代中期以后民间的墓葬风气有关。正德以后，民间用瓷碗陪葬的习俗风行，碗都安放在墓的圹内棺外，习惯上称为“圹碗”。瓷碗花纹除人物、双凤、花鸟、鹤鹿、虎以及田螺等各种动物外，也有方胜、钱纹、海涛等图案。

嘉靖、隆庆、万历时期的民窑青花瓷器　嘉靖、隆庆以后，由于资本主义因素的发展和官搭民烧制度的实行，有一些高级的民窑青花瓷器，不仅胎、釉制作的精细和官窑器相似。而且可能冲破了纹饰上的官方规定。《江西大志》所谓的“青色狼藉……流于民间，其制无复分”，就是指官窑、民窑青花瓷器之间，不再像过去那样有一条不可逾越的沟渠了。由于官窑的“钦限”御器是在民窑中烧造，这在一定程度上，促进了民窑的制瓷技术水平的提高。嘉靖时期的民窑高级青花瓷器，据王宗沐的记述，就有花草、人物、禽兽、山川屏、瓶、盆、盎之类。

在这一时期的民间墓葬中，除了大量的圹碗外，青花有盖罐也是特别多见的器物。尤其是上海地区明墓中发现的多层青花盒，更说明了民窑制作水平的高度成就。隆庆五年，都御史徐栻，在向皇帝建议减、缓烧造御器的上疏中，就提到“三层方匣等器，式样巧异，一时难造。”[39]上海明代墓中不仅发现多层青花人物圆盒，而且还发现了多层银锭式青花盒。江西明代墓中，出土的青花兽钮盖高耳香炉，青色浓重，造型精湛，白云、青鹤和乾卦的装饰图案，带有浓厚的道教色彩[40]，它是万历时期民窑青花器的代表作。

这一时期的民窑青花瓷器，还有供中、上层地主官僚使用的极其精细的制品，较常见的例如，“郝府佳器”、“沈府佳器”、“博物斋藏”、“青萝馆用”款的盘、碗和有“京兆郡寿房记”款的淡描十六子盘以及“长府佳器”、“东书堂”和“德府造用”款的器物等。

万历时期，景德镇民窑还为外销欧洲特制大批青花器皿，其图案纹饰基本是根据欧洲客户的需要而设计的，盘子口沿一般分成若干格，绘以郁金香纹。日本学者称为“芙蓉手”的，即属此类。

明末的民窑青花瓷器　明末天启、崇祯时期的景德镇青花瓷器产量是很大的。宋应星《天工开物》记述景德镇制瓷使用青料的情况说：“凡饶镇所用，以衢、信两郡山中者为上料，名曰浙料。上高诸邑者为中。丰城诸处者为下也。”又说：“如上品细料器及御器龙凤等，皆以上料画成。”说明当时的官窑器及高级民窑青花所用的青料是浙料，较粗的民窑器则用中料和下料。

这时期的民窑青花瓷器除供应国内市场外，还大量运销国外，目前留存在日本的这类产品是很多的。近年来在景德镇观音阁地区也发现了大量碎片，从青花的色泽看，确实没有嘉靖、万历时期官窑器及民窑青花精细瓷器那么鲜艳，蓝中呈灰的程度较大。

值得重视的是，明末民间青花瓷器的图案装饰题材多样，完全突破了历来官窑器图案规格化的束缚。各种大小动物如虎、牛、猫、虾、鹦鹉、鹭鸶等全都入画，写意山水也较盛行，并且在画上配诗。日本陶瓷界所谓的“古染付”，即是指天启民窑青花瓷器而言。其中有一些具有写意山水、花鸟画意的青花瓷器，是否专为销售日本而定制，值得研究。在景德镇发现的碎片中，也看得出具有写意手法的青花图案。

故宫博物院和上海博物馆都藏有天启年款的民窑青花器，尤以天启元年款为多。带有崇祯年款的青花香炉及杯、盘器皿亦屡有发现。上海博物馆藏有“河南怀庆府河内县客人冯运喜奉香炉一个，祈保买卖亨通，万事大吉。崇祯二年孟夏月吉旦造”题款的青花云龙三足炉。日本滴翠美术馆藏有崇祯八年铭的青花人物筒，其制作风格和图案装饰与景德镇民窑青花中有“五良大甫吴祥瑞造”铭的器物基本一致。可以推断，过去日本学术界所称的“祥瑞”器，应该是明末崇祯年间我国景德镇出口的外销青花瓷器。

3. 明代彩瓷与成化斗彩

彩瓷，从广义角度讲，应该包括点彩、釉下彩、釉上彩和斗彩，但习惯上所谓的明代彩瓷，是指釉上彩和斗彩而言。

明代釉上彩瓷的盛行，是我国陶工数千年实践的结果。早在新石器时代，人们就已认识到某些天然矿物如铁矿石、赭石、瓷土等，可以作为赭红、黑、白等彩色，在陶器表面绘成各种图案花纹，这就是著名的彩陶。汉代盛行的铅釉，是以铜和铁为着色元素制成的低温釉。到唐代，又进一步利用某些含钴、铁、锰的矿物在铅釉中的着色作用，从而制成了具有蓝、黄、绿、白等多种色调的唐三彩。宋代，我国北方磁州窑，采用毛笔蘸彩料，在已烧成的瓷器釉面上描绘简单花纹，然后置于800°C左右的炉子中加以彩烧，使彩料烧结在釉面上，这种彩称“宋红绿彩”。上述一些工艺上的发明，大部分首创于北方，后来陆续传入景德镇。景德镇的工匠们吸收了这些技术，并加以综合、改进和提高，在明、清两代，他们对釉上彩的配方作了重要的改革。釉上彩是在低温色釉的基础上发展起来的。低温色釉的化学组成属于PbO-SiO_2二元系统，而釉上彩的化学组成则属于PbO-SiO_2-K_2O三元系统。这是人们为了适应工艺上的需要，又在上述二元系统的组成中以硝的形式引入了K_2O的缘故。此外，人们还将釉上彩和当时已经比较成熟的釉下彩结合起来，创造成功了别具一格的斗彩。

彩瓷的发明是中国陶瓷史上的一个重要的里程碑。它的出现使以往一贯占据统治地位的颜色釉逐渐退居次要地位，同时也使某些历史名窑，如浙江的龙泉窑和河北的磁州窑等从此陷于一蹶不振的地步。

明代彩瓷的兴起，除了上述关于彩料和彩绘技术方面的因素外，还应归功于白瓷质量的提高。因为有了细腻洁白的白瓷做底，绚丽多彩的画面才能更好地表现出来。

明代釉上彩常见的颜色有红、黄、绿、蓝、黑、紫等数种，它们所采用的着色剂以及相应的工艺，将在《清代的陶瓷》一章中加以叙述。现将明代彩瓷按品种和时代分别介绍如下。

洪武釉上红彩 1964年南京明故宫出土的洪武白釉红彩云龙纹盘，是目前仅见的洪武时期釉上红彩。这只白釉红彩龙纹盘，“盘壁表里各画五爪红龙两条及云彩两朵。灯光透映，两面花纹叠合为一。”[41]这样精致的制作水平，代表了明初釉上彩的成就（彩版29:1）。

这种红彩瓷器，在宋代山西、河南地区的瓷窑，特别像扒村窑，其烧制技术，已经是十分成熟的了。但是，由于那时瓷器的胎、釉都远不如明代的细腻洁白，因此，在感受上就完全不一样。而且，用红彩描绘精细的龙纹、云朵等纹饰图案，也只有在明初景德镇才出现。在整个明代，釉上红彩的制作，几乎没有间断。

宣德青花红彩 北京故宫博物院、台北故宫博物院和上海博物馆以及外国的一些收藏单位，都藏有宣德时期的青花红彩器，这种釉下青花和釉上红彩相结合的制作工艺，在明代宣德以前的器物上还没有发现过。

北京故宫博物院的青花红彩器、上海博物馆的青花红彩海兽高足杯，都用釉下青花作为海水波涛，而以釉上红彩描绘游龙或海兽。骄龙猛兽游跃于汹涌波涛之中，充分体现了制瓷工人高超的艺术构思。

釉下青花和釉上红彩相结合，在广义上可称为斗彩，它是发明成化斗彩的准备阶段。在一定意义上说，它是划时代的。因为，在明宣德以前，釉下青花和釉上彩的工艺虽都早已成熟，但它们都是单独存在的。只有到了宣德时期，才把这两种工艺结合起来，创造了釉下青花和釉上彩相结合的新工艺。这种新工艺的出现，很可能是受了元代青花釉里红的启示。青花釉里红是用青花钴料和铜红料在釉下着色，以高温一次烧成的。但青花红彩器却要先烧成青花瓷器后，再在釉上用铁红描绘图案，然后低温烘烤。由于釉里红的烧成难度很大，要得到鲜艳的红色是极不容易的，而铁红的烧成比铜红要容易得多。困难的存在，促使巧匠们创造出新的工艺。正是这种新工艺，为明清时期斗彩瓷器的发展，奠定了基础。

宣德时期除了这种青花红彩外，还有青花金银彩等品种。至于《博物要览》所谓的“宣窑五彩，深厚堆垛”究竟指那一种实物，还有待进一步探索。

成化斗彩瓷器 斗彩是釉下青花和釉上彩色相结合的一种彩瓷工艺。斗彩这个名称，不见于明代的文献记载，《博物要览》、《敝帚轩剩语》、《清秘藏》、《长物志》等都只有成化五彩或“青花间装五色”的名称。传世的主要成化斗彩瓷器，清代基本上都藏于宫廷中，但雍正年间的内务府档案内，也不见成化斗彩之名。现藏北京故宫博物院的一件成化斗彩团莲纹罐，盖是雍正年间后配的，当时雍正交办配盖的原档案亦仍用“成窑五彩”的名称。档案材料记载，雍正七年四月十三日“圆明园来帖，太监刘希文交来成窑五彩磁罐一件（无盖），传旨，着做木样呈览……将此罐交年希尧添一盖，照此样烧造几件……”[42]。

首先应用“斗彩”这个名称的，是成书于清雍正年间的《南窑笔记》：“成、正、嘉、万俱有斗彩、五彩、填采三种。先于坯上用青料画花鸟半体，复入彩料，凑其全体，名曰斗彩。填（彩）者，青料双钩花鸟、人物之类于坯胎，成后，复入彩炉，填入五色，名曰填彩。五采，则素瓷纯用彩料画填出者是也。”《南窑笔记》的作者认为，凡是釉下青花和釉上彩色拼斗成完整图案的，称为斗彩；凡是用釉下青花双勾各种图案的轮廓线，而以釉上彩色填入的，叫做填彩；单纯的釉上彩，则称为五彩。其实，若从釉下彩和釉上彩相结合的角度看，填彩也可属于斗彩的范畴之内。近人[43]更认为应细分为：

点彩——全器图案主要是釉下青花画成，只以釉上彩色稍加点缀。

覆彩——在釉下青料已画成的图案上，覆盖釉上彩色。

染彩——在青花图案的轮廓边缘，用釉上彩色烘托相衬。

填彩——青料双勾轮廓线，釉上填入彩色。

青花加彩——全部图案主要以青花构成，只是部分使用釉上填彩。

关于成化彩瓷的命名，怎样才能更符合科学原则，是值得学术界进一步探讨的。

成化斗彩的工艺成就　成化斗彩瓷器，基本上都是官窑产品，在明代就获得了极高的评价。万历《野获编》说：“成窑酒桮，每对至博银百金。”郭子章《豫章陶志》则谓：“成窑有鸡缸盃，为酒器之最。”《博物要览》比较详细地记述了明末所见到的主要成化斗彩器：“成窑上品，无过五彩。葡萄髲口扁肚靶杯，式较宣杯妙甚。次若草虫子母鸡劝杯，人物莲子酒盏，五供养浅琖，草虫小琖，青花纸薄酒琖，五彩齐箸小楪、香合，各制小罐，皆精妙可人。”清初，大收藏家高江村的《成窑鸡缸歌注》：“成窑酒杯，名式不一，皆描画精工，点色深浅莹洁而质坚，鸡缸，上画牡丹、下画子母鸡，跃跃欲动。”他们都特别强调了成化斗彩鸡缸杯。

其实，成化斗彩的主要成就，是开创了釉下青花和釉上多种彩色相结合的新工艺。宋元时期的单纯釉上彩，主要是红绿彩，明宣德开始了釉下青花和釉上彩相结合的工艺，但釉上主要是单一的红彩。成化斗彩瓷器的釉上彩，一般都有三四种，明、清人特别欣赏的鸡缸杯和高士杯、九秋印盒等，有的釉上彩色达六种以上，而所施色彩的特征又极鲜明。如鲜红，色艳如血，厚薄不匀；油红，色重艳而有光；鹅黄，色娇嫩透明而闪微绿；杏黄，色闪微红；蜜蜡黄，色稍透明；姜黄，色浓光弱；水绿、叶子绿、山子绿等，色皆透明而闪微黄；松绿，色深浓而闪青；孔雀绿，浅翠透明；孔雀蓝，色沉；葡萄紫，色如熟葡萄而透明；赭紫，色暗；姹紫，色浓而无光。

我国古代瓷器上所用的彩料，多数是天然矿物，其中所含主要着色元素为铁、铜和钴。成化以前的釉上彩色并不多，著名的“景泰蓝”所用的色彩，也远较成化斗彩为少。运用不同的选料和配比，做出这么多的彩色，是成化时期制瓷工人的巨大创造。这方面的成就，为嘉靖、万历时期的五彩，和清康熙五彩、雍正粉彩的发展奠定了基础。

由于彩色品种多，在图案设计上，可以根据画面内容自如地配色。例如，鸡冠的红色，几乎与生活中所见的鸡冠一致，而葡萄的紫色，完全是紫葡萄的再现。

成化斗彩纹饰的绘制和施彩的方法，是有其特征的。当时应用釉下青花勾轮廓线，在花朵和人物衣服上，以平涂的方法施彩，树叶只有阳面，无阴阳向背之分，花朵只绘正面，也无反侧之别；人物衣着都是有表无里的一色单衣；山石也无凹凸之感。干枝不皴皮，花朵多一色。为了改变这种单调的色彩，当时就出现了在花朵上用其他色彩填心的手法，如红花绿心，黄花红心，紫花黄心和红花青心、青花红心等等，相互配合，以显出花朵的层次㊹。

当然，成化斗彩之所以成为一种名瓷，并不是单靠色彩多样这一个条件。假使没有成化时期精细的白瓷，而是在青釉甚至青白釉的瓷器上，再多的鲜艳色彩，也是英雄无用武之地的。

成化白瓷的制作，至少在薄胎这一点上，可说是达到了当时的历史最高水平。为了要充分衬托各种色彩的鲜艳程度，成化白瓷的釉色也和以前各时期的色泽不一样，它往往在白中微微闪牙黄，釉层较厚，给人以一种沉静的感觉，也就更能显出各种彩色的效果。

成化斗彩，除了个别的大件器和少数大碗、印盒以外，多数是小形的酒盃和高足盃，一般的口径都在7—8厘米左右。其图案，有名的鸡缸盃，多数画公鸡一、母鸡一、小鸡三，并有牡丹湖石和兰草湖石。湖石以青花表现，其他以各种彩色组成鲜丽、幽雅的画面。除鸡缸外，人物、婴戏、花鸟和葡萄杯，也都十分精致。此外，还有团花盖罐和天马盖罐，底有“天”字，俗称“天字罐”，更是十分名贵之作。

4.嘉靖、万历时期的五彩瓷器

成化斗彩的高度工艺成就，经过弘治、正德两朝，发展成为彩瓷史上又一新阶段的嘉靖、万历五彩瓷器。按照《南窑笔记》对彩瓷的分类，“五彩”应该指单纯的釉上彩。成化时期的彩瓷，以斗彩为主，用青花作衬托的纯粹五彩器，非常少见。但也不是绝对没有，如北京故宫博物院就藏有成化五彩缠枝芙蓉罐。传世的弘治彩瓷中，有以红、绿、翠绿、赭色为装饰的五彩松竹梅盘等器物。正德也有釉上五彩器，但比较少见。

嘉靖、万历时期的彩瓷，除了白地红彩等单色釉上彩和下面将要叙述的素三彩外，主要的有两类：一是以红、绿、黄为主的纯粹釉上五彩（包括各种色地的金彩）；一是以青花作为一种色彩与釉上多种彩相结合的青花五彩瓷器。习惯上所谓的典型嘉靖、万历五彩，应该指这种青花五彩器。

青花五彩瓷器的工艺，是釉下青花和釉上五彩相结合。严格说，也应该属于斗彩，是成化彩瓷发展的产物。但是，嘉靖、万历时期的青花五彩器和成化斗彩有 明 显 的 不同。

首先，嘉靖、万历青花五彩器上的青花，并不像成化斗彩那样居于主要地位。在成化斗彩中，青花是构成整个图案决定性的主色，以青花勾好图案的轮廓线，釉上色彩按青花规定的范围填入；或者先用青花画好图案的一半，釉上再着色拼凑成形。有的图案，基本上都由青花表现，釉上只是略加点缀，甚至这种点缀是可有可无的。而青花五彩则在整个图案中，并不以青花作为决定一切的色彩，只是把青花用作构成整个画面中的一种颜色。在清代康熙时期的釉上蓝彩发明以前，瓷器上的蓝色，只能由釉下青花来表现。五彩图案中，有了这种蓝色，就能增加色泽的对比感；没有这种蓝色，就显然减少了鲜艳的程度。在这里，青花和红、黄、绿等色处于一样地位，该用蓝色的地方，就用釉下青花来表现。在成化彩瓷中，就有这种表现手法。这一类成化彩瓷究竟仍称斗彩呢？还是应该称为青花五彩，甚至就称为五彩，是值得进一步讨论的。

嘉靖、万历青花五彩和成化彩瓷的不同，还在于图案画面有着明显的差别。成化彩瓷的色彩鲜艳，但整个风格是以疏雅取胜。而嘉靖、万历的彩瓷特别是万历彩瓷则以图案花纹满密，色彩浓艳而得名。它以红、淡绿、深绿、黄、褐、紫及釉下蓝色为主，彩色浓重，尤其突出红色。由于图案花纹几乎布满全器，因而就有浓翠红艳的感觉。特别在万历时期，这种风格发展得更具有典型性了。

万历十年。宫廷命令景德镇烧造瓷器九万六千余件。工科都给事中王敬民等要求减缓的奏折中，提到这批瓷器："龙凤花草各肖形容，五彩玲珑务极华丽。"[45]传世的嘉靖、万历五彩瓷器，以莲池鸳鸯、鱼藻、人物、婴戏和云龙、云凤、云鹤、团鹤纹为主，配以山石、花果、荷叶及缠枝莲、璎珞、回文等辅助纹饰，浓厚、鲜艳的色彩对比，确实达到了极为华丽的地步（彩版30）。

当时的五彩大型器是很难烧造的。隆庆五年都御史徐栻在奏折中就提到："五彩缸样重，过火色多系惊碎。"在瓶、盘、罐外，嘉靖时期的方斗、葫芦瓶，隆庆时期的多角棱形罐以及万历时期的镂空瓶、人物及团龙方盒、云龙笔架、笔管等，都是比较典型而又难制的五彩器。

嘉靖、万历时期的官窑彩瓷，主要是青花五彩器。单纯的釉上五彩虽也有一些，但比较少见。其色彩主要是红、绿、黄三种。

这一时期的官窑釉上彩中，各种色地的彩瓷数量较大。在嘉靖三十八年的景德镇御器厂制瓷档案中，就有"青地闪黄鸾凤穿宝相等花碗共五千八百……，紫金地闪黄双云龙花盘碟六千，黄地闪青云龙花瓯一千四百六十，青地闪黄鸾凤穿宝相花盏、爵一万三千五百二十”[46]的记载。

从传世的实物看，有黄地红彩、红地绿彩、黄地紫彩、黄地蓝彩、柿地绿彩、黄地绿彩等等品种。其中，有的品种要三次烧成。例如，黄地红彩，一般称红地黄彩，但它的制作过程是先以高温烧成瓷胎，然后浇上黄釉，第二次以850—900°C的火候烧成黄釉器，再用铁红按需要填出图案花纹，以低火度烘烤而成。由于用红色罩去黄地，表面上好像是红地黄彩了。

嘉靖时期，金彩的制作特别盛行。明代金彩的运用，在永乐、宣德时期就有青花金彩器，北京故宫博物院收藏有永乐青花金彩碗和弘治黄釉金彩兽耳罐，台北故宫博物院亦有宣德青花莲花描金碗。景德镇御器厂嘉靖三十一年制瓷的档案中又有“纯青里海水龙、外拥祥云地贴金三狮龙等花盘一百、爵一百八十”[47]的记载。由于金彩容易剥落，传世的完整金彩器比较名贵。关于金彩的制作工艺，嘉靖《江西大志》已有叙述：“描金，用烧成白胎，上全黄，过色窑。如矾红过炉火，贴金二道，过炉火二次，余色不上全黄。”

明代的民窑彩瓷的成就 以上所述，都是官窑产品，民窑彩瓷在早期可能格于明政府的禁令，较少制作。但在正德以后有了很大发展，到了嘉靖、万历时期烧造既多，成就更为显著。《景德镇陶录》卷五记述嘉靖、隆庆间“崔公窑”仿宣德成化瓷，为“民陶之冠”。从传世的实物看，当时的民窑五彩器，除了接近同时期官窑的青花五彩品种外，主要是以红色为主的釉上彩和鲜艳的红绿彩制作为多。其特征是胎质稍厚，制作稍粗，有的釉层较厚且有乳浊失透现象；在色彩上很少用青花和紫色，多用红、绿、黄色，更以红色为主。器形以盘、碗、瓶、罐为多。图案装饰除花、草、莲池鱼藻、人物山水、云间楼阁外，也有戏曲小说故事画面。

这一时期的民窑彩瓷，不仅供应民用，也有宫廷膳房定制和“赵府”等王府定制的用器。上海博物馆藏嘉靖民窑红绿彩碗，底部还有“程捻自造”、“陈守贵造”的款识。这是当时民间中上层地主的用器。传世品还有书“甲戌孟春赵府造用”款的崇祯七年（1634年）的五彩云龙盘。嘉靖以后，民窑的制品也有各种色地的金彩器。有的器物底部还有“长命富贵”、“富贵佳器”的文字款或印款。

彩瓷的发展，到正德时期，除了常见的白地绿彩，青花红、绿彩和釉上五彩外，还创制了“素三彩”新品种。这种素三彩有两个特征，第一个特征是色彩中不用红色，这和明代纯粹釉上五彩以红为主色的情况，截然相反。我国古代，结婚、祝寿等喜庆称荤事，用红色；丧葬等称素事，一般用白、蓝、绿、黄等色。这些非红的色彩，也叫素色，这是“素三彩”得名的由来。但它和“五彩”不一定是五种颜色一样。素三彩以黄、绿、紫为主，但也不一定限于这三种颜色。第二个特征是在宣德时期刻填酱釉和在弘治时期刻填绿釉的基础上完善了素瓷胎上直接施色釉的新工艺。正德以前的釉上彩，都是在白瓷烧成后，施于釉上的低温彩。素三彩则是在瓷坯上先按预定的图案进行刻绘，待坯体干燥后，以高温烧成没有釉的素瓷，再将作地色的釉浇在胎上，待其干燥后，刮下花纹图案中应施其他色彩的地色部分，然后涂上某种色彩，或分别将各种色彩涂布于器物花纹图案的相应部位，再一次低温烧成。北京故宫博物院所藏正德素三彩海蟾纹洗，外壁刻划海蟾，以黄彩为蟾，绿彩为水，白彩为浪花，紫彩为足，是传世正德素三彩的典型器。嘉靖、万历时期素三彩的制作也有一定的成就。

5. 高温及低温单色釉

明代景德镇的高温单色釉和低温单色釉瓷器都有很大发展。《南窑笔记》除记述了永乐、宣德时期的甜白、霁青、霁红外，并说："月白釉、蓝色釉、淡米色釉、米色釉、淡龙泉釉、紫金釉六种，宣、成以下俱有。"同时，还记载了明代直隶"厂官"窑的色釉制品："其色有鳝鱼黄、油绿、紫金诸色，出直隶厂窑所烧，故名厂官，多缸钵之类，釉泽苍古，配合诸窑，另成一家。"1964年南京明故宫出土的瓷器中，就有洪武时期的酱色釉、蓝釉等品种⑧。从传世的实物看，永乐时期仿龙泉釉、仿影青；宣德时期的酱色釉、洒蓝和成化时期的仿哥窑器也都有较高的水平。明代单色釉最突出的成就是永乐、宣德红釉和蓝釉，成化孔雀绿和弘治黄釉。

永乐时期的甜白瓷 这种甜白器的烧制成功，是明代景德镇单色釉瓷器发展过程中的一大进步。中国古代的各种色釉，是利用铁、铜、钴、锰的氧化物的呈色作用进行着色。由于一般瓷土和釉料中或多或少带有一些氧化铁，在还原气氛中必然反映出青色来，因此青釉是我国古代最普遍的釉色。但古代白瓷的制作，并不是在釉料中加进一种白色呈色剂，而是选择含铁量较少的瓷土；釉料经过加工，使含铁量降低到最少的程度；在洁白的瓷胎上，施以纯净的透明釉，就能烧制出白度很高的白瓷来。假使再将瓷胎制得较薄，薄到半脱胎或"脱胎"的程度，那就更增加了这种白瓷诱人的美感。前人对于明代各朝的白瓷有很高的评价：如永乐时期的"甜白"；宣德时期的"汁水莹厚如堆腊，光莹如美玉"；嘉靖时期的"纯净无杂"；万历时期的"透亮明快"等等。

明清两代在白瓷烧制工艺方面有不少成就，主要表现在下列几个方面：（1）瓷胎中逐渐增加高岭土的用量，以减少瓷器的变形；（2）精工粉碎和淘洗原料，去除原料中的粗颗粒和其他有害杂质以增加瓷器的白度和透光度；（3）提高瓷胎的烧成温度以改变其显微结构，从而改进瓷器的强度以及其他物理性能；（4）改进瓷器装匣支烧的方法，从而增加美观并利于实用。上述烧造技术上的巨大进步，使白瓷的外观和内在质量都有飞跃的提高。明代的薄胎瓷，特别是脱胎瓷，便是突出的例子。

南京地区明永乐时期墓葬出土很多白瓷器，有白瓷碗、白瓷高足杯、白瓷盘、白瓷双耳瓶、白瓷执壶、白瓷玉壶春瓶等。其中白瓷暗花小执壶造型圆浑，通体刻有牡丹纹饰，釉色莹润，是典型的永乐白瓷风格。

永乐白瓷，很多制品都薄到半脱胎的程度，能够光照见影。器物上往往有暗花刻纹和印纹。由于这种胎薄釉莹的白瓷，给人以一种“甜”的感受，因此又称它为“甜白”。永乐时期薄胎白瓷的烧制成功。为明代彩瓷的发展繁荣创造了有利条件。

白瓷的烧制，在明代始终没有间断过。从宫廷的需要来说，白瓷是作为祭器的主要品种。宣德元年（1426年）九月，命饶州烧奉先殿白瓷祭器；正统六年（1441年）五月又命江西烧“金龙、金凤白瓷罐等”；天顺年间亦曾大量烧造“素白龙凤碗碟”；嘉靖九年（1530年）又规定月坛的供器全为白瓷（俱见前列《明代景德镇御器厂大事年表》）。从民用来说，因为白瓷有洁白纯净的特点，也是人们选作日用器皿的主要对象，特别在万历时期，由于优质青花料的难得，因此更发展了纯白薄胎的瓷器。

薄胎瓷器　制作开始于永乐时期，但永乐的薄胎只是半脱胎，到成化时期，白瓷有更高的成就，其薄的程度达到了几乎脱胎的地步。脱胎瓷的制作，从配方、拉坯、修坯、上釉到装窑烧成，都有一整套的技术要领和工艺要求，修坯是其中最艰难、细致、最关紧要的一环。脱胎瓷的修坯一般要经过粗修、细修定型、粘接、修去接头余泥并修整外形、荡内釉，然后精修成坯并施外釉。在修坯过程中，坯体在利篓上取下装上，反复近百次之多，才能将二、三毫米厚的粗坯，修到蛋壳一样薄的程度，在修坯的关键时刻，少一刀则嫌过厚，多一刀则坯破器废，一个大的喘息都会导致前功尽弃的后果。其制作工艺的难度，由此可见一斑，脱胎瓷的烧制成功有力地说明了明代景德镇陶瓷烧制技术的高度水平。隆庆、万历时期的高级民窑的“蛋皮”式白瓷，也能达到“脱胎”的程度。

永乐、宣德时期的铜红单色釉器　在我国陶瓷史上，用铜作为着色剂来装饰陶瓷制品，开始于汉代的铅绿釉，但这是铜在低温铅釉和氧化气氛中呈现的绿色。铜还能使高温石灰釉在还原气氛中变成美丽的红釉。宋代的制瓷工人掌握了这一科学规律并制成了著名的钧窑红釉器。但历史是在不断前进的，景德镇在宋代也制成了青白釉红斑的瓷器。元代创制成功釉里红并开始试制鲜红器。到了明代永乐时期，鲜红器正式烧制成功。在鲜红器开始问世以前，在陶瓷这个领域里还没有一种色调纯正的红釉瓷器。“钧红”虽也属于红釉范畴，但通体都呈红色的比较少见，且其色调往往红中带紫，而不是纯正的红色。此外，钧窑器还存在不少缺点，如釉面有细小裂纹，釉有垂流现象，工艺上需要二次烧成等。所以鲜红器的烧制成功，是明代景德镇陶瓷工人的一项重大贡献。由于这种红釉具有鲜艳的红色，人们就称之为鲜红；又由于这种红釉像红宝石一样的美丽，有人也就把它叫做“宝石红”；此外，还有“祭红”、“霁红”、“积红”等等名称，实际都是指同一种东西。前人对于永乐、宣德年间的红釉器评价是很高的。他们都把永乐和宣德的红釉同等看待。事实上，从传世的实物看，永乐和宣德的红釉器之间还是有一些区别的。

北京故宫博物院所藏的一件红釉高足碗，印有云龙纹饰，釉色鲜艳，碗心有“永乐年制”四字篆款，这是传世较为少见的具有永乐官款的红釉器。此外，北京故宫博物院和上海博物馆也还收藏有永乐的红釉盘及其他器皿。它们的胎质细腻而轻，红色鲜丽而匀润，又往往有暗花云龙纹装饰，这些都是极为名贵的珍品。《景德镇陶录》有“永器鲜红最贵”的评价，是有一定道理的。

宣德时期，红釉制作进一步发展，在生产数量上有明显的增加，但胎、釉均较永乐略厚，致红色稍觉黯黑。但这是和永乐红釉器相比而言的。宣德红釉也有极为成功的作品，如北京故宫博物院所藏的红釉菱花式盘，通体鲜丽的红色，十个菱瓣的出筋处，露出洁白的胎釉，这种大面积红色和白线的对比，是十分成功的艺术作品。宣德红釉制品的造型也比较多样，常见的有盘、碗、高足碗、滷壶等。

宣德以后，红釉制品就极少烧造，成化正德时期虽力图烧好红釉，但从传世品看，除少数几件外，大多是不太成功的制品。到了嘉靖初，就用矾红来代替鲜红了。矾红是一种以氧化铁着色的，在氧化气氛中烧制低温红，比烧成高温铜红容易得多。它的色泽往往带有一种橙味的砖红色，没有铜红那样纯正鲜丽，但烧成比较稳定。正由于此，景德镇御器厂就采用矾红代替铜红了。据文献记载：“嘉靖二年，令江西烧造瓷器，内鲜红改作深矾红。”[49]在这以后，宫廷可能又一再要求烧造鲜红器，因此在嘉靖二十六年（1547年）和隆庆五年（1571年）有关官吏又相继请求改烧矾红：“明嘉靖二十六年二月内，江西布政司呈称，鲜红桌器，拘获高匠，重悬赏格，烧造未成，欲照嘉靖九年日坛赤色器皿改造矾红。”“隆庆五年都御史徐栻疏称……要烧造里外鲜红碗、锺、瓯……查例将鲜红改作矾红……”[50]。明代烧造鲜红器的时期，从烧制成功到技术失传，为时不长，因此鲜红器皿的传世也就比较少了。

铜红釉的烧造在技术上难度很大，铜的正常显色不仅与铜的含量和基础釉的成分有关，而且对窑内温度和气氛的变化都十分敏感。往往由于配方和烧成条件的微小变化就会导致色调的不正常。有时甚至同一配方在同样的烧成条件下也会出现不同的色调。由于以上一些原因，鲜红器的成品率很低，这也是传世鲜红器比较少的另一个主要原因。正因为烧成不易，所以呈色好的产品就更加珍贵。

明代的蓝釉瓷器　蓝釉是钴的呈色，蓝釉最初出现在唐代的三彩陶器上，这是一种低温铅釉。1964年保定市发现的一批元代瓷器，其中就有元代的蓝釉金彩器[51]。这就说明蓝釉在元代已经烧制得相当成熟。入明以后，特别在宣德时期，蓝釉（也称霁蓝、祭蓝）器烧造较多。后人把它和白釉、红釉相提并论，推为宣德瓷器的“上品”：“宣窑……又有霁红、霁青、甜白三种，尤为上品。”[52]（按：明、清时人往往把“蓝”色亦称为“青”）霁蓝釉是一种高温石灰碱釉，生坯施釉，在1280—1300°C的高温下一次烧成。其特点是色泽深沉，釉面不流不裂，色调浓淡均匀一致，呈色亦比较稳定。霁蓝器除了素地外，往往用金彩来装饰，给人以金碧辉煌的感觉。此外，也有刻、印暗花的。从传世实物看，宣德的霁蓝器以暗花为多，而嘉靖的霁蓝器则多划花装饰。

我国传统的霁蓝釉，都用天然的钴土矿作为着色剂。这种钴土矿除含氧化钴外，还含氧化铁和氧化锰等。用这种混合着色剂所制成的蓝釉跟用纯氧化钴作为着色剂所制成的蓝釉比较起来，前者显得深沉古朴，而后者则显得有些妖艳，美感效果较差。

孔雀绿瓷器 孔雀绿亦称“法翠”，是一种以铜为着色剂的色釉。我国汉代盛行的铅绿釉陶器就是用铜作着色剂的。宋代瓷器上的绿釉已经比较普遍，特别像扒村窑的绿釉器是很出色的。但是，在明代孔雀绿烧制成熟以前，所有的绿釉都属于一种深暗的青绿色泽，没有达到亮翠的程度。明代的孔雀绿釉则烧成了与孔雀羽毛相似的翠绿色调，碧翠雅丽，十分美观。

从传世的实物看，明代的孔雀绿瓷器，以正德时期的为多。但烧制孔雀绿的工艺并不始自正德，《南窑笔记》说：“法蓝、法翠二色，旧惟成窑有，翡翠最佳。”成化的孔雀绿品种，比较少见，上海博物馆藏有一件成化孔雀绿青花鱼藻盘，是目前罕见的珍品。

弘治黄釉 我国的传统黄釉有两种，一是以三价铁离子着色的石灰釉，这是一种高温黄釉。另一种是低温黄釉，也用含铁的天然矿物作着色剂，但基础釉是铅釉，这种低温黄釉早在唐三彩上就已出现。但唐三彩上黄釉的色调是黄褐色。明代弘治时期黄釉的色调才是真正的黄色，它达到了历史上低温黄釉的最高水平。明代黄地青花的品种虽在宣德时期已经出现，但是纯粹的黄釉最早见于成化时期，而且数量也并不多。弘治时期的黄釉，从大量传世品呈色看，它们的釉色几乎是一致的，这说明景德镇的制瓷工人已经熟练地掌握了烧成技术。由于这种黄釉是用浇釉的方法浇在瓷胎上的，所以称为“浇黄”，又因为它的色彩比较淡而显得娇艳，又称“娇黄”。

根据上海硅酸盐研究所的分析[53]，这种低温黄釉的Fe_2O_3含量变动甚大，例如唐三彩黄釉(黄褐色)为4.71%，弘治黄釉（正黄色）为3.66%，光绪素三彩黄釉（正黄色）为1.39%。低温黄釉瓷器的施釉方法有两种，一种是直接施于无釉的烧结瓷胎上；另一种则是施于烧结白瓷的白色底釉上。着色剂是以一种含铁量较高的天然矿石——赭石的形式加入的。赭石的化学组成如下。

名称	产地	外观	化学组成（%）													
			SiO_2	TiO_2	Al_2O_3	Fe_2O_3	K_2O	Na_2O	CaO	MgO	P_2O_5	BaO	MnO	灼减	总量	备注
赭石	江西庐山	赭红色硬块状	39.82	0.47	9.38	38.84	2.11	0.36	0.40	0.71	0.07	1.94	0.04	5.60	100.26	含SO.52%

浇黄虽是一种低温铅釉，但是由于它的烧成温度稍高（850—900°C，并含有一部分赭石成分在内，它的稳定性比其他低温釉要略高。浇黄釉另一特点是它的透明度较好，瓷胎上雕刻的图案花纹能透过釉层而显现出来，赋予它以特殊的艺术效果。

在明代，黄色是宗庙祭器的重要颜色。嘉靖九年（1530年），定四郊各陵瓷器的颜色。“方丘黄色”黄釉瓷在弘治以后的各朝都有制造，器物最普遍的形式是各种大小盘、碗，至于像故宫博物院所藏的弘治黄釉金彩兽耳罐，则是比较少见的。弘治、正德时期的黄釉，以柔淡的“娇黄”为多，嘉靖、万历时期的则又盛行一种较深的黄色。由于浇黄是素三彩器的一种主要色彩，因此素三彩往往又称“浇黄三彩”。

第三节 明代景德镇以外的民营陶瓷业

1.浙江龙泉窑

宋代盛极一时的龙泉青瓷，经过元代至明，有衰退之势。但在明代仍继续烧造，特别在明初，于全国制瓷业中还占有一定的地位。

成书于洪武二十年的曹昭《格古要论》说："古龙泉窑，在今浙江处州府龙泉县，今曰处器、青器。”明人所谓的“处州瓷”、“处器”就是指龙泉青瓷。前节介绍景德镇御器厂时曾提到《大明会典》（第一百九十四卷）洪武二十六年定，明廷供用器皿，少量的“行移饶、处等府烧造。”可见在明初，处器和景德镇瓷还居于同等地位。

在国内各地的明代前期墓葬中，龙泉青瓷的出土数量远比景德镇青花瓷为多，而且在弘治《大明会典》中，所列民间器物的税收条例，关于青磁的项目特别多，说明了民间用瓷在弘治年间仍以龙泉瓷为主。同书还记载，当时外销青瓷盘每个售价规定为一百五十贯[54]。

明代龙泉窑除元代遗留下来的窑场多数继续烧造外，又在庆元县建立新窑；但窑的总数比元代少，规模也小了。

明初的龙泉瓷，在制作工艺上和元代的基本一致，明中期以后，胎粗釉薄，成型亦甚草率，质量渐趋粗糙。至明末，产品胎骨粗笨，足底厚重，挖足马虎，釉色多数浑浊灰暗，呈青灰、茶叶末等色，器底往往不施釉。此外，由于配方和烧制工艺上的改变，明代龙泉青瓷釉层的玻化程度比南宋时的高，因而釉层中原来要求存在的大量小气泡和小晶体就大量消失，使它从不透明变成透明，釉面浮光也产生了，这样，就使它失去了南宋龙泉青瓷类如玉器的艺术效果。这只是指明代后期的制品，明代前期的龙泉青瓷也还是有一些优质产品的。总的说来，明代龙泉青瓷，无论在釉色方面或是在瓷质方面，都不如前代，但也还能烧造一些大器，如大花瓶和大盘等。这些大花瓶高达三尺以上，大盘直径达二尺余，在当时能够烧好这样的产品是颇不简单的。

明代龙泉瓷的装饰，以釉下刻划花为主，这种装饰正适应釉薄而透明、光泽变强的特点。龙泉瓷传世带纪年铭文的有宣德七年（1432年）、景泰五年（1454年）铭的青釉刻花瓶、正德丁丑（1517年）铭的青釉三足炉和北京故宫博物院所藏万历二十八年（1600年）青釉三足炉。

明初龙泉瓷的造型与景德镇永乐、宣德时期的制品相同，如菊瓣纹碗、玉壶春瓶、执壶（一种玉壶春形、一种较小而带盖）、盖罐等器。道太、安福等地的明龙泉瓷器往往印人物图案和“孔子泣颜回，韩信武志才，李白功书卷，真子破慕开”等字样。大棋的明窑以碗为主，碗内往往印历史故事人物图案。社门一带明窑出产的碗，碗底印鹿，上方有“福”、“寿”等字。至于像“福如东海”、“长命富贵”、“金玉满堂”等吉语，则是明后期制品中常见的。

明代龙泉瓷印有“石林”、“三槐”、“李氏”、“顾氏”、“清河制造”、“张明工夫”等字样，当是带有商标的性质[55]。

2.福建德化窑白瓷

德化窑的白瓷在宋代已有生产，但成为全国制瓷业中一种具有代表性的品种，是在明代开始的。

万历四十年（1612年）刊刻的《泉州府志》说：“磁器出晋江磁灶地方，又有色白次于饶磁……又有白瓷器，出德化程寺后山中，洁白可爱。”

关于德化的古代窑址，福建省博物馆于1976年再次调查，据现有资料，明代的窑址计十八处：在浔中公社的有祖龙宫、屈斗宫、岭兜、后窑、西门头、大草铺、后所；在三班公社的有内坂、新乾寨、窑垅山、桐岭、旧窑、新窑、啤坝窑；在刈坑公社的有石坊、双溪口、苏田；在上涌公社的有许坑林等[56]。

明代德化白瓷有其独特的风格，它不仅与唐、宋时代其他地区的白瓷不同，而且与景德镇同时期的白瓷也异样。它有如下的特点：

（1）瓷胎致密，透光度极其良好，为唐宋其它地区白瓷所不及。唐宋北方白瓷，是用氧化铝含量较高的粘土烧制的，粘土内含助熔物质少，故器胎不够致密，透光度较差。而德化白瓷则用氧化硅含量较高的瓷土制成，瓷土内氧化钾含量高达6％，烧成后玻璃相较多，因而它的瓷胎致密，透光度特别良好。

（2）就釉面来看，德化白釉为纯白釉，而北方唐宋时代的白瓷釉则泛淡黄色，元、明时代景德镇的白瓷却白里微微泛青，与德化白瓷有明显的区别。造成这种差别的原因，不仅与原料的化学组成，特别是氧化铁、氧化钛的含量有关，也与烧成气氛的性质有关。北方白瓷的特点是胎、釉中TiO_2、Al_2O_3含量比较高，胎中的Fe_2O_3含量亦较高，烧成时采用氧化气氛，故瓷器呈现白里泛黄的色调；景德镇白瓷的特点是胎釉中

Fe_2O_3、TiO_2、Al_2O_3含量均较适中，烧成时采用还原气氛，故瓷器呈现白里泛青的色调；德化白瓷的特点是胎釉中的Fe_2O_3含量特别低，K_2O含量特别高[57]，烧成时采用中性气氛，所以德化白瓷就比唐宋北方白瓷和景德镇同期生产的白瓷釉色更纯净，从外观上看，色泽光润明亮，乳白如凝脂，在光照之下，釉中隐现粉红或乳白，因此有“猪油白”、“象牙白”之称。流传欧洲后，法国人又称为“鹅绒白”、“中国白”等等。

明代德化白瓷的品种，宋应星《天工开物》说：“德化窑，惟以烧造瓷仙精巧人物玩器，不适实用。”德化的瓷雕和供器，如一些仿古的尊、鼎和香炉等明代制作确实较多，但日用器皿也还是有的，而且从屈斗宫窑址的调查来看，除了传世多见的梅花杯外，更发现了“杯身呈八角形，器身外壁棱面印有八仙的八仙杯，这种轻巧玲珑的小杯“胎薄，特别是腹部，能映见指影。在灯光或日光下显出肉红色。这与文献记载的‘以白中闪红者为贵’是一致的”[58]。此外，如明末清初人周亮工在《闽山记》中提到的：“德化瓷箫笛，色莹白，式亦精好，但累百枝，无一二合调者。合则声凄朗，远出竹上。”这种瓷制乐器，目前尚有实物传世。

明代德化的瓷雕是颇负盛名的，一般说来有如下几个特点：

（1）能于各种雕像中见性格，如达摩的庄严，观音的温柔，寿星、罗汉之类的诙谐。

（2）能充分运用对比的手法，装饰性极强，如雕像的衣服多取迎风飘举之势，一动一举，对比强烈；面部刻划细腻，衣纹则深而洗练，主次分明。

德化瓷质地优异，它的佛像大都追求单纯的雕塑美和原材料的质地美，摒弃彩饰，因而有独特的风韵。这些瓷雕背部往往有小小的“何朝宗”、“林朝景”、“张素山”等印记，其中以“何朝宗”最为著名（图版叁拾壹：3）。上海博物馆所藏带有“明朝天启肆年岁次甲子秋吉日赛谢”青花题字的白釉铺首瓶，是明德化窑稀有的纪年器。

3. 江苏宜兴窑和紫砂器[59]

紫砂器 紫砂器是用一种质地细腻、含铁量高的特殊陶土制成的无釉细陶器，呈赤褐、淡黄或紫黑等色。

紫砂器创始于宋代，至明代中期开始盛行。

据明人周高起《阳羡茗壶录》等有关文献，明正德、嘉靖间的龚春，是把紫砂器推进到一个新境界的、最早的著名民间紫砂艺人。相传，龚春本名“供春”，以其姓龚，故又作龚春，在正德或弘治末为宜兴吴仕的家僮，随吴仕读书于金沙寺中，寺内一和尚好制陶器，供春从和尚学艺，其作品：“栗色闇闇，如古金铁，敦庞周正”[60]，极造形之美。从此供春壶之名大噪，遂与嘉定濮仲谦的刻竹，苏州陆子冈的治玉，姜千里的螺甸器同为明代士人所推崇。

供春以后，宜兴紫砂器的制作更加迅速发展，至万历年间已是百品竞新，名匠辈出。《阳羡茗壶录》一书中说："近百年中，壶黜银锡及闽豫瓷，而尚宜兴陶。"李渔也说："茗注莫妙于砂，壶之精者，又莫过于阳羡。"紫砂器中，最受称颂的是紫砂茶壶。显然是和当时士大夫阶层盛行的饮茶风尚分不开的。在"明代中期以后用瓷壶及紫砂壶逐渐成为风尚"[61]。

明代的饮茶风尚，不仅讲究茶质、制茶的方法、贮存的场所及用水的好坏，而且还讲究喝茶的环境。因此，对茶具的要求，也就越来越高了。在紫砂器未盛行前，茶壶以瓷壶为最好，但当紫砂壶问世以后，它的优点就愈来愈显示出来，于是日益为人们所重视了。前人总结紫砂壶有七大优点：其一，用以泡茶不失原味。"色香味皆蕴"，使"茶叶越发醇郁芳沁"；其二，壶经久用，即使空壶以沸水注入，也有茶味；其三，茶味不易霉馊变质；其四，耐热性能好，冬天沸水注入，无冷炸之虞，又可文火炖烧；其五，砂壶传热缓慢，使用提携不烫手；其六，壶经久用反而光泽美观；其七，紫砂泥色多变，耐人寻味。

紫砂壶是一种精致的手工艺品，随着紫砂壶制作的风行，艺人辈出。陶瓷艺人的姓名见于记载的，以紫砂艺人为最多，这与明末及清代文人的爱好习尚有一定的关系。供春以后，见于文字记载的早期著名紫砂艺人有时朋、董翰、赵梁、元畅和李茂林。时朋之子时大彬，万历时人，是供春以后的最著名巧匠。善制小巧玲珑的紫砂壶，明末人文震亨在《长物志》中说："茶壶以砂者为上，盖既不夺香，又无熟汤气。供春最贵，第形不雅，亦无差小者。时大彬所制，又太小……"这是对供春、时大彬制作风格的一种概括。当时，与时大彬齐名的，有李大仲芳、徐大友泉，称为"三大"。徐友泉，名士衡，是时大彬的弟子，善作仿古铜器形及蕉叶、莲房、菱花、鹅蛋、分裆等各种式样的紫砂壶。

万历时的名工，还有欧正春、邵文金、邵文银、蒋伯荂、陈用卿、陈信卿、闽鲁生、陈光甫、邵盖、邵二荪、周后谿等。

万历年间，除了紫砂壶的风行外，用紫砂制作雕塑和其它工艺品，也很有成就。其中特别著名的如陈仲美，万历时安徽婺源人，先在景德镇制瓷器，制品以玩具为多，有"类鬼工"之誉。后至宜兴，把瓷雕艺术和制壶巧妙结合，善于重镂叠刻，同时还制各种紫砂香合、花盃、辟邪、镇纸等小件器物。与陈仲美齐名的还有沈君用（名士良）。

万历以后的名家有陈俊卿、周季山、陈和之、陈挺生、承云从、沈君盛、陈辰、徐令音、项不损、沈子澈、陈子畦、徐次京、惠孟臣、葭轩、郑子侯等。

上述这些民间巧匠的艺术品，在清初已经极为珍贵，后代仿制的很多，因此目前对于有些传世的明代紫砂壶很难断定其真伪。

有关单位曾于近年对传说中供春学艺处的金沙寺遗址进行调查，在距寺西北约一公里左右的任墅石灰山附近，发现一处范围较大的古龙窑群，是一个明代缸窑遗址。在其附近，找到少量紫砂器残片。明代烧制紫砂，可能并非专窑烧造，而是与缸类产品一起烧成的，只是紫砂器放在最好的窑位处。因此任墅石灰山的龙窑，在明代很可能就带烧紫砂器。

1966年南京中华门外大定坊油坊桥发现明嘉靖十二年（1533年）司礼太监吴经墓。墓中出土紫砂提梁壶一件，质地近似缸胎，但较缸泥为细，壶胎上有粘附的“缸坛釉泪”，说明当时尚未另装匣钵而是和缸器同窑烧成的。壶盖背面为简单的十字筋。此器是目前所见到的有绝对年代可考的、唯一的嘉靖早期紫砂器（图版叁拾壹：1）。

明代许次纾《茶疏》说：“往时龚春茶壶，近日时彬所制，大为时人宝惜，盖皆以粗砂制之，正取砂无土气耳。”明代的紫砂壶是否应属较粗的一类，值得进一步研究。因为这对于鉴别传世的一些带有时大彬、徐友泉等等名家款的紫砂壶有很大的现实意义。

上海硅酸盐研究所曾对紫砂原料和古代紫砂器残片的化学组成和矿物组成进行过一些工作[62][63]，今将其测试紫砂器标本所得化学组成数据列如下表：

紫砂器的化学组成（%）

试样名称	SiO_2	Al_2O_3	TiO_2	FeO	Fe_2O_3（总）	K_2O	Na_2O	CaO	MgO	MnO	Cr_2O_3	PbO	烧失
紫砂泥	58.39	20.12	1.08		8.38	3.38	0.06	0.25	0.57	0.01			7.30
绿泥	58.32	24.13	1.07		1.91	2.01	0.07	0.41	0.46	0.006			11.01
北宋紫砂残器	62.50	25.91	1.32	1.38	7.75	1.36	0.07	0.43	0.36	0.10	0.02		
清早期紫砂残器	64.62	20.69	1.28	0.44	8.60	2.50	0.13	0.51	0.55	0.018	0.02		0.72
清中期紫砂残器	62.72	23.85	1.29	0.33	8.66	2.05	0.08	0.28	0.53	0.011	0.02		0.35
清晚期紫砂残器	70.55	17.67	1.35	0.40	7.40	1.54	0.09	0.26	0.42	0.012	0.03		0.33

紫砂原料的岩相分析的结果表明：所用粘土都属于高岭-石英-云母类型，其特点是含铁量比较高。紫砂器的烧成温度一般介于1100—1200°C之间，采用氧化气氛。烧成后的成品的吸水率＜2％，说明它的气孔率介于一般陶器和瓷器之间。紫砂器的显微结构中存在着大量的团聚体，大部分团聚体是由石英、赤铁矿和云母等多种矿物所构成。少量的团聚体则仅由高岭石等单一矿物所构成。紫砂器中的气孔有两种类型，一种是团聚体内部的气孔，都属闭口气孔，另一种是包裹在团聚体周围的气孔群，大部分属于开口气孔。紫砂器的良好的透气性，可能跟这种特殊的显微结构有关。而这种团聚体的存在则可能是由于泥料在制备过程中泥料中原来存在的团聚体结构没有被破坏之故。在烧成时，这种团聚体产生较大收缩，从而在其四周生成一层断断续续的气孔群。

宜均　宜均指宜兴生产的一种带釉的陶器，品种甚多，釉色以天青、天蓝、云荳居多，此外尚有月白等。其中一部分花釉产品与广均极为相近。釉层较厚，开片细密，不甚透明，浑厚古朴，胎有紫色与白色两种。白胎用宜兴白泥制成，紫胎用宜兴紫泥制成。釉料中加入含P_2O_5的石灰窑窑汗作熔剂。引入的窑汗使釉层带有乳浊感。用含铁、铜、钴、锰的物质作着色剂，生坯施釉，烧成温度在1200°C左右。由于这类产品和宋代钧窑有某些相似之处，故明清人称之为宜均。但在制造工艺上，两者有较大区别，例如宋钧用还原气氛，而宜均则用氧化气氛等。

从文献记载看，宜均陶器流行于明代中叶。明谷应泰撰写的《博物要览》卷二“均窑”条说：“近年新烧，皆宜兴砂土为骨，釉水微似，制有佳者，但不耐用。”

万历年间，曾两次到宜兴的王穉登在其《荆溪疏》里也提到：“近复出一种似钧州者，获值稍高”。可见宜兴地区的带乳浊釉的陶器——即所谓宜均，在万历时就已达到了较高水平。

明代后期生产宜均最成功的窑场是所谓欧窑。朱琰在成书于乾隆年间的《陶说》中记述：“明时江南常州府宜兴欧姓者造瓷器，曰欧窑。”据文献记载，“欧窑”这个名称的出现应该更早。清宫造办处档案在雍正四年就有“欧窑方花瓶”一件的记载。近代《饮流斋说瓷》说：“欧窑，一名宜均，乃明代宜兴人欧子明所制，形式大半仿钧，故曰宜均也。”他特别强调主要是形式上的仿钧，因为欧窑也还有仿哥、仿官窑的制品。

欧窑的釉色，“以天青、天蓝、云荳等色居多，间有葡萄紫者。”（《陶雅》）《陶雅》又说：“宜兴砂皿，多甜白、淡青二色。”在欧窑的釉色中，灰蓝釉色最足珍贵，这种釉色在灰墨、灰绿之间，“灰中有蓝晕，艳若蝴蝶花。”这是欧窑的基本釉色。

欧窑品种繁多，形制多样。如有“花盘奁架诸器”及瓶、盂、尊、罏等等。欧窑所制的盘往往是六角、八角等多角形的。此外还有雕塑佛像。

4. 琉璃（指陶胎玻璃釉制器）和法华器

习惯上泛指的琉璃，可以是两种不同的物质：一种是古代的玻璃；第二种是陶胎琉璃釉制品，本节所叙述的琉璃，正是指的陶胎琉璃釉制品。

琉璃与法华分别是古代山西和景德镇用来装饰陶瓷器的两种低温色釉。琉璃于战国时已经出现，在隋、唐、辽时更为流行，明代仍继续烧造。元代已有法华器的制作，至明代才开始盛行。法华是在琉璃的基础上发展起来的一个新品种，因而两者在配方和烧造工艺上存在不少共同之处。且分别介绍于下：

琉璃器　琉璃器的釉是以铅作为助熔剂，以含铁、铜、钴、锰的物质作为着色剂，再配以石英而制成的。一般都采用二次烧成，即先烧好素胎再施琉璃釉，然后再经低温釉烧而成。

明初宫廷建筑所用琉璃瓦，是在南京聚宝山设窑烧造的："洪武二十六年定：凡在京营造，合用砖瓦，每岁于聚宝山置窑烧造……如烧造琉璃砖所用白土，例于太平府采取。"[64]永乐迁都北京以后，琉璃瓦主要在北京的琉璃厂，后迁门头沟琉璃渠村烧造。

明代的琉璃制作，超过了以前各个时期，并有更大的发展。皇家的宫廷建筑、陵墓照壁，宗教庙宇、佛塔供器以及器具饰件，很多都用琉璃制品。

现存大同市内，洪武九年（1376年）雕造的琉璃九龙壁，是明初琉璃的代表作。这是一个以九条龙的浮雕和屋脊琉璃瓦斗拱以及四周图案镶边组成的大型琉璃照壁，全长45.5米，高8米。明代的制度，皇室人员死后的陵墓上也可建琉璃照壁："泰陵成。其制，金井、宝山、明楼、琉璃照壁各一所。"[65]

除了建筑用的琉璃制品外，明代宫廷还烧造各种琉璃器皿："天顺三年题准，琉璃窑瓷缸，十年一次烧造。旧例，缸土、釉土，派行真定府，白釉碱土，派行开封府。""隆庆五年，内官监传造琉璃间色云龙花样合、盘、缸、坛皆工部办料，送该监官匠自行烧造。"这种琉璃器都是由琉璃官匠在北京烧造的。据《大明会典》第一百五十四卷的记载，全国轮班琉璃匠的名额是一千一百十四名，在景泰以前，一年轮一次。

从已发现的明代山西地区琉璃照壁、塔、建筑屋脊、鸱吻、建筑用瓦、香炉、狮子、牌位等等琉璃制品看，明代的琉璃制作，以山西地区为最兴盛，这和当时寺庙建筑的发展分不开的。如平遥县南神庙、双林寺和太子寺、太原市晋祠、赵城广胜寺、介休县的后土庙、城隍庙、五岳庙、解县关帝庙、阳城寿圣寺、晋城会海寺及太原市纯阳宫、崇善寺、襄陵灵光寺等都有琉璃建筑和供器等制品[66]，釉色主要有黄、绿、紫、蓝几种。

山西很多琉璃制品上还留下了制作工匠的姓名。如：弘治年间平遥县的张士瑞、张惠、侯伯意、侯恭、侯敬、侯让、侯伯泉、侯旻、侯通、候伯、侯奈、侯坚、侯伯林、侯庆、侯相；正德年间侯敬等的门人蔡其和张宣；嘉靖年间文水马东都的张芩、张惠、张守拙和晋源县的张天福等；隆庆年间文水马东都的张士金、张士瑞、张士泽、张士川和阳城县乔宗继、乔世桂、李大川；万历年间文水县的张守仁、张元；阳城县的乔世虎、世英、世贵、世宝、世蘭、世香、乔永先、永丰、永官、永宽、乔常大、常正、乔复才；陕西朝邑县的侯仲学及其子尚才、尚仁、尚真和崇祯年间的宋德士。乔家显然是明代山西阳城世代相传的琉璃匠，"永"字辈是"世"字辈的下一代。而"常"字辈及乔良才是更下一代。

法华器　"法华"又称"珐华"，是明代中期以后在晋南一带盛行的具有特殊装饰效果与独特民族风格的日用器皿。

法华器的胎与琉璃器的完全一样，釉的配方也大体相同，但是助熔剂有差异：琉璃以铅作助熔剂，而法华所用的助熔剂是牙硝。

《南窑笔记》说："法蓝、法翠……本朝有陶司马驻昌南，传此二色，云出自山东琉璃窑也。其制用涩胎上色，复入窑烧成者。用石末、铜花、牙硝为法翠，加入青料为法蓝。"

这里的"法蓝"、"法翠"很可能就是指"法华"的蓝色和孔雀绿色。在古代"华"和"花"是一个字。为什么在色彩上要加一个"法"字。它的最早记载见于何时，都还有待进一步研究[67]。"法花"的装饰方法，"采用彩画中的立粉技术，在陶胎表面上用特制带管的泥浆袋，勾勒成凸线的纹饰轮廓，然后分别以黄、绿、紫釉料，填出底子和花纹色彩，入窑烧成"[68]。山西所制的法花器，一般都是小件的花瓶、香炉、动物之类。景德镇在嘉靖前后也仿制法花器，但它和山西法花不同。首先是景德镇用瓷胎而山西法花用陶胎，因而烧成的温度就不一样。景德镇的器物有饰以花鸟、人物的瓶、罐、钵等。在器物的地色上，琉璃一般是黄、绿二色，但法花则以紫或孔雀绿为主，缀以黄、白、孔雀蓝的花纹，就更能突出艺术效果。

前引隆庆五年烧造的"琉璃间色"器皿，很可能也就是指法花器。

现代景德镇制作法华器的工艺是在修好的泥胎上，先雕刻出花纹图案的轮廓线条，然后以毛笔蘸瓷浆在纹样轮廓线中堆成一定高度的泥坝，入窑高温烧结成素胎，而后在堆好泥坝的轮廓内，填上各种色彩的法华釉，再以余膛火烧成。这种烧制工艺对于了解明代景德镇法华器的烧制方法可能有一定参考价值。

5. 景德镇以外生产青花瓷器的窑场

青花是明代瓷器生产的主流，永乐、宣德青花名著一时。在明代除了景德镇的官、民窑青花瓷器外，还发现江西省的乐平和吉安，云南省的玉溪，广东省的博罗、揭阳、澄迈和东兴，福建省的德化、屏南等地都曾生产青花瓷器。最近又发现浙江省江山等地也曾生产胎釉比较粗糙的青花品种。

玉溪窑 1960年曾发现玉溪县南瓦窑村的古窑址，其中有明末青花大碗和大盘等器物，只是胎质较松，釉色灰青。青花纹饰简单粗壮[69]。但是云南省博物馆收藏的玉溪窑青花瓷器，有些器物的青花纹饰和元代的相似（如八大码装饰等），而器物形状却又和明初的相象，因此玉溪窑创烧青花品种，应在元末明初。玉溪青花窑址的发现，说明了当地在明初已经仿制景德镇的青花制作，同时明初云南钴土矿已用作青花瓷器的青料亦由此可以得到证实。它对今后关于明代青花瓷器青料来源的进一步探讨，提供了重要的资料。

乐平和吉安窑 江西省在明代除了景德镇盛烧青花瓷器外，乐平和吉安是已知比较重要的青花产地。

已发现的乐平县青花窑址有华家、匣厂和张家桥三处。据《乐平县志》的记载:“永靖镇(永丰乡)、嘉兴镇(静理乡)……因明嘉靖庚子,浮梁扰攘,奉上司创立。然水土不佳,嘉兴寻废,永靖虽存,瓷多粗恶,而岁亦渐替矣。”上述三个窑址出土的青花品种有粗、精之分。粗的一类,胎质厚重,釉汁呈蓝灰色,不甚光滑,青花较淡;细的一类,胎质白而薄,釉色晶莹,青花色调清新明晰。器物为碗、盘、碟、盅之类,其中以碗为大宗,张家桥窑址还发现高足杯。青花图案有人物、奔马、八卦、菊花、缠枝花卉、变形梵文等。碗心往往写有“福”、“寿”、“善”、“光”等字,或画鱼、蟹、兔、菊、牡丹和折枝花卉。碗底写有“万福攸同”、钱形“长命富贵”、双圈方框“长命富贵”、“富贵佳器”及“福”、“富”、“贵”、“春”、“正”等吉祥字。还常见“大明年造”四字双排底款,在少数碗底也常见“南溪”字样以及“永靖镇造”款铭[70]。从上引的文献记载看,乐平青花的烧造年代,其上限不会超过嘉靖,下限也不可能太晚。根据该地发现的青花实物,其制作方法和图案风格基本上与景德镇嘉靖、万历时期的作风是一致的,特别与这一时期景德镇的民窑青花相近。

关于吉安永和窑烧造青花瓷器的历史还有待今后进一步探索,可能会有重大发现。就目前所知,传世的嘉靖、万历年间永和窑的青花器还不在少数,胎和釉都较景德镇所产为差。有的有开片,图案除折枝花卉外、蝴蝶和鱼纹用得较多,还有以青花绘枝叶,鱼纹露胎不上釉的小盘,往往是卧足。上海博物馆即藏有这类器物。此外,在明晚期有一种胎较厚,釉色略带米黄而有开片的青花器,由于要突出青花色泽的效果,往往在青花部位加一层白色,然后再上透明釉,烧成后,在青花部分可以明显地看出这层白色物质,而且可以摸得出鼓起的釉层。上海博物馆藏有永和窑碎纹地青花加赭折枝花兽耳瓶,即属这种工艺。特殊的是枝叶部分绘青花,花朵部分则绘赭色。其器形和江西省1966年南城县崇祯元年墓出土的青花蛱蝶纹玉壶春瓶基本相同[71]。

《景德镇陶录》第六卷,“碎器窑”条提到吉安永和窑“亦有碎纹素地加青花者”,与此很有关系。

博罗、揭阳和澄迈窑 广东地区明代烧造青花的窑口应该是较多的,特别在明代后期,大量青花瓷器的出口贸易,必然促进了制瓷业的发展。外销瓷中的“汕头器”主要指广东生产的青花瓷器。但习惯称为潮州青花瓷的,目前还没有弄清它的产地。已发现的广东地区明代青花瓷窑,除了东兴外,材料已发表的有博罗、揭阳和澄迈窑[72]。

博罗、揭阳窑出产的青花器,比景德镇的胎和釉都粗,有的是青白釉下绘青花,效果就更差一些。器物有碗、碟、杯、瓶、壶等。青花图案主要是花草,但揭阳河婆镇岭下窑址出土的青花山水瓶,其画面风格和景德镇发现的民窑青花的写意山水十分相近,在流传日本的中国天启青花外销瓷中,就有这种画风,揭阳出土的青花器,往往在碗心书写“福”、“禄”、“寿”、“魁” “元”等吉语字。这是整个明代晚期民间青花瓷器的共同特征。博罗角洞山窑址出土的一个残碟，还有“雨香斋”的堂款。这些特征，都说明博罗、揭阳地区的青花瓷窑应属明代后期。

至于澄迈地区的青花器，色泽可能更差。

福建地区的青花瓷窑 明代福建地区民窑青花瓷器的烧造地点，目前已知有屏南和德化等地，但详细情况还有待进一步的发掘研究。德化十排岭窑址废于清康熙年间，应该是一个明代窑址。该地曾发现过带有“月记”款识的、叠烧的青花大形器[73]。德化屈斗宫窑址的调查说明，屈斗宫在明代除了盛烧白瓷外，也烧制青花器。其产品胎质细而坚硬，釉色白而均匀，器形有碗、碟、盏、灯座等，图案主要有鱼鸟、花草、葫芦、琴等。并发现有“及第家”篆体款识[74]，时代似属明后期。

第四节 明代瓷器的造型、装饰和款式

1. 造 型

瓷器的造型，因不同时代、不同需要而有所变化。明代的瓷器不供城乡人民日常生活之用，地主贵族还把它作为陈设用的工艺美术品，明朝初年朝廷还规定祭祀用的瓷器。直到明代中后期的嘉靖朝，宫廷所用的瓷制祭器，仍然是尊、罍、盘、罐、瓶、盌等一类和古代礼器相近的器型。传世的嘉靖时期的瓷爵，完全是模仿青铜爵的造型。至于日用器皿，因为人们饮食起居等生活习惯没有大的变化，造型也就延续下去。现将明代瓷器的造型分述如下（图七十六、七十七、七十八、七十九）。

明代的盘、碗、罐、壶等器型同元代是一样的，甚至同很远的古代也一样。明代的玉壶春瓶、梅瓶、执壶、高足杯等，基本上保留着元代的造型。但因便于实用，又不断有些变革。例如，元代的盘、碗的圈足比较小，往往和器物本身的比例不相称，看上去有一种摆不稳的感觉。明代的盘、碗，圈足放得较宽，而且逐渐改变了元代大多数圈足内壁无釉的制作，明代官窑器，除了少数例外，绝大多数圈足内外都有釉。明代的高足杯也改变了元代足部接近垂直而有站不稳的感觉，成为足部外撇。宣德时期有一种“宫碗”，口沿外撇、腹部宽深，在外观上显得很端重而又实用。这种造型世代相传，至正德时期更为普遍，有“正德碗”之称。宣德时期的白釉茶盏，是明代地主爱用的茶具，当时就非常有名。

《博物要览》说：“白茶盏，较檀盏少低，而瓮肚釜底线足，光莹如玉。内有绝细暗花，底有……暗款，隐隐桔皮纹起，虽定瓷何能比方，真一代绝品。”由于它小巧玲

珑，饮时一盏在握是很便当的[75]。

小巧玲珑的日用器皿，在永乐、宣德时期有很多新的创制，在前面关于永乐青花的叙述中提到的永乐青花压手杯是当时十分特殊的器物。《博物要览》说宣德时期的“竹节靶罩盖滷壶、小壶，此等发古未有。”其实青花和白釉的滷壶、小壶在永乐时期已经十分精致，前文中曾提到的南京出土的白釉小壶，就是这种“发古未有”的滷壶。

永乐、宣德两朝器物多种多样（图七十六、七十七），此外还有很多新的器形，如双耳扁瓶、双耳折方瓶、天球瓶等等，在元代的器物中不见这种类型，显然不是我国瓷器固有的器形，这是和郑和几次出航受回教国家的影响分不开的，有的器物甚至就是为当时的外销而特地制造的。这种双耳扁瓶、天球瓶等，在清代的雍正、乾隆时期又成了仿明器的重要品种。成化时期总的倾向是小形器占多数，特别是斗彩瓷大件更少。成化斗彩鸡缸和“天”字盖罐是这时最典型的器物。

从明初到成化、弘治时期，在瓷器造型上，总的倾向是改变了元代厚重、粗大的风格，而趋向于轻巧洒脱。到了正德时期，瓷器的胎骨、造型却又有厚重的感觉，但它只是和成化瓷相对而言的。正德时期的器形也比成化、弘治时期多起来了，除了最常见的盘、碗之外，较大型的洗、尊、花插等等器物也很多见（图七十八）。

嘉靖一朝的瓷器烧造数量十分巨大，除了一般日用品外，官窑器中有宫廷烧造的大件龙缸和各种坐墩。缸和坐墩的烧制都并不始自嘉靖，但大规模的烧造却是这一时期的事。嘉靖、万历两朝大龙缸的烧造，为景德镇的陶瓷业带来了极大的灾难。青花、五彩、镂空五彩等各种坐墩，也以嘉靖、万历两朝为多。这个时期的突出成就之一，是落地大型花瓶的烧制，这种花瓶由于器身高大，就增加了烧成的难度。大件器的不变形，是烧成过程中极为难得的成就。葫芦瓶是嘉靖时极普遍的吉祥陈设品，它改变了宣德时期体形较小的特点而成了较大的器形。嘉靖时期的执壶形式也有很大变化，它虽然源于早期的玉壶春式壶身，但演变为颈部稍长，肩部与底部收敛，圈足高而微外撇，壶腹部成扁形（图七十九）。

随着制瓷技术的进一步改进，嘉靖、隆庆、万历各朝的方形器，如方斗碗、方形多角罐、盒和多层盒等都有进一步发展。这种多角器比起圆形器的烧制更困难得多。隆庆五年，都御史徐栻在要求减缓烧造的奏章中就提到：“三层方匣等器，式样巧异，一时难造”[76]。

随着地主阶级奢侈需要的不断扩大，瓷器制品的种类也愈来愈多。万历十一年宫廷要求烧造的瓷器就有碗、碟、锺、盏和祭器笾、豆、盘、罍以及烛台、屏风、围棋、象棋、棋盘、棋罐、笔管、瓶、罐、盒、罏等等[76]。到了明代后期，各种瓷制的文具日益增多，除了上述的笔管外，瓷砚、笔船、笔盒、笔架、水滴、镇纸等器都有传世。

明代的瓷塑，从目前所见的传世品来看，以嘉靖、万历时期为多，主要是仙佛的塑

1. 敞口碗

2. 盖碗

3. 鸡心碗

4. 墩式碗

5. 葵口碗

6. 折沿碗

7. 卧足洗

8. 菱口盘

9. 大盘

10. 豆

11. 玉壶春瓶

12. 八角烛台

图七十六　永乐、宣德典型器物（之一）

1. 双耳扁瓶

2. 扁瓶

3. 双耳葫芦式扁瓶

4. 执壶

8. 盘座

6. 花浇

7. 尊

5. 盖罐

9. 僧帽壶

10. 高足杯

11. 双系盖罐

12. 三系盖罐

图七十七　永乐、宣德典型器物（之二）

1. 盖罐

2. 杯

3. 墩式碗

4. 豆式瓶

5. 盖罐

6. 多层盒

7. 葵口洗

8. 三足洗

图七十八　成化、正德典型器物

1. 鼓凳

2. 方瓶

3. 执壶

4. 磬式碗

5. 罐

6. 提梁壶

7. 盖瓶

8. 蒜头瓶

9. 葫芦瓶

10. 出戟尊

11. 方斗杯

12. 高足碗

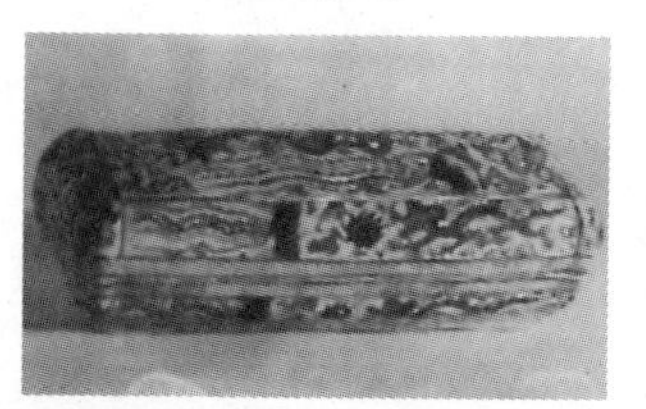

13. 长方笔盒

14. 方盒

图七十九　嘉靖、隆庆、万历典型器物

像。景德镇的制品有青花及五彩瓷塑（图版叁拾壹：2），德化则独以白瓷塑像著名于世。明代外销瓷中的“军持”，从元代的造型演变为器身矮胖和乳头状的流。

2.装 饰

明代瓷器的装饰，《江西大志·陶书》记载明代官窑瓷器的装饰手法“或描花、或堆花、或暗花、或锥花或玲珑……无不具备”。《江西大志》成书于嘉靖年间，但书中所描述的，基本上可以代表整个明代。我国在元明以前，各种瓷器的装饰，主要运用刻、划、印花的手法。虽然从唐代的长沙窑起就已开始了釉下彩绘的装饰，宋代磁州窑的图案彩绘已发展到很高的水平。但以整个时代来说，彩绘作为瓷器装饰的最主要手法，是明代的事。

明代白瓷胎、釉质量的提高，为发展彩绘装饰创造了条件。明代青花釉下彩绘在元代成就的基础上，发展成为当时瓷器制造的主流。斗彩和釉上五彩也正是以白瓷的成就而发展起来的。

明代瓷器彩绘，以图案为主。图案的纹样有植物纹、动物纹、云纹、回纹、八宝、八卦、钱文、瓔珞、锦地和梵文、波斯文字等等。

明代瓷器的图案，往往用一种或几种植物、动物作为主题纹样，并以其它纹样辅助，构成一幅完整的图案。在明代早期的青花瓷器中，比较常见的是用牡丹、菊、莲（束莲）、灵芝、花果和宣德时期特别盛行的牵牛花等作为主题花纹，并配以蕉叶、如意云头、缠枝莲、仰莲或覆莲等辅助纹饰构成的图案。

动物纹中的龙、凤、孔雀、麒麟、狮子、海马、鸳鸯、鹭鸶、鱼等也往往用作瓷器的主题纹饰，这与明初规定文武官员品服的图案可能有密切的关系。洪武二十四年（1391年）规定“公、侯、驸马、伯服，绣麒麟、白泽。文官一品仙鹤，二品锦鸡，三品孔雀，四品云雁，五品白鹇，六品鹭鸶，七品鸂鶒，八品黄鹂，九品鹌鹑；杂职练鹊；风宪官獬廌。武官一品、二品狮子，三品、四品虎豹，五品熊罴，六品、七品彪，八品犀牛，九品海马。”[77]天顺二年（1458年）又规定：“官民衣服不得用蟒龙、飞鱼、斗牛、大鹏、像生狮子、四宝相花、大西番莲、大云花样……”[77]。在嘉靖以前，明朝政府有关封建等级的禁令是十分严厉的，可以设想，这类图案很多不能在民窑瓷器上应用。但是在嘉靖以后，随着资本主义因素的发展，一些封建限制受到冲击，瓷器上图案的采用也不再像以前那样严格了。

“八宝”是我国的传统纹样，元代瓷器图案中以八宝为题材的，占了很大的比重。但元代的“八宝”有很多杂宝，并不像明代基本上都是轮、螺、伞、盖、花、罐、鱼、肠。法轮、法螺、宝伞、白盖、莲花、宝罐、金鱼、盘肠，这八种器物是佛教庙宇中供在佛、菩萨“神桌”上的吉祥器，也称“八吉祥”。到了后来，“八吉祥”成为瓷器图案中极为普遍的题材，并不限于佛教供器上用了。

明代后期也普遍出现杂宝，但它已不限于八宝，而内容多样，有钱文、祥云、灵芝、卷轴书画、鼎、元宝、锭、珠、犀角、磬、方胜、红叶、艾叶、蕉叶、珊瑚等等。

璎珞在北朝造像上已经出现。元代瓷器图案中运用璎珞纹饰已较多，明代嘉靖时期则特别盛行。

明代各朝帝王，除了普遍提倡佛教外，道教也受到一定程度的鼓吹。特别是嘉靖、万历两朝，皇帝本人也十分迷信道教。因此，嘉靖以后，像葫芦、八卦、八仙（相传为汉锺离、张果老、韩湘子、铁拐李、曹国舅、吕洞宾、蓝采和、何仙姑）以及八仙的持物：汉一扇子、张一鱼鼓、韩一花笼、铁一葫芦、曹一阴阳板、吕一宝剑、蓝一横笛、何一笊篱称为“暗八仙”，和云鹤等图案，十分风行。

鱼藻纹在元和明初就已运用，在嘉靖时期的青花器上则特别普遍，它由前期的单画一条鲫鱼演变到画鲭、鲐、鲤、鲫四种鱼，在瓶、罐或盘、碗的四面各画一鱼，互相对称，空间衬以浮萍、水草、莲花等纹，鱼体肥大。

瓷器上书写阿拉伯文在永乐、宣德时期的青花瓷器中已有发现，到正德时期更为流行。宣德开始，梵文也作为装饰性图案附加在瓷器的画面上，嘉靖、万历以后，更发展到用花朵环绕梵文构成一种特殊的“捧字”图案。

“福”、“寿”之类的字，直接写在瓷器上，在嘉靖、万历时期的官窑器中也有发现，但比较多的是民窑器。嘉靖以后，用锦地花作为瓷器图案的地纹特别风行。

明代瓷器的彩绘装饰，除了各种图案外，更有在瓷器上直接绘上整幅画面的。永乐、宣德时期的青花器上，有完整的花卉画。北京故宫博物院和天津艺术博物馆都藏有宣德时期的青花枇杷绶带鸟盘。在画笔简练的枇杷树枝上，栩栩如生的绶带鸟正在啄食枇杷（图版叁拾：4）。这完全是一幅精湛的花鸟画，它的艺术效果当然超过了一般的图案装饰。台北故宫博物院的明代青花瓷器中，有永乐时期的胡人舞乐图青花扁壶，婆娑起舞的胡人，伴以吹箫、拍鼓的乐队，构成了一幅生动的舞乐图。

宣德至正德一段时期，以仙山楼阁作为背景的人物故事画在瓷器上比较多见。画面大多以云头衬托，内容有元曲故事、神仙高士和闺阁妇女，它的画风受到元代以来木刻版画风格的影响很大。这类画面大多在民窑的大罐上出现。在宣德官窑器中，像“吹箫引凤”一类题材，于青花盘碗上也时有发现，只是没有民窑那么普遍罢了。

婴戏图这种题材早在唐代长沙窑、宋代磁州窑和景德镇青白瓷上就已应用了，确切些说，到明宣德、特别是正德、嘉靖时期才最为风行。

反映元代汉族地主文人标榜“清高”气节的松、竹、梅“三友”图，在明初仍然十分流行，宣德青花器和成化青花器的“三友图”基本上是相像的。

成化时期青花器上的花鸟题材，比宣德时期的更为普遍，鸟的种类更多，大多栖于枝头，细语叮咛，亲密生动。

成化斗彩瓷器的画面则有“芳草斗鸡”、“人物莲子”和各种草虫、花果。

嘉靖以后，瓷器彩绘的图案画面更加多样，从《江西大志·陶书》及传世的实物看，当时的官窑器，不仅有各种龙、凤、孔雀、云鹤、狮子、莲池、鱼藻、花鸟、花果、婴戏等图案、画面，而且还由于当时道教的流行，像“八仙过海”、“八仙捧寿”、“三仙练丹”、“乾坤六合”等题材都是比较常见的。同时以谐音、吉语作为装饰的内容也开始盛行，如“寿山福海”、“福寿康宁”等字样和象征着“三阳开泰”的“三羊”图案等等。

天启以后的民窑瓷器，不论青花或五彩，其彩绘装饰图案题材，都比以前的官窑器更丰富多采。除了大量的花果图案外，小猫和河虾也出现在瓷器的画面上，草草几笔山水画，还加上题诗，这是明代文人山水画对瓷器装饰的直接影响。明末民窑青花瓷器上的写意禽兽鱼虫，其绘画风格竟与著名的画家朱耷（八大山人）有惊人的相似之处，有人甚至认为，八大山人的画风受到了明末青花瓷器瓷绘风格的一定影响。

3. 款　　式

明代在瓷器上书写官款以永乐为最早，迄今为止还没有发现洪武的年款。从传世的实物看，永乐时期的青花压手杯、甜白碗及红釉高足杯有“永乐年制”四字篆款；过去文献上提到的“大明永乐年制”六字款，目前还没有发现过。

宣德年间的瓷器，书写官窑款的比较多，前人有“永乐款少，宣德款多，成化款肥，弘治款秀，正德款恭，嘉靖款杂”的评价。“宣德款多”的说法是有一定道理的。宣德款除了在盘、碗的底外，往往在圆器的里心和口边，或琢器的口、肩、腰、足一带，个别甚至还有双款（如合欢盖盒、文具盒等在盖里和底足均有年款），因此又有“宣德年款遍器身”的说法。宣德款识有竖款也有横款，大多是“大明宣德年制”六字楷书，“宣德年制”四字款很少见。宣德款的“德”字中间“心”上的一横划往往不见，“德”字写成“德”。

正统、景泰、天顺三朝，除了北京故宫博物院藏带有“大明天顺年制”款的青花小碗外，很少发现有官款的器物。

成化时期的官窑器大多有“大明成化年制”六字官款，成化官款除了双圆圈线外，还有双方框线，但也有仅六字款而没有线框的，甚至只有一个“天”字的款。后世仿制成化的瓷器很多，但款字一般很难仿得逼真，有人将“大明成化年制”六字编的六句歌诀：“大字尖圆头非高。成字撇硬直倒腰。化字人匕平微头。制字衣横少越刀。明日窄平年应悟。成字三点头肩腰。”[78]基本上概括了成化六字款的特征。

近年来，从景德镇御器厂旧址出土的瓷器碎片中还发现成化霁蓝地白花碗有“大明成化年制”的阳文刻款。成化时期的瓷器亦有六字横款。

弘治时期的瓷器也以“大明弘治年制”六字款为多见，它的款字书写得比较秀丽。

正德年款除了“大明正德年制”的六字楷书款外，也有“正德年制”的四字楷款，而且正德时期各种圆、琢器的造型很多，因此在器身上书写年款的例子又多起来了。嘉靖初年，可能由于年款的书手仍然是正德时的老人，款字的书体基本一致。嘉靖款的框线除双线圆框外，也有双线方框；款式排列也较前复杂，除单行横款、双行直款外，尚有环形款、上下左右写的十字款等等。

嘉靖以后，景德镇的民窑制瓷业进一步发展起来，民窑器的款识更是多种多样。“大明年造”四字楷款是比较多见的，只是我们还不能确定具有“大明年造”四字款的绝对年代。嘉靖时期的釉上红、绿彩瓷，有“陈守贵造”、“陈守钊造”、“程捨自造”等款。

嘉靖以后的民窑器中，有一小部分精致的器物还带有堂名款，特别以万历年间为盛。例如在青花器底有“青萝馆用”、“博物斋藏”、“郝府佳器”、“沈府佳器”、“桐溪冯宅”等等。上海博物馆还藏有“桐溪冯宅”款的绿地描金碗，就显然是嘉靖年间的制品了。

嘉靖以后，大量民间日用青花瓷器，往往带有各种吉语款，如“万福攸同”、“富贵佳器”、“长春佳器”、“上品佳器”、“天永佳器”、“食禄万锺”等等。景德镇御器厂旧址也发现嘉靖朝瓷器带有“福寿康宁”等的吉语款。

第五节　明代瓷器输出和中外制瓷技术交流

1. 瓷器的输出

明代瓷器的输出主要通过下列四种途径：一、明朝政府对外国的赠予；二、各“入贡”国家使节回程的贸易；三、永乐、宣德年间郑和大规模的远航贸易；四、民间的海外贸易。

明初洪武年间一度实行海禁，元代发达的瓷器海外贸易受到一定程度的打击。但是，即使在洪武时期，中国瓷器的输出也没有停止，不过只是限于政府对外国的赠予。据《明史》记载，洪武十六年（1383年）就曾赠予占城、暹罗和真腊瓷器各一万九千件

（第三百二十九卷），十九年又“遣行人刘敏、唐敬偕中官賫磁器往赐”真腊。对于琉球，洪武九年（1376年）以后的“赏賫”多用瓷器和铁釜（第二百二十一卷）。以上只举了几个例子，实际上，明代早期对于各国所谓“赏赐”的瓷器赠予数字是很大的。

瓷器输出的另一方式是“入贡”国家使节回程时，购买而带回去的。永乐二年（1404年），琉球的山南使臣就曾私自用银子到处州（今浙江省丽水县）购买瓷器，这在当时是违法的，但永乐帝说：“远方之人，知求利而已，安知禁令。”（《明史》第三百二十三卷）事实上，所谓的贡、赐，也就是变相的贸易，永乐时即使对日本也一样有贸易性质的“贡赐”关系：“日本十年一贡，人止二百，船止二艘”，宣德时人数增至三百，船增至三艘（《明史·日本传》第三百二十二卷）。而日本常以所产金银、琥珀等物来换回中国的丝绵、瓷器等（《明史》第一百六十六卷）。从政府规定的数额看，这种贸易的范围是不大的，例如《大明会典》记载，弘治时期“贸易使臣进贡到京者，每人许买……青花磁器五十付”（正德刊本第一百零二卷）。同时，对于折还的瓷器价格也有严格规定，如青花白瓷盘每个五百贯、碗每个三百贯、瓶每个五百贯。酒海每个一千五百文、豆青瓷盘每个一百五十贯、碗每个一百贯、瓶每个一百五十贯等（《大明会典》第一百一十三卷）。

明代早期，瓷器的大量输出恐怕与郑和八次远航有密切的关系。尽管郑和每次远航携带出去的瓷器数量并无确切的文字记载，但是从随同郑和出航的费信所著《星槎胜览》、马欢所著《瀛涯胜览》看，当时中国的青瓷和青花瓷器在国外很受欢迎。《瀛涯胜览》特别提到爪哇“国人最喜中国青花瓷器”。当时的占城、锡兰、祖法儿都要中国以青瓷盘碗、瓷器进行交易。《星槎胜览》记载用瓷器博易的地方更多。计青花白瓷器三处：锡兰山、古里、天方；青白花瓷器六处：暹罗、柯枝、忽鲁谟斯、榜葛剌、大唄喃、阿丹；青白瓷器四处：旧港、满剌加、苏门答剌、龙牙犀角；瓷器十处：花面、剌撒、三岛、苏禄、佐法儿、竹步、木骨都束、溜洋、卜剌哇、阿鲁；大小瓷器一处：旧港；瓷碗三处：淡洋、吉里地闷、琉球；青碗一处：交栏山。

当然，上述各处的瓷器并不一定都是郑和远航携带出去的，也可能有很大部分是民间的海外贸易。至于到了明代中期，特别是成化、正德至嘉靖年间，我国民间的海外贸易是比较发达的，瓷器的输出也必然随着扩大。1514年（正德九年）1月6日，安德鲁葛沙列斯（Andrew Corsalis）致鲁伦初美德旗公爵（Duke Lorenzo de Medici）书，谓“中国商人，亦涉大海湾，载运麝香、大黄、珍珠、锡、磁器、生丝及各种纺织品……至满剌加贸易。……客岁葡萄牙人有航海至中国者，其国官吏禁止上岸，谓许多外国人入居其国，违背其风俗常例。然诸商人皆得售出其货，获大利而归。”（见亨利王尔：《古代中国闻见录》第一卷，第180页。转引自张星烺《中西交通史料汇编》第一册，第356页）成书于明万历时的《东西洋考·饷税考》亦记述：“成、弘之际，豪门巨室间有乘巨舰贸易海外者。”说明当时的海外贸易既有外人来华，也有我国商人贩运出国者。在十六世纪早期，也就是我国明代正德、嘉靖之际，葡萄牙人开始成为西方在远东的主要势力。1511年占领马六甲城后，即利用该地进行贸易。1517年（正德十二年），葡萄牙的安德拉德到达中国澳门西南的上川岛，1521年抵北京，这对中国瓷器输出欧洲，可能有很大的关系。从现存的实物看，中国从这时起生产了为适应西方市场的需要的瓷器。

据T·佛尔克编著的《荷兰东印度公司与瓷器》（T.Volker:《Porcelain and the Dutch East India Company, 1954年）一书的记载，万历年间我国瓷器的输出不仅数量很大，而且还按照欧洲的需要专门生产欧洲的餐具，例如该书记述1604年荷兰人因袭击葡萄牙船“Catharina”得到中国瓷器约六十吨，后来运到荷兰阿姆斯特丹拍卖，法皇亨利第四买得了一套餐具。这种餐具显然是西餐餐具。

1616年（万历四十四年）10月10日荷兰东印度公司汉·彼得兹·科恩给公司董事们的信中就提到：“……在这里我要向您报告，这些瓷器都是在中国内地很远的地方制造的，卖给我们各种成套的瓷器都是定制，预先付款。因为这类瓷器在中国是不用的，中国人只有拿它来出口，而且不论损失多少，也是要卖掉的。”

1608年（万历三十六年）6月28日的备忘录记述了一个中国人回大泥国（Pataui）时贩运去的瓷器有：奶油深盘五万个，细盘五万个，细芥辣壶一千个，大盘一千个，大细碗一千个并配套适量小碗，能装二十英两的酒壶五百个，有把壶五百个，精美大杯五百个，精美小盘五百个，精美果盘二千个，盐碟一千个及大盘二百个。又如，1634年（崇祯七年）有一记录记述了荷兰人在彭亨（Pahang）采取的一次海盗式行动时，得到了中国贩运出国的瓷器共瓷杯十万七千三百个，瓷盘一万四百五十一个。

在明代，我国的瓷器不仅畅销亚洲和非洲各国，而且在明晚期也开始大量销售到欧洲。据《荷兰印度公司与瓷器》的记载，1610年（万历卌八年）7月有一条船载运九千二百二十七件瓷器至荷兰，1612年运荷瓷器就有三万八千六百四十一件，1614年上升到六万九千零五十七件。1636年达二十五万九千三百八十件，1637年二十一万件，1639年更达到三十六万六千件。

至于中国对日本的瓷器输出，更是长时期没有间断过，根据同书的记载，1635年8月13日至31日有四条船装载中国瓷器从台湾运往日本，总计十三万五千零五件。其中青花碗三万八千八百六十五件，红绿彩盘五百四十件，青花盘二千零五十件，饭盅和茶盅九万四千三百五十件。1637年中国又运去七十五万件粗、细瓷器。另据日本小林氏《中国陶瓷图说》的记载，《出岛兰馆日志》记录了1641年6月26日由郑芝龙派往日本的海船，携带瓷器一千四百四十七件；同年7月10日从福州开出的一条小海船载瓷器二万七千件；10月17日大小海船九十七艘驶入长崎，载有瓷器三万件。

明代后期，瓷器不仅从海路输出，也有从陆路输出的。刊刻于万历年间的《野获编》记载：“……鞑靼、女真诸部及天方诸国贡夷归装所载，他物不论，即以瓷器一项，多至数十车。余初怪其轻脆，何以陆行万里，即细叩之，则初买时，每一器物纳沙土及豆麦少许，选数十个辄牢缚成一片，置之湿地，频洒以水，久之，则豆麦生芽，缠绕胶固。试投之牢确之地，不损破者，始以登车。既装车时，又从车上扔下数番，坚韧如故者，始载以往，其价比常加十倍。”这确是远道运输包装的绝妙办法。

2. 明代瓷器在国外的主要发现

从现在已发现的材料看，明代的中国瓷器，特别是青花瓷器，几乎遍及亚、非、欧、美各洲，世界许多国家的大型博物馆都藏有中国明代瓷器。土耳其的伊斯坦堡博物馆和伊朗的阿迪别尔寺就以收藏我国的瓷器珍品而著称于世。以阿迪别尔寺所藏中国瓷器中的明瓷为例，几乎从明初洪武、永乐、宣德至明末各个朝代的瓷器都有，其中以青花瓷器为主。在正德以前的青花瓷器中，不论造型和装饰图案都和国内常见的基本一致，但有一点值得注意，即同一种瓷器，国内的有官款而阿迪别尔寺所藏的往往就没有，例如《阿迪别尔寺所藏中国瓷器》（Chinese Porcelains From the Ardebil Shrine，1956年）图版62成化四龙碗与上海博物馆所藏的具有“大明成化年制”官款的四龙碗基本一致，但前者就不书官款。没有官款的无疑是民窑器。这说明，当时景德镇的外销瓷，除了宣德时期有一部分为适应国外市场需要而特殊制作的器形外，一般国内外并不特别区分，而且在质量上外销的民窑器也与官窑器并无多大差异。

在欧洲，现藏西德克赛尔（Keisel）朗德博物馆的青瓷碗，附加的金属饰具上有克宋·冶令伯克伯爵（1435—1455年）的纹章图案，可以确认这是现存欧洲最早的具有可靠年代的明代瓷器。现存里斯本的属于葡萄牙Manuel一世（1469—1521年）的纹章瓷、青花执壶，可视为迄今已发现的中国为西欧特殊定货所制的最早外销瓷。

正德、嘉靖年间，接受西方国家特殊定货的外销瓷，在美国纽约艺术博物馆、土耳其伊斯坦堡、意大利拿不勒斯和其他地方的一些博物馆中还能看到。

在亚洲地区，特别在东南亚遗留的我国明代外销瓷，不仅有青花瓷器，也有釉上红、绿、黑色的三彩瓷器，不仅有景德镇所产的细瓷，也有广东、福建沿海地区所生产的比较粗的日用瓷器。以前国外学者把沙底足的明代粗瓷称为汕头器（Swatow Ware）。事实上，明代福建、广东很多地区都生产外销瓷，只因从潮州出口，因此笼统地称为“汕头瓷”。这类瓷器的胎质较厚，图案笔法粗犷，往往以花草、龙凤、麒麟为图案题材，大盘中有时书写汉文字样或阿拉伯文，而这种阿拉伯文，由于出自制瓷工人的模写，又往往错误百出。韩槐准《南洋遗留的中国古外销陶瓷》（新加坡青年书局，1959年）一书，记载了作者亲见和收藏的明代外销瓷，特殊的有“回回文三彩（红绿黑）大盘”、“赶珠龙火云奔马耍娃娃回回文白地青花大盘”（回文意为无魔鬼为患）、“八卦龙凤海马罗经字三彩大盘”(此盘中部画中国航海者应用之简式罗经字）等。留存在日本的明代外销瓷也很多，在明末青花瓷器中，崇祯年间日本大宗订货的所谓“祥瑞”(有的有“五良大夫吴祥瑞造”款）瓷，是比较突出的。近年来，菲律宾的陶瓷考古界十分重视中国古代外销瓷，留存在菲律宾的中国明代瓷器，不仅有很多龙泉青瓷，而且有特别值得重视的明代前期青花盖罐[79]，它以缠枝莲为主题装饰，与国内江西省朱盘烒墓出土[80]和江苏省弘觉寺发现的正统年间青花盖罐[81]基本一致。

中国明代的瓷器，在非洲各国亦屡有发现。如埃及的福斯特（即开罗古城）遗址就出土宣德和成化的青花瓷。“1950年在索马里和埃塞俄比亚交界处的三个古城废址中，发现过十三至十六世纪早期的中国瓷器，其中青瓷比青花瓷为多，也有少量釉里红。这些瓷器大概是由索马里的红海沿岸蔡拉港附近的沙埃丁岛起岸运入的，因为在这岛上发现了很多同样的中国瓷器碎片”。怯尼亚麻林地附近的给地（Gedi）古城和其他几个遗址，也发现明代的青瓷和永乐至成化的青花瓷器，并大量出土正德至万历时期的青花、白瓷和粗瓷中的所谓“广东罐子”。坦噶尼喀首都达累斯萨拉姆博物馆还陈列着宣德青花瓷，也有釉里红器和晚明的瓷器，当地出土的还有明代德化窑的青花瓷器。“在埃塞俄比亚境内塔那湖的一个岛上的古代教堂内，一个精美的明代瓷罐装盛着死于1597年（万历二十五年）的国王顿加尔（S.Denghal）的内脏”（以上俱见夏鼐：《作为古代中非交通关系证据的瓷器》，《文物》1963年第7期）。

3. 中外制瓷技术的交流

明代中外制瓷技术交流，就中国对外的影响来说，主要是明代青花瓷器制造技术的外传。

十五世纪起，朝鲜的青花瓷器在我国的影响下烧制成功。越南也在这一时期直接聘请我国的制瓷工人烧造青花瓷器。日本大量自制青花瓷器相当于我国的明代后期，大批天启时期青花瓷的订货和所谓“祥瑞”青花瓷器对于日本大规模的自制青花器有十分重要的作用。

中国的制瓷技师，于十六世纪初已在波斯的伊斯伯罕烧造瓷器了。此后，这种技术又影响了叙利亚的制瓷业。埃及在十四、十五世纪也仿制中国青花瓷器，其造型和纹饰基本上模仿中国的青花器，但瓷胎是埃及本国的瓷土，而且往往有阿拉伯文的瓷工姓名，这种碎片在福斯特遗址中曾发现不少。

阿拉伯人学得的中国造瓷技法，于1470年传到了意大利。威尼斯炼金术士安东尼奥学会了中国造瓷技术，制成了轻薄半透明的瓷器。1627年，皮萨城工人制成了软质青花瓷碗，最先是阿拉伯蓝色，随后又模仿中国青花。荷兰领土的德尔夫特，于1634年又从意大利学到中国制瓷法，能制出软质瓷器。

当然　中国明代的制瓷业也从国外获得物质、技术和艺术上的借鉴和帮助。明初永乐、宣德时期的青花瓷器，相传就是用进口的青料，即苏麻离青，而且这一时期在造型和装饰图案上，也都反映出接受了外来的影响。正德、嘉靖时期的“回青”料，也是进口的青料。

---

① 《明史》第七十七卷。
② 王鸿绪：《明史稿》第五十四卷。
③ 《明史》第七十八卷。
④ 明代把以南洋群岛为中心的西到印度洋及非洲东岸的地区叫“西洋”。
⑤ 《大明会典》第一百九十卷。
⑥ 《大明会典》第一百九十四卷。
⑦ 参见《文物》《考古》有关各该窑的调查报告。
⑧ 王宗沐：《江西大志·陶书》，明万历本。下同。
⑨ 《明英宗实录》第二十二卷。
⑩ 《明世宗实录》第二四〇卷。
⑪ 光绪《江西通志》第四九卷。
⑫ 宋应星：《天工开物·陶埏》。
⑬ 乾隆四十八年，《浮梁县志·陶政》（下同）。
⑭ 王宗沐：《江西大志·陶书》。
⑮ 蓝浦《景德镇陶录》第五卷，翼经堂本。
⑯ 王宗沐《江西大志·陶书》。
⑰ 《浮梁县志·陶政》，清康熙二十一年刊本。
⑱ 马克思：《资本论》第一卷第三五四页。
⑲ 王宗沐：《江西大志·陶书》。
⑳ 《明英宗实录》第四九卷。
㉑ 《明英宗实录》第一六一卷。
㉒ 《明经世文编》第四四四卷，《王都谏奏疏》。
㉓ 《明臣奏议》第一六卷，唐龙：《停差烧造太监疏》。
㉔ 《明世宗实录》第二四〇卷。
㉕ 《明世宗实录》第二五〇卷。
㉖ 《浮梁县志·陶政》。
㉗ 《明神宗实录》第三四五卷。
㉘ 《大明会典》第二百零一卷。
㉙ 参见《明史·占城、琉球、真腊传》。
㉚ 南京博物院：《南京明故宫出土洪武时期瓷器》，《文物》1976年第8期。
㉛ 周仁等著：《景德镇瓷器的研究》，科学出版社，1958年版。
㉜ 《青花瓷器和青花料着色料的研究》　《硅酸盐学报》1978年第4期。
㉝ 谷应泰：《博物要览》。
㉞ 《大明会典》第六十二卷。
㉟ 冯先铭：《瓷器浅说》，《文物》1959年第11期。
㊱ 《介绍几件元、明青花瓷器》，《文物》1973年第12期。
㊲ 《介绍几件元、明青花瓷器》，《文物》1959年第1期。
㊳ CHINESE POTTERY AND PORCELAIN IN THE DAVID COLLECTION, London, 1980年
㊴ 王宗沐：《江西大志·陶书》。
㊵ 唐昌朴：《介绍江西出的几件瓷器》，《文物》1977年第4期。

㊶ 南京博物院：《南京明故宫出土洪武时期瓷器》，《文物》1976年第8期。
㊷ 雍正七年内务府档案·造字第3323号。
㊸ 陈万里：《谈谈成化窑的彩》，《文物》1959年第6期。
㊹ 孙瀛洲：《瓷器辨伪举列》，《文物》1963年第6期。
㊺ 《明世宗实录》第二百四十卷。
㊻ 乾隆《浮梁县志·陶政》。
㊼ 乾隆《浮梁县志·陶政》。
㊽ 南京博物院：《南京明故宫出土洪武时期瓷器》，《文物》1976年第8期。
㊾ 《大明会典》第二百零一卷。
㊿ 乾隆《浮梁县志·陶政》。
51 河北省博物馆：《保定市发现一批元代瓷器》，《文物》1965年第2期。
52 《南窑笔记》。
53 张福康、张志刚：《中国历代低温色釉的研究》，《硅酸盐学报》1980年第1期。
54 《大明会典》第一百九十四卷。
55 浙江省文管会：《龙泉青瓷简史》（未刊稿）。
56 据福建省博物馆提供资料。
57 周仁、李家治：《中国历代名窑陶瓷工艺的初步科学总结》，《考古学报》1960年第1期。
58 厦门大学人类博物馆：《德化屈斗宫窑址的调查发现》，《文物》1965年第2期。
59 这部分内容主要据江苏省宜兴陶瓷公司：《宜兴陶瓷简史》1978年4月稿。
60 吴骞：《阳羡名陶录》上卷。拜经楼刻本。
61 冯先铭：《从文献看唐宋以来饮茶风尚及陶瓷茶具的演变》，《文物》1963年第1期。
62 谷祖俊、阮美玲、孙荆：《宜兴紫砂陶的显微结构》（未刊稿）。
63 孙荆、谷祖俊、阮美玲：《宜兴古紫砂的显微结构》（未刊稿）。
64 《大明会典》第一百九十卷。
65 《明武宗实录》第十一卷。
66 陈万里：《谈山西琉璃》，《文物参考资料》1956年第7期。
67 高寿田：《山西琉璃》，《文物》1962年第4、5期。
68 高寿田：《山西琉璃》，《文物》1962年第4、5期。
69 《云南玉溪发现古窑址》，《考古》1962年第2期。
70 陈柏泉：《江西乐平明代青花窑址调查》，《文物》1973年第3期。
71 《介绍几件元、明青花瓷器》，《文物》1973年第12期。
72 曾广亿：《广东博罗、揭阳、澄迈古瓷窑调查》，《文物》1965年第2期。
73 宋伯胤：《谈德化窑》，《文物参考资料》1955年第4期。
74 厦门大学人类博物馆：《德化屈斗宫窑址的调查发现》，《文物》1965年第2期。
75 冯先铭：《从文献看唐宋以来饮茶风尚及陶瓷茶具的演变》，《文物》1963年第1期。
76 乾隆《浮梁县志》。
77 《明史·舆服志》第六十七卷。
78 孙瀛洲：《成化官窑彩瓷的鉴别》，《文物》1959年第6期。
79 （见Oriental Ceramics Discovered in the Philippines，图版156）。
80 陈柏泉：《江西出土明青花瓷珍品选介》，《文物》1973年第12期。
81 《文物》1959年第11期。

第十章　清代的陶瓷

(公元1644—1800年)

清代前期和中期，从整个社会来说，是处于封建制没落和资本主义因素发展的时期。清初，由于明末农民大起义的冲击，土地实行了再分配。清政府为了有利于它的长期统治，采取了一些措施，诸如兴修水利、临时性地蠲免一些赋税和对于部分手工业工人废除“匠籍”的束缚等等。在广大农民和手工业工人的艰辛劳动下，康熙、雍正、乾隆三朝的社会经济进入一个繁荣时期。中国瓷器的生产，也在这个时期达到了历史的高峰，进入了瓷器的黄金时代。

康熙在位六十一年，是中国历史上执政时间最长的一个皇帝。他从小就努力学习汉文化，而且对西洋的科学、技术、医学和艺术都有爱好。当时用西洋进口的珐琅彩料绘制的瓷胎画珐琅器，对粉彩瓷器的创造有直接影响。雍正在位十三年，他也十分爱好瓷器，而且直接干预瓷器的生产，决定瓷器的造型和装饰。乾隆是继康熙之后，又一个执政达六十年的皇帝。乾隆对各类艺术的爱好，达到了狂热的程度。他的君主地位，使他能独占全国最佳的巧匠，以及他们所制造的艺术珍品。这些因素对于瓷器生产的发展，也具有一定的作用。

第一节　景德镇制瓷业的兴盛与繁荣

清代陶瓷器的产地是比较广泛的。但是，和明代一样，代表整个时代水平的，仍然是瓷都景德镇。

清初，景德镇的制瓷业一度处于停滞状态，即使官窑的生产也不例外。顺治朝，宫廷曾几次指派景德镇烧造龙缸、栏板等，但都没有能完成。蓝浦《景德镇陶录》说：“国朝建厂造陶，始于顺治十一年，奉造龙缸，……经饶守道董显忠、王天眷、王锳等督造，未成。十六年，奉造栏板，……经饶守道张思明、工部理事官噶巴、工部郎中王日藻等督造，亦未成。十七年，巡抚张朝璘疏请停止。”康熙十年曾奉造祭器。康熙十三年由于吴三桂的战乱，景德镇的窑业基础几乎完全遭到破坏①。直到康熙十九年左右，景德镇的制瓷业才在明代的基础上，有了突飞猛进的发展，当时的景德镇又成为一个繁荣的城市。

清初人沈怀清说："昌南镇陶器行于九域，施及外洋。事陶之人动以数万计。"②法国传教士昂特雷科莱（汉名殷弘绪）于康熙五十一年（1712年）九月一日在饶州发出的一封信中，更形象地描述了景德镇的概况："景德镇拥有一万八千户人家，一部份是商人，他们有占地面积很大的住宅，雇佣的职工多得惊人。按一般的说法，此镇有一百万人口，每日消耗一万多担米和一千多头猪。……《浮梁县志》上说：昔日景德镇只有三百座窑，而现在窑数已达到三千座。……到了夜晚，它好像是被火焰包围着的一座巨城，也像一座有许多烟囱的大火炉。"③殷弘绪所列的数字，可能有一些夸大，但景德镇制瓷业的盛况是确实存在的。

乾隆初，唐英在《陶冶图说》中也记载了当时的实况："景德镇袤延仅十余里……以陶来四方商贩，民窑二三百区，工匠人夫不下数十万，藉此食者甚众。"

清代前期瓷都景德镇的繁荣局面，主要是民窑烧造瓷器所造成的。在传世的康熙早期瓷器中，也有十年、十一年、十二年年款的民窑器。可惜直接记载这方面的文献太少，还不能详述。

1.御器厂与景德镇的瓷业

景德镇的官窑器是由设在那里的御厂经办的。明清两代御厂不全相同。清代御厂的督窑官不像明代那样由中官来担任，因此也没有出现过像潘相那类贪暴的太监所激起的民变；更重要的一点是，经办御器改变了明代派征夫役的封建性劳役剥削的形式，而采用了以金钱雇佣劳动力的方式。御厂平时只有少量额定人员(约二三十人)。唐英在乾隆元年的《陶成纪事碑》中，记载了自雍正六年以后景德镇御厂的概况：当时每年秋、冬两季向北京上交盘、盌、钟、碟等上色圆器，由二、三寸口径至二、三尺口径不等，共一万六、七千件；瓶、罍、尊、彝等上色琢器，由三、四寸高至三、四尺高不等，共二千余件。上交必须连同不够规格的次品一起，因此实际生产量要超过这个数字。这些产品大约由三百人左右（包括辅助工和办事人员）完成。每年的总支出是八千两银子，由淮安板闸关支付。

清代实行"官搭民烧"的制度。这种"官搭民烧"的办法在明代后期已经部分地实行了。清代康熙十九年以后，就成为固定的制度。官窑器大多在"色青户"中搭烧，它占用最好的窑位，烧损要赔偿，对于窑户来说，仍然是一种厉害的盘剥。但比起明代来，它的骚扰面较小，强迫使用的无偿劳动也大为减少，因此对于景德镇瓷业发展的阻力也稍小一点。由于御厂集中了优秀的制瓷工匠，为了满足宫廷奢侈生活的需要，可以不计工本地提高质量和仿制古代的名窑器，创制新品种。这就促进了技术的进步和整个瓷业的发展。

御厂所制的官窑器，只供宫廷使用。除了由帝王赏赐以外，即使最高贵的王亲国戚，也不可能自御厂中直接得到官窑器。清代满汉贵族所用的各种优质瓷器，一般都来自民窑中的"官古器"："此镇窑之最精者，统曰官古。式样不一，始于明。选诸质料，精美细润，一如厂官器，可充官用，故亦称官。今之官古，有混水青者，有淡描青者，有兼仿古名窑釉者……。"④此外，稍次于"官古器"的，有"假官古器"及"上古器"等。尽管这些都是民窑，但它们供应的对象显然都是地主、官僚。不论是御厂的官窑器，还是民窑的"官古器"、"假官古器"和"上古器"等各类细瓷器，都是无数优秀制瓷工匠的智慧结晶。

在清代，个别督窑官对制瓷业的发展确也起过一定的作用。

康熙年间有著名的"臧窑"，那是指臧应选督造的官窑："十九年九月，奉旨烧造御器，令广储司郎中徐廷弼、主事李延禧、工部虞衡司郎中臧应选、笔帖式车尔德，于二十年二月驻厂督造。"（光绪《江西通志·陶政卷九十三》）至"二十七年，奏准停止江西烧造瓷器"（《大清会典事例》卷九百）。这段时间，景德镇的官窑瓷器由臧应选负责督造，因此习惯上称为"臧窑"。《景德镇陶录》记述这时期的官窑器品种说："土坯腻，质莹薄，诸色兼备；有蛇皮绿、鳝鱼黄、吉翠、黄斑点四种尤佳。其浇黄、浇紫、浇绿、吹红、吹青者亦美。迨后有唐窑，犹仿其釉色。"臧窑的成就，重点在单色釉，从传世康熙官窑瓷器的情况看，除了这里所说的鳝鱼黄和黄斑点外，其它几乎都能得到证实。

据文献记载，康熙朝监制官窑瓷器的，还有刘源和郎廷极。刘源本人是一个书画家，当时官窑器上的图案绘制很可能有些就是出于他的手笔。至于郎廷极监制的"郎窑"，过去有人把它说成是意大利画家郎世宁所创，又有把它看作是顺治朝的巡抚郎廷佐所督造。事实上，应该是康熙四十四年至五十一年在江西任巡抚的郎廷极所主持的。至于郎窑的品种，从康熙时人刘廷玑《在园杂志》和许谨斋的诗稿看，也可能不仅是通常为人称美的所谓"郎窑红"一种。《在园杂志》说郎窑："仿古暗合，与真无二，其摹成宣，釉水颜色，桔皮棕眼，款字酷肖，极难辨别。予初得描金五爪双龙酒杯一只，欣以为旧，后饶州司马许玠以十杯见贻，与前杯同，询知乃郎窑也。又于董妹倩斋头见青花白地盘一面，以为真宣也。次日，董妹倩复惠其八。曹织部子清始买得脱胎极薄白碗三只，甚为赏鉴，费价百二十金，后有人送四只，云是郎窑，与真成毫发不爽，诚可谓巧夺天工矣。"许谨斋诗说郎窑是"比视成宣欲乱真"。可见，郎窑除了以仿制宣德的红釉为其突出成就外，还有仿明代脱胎白釉器和宣德青花等成功之作。

此外，《在园杂志》还提到"熊窑"。熊窑究竟有那些珍贵品种，目前还无法肯定。北京故宫博物院所藏清宫内务府造办处档案中，有下述记载："雍正四年三月十一日，圆明园送来……熊窑双管扁瓶一件、熊窑梅桩笔架一件、熊窑小双管瓶二件、熊窑海棠式洗一件……熊窑冰裂纹圆笔洗一件"又"乾隆三年九月初八日，七品首领萨木哈来说，太监毛团交……熊窑纸槌瓶一件"也可惜实物无存，我们无从鉴赏了。

雍正年间，还有所谓"年窑"，那是指雍正四年，年希尧以管理淮安关税务之职，兼管景德镇御窑厂窑务时的产品。《景德镇陶录》说："年窑，厂器也，督理淮安板闸关年希尧管镇厂窑务，选料奉造，极其精雅。驻厂协理官每月于初二、十六两期，解送色样，至关呈请，岁领关币。琢器多卵色，圆类莹素如银，皆兼青彩，或描锥暗花。玲珑诸巧样，仿古创新，实基于此。"（卷五）雍正年间瓷器制作的仿古创新，成就十分突出，但把它都归功于年希尧是没有理由的，除了制瓷工匠的劳动是根本因素外，唐英的努力倒是应该一提的。

习惯上所称的"唐窑"，大多指唐英于乾隆二年督理景德镇御厂窑务以后至乾隆十九年（其中乾隆十六年曾一度停止）这段时间的瓷器而言，但事实上，唐英于雍正六年即到景德镇御厂"驻厂协理"窑务。他在《陶人心语》一书中说："予于雍正六年奉差督陶江右，陶固细事，但为有生所未见；而物料、火候与五行丹汞同其功，兼之摹古酌今，侈弇崇庳之式，茫然不晓，日唯诺于工匠之意旨。……用杜门、谢交游，聚精会神，苦心竭力，与工匠同其食息者三年，抵九年辛亥，于物料、火候、生剋变化之理，虽不敢谓全知，颇有得于抽添变通之道。"《景德镇陶录》记述唐英督窑的成就说："公深谙土脉、火性，慎选诸料，所造俱精莹纯全。又仿肖古名窑诸器，无不媲美；仿各种名釉，无不巧合；萃工呈能，无不盛备；又新制洋紫、法青、抹银、彩水墨、洋乌金、珐琅画法、洋彩乌金、黑地白花、黑地描金、天蓝、窑变等釉色器皿。土则白壤，而坯体厚薄惟腻。厂窑至此，集大成矣！"这里所列举的品种，唐英于乾隆元年所作的《陶成纪事碑》中几乎都已载入，说明这些成就应该在雍正年间已经取得。

唐英不仅是一个实务家，而且还能将工作中的经验加以总结，他在乾隆元年写的《陶成纪事碑》和乾隆八年所编的《陶冶图说》是我国清代制瓷工艺史的重要资料。

清代前期的康熙、雍正、乾隆三朝，达到了我国制瓷工艺的历史高峰。凡是明代已有的工艺和品种，大多有所提高或创新。例如康熙青花的色彩鲜艳纯净，别具风格；康熙五彩因发明了釉上蓝彩和墨彩，比明代的彩色更多样，而且由于烧成温度较高，比明代更透彻明亮；斗彩的品种增多；单色釉中雍正青釉的烧制达到了历史上最成熟阶段；黄、蓝、绿、矾红等色釉也有很大的提高；明代中期一度衰落的铜红釉和釉里红，在康熙和雍正时期都已恢复并获得进一步发展。

这一时期又创制了很多新的彩釉和品种，例如粉彩、珐琅彩、釉下三彩、墨彩和乌金釉、天蓝釉、珊瑚红、松绿釉以及采用黄金为着色剂的胭脂红等。

乾隆时期发展了很多特种制瓷工艺，当时仿古、仿其它工艺和仿外国瓷的制品都极为精致突出。

康熙五彩、雍正粉彩和珐琅彩的突出成就，和当时白瓷胎、釉的高度精细分不开的。当时白瓷胎中高岭土的用量比明代更高，而釉中的CaO含量则进一步降低，原料的选择和加工比以前更加讲究，烧成温度已达到现代硬质瓷的要求。此外，在窑具和窑炉的改革、烧成和气氛的控制技术等方面也在明代的基础上益加精进。从技术角度看来，我国传统的制瓷工艺在清代达到了它的成熟期。清代高级白瓷的质量，无论在外观上或是在物理——机械性能方面都达到了历史上的最高水平。

这一时期瓷器的造型和装饰也比明代更丰富多样。当然，乾隆时期随着整个封建社会的没落，在装饰花纹上也反映出了烦琐的倾向。

2.青花和釉里红瓷器烧造技术的进一步提高

青花 元明以来，青花瓷器始终占着彩瓷生产的主流地位。入清之后，青花瓷器仍然是景德镇瓷器最大宗的产品。唐英在《陶冶图说》中说：“青花圆器，一号动累百千。”正是这一情况的反映。顺治八、十一、十二、十三和十六年都有烧造御器的记载。北京雍和宫旧有“顺治八年江西监督奉勅敬造”款的官窑青花云龙香炉，传世的顺治年间民窑青花器也有一定数量，上海博物馆即藏有顺治十四年款的青花人物净水盌和十七年款的青花云龙瓶。

在清代，康熙民窑的青花瓷器，应该是最典型的代表作。《陶雅》说：“雍、乾两朝之青花，盖远不逮康窑。然则，青花一类，康青虽不及明青之秾美者，亦可以独步本朝矣。”从秾美角度讲，康熙青花是否一定不如所有的明代各朝青花，还可以再研究，但它说的康熙青花可以“独步本朝”那是对的。

传世的实物中，可以确认的康熙官窑青花器，其造型和图案装饰，都没有什么特殊的成就。我们目前所常见的大量造型多样、具有独特的图案装饰，而又不书康熙底款的青花瓷器，决不是官窑器而是当时的民窑器。康熙民窑青花的优点是：色泽鲜艳、层次分明和题材多样。

我国古代的青花是用天然的钴土矿作为着色剂。由于钴土矿中含有的氧化钴、氧化锰和氧化铁的份量不等，着色的效果也并不一样，若氧化锰和氧化铁含量较多，就会产生发紫、发黑和发灰的现象。比较成功的康熙青花呈宝石蓝的色泽，极为鲜艳。蓝色透底、莹澈明亮。这种美丽色泽的取得，决定于所用钴土矿的化学组成，以及对它的加工处理和烧成时的适当温度。

康熙时期所用青料的来源，没有确切的记载，大约成书于雍正时期的《南窑笔记》说，清代所用的青料除了明代已用的浙江、江西料外，“本朝则广东、广西俱出料，亦属可用，但不耐火，绘彩入炉则黑矣”！因此它认为：“故总以浙料为上。”光绪覆刻乾隆本《泉州府马巷厅志》也记载：“碗青，金门古湖琼林掘井口取之，江西景德镇及德化、宁德各窑所需。”但这种江西料、两广料和福建金门料恐怕都只在比较粗的青花瓷器上用。因此唐英的《陶冶图说》说：“瓷器，青花霁青大釉，悉藉青料，出浙江绍兴、金华二府所属诸山……其江西、广东诸山产者，色薄不耐火，止可画粗器。”优美的康熙民窑青花器所用的青料也应该是这种浙料。当然，有时优质的青花料因温度过高，也会出现带黑、红黑和紫色的现象。

关于青花色料在不同温度下的呈色，请见次页的表。下图是历代青花色料中铁、钴比和锰、钴比的分布图。

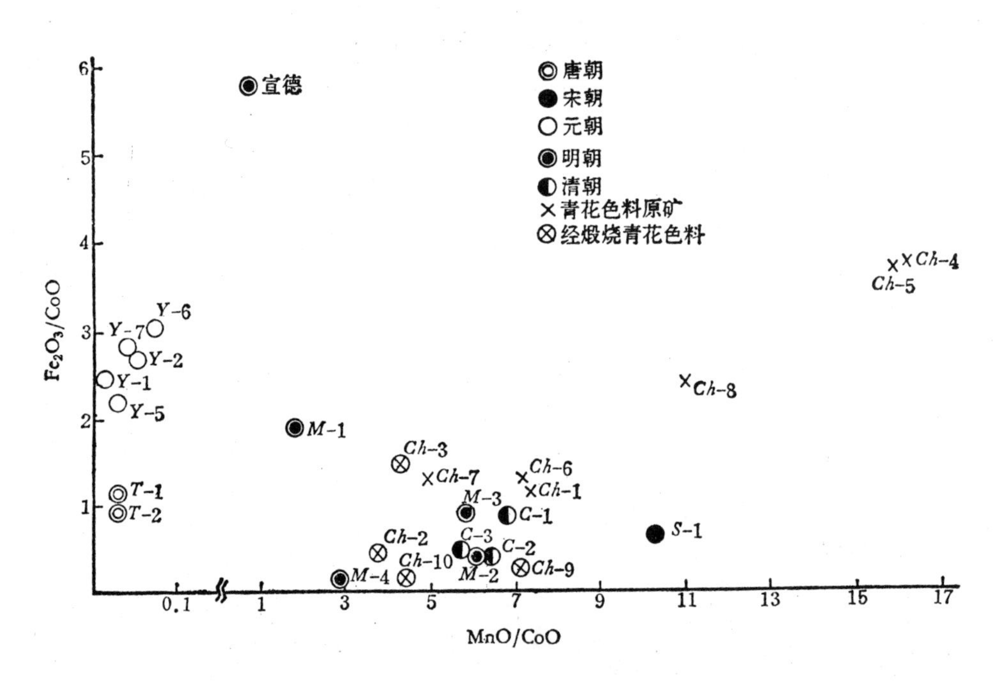

图八十　历代青花（包括蓝釉）及青花色料中Fe_2O_3/CoO比与MnO/CoO比的分布图

青花色料在不同温度下烧成后的显色①

	1280°C	1350°C
标本213	深　蓝	蓝　带　黑
标本214	深　蓝	蓝带微红黑
标本215	深蓝微紫	深带微红黑
标本216	深　蓝	蓝　带　黑
标本217	深蓝微紫	黑　　蓝
标本Ⅰ	深　蓝	蓝　微　黑
标本ⅠⅠ	深　蓝	蓝微黑泛紫

康熙青花纯蓝鲜艳色泽的烧制成功，体现了景德镇制瓷工匠长期技术积累的结果。

康熙青花的另一个重要特征是它的层次分明。明代青花器，特别是正德以前青花的色彩往往也有浓淡不同的层次，但这是在用较小毛笔涂抹青料时由笔触自然造成的效果，即使有一些分色层次，色调也不多。康熙青花器则完全由工匠们成熟地运用更多种浓淡不同的青料，有意识地造成多种不同深浅层次的色调。同一种青料由于它的浓淡不同，形成了色彩上不同的感受，甚至在一笔中也能分出不同的浓淡笔韵。康熙青花瓷器有"青花五彩"之誉，也就是指的这个特点。《陶冶图说》记录了清初描绘青花的分工情况："画者学画不学染，染者学染不学画。所以一其手，不分其心也。画者、染者分类聚一室，以成划一之功。至如边线青箍，出鏇坯之手；识铭书记，归落款之工；写生以肖物为上，仿古以多见能精，此青花之异于五彩也。"科学的分工对于提高工匠绘画着色的熟练水平是极为重要的。这种层次分明的青花着色方法，有利于表现瓷器画面中山头远近和衣褶里外的情致意境，它为康熙青花瓷器丰富多采的画面题材的表现创造了有利条件。

康熙官窑青花器主要是盘、碗、壶之类的器物，其图案以龙、凤、松、竹、梅及花卉为主（图版叁拾贰:1）。我们常见的凤尾尊、棒槌瓶、观音尊等大型器，基本上是民窑器，它们的装饰图案、题材十分多样，除了反映封建意识的《四妃十六子》、《多子图》、《八仙上寿》、《八吉祥》、《孝经故事图》等外，习见的还有《耕织图》、《怪兽》及各种小说戏曲题材的故事图画，例如《三国演义》、《水浒》、《封神演义》、《西厢记》、《西游记》等。此外，又有反映文人士大夫风尚的《竹林七贤》、《王羲之换鹅》、《饮中八仙》、《张旭醉写》和《西园雅集》等内容。

康熙时期的青花，特别是民窑器很多都没有年款，这和康熙十六年浮梁县令张齐仲曾经下令禁止窑户在瓷器上书写年款有关。当时的底款多有仿明代宣德、成化、嘉靖和万历年号，特别以仿宣德和成化款为多。

康熙青花还有各种色地的，如豆青地青花、洒蓝地青花、青花矾红和青花黄彩等。

雍正、乾隆时期的青花已不如康熙时期那样艳丽了。据唐英的记载，雍正年间比较突出的官窑青花器应该是仿明成化和嘉靖的作品，但传世所见的则以仿宣德青花器为多，而且在仿宣德时的黑疵及釉下气泡方面都能十分相像。雍正官窑青花器中以青花黄彩和青花金银彩器更为名贵。

釉里红 釉里红是以铜红料作为着色剂。在瓷坯上进行彩绘，然后上透明釉，以1250°C左右的高温一次烧成。这种工艺在景德镇始于元末。明代宣德时期的釉里红器已经有了一定的声誉，但它和铜红单色釉一样，在明中期以后一度衰退，直到康熙时期才又获得恢复。

康熙、雍正时期的釉里红制作，在明代的水平上又有所提高。元末明初的釉里红也有烧得比较成功的，但往往因为发色不好而呈黑色和灰色。宣德的釉里红瓷器传世不多，其成功之作除少数鲜红外，大多色泽较淡但十分幽美。明代中期以后的釉里红制品不仅很难发现，即使偶尔有一些，也大多色泽灰暗。清康熙时期的釉里红则基本上能掌握发色的效果，其铜红呈色作用一般比较稳定，和宣德时的成功作品一样呈淡红色。雍正时期的釉里红更有呈鲜红的色调，而且成品率很高，那是铜红的呈色作用基本上已成功地掌握到十分成熟的阶段了。

河北省保定市曾发现过元代的青花釉里红瓷器⑥，这是我国最早的青花和釉里红相结合的制品。这种工艺在明代采用得不多，而往往以青花釉上红彩来代替，到了清康熙时期则又发展起来。国内外有康熙十年、十一年、十二年“中和堂”款的青花釉里红器，往往以青花绘亭台、树干，以釉里红绘花朵，两种色调都比较淡。康熙青花釉里红器有青花龙和釉里红龙相结合的双龙图案，也有青花、釉里红相配合的花卉图案，更有一种以青花、釉里红和豆青釉色相结合的所谓釉下三彩，则是把釉下彩绘的制瓷工艺更推进了一步。

康熙时期的制瓷工人为了能充分发挥釉里红的艺术效果，还用釉上绿彩配合釉下红彩。传世品中有一种马蹄形水盂，其图案就是红花绿叶，显得分外娇艳。

雍正时期的釉里红器更趋精进，唐英在《陶成纪事碑》中记述雍正时期重要的制品，即有“釉里红器皿，有通用红釉绘画者，有青叶红花者”。北京故宫博物院和上海博物馆都藏有雍正时的桃果高足碗，它的青叶和红桃两种色泽都十分鲜艳，这是极为难能可贵的。在康熙或乾隆时期，青花釉里红器要能两种色调都发色鲜艳是很难兼得的。

3.丰富多采的清代釉上彩

釉上彩创制于宋代，到了明代，釉上单种彩和多种彩的制作，已经很发达。

但是明代釉上彩往往因嫌色彩单调而和釉下青花相结合，称为青花五彩。到了清代，釉上彩颇多创新，极为丰富。约略可分为民间五彩、珐琅彩、粉彩、斗彩、素三彩等品种。

五彩瓷器 《饮流斋说瓷》说，清代的“硬彩、青花均以康熙为极轨”。但是，康熙五彩和青花一样，在清代早期的记载中，并没有关于御厂所制官窑五彩器的突出记述，而在传世的康熙五彩器中，可以确认为官窑器的大多是盘、碗小件器皿，图案装饰也比较刻板。我们能见到的那种彩色鲜艳、图案活泼的大型器物一般都是民窑器。

康熙五彩的一个重大突破是发明了釉上蓝彩和黑彩。蓝彩烧成的色调，其浓艳程度能超过青花，而康熙时期的黑彩有黑漆的光泽，衬托在五彩的画面中，更加强了绘画的效果。因此康熙釉上五彩就显得比明代的单纯釉上五彩更娇艳动人。它基本上改变了明代釉下、釉上彩相结合的青花五彩占主流地位的局面。而且康熙五彩所有的色彩比明代大大增多，特别是金彩的运用突破了明嘉靖在矾红、霁蓝等地上描金的单一手法，而在五光十色的画面中往往能起着增加富丽娇艳的效果。如前所述，釉上五彩的制作是先以高温烧成白瓷，然后绘彩，再在彩炉中低温烧成。若炉温过高，将出现颜色流动的现象，炉温过低则彩的光泽不足。在明代嘉靖五彩中偶然能发现这类光泽不足的彩瓷，正是彩烧温度过低所引起的。康熙五彩一般都是彩色鲜艳，光泽透澈明亮，这是由于烧成气氛掌握较好所致(彩版31:4)。

“康熙彩画手精妙，官窑人物以耕织图为最佳，其余龙凤番莲之属，规矩准绳，必恭敬止，或反不如客货之奇诡者。盖客货所画多系怪兽老树，用笔敢于恣肆。”《陶雅》中这段对于康熙民窑五彩瓷器的评述还是正确的。常见的康熙民窑五彩杯、碗、盒、罐及凤尾尊、棒槌瓶与大盘之类的器皿，其图案由于不像官窑那样受到束缚，题材十分丰富多样，除了花卉、梅鹊、古装仕女等以外，大量采用以戏曲、小说为题材的人物故事画为主题，其中以描绘武士的所谓“刀马人”为最名贵。这些人物的画风深受明末著名画家陈老莲的影响，线条简练有力，以蓝、红或黑色勾勒人物面部和衣褶轮廓，然后用平涂的方法敷以各种鲜艳的彩色。给人以一种明朗感。后人把它和雍正盛行的有柔软感的粉彩相比，就称它为“硬彩”，也叫“古彩”。它鲜明透彻，线条有力，能耐火，不褪色，不剥落，恒久如新。

康熙五彩除了白地彩绘外，尚有各种色地彩绘，如黄、绿、黑地及米色地等。官窑器中特别珍贵的有“康熙御制”款的珊瑚红地五彩器。雍正以后，虽也还有一些精致的作品，但釉上彩瓷已向粉彩方向发展了。

五彩常用的彩料有红、黄、绿、蓝、紫、黑、金等若干种。利用这几种主要颜色可以调配出各种不同浓淡和不同色调的彩色来，能够大体上满足彩绘各种人物、花卉、鸟兽和自然风景的需要。关于这几种彩料的主要着色元素、制备方法及其着色机理，中国科学院上海硅酸盐研究所最近曾对它们作了较系统的研究⑦，今分别介绍如下：

红彩 有矾红和金红两大类。矾红的主要着色剂是氧化铁，故又称铁红，是我国传统红彩。矾红始见于宋瓷，宋以后的历代古瓷上的釉上红彩都属矾红。金红是从国外传入的，始见于清康熙年间的珐琅彩瓷。矾红是用青矾（$FeSO_4 \cdot 7H_2O$）为原料，经煅烧、漂洗制成。在彩绘时，矾红料中尚需配入适量的铅粉和胶。矾红彩的色调与彩料的细度有关，粉料愈细，色调愈鲜艳。用青矾煅烧分解而制成的氧化铁，颗粒极细，活性也大，故有利于发色。矾红彩的色调也和烘烤温度、烘烤时间有关，如能适当掌握温度和时间，就能得到鲜艳的红色。如果温度过高或时间过长，则会使部分氧化铁熔入底釉中而使红彩的色调闪黄。

黄彩 有铁黄和锑黄两种。五彩中的黄彩采用以氧化铁为着色剂的铁黄，而康熙珐琅彩和雍正粉彩中的黄彩则是采用以氧化锑为主要着色剂的锑黄。铁黄彩从铁黄铅釉发展而来。铁黄铅釉创始于汉代，著名的唐三彩上的黄釉即为铁黄铅釉。在清康熙以前，我国瓷器上的黄色釉和黄色彩，就只有铁黄一种，康熙时代的斗彩和五彩，其中的黄彩也都是铁黄。关于清代铁黄料的制备工艺，当时在景德镇居住了多年的法国传教士昂特雷科莱（汉名殷弘绪）在他给教会的第二封信中是这样描述的："要制备黄料，就往一两铅料中调入三钱三分卵石粉和一分八厘不含铅粉的纯质红料，……如果调入二分半纯质红料，便会获得美丽的黄料。"这里所说的红料即指矾红料，制成的黄料即为铁黄。

绿彩 我国传统釉上绿彩系从铜绿铅釉发展而成，两者都以铜为主要着色元素。我国在汉代就已发明铜绿铅釉，唐三彩上的绿釉即为铜绿铅釉。关于我国清代绿色料的配制方法，法国传教士昂特雷科莱在他给教会的第二封信中是这样记载的："制备绿料时，往一两铅粉中添加三钱三分卵石粉和大约八分到一钱铜花片。铜花片不外乎是熔矿时获得的铜矿渣而已。……以铜花片作绿料时必须将其洗净，仔细分离出铜花片上的碎粒。如果混有杂质就呈现不出纯绿色。"

我国传统绿彩品种甚多，色调不一，这是由于彩料中除含有不同量的铜外，有时还添加少量其它着色元素如铁、铬、钴及乳浊剂如砷、锡等之故。

蓝彩 我国传统釉上蓝彩系从钴蓝铅釉发展而来。钴蓝铅釉始用于唐三彩。我国古代陶工采用天然的钴土矿作为蓝釉和蓝彩的着色剂。钴土矿的化学组成由于产地不同而有较大差别，其所含主要着色元素除钴外，还有不同量的铁、锰等。我国传统釉上蓝彩中除含有上述几种着色元素外，有时还含有少量的铜，这是为了略为调整色调而引入少量绿彩之故。

黑彩 釉上黑彩主要用于勾勒枝叶的轮廓和叶脉等。化学分析的结果表明，我国传统釉上黑彩的主要着色元素是铁、锰、钴和铜，估计是用钴土矿和铜花片配制而成的。这种黑彩料的化学组成有两个特点：即（1）K_2O和Na_2O含量极低，显然在配制时没有加硝，而其它彩料（除矾红外）在配制时都要加硝，硝的主要成份为KNO_3，（2）烧失量高达14—26%，这显然是在黑色料中加入了某种有机物之故。根据文献记载，这种有机物即系牛皮胶，它是作为粘合剂而加到黑彩料中去的。

金彩 我国很早就用金来装饰陶瓷。例如四川曾出土用漆粘贴金箔的唐墓俑，宋代定窑和建窑瓷器上也有用漆粘贴金箔的，瓷器贴金到明代更为盛行。而清代则改用金粉代替金箔，其法为：用笔将金粉描绘于瓷釉表面，再在700—850°C的温度下烘烤，金就能烧牢在釉面上，然后用玛瑙棒、没有棱角的石英砂或稻谷等来磨擦，使其发光。这种方法叫描金。

关于金粉的制备和使用方法，法国传教士昂特雷科莱在他给教会的第一封信中是这样记载的："要想上金彩，就将金子磨碎，倒入瓷钵内，使之与水混合，直到水底出现一层金为止，平时将其保持干燥，使用时，取其一部分，溶于适量的橡胶水里，然后掺入铅粉。金子与铅粉的配比为30比3，在瓷胎上上金彩的方法同上色彩的方法一样。"

这种直接将金粉描绘瓷器的方法，由于工艺复杂，耗金量也比较大，故在古代亦只用于比较高级的瓷器上。清代后期，液态金，即俗称"金水"的装饰方法传入后，上述方法在瓷器上就不再使用。"金水"是一种金的树脂酸盐，系德国人居恩所发明，其特点是使用方法简单，耗金量低，外观富丽堂皇。

我国明清时代的釉上彩大部分都在古代低温色釉的基础上发展而成，两者在化学组成上最大的差别是低温色釉都属$PbO-SiO_2$二元系统，而釉上彩则大部分为$PbO-SiO_2-K_2O$三元系统。在着色机理方面，绿釉和绿彩都属Cu^{++}离子着色；黄釉和黄彩都属Fe^{+++}离子着色；矾红和金红分别为Fe_2O_3和金的悬浮体着色；蓝釉和蓝彩都属$(CoO_4)^{2-}$离子着色。

珐琅彩 珐琅彩瓷器是清代康熙、雍正、乾隆三朝极为名贵的宫廷御器，过去俗称"古月轩"瓷器，但是在清宫中并无"古月轩"之名，很可能是讹传。

明代有一种新兴的特种手工艺品，它是在铜胎上以蓝为地色，掐以铜丝，填上红、黄、蓝、绿、白等几种色釉而烧成的精致工艺品。永乐时期已有这类制品，由于其蓝色在景泰年间的最好，因此有"景泰蓝"之称。清代前期，从国外进口有那种和景泰蓝相似的金珐琅、铜珐琅等器物，当时国内也盛行在铜、玻璃、料和瓷等不同质地的胎子上，用进口的各种珐琅彩料描绘而成珐琅彩器，这些珐琅彩器在故宫保存的原标签上称为"铜胎画珐琅"、"瓷胎画珐琅"等等。"瓷胎画珐琅"也就是著名中外的珐琅彩瓷器。它所用的彩料，在雍正四年还有进口的记载："西洋国……雍正四年五月复遣使进贡……各色珐琅彩料十四块"⑧。但根据故宫所藏清宫内务府造办处的档案，至迟在雍正六年清宫造办处已自炼珐琅彩料，并且比原有进口料增加很多色彩品种："雍正六年二月廿二日……奉怡亲王谕，着试烧炼珐琅料。……七月十二日据圆明园来帖内称，本月初十日怡亲王交西洋珐琅料月白色、白色、黄色、绿色、深亮绿色、浅蓝色、松黄色、浅亮绿色、黑色，以上共九样。旧有西洋珐琅料月白色……以上共九样。新炼珐琅料月白色、白色、黄色、浅绿色、亮青色、蓝色、松绿色、亮绿色、黑色，共九样。新增珐琅料软白色、秋香色、淡松黄绿色、藕荷色、浅绿色、深葡萄色、青铜色、松黄色，以上共九样。”（造字3318号）炼珐琅料有专职工匠，造办处档案中提到的有“吹釉炼珐琅人胡大有”（造字3323号）等。

珐琅彩瓷器创始于康熙年间，大多是盘、壶、盒、碗、瓶、杯等小件器，专作宫廷皇帝、妃嫔玩赏和宗教、祭祀的供器之用。康熙珐琅彩器除了一部分用宜兴紫砂胎外，一般都是在素烧过的瓷胎（器内壁上釉，外壁无釉）上，以黄、蓝、红、豆绿、绛紫等彩色作地，彩绘缠枝牡丹、月季、莲、菊等花卉图案，有的还在四个花朵中分别填写“万”，“寿”、“长”、“春”、四字，那显然是为康熙祝寿的器皿。由于彩料较厚，有堆料凸起的感觉，这就增加了色彩的立体感。在烧成后，因料彩过厚，往往有极细小的冰裂纹。在康熙珐琅彩上出现的胭脂红是我国最早使用的金子红，它是一种最早的进口红色料。器底款字一般为红色和蓝色的“康熙御制”堆料款，个别亦有刻字阴文款（彩版31:1)。

雍正以后，珐琅彩瓷器的制作更趋精进，除了一部分和康熙时一样的色地外，大多是在精致的白瓷器上精工彩绘。所用的白瓷器有从景德镇成批烧好后送到北京的，也有直接利用宫中旧存的脱胎填白瓷器。至于彩绘和烘烧的工序都在清宫内务府的造办处内进行。如造办处珐琅作造字3290号档案记载：“雍正二年二月初四日怡亲王交填白托胎磁酒盃五件，内二件有暗龙。奉旨，此盃烧珐琅，……于二月二十三日烧破二件，……奉王谕，其余三件尔等小心烧造，……于五月十八日做得白磁画珐琅酒盃三件。”

雍正珐琅彩瓷器已经改变了康熙时期只绘花枝、有花无鸟的单调图案，而在洁白如雪的瓷器上用珐琅彩料描绘花鸟、竹石、山水等各种不同的画面，并配以书法极精的相应题诗，成为制瓷工艺和书、诗、画相结合的艺术珍品(彩版32:2)。也有的盘、碗器皿外壁用绿、黄等色作地，器内白地彩绘。雍正本人又极力提倡水墨及青色山水，因此这一时期这两个品种更有极精的产品。

从造办处的档案可以看到雍正时期参加绘画珐琅彩的人名。雍正十年提供画稿的有唐岱及画水墨珐琅的戴恒、汤振基（造字3349号）。雍正六年，被指定画珐琅彩花样的有贺金昆（造字3314号）。此外，雍正时期的画珐琅人（有的称“画磁器人”）有宋三吉、张琦、邝丽南、谭荣、周岳、吴士琦、邹文玉等，其中以谭荣和邹文玉更为出色。见于乾隆造办处档案中，九年的有罗福旼，十四年的有黄琛、杨起胜、胡大有等六名。

乾隆时期珐琅彩瓷器画面有的完全仿西洋画意，有些画面人物题材增多。其所用白瓷器很多是造办处库存的上等填白瓷器，如乾隆十八年十一月造办处珐琅作档案记载：“白磁盘一件（有透莹）、白磁暗龙盘一件（二等无款）传旨着交珐琅处烧珐琅，……

填白盘碟大小一百卅件（二等）、填白磁碗大小二十八件（头等）、填白碗大小八十四件、填白瓷碗大小五十件、填白磁碗大小八十件、填白磁碗大小九十七件（有款）、填白瓷靶碗四件（宣德暗款二等），交珐琅处烧珐琅。”（造字3442号）

这些精致的珐琅彩瓷器完全是清代宫廷的垄断品，它的生产量并不大。据造办处造字3323号档案的统计，自雍正七年八月十四日起至十三年十月止，所造最多的一批珐琅彩瓷器的总数也只有：碗八十对又十七件、碟四十四对、酒圆三十六对、盘四十二对、茶圆二十六对又三件、瓶六对。

雍正和乾隆时期的珐琅彩瓷器，每于题诗的引首、句后有朱文和白文的胭脂水或抹红印章，其印面文字往往和图案、题诗内容相配合。例如，图有黄、红色秋花的都用“金成”、“旭映”章；凡画竹都用“彬然”、“君子”章；画山水则用“山高”、“水长”章；画梅花配以“先春”章；画凤鸟则用“凤采”章等等。器底款字有“雍正年制”、“大清雍正年制”蓝料款和“大清雍正年制”青花款。乾隆则多为“乾隆年制”蓝料款。

珐琅彩在化学组成方面有如下特点：

（1）它含有大量硼，而在中国传统彩料中，无论五彩或粉彩，都不含硼。(2) 珐琅彩中含有砷，而在中国传统彩料中，只有粉彩含砷，五彩则不含砷。（3）珐琅彩中的黄彩采用氧化锑为着色剂，粉彩中的黄彩亦用氧化锑为着色剂。在康熙前，不论五彩中的黄色或是低温色釉中的黄色，一向采用氧化铁为着色剂。(4) 珐琅彩中的胭脂红是用胶体金着色的金红，这种彩在康熙以前没有见过⑨。

以上化学分析，证明了珐琅彩不是中国的传统彩料，而是从国外引入的。珐琅彩的引入对康熙以后粉彩的发展有相当大的影响。

粉彩 粉彩瓷器是在康熙五彩基础上，受了珐琅彩制作工艺的影响而创制的一种釉上彩新品种。它开始于康熙时期。初创之时的粉彩器比较粗，仅在红花的花朵中运用珐琅彩中所见到的胭脂红，其它色彩大多仍沿用五彩的作法。北京故宫博物院所藏康熙粉彩花碟盘，有“大清康熙年制”六字楷书款，花朵用胭脂红，光泽较足，白花朵和枝干有粉感，但淡绿及翠绿色仍用五彩平涂法。至雍正时期，无论在造型、胎釉和彩绘方面，都有了空前的发展。雍正粉彩的特点是由于在彩绘画面的某些部分采用了以玻璃白粉打底，用中国传统绘画中的没骨画法渲染，突出了阴阳、浓淡的立体感，同时粉彩的烧成火度较低，所用彩色比五彩更多，因而比五彩更为娇艳，以淡雅柔丽名重一时。

景德镇的制瓷工人在含铅的玻璃质中，引进“砷”元素，发明了所谓“玻璃白”，它的成份是 PbO（氧化铅）、SiO_2（氧化硅）和As_2O_3（氧化砷）。氧化硅是形成玻璃的主要成分，氧化铅为熔剂，而氧化砷可以起乳浊剂的作用。这种玻璃白由于其中砷的乳浊作用，有不透明的感觉，一般在粉彩瓷器图案中的花朵和人物的衣服上使用。粉彩的彩绘步骤一般是，先在高温烧成的白瓷上勾出图案的轮廓，然后在其内填上一层玻璃白，彩料施于这层玻璃白之上。再用干净笔轻轻地将颜色依深浅浓淡的不同需要洗开，使花瓣和人物衣服有浓淡明暗之感。例如，雍正粉彩的花朵一般用胭脂红着色，往往在花心部分保留的胭脂红色料最多最厚，从花心到花瓣愈往外，红色洗去得愈多，而且由于粉彩中有的色料不像五彩那样用胶水画，而用油料绘彩，色料的厚薄本身就造成不同层次的立体感，这是五彩的单线平涂法无法得到的效果。至于矾红，无论在五彩或粉彩器上都是在瓷面上直接平涂或洗染，不用玻璃白填底。

粉彩的颜色由于掺入粉质，有柔和的感觉，又因为粉彩一般在彩炉内以氧化气氛约700°C左右烧成，比起五彩的烧成温度要低，瓷器烧成后其色彩在感觉上也比五彩要柔软，所以又有"软彩"之称。

粉彩所用的颜色种类远较五彩为多，以金为呈色剂的胭脂红，在康熙的珐琅彩中已经出现，到雍正的粉彩中则大量使用。这种红的色调也有多种，淡的如蔷薇，深的如胭脂；五彩所用各种深浅不同的绿色有五、六种，而粉彩则多达十多种。黄彩也用锑黄，锑黄含有一定量的起稳定作用的氧化锡。锑黄的引用显然也是受了珐琅彩的影响⑩。

彩色的多样化必须要有洁白的胎地作衬托，才能显出它的艳丽。雍正白瓷的胎土洁薄，釉汁纯净，出窑后的加工处理也十分讲究，底足极为光滑细腻，很多雍正粉彩瓷器瓷胎之白且薄正是达到了"只恐风吹去，还愁日炙销"的地步。化学分析的结果说明，康熙、雍正彩瓷瓷胎的含铁量极低，雍正薄胎粉彩瓷胎含铁量只在百分之零点八左右。

周仁等：《景德镇瓷器的研究》（科学出版社，1958年）一书列有清初瓷胎的化学成分，数据如下：

标本编号及名称	SiO_2	Al_2O_3	Fe_2O_3	CaO	MgO	K_2O	Na_2O	TiO_2	MnO	总数(%)
C17 康熙中胎斗彩盘	65.09	26.72	1.06	1.62	0.13	3.11	2.57	0.13	0.07	100.50
C14 康熙中胎五彩盘	66.67	26.25	0.91	1.25	0.33	2.56	2.15	—	—	100.12
C11 康熙厚胎五彩花觚	66.33	26.33	1.37	0.65	0.09	2.91	2.44	0.08	0.07	100.27
C12 康熙厚胎青花觚	68.59	24.08	1.15	0.71	0.30	3.13	2.35	0.12	0.07	100.28
C13 雍正薄胎粉彩盘	67.78	26.25	0.84	0.71	0.16	3.28	1.12	0.07	0.07	100.28
C15 雍正薄胎粉彩碟	66.27	27.42	0.77	1.36	0.13	3.07	1.29	—	—	100.31

雍正粉彩瓷器的图案画面有花鸟、人物故事和山水画，但由于要充分运用胭脂红和黄色、白色渲染的有利条件，故以花卉画为主，特别是官窑器。在白胜霜雪的瓷面上，数朵绮丽彩花，婀娜多姿，其中尤以胭脂红色的秋海棠为绝艳（彩版32:1）。

雍正粉彩不仅白地绘彩，而且也有各种色地彩绘的，如有珊瑚红地、淡绿地、酱地、墨地、木理纹开光粉彩和粉彩描金等。描金勾线加填墨彩的品种更是别致，它更增加了粉彩瓷器在色彩对比上的美感。堆料彩的粉彩制作往往以蓝料或红料用没骨法堆画花朵、叶子，然后剔划出茎线，就更富有立体感。

乾隆时期的粉彩瓷器，总的来说尽管秀丽淡雅已不如雍正，但仍有大量精致的工艺品（彩版32:3）。在彩绘工艺上，凡胭脂红花朵大多勾茎，不像以前那样只是单独的渲染。锦地、蓝地、黄地开光粉彩的制作逐渐增多，至于像胭脂红地粉彩、金地粉彩、黑漆嵌金银丝开光粉彩和一些茶叶末地粉彩、霁红地粉彩以及粉彩描金器都是比较珍贵的品种。在这一时期又出现了兼用粉彩和珐琅彩装饰工艺的瓷器。

从图案花纹看，乾隆时期的粉彩器有渐趋繁缛的倾向，特别是乾隆末至嘉庆初盛行的红地、绿地凤尾纹的粉彩瓷器为甚。

斗彩 斗彩瓷器创始于明代成化年间，至嘉靖、万历时期，特别盛行的斗彩品种则是青花五彩器。清代康熙的斗彩瓷器虽也有极佳的制品，但多数不及成化斗彩那么精致娇艳。

斗彩发展到雍正时期，进入了一个更高的阶段，从纹饰布局到色彩配合，以及填彩的工整，比明代又前进了一步。器类更多了，除了小型器皿外，有壶、洗、盂、灯座和瓶、罐、尊之类的大型器（图版叁拾贰:3）。

雍正斗彩的突出成就有二，一是仿制成化斗彩的成功。清宫内务府造办处档案有这样一段记载："雍正七年四月十三日，……交来成窑五彩磁罐一件（无盖），……奉旨，将此罐交年希尧添一盖，照此样烧造几件。原样花纹不甚好，可说与年希尧往精细里改画，……"（造字3323号）这类成窑五彩罐即是现藏北京故宫博物院的成化斗彩罐。唐英在《陶成纪事碑》中总结他驻厂的成就，有一条是："仿成窑五彩器皿。"在北京故宫博物院收藏的那种补配的斗彩罐盖子和原罐大多比较相近，说明了当时仿制成化斗彩的技术水平。传世的雍正斗彩器中还有仿成化斗彩的鸡缸杯、马蹄杯等，有的几乎可以乱真。

雍正斗彩的另一个突出成就是，由于雍正时期盛行粉彩改变了过去单纯的釉下青花和釉上五彩相结合的工艺，成为釉下青花和釉上粉彩相结合，使得图案更显得艳丽清逸了。

在色彩上，由于康熙以后以金为着色剂的所谓"洋红"——即胭脂红的盛行，一些过去用矾红着色的工艺往往改用胭脂红，因而使斗彩器显得更为娇艳。《南窑笔记》在叙述雍正仿成化斗彩时说："今仿造者，增入洋色，尤为鲜艳。"正是指这一点而言的。

雍正斗彩的花鸟人物图案，釉下以青花勾线，釉上所填的各种色彩都基本上正确地填在框线内，不越出范围，达到规整的地步。更由于雍正粉彩十分讲究釉上彩的多样化，即使像常见的飞龙天字罐和团花花卉碗等器物，也往往在图案的花朵上，于一朵花内填上紫、绿、红、黄、青等多种色彩，这种表现手法，反映了当时斗彩制作工艺的精细程度，此外，还有一种常见的粉彩梅雀盖碗，碗身和碗盖的图案画面相同，互相对应，色彩瑰丽，也是一种很别致的装饰手法。

在图案的设计上，明代成化斗彩以疏朗、秀丽为其特色，而嘉靖、万历以后的青花五彩器，则基本上以繁密、艳丽取胜。清代康熙斗彩仍然带有明代的遗风，十六子婴戏图、龙凤、团花的纹饰往往布满全器，但清雍正斗彩则和粉彩相似，基本上以花鸟为主，而且又返回到明成化的风格，趋于清逸。其中，特别是风竹碗，寥寥几笔风竹，给人以淡雅的感觉。

乾隆以后，斗彩瓷器虽然仍然盛行，在图案上更多团彩，但已无什么特殊的创制了。

素三彩　“素三彩”是指以黄、绿、紫等色为主要色调，只不用红色。这种素三彩的制作在明代已经开始，至正德时已极为精致。它的制作方法是在白瓷胎上先进行线描、刻绘，再加彩低温烧成(彩版31:2)。

清代康熙素三彩瓷器有了更进一步的发展，它的彩色除了黄、绿、紫外，增加了当时特有的蓝彩。同时，加彩方法也更为多样：有在素烧过的白瓷胎上直接加彩，然后罩上一层雪白，低温烧成，传世较常见的素三彩花果盘即属此种制作方法。也有在白釉瓷器上涂以色地，再绘素彩的，如黄地加绿、紫、白彩；绿地加黄、紫等彩的。至于有一种墨地的素三彩器，那更属较少见的精品了。

上述的素三彩花果盘底有“大清康熙年制”六字楷书款，应该是官窑制品。另有常见的素三彩莲实吸杯，莲实、莲叶各居其半，莲茎中空，可以由此吸饮，应属民窑器。

传世康熙素三彩中有一些以黑、黄、绿或紫各种地色的三彩大瓶，往往四面开光，彩绘花鸟，过去评价极高。其中大多是赝品。

康熙素三彩器除了碗、盘器皿及文具盒、炉等外，也有各种瓷塑，以观音像和动物较为多见。

此外，素三彩中还有一种俗称“虎皮斑”的品种，那是以黄、绿、紫釉晕成杂斑，取其自然形成的色彩美。

4.清代前期色釉瓷器的创新与发展⑪

清代前期的色釉瓷器，在明代的基础上有了很大发展。它的成就主要反映在景德镇御厂的官窑器上。

唐英《陶成纪事碑》记载景德镇的釉彩计五十七条，其中就有三十五条是讲色釉的。从传世的实物看，清代前期，特别是康熙、雍正的官窑大瓶大多是单色釉。

清代的色釉名目繁复，品种多变。红釉就有铁红、铜红、金红之分，蓝釉亦有天蓝、洒蓝、霁蓝之别，绿釉更有瓜皮绿、孔雀绿、秋葵绿之异，此外，尚有茄皮紫、乌金釉等等。我国传统的青釉烧制技术到雍正时期才趋于稳定。清代前期大量烧造的仿汝、仿官、仿哥、仿钧釉以及茶叶末、蟹壳青、铁锈花等含铁结晶釉，都属于色釉的范围，前者是利用开片或者釉色的变化作为装饰，而后者则利用铁的结晶作装饰。

在所有颜色釉中，高温铜红釉是烧成难度最大的一种。清代初期铜红釉的烧制技术达到了历史上的最高水平。

红釉的恢复与发展 明代中期以后，铜红釉烧制技术几乎失传，一直要到清代前期的康熙才得以重新恢复和发展。

郎窑红 康熙时期有一种仿制明代宣德宝石红釉极为成功的产品，习惯称之为郎窑红（彩版31:3）。

《在圆杂志》说郎廷极摹仿明代成化、宣德的瓷器“与真无二”、“极难辨别”。而与郎廷极同时的康熙时人许谨斋也有一首叙述郎廷极督造瓷器的诗：“宣成陶器夸前朝，……迩来杰出推郎窑。郎窑本以中丞名……中丞嗜古得遗意，政治余闲程艺事；地水火风凝四大，敏手居然称国器，比视成宣欲乱真，乾坤万象归陶甄；雨过天青红琢玉，贡之廊庙光鸿钧。……”（《郎窑行，戏呈紫衡中丞》，《许谨斋诗稿，癸巳年稿》。）诗中突出了郎窑仿制成化、宣德窑青、红两种色釉的成就。根据这两个记载，把那种康熙仿宣德的宝石红称为郎窑红也不是没有理由的。郎窑红器的特点是色泽深艳，犹如初凝的牛血一般猩红（有称牛血红的），釉面透亮垂流，器物里外开片，在底足内呈透明米黄色或苹果绿颜色，俗称米汤底或苹果绿底，也有本色红釉底。除口沿外，全器越往下，红色越浓艳，这是由于釉在高温下自然流淌、集聚器下之故。口沿处因釉层较薄，铜分在高温下容易挥发和氧化，因此出现轮状白线，称之“灯草边”。康熙朝器物的底足旋削保证了流釉不过足，所以郎窑红又有“脱口垂足郎不流”之称。

郎窑红器有大件，也有小件，器形都是康熙时期独特的式样，如俗称的笠式碗、观音尊、油锤瓶之类，在康熙的彩瓷中也流行这些造型。

用釉色作为装饰，照例无加彩的必要，特别是色泽浓艳的红釉，但这类红釉器中偶而也有加彩，效果并不好。

豇豆红 与郎窑红并驾齐驱，色调淡雅，又称“桃花片”、“娃娃脸”、“美人醉”等。它酷似豇豆的红色，并带有绿色苔点。郎窑红果因宝光艳色而鲜艳夺目，豇豆红则兼幽雅清淡，尤柔和悦目，给人以意境更为深远的美感。

豇豆红釉面的绿色苔点，原是烧成技术上的缺陷，但是在浑然一体的淡红釉中，掺杂星点绿斑，倒也相映成趣。有人曾用洪亮吉咏苹果诗句来描述它：“绿如春水初生日，红似朝霞欲上时。”可说是恰到好处。

豇豆红比郎窑红的烧成难度更大，因此无大件，最高的不过20厘米左右，而且器型也不过五、六种，大多是文房用具，如印合、水盂、笔洗等等，其它有少量柳叶瓶、菊瓣瓶之类。由于豇豆红烧制极不容易，只能是官窑少量生产供皇室内廷使用，器物底足内均白釉青花书“大清康熙年制”三行六字楷书款。郎窑红器则不见有书写年款的。

吹青吹红　《南窑笔记》有“吹青、吹红，二种本朝所出”的记载，说明采用吹釉法的青、红两种色釉是清初新创。现在景德镇烧制豇豆红器仍采用吹釉方法，再据传世的实物进行推断，所谓的“吹红”釉很可能就是指的豇豆红品种。

霁红　康熙朝除了郎窑红与豇豆红之外，利用铜着色的尚有霁红器。霁红有别于郎窑红的浓艳透亮，也不同于豇豆红的淡雅柔润，是一种失透深沉的红釉，呈色均匀，釉如橘皮，官窑器有“大清康熙年制”青花楷书款传世品，唯比较少见，其产量之大质量之精还是在雍正、乾隆两朝，以后就日趋衰退了。

清宫造办处的档案说明雍正本人一再催烧霁红器，如：“雍正十三年七月十九日，……传旨着年希尧照样（霁红高足茶圆）烧造一百三十件送来。……”（造字3372号）

乾隆时期民窑烧造霁红器也逐渐多起来了，但“陶户能造霁红者少，无专家。惟好官古户倣之。”[12] 清人龚轼在《景德镇陶歌》中也记述了霁红器的难成：“官古窑成重霁红，最难全美费良工。霜天晴昼精心合，一样抟烧百不同。”

以上郎窑红、豇豆红、霁红都是利用铜作着色剂，在1300°C左右的高温中，控制还原焰气氛烧成的红釉。只是由于其中胎、釉料的制备、含铜量的多少以及施釉工艺的差异，形成了各个不同的品种。

仿烧宋代汝、官、哥、钧釉（按：钧清代文献中亦作“均”）　清代前期，特别从雍正开始，在仿制汝、官、哥、钧釉的工艺上是很有成就的。唐英《陶成纪事碑》有“仿铁骨大观釉”（官）、“仿铁骨哥釉”、“仿铜骨鱼子纹汝釉”、“钧釉仿内发旧器”各条，说明雍正时期御厂官窑已大量仿制这些釉色。而《景德镇陶录》则记载：“汝器，镇陶官古大器等户多倣汝窑釉色，其佳者，俗亦以雨过天青呼之。”“官窑器，自来有专仿户，今惟兼仿，碎器户亦造。若厂仿者尤佳。”“哥器，镇无专仿者，惟碎器户兼造，遂充称哥窑户。”由此可见，当时的民窑亦从事这些品种的仿制，但从现存实物看，高质量的大多数属于御厂的官窑器。

汝、官、哥窑器都以“开片”作为装饰。“开片”原是胎、釉膨胀系数不匹配所造成的缺陷，被聪明的制瓷工匠巧加利用。

仿汝窑器是一种天蓝釉色中显鱼子纹小开片的产品，胎、釉都极细腻，色泽淡雅柔和，比宋代汝窑器有过之而无不及。两者最大的区别，一是釉的不同：宋汝釉面失透，厚润安定，仿汝釉面透亮，清澈晶莹。二是器型的各异：宋汝多盘、碗、奁等小件，仿汝有瓶、洗之类大件，御厂仿汝器底书“大清雍正年制”或“大清乾隆年制”青花篆书款。

雍正、乾隆两朝仿宋官窑器极为成功，失透的灰蓝色釉面点缀着本色纹片，其中所仿桃式洗是最为典型的代表作品，与宋官窑器比较，有时竟能达到真伪难辨的程度。仿器造型有各式贯耳瓶、三孔葫芦瓶、三足洗、象耳尊等。御厂仿器多有青花篆书款。

哥窑器在明代成化朝已有少量仿制，器型多属小件碗、盘、洗之类。至清代雍正、乾隆之间所仿有较大器物，多见葵口碗、琮式瓶以及笔筒、水盂、笔架等文房用具。仿哥器通体由大且深和小而浅的两种纹片交织组成，俗称金丝铁线。从现在生产的仿哥器得知，这种深浅不同的纹片，是在器物出窑后染色而成，推断当时也有可能是人为着色的。

清代雍正时期，仿钧釉的成就非常突出。在清宫内务府造办处的档案中有很多关于雍正催索仿钧器的记载，如："雍正七年……闰七月十□日郎中海望持出均窑双管瓜楞瓶一对，奉旨着做鳅耳乳足三足炉木样……交年希尧照此瓶上釉水烧造些来。"（造字3326号）"雍正八年十月二十六日……将年希尧烧造来的仿均窑磁炉大小十二件呈览，奉旨此炉烧造的甚好，传与年希尧照此样再多烧几件。"（造字3332号）"雍正十一年正月二十一日司库常保奉旨着照宜兴钵样式交与烧造磁器处仿样，将均窑、官窑、霁青、霁红钵各烧造些来，其均窑的要紧，钦此！"（造字3360号）

唐英在雍正六年至景德镇御厂协理窑务。于七年就派"厂署幕友"吴尧圃调查钧窑器釉料的配制方法。雍正七年以后，宫廷档案中屡见景德镇仿钧釉的成功记录，是与吴尧圃的调查研究所取得的成果分不开的。

仿钧釉中的窑变花釉，是利用多种不同色釉施于一器，在高温下自然流淌以及相互交融所呈现的犹如火焰状的色彩和图案，较红的称为火焰红，偏蓝的谓之火焰青。

烧造仿钧器要先上一层以铜为着色剂的底釉，再涂滴含铁面釉于其上。也有采用在烧坏的红釉器上，涂以二种不同的釉料入窑复烧而成。仿钧少见圆器，多系瓶、罐等琢器陈设瓷，底刷芝蔴酱色釉，御厂仿钧器刻有"雍正年制"或"乾隆年制"篆书款。另有一种仿钧器，并不是利用高温下二色釉的自然流淌，而是采用在不同部位施以不同成分的釉料制成。这是先在胎上涂以含铁底釉，然后在器物下部洒滴含钴面釉，在器物上部涂滴含铜釉料，经高温烧成。这种釉色纵然没有千变万化的交融色泽，也有别具一格的风趣，是雍正时期仿钧而又不似钧的新色釉。

关于仿钧的烧制过程，《南窑笔记》中有记载："其均窑及法蓝、法翠乃先于窑中烧成无釉涩胎，然后上釉，再入窑中复烧乃成，惟蓝、翠一火即就，均釉则数火乃得流淌各种天然颜色。"

清代景德镇民窑的仿钧釉，也有一定成就。《景德镇陶录》记载了当时的情况："今镇陶所仿钧器，土质既佳，鉼罏尤多美者。"

此外，景德镇还兼仿"宜钧"器，称为"炉均"，那是因为这个品种先以高温烧成胎子，釉色在低温炉中第二次烧成。《南窑笔记》也记载了这种工艺："炉均一种，乃炉中所烧，颜色流淌中有红点者为佳，青点次之。"《景德镇陶录》亦载："炉均釉，色如东窑、宜兴挂釉之间，而花纹流淌变化过之。"

景德镇炉钧釉始创于雍正，盛行于雍、乾时期。

东青釉 从金属氧化物的呈色作用说，凡是由于釉中所含铁分，在高温还原气氛中煅烧而呈现各种深浅不同的青绿色，都称为青釉。我国古代的青瓷以及宋代龙泉、官、哥、汝等窑器，都应属于青釉的范围。这里要特别叙述的，是清代有突出成就的"东青"（豆青）釉。

宋代的龙泉窑器，特别是南宋龙泉的釉色，是我国古代青釉发展的高峰。宋龙泉之后，元代盛烧青花、釉里红；明代因注重发展彩瓷，除了明初永乐、宣德的青釉尚有可观外，青釉一度衰落，明代后期有的青釉竟烧成了油灰色。一直要到清代的康熙朝才有苹果青的成功之作，但青釉烧制技巧的稳定却要到雍正时期。雍正本人一再指定景德镇御厂烧造东青釉器。《景德镇陶录》说："东青器，镇窑专仿东青户，亦分精粗，有大小式。惟官古户兼造者尤佳。或讹冬青，或讹冻青，要其所仿釉色则一。"说明当时的东青釉色，官、民窑都在烧造。

青釉 宋龙泉已达到了高度水平，但直到清代雍正时才算成熟掌握了青釉的烧制技术。我们不妨把南宋龙泉器与雍正青釉器作一比较。首先是在色泽方面，龙泉器釉色并不稳定，梅子青、粉青是上乘釉色，但也不绝对稳定，一般的均有青中带黄或完全呈黄色的现象；雍正青釉的色泽则基本稳定，其中以东青（豆青）为主要色调，这说明在铁的含量及对还原气氛的控制上完全可以人为掌握，得心应手了。其次在器型方面，宋龙泉器多属小件杯、碗、洗、瓶、罐、炉之类，且亦屡有变形；雍正青釉则有大件盘、碗、瓶、罐等物。上海博物馆所藏雍正东青釉印花云龙大缸，高达45厘米以上，腹径62厘米，而且器形规整。这样的大件器在宋龙泉中是不见的。最后是在成品率方面，龙泉器需要多次上釉，工序繁，成本高，并且在窑址中见到梅子青、粉青的废片极多，说明这种产品的成品率低，而雍正青釉所见到的成功之作较多，成品率应比龙泉器高得多。

其它色釉 色釉有高温与低温的区别，高温色釉是在石灰釉中利用氧化钙作助熔剂，在1200°C以上的温度中烧成。低温色釉是用氧化铅作助熔剂在700°C—900°C的温度中烧成。这也就是《南窑笔记》所说的"窑内所出釉之正色"和"炉内颜色"的区别。

清代前期的高温釉，除了名贵的红釉和传统的青釉外，尚有蓝釉、酱色釉和乌金釉；低温釉有黄釉、绿釉、紫釉、胭脂水和珊瑚红。在这些名目繁多的颜色釉中，有些始于明代，清代只是加以继承和发展，譬如蓝釉、黄釉、绿釉、紫釉和酱色釉等；也有纯属清代新创，如胭脂水、乌金釉、天蓝釉、珊瑚红、秋葵绿之类。

中国的传统色釉，大多数以某些天然矿物为着色剂，其主要着色元素不外乎铁、铜、钴、锰四种。唯胭脂水一色是金的着色。

胭脂水 一种粉红色泽的低温釉，它是在釉中羼入万分之一、二的金而呈现犹如胭脂红色，也称金红。清康熙年间，从西方国家引进我国。它的制作，是在烧成的薄胎白瓷器上施以含金的色釉，于彩炉中烘烤而成。

胭脂水都为官窑产品，底足用青花书写清代前期各朝年款，始于康熙，精于雍正、乾隆之间。器型多见小件杯、碗、水盂之类。

清代前期利用铁作着色剂的，除青釉外，还有黄釉、酱色釉、乌金釉及珊瑚红釉等。

我国传统的黄釉是一种低温釉，明、清两代的黄釉都是以铁为着色剂的铁黄。清代康熙时发明的锑黄，是作为黄色釉上彩使用的。《南窑笔记》记载："黄色用石末、铅粉、入矾红少许配成。"现代景德镇采用赭石配制黄釉，既经济又方便。利用铁分的增减，便可得到娇黄、老黄、蜜腊黄等不同的色调。

黄釉器的制作有两种方法：一是在烧成白瓷的釉面上涂以含铁色料，再在低温下烧成，另一种是在素烧过的涩胎上直接施黄釉，前者比较釉洁色润。

紫金釉 又叫酱色釉，是一种以铁为着色剂的高温釉，氧化铁和氧化亚铁的总量高达5%以上。它源于宋代的北方窑口，明初景德镇已烧制，同时还创烧一种白地酱色花果纹的盘子，上海博物馆即藏有宣德及弘治的这类品种。酱色釉器更流行于清代前期的顺治、康熙朝。乾隆时有在酱色地上抹金并加以描金的仿古铜彩器，是当时制瓷工艺中的特殊品种。

乌金釉 一种像漆一般的黑色亮釉，是康熙朝发明和盛行的色釉品种。据法国传教士昂特雷科莱给教会的两封信中所述，配制乌金釉需要使用浓度较高的优质青料与紫金釉混合。因此除了含大量铁分外，还有锰和钴等着色元素。纯粹的乌金釉器极为少见，多有在其上用金彩描绘各种锦地或开光纹饰。唐英在总结乾隆以前的景德镇制瓷工艺时，也提到"乌金釉有黑地白花、黑地描金二种，系新制"⑬。

珊瑚红 一种低温铁红釉，始于康熙，盛行于雍正、乾隆。康、雍两朝有用珊瑚红作地色，分别绘以五彩或粉彩的瓷器品种，无论造型、制作、彩绘都极为精细，较为少见。乾隆时期多有在珊瑚红上加以描金或用它来装饰器耳的。

含氧化铜的石灰釉在还原气氛中呈红色，在氧化气氛中呈绿色。高温的铜绿釉在清代前期有所谓的郎窑绿或苹果绿等色，低温铜绿釉则有孔雀绿、瓜皮绿和秋葵绿。

孔雀绿 一种翠绿透亮的釉色，起源于宋、元北方民间窑口。景德镇开始于明代成化，至清康熙而极盛。清代孔雀绿釉面密布鱼子纹状小开片。

瓜皮绿 近似汉代的铅绿釉，景德镇在涩胎上施釉，二次烧成的铅绿釉——即瓜皮绿，于明代中期已经出现，到清代前期较为发展。

秋葵绿（松石绿） 是雍正时期创烧的新品种。于淡黄色釉上微微发绿，与绿松石色泽相似。

洒蓝 应用钴着色最早见于唐三彩中的蓝釉，但因是钴在低温铅釉中的呈色，只有绮丽之感，缺乏沉着色调。元、明两代高温蓝釉开始出现。至清代康熙时更有洒蓝、天蓝及霁蓝等多种釉色。其中，洒蓝釉在明代宣德朝已经出现，但还不太精细，而且产品极为少见，洒蓝制作的完全成熟并普遍流行是在康熙朝。这种釉色由于在浅蓝地上出现水迹般的深蓝色点子，犹如洒落的蓝色水滴一样，因此称为洒蓝（亦称雪花蓝）。《南窑笔记》所载清初新制**吹青**釉，可能就是指的这种洒蓝品种。法国传教士昂特雷科莱在给教会的第二封信中亦提到"吹青"，并指出"要以喷吹法在瓷坯上施以称之为'吹青'的青料，就必须使用……精制的优质青料。当吹青变干时施以普通釉"。洒蓝器有盘、碗、笔筒及大棒槌瓶之类，都属民窑器，常见在器物上加以描金。洒蓝描金器给人以一种富丽堂皇的感觉。笔筒及碗多见绘锦地纹饰，盘心也有绘耕织图内容的。特别值得一提的是上海博物馆所藏的洒蓝大棒槌瓶，周身描金开光，用五彩绘画花鸟图片，画意清新，制作极精，在当时亦为外销瓷品种之一，国外至今还保存有这类器物。

天蓝釉 含氧化钴在１％以下的高温釉，釉色淡雅悦目，可与豇豆红媲美。康熙朝器物均属小件文房用具，至雍正、乾隆两朝才见瓶、罐等器型，大部分是官窑烧制的陈设瓷。其中尤以康熙天蓝釉为珍贵，传世作品比较少，底书"大清康熙年制"三行六字楷书款。

霁蓝釉 一种含钴在２％左右的失透釉，色泽匀润稳定。釉面如橘皮，与同时期的霁红釉相类似。

紫釉 色如茄皮，亦叫**茄皮紫**。《南窑笔记》载"铅粉、石末、入青料则成紫色"。根据现代景德镇的紫釉配方，作为着色剂的锰是用一种称为"叫珠"的矿物引入的，"叫珠"是江西赣州所产的一种钴土矿，其中含锰量高达20％以上，含铁量及含钴量分别为4.65％和1.26％，因此紫釉的主要着色剂为锰，而铁、钴起调色作用。

色釉包括纯色釉（亦名一道釉或单色釉）和花釉两大类，一色施于一器的属纯色釉，多色施于一器的称花釉。花釉是利用二种以上的色釉，在一定温度下釉面自然流淌、熔融交织成美丽多变的色泽。花釉品种有仿宋钧花釉（火焰红、火焰青等）、炉钧以及云霞釉等等，都是清代前期新创的颜色釉。

茶叶末、铁锈花（含铁结晶釉） 结晶釉是由于熔体中含有的溶质处于过饱和状态，在缓冷过程中产生析晶而形成的。

茶叶末釉是我国古代铁结晶釉中重要的品种之一，经化验是釉中铁、镁与硅酸化合而产生的结晶。它起源于唐代的黑釉，开始是无意中烧成的。釉呈失透的黄绿色泽，颇似茶细末，古朴清丽，耐人寻味，因此俗称"茶叶末"。江苏省扬州市近年来出土过多件唐代的“茶叶末”器。宋代的亦屡有发现，明代的“厂官窑”所产已有“鳝鱼黄”的名称。《南窑笔记》载：“厂官窑，其色有鳝鱼黄、油绿、紫金诸色，出直隶厂窑所烧，故名厂官。多缸、钵之类，釉泽苍古，配合诸窑另成一家，今仿造者用紫金杂釉白土配合，胜于旧窑。”清代前期的官窑有意识地仿造，康熙时臧窑已有**蛇皮绿**、**鳝鱼黄**等品种，但从传世实物看，以雍正、乾隆时期的产品为多。雍正时期的制品，釉色偏黄的较多，俗称“鳝鱼皮”、“鳝鱼黄”。乾隆朝的产品，釉色偏绿的较多，俗称**蟹壳青**、茶叶末等。由于茶叶末具有青铜器的沉着色调，在乾隆时有被用来仿古铜彩釉(彩版32：4)。茶叶末器多数为琢器陈设瓷，如炉、罐、瓶、觚等，很少有盘、碗之类。器底刻有雍正、乾隆两朝篆书款。

与茶叶末同属结晶釉范畴的，还有铁锈花釉，也是雍正、乾隆时期产器，釉呈赤褐色。现代景德镇生产的铁锈花，除了含有大量铁分外，还羼入适量的锰，其制作工艺与茶叶末完全不同。

5.乾隆时期制瓷工艺新技巧

乾隆时期由于乾隆本人和宫廷的大量需求，以及地主阶级上层的穷奢极侈，除了彩瓷和单色釉在康、雍二朝基础上继续大量烧制外，还不惜工本地追求各种新奇的制品。在象生瓷的制作和各类工艺品的仿制以及转心、转颈、玲珑等几个品种方面都突出地反映了当时制瓷工艺新技巧的高度水平。

成书于乾隆三十九年以前的朱琰《陶说》记述了当时的制瓷业几乎仿制各种手工艺品：“戗金、镂银、琢石、髹漆、螺甸、竹木、匏蠡诸作，无不以陶为之，仿效而肖。近代一技之工，如陆子刚治玉、吕爱山治金、朱碧山治银、鲍天成治犀、赵良璧治锡、王小溪治玛瑙、葛抱云治铜、濮仲谦雕竹、姜千里螺甸、杨埙倭漆，今皆聚于陶之一工。”

明清之际，宜兴象生紫砂器的制作十分成功。乾隆时期，景德镇的工匠们开始用瓷土制造胡桃、莲子、茨菇、长生果、藕、枣、栗、石榴、风菱、蟹、海螺等等各种象生瓷，制作精巧，形象逼真。这些虽然都是一些小件的玩赏品，但是它们的艺术价值极高。这些象生瓷的坯体基本上都用范模制成。为了达到预期的效果，对于釉色十分讲究，而且往往和高足果盘连烧在一起，这就要求更高的烧制水平了。

镂空套瓶虽然在明代已有较多制作，但清乾隆时期的工艺更趋精致，一般在瓶内套装一个可以转动的内瓶，内瓶上往往用粉彩描绘婴戏或四季风光，由于外瓶镂空，在转动内瓶时可以通过外瓶的空隙看到内瓶不同的画面，它的效果犹如走马灯。

转颈瓶的颈部可以转动，有的在可转动的颈部标写“天干”，在固定的瓶体标写

"地支"，随着颈部的转动可以得出代表日期的"干支"来，它更是乾隆时期景德镇制瓷工匠的精心巧制。清宫内务府造办处档案（造3441号）就有关于景德镇烧造"转旋瓶"的记载："十八年五月十二日……传旨……江西烧造斗龙舟、打觔斗人转旋瓶一件……十九年十一月初四送到。"

乾隆时期的青花玲珑瓷特别盛行。它是先在瓷胎上选择与青花图案相配合的部位，镂雕花纹，使两面洞透，然后内外上釉，使镂空纹饰部分透亮。乾隆的玲珑瓷往往在图案的竹叶及花芯部分运用这种装饰手法，它和青花花纹相映，能给人以幽雅的感觉。

瓷胎的仿漆器，最常见的有仿剔红器和仿漆绘两种。仿剔红是在瓷胎上模印花纹，经过雕剔加工素烧后，施红釉低温烧成，颇有雕漆的感觉，器形亦以漆器的盘、盒为多。另一种是在素胎上施黑漆般的釉，并在釉上绘彩。此外，还有一种是在烧好的瓷胎上，用细竹丝编就，然后涂上真漆，并彩绘图案。

木纹的仿制，唐代已经出现。清雍正时的仿木纹瓷器也十分精致，乾隆时的木纹釉瓷更加逼真。最常见的有木纹笔筒、臂搁之类的小件器，还有的作为座子和茶叶末罐等器物连烧在一起，十分相像。

仿竹器往往是文房用品之类，如笔筒、臂搁等，不仅所施黄釉在色调上十分接近竹的感觉，而且有的还在施釉时十分工细地刷出竹丝的纹路。一般制作方法，是在高温烧成的白瓷上施黄釉，并在施釉时留出各种图案的瓷地以象征镶嵌的白玉纹饰。

仿铜器的制作也十分逼真。利用茶叶末釉加以变化的古铜釉能十分巧妙地反映出古铜器的色泽、锈斑，而且有的还仿制战国时期错金、银的器物。此外，还用红釉仿珊瑚红制品，用翠绿釉仿翡翠雕刻，用白釉仿玉石雕刻，都是极为精致的工艺品。

这些仿制品不仅力求和各类工艺品的造型一致、而且与原物的色泽也十分相像，往往能精确地表达出各类工艺品原物的质感。有的仿制品一眼望去几乎能乱真。这说明了制瓷工人高度准确地掌握了釉料的配合和烧成火度、烧成气氛的技术。

第二节　景德镇以外的陶瓷业

1.江苏宜兴窑⑭

根据清嘉庆二年《重刊荆溪县志》的记载，宜兴在乾隆以前已经是一个"万家烟火"的繁华城镇，制陶业是这里的主要支柱。明清时期的古龙窑遗址，分布在丁山青龙山南北麓、川埠、宝山寺、蜀山、潜洛、上袁、汤渡、均山东、西瓦窑、任墅石灰山等处，大小龙窑达四、五十座之多。

清代宜兴的制陶业，紫砂、宜均和日用陶的生产都有更迅速的发展。

紫砂器　清代的紫砂器已不仅是文人的玩赏品，由于它的日益精进，也被宫廷皇室看中，而成为贡品了。北京故宫博物院所藏清宫内务府造办处的档案中，就有这方面的记载。例如：雍正四年十月二十日“……持出宜兴壶大小六把，奉旨……照此款式打造银壶几把，珐琅壶几把。……”（造字3302）又雍正十年（1732年）十一月十一日“太监……交宜兴壶四件，外画洋金花纹。传旨，此壶画的款式略蠢些，收小些做好样呈览……”（造字3349）这类事例较多。而在乾隆时的档案中，更有江苏宜兴紫砂壶作为正式贡品的记载：乾隆廿三年十月五日，“苏州织造……送到……宜兴壶四件”。北京故宫博物院藏有带乾隆款的紫砂茶叶罐，与乾隆外出时携带的成组饮茶用具构成一组，外有籐编提盒，内装炉、壶、罐等器。这类成组茶具，故宫收藏不止一套，很可能就是江南的贡品。

清代紫砂的品种日益增多，除了大量生产紫砂壶、杯茶具外，紫砂花盆及各种陈设品、玩具等亦迅速发展。清康熙《常州府志》“物产”篇载：“惟壶，则宜兴有茶壶，澄泥为之……并制为花樽、菊合、香盘、十锦杯等物，精美绝伦，四方皆争购之。”花生、荸荠等各式瓜果的紫砂象生器，更是宜兴制陶工人的巧作。

清代紫砂壶的式样比明代更加奇特，仿古铜器式的有：方扁觯、小云雷、提梁卣、分裆索耳等；借鉴于花果造型的有：菱花、水仙、束腰、莲方、垂莲、大顶莲、橄榄、冬瓜……等等各种式样。

紫砂器的泥色亦有多种，除了主要的朱泥、紫色外，还有白泥、乌泥、黄泥、梨皮泥、松花泥等各种色泽。

清代紫砂器的著名匠师见于文献及实物记载的，也比较多。其中最著名的有明末清初的陈鸣远，他号鹤峰，亦号壶隐，所制茶具、陈设品有数十种不同类型，是一个善翻新样，雕镂兼长，技艺精湛的匠师。

雍正、乾隆时期的陈汉文、杨季初、张怀仁也都是著名的作者。此外，像王南林、杨继元、杨友兰、邵基祖、邵德馨、邵玉亭等都承制宫廷御器，并善制彩釉砂壶。这是一种雍正前后开创的紫砂装饰新工艺，是在烧成的紫砂器上加以色釉彩绘，再经低温焙烤。这是把紫砂工艺和景德镇的釉上彩工艺结合起来的尝试，但这种装饰破坏了紫砂固有的特点，因此在宜兴并没有进一步发展。

乾隆时，有署款“陈文伯”、“陈文居”、“寄石山房”、“荆溪水石山人”等所制紫砂花盆，远销日本，还有“陈覲侯”款的红砂雕花觚，陈滋伟制的紫砂梅枝式笔架都极精致。

乾隆、嘉庆之际的惠逸公、范章恩、潘大和、葛子厚、吴月亭、华凤祥、贞祥、君德、吴阿昆、许龙文都是著名的巧匠。

嘉庆、道光时期的杨彭年及其妹杨凤年和陈鸿寿、邵大亨则是稍晚的名家。陈鸿寿并不是紫砂工匠，他号曼生，嘉庆年间任溧阳县宰，是一个“善书画”“精篆刻”的小官吏。他收藏紫砂壶较多，设计了很多新的壶样，由杨彭年或杨家其他人制壶，待泥半干时，由陈鸿寿以竹刀雕刻，把紫砂工艺和诗词、书画雕刻结合起来，创造了一种更适合于地主文人情趣的新境界。制品有时刻“阿曼陀宝”铭，壶底或把下刻“彭年”两字，世称“曼生壶”。

宜均 宜兴均釉陶，在清代获得继续发展，其中以乾隆、嘉庆年间宜兴丁山的葛明祥和葛源祥两兄弟所烧的最为著名。他们继承了欧窑的传统，制品以火钵、花盆、花瓶、水盂为最多，釉彩丰富，均釉独绝，色泽蓝晕比欧窑有进步，尾脚处沦釉有好转。其制品有“葛明祥”或“葛明祥造”等款式。但这种带款的器物，目前所见到的大多是晚清的仿制品，比较能肯定的，只有一种类似橄榄式的瓶。

清代的宜均和明代的装饰手法基本一致，除了主要突出釉彩美以外，也还有的用刻花的装饰。一般宜均的制品，坯体都比较细腻，艺人们在坯体上运用尖刀、剜刀、斜刀等刻花工具，在用毛笔画就的画面上，依笔意雕刻。绘画的构图笔意，浓淡层次，疏密曲直，都凭刀路体现出来。北京故宫博物院所藏的宜均乳白釉缠枝莲纹瓶代表了明清宜均这一装饰工艺的水平。

故宫原藏蓝均釉镂空花篮，是宜均镂雕工艺的代表作。宜兴陶器的镂雕装饰，是在泥片上直接使用镂雕技法，刻出图案，再镶接成型，进行加工。

目前传世的清代宜均器还比较多，当然不可能都是葛窑的制品，在清宫造办处的档案中，雍正年间提到宜兴挂釉器的地方就有很多处，必然有清代的宜均在内。

宜均陶器在清代就已经传至欧洲和日本等地。它的制作工艺技术也同时外传。

日用陶器 宜兴是我国清代日用陶器最重要的产地之一。它的很多品种，在明代或更早的宋代就已经生产了。

明万历十七年（1589年）的《宜兴县志·土产》篇就有：“砖瓦、石灰、缸、瓮、瓶”等器的记载。明末文震亨在《长物志》中也提到“宜兴所造花缸、七石、牛腿诸式”。

明末清初时，宜兴日用陶器的品种，已相当繁多，不仅有日用缸器，也有用贴花装饰的“花缸”，不仅有“七石”大件，也有“牛腿”小缸。坛瓮类产品，与缸器一样，也是宜兴陶器的主要品种，适于江南一带储存菜蔬，明代已大量烧造。砂锅、药罐等烹饪陶器，也有悠久历史。王穉登《荆溪疏》谈到的蜀山所产“釜、鬲”等器，就是指烹饪器。他所提到的“药墟”即近人所称“云斗”、“水罐”等器，用以煎药，药性不变。

明代宜兴的陶工们还被迫为封建皇室制作大龙缸。清初，景德镇烧造龙缸的技术一度中断，当时宜兴仍在继续烧造。

瓶类产品，明人称为“沽瓴”即酒瓶，“瓿”即油瓶，里外施釉，釉有黑褐、铜绿等色。盆、罐类产品，俗称“黑货”，清代已在器上采用粉涂白泥的龙兽纹装饰。

明、清时期宜兴日用陶器的主要装饰手法是“贴花”。工匠们先将缸坯表面磨平刮光，然后用右手大拇指，灵巧地将白泥在坯面上贴出各种图案。从现有古窑址的调查材料看，宜兴日用陶的这种贴花装饰，始于明初或更早一些。堆花技法和堆花画面从粗到精，早期堆贴纹饰凸起，用本色的坯泥堆贴，因此图案比较暗淡，对比不强烈。到明末清初，采用白泥堆贴，颜色对比就强烈了。常见的清代贴花图案有莲、藕、荷叶、竹、菊、梅、兰和“双龙戏珠”等。其它装饰手法，如刻花、镂雕等等在日用陶器上，也有部分使用。

2.广东石湾窑[15]

在历史上，广东有好几个石湾窑，如宋代的佛山石湾窑和阳江石湾窑以及明代的博罗石湾窑。本文所叙述的是佛山石湾窑。佛山石湾窑开始于宋，极盛于明清两代。明人霍韬在正德二年（1507年）所作的家训中说：“凡石湾窑冶、佛山炭铁、登州木植，可以便民同利者……”[16] 可见石湾陶瓷业在当时地位之高。而这个姓霍的家中所用“酒瓶、茶瓶、酒盏、茶盏、碗及碟，俱用石湾瓦器。”

清代石湾窑的发展更为突出。成书于清道光二年（1822年)的《广东通志》说：“石湾去佛山廿余里，所制陶器，似古之‘厂官窑’，郡人有‘石湾瓦，甲天下’之谚。形制古朴，有百圾碎者，在‘江西窑’之上。其余则质粗釉厚，不堪雅玩矣。”（《广东通志·舆地略·十五》）其实，清代的石湾窑器远不止厂官窑的产品和瓦，而且也不能以“质粗釉厚”来概括大部分石湾窑器的特点。从目前所见到的传世品看，石湾窑最善于仿钧窑。

石湾陶器的传统是器体厚重，胎骨暗灰，釉厚而光润。这与钧窑的特点比较相近，因此具备仿钧的良好条件。又由于石湾窑以仿钧著名，人们把那种仿钧的品种习惯上称为“广均”，“均”与“钧”同。

石湾仿均釉色以蓝色、玫瑰紫、墨彩、翠毛釉等色为最佳。值得注意的是，石湾仿均釉是仿中有创，如均窑的窑变釉是一层釉色，而石湾窑变釉却有底釉与面釉之分。底釉一般为铁锈色釉，其作用是填充坯胎表面的小气孔，减少面釉的吸釉率，煅烧时底釉和面釉发生互相渗透，加深釉面颜色，使釉面晶莹润泽，产生更良好的效果。

石湾陶工在仿制均窑的窑变釉色中，更有创造性的发展，例如在一种蓝釉中流淌成葱白色如雨点状的品种，俗称“雨淋墙”，犹如夏天在蔚蓝的晴空中，突然有一阵骤雨似的。寂园叟在《陶雅》中盛赞石湾的窑变釉色："广窑谓之泥均，其蓝色甚似灰也。……于灰釉之中漩涡周遭，颇露异彩，较之雨过天青尤极秾艳，目为云斑霞片不足以方厥体态；……又有时于灰釉中露出深蓝色之星点，亦足玩也。"《陶雅》把广窑称为泥均是不对的，"广窑"的概念应该更大得多；佛山石湾窑只是广窑的一个组成部分，而佛山石湾窑也并不仅仅生产仿均器。所谓"泥均"应该指明清时期，佛山石湾窑所生产的仿均器，由于这种仿均的胎土仍属陶土，因此称为"泥均"，也叫"广均"。但《陶雅》称赞广均的釉色是恰当的。

清代石湾窑的产品品种极多，既有盘、碟之类的日用器皿，也有各种笔洗、花盆等文房用具和陈设器具。瓦脊更是石湾窑具有悠久传统历史的品种。此外，仿古铜器式的花瓶，明清两代都有制作。以"渔、樵、耕、读"为主题的陶塑则是石湾窑具有典型性的突出品种。

石湾窑的制品，是我国民间陶瓷的一个重要部分。明代晚期以来，往往在这些制品上带有陶瓷店号，制品作者等印章款识。如：明代晚期的有"祖唐居"、"陈粤彩"、"杨昇"、"可松"等；清初康熙年间的有"两来正记"、"文如璧"等；清乾隆前后的有"沅益店"、"大昌"、"宝玉"、"琼玉"、"如璋"、"来禽轩"等；清道光左右的有"黄炳"、"霍来"、"冯秩来"、"瑞号"等等。但"祖唐居"款的器物就目前所见大多是晚清的仿制品。

3.福建德化窑

清代德化窑的生产在明代的基础上，有了进一步的发展。根据福建省的调查，已发现的清代窑址有一百几十处。有些窑从明代起一直延续下来，未曾停烧过。例如三班的南岭窑，至清末还有二十一、二条窑正常生产；后所窑也从未停烧过，而且窑场继续扩大发展。但有些窑，由于交通不便，运输困难，已于清代中叶先后停烧，如双翰、上涌、南埕、东澄等窑。十排岭窑，在康熙年间已经停烧了[17]。在清代，大部分窑址已集中在交通和经济比较繁荣的城郊附近的褒美、良太和三班等地[18]。

清代德化的白瓷生产，已经改变了明代瓷雕仙佛和供器为主的局面，而以生产日用器物为主。除了八棱四足酒杯外，瓶、壶、碗、洗等多有发现。厦门大学人类学博物馆在1963年屈斗宫窑址的调查中，就发现了多种式样的实用白瓷碗和羹匙等器物[19]。

清代德化白瓷和明代相比，有一个很显著的差别，即清代白瓷一般不像明代那样的在釉中微微闪红，而成"猪油白"色。清代的色泽是釉层微微泛青，因此比起明代来，就缺少温润的感觉。这很可能是胎、釉中氧化铁的含量稍有增加，或者还原气氛掌握不当所造成的。

关于德化的青花瓷器，在过去的文献记载中很少提及。但是，清代外销瓷中有德化青花器，特别在南洋一带时有发现，而德化的窑址发掘也说明，德化青花在清初已渐进入兴盛的时期。从常见的一些传世品可以看到，当时的图案花纹十分丰富，除了花卉、山石外，人物故事画的题材也屡有所见。清代德化青花瓷在民间的日用器具和外销出口瓷中占有一定的地位。

在德化瓷中值得注意的是传世的明清之际“德化五彩”瓷。这种以红、绿、黄彩为主的釉上彩瓷，所见外销的都较粗糙，而国内的如上海博物馆等的藏品中也有较细致精美的器物。

第三节　清代瓷器的造型、装饰和款式

1.造　型

清代瓷器由于其应用范围的扩大和新品种的出现，故在类别和品种上都比明代有所增加。按瓷器的用途，大致可分下列几个类型：

属于饮食器、盛器和日常用具的盘、碗、杯、碟、盅、盏、壶、瓶、罐、洗、缸、盒以及凳、桌、枕、烛台等等。

属于陈设及玩赏品的有花瓶、花尊、花觚、壁瓶、桥瓶、插屏、花盆、花托、鼻烟壶和瓜果、动物象生瓷、各类仿工艺品瓷器以及瓷雕、瓷塑等。

属于文具和娱乐用品的有砚、水盂、印泥合、笔筒、笔杆、笔架、墨床、棋具、蟋蟀罐等。

此外还有各种仿古礼器、祭祀器皿以及宗教所用各式法器。

清代瓷器的造型，日用器皿大都沿用历代传统的式样，但在官窑器中仿古的风气非常盛行，有仿商、周时代青铜器式样的，也有仿宋、明瓷器造型的。例如仿明代永乐、宣德的青花鸡心碗、玉壶春瓶、天球瓶、脱胎杯、扁瓶等等，仿成化的斗彩鸡缸、杯、碗和“天”字罐等。民窑器中也有一部分是刻意仿古的，但大多式样则具有清代独特的风格。特别在康熙一朝，即使官窑器中也有不少新型的式样。

康熙朝的瓶，形制多变，其中凡是口小腹大的称为瓶，口腹大小相近的称尊，口大腹小的称花觚或花插，特别小的花觚称为渣斗。在瓶中有一种口有双边、颈较细而短、瓶身直如截筒，其形好像一个棒槌，俗称棒槌瓶。棒槌瓶青花、五彩和洒蓝描金都有，一般是民窑器。口颈细瘦、瓶腹鼓圆如油锤形的俗称油锤瓶，青花、五彩、单色釉各品

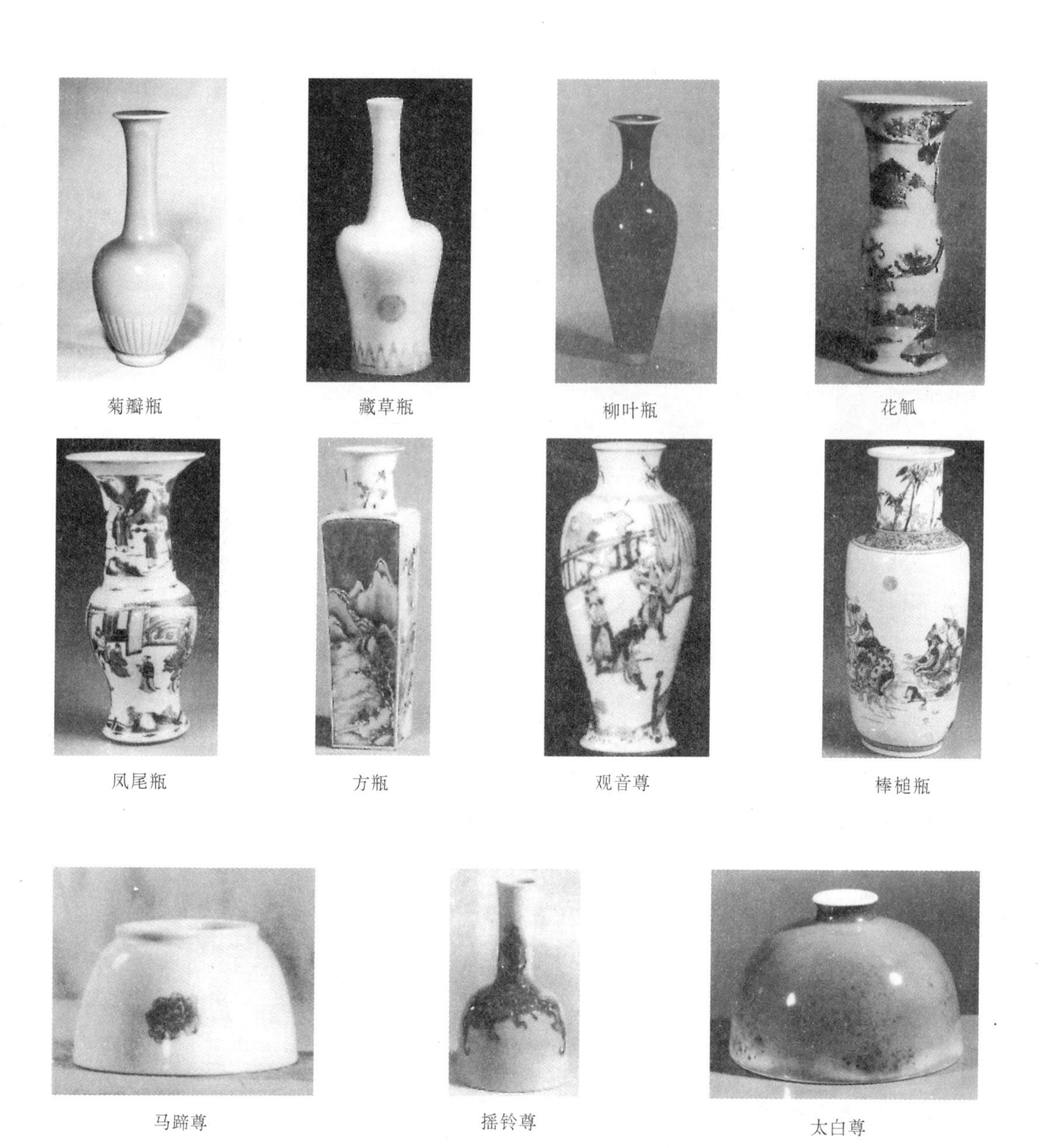

图八十一　康熙典型器物

种都有。口及颈部适中而器身呈规整方形的方瓶，制作工整，是康熙时期的特殊品种。口大而外撇、腰腹圆鼓、底部外撇的凤尾尊，有青花和五彩，大多是民窑器。官窑器中有一种极为讲究的青花釉里红小器，如同马蹄形的水盂，俗称马蹄尊。比这种马蹄尊的口更小而颈部细瘦的小盂，俗称太白尊，太白尊是康熙官窑豇豆红的典型器物之一，苹果尊是形如苹果的一种水盂，有缩颈和无颈两种，无颈的以釉里红为多，缩颈的以苹果绿和天蓝釉为多，基本上都是官窑器(图八十一)。

观音尊以官窑的单色釉和工细的青花人物为多，其器形口侈、颈短、肩宽，自肩以下逐渐下敛，至底外撇。

豇豆红中另有一种小瓶，形如柳叶，俗称柳叶瓶，是官窑中的名贵品种。

此外，还有俗称象腿尊（形如象腿）、荸荠尊（形如荸荠）和橄榄尊、摇铃尊等等器物。

在杯、碗一类器皿中，康熙时期的金钟杯，如同一只倒置的小形铜钟。笠式碗的器形犹如倒放的笠帽。

雍正时期的瓷器造型，比起康熙时期，则又有一些变化(图八十二)。

康熙、雍正两朝都仿制明代宣德和成化两朝的器形，但康熙朝仿成化的多于宣德，而雍正则以仿宣德为主。雍正青花中，仿宣德的大盘、鸡心碗、抱月瓶、玉壶春瓶、梅瓶、执壶等十分多见；斗彩则以仿成化斗彩的天字罐、马蹄杯、鸡缸杯等为多。康熙时期某些特殊品种的器物，在雍正朝有的逐渐减少，也有的基本上不再出现。例如康熙豇豆红的太白尊、柳叶瓶、菊瓣瓶等，雍正时已经绝迹；而凤尾尊、棒槌瓶、苹果尊、观音尊、马蹄尊、方瓶等也都逐渐减少。有一些在康熙晚期开始出现的器形，如橄榄瓶、象腿瓶等则在雍正时更为流行。有一种流行于乾隆朝的牛头尊，器形象一个牛头，往往在器身满绘百鹿，因此又称百鹿尊，它却开始于雍正。

雍正的瓷器，除了一部分沿袭前代的形式外，也有自己的独特风格，很多器物的造型，都是取材于自然界的花果形态。例如：海棠花式、莲蓬式、瓜楞式、石榴式、柳条式、菊瓣式等等，造型追求多样。单色釉中的豆青鱼篓形尊，装饰有络绳纹饰的络子尊等，更是这一时期的典型器(图版叁拾贰:2)。

乾隆时期的瓷器造型，比雍正时期更为繁多(图八十二)。天球瓶、葫芦瓶、牛头尊等极为普遍。乾隆是一个自命“风雅”的人物，在他的提倡下，地主阶级的中、上层，崇尚风雅的习气十分盛行，瓷制的各种文房用具，其品种之多和制作之精，都超越了以前任何时期。粉彩笔筒、墨床、笔杆、镇纸、印泥盒、书函式的浆糊盒等等，式样新异，无不精工细作。其它像如意、龙头带钩、香薰等过去的玉雕制品，也都做成粉彩瓷器。鼻烟壶从雍正时风行以后，乾隆时除了玉、料、珐琅等质地的以外，青花、粉彩的瓷制鼻烟壶更趋精巧。愈来愈别出心裁的陈设品，也不断出现，在小型瓶类中的双联瓶大为发展，还有三联、四联、五联、六联甚至九联等各种式样。此外，有挂在墙壁上的壁瓶及在坐桥内挂放的桥瓶。有大吉葫芦形的挂屏和青花、粉彩的各种插屏。

乾隆把提倡佛教作为笼络某些少数民族上层集团的一种手段，在各地广建庙宇，于是粉彩法器也大量制作。特别像“轮、螺、盖、伞、花、罐、鱼、肠”的所谓八宝，元明以来一直是青花瓷器上的主要图案，但到了乾隆时期，却制作成精细的粉彩瓷器。

瓷塑的烧成是比较困难的，特别对要求极高的官窑器，更为艰难。清宫内务府造办

弦纹瓶（雍正）　斜方笔筒（雍正）　石榴尊（雍正）　如意尊（雍正）

橄榄瓶（雍正）　六角瓶　四连瓶（乾隆）　双连瓶（乾隆）

转心瓶（乾隆）　双耳尊（乾隆）　净水瓶（乾隆）　双耳夔龙盖瓶（乾隆）

图八十二　雍正、乾隆典型器物

处的档案所记载的事实说明，乾隆在十二年(1747年)四月十四日传旨要唐英“烧造填白观音一尊，善财、龙女二尊，如勉力烧造窑变更好。”但经过一年多，烧造过十一尊，都没有能烧成：“十三年……五月初一日……传旨问烧造的观音，如何还不得……于本日将烧造过十一尊未成之处……口奏。”尽管如此，目前传世的乾隆时期的瓷塑，还是比较多样的，例如，各种人像瓷塑和佛教的达摩、观音等塑像，各种动物瓷塑，如青蛙、鹦鹉。走兽中有一种叭耳狗，显然又是当时社会风习的反映。(图版叁拾贰:4)。

乾隆时期的瓷器，除了器形多样外，还讲究镂雕和附加堆饰。瓶类往往附饰双耳，有螭耳、象耳、鹿耳、羊耳等等各种不同的兽耳，其中尤以螭耳为多。在粉彩或色釉的瓷瓶上，加饰珊瑚红的双耳，很能增加装饰性。

2.装　饰

康熙、雍正、乾隆三朝被誉为我国制瓷工艺的历史高峰。但整个清代在制瓷生产工具方面的改革不大，制瓷业的成就主要是装饰的改进和提高。

除色釉外，清代瓷器的装饰主要是彩绘，特别是各种釉色地加彩绘的综合装饰。以康熙一朝为例，就有：豆青地青花加彩、豆青地釉里红、霁蓝描金、洒蓝开光青花、洒蓝地釉里红、蓝地绿彩、洒蓝描金五彩、绿地紫彩、黄地青花、黄地绿彩、黄地红彩、黄地五彩、矾红地开光描金、珊瑚红地描金五彩、酱地青花、黑地素三彩、黑地描金等等。

彩绘图案是瓷器装饰的最主要部分。清代瓷器的青花、釉里红、五彩、粉彩和斗彩各个品种，都是利用不同的色料绘制各种图案画面，以增加瓷器的美观。清代瓷器的彩绘图案装饰，主要分两大类。一类是单纯的纹样，如缠枝莲、缠枝菊、缠枝牡丹等各种缠枝花纹；团龙、团凤、团鹤及各种团花；以及龙、凤、夔龙、云龙、饕餮、云雷、回纹、海涛纹等等；此外，还有康熙时期特别盛行的冰梅纹；乾隆、嘉庆时期粉彩瓷器上风行的凤尾花纹等。另一类，是以花卉、花鸟、山水、人物故事等为主题的图案画面。

官窑瓷器以各种图案纹样为主，尤以缠枝莲和龙凤纹为多，五彩龙、凤的盘碗，是帝王婚礼时的必备之物。山水、人物题材也都运用，但比民窑，工致有余而活泼不足。

花卉图案以康熙五彩和雍正、乾隆粉彩更为突出，常见的月季、蔷薇，都有秾纤繁艳的感觉，而梅花、绣球、玉兰、海棠、葡萄、竹石等，也都逼真动人。树木中多见的松树，往往是茄色之干，墨色之针，渲以硬绿，浓翠欲滴。雍正粉彩中的“过枝”手法，更是运用的得心应手，不仅在碗的外壁和内墙之间过枝（即树干、花、叶一部分在外，一部分在内），而且发展到器身和器盖之间的过枝。

吉祥纹样　清代瓷器，不论官窑或民窑，以寓意和谐音来象征吉祥的图案，使用得比明代更广泛。例如：牡丹——富贵。桃子——寿。石榴——多子、松鹤——长寿。鸳鸯——成双。鹊——喜庆。鹿——禄位。蝙蝠——福。游鱼——富足有余。鹌鹑——平安。戟、罄、瓶——吉庆平安。此外，像荷花象征着“出污泥而不染”，松竹梅“三友图”是清高的含意，菊花象征着经寒耐霜。

至于某一时期，以何种图案花纹最为盛行，是与统治阶级的提倡和喜爱分不开的。例如，雍正本人就直接支配一些官窑瓷器的造型和图案画面。他不喜欢宝月瓶，在雍正十一年六月十五日就下令：“嗣后宝月瓶不必烧造”（造办处档案3360号）。他不爱墨菊花和藤萝花，就在雍正十年五月二十四日和十一月二十七日先后下令："藤萝花……再画珐琅器皿时不必画此花样"（造3384号）；"墨菊花……嗣后少画些"（造字3348号）；并且极力提倡为他的统治歌颂升平的图案，如"久安长治"（九只鹌鹑和长树的谐音）和"玉堂富贵"等：雍正九年八月十九日"奉上谕，着有釉、无釉白磁器上画久安长治、芦雁等花样烧珐琅"（造3340号）。他又对描绘花瓣特别讲究规矩：十一年九月九日"传旨，菊花瓣画草了，嗣后照千层叠落花瓣画"（造3384号）。

在乾隆初年的造办处档案中，也能看到，乾隆本人提倡松竹梅三友图和群仙捧寿之类的吉祥图案。

花朵纹样 乾隆时期，多有在中央绘牡丹，周围绘菊花、喇叭花、牵牛花等各种花朵的万花图，寓百花呈瑞的意思。这类称为"万花堆"和"锦上添花"的图案，几乎是乾隆朝粉彩花卉的主要题材，它歌颂升平而趋于繁缛。

飞禽走兽 作为图案的主题，几乎各朝都盛行，但康熙时用一种凶猛的怪兽作为装饰，往往画得毛细于发，有竦然直立之感，却是比较独特的。

山水画 以康熙民窑青花和五彩瓷器，以及雍正的青花、粉彩瓷器为多。在画风上，康熙和雍正两朝却有显著的不同。康熙青花、五彩山水画中的山石，习惯于用"斧劈皴"的画法，山石都呈劈开的片状，这是南宋画院派的风格。而雍正时期，则逐渐改用"披麻皴"，这是绘画界追随元代四王画派对制瓷装饰工艺的影响。乾隆时期山水画的题材大为减少。值得特别一提的是，当时也有将西湖十景及私人园林之类的题材，用写实的手法画在瓷器上的。

人物故事画 以康熙民窑青花、五彩瓷器和雍正青花、粉彩瓷器为多，但两者间也有区别。康熙时期的人物画内容，除了习见的婴戏图、八仙祝寿、四妃十六子等外，戏曲故事画特别盛行，例如，《西厢记》、《水浒》、《三国演义》中的故事，以及《岳传》、《萧何月夜追韩信》、《钱塘梦》等等，这与明代以来带有版画的戏曲剧本的大量流行有关。在画风上，这时期的人物因受陈老莲画派的影响，线条老辣，人物面部都有不端正的感觉。康熙时期的耕织图，是这时突出的作品。耕织图是宋代楼琇的创作，分耕和织两部分，宋以后多取作为绘画题材，但把它应用到瓷器的画面上，却是从清康熙时开始的。雍正时期，宣扬伦理的内容和渔樵耕读等的主题较多。在画风上，除了雍正早期仍沿袭康熙的画法外，已逐渐显得规整，而且人物面部往往施用淡赭晕染。至乾隆时，人物衣服多描绘各种纹饰。但总的说，人物故事画的画面也逐渐减少了。

书法 康熙时期更流行在瓷器上书写整篇文章，以歌颂康熙笼络汉族知识分子的《圣主得贤臣颂》最为普遍，此外也有《出师表》、《赤壁赋》、《滕王阁序》、《归去来辞》、《兰亭集序》等内容。乾隆时期，乾隆本人更自己写了很多诗，要唐英把它烧在瓷器上。

3.款 式

顺治朝瓷器，青花器常见纪年题识，偶然也见“大清顺治年制”楷款，款字不规整。

康熙朝的官窑瓷器，书写官款的主要有二类，其一是“大清康熙年制”三行六字楷款；另一种是“康熙御制”四字料款，这主要书写在珐琅彩瓷器上。康熙时期的民窑器一般都不书年款，这和当时禁书年号的规定有关，《浮梁县志》载：“康熙十六年，邑令张齐仲，阳城人，禁镇户瓷器书年号及圣贤字迹，以免破残。”

雍正朝的官窑器较多见的是“大清雍正年制”六字二行楷书款。在茶叶末、炉均及仿均器上则见“雍正年制”篆书刻款。至于“雍正年制”四字钱形款主要用在花盆底部。凡“大清”的“清”字作“淸”，应是康熙末至雍正初的书写体。

乾隆朝的官窑器多见“大清乾隆年制”六字楷款及六字篆书青花印章款；在茶叶末、炉均、仿均器上用六字篆书刻款；乾隆末年至嘉庆初年多用红字款。嘉庆初接位，由于乾隆“太上皇”仍在，多用“大清乾隆年制”红字篆款。

康熙、雍正、乾隆三朝的官窑器也有不书写年款的，有些甚至是皇帝指定不书款，如：雍正十年八月十五日“司库常保持来黄地暗龙茶圆一件，传旨着照此样交年希尧将填白釉的烧些来，底下不必落款”（清宫造办处档案3349号）。也有的官窑仿明宣德窑器而指定落清代年款的，如：雍正四年八月初八日“高足宣窑碗一件，奉旨交与年希尧照样烧，其碗内款落大清雍正年制”（同上3302号）。

清代的官窑器和民窑中“官古户”等高级制品往往有堂名、轩名等题款，比较常见的康熙朝有“乾惕斋”、“中和堂”、“拙存斋” “应德轩博古制”、“荣锦堂”、“希范堂”、“佩玉堂”、“彩玉堂” “朗润堂”、“绍闻堂”（或作“绍闻斋”）、“绿阴堂”、“慎德堂”、“芝兰斋”、“世锦堂”、“储秀宫”、“木石居”、“木石水”、“片石”、“青云居”、“卉庵”、“栖霞”、“奇石宝鼎之珍”、“雅玩”、“上峰博制”、“商山仿古”、“文章山斗”、“世代文章”、“安吉居制”、“熙朝博古”、“蕙嵘”、“若深珍藏”、“楼香珍藏”、“琅琊”、“庆兴荣玩”、“觉是轩”、“球琳琅玕之玩”、“傚古”、“清玩”、“精雅古玩”等等；雍正朝有：“东园文石山房”、“望吟阁”、“百一山房”、“正谊书屋”、“浩然堂”、“天宝堂”、“澹宁堂藏”、“觉生常往”等；雍正、乾隆之间有：“红荔山房”、“敬畏堂”、“香溪闲玩”等；属于乾隆时期的则有：“静镜堂”、“养和堂”、“敬慎堂”、“彩华堂”、“敬远堂”、“彩秀堂”、“宁晋斋”、“宁远斋”、“宁静斋”、“求谦堂”、“明远堂”、“彩润堂”、“湛恩堂”、“植本堂”、“荔园”、“百一斋” “咏梅阁” “花著室”、“澄怀书屋”、“药洲”、“听松庐”、“玉栖书屋”、“宝啬斋”、“一善堂”、“听云山主人馆”等等；属于乾隆、嘉庆年间的有“湛静斋”。至于有一些制瓷名家，有时也曾落款，如乾隆时的“张南山”“董庶林”、“李浴元”，道光时期的“陈国治”等。

除了堂名款识外，有的民窑器，特别是康熙时期的民窑器还附有各种图案标记，如木叶花、灵芝、爵、书卷、锭、八宝、吉祥及半叶等。

第四节　清代瓷器的输出

从十七世纪下半叶开始至十八世纪的清代前期，中国瓷器在世界各地，特别在欧洲，不仅作为日用品受到广大顾客的喜爱，而且在贵族上层间，优质的中国瓷器已经作为夸耀财富的手段。在1713—1740年间，普鲁士皇帝选皇后，曾以六百名撒克逊龙骑兵和邻近的君主换取一批中国瓷器，以为他的婚礼增色。国外经常提到的十八只大型青花花瓶，即所谓“近卫”花瓶，就是其中的一部分。

中国瓷器的装饰艺术在这一时期也曾风靡法国的上层社会。十七、十八世纪，法国也风行纤巧华美装饰风格的所谓“罗可可”运动，在装饰方面喜用淡白色调，而洁白精致的中国瓷器就成为特别适宜的装饰品。除法国外，中国瓷器在当时欧洲的大多数国家也成了中上层社会最受欢迎的装饰品了。

清代前期，国外对于中国瓷器的需求量是十分巨大的。当时中国瓷器的输出，主要通过清朝政府对各国外交使节的“赐赠”和民间的对外贸易这两条途径。

清代历朝皇帝对于各国入觐的使节都曾赐予瓷器，然而这种赐赠的数量一般都不太大。值得注意的是这些赐赠出国的瓷器应该都是官窑器，贸易输出的主要部分是民窑器。

在清初，由于康熙二十二年以前福建广东以及江、浙沿海抗清政权的存在，顺治及康熙初年实行严厉的海禁，但即使在这段时期，民间的瓷器对外贸易也没有中断，仍在采用走私的方法继续进行。据《荷兰东印度公司与瓷器》一书的记载，当时和“巴达维亚”、“麻六甲”、“柔佛”等地的瓷器走私贸易并未间断。1673年（康熙十二年）在澳门成交的几只走私船就载有：“五百个中国式酒杯、七百四十个茶盘、一桶精美的小茶壶、二桶精美茶杯及一百个茶壶，再有一万个盘、八千个碗及二千个茶盘。再有一舶载九桶茶杯、一万个粗杯及五十个盘。其最后一舶，载有十一桶精美茶杯、一万个盘、八千个碗及二千个茶盘。”[20]可见当时走私数量之大。

清朝政府在康熙二十二年基本消灭了沿海的抗清势力之后，于康熙二十三年（1684年）开放海禁，“许江南、浙江、福建、广东沿海民人用五百石以上船只出洋贸易”[21]。自此之后，我国的大规模瓷器输出，主要是通过正常的民间贸易进行[22]。

自清初至鸦片战争，中国的瓷器不仅保持着明代以来在日本和朝鲜等国的市场，北方的沙俄帝国于康熙年间也曾在我国定烧各种瓷器[23]。当时，美洲、非洲、澳洲各国都通过各种渠道购买中国瓷器，而东南亚、婆罗洲、爪哇、苏门答腊及马来亚各地更是中国瓷器输出的重要市场。刊刻于1820年的《印度群岛史》说："印度群岛……由中国供给日常需要普通筵席用之全套白地青花粗瓷，早已大宗销卖于此间，其各种精美之细瓷，虽亦有输入，但需要不多。中国瓷器，比我们的陶器尤价廉而物美。"[24]此书作者于1830年所著的《出使暹罗、交趾》一书也记载："适于家庭应用之粗陶器，是暹罗人烧造，但普通及较好各种瓷器，是大量输自中国。"[25]

这些大量销售东南亚市场的瓷器，除了景德镇的产品外，也有广东、福建沿海地区所生产的。道光十二年的《厦门志》即记载当时和"噶喇吧、三宝垄、实力、马辰、埭仔、暹罗、柔佛、六坤、宋居勝、丁加卢、宿务、柬布寨、安南、苏禄、吕宋……"等地交易的瓷器是福建的永春窑（即德化窑）产品。当然，除了德化窑以外，像浦城大口以及广东潮安等地的传统产品，必然也是清代外销瓷的主要部分。

在清代的瓷器外销中，特别要叙述的是欧洲市场的扩大。

从明代后期起，欧洲已经开始畅销中国瓷器，到清初的十七世纪晚期，达到了高峰。据荷兰东印度公司巴达维亚记载的统计数字看，该处一地每年运往欧洲的瓷器竟达三百万件之多[26]。

十八世纪前期，欧洲很多国家都被允许在广州开设贸易机构，最早获得这一权利的是英国东印度公司（1715年）。法国于1728年、荷兰1729年、丹麦1731年、瑞典1732年也都先后设立了贸易站，这就进一步为中国瓷器的外销提供了有利条件[27]。随着对外贸易的发展，康熙五十九年(1720年)，广州商人组织了一个公行，行规第八条规定："瓷器要特别工巧者，任何人得自行交易，但卖者无论赢亏，均须纳卖价百分之三十与本行。"[28]公行的背景当然是当地的清朝官吏，这显然是一种带有封建性的地方附加税。事实上，清朝官吏对于当时的瓷器对外贸易利益早就染指了，1716年英国商船苏丹那号与我国的瓷器贸易合同就是和清朝的官商签订的。这种情况正说明了当时外销瓷器在我国对外贸易中的重要地位。这一时期有些国家的船舶获得了至广州的直接通航的许可（而在以前只是临时性的），如1727年开始，荷兰公司每年就有两艘船到广州，这更便于中国瓷器经常地直接运往欧洲。

十八世纪下半叶，欧洲的法、德、意、英和奥地利等国都纷纷仿造中国瓷器，中国的外销瓷一度有减退的趋势。但是当时欧洲瓷器的价格十分昂贵，中国外销瓷不仅价格较低，而且在造型、装饰上都能按照欧洲人的需要进行生产，因此清代前期，欧洲始终是中国外销瓷器的主要市场。以荷兰为例，十八世纪下半叶，英国陶器日益流行，英国市场对于中国瓷器的需求虽有所减弱，但即使如此，仅1780年一年仍向中国定购了八十万件[29]。

随着中国瓷器贸易的发展，很多地方出现了经销和承接委托定制中国瓷器的专门商店。1774年的英国《伦敦指南》中说明，在伦敦至少有五十二家这样的商号㉚。

清代的外销瓷，除了原来为国内市场所生产的一般瓷器外，有相当一部分是按照订货合同根据国外市场的需要而特地生产的，特别是销售欧洲市场的那部分商品。

《景德镇陶录》说："洋器，专售外洋者，有滑洋器、泥洋器之分。商多粤东人，贩去与鬼子互市，式样奇巧，岁无定样。"所谓"岁无定样"，也就是每年产品的种类、造型、装饰都要根据欧洲市场的不同需要而特制。

国外的资料也说明了当时的订货情况。例如驻在广州的荷兰东印度公司人员每年根据本国的需求向中国订货。以1700年的需求单为例，它就列有鱼缸、附有垫盆的腌菜缸、盐瓶、麦糊杯、长颈瓶；由六只、八只、十只、甚至二十九只以及更多的小盒组成的梳妆用具；大口水壶、茶盘、茶叶罐和其它东西㉛。1759年瑞典公司曾指示他们在广州的代理人"购买重的和耐用的瓷器"㉜，说明了当地市场需求实用瓷而不要薄胎瓷。

当时外销瓷最普遍的品种是餐具和咖啡具。它们的器形、尺寸和图案在订货合同中都有明确的规定，除了各种特殊的器形外，图案画面有静物画、人物像和圣经故事等内容。这些器形和图画内容往往不是文字所能正确表达的，因此像荷兰东印度公司就和定货单一起附来了木制的样品，甚至特地做了陶器的样品和画样，要求照样制作。中国方面有时也拒绝完全按照订货的要求供应，例如1775年我国的生产者就拒绝制作那种器物内壁施黄釉、器外壁彩绘小花束并描金圈的餐具㉝。为了提供国外顾客选货的方便，广州方面还特制了一批样盘，盘的边框四等分，每四分之一的地方各施以不同的彩饰、花纹，以供外人选定。

除了荷兰、英国等大公司的大批订货输入各国市场供选购外，也有私人特殊订制的。例如，法国传教士昂特雷科莱的信中，就提到康熙年间，由于欧洲人所订货物的难制，致使瓷器价格上涨，他列举了法国皇太子订制的"灯笼"和各种瓷制乐器等就是。当时的欧洲商人还经常向中国瓷商订制瓷板，用来嵌饰桌子和椅子，同时还订制瓷画框。这时期所谓的"纹章"瓷，是开始于十六世纪的明代，大约在十七世纪后期，由法王路易十四命他的宰相马札兰（Mazarin）创立"中国公司"至中国广东定制带有法国甲胄、军徽、纹章图案的瓷器以后，更大为盛行。在英国伦敦也有一种所谓"瓷人"（china-men）就是专门为私人订制有特殊装饰纹样的瓷器商人。1974年英国出版的《中国纹章瓷》（David Sanctuary Howard：《Chinese Armorial Porcelain》）一书收集了二千件左右的纹章瓷，从康熙三十四年（1695年）开始，几乎各年都有。图案除中国的山水、花鸟、人物外，大量的是西方的甲胄纹章和人物画像。由于这种纹章瓷往往为军团、贵族的各种授勋、喜庆典礼定烧，一般都可考定其绝对年代。当然，这种纹章瓷占全部外销瓷的比重并不很大。

关于特别外销瓷的生产，有其特殊的处理程序。清·刘子芬《竹园陶说》说："海通之初，西商之来中国者，先至澳门，后则迳广州。清代中叶，海舶云集，商务繁盛，欧土重华瓷，我国商人投其所好，乃于景德镇烧造白器，运至粤垣，另雇工匠，仿照西洋画法，加以彩绘，于珠江南岸之河南，开炉烘染，制成彩瓷，然后售之西商。"这就是通常叫做"广彩"的瓷器。美国旅行者William Hickey于1769年（乾隆三十四年）参观广州珠江南岸的广彩加工工场，描述说："在一间长厅里，约二百人正忙着描绘瓷器上的图案，并润饰各种装饰，有老年工人，也有六七岁的童工。"[34]这种工场当时竟有一百多个，这也说明了外销瓷的数量之大。

当然，并不是所有外销瓷都是这样的生产程序，那些高温一次烧成的青花瓷器，一般都在景德镇烧成。也有在景德镇烧成白瓷，直接运往欧洲再加釉上彩的。

中国外销瓷器的这种繁盛局面，并没有一直保持下来，从十九世纪上半叶以后，随着日本瓷器的竞争和欧洲瓷器的发展，特别是鸦片战争以后，我国国内制瓷手工业渐趋衰落并日益走向每况愈下的地步。

从原始社会的陶器算起，我国陶瓷器生产的历史已有八千年左右。在这上下八千年间，尽管品种有消长，产量有起伏，质量有优劣，产区有转移，但是，陶瓷器生产始终绵延不断，而且日益进步。

就清代而论，特别是康熙、雍正、乾隆三朝的景德镇制瓷业，官窑和民窑俱盛，彩绘和色釉并茂，可说是中国瓷器生产的黄金时代。然而，乾隆以后，由于各种社会原因，开始从高峰走向下坡。

嘉庆朝的前阶段，基本上仍保留着乾隆朝的遗风，但从整体上说，已远逊于乾隆"盛世"了。当时的粉彩和青花器，也还有一些精品，特别是珊瑚红地粉彩、描金器较为突出。颜色釉中霁红、霁蓝、酱色釉、黄釉、瓜皮绿、豆青、云霞釉和石绿等都有一定数量。仿官、哥、钧窑及茶叶末的品种也在继续生产。其时，士大夫阶层风行鼻烟，瓷制鼻烟壶，除粉彩外，青花和白釉镂雕的数量也不少。在图案上，更盛行名胜山水图，人物中仕女的形象，较以前更带有清代的装饰特征。

道光朝的青花和颜色釉制作，都已趋衰落。粉彩瓷器的数量虽多，但品种、造型亦已大为减少，产品中以莲花型的盘、碗为突出。有少量"慎德堂"款和"解竹主人"款的粉彩、霁蓝描金和抹红描金器则较为精致。此外，有陈国治所制的黄釉仿象牙器，是这一时期的突出作品。

咸丰朝是在外国资本主义入侵和国内太平军起义的战争中度过的，官窑瓷器生产的数量和质量都更趋低落，但传世民间日用粉彩瓷器却还有一定数量。

同治、光绪两朝，政权基本上掌握在那拉氏之手，整个社会陷于动乱和衰败。在这段时期中，景德镇制瓷业，官窑虽然没有停止，但所制大多是一些宫廷婚喜、寿庆的应酬、赏赐之品。民窑所产，虽无特殊精致之作，但数量却是巨大的。从十九世纪末到二十世纪初期的民窑中，有一些比较好的仿古瓷，但这并不是当时制瓷业的主流。

二十世纪上半叶，瓷业衰败。进入五十年代以后，瓷都景德镇开始苏醒，而有较大发展。但是，由于时代的变迁，很多陶瓷基地相继壮大，如醴陵、淄博、石湾、邯郸、宜兴、潮汕和唐山等。一些古代名窑在中断了一段时期后，也获得了新生。景德镇瓷都的地位正在受到挑战。

中国的陶瓷业，已经开始再度出现了宋代百花争艳的局面。我们期待在不久的将来，将超越康、雍、乾的黄金时代，而焕发古老瓷国的青春。

① 蓝浦：《景德镇陶录》卷八，翼经堂本。
② 朱琰：《陶说》卷一，美术丛书本。
③ 景德镇陶瓷馆文物资料组：《陶瓷资料》，1978年第1期。
④ 蓝浦：《景德镇陶录》卷二，翼经堂本。
⑤ 1280°C烧成用的胎、釉是景德镇一般用来作为制造青花瓷器的胎、釉；烧成用的窑是景德镇市内的大柴窑，窑位也为通常烧制青花之处。周仁等著《景德镇瓷器的研究》，科学出版社1958年版。
⑥ 河北省博物馆：《保定市发现一批元代瓷器》，《文物》1965年第2期。
⑦ 张福康、张志刚：《我国历代低温色釉的研究》，《硅酸盐学报》1980年第3期。
张福康、张志刚：《我国古代釉上彩的研究》，《硅酸盐学报》1980年第12期。
⑧ 清雍正《广东通志》卷五十八。
⑨ 张福康、张志刚：《我国古代釉上彩的研究》，《硅酸盐学报》1980年第12期。
⑩ 张福康、张志刚：《我国古代釉上彩的研究》，《硅酸盐学报》1980年第12期。
⑪ 本段据范冬青同志稿改写。
⑫ 蓝浦：《景德镇陶录》卷二。
⑬ 蓝浦：《景德镇陶录》卷三，翼经堂本。
⑭ 参见江苏省宜兴陶瓷公司：《宜兴陶瓷简史》1978年4月供稿。
⑮ 此部分内容系广东省博物馆提供的资料。
⑯ 《霍渭崖家训》一卷，《涵芬楼秘籍》第二集。
⑰ 根据福建省博物馆曾凡同志提供的材料。
⑱ 宋伯胤：《谈德化窑》，《文物参考资料》1955年第4期。
⑲ 厦门大学人类博物馆：《德化屈斗宫窑址的调查发现》，《文物》1965年第2期。
⑳ T. Volker：《Porcelain and the Dutch East India Company》1954年版第212页。
㉑ 《清朝通志》卷九十三。
㉒ 从国外发现的实物看，从康熙开始已有专为国外市场特制的外销瓷器输出。
㉓ 现在陈列于北京中国历史博物馆的即有帝俄时代定制之描绘沙皇俄国双鹰国徽的五彩罐。
㉔ J.Grawfurd：《History of the India Archipelago》。
㉕ "J·Grawfurd"：《Embassy To Siam and Cochins China》。
㉖ Margaret Medley：《The Chinese Pottery》1976年版第261页。
㉗ D.F.Lunsingh Scheurleer：《Chinese Export porelain》1974年版第61页。
㉘ 转引自韩槐准：《南洋遗留的中国外销陶瓷》第27页。
㉙ D.F.Lunsingn Schearieer:《Chinese Export porelain》1947年版第62页。
㉚ John Goldsmith phillips：《China Trade porcelain》1974年版第34页。
㉛ 同①第64页。
㉜ 同①第65页。
㉝ D.F.Lunsingh Scheaurier：《Chinese Export Porelain》1947年版第65—66页。
㉞ John Golasmieh Phillips：《China Trade Porcelains》1974年版第37页。

后　　记

编写一本陶瓷的专史来概括我国历史悠久、内容丰富的陶瓷文化是我国文物考古学界、陶瓷工艺学界和工艺美术学界许多同志的共同愿望。因此，当中国硅酸盐学会于一九七五年提出这个倡议时，不仅得到原国家建筑材料工业总局、国家文物事业管理局、轻工业部、中国科学院、中国社会科学院的支持，而且有关学界和单位也予以大力支持和热烈响应。浙江、湖南、四川、广东、陕西、河北、山西、江苏宜兴、江西景德镇、山东淄博等地先后成立了陶瓷史编写小组。浙江、福建、江苏、山东、四川等省还组织了古窑址的调查和重点窑址的发掘工作，出土了许多珍贵文物，为本书的编写提供了大量的新材料。但是由于众所周知的原因，在当时的历史条件下，要编撰这样一部专史实际上是难以进行的。

一九七七年，由于全国政治形势起了很大的变化，原国家建委副主任宋养初同志和中国硅酸盐学会副理事长丁原同志要求我们继续进行这项刚刚开始就停顿了的工作，于是在这年的三月我们召开了《中国陶瓷史》编写工作会议。在这次会议上，我们拟定了编写大纲，并分别成立了全书十个章节的编写协作小组以及工艺与美术两个专题研究小组。这样，本书的编写工作才得以正式开始。

本书主编小组是由冯先铭、安志敏、安金槐、朱伯谦、汪庆正等同志组成。

本书目前发表的稿本各章、各节的撰写人是：新石器时代章：安志敏、郑乃武。夏、商、西周、春秋章：安金槐。战国、秦、汉章：朱伯谦、任世龙。魏、晋、南北朝章：朱伯谦、邓白。隋、唐、五代章：隋，李辉柄；唐、五代，李知宴、冯先铭、朱伯谦、汪庆正。宋、辽、金章：宋，冯先铭、王莉英；辽，阎万章、郭文宣；金，赵光林、张宁。元章：李辉柄、范冬青。明与清两章：汪庆正。

此外，冯先铭、朱伯谦、汪庆正同志还负责战国至清各章的审核修订工作。张福康、李家治、李国桢同志先后审核修订了稿本的科学技术部分的文字，张福康同志还为本书若干章节的科学技术部分撰写了初稿。邓白同志对本书若干章的艺术部分进行了审核。刘振群、刘可栋同志对我国陶瓷窑炉的产生和发展进行了研究，为本书提供了素材。

李毅华同志担任了本书插图的绘制以及本书图版页的编排工作。最后，由本书责任编辑沈彙同志对全稿作了整齐体例与文字修改润色，为本书若干章节写了导语。

本书虽然主要是由几个同志执笔写成，但在写作过程中，以下一些同志也付出了一定劳动。这些同志是：叶喆民、甄励、宋伯胤、蒋赞初、李蔚然、叶宏明、曹鹤鸣、王恩田、禚振西、乔 文 征、 何 次 云、 曾 凡、 丁祖春、龙宗鑫、叶尔宁、梅健鹰、黄艺林、郭演仪、李维善、冯增禄、魏之骟、赵鸿声、李远、水既生、曾广忆、陈衡、贺盘发、刘新园、白焜、陈星、潘文锦、梁淼泰、施于人、王景圣、吕广浩、李俊杰、丁义忠、尚业煌、周丽丽、孙会元、王春城等。

本书不仅是集体劳动的产品，也是文物考古学界、陶瓷工艺学界许多单位协作的劳动成果。一九七七年学会向中国社会科学院考古研究所、故宫博物院、中央民族学院、宜兴陶瓷公司、景德镇陶瓷馆，以及浙江、广东、陕西、福建、江西、云南、河南、湖南、湖北、四川、河北、青海、新疆等省、自治区和邯郸、桂林、沈阳、开封等地博物馆、考古所、文管会等二十三个单位，征集了三百四十三种古陶瓷样品，经过研究分析，从中挑选了二百多件有代表性的标本，由中国科学院上海硅酸盐研究所、国家建筑材料工业局建筑材料科学研究院、轻工业部陶瓷工业研究所以及湖南醴陵、河北唐山、邯郸、山东淄博、江苏宜兴的陶瓷研究所；陕西、辽宁的轻工业研究所、西北轻工业学院和武汉建筑材料学院等十二个单位，分担测试与研究工作。

一九七八年六月，学会在浙江金华召开了《我国古陶瓷学术会议》，由分担测试研究的单位，将其研究的成果写成研究报告或科学论文在会上宣读、讨论。同时，还对我国瓷器的起源问题和陶瓷史若干疑难问题与文物考古界的同志一起进行了广泛深入的讨论。

由于做了大量而又扎实的基础工作，使我们在处理陶瓷史上有争议的问题时，取得了比较一致的认识，为陶瓷史的编写提供了科学根据。

在本书的编写过程中，国家建筑材料工业局建筑材料科学研究院在人力、物力和财力上都给予了很大的支持。编委会办公室的盛厚兴、周立明、程朱海、陈树頎、刘炳孝、秦守信同志做了大量的组织和协调工作，为本书的编写和出版付出了不少辛勤的劳动。刘可栋、傅振伦同志也协助办公室做了不少工作。段锡荣、夏鼐、王文庆、何欧里、鲁万章、陈锦康等同志十分关心和支持这项工作。

在此，我们向所有为本书的编写给予过支持、作过贡献的单位和同志表示感谢。由于时间较长，涉及的单位和个人又很多，不可能都一一列出，如有遗漏之处，请予以批评指正，并希鉴谅。

由于我国陶瓷历史源远流长，本书只是写到清代中期以前，因为此后就属于近代范畴，涉及的问题更多，它应当另有一本专书来进行详尽的讨论，本书就不再涉及了。

本书的主编小组是于一九七八年成立并开展工作的，因此本书所收集的考古材料和科研成果基本上以一九七八年底以前发表的为界。但是为了使本书的内容更加充实，对于近两年来考古发现的新的重要材料（如河北邢窑、四川邛窑、浙江江山窑等），主编者在修订最后稿本时已补充进去了。本书的“窑址分布图”绘制较早，图中少数政区区划与现行区划有所不同，因出版时间紧促，未及改绘。

由于资料的不足和研究的不充分，人们对陶瓷史上某些问题的认识还不尽一致，有的分歧还比较大。对于这类有争论的问题，本书采取几种观点并存的方法，在介绍国内外几种不同观点的同时阐明主编者本人带倾向性的观点，以供读者分析比较。我们认为这样做有利于打开读者的思路，有利于对问题展开比较深入的讨论。

这些请同志们在阅读本书时注意。

我们在本书即将付印之际，深感我们的工作远远没有达到理想，而只能说是一个开端。我们衷心希望读者们对本书存在的一些问题提出意见和建议，以便帮助我们在再版时进行认真的修正和补充，使本书更趋完善。

中国硅酸盐学会

一九八二年七月

AFTERWARD

China' s cultural relic workers, archaeologists, ceramic technologists and ceramic artists have long been anticipating a book to be compiled on the history of China's pottery and porcelain, a book which covers the long period of the rich and glorious development of the ceramic culture in China. Therefore, when the Chinese Ceramic Society decided in 1975, to compile such a book, it drew warm response and immediate support of the National Bureau of Building Materials Industry, the Administration Bureau of Cultural Relics Affairs, the Ministry of Light Industry, the Chinese Academy of Sciences and the Chinese Academy of Social Sciences. Writing groups were thus organized in Zhejiang, Hunan, Sichuan, Guangdong, Shaanxi, Hebei, Shanxi, Jiangsu, Jingdezhen in Jiangxi and Zibo in Shandong to prepare the manuscripts. Extensive investigations and excavations were made in old kiln sites in Zhejiang, Fujian, Jiangsu, Shandong and Sichuan provinces, and a large amount of valuble relics were unearthed, which contributed immensely to the writing of this book.

The drastic changes which took place in China in 1977 prompted Song Yangchu, Vice-Director of the National Construction Commission, and Ding Yuan, Vice-Chairman of the board of Directors of the Chinese Ceramic Society, to suggest that the compilation of this book be resumed after two years of suspension. A meeting was called to work out an outline and writing groups were organized to draft the chapters and examine and revise the manuscripts. Altogether 10 writing groups and two research groups, in charge of technology and art respectively, were organized.

The chief editorial group was composed of 5 distinguished archaeological workers of Chinese ceramics, they were: Feng Xianming, professor of the Palace Museum, An Zhimin, professor of the Institute of Archaeology, An Jinhuai, professor of Henan Institute of Cultural Relics and Archaeology, Zhu Boqian, professor of Zhejiang Institute of Archaeology and Wang Qingzhen, professor of the Shanghai Museum. Li Jiazhi, professor of the Shanghai Institute of Ceramics, Academia Sinica, Zhang Fukang, associated professor of Shanghai Institute of Ceramic, Academia Sinica, and Li Guozhen, professorial senior engineer of the Academy of Science and Technology, Ministry of Light Industry were invited as science and technology consultants, and Deng Bai, professor of Zhejiang Academy of Fine Arts was invitated as art consultant of this book.

The writers were: An Zhimin and Zheng Naiwu for the chapter on the Neolithic Age; An Jinhuai for the chapter on Xia, Shang, Western Zhou and Spring and Autumn Periods; Zhu Boqian, Ren Shilong for the chapter on the Warring-States and Qin, Han Perods; Zhu Boqian and Deng Bai for the chapter on Wei, Jin, and Northern and Southern Dynasties; Li Huibing, Li Zhiyan, Feng Xianming, Zhu Boqian and Wang Qingzheng for the chapter on Sui, Tang and Five-Dynasties; Feng Xianming, Wang Liying, Yan Wanzhang, Guo Wenxuan, Zhao Guanglin, Zhang Ning for the chapter on Song, Liao and Jin; Li Huibing and Fan Dongqing for the Chapter on Yuan; and Wang Qingzheng for the chapters on Ming and Qing.

Feng Xianming, Zhu Boqian and Wang Qingzheng read and revised the chapters on the Warring-States Period through Qing Dynasty. Zhang Fukang, Li Jiazhi and Li Guozhen read and revised the contents related to science and technology of the entire draft. Zhang Fukang was also engaged in the preparation of the manuscript on science and technology for some chapters. Deng Bai read the art section in some chapters. Liu Zhenqun, professor of the South China Institute of Technology and Liu Kedong, professorial senior engineer of Tangshan Ceramic Corporation conducted an extensive study on the origin and development of pottery and porcelain kilns in China and supplied materials for the compilation of this book.

Li Yihua prepared all the illustrations and edited the appendix for the colour and black-and -white plates. And finally the entire draft was read over by editor-in-charge, Shen Hui, who unified the style of writing and polished the language.

There were also many scholars, scientists and experts contributed to the preparation of this book besides those mentioned above, such as: Ye Zhemin, Zheng Li, Song Boyin, Jiang Zanchu, Li Weiran, Ye Hongming, Cao Heming etc.

The History of Chinese Pottery and Porcelain is not only a product of collective work but also a result of efective investigation by many scholars in the archaeological and cultural relic field. At the beginning of this work, 343 samples were collected in 1977 from many organizations, such as the Institute of Archaeology of the Chinese Academy of Social Sciences, the Palace Museum, the Central Institute of Nationalities, the Ceramic Company of Yixing, the Ceramic Museum of Jingdezhen and other museums, archaeological institutes and cultural relics bureaus of various provinces, autonomous regions and municipalities. 200 of the 343 samples were selected and studied by the respective organizations, research institutes and colleges.

In June 1978, a symposium on the science of China's ancient ceramics was held in Jinhua, Zhejiang Province under the sponsorship of the Chinese Ceramic Society. Reports on researches conducted by organizations responsible for the sample researches were read and discussed during the conference. Discussions on the origin of Chinese porcelain and a few other knotty problems were discussed at the same time. The extensive work on the basis put us in a position to deal with some of the controversial problems to reach consensus on a scientific footing.

In the course of compilation of this book, the Research Institute of Building Materials Sciences of the National Bureau of Building Materials Industry extended a helping hand in manpower, material resources and funds. An office of the editorial committee was organized by the institute, and Sheng Houxing, its department director, be responsible for the office, and the office staffs such as Cheng Zhuhai, Zhou Liming, Chen Shuqi, Liu Bingxiao and Qin Shouxin, contributed enormously to the organization and coordination of the compilation of this book. Liu Kedong and Fu Zenlun, professor of the Museum of Chinese Revolution and Chinese History, also did their share in assisting the editorial work.

In this afterward, we wish to extend our deep appreciation to all organizations and comrades for their unstinting support and effort. Because of the lengthy time and the involvement of so many people, it is impossible to list all their names. And so we wish to give our apology in case of negligence.

Because of the long history of China's ceramics, it is only possible to include in this book the ceramic development up to the middle of Qing dynasty. The history after the Mid-Qing dynasty should be dealt with as part of modern history and the issues thus raised will be so great in number that a separate volume is called for to cover them substantially.

The chief editorial group was organized in 1978. The materials related to archaeological and scientific research were limited to the end of 1978. However, to enrich the content of this book, latest archaeological discoveries, for example, Xing ware of Hebei Province, Qiong ware of Sichuan Province and Jiangshan ware of Zhejiang Province were added during last revision of the draft.

Some problems of divergent opinion and non-uniform understanding have been included in this book and the editor has also put forwards his personal opinion in explaining the different points of veiw. They may give readers a clear view for further studying these problems by analysis and comparison.

When this book became ready for the press, we felt that our work was still far from ideal, it was, after all, only a good beginning. Hopefully, the comments and suggestions of our readers may help us to come up with a revised edition which would be more complete and satisfactory.

The Chinese Ceramic Society

July, 1982

重 印 说 明

《中国陶瓷史》自1982年出版后不久即销售一空。十几年来，不断有读者求购并要求重印。为满足广大读者的需要，经征得原主编小组成员及顾问们的同意，决定对本书进行重印。这次重印，除对书中的错、漏以及窑址图中的一些过时的行政区划等作必要的改正外，基本上保持原貌，未作大的改动。

应当提到的是本书原编者以及一些读者，特别是朱全同志对本书提出了许多很好的改正意见和建议，这些意见和材料，有的已在这次重印中采用，有的则将在今后修订再版时采用。

还应说明的是，十几年来，我国古陶瓷工作者在古窑址的发掘和研究方面取得了令人瞩目的成就，纠正了过去对这些窑址的认识。只是因系重印，未能在书中体现，例如：浙江德清窑址的多处发现，改变了过去以为该窑只是从东晋到南朝100多年的历史的说法。而今从商周原始瓷开始到汉以下直至魏、晋、南北朝以及隋、唐、宋代都有窑址发现，说明德清窑是浙江省又一个历史悠久、瓷业繁荣的瓷窑体系；邢窑窑址于1985年在河北省内丘西关及陈留庄等地发现数十处，有的瓷质已达现代瓷标准，从而证实了文献上"邢窑在内丘"的记载，同时也纠正了过去以为河北临城祁村窑即内丘窑的认识；汝窑窑址也于1985～1988年间在河南省宝丰县大营镇清凉寺陆续发现，并在文献上找到了宝丰县大营镇过去曾隶属于临汝县的根据，因而揭开了长久以来汝窑窑址之谜。

为便于广大国外读者了解本书，借这次重印的机会，特邀请北京轻工业学院游恩溥教授将本书的序言、目录和后记译成英文补入书内。游教授还对书中存在的问题提出了改正意见。

这次重印工作，在中国硅酸盐学会姜东华副理事长兼秘书长和李士璋副秘书长领导下，由段锡荣同志具体主持，协助工作的有史可顺、贾少平、宋义普等同志。原领导小组成员安志敏、安金槐、朱伯谦、汪庆正，顾问张福康、李家治、李国桢，编者李知宴、李辉炳、王莉英、刘可栋以及原编委会办公室盛厚兴、程朱海等同志，都不同程度地提出了好的意见和建议以及改正和补充材料。中央工艺美术学院叶哲民教授对本书也提供了补充材料和意见，特别是有关汝窑窑址的材料。

原主编小组组长冯先铭同志不幸于1993年因病逝世，不能参与指导本书的重印工作，令人惋惜与怀念。

在重印工作中，始终得到文物出版社的各级领导及同志们的密切合作与大力支持。

经过一年多大家的共同努力，重印工作终于完成，在此，对上述单位和同志们表示衷心的感谢。

欢迎广大读者和专家继续关心本书并提出宝贵意见和建议。

中国硅酸盐学会

一九九七年三月

1. 仰韶文化人面纹网纹盆（陕西西安半坡出土，高 16.4 厘米）
2. 仰韶文化鱼纹蛙纹盆（陕西临潼姜寨出土，口径 39 厘米）

1. 马家窑文化舞蹈纹盆（青海大通上孙家寨出土，高 14 厘米 口径 29 厘米）
2. 马家窑文化束腰罐（甘肃永登杜家坪出土，高 18.3 厘米 口径 15.2 厘米）
3. 马家窑文化筒形罐（甘肃永昌鸳鸯池出土，高 24.6 厘米 口径 12.3 厘米）

商代原始瓷尊（河南郑州出土，高 27 厘米 口径 27 厘米）

西周原始瓷罍（河南洛阳出土，高 27 厘米 口径 14.3 厘米 底径 12 厘米）

1. 西周原始瓷簋（河南洛阳出土，高 15.5 厘米 口径 23.8 厘米 底径 12 厘米）
2. 春秋印纹硬陶罐（上海马桥出土，高 29.5 厘米 口径 24 厘米）

战国彩绘陶壶

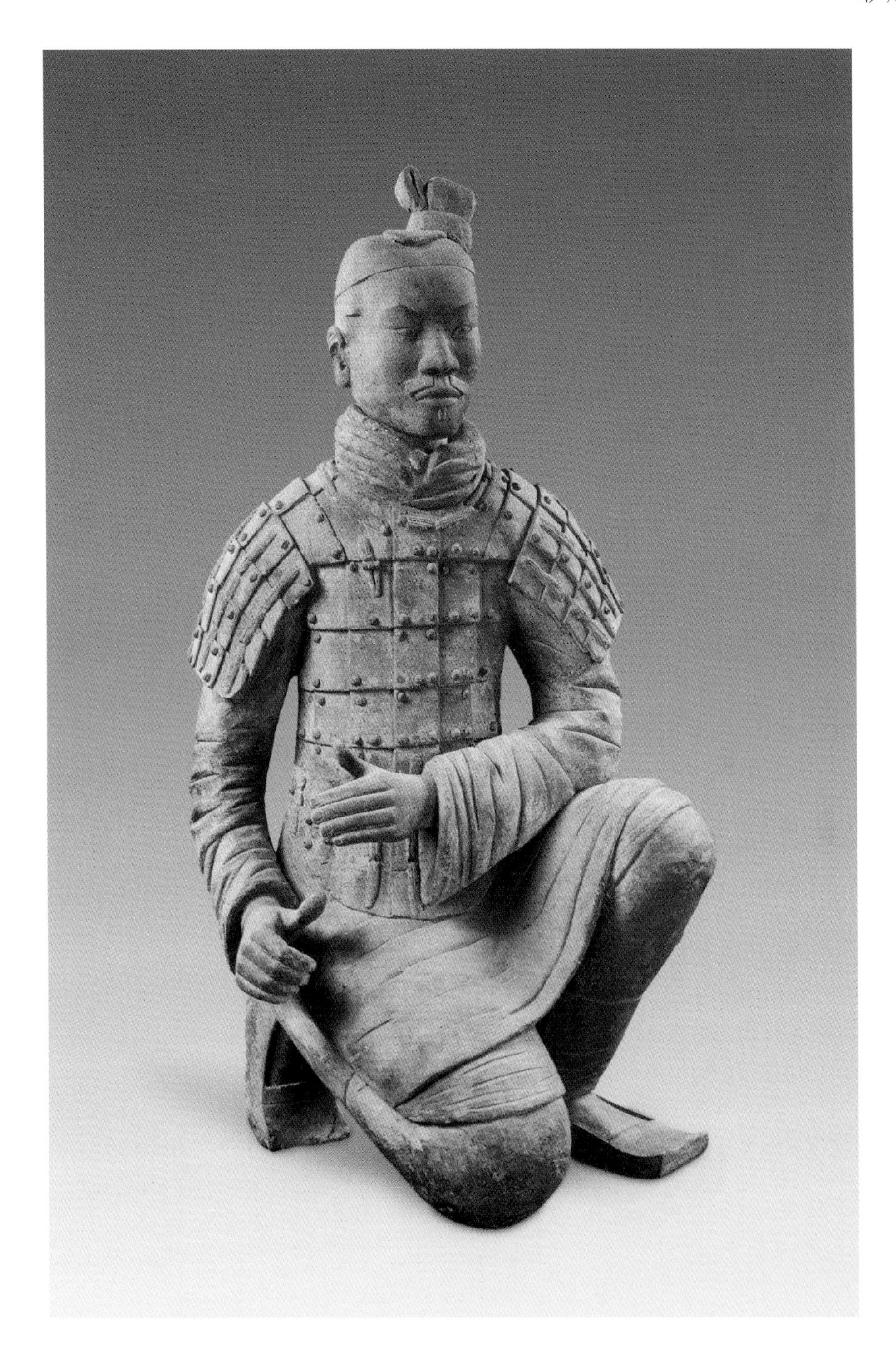

秦代陶武士跪射俑（陕西临潼秦俑坑出土，高 122 厘米）

汉代彩绘陶杂技佣（山东济南无影山汉墓出土，座长 67 厘米 宽 47.5 厘米）

1. 汉代青瓷四系罐（浙江上虞出土，高 19.8 厘米 口径 10.7 厘米 底径 11.8 厘米）
2. 汉代彩绘陶盆（河北满城汉墓出土，口径 56.4 厘米）

1. 西晋青瓷猛兽尊（江苏宜兴西晋墓出土，高 27.9 厘米 口径 13.2 厘米 底径 16 厘米）
2. 东晋黑釉四系壶（上海博物馆藏，高 20 厘米 口径 10 厘米 底径 10 厘米）

南朝青瓷莲花尊（江苏南京出土，通高 79 厘米 底径 20.8 厘米 口径 21.5 厘米）

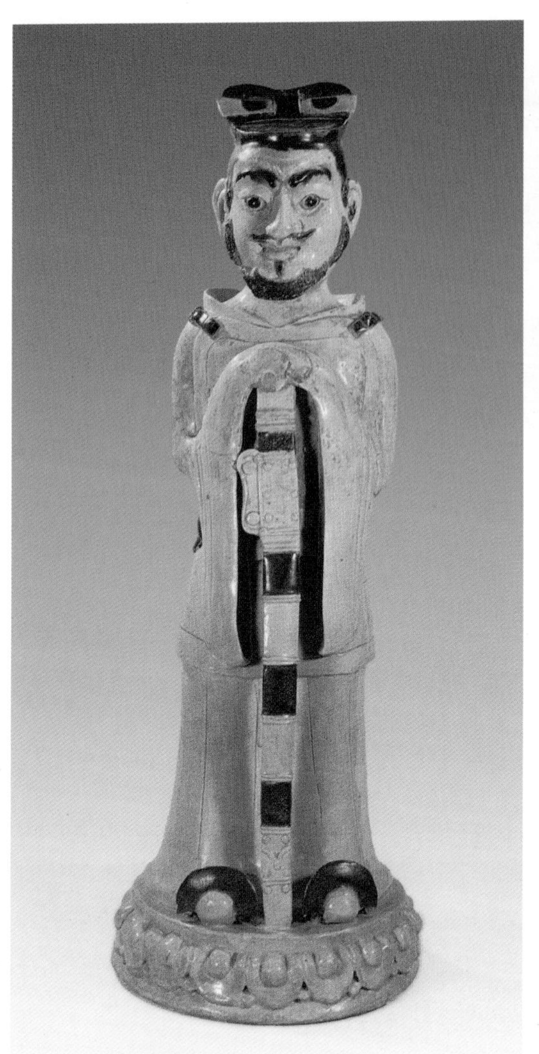

1. 隋代白釉黑彩俑（河南安阳出土，高 72 厘米）
2. 唐代彩绘文士俑（陕西礼泉出土，高 69 厘米）

1. 唐代三彩女俑（陕西西安出土，高 44.5 厘米）
2. 唐代三彩牵马俑（河南洛阳关林出土，高 66 厘米）
3. 唐代蓝釉驴（陕西西安出土，高 23.6 厘米）

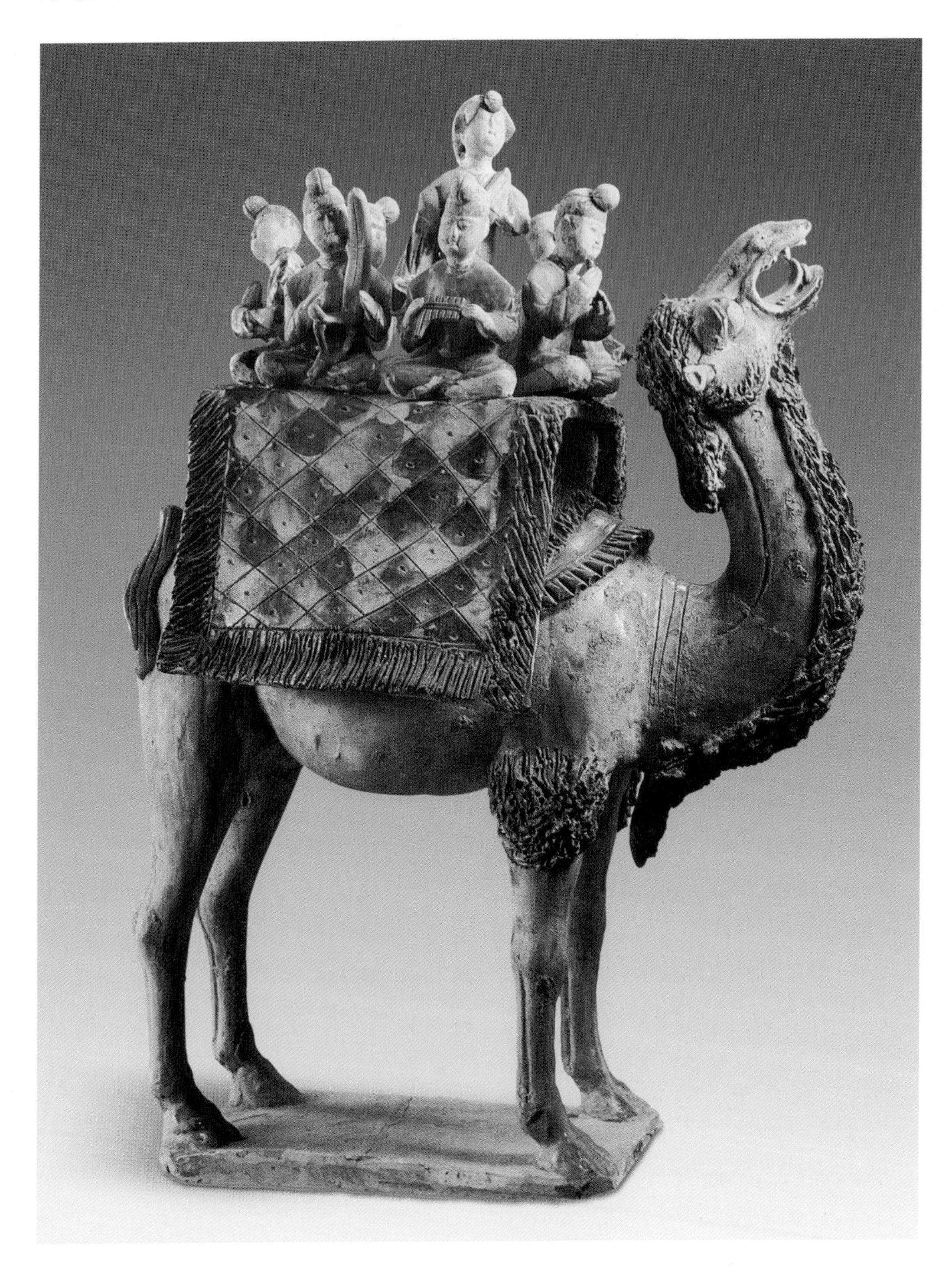

唐三彩骆驼载乐俑（陕西西安出土，驼高 48.5 厘米 乐佣高 11.5 厘米）

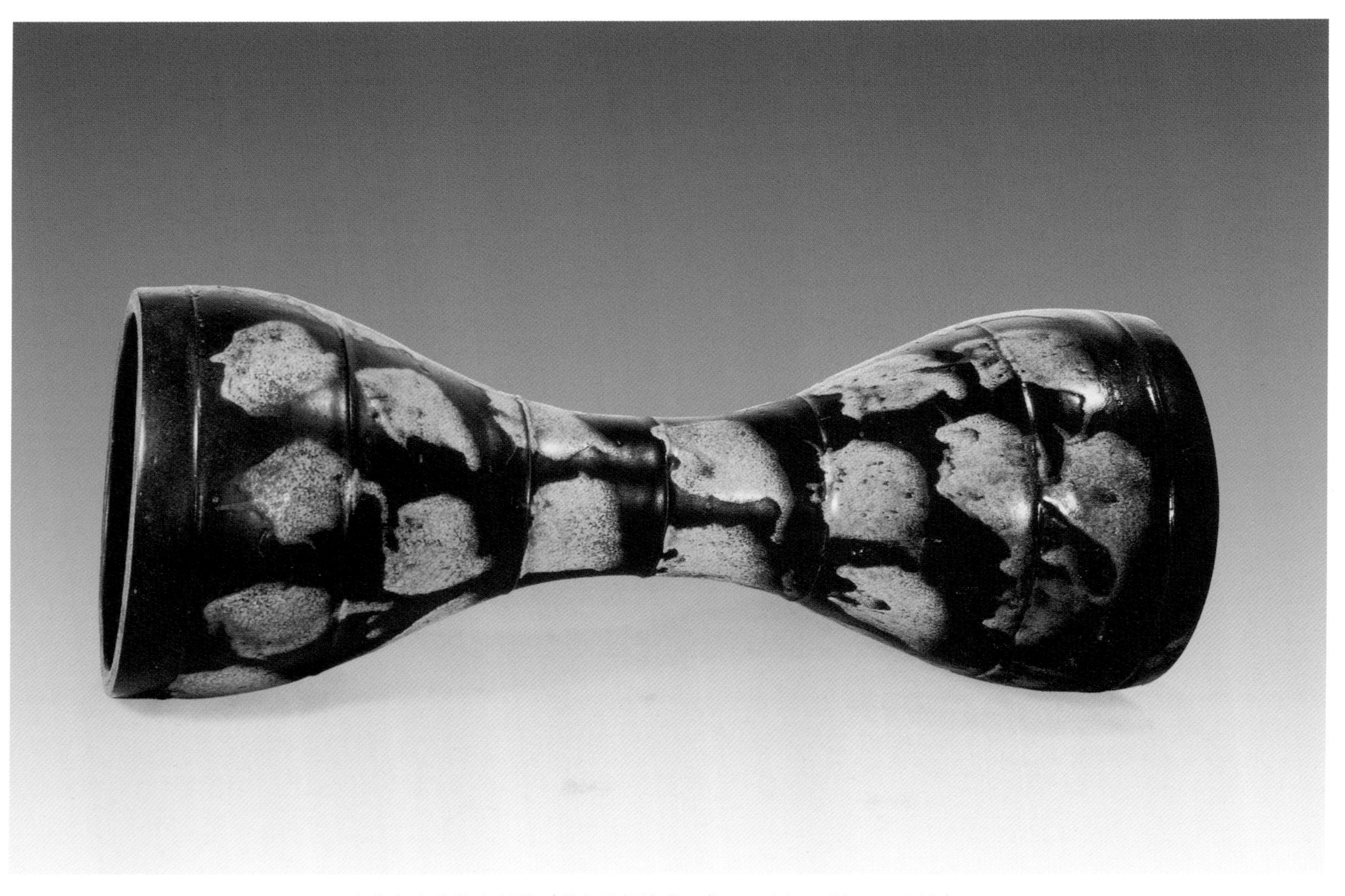

唐代鲁山窑花瓷拍鼓（故宫博物院藏，长 59 厘米 口径 22.2 厘米）

1. 唐代长沙窑褐绿彩罐（江苏扬州出土，口径16.3厘米）
2. 五代越窑青釉褐彩瓶（浙江临安出土，高50.7厘米）

1. 宋代官窑洗（故宫博物院藏，高 6.6 厘米 口径 22.6 厘米 底径 19 厘米）
2. 宋代钧窑花盆（故宫博物院藏，高 18.3 厘米 口径 27 厘米 足径 13.2 厘米）
3. 宋代汝窑樽（故宫博物院藏，高 13.1 厘米 口径 17.9 厘米 足径 13.5 厘米）

宋代定窑孩儿枕（故宫博物院藏，高 18.3 厘米 长 30 厘米 宽 11.8 厘米）

宋代吉州窑黑地白花瓶（安徽巢县出土，高 28.8 厘米 口径 5 厘米 底径 9.5 厘米）

宋代登封窑双虎纹瓶（故宫博物院藏，高 32.1 厘米 口径 7.1 厘米 足径 9.9 厘米）

1. 辽代白釉剔花瓶（辽宁省博物馆藏，高 46 厘米 口径 11.4 厘米 底径 10.5 厘米）
2. 金代黑釉剔花瓶（山西天镇出土，高 24 厘米 口径 4.3 厘米）
3. 金代鹊鸟纹虎枕（上海博物馆藏，高 12.8 厘米 长 39.6 厘米 宽 19.5 厘米）

元代青花釉里红花卉盖罐（河北保定出土，高 42.3 厘米 口径 15.2 厘米）

元代红釉白龙盖罐（江苏吴县出土，高 38.2 厘米 口径 12.3 厘米）

元代蓝釉白龙瓶（南京博物院藏，高 43.3 厘米）

元代青花追韩信瓶（江苏南京出土，高 44.1 厘米）

元代红釉俑（江西景德镇出土，一高 19.8 厘米 一高 20.5 厘米）

元代青花釉里红谷仓（江西景德镇出土，高 29.5 厘米）

彩版 28

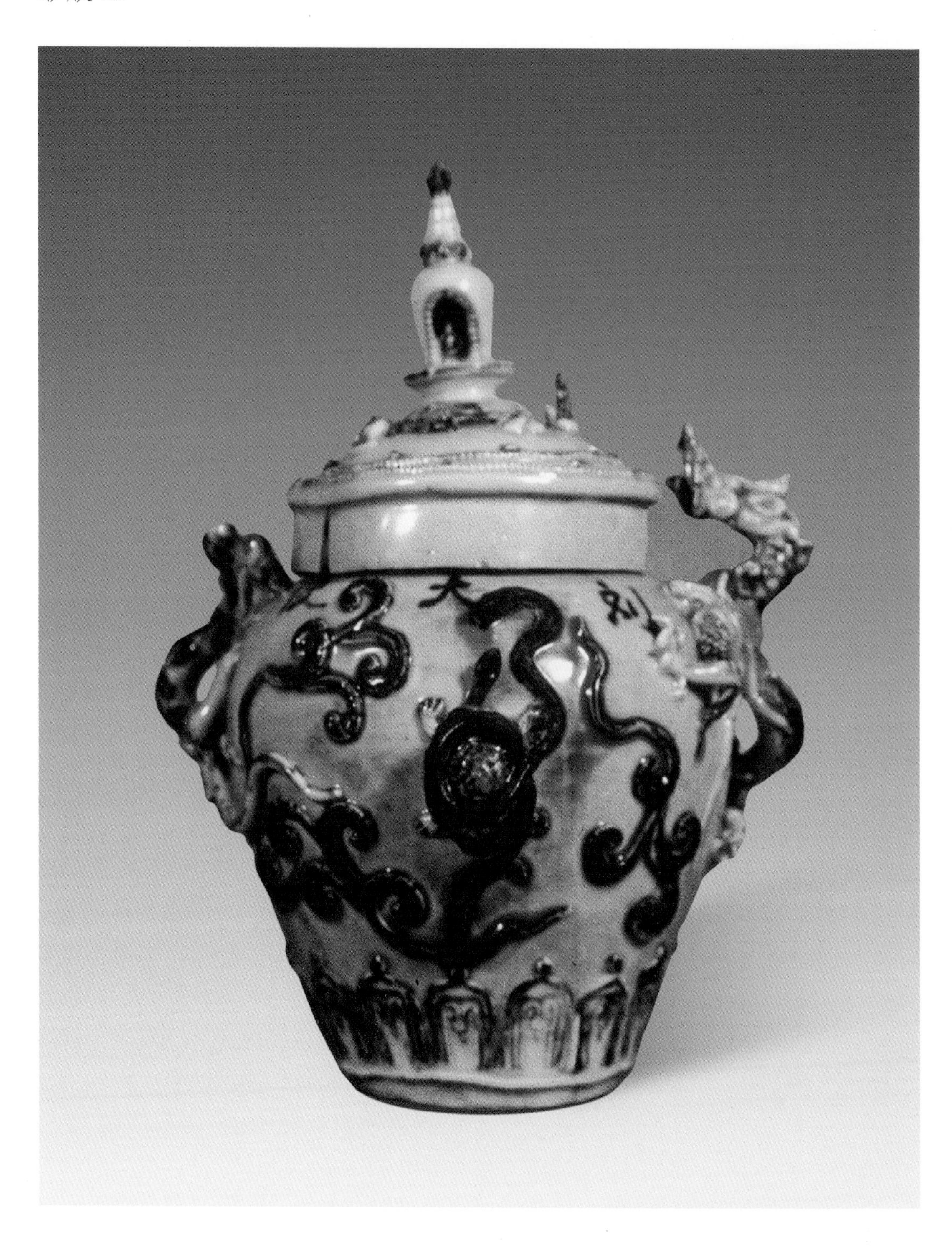

元代青花四灵盖罐（江西景德镇出土，通高 22 厘米 口径 7.7 厘米）

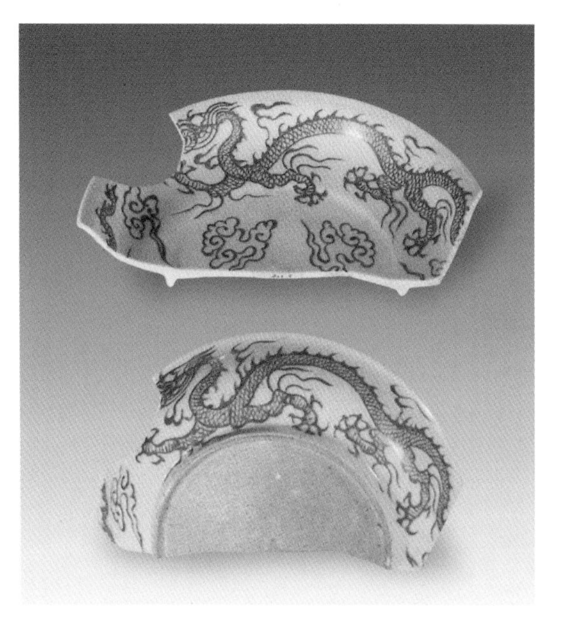

1. 明代永乐青花压手杯（故宫博物院藏，高 5.4 厘米 口径 9.1 厘米 足径 3.9 厘米）
2. 明代宣德釉里红三鱼高足碗（上海博物馆藏，高 8.8 厘米 口径 9.9 厘米 足径 4.5 厘米）
3. 明代洪武红彩龙纹盘（江苏南京出土）
4. 明代成化斗彩人物杯（故宫博物院藏，高 3.8 厘米 口径 6.1 厘米 足径 2.7 厘米）

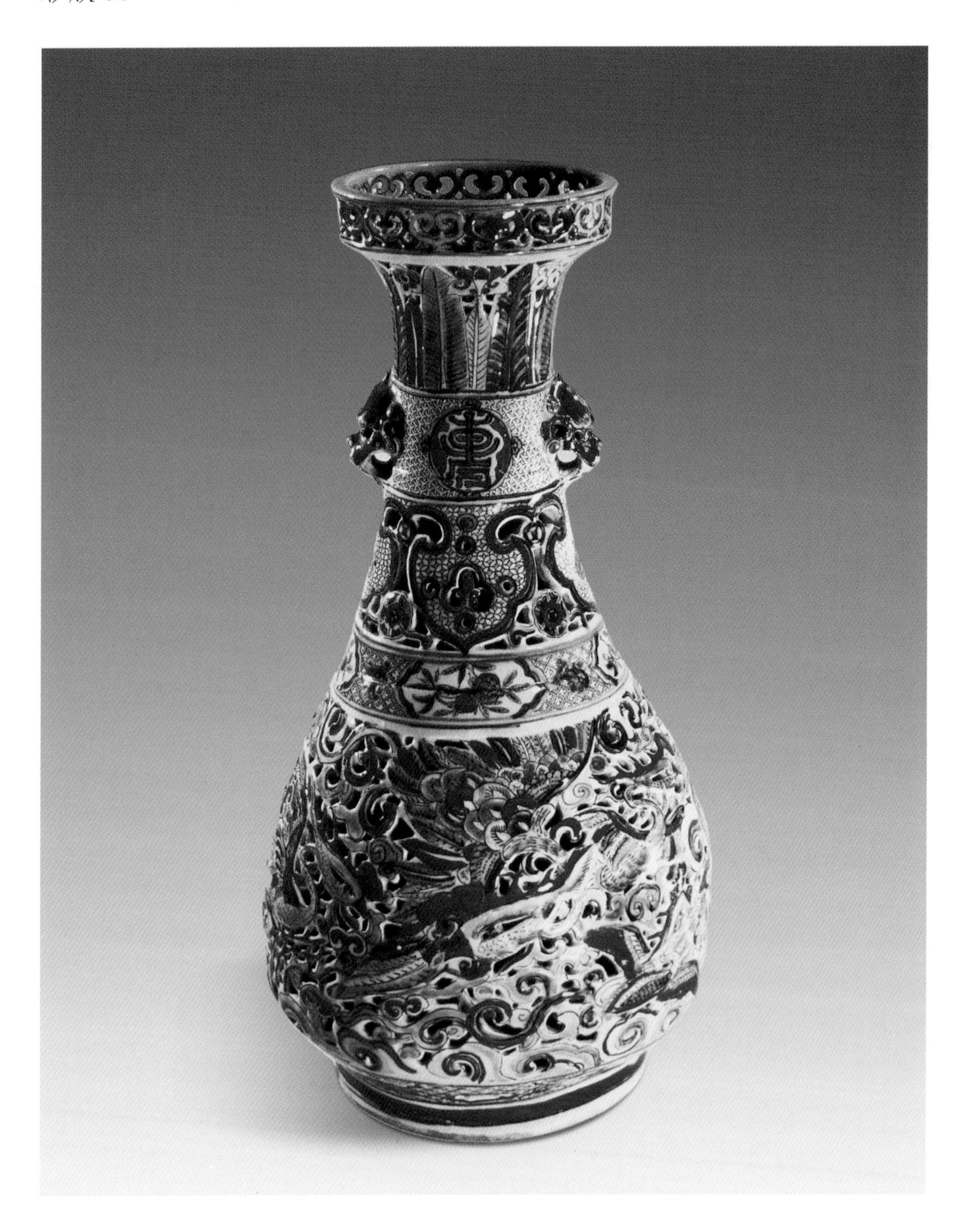

明代万历五彩镂空云凤纹瓶（故宫博物馆藏，高 49.8 厘米 口径 15.2 厘米 足径 17.2 厘米

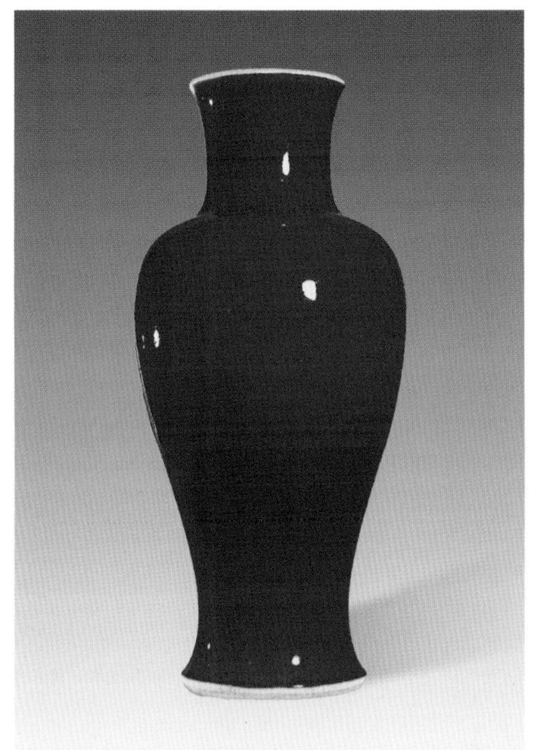

1. 清代康熙珐琅彩花卉纹瓶（故宫博物院藏，高 12.3 厘米 口径 4.5 厘米 底径 5.4 厘米）
2. 清代康熙素三彩香熏（故宫博物院藏，高 17.8 厘米 上径 18.5 厘米 底径 18.9 厘米）
3. 清代康熙郎窑红瓶（故宫博物院藏，高 45 厘米 口径 12 厘米 足径 14.8 厘米）
4. 清代康熙五彩花鸟纹尊（故宫博物院藏，高 45.4 厘米 口径 22.9 厘米 足径 15 厘米）

1. 清代雍正粉彩团花蝴蝶纹碗（故宫博物院藏，高 6.6 厘米 口径 13.4 厘米 足径 4.8 厘米）
2. 清代雍正珐琅彩松竹梅纹瓶（故宫博物院藏，高 17.4 厘米 口径 4 厘米 足径 4.8 厘米）
3. 清代乾隆粉彩镂空转心瓶（故宫博物院藏，高 41.5 厘米 口径 19.5 厘米 足径 21.2 厘米）
4. 清代乾隆仿古铜牺耳尊（故宫博物院藏，高 22.2 厘米 口径 13.2 厘米 足径 11.7 厘米）

1. 裴李岗文化三足钵（河南新郑裴李岗出土，高 12 厘米 口径 32.7 厘米）
2. 裴李岗文化双耳壶（河南新郑裴李岗出土，高 16.5 厘米 口径 6.4 厘米）
3. 裴李岗文化深腹罐（河南新郑裴李岗出土，高 15.2 厘米 口径 12.4 厘米）

图版贰

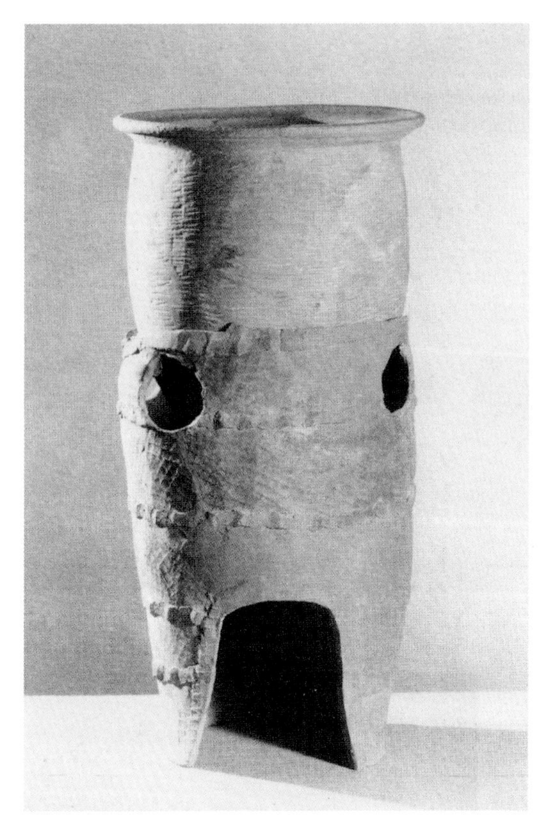

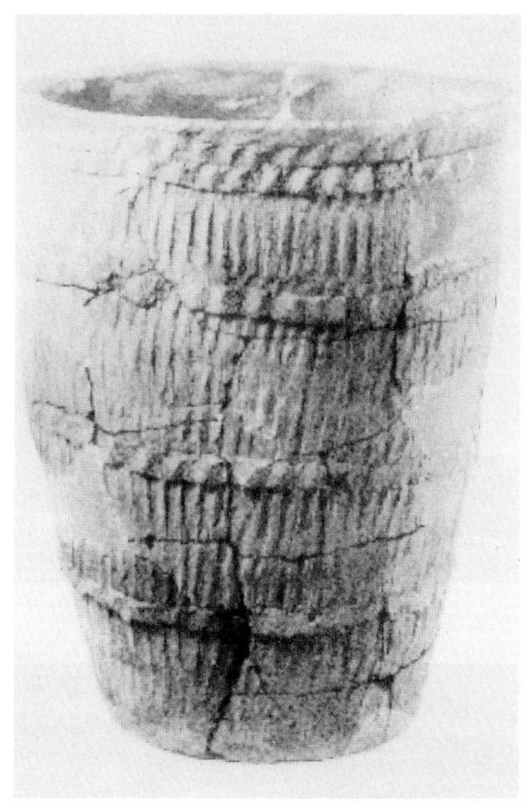

1. 龙山文化釜灶（河南陕县庙底沟出土，釜高 28.6 厘米 口径 26 厘米 灶高 31.6 厘米 口径 22.5 厘米）
2. 龙山文化陶罐（河南陕县庙底沟出土，约高 36 厘米 口径 29 厘米）
3. 龙山文化陶斝（河南偃师出土）
4. 龙山文化陶盆（河南陕县三里桥出土，高 16.8 厘米 口径 30.4 厘米）

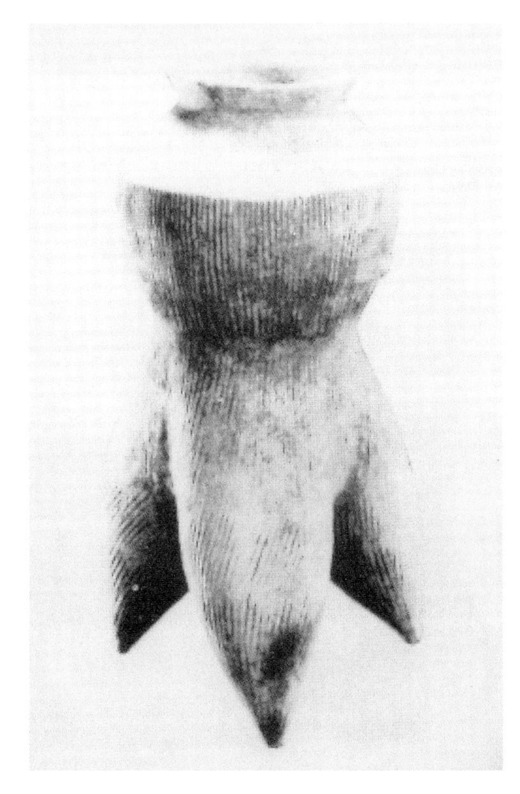

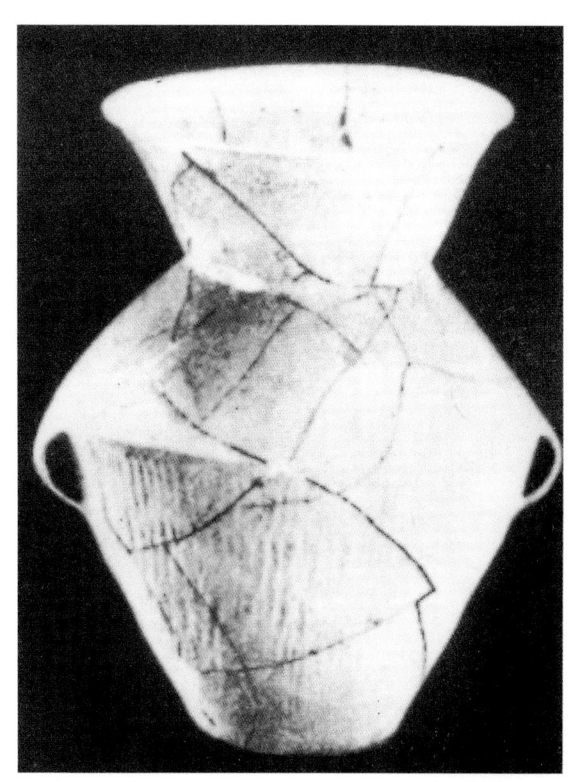

1. 齐家文化双大耳罐（甘肃武威皇娘娘台出土，高 9.8 厘米 口径 9.5 厘米）
2. 齐家文化双耳罐（甘肃武威皇娘娘台出土，高 11 厘米 口径 9 厘米）
3. 齐家文化陶甗（甘肃武威皇娘娘台出土，高 31 厘米 口径 9 厘米）
4. 齐家文化高领折肩罐（甘肃武威皇娘娘台出土，高 33 厘米 口径 20.5 厘米）

图版肆

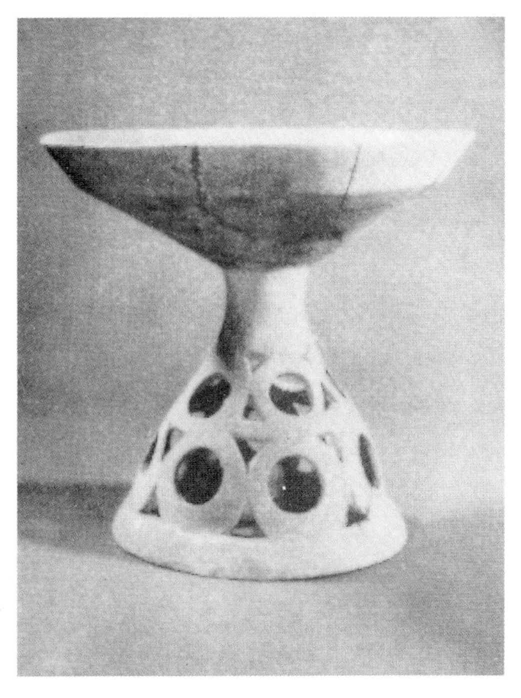

1. 大汶口文化背壶（山东泰安大汶口出土，高 17.4 厘米）
2. 大汶口文化陶鬶（山东泰安大汶口出土，通高约 22 厘米）
3. 大汶口文化陶豆（山东泰安大汶口出土，高 23.6 厘米 口径 25 厘米）
4. 大汶口文化陶豆（山东泰安大汶口出土，高 29.2 厘米 口径 25.9 厘米 足径 14.8 厘米）

1. 山东龙山文化宽沿杯（山东潍坊姚官庄出土）
2. 山东龙山文化双耳黑陶杯（山东潍坊出土，高 12.5 厘米）
3. 山东龙山文化陶鬶（山东日照出土，通高 39 厘米）
4. 山东龙山文化黑陶鼎（山东潍坊出土，约高 15 厘米）

图版陆

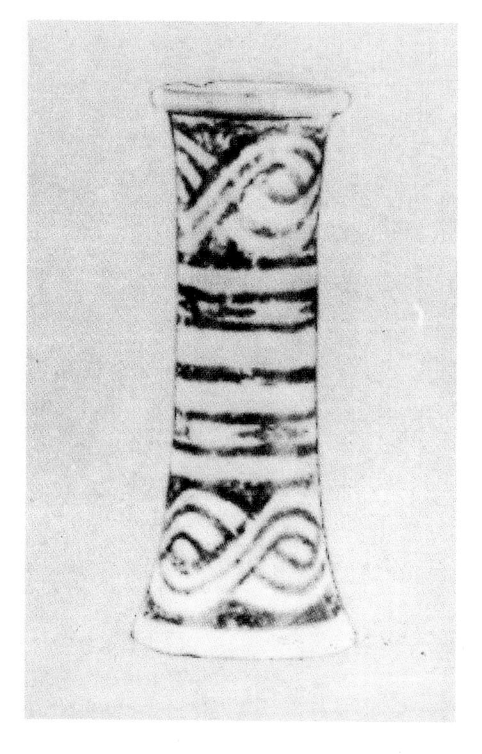

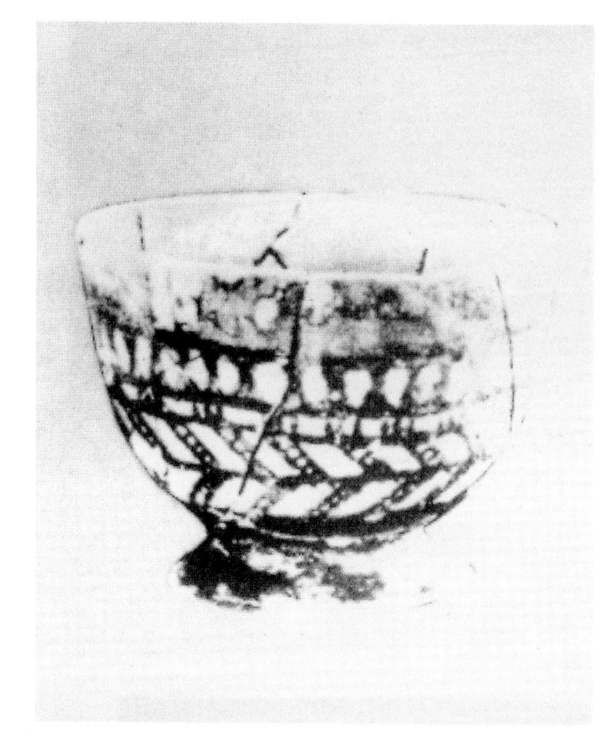

1. 大溪文化陶瓶（四川巫山大溪出土）
2. 大溪文化陶碗（四川巫山大溪出土）
3. 屈家岭文化陶壶（河南湘川黄楝树出土，高 17 厘米 口径 8.5 厘米）
4. 屈家岭文化镂孔豆（河南淅川黄楝树出土）

1. 河姆渡文化鱼藻纹凤鸟纹盆（浙江余姚河姆渡出土，高 16.2 厘米　口径 31.6 厘米）
2. 马家浜文化陶鼎（江苏吴县草鞋山出土，约高 27.6 厘米）
3. 马家浜文化陶鼎（上海青浦崧泽出土，通高 31.7 厘米 口径 18.3 厘米）

图版捌

1. 良渚文化陶壶（上海马桥出土，通高 15 厘米 口径 7 厘米 底至 7.4 厘米）
2. 良渚文化陶盉（上海金山亭林出土，高 18 厘米 口径 7.5 厘米）
3. 良渚文化陶豆（上海金山亭林出土，高 13.3 厘米 口径 19.4 厘米）
4. 良渚文化陶壶（上海马桥出土，通高 15.4 厘米 腹径 11.2 厘米）

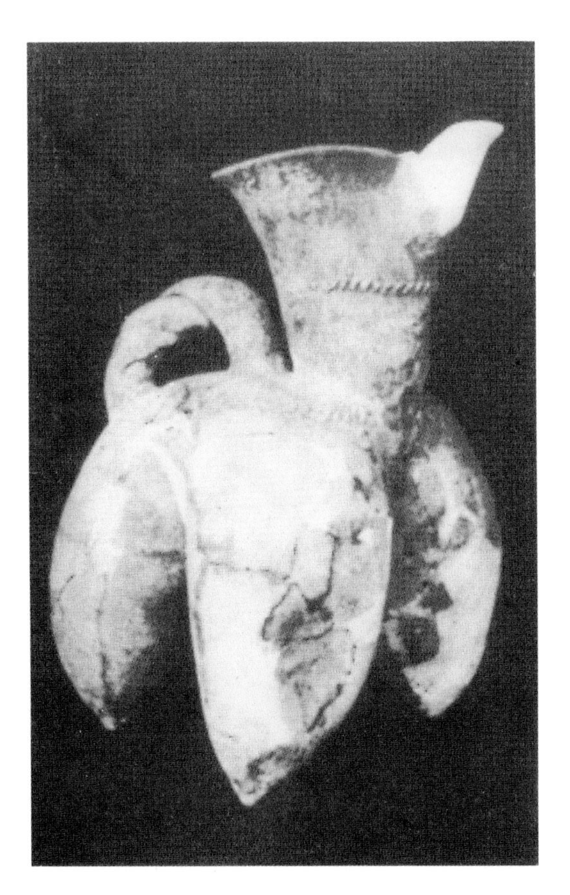

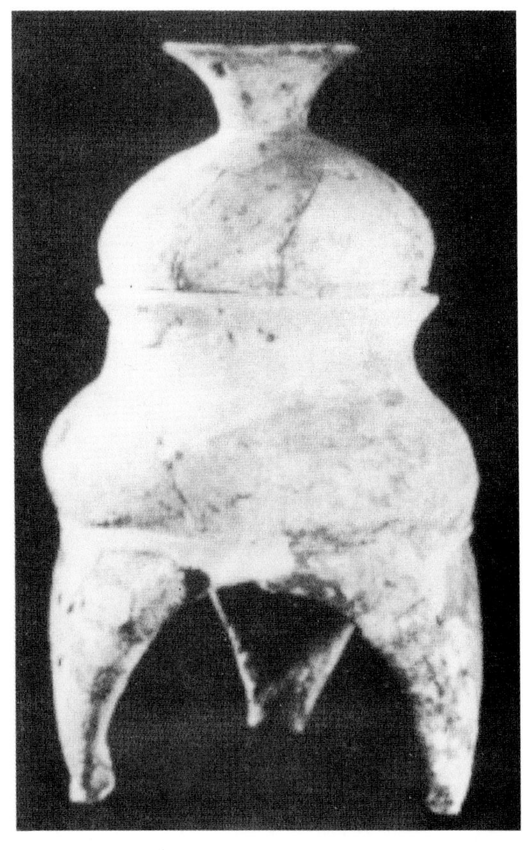

1. 昙石山文化陶簋（福建闽侯昙石山出土，通高 8.4 厘米 口径 14 厘米）
2. 昙石山文化陶釜（福建闽侯昙石山出土，高 13 厘米 口径 25 厘米）
3. 石峡文化陶鬶（广东曲江石峡出土，通高 28 厘米 最大口径 13 厘米）
4. 石峡文化白陶鼎（广东曲江石峡出土，约高 32 厘米）

图版壹拾

1. 夏代白陶鬶（河南巩县小芝殿出土，高 19.2 厘米 口径 7.1 厘米）
2. 商代中期印纹硬陶罍（河南郑州出土，高 25.6 厘米 口径 15.6 厘米）
3. 商代中期原始瓷罐（江西青江吴城出土，高 27.5 厘米 口径 11.5 厘米 底径 11 厘米）
4. 商代中期陶镞范（河南郑州出土，残长 17.1 厘米 残宽 11 厘米）

1. 西周原始瓷尊（安徽屯溪出土，高 18.5 厘米 口径 17.6 厘米）
2. 西周原始瓷豆（陕西宝鸡出土，高 8.2 厘米 口径 17 厘米 腹高 4.2 厘米）
3. 春秋原始瓷碗（上海青浦出土，高 4.5 厘米 口径 12.9 厘米 底径 6.8 厘米）
4. 春秋原始瓷杯（河南固始出土，高 5 厘米 口径 7.2 厘米）

图版壹拾贰

1. 春秋硬陶瓿（江苏溧阳出土，高 14 厘米 口径 13 厘米 底径 13 厘米）
2. 春秋硬陶罐（河南固始出土，高 9.8 厘米 口径 7.7 厘米）
3. 春秋硬陶罐（江苏吴江出土，高 15.2 厘米 口径 12.3 厘米）

1. 战国陶鸟柱盘（河北中山国墓出土，通高 17.8 厘米 盘径 23.2 厘米）
2. 战国陶鼎（燕下都出土，通高 52 厘米）
3. 战国原始瓷兽头鼎（上海博物馆藏，高 14.9 厘米 腹径 13.8 厘米）
4. 战国原始瓷瓿（上海博物馆藏，高 18.1 厘米 口径 15.6 厘米 底径 14.3 厘米）

图版壹拾肆

1. 秦代陶马（陕西临潼秦俑坑出土，高 150 厘米 体长 200 厘米）
2. 汉代陶院落（广州市动物园汉墓出土，高 29.6 厘米 长 41.2 厘米 宽 40 厘米）
3. 汉代绿釉陶雕楼（甘肃武威雷台汉墓出土，高 105 厘米）
4. 汉代彩绘陶壶（洛阳烧沟汉墓出土，高 50.1 厘米）

1. 汉代原始瓷鼎（上海青浦汉墓出土，高 16.7 厘米 口径 17 厘米）
2. 汉代陶说唱俑（四川成都天迴山出土，高 56 厘米）
3. 汉代原始瓷瓿（江苏盱眙汉墓出土）
4. 汉代陶船（广州市沙河区出土，通高 16 厘米 长 54 厘米）
5. 汉代原始瓷壶（杭州汉墓出土，通高 34 厘米 口径 14 厘米 底径 13.5 厘米）

图版壹拾陆

1. 三国吴青瓷谷仓（江苏金坛三国吴墓出土，通高 48.7 厘米　口径 11.7 厘米）
2. 三国吴青瓷虎子（南京赵士岗三国吴墓出土，通高 15.7 厘米　长 20.9 厘米　口径 4.8 厘米）
3. 三国吴青瓷羊（南京清凉山三国吴墓出土，通高 25 厘米　长 30.5 厘米）
4. 西晋青瓷香熏（江苏宜兴周墓墩西晋墓出土，通高 19 厘米　香笼球径 12.1 厘米　承盘口径 17.8 厘米）
5. 西晋青瓷鸟杯（浙江上虞百官西晋墓出土，高 6.2 厘米　口径 10.5 厘米　底径 5.5 厘米）

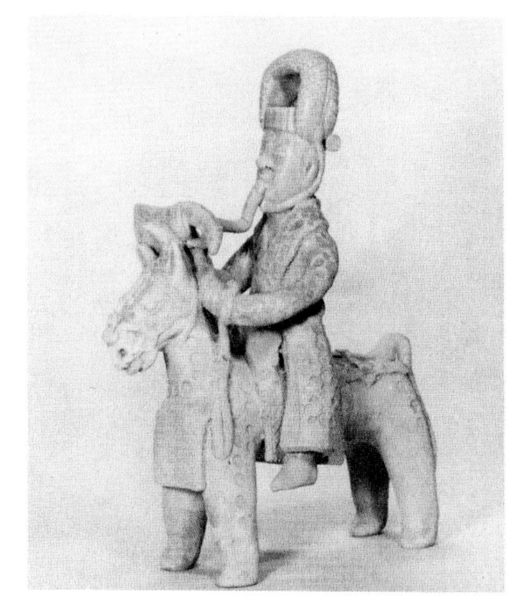

1. 西晋青瓷鹰壶（江苏宜兴周墓墩西晋墓出土，高 17.5 厘米 口径 10.5 厘米 底径 11 厘米）
2. 西晋青瓷骑马奏乐俑（湖南长沙市郊西晋墓出土，通高 23.5 厘米）
3. 东晋青瓷三足砚（通高 7 厘米 口径 11 厘米）
4. 东晋黑釉鸡壶（杭州老和山东晋墓出土，高 16.4 厘米 口径 7.9 厘米）
5. 南朝青瓷龙瓶（浙江武义南朝墓出土，高 55 厘米 口径 21.4 厘米 底径 14.4 厘米）

1. 隋代青釉龙柄盖盉（南京博物院藏）
2. 隋代青釉鸡头壶（南京博物院藏）
3. 唐代白釉贴花（陕西西安出土，高 23 厘米　口径 18.5 厘米）
4. 唐代青釉凤头龙柄壶（故宫博物院藏，高 41.2 厘米　口径 9.4 厘米　底径 10 厘米）

1. 唐代三彩马（陕西乾县出土，鸣马高 28.4 厘米 饮马高 20 厘米）
2. 唐代绞胎骑猎俑（陕西乾县出土，高 36.2 厘米 长 30 厘米）
3. 唐代三彩骆驼载乐俑（陕西西安出土，高 58.4 厘米）

图版贰拾

1. 唐代白釉瓶（河南陕县出土）
2. 唐代耀州窑黑釉塔式罐（陕西铜川出土，通高 51.5 厘米）
3. 唐代白釉烛台（河南三门峡唐墓出土，高 30.3 厘米）
4. 唐代花瓷罐（故宫博物院藏，高 39 厘米 口径 17.2 厘米 底径 15.5 厘米）

图版贰拾壹

1. 唐代越窑双系壶（浙江宁波出土，高 21.1 厘米 口径 8.6 厘米 底径 8.8 厘米）
2. 唐代越窑壶（故宫博物院藏，高 13.4 厘米 口径 5.9 厘米 足径 7.3 厘米）
3. 唐代长沙窑鹿纹壶（浙江宁波出土，高 19 厘米 底径 10 厘米）
4. 唐代越窑杯（浙江博物院藏，高 13.7 厘米 口径 11.6 厘米）

1. 五代白釉划花枕（河北曲阳出土）
2. 五代白釉建筑枕（上海博物院藏，高 13.6 厘米 长 22.9 厘米）
3. 五代岳州窑莲瓣瓶（湖南长沙出土，高 33.5 厘米）
4. 五代越窑莲瓣杯及托（苏州博物馆藏，通高 12.5 厘米 口径 13.5 厘米）

1. 宋代钧窑出戟尊（故宫博物院藏，高 31.8 厘米 口径 26 厘米 足径 21.2 厘米）
2. 宋代耀州窑刻花瓶（故宫博物院藏，高 19.9 厘米 口径 6.7 厘米足 径 7.8 厘米）
3. 宋代定窑刻花瓶（河北定县出土，高 17.8 厘米）
4. 宋代定窑刻花瓶（江苏南京出土，高 37.5 厘米 口径 4.7 厘米 足径 7.8 厘米）

图版贰拾肆

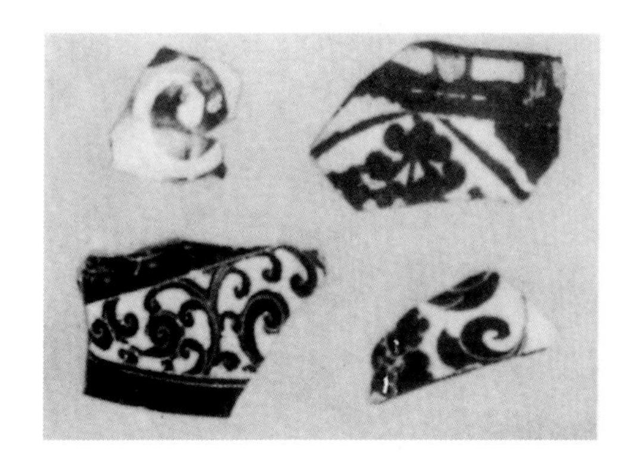

1. 宋代磁州窑钓鱼纹枕（河北保定出土，长 28.8 厘米）
2. 宋代磁州窑虎纹枕（甘肃博物馆藏，高 14.4 厘米 长 32.4 厘米 足径 16.2 厘米）
3. 宋代磁州窑黑花 酱花瓷片（窑址发掘）
4. 宋代磁州窑婴戏纹枕（故宫博物院藏，高 10.4 厘米 长 29.9 厘米 宽 22.5 厘米）

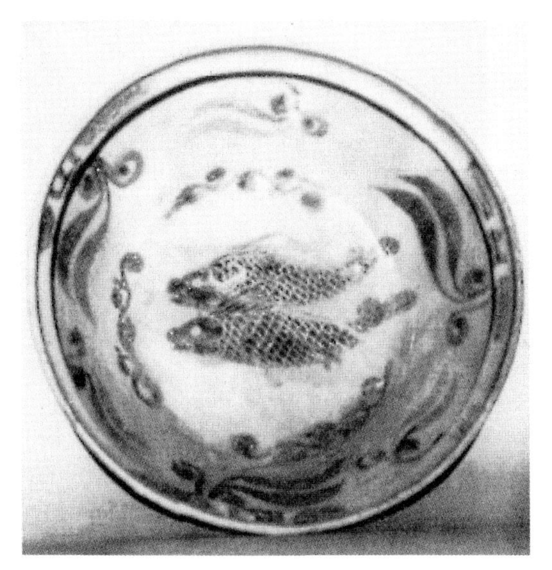

1. 宋代琉璃厂窑双鱼纹盆（故宫博物院藏，高 13.4 厘米 口径 45.8 厘米 底径 29.5 厘米
2. 宋代扒村窑大盆（故宫博物院藏，高 11 厘米 外口径 52.1 厘米 内口径 39.7 厘米 足径 29.5 厘米）
3. 宋代磁州窑系白地黑花花口瓶（高 37.1 厘米 口径 13.4 厘米 底径 15 厘米）
4. 宋代当阳峪窑剔花罐（故宫博物院藏，高 34.4 厘米 口径 16.5 厘米 底径 12.5 厘米）

图版贰拾陆

1. 宋代哥窑鼎（故宫博物院藏，通高 14.8 厘米 口径 13 厘米 耳高 2.4 厘米）
2. 宋代龙泉窑双耳瓶（故宫博物院藏，高 31.5 厘米 口径 10 厘米 足径 11.9 厘米）
3. 宋代青白瓷刻花瓶（四川省博物院藏，高 39.2 厘米 口径 5.1 厘米）
4. 宋代青白瓷注子注碗（安徽宿松出土，通高 25.3 厘米 壶高 21 厘米 托高 14.3 厘米）

1. 辽代酱釉鸡冠壶（辽宁法库出土）
2. 金代秋雁残荷虎纹枕（故宫博物院藏，高 10.7 厘米 长 35.6 厘米）
3. 金代白釉红绿彩俑（河北彭城出土，高 34 厘米）
4. 金代耀州窑炉（陕西蓝田出土，通高 27 厘米）

图版贰拾捌

1. 元代青白瓷褐斑荷叶盖罐（北京出土，高 10.4 厘米）
2. 元代蓝釉描金匜（河北保定出土，高 4.8 厘米 口径 13.9 厘米）
3. 元代青白瓷广寒宫枕（山西大同出土，前高 13.3 厘米 后高 15.2 厘米 长 32 厘米）
4. 元青花鸳鸯莲花罐（旅大博物馆藏，高 39 厘米 口径 15.3 厘米足 径 18 厘米

1. 元代磁州窑鱼藻纹盆（河北乐亭出土，高 11.5 厘米 口径 46.7 厘米）
2. 元代龙泉窑瓶（内蒙呼和浩特市出土，高 45.7 厘米）
3. 元代琉璃雕花炉（故宫博物院藏，通高 39.3 厘米 口径 25.5 厘米）
4. 元代钧窑炉（内蒙呼和浩特市出土，通高 42.7 厘米 口径 25.5 厘米）

1. 明代永乐青花折枝花果瓶（上海博物馆藏，高 30.5 厘米 口径 7.8 厘米 足径 10.8 厘米）
2. 明代正统青花缠枝莲盖罐（江西南昌出土，通高 19.5 厘米 口径 8.6 厘米 底径 8.4 厘米）
3. 明代成化青花飞龙碗（上海博物馆藏，高 9 厘米 口径 17 厘米 足径 7.4 厘米）
4. 明代宣德青花枇杷绶带鸟盘（故宫博物院藏，高 9.8 厘米 口径 51.2 厘米）

1. 明代嘉靖宜兴紫砂壶（江苏南京出土，高 17.7 厘米 口径 7.7 厘米 底径 7 厘米）
2. 明代万历青花骑狮吹螺人像（上海博物馆藏，高 26.4 厘米）
3. 明代德化窑何朝宗塑达摩（故宫博物院藏，高 43 厘米）

图版叁拾贰

1. 清代康熙青花松竹梅壶（故宫博物院藏，通高 8.8 厘米 口径 7 厘米 足径 6.8 厘米）
2. 清代雍正青釉鱼篓尊（故宫博物院藏，高 35.5 厘米 口径 26.3 厘米 底径 23 厘米）
3. 清代雍正斗彩花卉纹尊（故宫博物院藏，高 25.6 厘米 口径 22.2 厘米 足径 15.7 厘米）
4. 清代乾隆青釉鸡熏（故宫博物院藏，高 24 厘米）